中国石油天然气集团公司质量检验丛书

石油装备质量检验

《石油装备质量检验》编写组　编

石油工业出版社

内 容 提 要

本书分为十章，主要阐述了石油装备产品的检测基础知识、产品质量检验方法和常用石油机械类产品的特征。本书可作为石油装备质量检验人员的培训教材，也可作为从事相关专业实验室工作和管理人员的工具书，同时可供高等院校石油机械类专业以及相关专业的师生参考。

图书在版编目（CIP）数据

石油装备质量检验/《石油装备质量检验》编写组编. —北京：石油工业出版社，2017.7
（中国石油天然气集团公司质量检验丛书）
ISBN 978-7-5183-1904-6

Ⅰ. ①石… Ⅱ. ①石… Ⅲ. ①石油机械-质量检验 Ⅳ. ①TE9

中国版本图书馆 CIP 数据核字（2017）第 099354 号

出版发行：石油工业出版社
（北京安定门外安华里 2 区 1 号楼 100011）
网 址：www. petropub. com
编辑部：（010）64523550 图书营销中心：（010）64523633
经 销：全国新华书店
印 刷：北京中石油彩色印刷有限责任公司

2017 年 7 月第 1 版 2017 年 7 月第 1 次印刷
787×1092 毫米 开本：1/16 印张：29.5
字数：700 千字

定价：120.00 元
（如出现印装质量问题，我社图书营销中心负责调换）

《中国石油天然气集团公司质量检验丛书》
编　委　会

《石油装备质量检验》
编　写　组

主　　编：朱　斌　郑　贵

主　　审：田　野　石佳明　田晓艳　张　斌

于昌波　文志雄　邢亚敏

编写人员：（按姓氏笔画排序）

于庆东　万　夫　王宏志　王　虎　王　南

王桂全　王浚璞　王晗阳　朱贵宝　朱祥军

刘有平　刘　炯　刘　洋　刘　辉　齐　超

孙刚强　孙良伟　杜　珂　杜香芝　杨小峰

杨　帆　杨　威　李建阁　李　萍　张乃元

张希彬　张佰多　明祥贵　罗　刚　罗　涛

赵春海　赵　家　高　博　梁恒睿　宰志宏

傅德明　廖　江　潘宗江

序

质量是国家科技和经济实力的反映。加强企业质量管理,是企业生存和发展的基础,更是企业对社会负责任的重要体现。

中国石油天然气集团公司(以下简称集团公司)是一家大型综合性能源公司,业务领域广,质量管理尤显重要。一直以来,集团公司高度重视质量监督管理工作,把质量监督检验作为确保自产产品和采购物资质量的重要手段。为了加强产品质量监督管理,规范产品质量检验工作,提高集团公司各级质检人员业务素质和工作水平,集团公司质量与标准管理部组织各质检机构的专家在分析现有质量检验教材的基础上,经反复研究论证,形成了比较系统、科学的教材编写方案和编写计划,全面启动了《中国石油天然气集团公司质量检验丛书》的编写工作。经过两年多的编写、修改,形成了《中国石油天然气集团公司质量检验丛书》八个分册,包括《质量检验基础知识》、《实验室管理和控制》、《资源性产品质量检验》、《石油产品质量检验》、《石油化工产品质量检验》、《石油装备质量检验》、《石油管材质量检验》、《油田化学剂质量检测》。这套丛书具有以下特点:

一是系统性。本套丛书由编委会统一确定编写方案和大纲,统一确定专业目录,统一组织编写与审定,避免内容交叉重叠,具有较强的系统性、规范性和科学性。

二是实用性。本套丛书内容侧重现场应用和实际操作,既有应用理论,又有实际案例和操作规程要求,是企业多年实践经验的积累,具有较高的实用价值。

三是权威性。由集团公司质量与标准管理部组织各个专业的技术和管理专家,集中编写,体现了丛书的权威性。

四是专业性。丛书的内容注重专业特色,强调各专业领域自身发展的特色技术、特色经验和做法,也是对各专业知识和经验的一次集中梳理,符合知识管理的要求和方向。

经过多方共同努力,本套丛书已按计划完成编写、审稿,即将与各单位的质量检验工作人员见面,它将成为集团公司产品质量检验工作的培训教材和基本应用手册。这套丛书的出版发行,对于集团公司质量检验培训工作具有推进作用。希望各单位的质量检验人员用好、用活本套丛书,为集团公司质量管理、质量检验工作发挥更大的作用。

《中国石油天然气集团公司质量检验丛书》

编委会

2015 年 8 月

前　言

随着我国经济的飞速发展，能源需求的不断增加，新建、扩建、改建工程日益增多，石油装备产品种类也越来越多，产品质量的好坏直接关系到油田的生产安全。对于各企业和检验机构来说，把好产品质量关是降低成本、节约资源、实现安全生产、保护环境的重要措施和手段。

石油装备产品质量检验相关知识大多是产品标准，书籍还不多见，为此，我们总结多年检测工作经验，并参考相关书籍、文献，编写此书。以科学、实用为目的，阐述了不同产品质量检验方法和常用石油机械类产品的特性，实现了基础理论、职业素质、操作能力同步，保证了内容的有效性，本书不仅可作为高等院校石油机械类专业以及相关专业教材，也可供从事相关专业的质检技术人员参考。

本书共分十章，包含几何量检测、理化检验等检测基础知识和石油钻机、抽油设备等产品分类及其检验方法，每章都配有仪器设备图示和文字说明。图文并茂的模式，不但增添读者的阅读兴趣，同时引领操作者更容易完成工作任务，具有较强的可操作性。

由于作者水平有限，书中难免有不妥之处，敬请广大读者批评指正，并提出宝贵意见。

目　　录

第一章　检测基础 …………………………………………………………………… (1)
　第一节　几何量检测 ……………………………………………………………… (1)
　第二节　理化检验 ………………………………………………………………… (5)
　第三节　无损探伤 ………………………………………………………………… (12)
第二章　石油钻机 …………………………………………………………………… (42)
　第一节　概述 ……………………………………………………………………… (42)
　第二节　钻机总装 ………………………………………………………………… (46)
　第三节　井架及底座 ……………………………………………………………… (64)
　第四节　绞车 ……………………………………………………………………… (70)
　第五节　天车、游动滑车 ………………………………………………………… (78)
　第六节　大钩 ……………………………………………………………………… (84)
　第七节　水龙头 …………………………………………………………………… (89)
　第八节　吊钳、吊环、吊卡及卡瓦 ……………………………………………… (93)
　第九节　转盘 ……………………………………………………………………… (106)
　第十节　钻井泵 …………………………………………………………………… (110)
　第十一节　固控系统 ……………………………………………………………… (118)
　第十二节　顶驱 …………………………………………………………………… (132)
第三章　修井机及连续油管作业设备 ……………………………………………… (145)
　第一节　修井机 …………………………………………………………………… (145)
　第二节　连续油管作业设备 ……………………………………………………… (153)
第四章　固井、压裂设备 …………………………………………………………… (166)
　第一节　固井成套设备 …………………………………………………………… (166)
　第二节　压裂成套设备 …………………………………………………………… (180)
第五章　井控装置 …………………………………………………………………… (220)
　第一节　旋转防喷器 ……………………………………………………………… (220)
　第二节　闸板防喷器和环形防喷器 ……………………………………………… (226)
　第三节　防喷器控制装置 ………………………………………………………… (232)
　第四节　节流和压井系统 ………………………………………………………… (237)
　第五节　钻具内防喷工具 ………………………………………………………… (246)

第六章　抽油机 …………………………………………………………………（252）
第一节　游梁式抽油机 …………………………………………………………（252）
第二节　无游梁式抽油机 ………………………………………………………（268）
第三节　抽油机节能拖动装置 …………………………………………………（275）
第七章　抽油杆 …………………………………………………………………（283）
第一节　钢制抽油杆 ……………………………………………………………（283）
第二节　空心抽油杆 ……………………………………………………………（294）
第三节　抽油杆扶正器 …………………………………………………………（300）
第八章　抽油泵、井口装置和采油树 ……………………………………………（305）
第一节　抽油泵 …………………………………………………………………（305）
第二节　井口装置和采油树 ……………………………………………………（312）
第九章　井下工具 ………………………………………………………………（330）
第一节　钻井工具 ………………………………………………………………（330）
第二节　固井工具 ………………………………………………………………（346）
第三节　修井、打捞工具 …………………………………………………………（363）
第四节　采油工具 ………………………………………………………………（377）
第十章　泵类产品及阀门 ………………………………………………………（398）
第一节　潜油电泵机组 …………………………………………………………（398）
第二节　螺杆泵产品 ……………………………………………………………（434）
第三节　阀门 ……………………………………………………………………（441）
参考文献 …………………………………………………………………………（459）

第一章　检测基础

第一节　几何量检测

一、相关术语

(1)几何量:作为测量对象,它包括尺寸(长度、角度)、形状和位置误差、表面粗糙度等。

(2)计量:实现单位统一、量值可靠的活动。

(3)检验:是指判定被测量是否合格的过程,通常不一定要求得到被测量的具体数值。几何量检验即是确定零件的实际几何参数是否在规定的极限范围内,以做出合格与否的判断。

(4)测量:通过实验获得并可合理赋予某量一个或多个量值的过程。

二、几何量计量器具分类及其度量指标

(一)计量器具的分类

计量器具(也可称为测量器具)是测量仪器和测量工具的总称。计量器具可以按计量学的观点进行分类,也可以按器具本身的结构、用途和特点进行分类。按计量学观点可以把计量器具分为量具和量仪两类,通常把没有传动放大系统的计量器具称为量具,如游标卡尺、直角尺、量规等;把具有传动放大系统的计量器具称为量仪,如机械比较仪、测长仪和投影仪等。

按其本身的结构、用途和特点计量器具分为标准量具、极限量规、通用计量器具以及计量装置四类。

(1)标准量具:以固定形式复现量值的计量器具,通常用来校对和调整其他计量器具或作为标准用来与被测工件进行比较。标准量具分为单值量具和多值量具两种。单值量具是指复现几何量的单个量值的量具,如量块、直角尺等。多值量具是指复现一定范围内的一系列不同量值的量具,如线纹尺等。

(2)极限量规:没有刻度的专用计量器具,用以检验零件要素实际尺寸和形位误差值,而只能确定被检验工件是否合格,如使用光滑极限量规、螺纹量规、位置量规等进行的检验。

(3)通用计量器具:能将被测量几何量的量值转换成可直接观测的指示值或等效信息的计量器具。即计量器具有刻度,能量出具体数值。

(4)计量装置:为确定被测几何量量值所必需的计量器具和辅助设备的总称。它能够测量较多的几何量和较复杂的零件,有助于实现检测自动化或半自动化,如连杆、滚动轴承的零件可用计量装置来测量。

按被测几何量在测量过程中的变换原理的不同,计量器具可以分为机械式计量器具、光学式计量器具、电动式计量器具、气动式计量器具和光电计量器具。

(1)机械式计量器具:用机械方法来实现被测量的变换和放大的计量器具,如千分尺(螺

纹测微计)、百分表、杠杆比较仪等。

(2)光学式计量器具:用光学方法来实现被测量的变换和放大的计量器具,如光学计、光学分度头、投影仪、干涉仪等。

(3)电动式计量器具:将被测几何量先变换为电量,然后通过对电量的测量来完成被测几何量测量的计量器具,如电感测微仪、电容测微仪等。

(4)气动式计量器具:将被测几何量变换为气动系统的状态(流量或压力)的变化,检测此状态的变化来实现被测几何量测量的计量器具,如水柱式气动量仪、浮标式气动量仪。

(5)光电计量器具:用光学方法放大或瞄准,通过光电元件再转化为电量进行检测,以实现被测几何量测量的计量器具。如光栅式测量装置、光电显微镜、激光干涉仪等。

(二)计量器具的基本度量指标

(1)刻度间距 C:计量器具标尺或圆刻度盘上两相邻刻线中心之间的距离或圆弧长度(图 1-1)。刻度间距太小,会影响估读精度,太大则会加大读数装置的轮廓尺寸。为适合人眼观察,刻度间距一般为 0.75~2.5mm。

(2)分度值 i(亦称刻度值、分辨力):每个刻度间距所代表的量值或指量仪显示的最末一位数字所代表的量值。在长度测量中,常用的分度值有 0.01mm,0.005mm,0.002mm 以及 0.001mm 等几种(图 1-1 中分度值为 0.001mm)。对于有些量仪(如数字式量仪),由于非刻度盘指针显示,就不称为分度值,而称分辨力。

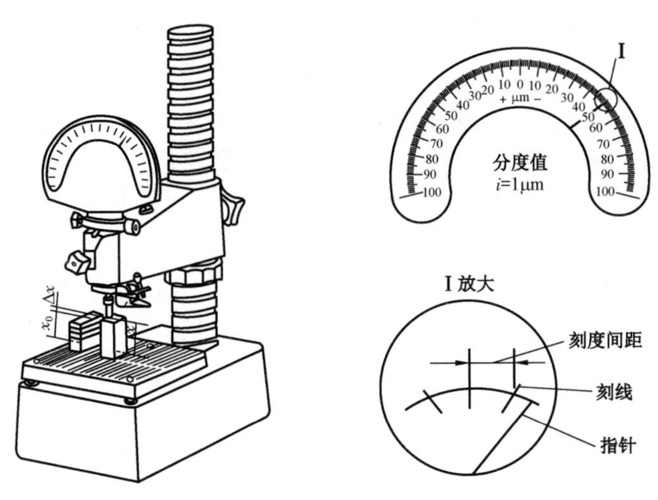

图 1-1 比较仪及其刻度盘

(3)灵敏度 S:指针对标尺的移动量 dL 与引起此移动量的被测几何量的变动量 dX 之比,即 $S=dL/dX$。灵敏度亦称传动比或放大比,它表示计量器具放大微量的能力。

(4)示值范围:计量器具所能显示或指示的被测量起始值到终止值的范围。例如图 1-1 所示比较仪的示值范围为±100μm。

(5)测量范围:计量器具的误差处于规定极限内,所能测量的被测量最小值到最大值的范围,如图 1-1 所示的比较仪,其悬臂的升降可使测量范围增大达到 0~180mm。

(6)示值误差:示值误差是指计量器具显示的数值与被测几何量的真值之差。示值误差是代数值，有正、负之分。一般可用量块作为真值来检定出计量器具的示值误差。示值误差越小，计量器具的精度就越高。

(7)示值变动性：在测量条件不做任何改变的情况下，同一被测量进行多次重复测量读数，其结果的最大差异。

(8)回程误差：在相同情况下，计量器具正反行程在同一点示值上被测量值之差的绝对值。引起回程误差的主要原因是量仪传动元件之间存在间隙。

(9)测量力：接触测量过程中测头与被测物体之间的接触压力。过大的测量力会引起测头和被测物体的变形，从而引起较大的测量误差，较好的计量器具一般均设置有测量力控制装置。

(10)示值稳定性：示值稳定性是指在测量条件不变的情况下，对同一被测量的量进行多次(一般为 8 ~ 15 次)重复测量值的最大差值。

三、测量方法的分类

广义的测量方法，是指测量时所采用的测量原理，计量器具和测量条件的综合。但是在实际工作中，测量方法一般是指获得测量结果的具体方式，它可从不同的角度进行分类。

(1)按是否直接量出所需要的量值，可分为直接测量和间接测量。

① 直接测量：在测量过程中可以直接得到被测尺寸的数值或其相对于基本尺寸的实际偏差数值。例如，用游标卡尺、外径千分尺测量零件的直径。

② 间接测量：在测量过程中先测量出与被测量值有关的几何参数，然后通过计算获得被测量值。例如，在测量大的圆柱形零件的直径 D 时，可以先量出其圆周 L，然后通过 $D=L/\pi$ 计算零件的直径 D。

(2)按被测零件的表面与测量头是否接触，可分为接触测量和非接触测量。

① 接触测量：测量时计量器具的测量头与测量表面直接接触，并有机械作用的测量力存在。例如，用机械比较仪测量轴径。

② 非接触测量：测量时计量器具的测量头不与被测表面直接接触。例如，用光切显微镜测量表面粗糙度，用气动量仪测量孔径等。

(3)按零件被测参数的多少，可分为综合测量和单项测量。

① 综合测量(综合检验)：同时测量工件上几个相关几何量的综合效应或综合指标，以判断综合结果是否合格，而不要求知道有关单项值。其目的在于限制被测工件在规定的极限轮廓内，以保证互换性的要求。例如，用螺纹通规检验螺纹单一中径、螺距和牙型半角实际值的综合结果是否合格。

② 单项测量：对工件上的每个几何量分别进行测量。例如，用工具显微镜分别测量螺纹单一中径、螺距和牙型半角的实际值，并分别判断它们各自是否合格。通常在分析加工过程中造成次品的原因时，多采用单项测量。

(4)按测量零件时计量器具与测量头相对运动的状态，可分为静态测量和动态测量。

① 静态测量：在测量过程中，计量器具的测量头与被测零件处于相对静止状态，被测量的量值是固定的。

② 动态测量:在测量过程中,计量器具的测量头与被测零件处于相对运动状态,被测量的量值是变化的。例如,用圆度仪测量圆度误差,用电动轮廓仪测量表面粗糙度值等。

(5)按测量时零件是否在线,可分为在线测量和离线测量。

① 在线测量:在加工过程中对工件进行测量的测量方法。测量结果直接用来控制工件的加工过程,以决定是否需要继续加工或调整机床。在线测量能及时防止废品的产生,主要应用在自动化生产线上。

② 离线测量:在加工后对工件进行测量的测量方法。测量结果仅限于发现并剔除废品。在线测量使检测与加工过程紧密结合,能及时防止废品的产生,以保证产品质量,因此是检测技术的发展方向。

(6)按对同一量进行多次测量时影响测量误差的各种因素是否改变,可分为等精度测量和不等精度测量。

① 等精度测量:对于同一量进行多次重复测量时,对影响测量误差的各种因素,包括测量仪器、测量方法、测量环境条件、测量人员等都不改变的情况下所进行的一系列测量。等精度测量主要用来减小测量过程中随机误差的影响。

② 不等精度测量:在对同一量进行多次重复测量时,采用不同的测量仪器、测量方法,或改变环境条件所进行的一系列测量。不等精度测量一般是为了在科研实验中进行高精度测量对比实验。

等精度测量与不等精度测量的性质不同,它们的数据处理方法也不相同,后者的数据处理比前者复杂。在进行等精度测量时,若测量条件发生变化,则客观上属于不等精度测量,这样往往会影响测量结果的可靠性。

四、测量的基本原则

在实际测量中,对于同一被测几何量往往可以采用多种测量方法。为减小测量不确定度,应尽可能遵守以下基本测量原则:

(1)阿贝原则:要求在测量过程中被测长度与基准长度应安置在同一直线上的原则。若被测长度与基准长度并排放置,在测量比较过程中由于制造误差的存在、移动方向的偏移、两长度之间出现夹角而产生较大的误差。误差的大小除与两长度之间夹角大小有关外,还与其之间距离大小有关,距离越大,误差也越大。

(2)基准统一原则:测量基准要与加工基准和使用基准统一。即工序测量应以工艺基准作为测量基准,终检测量应以设计基准作为测量基准。

(3)最小变形原则:测量器具与被测零件都会因实际温度偏离标准温度和受力(重力和测量力)而产生变形,形成测量误差。在测量过程中,控制测量温度及其变动、保证测量器具与被测零件有足够的等温时间、选用与被测零件线胀系数相近的测量器具、选用适当的测量力并保持其稳定、选择适当的支承点等,都是实现最小变形原则的有效措施。

(4)最短链原则:在间接测量中,与被测量具有函数关系的其他量与被测量形成测量链。形成测量链的环节越多,被测量的不确定度越大。因此,应尽可能减少测量链的环节数,以保证测量精度,称为最短链原则。当然,按此原则最好不采用间接测量,而采用直接测量。所以,只有在不可能采用直接测量，或直接测量的精度不能保证时，才采用间接测量。应该以最少数目的量块组成所需尺寸的量块组，就是最短链原则的一种实际应用。

五、测量器具的选择

计量器具是指能直接或间接测量出被测对象量值的装置、仪器仪表、量具和用于统一量值的标准物质，包括计量基准器具、计量标准器具和工作计量器具，它们的量值逐级传递，日常检验工作用工作计量器具。

计量器具是计量的“眼睛”，是检验员的“武器”，正确选择和使用计量器具不仅能获得准确的检验结果，而且能提高工作效率，延长计量器具的寿命，降低检验成本。

测量设备是实现测量过程所必需的测量仪器、软件、测量标准、标准样品（标准物质）或辅助设备或它们的组合。

（一）选择计量器具应考虑的事项

（1）对绝对测量来说，所选择的计量器具的测量范围要大于被测量的大小，但不要相差太大。因为用测量范围大的计量器具测量小的被测量有时不仅不经济，而且测量精度难以保证。

（2）对比较测量来说，所选择的计量器具的示值范围一定要大于被测量的参数公差值。

（3）在测量形状误差（如测圆跳动）时，计量器具的测头要做往复运动，因此，要考虑到回程误差的影响，考虑仪器的灵敏度。

（4）对于粗糙的被测面不得用精密的计量器具去测量，被测面的表面粗糙度值要小于计量器具测量面的表面粗糙度值。

（5）对于软质、薄型、易变形的被测件，应该选用测量力小的计量器具去测量。

（6）单件和小批量生产应该选用通用（万能）计量器具，大批量生产应该选用专用计量器具和自动测量等。

（二）计量器具选择原则

制造业的许多生产现场中的检验工作，目前仍大量使用普通计量器具，例如，游标卡尺、千分尺、百分表及比较仪等。对于这类计量器具的选择，应按照 GB/T 3177—2009《产品几何技术规范（GPS）　光滑工件尺寸的检验》进行。

第二节　理化检验

一、概述

理化检验是利用物理的、化学的技术手段，用计量器具、仪器仪表和测试设备或化学物质和试验方法，对产品进行检验而获取检验结果的检验方法。

理化检验是实现工业现代化，发展科学技术的重要基础性技术，是确保和提高产品质量，鉴定科研成果，评价产品性能，提高科研水平的重要手段和科学依据。在工业企业中，理化检验是保证和提高产品质量的重要手段，也是新材料，新工艺，新技术工程应用研究、开发新产品、产品失效分析、寿命检测、工程设计、环境保护等工作的基础性技术,对产品的质量既有监督保护作用,又有指导作用。

二、物理性能检验方法

(一)硬度

材料局部抵抗硬物压入其表面的能力称为硬度。固体对外界物体入侵的局部抵抗能力,是比较各种材料软硬的指标。由于规定了不同的测试方法,所以有不同的硬度标准。各种硬度标准的力学含义不同,相互不能直接换算,但可通过试验加以对比。

1. 洛氏硬度

洛氏硬度试验最常用标尺是 HRC、HRB、HRF 和 HRA。HRC 标尺用于测试淬火钢、回火钢、调质钢和部分不锈钢,这是金属加工行业应用最多的硬度试验方法。HRB 标尺用于测试各种退火钢、正火钢、软钢、部分不锈钢及较硬的铜合金。HRF 标尺用于测试纯铜、较软的铜合金和硬铝合金。HRA 标尺尽管也可用于大多数黑色金属,但是实际应用上一般只限于测试硬质合金和薄硬钢带材料。洛氏硬度(HRC)一般用于硬度较高的材料,如热处理后的硬度等。

表面洛氏硬度试验是对洛氏硬度试验的一种补充。在采用洛氏硬度试验时,当遇到材料较薄、试样较小、表面硬化层较浅或测试表面镀覆层时,就应改用表面洛氏硬度试验。这时采用与洛氏硬度试验相同的压头,采用只有洛氏硬度试验几分之一大小的试验力,就可以在上述试样上得到有效的硬度试验结果。

2. 布氏硬度

布氏硬度(HBW)一般用于材料较软的时候,如有色金属、热处理之前或退火后的钢铁。

布氏硬度(HBW)是以一定大小的试验载荷,将一定直径的淬硬钢球或硬质合金球压入被测金属表面,保持规定时间,然后卸荷,测量被测表面压痕直径。布氏硬度值是载荷除以压痕球形表面积所得的商。一般为:以一定的载荷将一定大小的淬硬钢球压入材料表面,保持一段时间,去载后,负荷与其压痕面积之比值,即为布氏硬度值(HBW),单位为 kgf/mm^2(N/mm^2)。

3. 维氏硬度

维氏硬度试验方法是英国史密斯和塞德兰德于 1925 年提出的。英国的维克斯—阿姆斯特朗公司试制了第一台以此方法进行试验的硬度计。和布氏、洛氏硬度试验相比,维氏硬度试验测量范围较宽,从较软材料到超硬材料,几乎涵盖各种材料。

维氏硬度的测定原理基本上和布氏硬度相同,也是根据压痕单位面积上的载荷来计算硬度值。所不同的是维氏硬度试验的压头是金刚石的正四棱锥体。试验时,在一定载荷的作用下,试样表面上压出一个四方锥形的压痕,测量压痕对角线长度,除以计算压痕的表面积,载荷除以表面积的数值就是试样的硬度值,用符号 HV 表示。

4. 里氏硬度

里氏硬度是以符号 HL 表示,里氏硬度测试技术是由瑞士的里伯博士发明,它是用一定质量的装有碳化钨球头的冲击体,在一定力的作用下冲击试件表面,然后反弹。由于材料硬度不同,撞击后的反弹速度也不同。在冲击装置上安装有永磁材料,当冲击体上下运动时,其外围线圈便感应出与速度成正比的电磁信号,再通过电子线路转换成里氏硬度值。

(二)拉伸试验

拉伸试验是指在承受轴向拉伸载荷下测定材料特性的试验方法。利用拉伸试验得到的数据可以确定材料的弹性极限、伸长率、弹性模量、比例极限、面积缩减量、拉伸强度、屈服点、屈服强度和其他拉伸性能指标。测定材料在拉伸载荷作用下的一系列特性的试验,又称抗拉试验。它是材料机械性能试验的基本方法之一,主要用于检验材料是否符合规定的标准和研究材料的性能。

拉伸试验可测定材料的一系列强度指标和塑性指标。强度通常是指材料在外力作用下抵抗产生弹性变形、塑性变形和断裂的能力。材料在承受拉伸载荷时,当载荷不增加而仍继续发生明显塑性变形的现象称为屈服。试样发生屈服而力首次下降前的最大应力称为上屈服强度,用 R_{eH} 表示。在屈服期间,不计初始瞬时效应时的最小应力称为下屈服强度,用 R_{eL} 表示。工程上有许多材料没有明显的屈服点,通常把材料产生的残余塑性变形为 0.2% 时的应力值作为屈服强度,称规定塑性延伸强度,用 $R_{P0.2}$ 表示。材料在断裂前所达到的最大应力值,称抗拉强度或强度极限,用 R_m 表示。

塑性是指金属材料在载荷作用下产生塑性变形而不致破坏的能力,常用的塑性指标是延伸率和断面收缩率。延伸率又称伸长率,是指材料试样受拉伸载荷折断后,总伸长度同原始长度比值的百分数,用 A 表示。断面收缩率是指材料试样在受拉伸载荷拉断后,断面缩小的面积同原截面面积比值的百分数,用 Z 表示。

(三)冲击试验

冲击试验是反映金属材料对外来冲击负荷的抵抗能力。冲击试验因试验温度不同而分为常温、低温和高温冲击试验三种;若按试样缺口形状又可分为 V 形缺口和 U 形缺口冲击试验两种。

冲击试验将规定几何形状的缺口试样置于试验机两支座之间,缺口背向打击面放置,用摆锤依次打击试样,测定试样的吸收能量。

(四)扭转性能

测定材料抵抗扭矩作用的一种试验,是材料机械性能试验的基本试验方法之一。扭转试验可以测定脆性材料和塑性材料的强度和塑性,对于制造经常承受扭矩的零件如轴、弹簧等材料常需进行扭转试验。扭转试样的断口形状能反映出材料性能和受力情况。如断口的断面与试样轴线垂直,材料呈塑性,是切应力作用的结果;如断口断面与试样轴夹角线约成 45°,材料呈脆性,是正应力作用的结果。

(五)弯曲试验

测定材料承受弯曲载荷时的力学特性的试验,是材料机械性能试验的基本方法之一。弯曲试验主要用于测定脆性和低塑性材料(如铸铁、高碳钢、工具钢等)的抗弯强度并能反映塑性指标的挠度。弯曲试验还可用来检查材料的表面质量。弯曲试验在万能材料机上进行,有三点弯曲和四点弯曲两种加载荷方式。试样的截面有圆形和矩形,试验时的跨距一般为直径的10倍。对于脆性材料弯曲试验一般只产生少量的塑性变形即可破坏,而对于塑性材料则不能测出弯曲断裂强度,但可检验其延展性和均匀性。塑性材料的弯曲试验称为冷弯试验。试验时将试样加载,使其弯曲到一定程度,观察试样表面有无裂缝。

(六)剪切试验

测定材料在剪切力作用下的抗力性能,是材料机械性能试验的基本试验方法之一。主要用于试验承受剪切载荷的零件和材料,如锅炉和桥梁上的铆钉、机器上的销钉等。剪切试验在万能试验机上进行,试样置于剪切夹具上,加载形式有单剪和双剪两种,试样在剪切载荷作用下被切断。

构件在剪切时受力和变形特点是:作用在构件两侧面上的横向外力的合力大小相等、方向相反、作用线相隔很近,故使各自作用的构件部分沿着与合力作用线平行的受剪面发生错动。剪切试验就是测定最大错动力和相应的应力。构件有一个受剪面,一般称为单剪试验。有两个受剪面称为双剪试验。

为使试验结果尽可能接近实际情况,剪切试验通常用各种剪切试验装置和相应的试验方法来模拟实标工件的工况条件,对试样施加剪力直至断裂,以测定其抗剪强度,常见的试验方法有:单剪试验、双剪试验、冲孔剪切试验、开缝剪切试验、留底铆钉剪切试验和复合钢材剪切试验。

(七)疲劳性能

用以测定材料或结构疲劳应力或应变循环数的过程。疲劳是循环加载条件下,发生在材料某点处局部的、永久性的损伤递增过程。经足够的应力或应变循环后,损伤积累可使材料发生裂纹,或是裂纹进一步扩展至完全断裂。出现可见裂纹或完全断裂统称疲劳破坏。

按破坏循环次数的高低,疲劳试验分为两类:

(1)高循环疲劳(高周疲劳)试验,对于此种试验,施加的循环应力水平较低。

(2)低循环疲劳(低周疲劳)试验,此时循环应力常超过材料的屈服极限,故通过控制应变实施加载。按材料性质划分有金属疲劳试验和非金属疲劳试验。

按工作环境划分包括高温疲劳试验、热疲劳(由循环热应力引起)试验、腐蚀疲劳试验、微动摩擦疲劳试验、声疲劳(由噪声激励引起)试验、冲击疲劳试验、接触疲劳试验等。

(八)金相检验

金属材料金相检验可分为宏观检验和显微检验两大类。宏观检验主要是低倍组织检验,即用肉眼或在不大于10倍的放大镜下检查钢材表面或断面,以确定材料低倍组织缺陷的方法。显微检验主要包括晶粒度检验、非金属夹杂物和显微组织检验,它们都是在光学显微镜下检查材料的微观组织状态和分布情况。两种方法是评定钢材质量优劣的常规检验中不可缺少的重要方法,也是进行新材料研制、新工艺研究的重要手段。

进行金相检验,首先应根据各种检验标准和规定制备试样(即金相试样),若金相试样制备不当,则可能出现假象,从而得出错误的结论,因此金相试样的制备十分重要。通常,金相试样的制备步骤主要有：取样、镶嵌、标识、磨光、抛光、浸蚀，但并非每个金相试样的制备都必须经历上述步骤，如果试样形状、大小合适，便于握持和磨制，则不必进行镶嵌；如果仅仅检验金属材料中的非金属夹杂物或铸铁中的石墨，就不必进行浸蚀。总之，应根据检验的目的来确定制样步骤，然后使用显微镜进行观察分析。

三、化学分析方法

（一）经典方法

1. 重量分析法

通过物理或化学反应将试样中待测组分与其他组分分离，然后用称量的方法测定该组分的含量。在重量分析中，一般首先采用适当的方法，使被测组分以单质或化合物的形式从试样中与其他组分分离。重量分析的过程包括了分离和称量两个过程。

1）重量分析法原理

重量分析法是根据反应生成物的质量来确定欲测组分含量的定量分析方法。为完成此任务最常用的方式是将欲测定的组分沉淀为一种有一定组成的难溶性化合物，然后经过一系列操作步骤来完成测定。

$$\text{试样}\xrightarrow{\text{溶解}}\text{试液}\xrightarrow{\text{沉淀}}\text{沉淀式}\xrightarrow{\text{过滤、洗涤、烘干或灼烧}}\text{称量式}\xrightarrow{\text{质量恒定}}\text{计算含量}$$

我们称这种分析方法为重量分析法中沉淀法。沉淀析出的形式称为沉淀式，烘干或灼烧后称量时的形式称为称量式。例如：

$$Fe^{3+} \longrightarrow \underset{\text{沉淀式}}{Fe(OH)_3} \longrightarrow \underset{\text{称量式}}{Fe_2O_3}$$

$$Ba^{2+} \longrightarrow \underset{\text{沉淀式}}{BaSO_4} \longrightarrow \underset{\text{称量式}}{BaSO_4}$$

2）重量分析法分类

（1）沉淀法：沉淀法是重量分析的主要方法。这种方法是将被测组分形成难溶化合物沉淀，经过过滤、洗涤、烘干及灼烧（有些难溶化合物不需要灼烧），最后称重，由所得重量计算被测组分的含量。

（2）汽化法：汽化法是通过加热或用其他方法使样品中某种挥发性组分逸出，然后根据样品减轻的重量计算该组分的含量；或者当挥发性组分逸出时，选一种吸收剂将它吸收，然后根据吸收剂增加的重量计算该组分的含量。

（3）电解法：电解法是利用电解原理，使金属离子在电极上析出，然后称重，计算其含量。

（4）萃取法：萃取法是利用有机溶剂将被测组分从样品中萃取出来，然后再将溶剂处理掉，称取萃取物的重量，计算被测组分的含量。

2. 滴定分析法

1)滴定分析法原理

滴定分析法是将一种已知准确浓度的试剂溶液,滴加到被测物质的溶液中,直到所加的试剂与被测物质按化学计量定量反应为止,根据试剂溶液的浓度和消耗的体积,计算被测物质的含量。这种已知准确浓度的试剂溶液称为滴定液。将滴定液从滴定管中加到被测物质溶液中的过程叫作滴定。当加入滴定液中物质的量与被测物质的量按化学计量定量反应完成时,反应达到了计量点。在滴定过程中,指示剂发生颜色变化的转变点称为滴定终点。滴定终点与计量点不一定恰恰符合,由此所造成分析的误差叫作滴定误差。

适合滴定分析的化学反应应该具备以下几个条件:

(1)反应必须按方程式定量地完成,通常要求在99.9%以上,这是定量计算的基础。

(2)反应能够迅速地完成(有时可加热或用催化剂以加速反应)。

(3)共存物质不干扰主要反应,或用适当的方法消除其干扰。

(4)有比较简便的方法确定计量点(指示滴定终点)。

2)滴定分析法分类

(1)直接滴定法:用滴定液直接滴定待测物质,以达终点。

(2)间接滴定法:直接滴定有困难时常采用以下两种间接滴定法来测定。

① 置换法:利用适当的试剂与被测物反应产生被测物的置换物,然后用滴定液滴定这个置换物。

② 回滴定法(剩余滴定法):用定量过量的滴定液和被测物反应完全后,再用另一种滴定液来滴定剩余的前一种滴定液。

3. 分光光度法

1)分光光度法原理

分光光度法是通过测定被测物质在特定波长处或一定波长范围内光的吸光度或发光强度,对该物质进行定性和定量分析的方法。

在分光光度计中,将不同波长的光连续地照射到一定浓度的样品溶液时,便可得到与不同波长相对应的吸收强度。如以波长(λ)为横坐标,吸收强度(A)为纵坐标,就可绘出该物质的吸收光谱曲线。利用该曲线进行物质定性、定量的分析方法,称为分光光度法,也称为吸收光谱法。用紫外光源测定无色物质的方法,称为紫外分光光度法;用可见光光源测定有色物质的方法,称为可见光光度法。它们与比色法一样,都以 Beer - Lambert 定律为基础。上述的紫外光区与可见光区是常用的。但分光光度法的应用光区包括紫外光区、可见光区、红外光区。

波长范围:(1)200~400nm 的紫外光区;(2)400~760nm 的可见光区;(3)2.5~25μm(按波数计为 4000~400cm^{-1})的红外光区。

2)分光光度法分类

(1)差示分光光度法

分光光度法中,样品中被测组分浓度过大或浓度过小(吸光度过高或过低)时,测量误差均较大。为克服这种缺点而改用浓度比样品稍低或稍高的标准溶液代替试剂空白来调节仪器的100%透光率(对浓溶液)或0%透光率(对稀溶液)以提高分光光度法精密度、准确度和灵敏度的方法，称为差示分光光度法。差示分光光度法又可分高吸光度差示法、低吸光度差示法、精密差示分光光度法等。

（2）紫外可见分光光度法

紫外可见分光光度法：是根据物质分子对波长为200～760nm这一范围的电磁波的吸收特性所建立起来的一种定性、定量和结构分析方法。操作简单、准确度高、重现性好。波长长（频率小）的光线能量小，波长短（频率大）的光线能量大。分光光度测量是关于物质分子对不同波长和特定波长处的辐射吸收程度的测量。

（二）仪器分析方法

1. 电感耦合等离子体原子发射光谱法

等离子体（Plasma）在近代物理学中是一个很普通的概念，是一种在一定程度上被电离（电离度大于0.1%）的气体，其中电子和阳离子的浓度处于平衡状态，宏观上呈电中性的物质。

电感耦合等离子体（ICP）是由高频电流经感应线圈产生高频电磁场，使工作气体形成等离子体，并呈现火焰状放电（等离子体焰炬），达到10000K的高温，是一个具有良好的蒸发—原子化—激发—电离性能的光谱光源。而且由于这种等离子体焰炬呈环状结构，有利于从等离子体中心通道进样并维持火焰的稳定；较低的载气流速（低于1L/min）便可穿透ICP，使样品在中心通道停留时间达2～3ms，可完全蒸发、原子化；ICP环状结构的中心通道的高温，高于任何火焰或电弧火花的温度，是原子、离子的最佳激发温度，分析物在中心通道内被间接加热，对ICP放电性质影响小；ICP光源是一种光薄的光源，自吸现象小，且系无电极放电，无电极沾污。这些特点使ICP光源具有优异的分析性能，符合一个理想分析方法的要求。

一个理想的分析方法，应该是：可以多组分同时测定；测定范围要宽（低含量与高含量成分能同测定）；具有高的灵敏度和好的精确度；可以适用于不同状态的样品的分析；操作要简便、易于掌握。ICP－AES分析方法便具有这些优异的分析特性：

（1）ICP－AES法首先是一种发射光谱分析方法，可以多元素同时测定。发射光谱分析方法只要将待测原子处于激发状态，便可同时发射出各自特征谱线同时进行测定。ICP－AES仪器，不论是多道直读还是单道扫描仪器，均可以在同一试样溶液中同时测定大量元素（30～50个，甚至更多）。已有文献报道的分析元素可达78个，即除He、Ne、Ar、Kr、Xe惰性气体外，自然界存在的所有元素，都已有用ICP－AES法测定的报告。当然实际应用上，并非所有元素都能方便地使用ICP－AES法进行测定，仍有些元素用ICP－AES法测定不如采用其他分析方法更为有效。尽管如此，ICP－AES法仍是元素分析最为有效的方法。

（2）ICP光源是一种光薄的光源，自吸现象小，所以ICP－AES法校正曲线的线性范围可达5～6个数量级，有的仪器甚至可以达到7～8个数量级，即可以同时测定10^{-5}～10^{-1}的含量。在大多数情况下，元素浓度与测量信号呈简单的线性关系。既可测低浓度成分（低于1mg/L），又可同时测高浓度成分（几百毫克每升或数千毫克每升）。

（3）ICP－AES法具有较高的蒸发、原子化和激发能力，且系无电极放电，无电极沾污。由于等离子体光源的异常高温（焰炬高达10000℃，样品区也在6000℃以上），可以避免一般分析方法的化学干扰、基体干扰，与其他光谱分析方法相比，干扰水平比较低。等离子体焰炬比一般化学火焰具有更高的温度，能使一般化学火焰难以激发的元素原子化、激发，所以有利于难激发元素的测定,并且在 Ar 气氛中不易生成难熔的金属氧化物,从而使基体效应和共存元素的影响变得不明显。很多元素可直接测定,使分析操作变得简单,实用。

(4)ICP - AES 法具有溶液进样分析方法的稳定性和测量精度,其分析精度可与湿式化学法相比。且检出限非常好,很多元素的检出限低于 1mg/L。现代的 ICP - AES 仪器,其测定精度 RSD 可在 1% 以下,有的仪器短期精度在 0.4% RSD。同时 ICP 溶液分析方法可以采用标准物质进行校正,具有可溯源性,已经被很多标准物质的定值所采用,被 ISO 列为标准分析方法。

(5)ICP - AES 法采用相应的进样技术可以对固、液、气态样品直接进行分析。当今 ICP - AES仪器的发展趋势是精确、简捷、易用,且具有极高的分析速度。更加注重实际工作的需求及效率,使用者无须在仪器的调整上耗费时间和精力,从而能够把更多的精力放在分析测定工作上,使 ICP 成为一个易操作、通用性的实用工具。而且仪器更具多样化的适配能力,可根据实际工作需要选择不同的配置,例如在同一台仪器上可实现垂直观测、水平观测、双向观测,全波段覆盖、分段扫描,无机样品、有机样品、油样分析,自动进样器、超声雾化器、氢化物发生器、流动注射进样、固体进样等多种配置形式,并可根据需求随时升级,真正做到了一机多能,高效易用。新型的 ICP 商品仪器,综合了前几代仪器的优点,对仪器的结构、控制和软件功能等方面进行调整,普遍使用高集成固体检测器,引入高配置计算机,使仪器更加紧凑、功能更加完善,并在控制的可靠性、数据通用性上都有了质的飞跃。

2. 光电光谱法

光电光谱法是由看谱法及摄谱法发展而来的,主要用来作定量分析。

摄谱法的光谱定量分析本来也是一种快速分析方法,但因为要在暗室中处理感光板,测量谱线黑度,分析速度受到限制。为了进一步加快分析速度,有人设想用光电元件来接收光谱线,将光信号转变为电信号。这样做可以不进行暗室处理及黑度测量,更能提高分析速度。光电法的光谱分析随着光电转换技术的完善终于可以实现。最早的光电直读光谱分析用于铝镁工业,后来被广泛用于钢铁工业及其他工业。

光电光谱分析在物理学、化学、生物学等基础学科以及冶金、地质、机械、化工、农业、环保、食品、医药等领域都有其广泛的用途,特别是在钢铁及有色金属的冶炼中控制冶炼工艺具有极其重要的地位,而在地质系统找矿、环保、农业、生物样品中微量元素的检测高纯金属及高纯试剂中痕量的测定以及状态分析方面,光电光谱法都是相当有效的一种分析手段,是其他方法无法取代的。

第三节　无 损 探 伤

一、射线检测

(一)射线检测技术概述

射线探伤是利用射线可以穿透物质和在物质中有衰减的特性来发现其中缺陷的一种无损探伤方法。射线是具有可穿透不透明物体能力的辐射,包括电磁辐射(X 射线和 γ 射线)和粒子辐射。在射线穿过物体的过程中,射线将与物质相互作用,部分射线被吸收,部分射线发生散射。不同物质对射线的吸收和散射不同,导致透射射线强度的降低也不同。检测透射射线强度的分布情况,可实现对工件中存在缺陷的检验,这就是射线检测技术的基本原理。它可以检查金属和非金属材料及其制品的内部缺陷,如焊缝中的气孔、夹渣、未焊透等体积性缺陷。这种无损探伤方法有独特的优越性,即检验缺陷的直观性、准确性和可靠性,射线照相检测技术直接获得检测图像,给出缺陷形貌和分布直观显示,容易判定缺陷性质和尺寸。检测图像还可同时评定检测技术质量,自我监控工作质量。

(二)射线照相检测技术

射线照相检测技术是根据被检工件与其内部缺陷介质对射线能量衰减程度的不同,使得射线透过工件后的强度不同,使缺陷能在射线底片上显示出来的方法。从 X 射线机发射出来的 X 射线透过工件时,由于缺陷内部介质对射线的吸收能力和周围完好部位不一样,因而透过缺陷部位的射线强度不同于周围完好部位。把胶片放在工件适当位置,在感光胶片上,有缺陷部位和无缺陷部位将接受不同的射线曝光。再经过暗室处理后,得到底片,然后把底片放在观片灯上就可以明显观察到缺陷处和无缺陷处具有不同的黑度。评片人员据此就可以判断缺陷的情况。

射线照相检测技术具有灵敏度较高、射线底片能长期保存等优点,目前在国内外射线探伤中,应用最为广泛。

1. 射线照相检验技术的基本工艺过程

1)准备

准备主要是按编制的射线照相检验工艺卡,清理透照现场、准备透照使用的设备与工装、确定像质等级、准备胶片、确定探伤位置等。

2)透照

按照工艺卡规定的具体透照技术:透照方式、透照方向、一次透照区和透照参数,完成工件的透照,也常称为曝光。

3)暗室处理

对已曝光的胶片在暗室进行显影、定影等处理,使胶片成为底片(射线照片),得到被透照工件的射线照相影像。

4)评片

在评片室观片灯上观察底片,识别、记录底片给出的信息,按照有关技术文件或验收标准对被检验的工件的质量级别进行评定。

5)报告与文件归档

依据评片结果签发检验结论报告,整理有关技术资料,完成文件归档工作。

2. 像质等级的确定

像质等级就是射线照相质量等级,是对射线探伤技术本身的质量要求。我国将其划分为三个级别:

A 级——成像质量一般,适用于承受负载较小的产品和部件。

AB 级——成像质量较高,适用于锅炉和压力容器产品及部件。

B 级——成像质量最高,适用于航天和核设备等极为重要的产品和部件。

不同的像质等级对射线底片的黑度、灵敏度均有不同的规定。为达到其要求,需从探伤器材、方法、条件和程序等方面预先进行正确选择和全面合理布置,对给定工件进行射线照相法探伤时,应根据有关规定和标准要求选择适当的像质等级。

3. 探伤位置的确定及其标记

1)探伤位置的确定

在探伤工件中,应按产品制造标准的具体要求对产品的工作焊缝进行全检即100%检查或抽检。抽检面有5%、10%、20%、40%等几种,采用何种抽检面应依据有关标准及产品技术条件而定。对允许抽检的产品,抽检位置一般选在可能或常出现缺陷的位置;危险断面或受力最大的焊缝部位;应力集中部位;外观检查感到可疑的部位。

2)标记

对于选定的焊缝探伤位置必须进行标记,使每张射线底片与工件被检部位能始终对照,易于找出返修位置。标记内容主要有:

① 定位标记　包括中心标记、搭接标记。

② 识别标记　包括工件编号、焊缝编号、部位编号、返修标记等。

③ B标记　该标记应贴附在暗盒背面,用以检查背面散射线防护效果。若在较黑背景上出现"B"的较淡影像,应予重照。

另外,工件也可以采用永久性标记(如钢印)或详细的透照部位草图标记。标记的安放位置如图1-2所示。

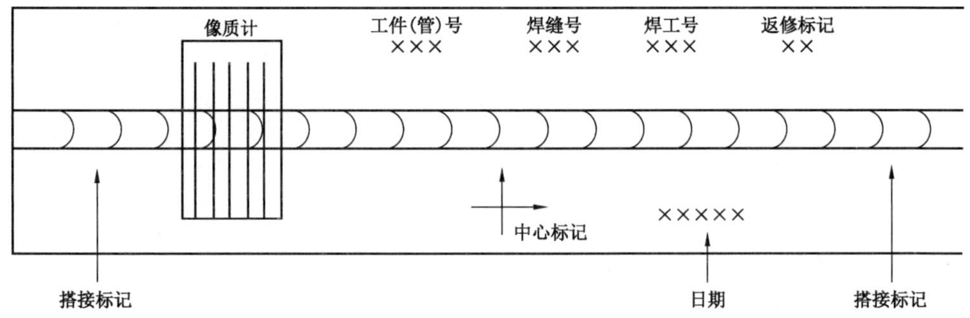

图1-2　各种标记相互位置(标记系)

4. 射线能量的选择

射线能量的选择实际上是对射线源的kV、MeV值或γ源的种类的选择。射线能量越大,其穿透能力越强,可透照的工件厚度越大。但同时也带来了由于衰减系数的降低而导致成像质量下降的问题。所以在保证穿透的前提下,应根据材质和成像质量要求,尽量选择较低的射线能量。

5. 胶片与增感屏的选取

1)胶片的选取

射线胶片不同于普通照相胶卷之处是在片基的两面均涂有乳剂,以增加射线敏感的卤化银含量,通常依卤化银颗粒粗细和感光速度快慢,将射线胶片予以分类。探伤时可按检验的质量和像质等级要求来选用，检验质量和像质等级要求高的应选用颗粒小、感光速度慢的胶片；反之则可选用颗粒较小、感光速度较快的胶片。

2）增感屏的选取

射线照相中使用的金属增感屏，是由金属箔（常用铅、钢或铜等）黏合在纸基或胶片片基上制成。其作用主要是通过增感屏被射线投射时产生的二次电子和二次射线，增强对胶片的感光作用，从而增加胶片的感光速度。同时，金属增感屏对波长较长的散射线有吸收作用。所以，金属增感屏的存在提高了胶片的感光速度和底片的成像质量。

金属增感屏有前、后屏之分。前屏（覆盖胶片靠近射线源的一面）较薄，后屏（覆盖胶片背面）较厚。其厚度应根据射线能量进行适当的选择。

6. 灵敏度的确定及像质计的选用

灵敏度是评价射线照相质量的最重要的指标，它标志着射线探伤中发现缺陷的能力。灵敏度分绝对灵敏度和相对灵敏度。绝对灵敏度是指在射线底片上所能发现的沿射线穿透方上的最小缺陷尺寸。相对灵敏度则用所能发现的最小缺陷尺寸在透照工件厚度上所占的百分比来表示。由于预先无法了解沿射线穿透方向上的最小缺陷尺寸，为此必须采用已知尺寸的人工“缺陷”——像质计来度量。

像质计有线型、孔型和槽型三种，探伤时，所采用的像质计必须与被检工件材质相同，其放置方式应符合图 1－2 所示要求，即安放在焊缝被检区长度 1/4 处，钢丝横跨焊缝并与焊缝轴线垂直，且细丝朝外。

在透照灵敏度相同情况下，由于缺陷性质、取向、内含物的不同，所能发现的实际尺寸不同。所以在达到某一灵敏度时，并不能断定能够发现缺陷的实际尺寸究竟有多大。但是像质计得到的灵敏度反映了对于某些人工“缺陷”（金属丝等）发现的难易程度，因此它完全可以对影像质量做出客观的评价。

7. 透照几何参数的选择

1）射线焦点大小的影响

射线焦点的大小对探伤取得的底片图像细节的清晰程度影响很大，因而影响探伤灵敏度。焦点为点状时，得到的缺陷影像最为清晰。而当焦点为直径 d 的圆截面时，缺陷在底片上的影像将存在黑度逐渐变化的区域 U_g，称为半影。它使缺陷的边缘线影像变得模糊而降低射线照相的清晰度。且焦点尺寸越大，半影也越大，成像就越不清晰。所以，探伤时应当尽量减小焦点尺寸。

2）透照距离的选择

焦点至胶片的距离称为透照距离，又称焦距。在射线源选定后，增大透照距离可提高底片清晰度，也增大每次透照面积。但同时也大大削弱单位面积的射线强度，使曝光时间过长。因此，不能为了提高清晰度而无限地加大透照距离。探伤通常采用的透照距离为400～700mm。

8. 焊缝透照方法选择

进行射线探伤时，为了彻底地反映工件接头内部缺陷的存在情况，应根据焊接接头形式和工件的几何形状合理布置透照方法。按照射线源、工件和胶片之间的相互位置关系，焊缝的透照方法分为纵缝透照法、环缝外透法、环缝内透法、双壁单影法和双壁双影法五种，如图 1－3 所示。

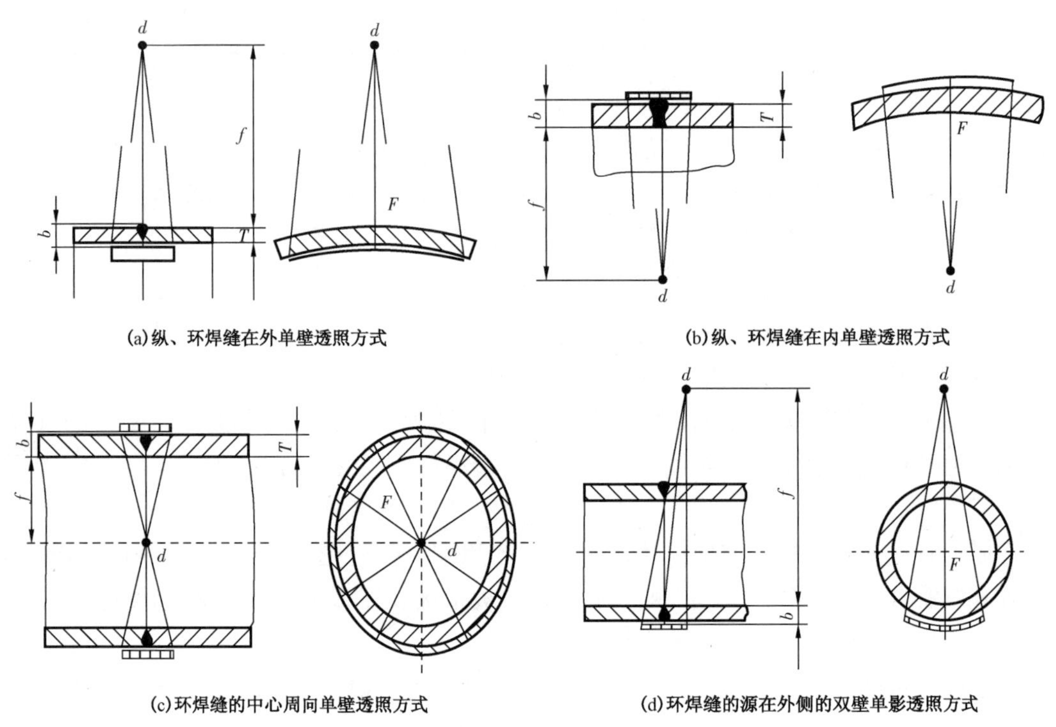

图 1－3　焊缝常见透照方法

1）纵缝透照法

纵缝即平板对接焊缝或筒体纵缝，纵缝透照法是最常用的透照方法。

2）环缝外透法

射线源在工件外侧，胶片放在筒体内侧，射线穿过单层壁厚对焊缝进行透照。

3）环缝内透法

射线源在筒体内，胶片贴在筒体外表面，射线穿过筒体单层壁厚对焊缝进行透照。

4）双壁单影法

射线在工件外侧，胶片放在射线源对面的工件外侧，射线通过双层壁厚把贴近胶片侧的焊缝投影在胶片上的透照方法称为双壁单影法，外径大于 89mm 的管子，当射线源或胶片无法进入内部时可采用此法进行分段透照。

5）双壁双影法

射线源在工件外侧，胶片放在射线源对面的工件外侧，射线透过双层壁厚把工件两侧都投影到胶片上的透照方法称为双壁双影法。外径小于或等于 89mm 的管子对接焊缝可采用此法透照。透照时，为了避免上、下层焊缝的影像重叠，射线束方向应有适当倾斜。

9. 透照厚度差的控制

X 射线管发出的 X 射线并非平行束射线，一般是以一定的辐射角向外辐射，且其照射场内的射线强度分布不均匀，这将使底片黑度分布不均匀。靠近边缘处，由于射线强度弱，其黑度低于中心附近黑度。同时，中心射线束穿过的工件厚度，产生了透照厚度差（$\Delta\delta = \delta' - \delta$），如图 1－4 所示，它也使底片中间部位黑度高于两端部位黑度。若以底片中间部位控制黑度，中间黑度适中，则两侧黑度将会过低而降低图像对比度，位于两端部位的缺陷有可能漏检，尤其横向裂纹缺陷，为此要控制透照厚度比。透照厚度比 K 定义如下：

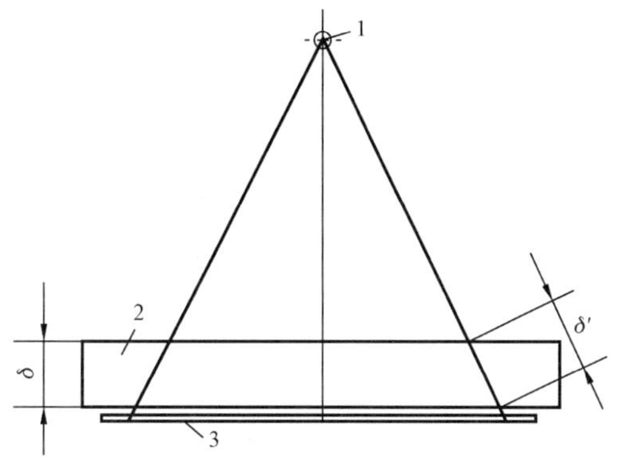

图 1－4　透照厚度差

1—射线源；2—工件；3—胶片

$$K = \frac{\delta'}{\delta}$$

式中　δ'——边缘射线束穿过工件厚度，mm；

δ——中心射线束穿过工件厚度，mm。

实际探伤时，透照厚度比 K 值按照国家标准选择。

10. 曝光规范的选择

曝光规范是影响照相质量的重要因素。X 射线探伤的曝光规范包括管电压、管电流、曝光时间及焦距四个参数。其中管电流与曝光时间的乘积称为曝光量。γ 射线探伤的曝光规范包括射线源种类、剂量、曝光时间及焦距四个内容。射线剂量反映了射线强度，它和曝光时间的乘积称为曝光量。曝光量决定底片的感光量，即直接影响底片黑度，实际射线探伤中利用曝光曲线进行曝光规范的选择。射线曝光曲线图如图 1－5 所示。

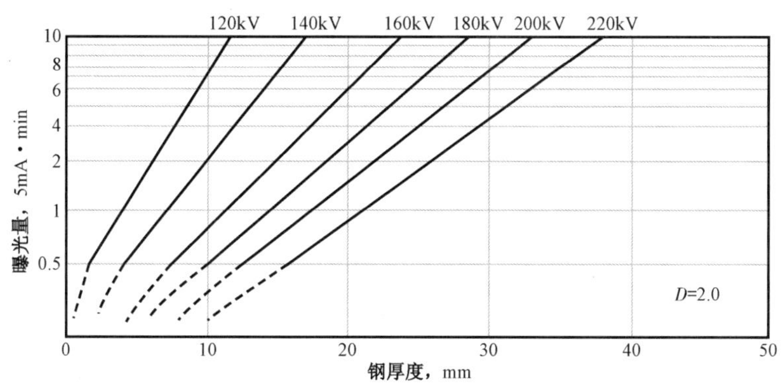

图 1－5　射线曝光曲线图

二、超声探伤检测

（一）超声探伤技术概述

超声波是声波中频率较高（大于 20kHz）、人的听觉不能听到的声波，超声波可以在固体、液体、气体介质中传播。超声波在介质中传播时，不同特性介质对超声的吸收不同，在不同特性介质的界面将发生反射、折射（和复杂的波形转换）等。从获得的反射波、透射波、衍射波情况可对介质做出判断，实现对缺陷的检验。这是超声检测技术的基本物理原理。

超声波检测可以分为超声波探伤、超声波测厚、超声波测量晶粒度、应力等。在超声探伤中，有根据缺陷的回波和底面的回波进行判断的脉冲反射法；有根据缺陷的阴影来判断缺陷情况的穿透法，还有根据由被检物产生驻波来判断缺陷情况或者判断板厚的共振法。目前用得最多的方法是脉冲反射法。

（二）超声检测技术基础

1. 探头及试块

1）探头

探头是超声检测的重要工具之一，它的种类很多，结构型式也不一样。超声波探伤是用超声波探头实现电声转换的，因此超声波探头又称为超声波换能器，其电声转换是可逆的。根据波型，探头可分为纵波探头、横波探头、表面波探头、板波探头等。根据波束可以分为聚焦探头与非聚焦探头。根据晶片数可分为单晶片探头、双晶片探头。常用的主要是直探头与斜探头。

（1）直探头：

直探头主要有压电晶片、保护膜、电缆线、阻尼块、外壳、接头。

阻尼块的作用是晶片在受激励振荡后立即停下来，使脉冲宽度变小，分辨力提高。吸收背面的杂波，支撑固定晶片。

探头的主要参数有晶片材料、直径、频率。

直探头结构图如图 1－6 所示。

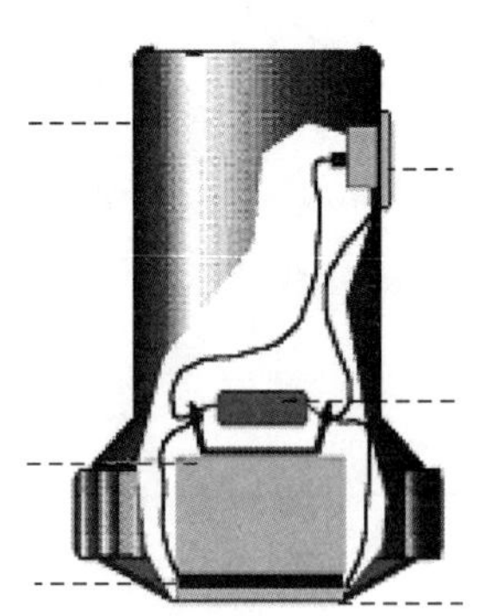

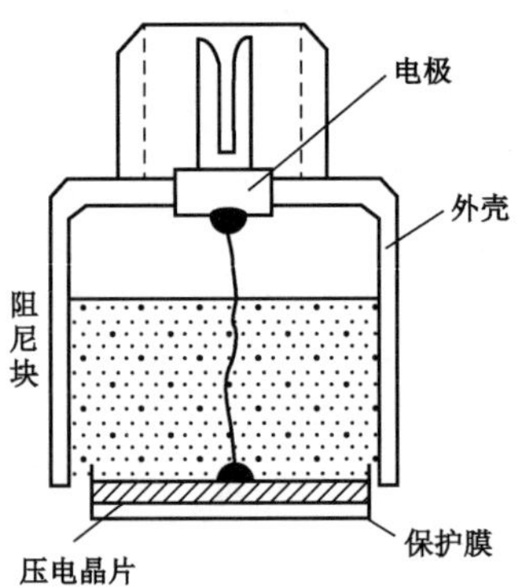

图 1－6　直探头结构图

(2)斜探头:

斜探头主要有压电晶片、斜楔、电缆线、阻尼块、吸声材料、外壳、接头。

斜楔的作用是实现波型转换,使被探工件中只存在折射横波。斜楔的纵波声速必须小于工件中的纵波波速,要耐磨、易加工,对超声波的衰减系数小。

探头的主要参数有晶片尺寸、频率、*K* 值。

斜探头示意图如图 1－7 所示。

图 1－7　斜探头示意图

2)试块

超声波探伤以各种标准试块和对比试块作为比较的依据,试块上具有特定尺寸的规则反射体提供了一个固定的声学参照,在实际探伤过程中,将以此作为比较的基准。

试块的作用有:(1)确定检测灵敏度;(2)测定仪器和探头的性能;(3)调整扫描速度;(4)评判缺陷的当量大小。

超声波探伤用试块可以分为标准试块、对比试块两种。标准试块是由国际、国家有关组织部门推荐、确定和通过使用的。国际上通用的标准试块有 ASTM 系列试块、IIW 试块等,我国的标准试块有 CS－1、CS－2 系列等。对比试块则是使用者根据需要自行设计和制造的试块,其用途比较单一。

其中 CSK－IA 试块(图 1－8)可以用于:① 测定斜探头的入射点和折射角;② 测仪器的水平线性、垂直线性和动态范围;③ 测仪器和探头的组合灵敏度;④ 测定横波斜探头的分辨力;⑤ 调整横波扫描速度和探测范围;⑥ 测出横波斜探头的 *K* 值。

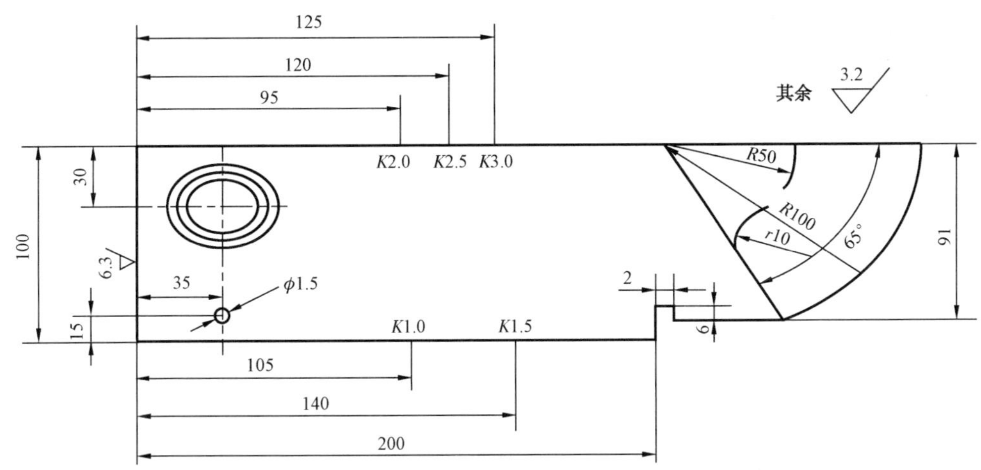

图 1－8　CSK－IA 试块

CSK－IIIA 试块是 JB/T 4370—2011《回转工作台》中规定的焊缝超声波探伤用的横孔标准试块。CSK－IIIA 试块如图 1－9 所示。

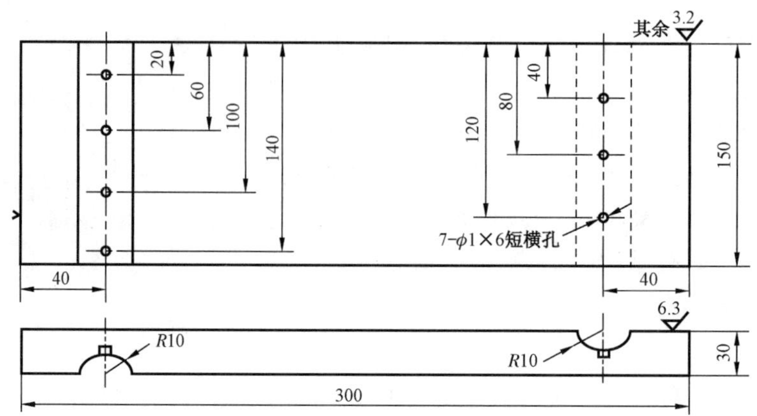

图 1-9　CSK-IIIA 试块

2. 缺陷状况对缺陷波高的影响

使用脉冲反射法探伤时,通常是根据缺陷回波高度来确定其当量大小的,而当量大小与缺陷的实际尺寸往往不尽一致,甚至有很大差距。因此超声波探伤的误报或漏检情况在实践中不可避免。

因此,为了减少误报或漏检,了解缺陷状况对于缺陷波高的影响十分必要。

(三)超声检测基本技术

1. 超声检测技术的基本工艺过程

超声检测通过选择适当的入射方式、向工件施加超声波、用适当方式获取反射波或透射波(或衍射波)等完成检测,检测的基本工艺可概括为下面几个步骤。

1)确定检测方法与检测条件

应根据被检工件特点(材质、制造工艺、结构、尺寸、可能产生缺陷的部位及方向)和技术条件要求,从保证缺陷可有效检验的角度确定应采用的检验方法。

检测条件主要是确定检测面、选取探头和耦合剂。

(1)确定检测面:

按照检验方法,从声束可覆盖全部可能出现缺陷考虑,确定必需的检测面。应注意的一个问题是,对应每个检测面存在的盲区。

(2)选择探头:

检测前应根据被检对象的形状、衰减和技术要求来选择探头。探头的选择包括探头型式、频率、晶片尺寸和斜探头 K 值的选择等。依据工件的材质、结构与尺寸、验收条件要求等,选取探头的频率和其他参数(如尺寸、角度、聚焦探头的焦距等)。

(3)选择耦合剂:

为了提高耦合效果,在探头与工件表面之间施加的一层透声介质称为耦合剂。

为了排除探头与工件检测面间的空气层,使超声波有效进入工件,必须采用耦合剂。对耦合剂的主要要求是其声特性阻抗应与被检工件材料匹配,具有良好的润湿性等。此外耦合剂还有减少摩擦的作用。

2)表面准备

依据检验方法特点与要求,进行工件表面准备。例如,去除松动的氧化皮、毛刺、油污、切削或磨削颗粒,做出适当标记等。

3)时基线调节(定位调整)

时基线调节或定位调整,一般按被检工件的厚度调整超声波探伤仪的测定范围,并进行零点调节和缺陷位置测量调整。调整应使时基线显示的范围包含所需检测的最大深度范围,使时基线刻度与在材料中声波传播的距离成一定比例。零点调节是使探头入射点(即声束开始进入工件的点)成为计算声程的起始点,调整好后,可根据波形出现的位置测定缺陷在工件中的位置。

定位调整可以在工件上或用试块进行,用试块调整时试块的材质要与工件相同或相近,调整本质上是扫描速度调节。

4)灵敏度调整

灵敏度调整可简称为定量调整。调整是调节超声波探伤仪的发射强度、增益、衰减等,使得在设定声程范围内,规则反射体给出确定的声压信号。调整好后,可根据波形的幅度测定缺陷的当量大小。

5)探头在工件表面的扫查

超声探伤的检验操作过程称为扫查,它是按设定的扫查方式(扫查路径、扫查速度、扫查间距、扫查摆动)移动探头,测定存在的缺陷,给出缺陷的位置、当量、尺寸等的过程。

在设计扫查方式时,应使探头声束有效覆盖需要检验区域。扫查时一般都适当提高设定的灵敏度(基准灵敏度)。

扫查方式多种多样,没有一定的限制,其选择原则有两条:一是保证工件的整个被检区域有足够的声束覆盖,避免漏检;二是探头的移动应使其入射声束可能与工件中缺陷反射面垂直,以便获得最佳检测效果。

常见的扫查方式有全面扫查和局部扫查。

2. 超声检测技术的常用方法

超声检测基本技术包括超声反射检测技术、超声透射检测技术、超声衍射检测技术等。在工业应用中,形成了多种不同的具体技术,常用的主要方法是纵波直探头接触法、横波斜探头接触法、液浸法、穿透法等。

1)纵波直探头接触法

纵波直探头接触法技术是采用直探头从工件检测面入射纵波的检测技术。该技术依据缺陷波的位置确定缺陷深度,依据缺陷波的幅度判定缺陷当量,按规定方法测定缺陷延伸长度。特殊的是,应考虑底波损失和出现的杂波情况。

2)横波斜探头接触法

横波斜探头接触法超声探伤技术,是采用斜探头发射的纵波,经探头楔块入射到检测面,在工件中折射形成横波的检测技术。这种技术也是根据缺陷波出现的位置确定缺陷在工件中的位置,根据缺陷回波幅度确定缺陷当量。

3）水浸法

水浸法将被检验工件放置在水中，超声探头发射的超声波经一定深度的水层后进入工件，实现超声检测。水浸法的超声探头与工件不接触，可减少表面粗糙度影响，发射与接收比较稳定，容易从不同方向实现检测。但超声在水与工件界面的往返透射将产生较大损失。

4）穿透法

穿透法采用两个超声探头，发射探头向工件发射超声，接收探头从工件透射超声，完成检测。工件中存在的缺陷，将对超声反射、折射、吸收、散射，使透射超声束发生改变。从透射超声信号的变化实现缺陷检验。

三、磁粉检测

磁粉检测（Magnetic Particle Testing，简称 MT），又称磁粉检验或磁粉探伤，是应用较广泛的常规无损检测方法之一。磁粉检测的基础是缺陷处漏磁场与磁粉的磁相互作用。铁磁性材料和工件被磁化后，由于不连续性的存在，使工件表面和近表面的磁力线发生局部畸变而产生漏磁场，吸附施加在工件表面的磁粉，形成在合适光照下目视可见的磁痕，从而显示出不连续性的位置、形状和大小。如图 1－10 所示。

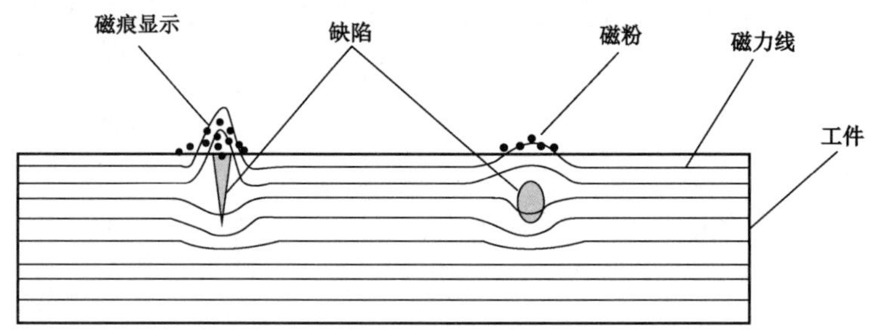

图 1－10　不连续处漏磁场和磁痕分布

（一）检测适用范围和操作步骤

1. 磁粉检测适用范围

磁粉检测适用于检测铁磁性材料表面和近表面尺寸很小、间隙极窄（如可检测出长 0.1mm、宽为微米级的裂纹），肉眼难以看出的不连续性。

磁粉检测可对未加工的原材料（如钢坯）、加工的半成品、成品工件及在役或使用过的零部件进行探伤，还能对板材、型材、棒材、管材、焊接件、铸钢件及锻钢件进行探伤。

磁粉检测不能检测奥氏体不锈钢材料和用奥氏体不锈钢焊条焊接的焊缝，也不能检测铜、铝、镁、钛等非磁性材料。马氏体不锈钢和沉淀硬化不锈钢具有磁性，可以进行磁粉检测。

磁粉检测可发现裂纹、夹杂、发纹、白点、折叠、冷隔和疏松等缺陷，但对于表面浅的划伤、埋藏较深的孔洞和与工件表面夹角小于 20°的分层及折叠难以发现。

2. 磁粉检测的基本操作步骤

磁粉检测最基本的六个步骤：(1)预处理；(2)磁化被检工件；(3)施加磁粉或磁悬液；(4)在合适的光照下，观察和评定磁痕显示；(5)退磁；(6)后处理。

(二)磁粉检测应用

磁粉检测可用于检测铁磁性材料和零部件表面与近表面的微小缺陷，具有很高的检测灵敏度，是控制产品质量的重要手段之一，因而被广泛应用。下面主要介绍锅炉压力容器等焊接件的磁粉检测。

1. 焊接件磁粉检测

焊接是利用热能或热能与压力，并且加或不加填充材料将工件连接成一整体的方法。焊接技术在机械、石油、化工、冶金、铁道、造船和宇航等部门已普遍采用，锅炉压力容器更是离不开焊接。随着工业和科学技术的发展，焊接材料和工艺方法也日益增多，对磁粉检测也提出了更高的要求。

焊缝中的缺陷，尤其焊接裂纹，一般是与表面相通的，在使用中容易形成疲劳源，它对承受疲劳载荷和压力作用的焊接结构，危害极大。为了保证焊接件的质量可靠和安全运行，必须加强对焊接件的无损检测。而对表面缺陷，因磁粉检测具有灵敏度高、检测可靠、设备简单，可方便地在现场检验，发现缺陷可及时排除和修补等优点，因而被广泛采用。检测时机：通常，焊缝的磁粉检测应安排在焊接工序完成之后进行。对于有延迟裂纹倾向的材料，磁粉检测应安排在焊后 24h 进行。

1)焊接件磁粉检测的工序与范围

(1)坡口探伤：

坡口可能出现的缺陷有分层和裂纹。裂纹有两种，一种是沿分层端部开裂的裂纹，另一种是火焰切割裂纹。

坡口探伤的范围是坡口和钝边。

(2)焊接过程中的探伤：

① 层间探伤：某些焊接性能差的钢种要求每焊一层检验一次，发现裂纹及时处理，确认无缺陷后再继续施焊。另一种情况是特厚板焊接，在检验内部缺陷有困难时，可以每焊一层磁粉检测一次。探伤范围是焊缝金属及临近坡口。

② 电弧气刨面的探伤：目的是检验电弧气刨造成的表面增碳导致产生的裂纹。探伤范围应包括电弧气刨面和临近的坡口。

(3)焊缝探伤

焊缝探伤的目的主要是检验焊接裂纹等焊接缺陷。探伤范围应包括焊缝金属及母材的热影响区，热影响区的宽度大约为焊缝宽度的一半。因此，要求探伤的宽度应为两倍焊缝宽度。

(4)机械损伤部位的探伤

在组装过程中，往往需要在焊接部件的某些位置焊上临时性的吊耳和夹具，施焊完毕后要割掉，在这些部位有可能产生裂纹，需要探伤。这种损伤部位的面积不大，一般从几平方厘米到十几平方厘米。

2)探伤方法选择

大型焊接结构不同于机械零件,其尺寸、重量都很大,无法用固定式设备,只能用便携式设备分段探伤。小型焊接件,例如零件,可在固定式设备上检验。用于焊缝探伤的磁化方法有多种,各有特点。要根据焊接件的结构形状、尺寸、检验的内容和范围等具体情况加以选择。大型焊缝常用磁化方法如下。

(1)磁轭法:

磁轭法在焊缝探伤中应用较为广泛。其优点是设备简单、操作方便。但是磁轭只能单方向磁化工件,因此,为了检出各个方向的缺陷,必须在同一部位至少做两次互相垂直的探伤,而且应将焊缝划分为若干个受检段,做出标记,每个受检段的长度应比两极之间的距离小 10 ~ 20mm,电磁轭之间的最佳距离为 100 ~ 150mm。为了检查横向缺陷在标定的受检段上,如图 1 – 11 所示来安放磁轭和交替重叠地改变其位置。为了检查纵向缺陷,则应将电磁轭跨在焊缝上,使两极的连线与焊缝垂直,依次移动磁极,逐个检查每个受检段。

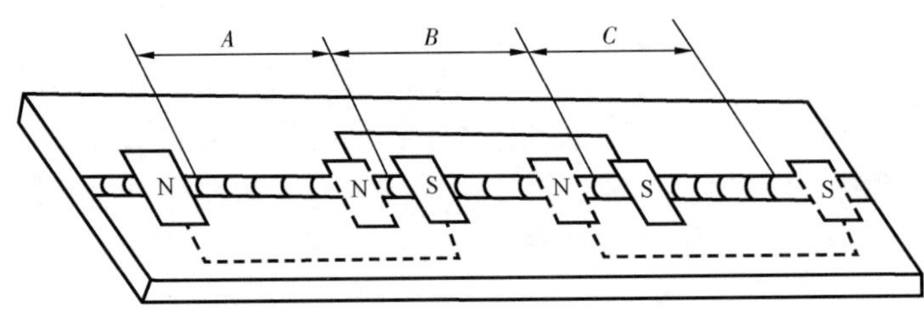

图 1 – 11　电磁轭分段磁化检验焊缝

在工程探伤实际操作中,由于两次互相垂直的探伤,磁极配置不可能很准确,有造成漏检的可能性,这是磁轭法的主要缺点,另一缺点是探伤效率低。

(2)触头法:

触头法也是单方向磁化的方法。其主要优点是电极间距可以调节,可根据探伤部位情况及灵敏度要求确定电极间距和电流大小。探伤时为避免漏检,同一部位也要进行两次互相垂直的探伤。可采用如图 1 – 12 的触头布置方法。触头的间距要保持一定的大小。

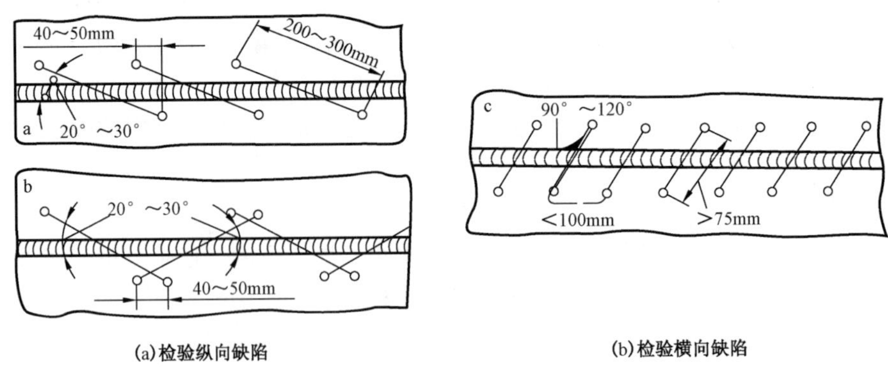

图 1 – 12　触头法检验焊缝的触头布置

用触头法探伤时也有电极配置问题，与磁轭法一样，也存在漏检的可能，这是它的缺点之一。其次是电极与工件的接触面容易产生电火花，从而烧伤工件表面。严重时在烧伤部位会产生裂纹。因此，在焊缝探伤中与磁轭法相比，触头法的应用较少。

如果采用直流电剩磁法探伤，必须注意在磁化焊缝的后一段时，不要造成前一段的退磁，为此可按如图 1－13 所示的顺序改变触头的位置。注意不要将触头直接放在焊缝上，而应放在焊缝边缘，因为触头与工件接触的部位检验效果很差，还容易烧伤焊缝。

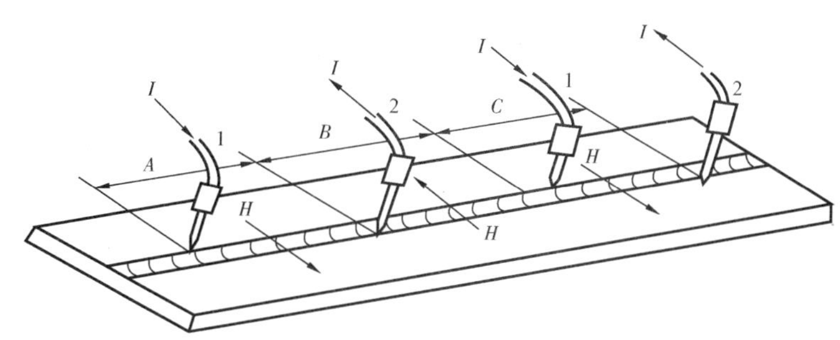

图 1－13　剩磁法检验焊缝的触头布置

(3)交叉磁轭法：

用交叉磁轭旋转磁场磁化的方法检验焊缝表面裂纹可以得到满意的效果。其主要优点是灵敏可靠并且探伤效率高。目前在焊缝探伤中尤其在锅炉压力容器探伤中应用越来越广泛。

(4)线圈法：

对于管道圆周焊缝可以用线圈法探伤。方法是在焊缝附近沿圆周方向用电缆绕 4～6 匝，对管道进行纵向磁化。这种磁化方法可发现焊缝和热影响区的横向裂纹。对能放进线圈的工件，尽量放在线圈中磁化。

(5)平行电缆法：

把电缆平行于焊缝放置。这种磁化方法只能发现与电缆平行的裂纹。

使用这种方法时，返回电流的那段电缆尽量远离被探工件，以免干扰有效磁化场，从而影响探伤效果。

上述五种探伤方法中，前三种都是用的便携式探伤装置。而绕电缆法及平行电缆法只是辅助性方法，其特点是可以用磁化设备上的电缆，也可以用 300～500A 交流电焊机代用，但使用时不允许长时间通电磁化。每次通电不能超过 2～3s。因此操作时动作要快，观察缺陷磁痕在断电之后进行。平行电缆法一般不推荐使用。

(三)磁痕分析与工件验收

1. 磁痕分析的意义

磁粉检测是利用磁粉聚集形成的磁痕来显示工件上的不连续性和缺陷的。通常把磁粉检测时磁粉聚集形成的图像称为磁痕，材料的均质状态(致密性)受到破坏称为不连续性，影响工件使用性能的不连续性称为缺陷。磁痕的宽度为不连续性和缺陷宽度的数倍，即磁痕对缺陷的宽度有很大作用，所以磁粉检测能将目视不可见的缺陷显示出来，具有很高的检测灵敏度。

能够形成磁痕显示的原因是很多的，由缺陷产生的漏磁场形成的磁痕显示称为相关显示，由工件截面突变和材料磁导率差异等产生的漏磁场形成的磁痕显示称为非相关显示；由非漏磁场形成的磁痕显示称为伪显示。

磁痕分析是指确认磁粉检测所发现的磁痕显示属于伪显示、非相关显示或相关显示。磁痕评定是对裂纹、发纹和白点等相关显示及严重性进行评价。工件验收是指根据工件磁粉检测的质量验收标准和所发现的磁痕显示，判断工件的合格/拒收或报废。目的是发现缺陷，并依据质量验收标准评价工件质量，所以正确的和规范的磁粉检测工艺与正确的和合理的质量验收标准对产品都同等重要。

2. 锻钢件缺陷磁痕显示

某些原材料缺陷会带入锻钢件。例如，非金属夹杂物带入锻件后，磁痕沿锻造流线分布，大多数是线状，有时是链状或块状。含有白点的钢经锻造成型后，裂纹为短线状并成群出现。皮下气孔锻造后形成短而浅的裂纹，磁痕呈齐头的线状分布。钢中分层经模锻挤入毛边，切边后在分模面上出现分层，磁痕沿着毛边截面以线状出现。

剪切裂纹是在下料时产生的缺陷，是由于剪切时温度过低、剪切机刃具老化引起的，裂纹常贯穿剪切断面。磁痕为粗直线状。

锻造时产生的缺陷，常见的是裂纹和折叠。

1）锻造裂纹

锻造裂纹产生的原因很多，属于锻造本身的原因有加热不当、操作不正确、终锻温度太低、冷却速度太快等，如加热速度过快因热应力而产生裂纹，锻造温度过低因金属塑性变差而导致撕裂。锻造裂纹一般都比较严重，具有尖锐的根部或边缘，磁痕浓密清晰，呈直线或弯曲线状。如图 1－14 所示。

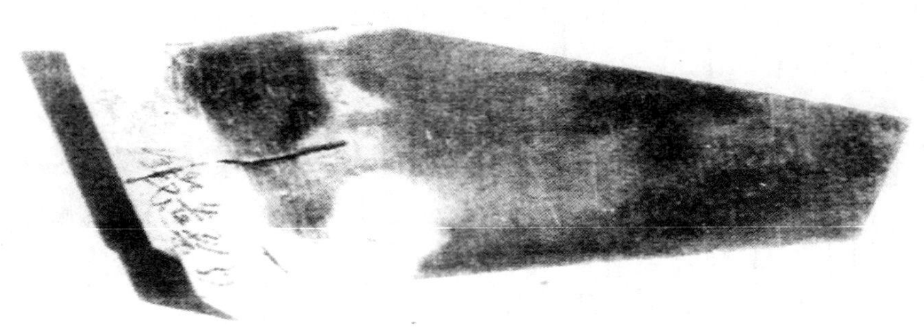

图 1－14　锻造裂纹

2）锻造折叠

锻造折叠是一部分金属被卷折或重叠在另一部分金属上，即金属间被紧紧挤压在一起但仍未熔合的区域，如图 1－15 所示。

图 1－15　锻造折叠

3. 焊接件缺陷磁痕显示

焊接构件是经过一系列工序的加工才完成的。其主要工艺流程是:下料、成型形、坡口加工、组装、焊接和探伤。在构件制作过程中不同工艺阶段,由于工艺或操作不当有可能产生相应的工艺缺陷。焊接件的工艺缺陷有以下几种。

1) 气割裂纹

下料和坡口加工多数采用火焰切割的方法。火焰切割是一个加热切割过程,当气割工艺不当或环境温度过低,冷却速度过快时,对于强度较高的钢就容易产生气割裂纹。

2) 电弧气刨裂纹

电弧气刨是以碳棒为电极与钢板产生电弧,从而把钢熔化,同时用气流把钢水吹掉。在这个过程中,碳要向钢材表面过渡,造成气刨面的增碳。如果冷却速度过快就会在电弧气刨面产生裂纹。

3) 焊接裂纹

主要目的是检查焊缝及热影响区的裂纹。

焊接裂纹可能在焊接过程中产生,也可能在焊后,甚至在放置一段时间以后产生。因此焊缝探伤要求在焊接完毕 24h 后进行。

焊接裂纹从不同角度有不同的分类方法,按形成裂纹的温度可分为热裂纹和冷裂纹。

热裂纹一般产生在 1100～1300℃高温范围内的焊缝熔化金属内,由于焊缝凝固过程的拉应力和晶界上低熔点共晶体的存在,导致焊缝上产生裂纹并沿晶扩展,有的延伸至基体金属内,热裂纹有纵向裂纹和横向裂纹,露出工件表面的热裂纹端口有氧化色。

冷裂纹一般产生在 100～300℃低温范围内的热影响区(基体金属和熔合线上),由于焊缝冷却过程的收缩应力,敏感的淬硬组织和由氢气造成的接头脆化,导致在热影响区和弧坑上产生冷裂纹。冷裂纹可能在焊完马上产生,也可能在焊完后数日、数月才开裂。大多数冷裂纹是纵向的,深浅不一,长短不等。露出工件表面的冷裂纹断口未氧化,发亮。

根据裂纹产生的位置,焊接裂纹可分为三类。

(1)焊缝裂纹:焊缝裂纹是焊接裂纹中常见的一种,它产生在焊缝金属中。按形态与取向主要有三种,即纵向裂纹(平行于焊缝方向)、横向裂纹(垂直于焊缝方向)和树枝状裂纹(或放射状裂纹),如图 1－16 所示。

(2)热影响区裂纹:它产生在母材的热影响区内。这类裂纹多数向母材方向扩展,而止于熔合线,个别情况也有穿过焊缝的。

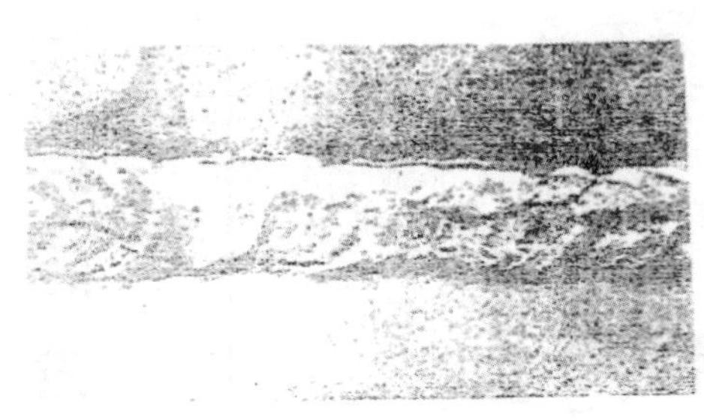

图 1－16　焊接裂纹

(3)熔合线裂纹:它产生在焊缝与母材的交界处即熔合线上。

当焊件被固定时,在焊后的冷却过程中由于收缩应力的关系而产生应力裂纹,它可以是横向的或纵向的,有时可以延伸到热影响区。在单道焊接时,所出现的应力裂纹通常是横向的,在多道焊接时,所出现的应力裂纹通常是纵向的。

4)未焊透

熔化金属和基体金属间及焊缝层间的没有熔合称为未焊透。如图 1－17 所示。

图 1－17　未焊透

5)气孔

焊缝上的气孔是在焊接过程中,气体在熔化金属冷却之前来不及逸出而保留下来的孔穴。

6)夹渣

夹渣通常是由于气割后没有将焊接边缘的氧化铁皮或其他不洁物去净,点焊时熔渣没有充分清除,以及多层焊接情况下未将上一层的溶渣充分清除等原因所造成的。另外由于熔化金属溶液中的某些化合物在其冷却和凝固过程中沉淀于焊缝内,以及焊缝金属加入成分的氧化所致。

(四)磁痕评定与记录

(1)除能确认磁痕是由于工件材料局部磁性不均或操作不当造成的之外,其他一切磁痕显示作为缺陷磁痕处理。

(2)长度与宽度之比大于3的缺陷磁痕,按线性缺陷处理,长度与宽度之比小于或等于3的缺陷磁痕,按圆形缺陷处理。

(3)缺陷磁痕长轴方向与工件轴线或母线的夹角大于或等于30°时,作为横向缺陷处理,其他按纵向缺陷处理。

(4)两条或两条以上缺陷磁痕在同一直线上且间距小于或等于2mm时,按一条缺陷处理,其长度为两条缺陷之和加间距。

(5)长度小于0.5mm的缺陷磁痕不计。

(6)所有磁痕的尺寸、数量和产生部位均应记录,并图示。

(7)磁痕的永久性记录可采用胶带法、照相法以及其他适当的方法。

(8)非荧光磁粉检测时,磁痕的评定应在可见光下进行,工件被检面处可见光照度不小于500lx,荧光磁粉检测时,磁痕的评定应在暗室内进行,暗室内可见光照度应不大于20lx。工件被检面处的紫外线强度应不小于1000μW/cm^2。

(9)当辨认细小磁痕缺陷时,应用2~10倍放大镜进行观察。

(五)复检

(1)当出现下列情况之一时,应进行复验。

① 测结束时,用灵敏度试片验证检测灵敏度不符合要求。

② 现检测过程中操作方法有误。

③ 需双方争议或认为有其他需要时。

④ 返修后的部位。

(2)复验应按NB/T 47013.4—2005《承压设备无损检测 第4部分:磁粉检测》中有关条文进行。

(六)缺陷等级评定

(1)下列缺陷不允许存在:

① 任何裂纹和白点。

② 任何横向缺陷显示。

③ 焊缝及紧固件上任何长度大于1.5mm的线性缺陷显示。

④ 锻件上任何长度大于2mm的线性缺陷显示。

⑤ 单个尺寸大于或等于4mm的圆形缺陷显示。

(2)缺陷显示累积长度的等级评定按表1-1进行。

表1-1 缺陷显示累积长度的等级评定

评定区尺寸		35mm×100mm用于焊缝及高压紧固件	100mm×100mm用于各类锻件
等级	Ⅰ	<0.5mm	<0.5mm
	Ⅱ	≤2mm	≤3mm
	Ⅲ	≤4mm	≤9mm
	Ⅳ	≤8mm	≤18mm
	Ⅴ	大于Ⅳ级者	

四、渗透探伤

(一)概述

渗透探伤是一种无损检测方法。渗透探伤是一种以毛细管作用原理为基础的检查表面开口缺陷的无损检测方法。这种方法是五种常规无损检测方法(射线检测、超声检测、磁粉检测、渗透检测、涡流检测)中的一种,是一门综合性科学技术。

同其他无损检测方法一样,渗透探伤也是以不损坏被检对象的使用性能为前提,运用物理、化学、材料科学及工程学理论为基础,对各种工程材料、零部件和产品进行有效的检验,借以评价它们的完整性、连续性及安全可靠性。渗透探伤是实现质量控制、节约原材料、改进工艺、提高劳动生产率的重要手段,是产品制造和使用维修中不可缺少的组成部分。

(二)渗透检测的工作原理

渗透检测是基于液体的毛细管作用(或毛细管现象)和固体染料在一定条件下的发光现象。

渗透检测的工作原理:零件表面被施涂含有荧光染料或着色染料的渗透液后,在毛细管作用下,经过一定时间的渗透,渗透液可以渗进表面开口缺陷中;经去除零件表面多余的渗透液和干燥后,再在零件表面施涂吸附介质——显像剂;同样,在毛细管作用下,显像剂将吸附缺陷中的渗透液,使渗透液回渗到显像剂中;在一定的光源下(黑光或白光),缺陷处的渗透液痕迹被显示(黄绿色荧光或鲜艳红色),从而探测出缺陷的形貌及分布状态。

渗透检测可以检查金属(钢、耐热合金、铝合金、镁合金、铜合金)和非金属(陶瓷、塑料)零件或材料的表面开口缺陷,例如:裂纹、疏松、气孔、夹渣、冷隔、折叠和氧化斑疤等。这些表面开口缺陷,特别是细微的表面开口缺陷,一般情况下,目视检查是难以发现的。

渗透检测不受受检零件化学成分限制。渗透检测可以检查磁性材料,也可以检查非磁性材料;可以检查黑色金属,也可以检查有色金属,还可以检查非金属。不受受检制件结构限制。渗透检测可以检查焊接件或铸件,也可以检查压延件和锻件,还可以检查机械加工件。不受缺陷形状(线性缺陷或体积型缺陷)、尺寸和方向的限制。只需一次渗透检测,即可把零件表面各个方向及各种形状的缺陷全部检查出来。

但是,常规渗透检测不适用于检查表面是吸收性的零件或材料,例如粉末冶金零件;另外,渗透检测也不适用于检查因外来因素造成开口被堵塞的缺陷,例如零件经喷丸处理或喷砂,则可能堵塞表面缺陷的"开口"。喷砂前后缺陷开口变化如图 1-18 所示。

渗透检测一般应在冷热加工之后,表面处理之前,零件制成之后进行。

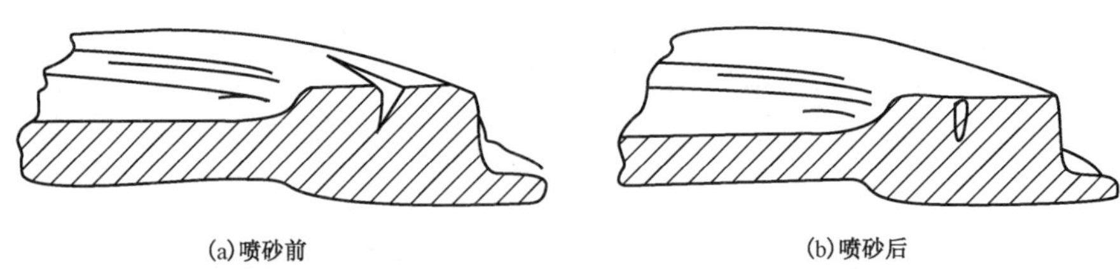

图 1-18　喷砂前后缺陷开口变化示意图

(三)渗透检测的分类

(1)根据渗透液所含染料成分分类:

根据渗透液所含染料成分,渗透检测分为荧光渗透检测法、着色渗透检测法和荧光着色渗透检测法三大类。渗透液内含有荧光染料,缺陷图像在紫外线下能激发荧光的为荧光渗透检测法。渗透检测液内含有色染料,一般为红色染料,缺陷图像在白光或日光下显色的为着色渗透检测法。荧光着色渗透检测法兼备荧光渗透检测和着色渗透检测两种方法的特点,缺陷图像在白光或日光下能显红色,在紫外线下又激发出荧光。

(2)根据渗透液去除方法分类:

根据渗透液去除方法,渗透检测分为水洗型、后乳化型和溶剂去除型三大类。水洗渗透检测法是渗透液内含有一定量的乳化剂,零件表面多余的渗透液可直接用水洗掉。有的渗透液虽不含乳化剂,但溶剂是水,即水基渗透液,零件表面多余的渗透液也可直接用水洗掉,它也属于水洗型渗透检测法,后乳化型渗透法的渗透液不能直接用水从零件表面洗掉,必须增加一道乳化工序,即零件表面上多余的渗透液要用乳化剂“乳化”后才能用水洗掉。溶剂去除型渗透检测法是用有机溶剂去除零件表面多余的渗透液。

(3)根据渗透检测灵敏度级别分类:

根据渗透检测灵敏度级别,渗透检测分为很低级(灵敏度级别为1/2级),低级(灵敏度级别为1级)、中级(灵敏度级别为2级)、高级(灵敏度级别为3级)和超高级(灵敏度级别为4级),共五个级别。

荧光渗透检测灵敏度等级可有五个级别,只有水洗型荧光渗透检测灵敏度等级有很低级。着色渗透检测灵敏度等级有很低级、低级和中级三个级别。

(4)根据探伤的缺陷是否穿透分类:

根据检验缺陷是否穿透,渗透检测分为表面渗透检测和检漏渗透检测两大类。表面渗透检测主要检验表面开口缺陷,检漏渗透检测主要检测穿透性缺陷。

1)渗透检测的操作程序

几种常用的渗透检测方法的操作程序如图1－19所示。

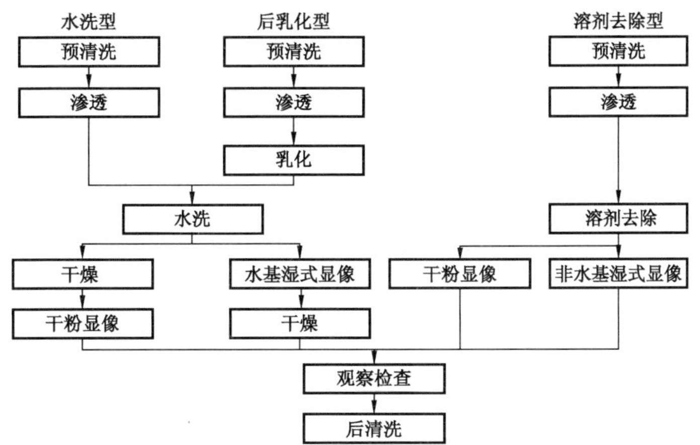

图1－19 渗透探伤的操作程序

2）渗透检测方法分类和选用

根据渗透剂和显像剂种类不同，渗透检测方法可按表1－2和表1－3进行分类。

表1－2　按渗透剂种类分类的渗透检测方法

方法名称	渗透剂种类	方法代号
荧光渗透检测	水洗型荧光渗透剂	FA
	后乳化型荧光渗透剂	FB
	溶剂去除型荧光渗透剂	FC
着色渗透检测	水洗型着色渗透剂	VA
	后乳化型着色渗透剂	VB
	溶剂去除型着色渗透剂	VC

表1－3　按显像方法分类的渗透检测方法

方法名称	显像剂种类	方法代号
干式显像法	干式显像剂	D
湿式显像法	湿式显像剂	W
快干式显像法	快干式显像剂	S
无显像剂显像法	不用显像剂	N

渗透检测方法的选用可根据被检工件表面粗糙度、检测灵敏度、检测批量大小和检测的水源、电源等条件来决定。

① 对于表面光洁且检测灵敏度要求高的工件宜采用后乳化型着色法或后乳化型荧光法，也可采用溶剂去除型荧光法。

② 对于表面粗糙且检测灵敏度要求低的工件宜采用水洗型着色法或水洗型荧光法。

③ 对于现场无水源、电源的检测宜采用溶剂去除型着色法。

④ 对于批量大的工件检测，宜采用水洗型着色法或水洗型荧光法。

⑤ 对于大工件的局部检测，宜采用溶剂去除型着色法或溶剂去除型荧光法。

⑥ 荧光法比着色法有更高的检测灵敏度。

（四）渗透检测操作步骤

1．表面准备

（1）工件表面不得有铁锈、氧化皮、焊接飞溅、铁屑、毛刺以及各种防护层。

（2）被检工件机加工表面粗糙度 Ra 值为6.3μm；被检工件非机加工表面的粗糙度 Ra 值为12.5μm。但对不能打磨的工件可适当放宽。

（3）局部检测时，准备工作范围应从检测部位四周向外扩展25mm。

2．预清洗

检测部位的表面状况在很大程度上影响着渗透检测的检测质量。因此，在进行过表面清理之后还要进行一次预清洗，以去除检测表面的污垢。清洗时，可采用溶剂、洗涤剂等进行。

清洗范围应满足条件要求,清洗后,检测面上遗留的溶剂、水分等必须干燥,应保证在施加渗透剂之前不被污染。

3. 施加渗透剂的方法

施加方法应根据零件大小、形状、数量和检测部位来选择。所选方法应保证被检部位完全被渗透剂覆盖,并在整个渗透时间内保持润湿状态,具体施加方法如下。

(1)喷涂:可用静电喷涂装置、喷罐及低压泵等进行,适用于大工件的局部或全部检测。

(2)刷涂:可用刷子、棉纱、布等进行,适用于大工件的局部检测、焊缝检测。

(3)浇涂:将渗透剂直接浇在工件被检面上,适用于大工件的局部检测。

(4)浸涂:把整个工件浸泡在渗透剂中,适用于小零件的全面检测。

4. 渗透时间及温度

在15～50℃的温度条件下,渗透剂的渗透时间一般不得少于10min;当温度条件不能满足上述条件时,应对操作方法进行修正。

5. 乳化处理

(1)在进行乳化处理前,对被检工件所附着的渗透剂应尽可能去除;使用水基乳化剂时,应用水喷法排除多余的渗透剂,如无特殊规定,水压一般应控制在0.14MPa。

(2)乳化可采用浸渍、浇注、喷洒等方法施加于工件被检表面,不允许采用刷涂法。

(3)乳化时间取决于乳化剂和渗透剂的性能及被检工件表面粗糙度。通常,使用油基乳化剂的乳化时间在2min内,水基乳化剂的乳化时间在5min内。

6. 清洗多余的渗透剂

在清洗工件被检表面多余的渗透剂时,应注意防止过度清洗而使检测质量下降,同时也应注意防止清洗不足而造成对缺陷显示识别困难。用荧光渗透剂时,可在紫外线灯照射下边观察边清洗。

水洗型和后乳化型渗透剂均可用水清洗。冲洗时,水射束与被检面的夹角以30°为宜。在无冲洗装置时,可采用干净不脱毛的抹布蘸水依次擦洗。采用冲洗方法时,如无特殊规定,冲洗装置喷嘴处的水压应不超过0.34MPa。

溶剂去除型渗透剂用清洗剂清洗。除特别难以清洗的地方外,一般应先用干净不脱毛的布依次擦拭,直至大部分多余渗透剂被清除,再用蘸有清洗剂的干净不脱毛的布进行擦拭,直至将被检面上多余的渗透剂全部擦净。但必须注意,不得往复擦拭,不得用清洗剂直接在被检面冲洗。

7. 干燥处理

(1)施加快干式显像剂之前或施加湿式显像剂之后,检测面需经干燥处理,一般可用热风进行干燥或进行自然干燥,干燥时,被检面的温度不得大于50℃。

(2)当采用清洗剂清洗时,应自然干燥,不得加热干燥。

(3)干燥时间通常为5～10min。

8. 施加显像剂

(1)使用干式显像剂时,需先经干燥处理,再用适当方法将显像剂均匀地喷洒在整个被检表面上,并保持一段时间。

(2)使用湿式显像剂时,在被检面经过清洗处理后,可直接将显像剂喷洒或涂刷到被检面上或将工件浸入显像剂中,然后迅速排除多余显像剂,再进行干燥处理。

(3)用快干式显像剂时,经干燥处理后,再将显像剂喷洒或刷涂到被检面上,然后进行自然干燥或用低温空气吹干。

(4)显像剂在使用前应充分搅拌均匀,施加显像剂应薄而均匀,不可在同一地点反复多次施加。

(5)喷施显像剂时,喷嘴离被检面距离为 300 ~ 400mm,喷洒方向与被检面夹角为 30° ~40°。

(6)禁止在被检面上倾倒快干式显像剂,以免冲洗掉缺陷内的渗透剂。

(7)显像时间取决于显像剂种类,缺陷大小以及被检工件温度,一般不应少于 7min。

9. 观察

(1)观察显示迹痕应在显像剂施加后 7 ~30min 内进行。如显示迹痕的大小不发生变化,也可超过上述时间。

(2)着色渗透检测时,应在被检表面可见光照度大于 500lx 的条件下进行。

(3)荧光渗透检测时,所用紫外线灯在工件表面的紫外线强度应不低于 1000μW/cm^2,紫外线波长应在 0. 32 ~0. 40μm 的范围内。观察前要有 5min 以上时间使眼睛适应暗室,暗室内可见光照度应不大于 20lx。

(4)当出现显示迹痕时,必须确定迹痕是真缺陷还是假缺陷。必要时应用 5 ~ 10 倍放大镜进行观察或进行复检。

10. 复检

(1)当出现下列情况之一时,需进行复检:

① 检测结束时,用对比试块验证渗透剂已失效。

② 发现检测过程中操作方法有误。

③ 供需双方有争议或认为有其他需要时。

④ 经返修后的部位。

(2)当决定进行复验时,必须对被检面进行彻底清洗,以去除前次检测时所留下的迹痕,必要时,应用有机溶剂进行浸泡。当确认清洗干净后,按规定进行复检。

11. 后处理

检测结束后,为防止残留的显像剂腐蚀被检工件表面或影响其使用,应清除残余显像剂。清除方法可用刷洗、水洗、布或纸擦除等方法。

12. 渗透检测环境条件的控制

渗透检测场地的面积大小,应根据被检零件的形状、尺寸、数量及相应形式的渗透检测生产线而定,渗透检测场地应有足够的活动空间,应设有排水沟,应有水磨石地面。

渗透探伤场地内应设置抽排风装置、压缩空气管路及暖气设施,渗透检测场地内温度不应低于 15℃,相对湿度不应超过 50% 。

静电喷涂场地墙壁应采用瓷砖砌成,地面应保持 15° ~20°的倾斜,以便排放污水。

荧光液废水及其他污水处理应符合环境保护要求。

(五)缺陷迹痕的分类和缺陷的评定

1. 缺陷的分类和评定

(1)除确认显示迹痕是由外界因素或操作不当造成的之外,其他任何大于或等于0.5mm的显示迹痕均应作为缺陷显示迹痕处理。

(2)长度与宽度之比大于3的缺陷显示迹痕,按线性缺陷处理;长度与宽度之比小于或等于3的缺陷显示迹痕,按圆形缺陷处理。

(3)缺陷显示迹痕长轴方向与工件轴线或母线的夹角大于或等于30°时,按横向缺陷处理,其他按纵向缺陷处理。

(4)两条或两条以上缺陷显示迹痕在同一直线上间距小于或等于2mm时,按一条缺陷处理,其长度为显示迹痕长度之和加间距。

2. 缺陷显示迹痕等级评定

下列缺陷不允许存在:

(1)任何裂纹和白点。

(2)任何横向缺陷显示。

(3)焊缝及紧固件上任何长度大于1.5mm的线性缺陷显示。

(4)锻件上任何长度大于2mm的线性缺陷显示。

(5)单个尺寸大于或等于4mm的圆形缺陷显示。

3. 缺陷的记录

缺陷评定后,有时需要将发现的缺陷记录下来,缺陷记录方式有如下几种。

(1)画出零件的草图,在草图上标出缺陷的相应位置、形状和大小,并说明缺陷的性质。

(2)采用可剥性塑料薄膜显像剂,显像后,剥落下来,贴到玻璃板上,保存起来。剥下的显像剂薄膜包含有缺陷迹痕显示图像,在白光下(着色渗透检测)或在紫外线灯下(荧光渗透检测)可看见缺陷迹痕显示图像。

(3)用照相机直接把缺陷拍照下来。着色显示在白光灯下拍照,最好用彩色胶卷,这样记录的缺陷迹痕显示图像更真切。荧光渗透检测显示需在紫外线灯下拍照,拍照时,镜头上要加黄色滤光片,且采用较长的曝光时间。紫外线下拍照需要熟练的照相技术,可采用在白光下极短时间曝光以产生零件的外形,再在不变条件下,继续在紫外线下进行曝光,这样可得到在清楚的零件背景上的缺陷迹痕图像的荧光显示。

五、声发射探伤技术

(一)声发射检测技术概述

声发射(AE)是指材料局部因能量的快速释放而发出瞬态弹性波的现象,声发射也称为应力波发射。声发射是一种常见的物理现象,大多数材料变形和断裂时有声发射产生,如果释放的应变能足够大,就产生可以听得见的声音,如在耳边弯曲锡片,就可以听见劈啪声,这是由于锡受力产生孪晶变形的发声。大多数金属材料塑性变形和断裂时也有声发射产生。

但许多材料的声发射信号强度很弱，人耳不能直接听见，需要借助灵敏的电子仪器才能检测出来。用仪器探测、记录、分析声发射信号和利用声发射信号推断声发射源的技术称为声发射技术。声发射技术是一种新兴的动态无损检测技术，涉及声发射源、波的传播、声电转换、信号处理、数据显示与记录、解释与评定等基本概念。

声发射检测的原理如图 1－20 所示，从声发射源发射的弹性波最终传播到达材料的表面，引起可以用声发射传感器探测的表面位移，这些探测器将材料的机械振动转换为电信号，然后再被放大、处理和记录。固体材料中内应力的变化产生声发射信号，在材料加工、处理和使用过程中有很多因素能引起内应力的变化，如位错运动、孪生、裂纹萌生与扩展、断裂、无扩散型相变、磁畴壁运动、热胀冷缩、外加负荷的变化等。人们根据观察到的声发射信号进行分析与推断以了解材料产生声发射的机制。

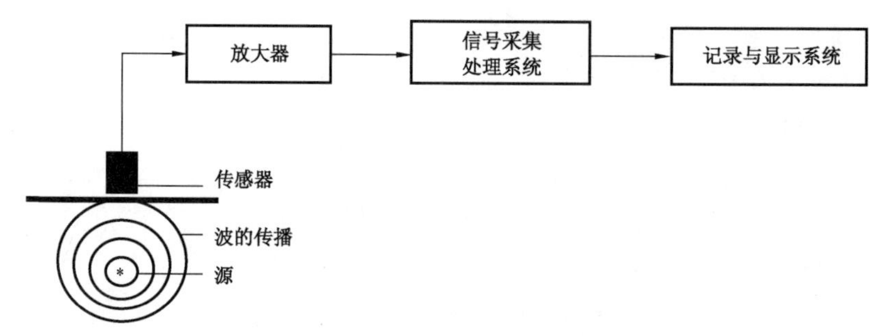

图 1－20　声发射检测原理方框图

声发射检测的主要目标：(1)确定声发射源的部位；(2)分析声发射源的性质；(3)确定声发射发生的时间或载荷；(4)评定声发射源的严重性。一般而言，对超标声发射源，要用其他无损检测方法进行局部复检，以精确确定缺陷的性质与大小。

(二)声发射检测基本技术

1. 检测仪器选择的影响因素

在进行声发射试验或检测前，需首先根据被检测对象和检测目的来选择检测仪器，主要应考虑的因素如下。

(1)被监测的材料：声发射信号的频域、幅度、频度特性随材料类型有很大不同，例如，金属材料的频域为数千赫兹至数兆赫兹，复合材料为数千赫兹至数百千赫兹，岩石与混凝土为数赫兹至数百千赫兹。对不同材料需考虑不同的工作频率。

(2)被监测的对象：被检对象的大小和形状、发射源可能出现的部位和特征的不同，决定选用检测仪器的通道数量。对实验室材料试验、现场构件检测、各类工业过程监视等不同的检测，需选择不同类型的系统。例如，对实验室研究，多选用通用型；对大型构件，采用多通道型；对过程监视，选用专用型。

(3)需要得到的信息类型：根据所需信息类型和分析方法，需要考虑检测系统的性能与功能，如信号参数、波形记录、源定位、信号鉴别及实时或事后分析与显示等。

2. 检测仪器的设置和校准

1) 校准信号的产生技术

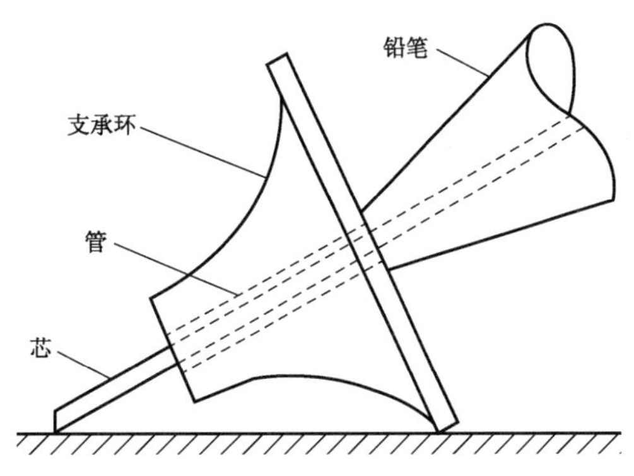

图 1－21 铅笔芯模拟声发射信号装置

声发射检测系统的校准包括在实验室内对仪器硬件系统灵敏度和一致性的校准与在现场对已安装好传感器的整个声发射系统灵敏度和定位精度的校准。对仪器硬件系统的校准需采用专用的电子信号发生器来产生各种标准函数的电子信号直接输入前置放大器或仪器的主放大器。对现场已安装好传感器的整个声发射系统灵敏度和定位精度的校准采用在被检构件上可发射机械波的模拟声发射信号，模拟声发射信号的产生装置一般包括两种，一种是采用电子信号发生器驱动声发射压电陶瓷传感器发射机械波，另一种是直接采用铅笔芯折断信号来产生机械波，铅笔芯模拟源如图 1－21 所示。

2) 传感器的选择和安装

(1) 传感器响应频率的选择：应根据被检测对象的特征和检测目的选择传感器的响应频率，如金属压力容器检测用传感器的响应频率为 100～400kHz，压力管道和油罐底泄漏检测传感器的响应频率为 30～60kHz 等。

(2) 传感器间距和阵列的确定：构件声发射检测所需传感数量，取决于试件大小和所选传感器间距。传感器间距又取决于波的传播衰减，而传播衰减值又来自用铅笔芯模拟源实际测得的距离—衰减曲线。时差定位中，最大传感器间距所对应的传播衰减，不宜大于预定最小检测信号幅度与检测门槛值之差。

(3) 传感器的安装：传感器表面与试件表面之间良好的声耦合为传感器安装的基本要求。试件的表面需平整和清洁，松散的涂层和氧化皮应清除，粗糙表面应打磨，表面油污或多余物要清洗。耦合剂的类型，对声耦合效果影响甚少，多采用真空脂、凡士林、黄油、快干胶及其他超声耦合剂。对高温检测，也可采用高真空脂、液态玻璃及陶瓷等。但是，需考虑耦合剂与试件材料的相容性，即不得腐蚀或损伤试件材料表面。多用机械压缩来固定传感器。常用固定夹具包括：松紧带、胶带、弹簧夹、磁性固定器、紧固螺钉等。

3) 仪器调试和参数设置

(1) 检测门槛设置：检测系统的灵敏度，即对小信号的检测能力，取决于传感器的灵敏度、传感器间距和检测门槛设置。其中，门槛设置为其主要的可控制因素。门槛设置与适用范围见表 1－4。

表 1－4 门槛设置与适用范围

门槛(dBae)	适用范围
25～35	高灵敏度检测，多用于低幅度信号或高衰减材料或基础研究
35～55	中灵敏度检测，广泛用于材料研究和构件无损检测
55～65	低灵敏度检测，多用于高幅度信号或强噪声环境下的检测

(2)系统定时参数设置:定时参数,是指撞击信号测量过程的控制参数,包括峰值定义时间(PDT)、撞击定义时间(HDT)和撞击闭锁时间(HLT)。

峰值定义时间,是指为正确确定撞击信号的上升时间而设置的新最大峰值等待时间间隔。如将其选得过短,会把高速、低幅度前驱波误作为主波处理,但应尽可能选得短为宜。

撞击定义时间,是指为正确确定一撞击信号的终点而设置的撞击信号等待时间间隔。如将其选得过短,会把一个撞击测量为几个撞击,而如选得过长,又会把几个撞击测量为一个撞击。

撞击闭锁时间,是指在撞击信号中为避免测量反射波或迟到波而设置的关闭测量电路的时间间隔。

声发射波形随试件的材料、形状、尺寸等因素而变,因而,定时参数应根据试件中所观察到的实际波形进行合理选择,其推荐范围见表1-5。

表1-5 定时参数选择

材料与试件	PDT,μs	HDT,μs	HLT,s
复合材料	20~50	100~200	300
金属小试件	300	600	1000
高衰减金属构件	300	600	1000
低衰减金属构件	1000	2000	20000

3. 加载程序

1)加载准备

多数情况下,加载操作仅有一次机会,关系到声发射检测的成败,需做充分的准备。

(1)加载方式:应尽量模拟试件的实际受力状态,包括:内压、外压、热应力及拉、压、弯。

(2)加载设备:试压泵、材料试验机等,应尽量选择低噪声设备。

(3)加载程序:主要取决于产品的检测规范,但有时因声发射检测所需,要做些调整。常用的加载参数包括:升压速率、分级载荷和最高载荷及其恒载时间,有时需要增加重复加载程序。

(4)应确定声发射检测人员与加载人员之间的联络方法,以实时控制加载过程。

(5)应确定记录载荷的方法。多用声发射仪记录载荷传感器的电压输出。

2)载荷控制

(1)升载速率:慢速加载会过分延长检测周期,而快速加载也会带来不利的影响。首先,会使机械噪声变大,如低压下的流体噪声;其次,会引起高频度声发射活动,以致因超过检测仪的极限采集速率而造成数据丢失;再则,由于应变对应力的不平衡,会带来试验安全问题。压力容器的加载,多采用较低的加载速率,且要保证均匀加载。

(2)恒载:多数工程材料,在恒载下显示出应变对应力的滞后现象。一些材料在恒载下可产生应力腐蚀或氢脆裂纹扩展。恒载周期又为避免加载噪声或鉴别外来噪声干扰提供了机会。近年来,恒载声发射时序特性已成为声发射源严重性评价和破坏预报的一个主要依据,必要时,可忽略升载声发射,而只记录恒载声发射。对于压力容器,分级恒载时间设定 2 ~ 10min,而最高压力下恒载 10 ~30min。

(3)重复加载:对一些新制容器,当首次加载时常常伴随大量无结构意义的声发射,包括局部应力释放和机械摩擦噪声,这给检测结果的正确解释带来很大困难,为此需进行二次加载检测。另外,在役容器的定期检测,原理上也属于重复加载检测,以发现新生裂纹。费利西蒂效应,为重复加载检测提供了基本依据,因此,对首次加载声发射过于强烈的构件、复合材料及在役构件,宜采用重复加载检测方法。

4. 特殊检测的程序

在进行声发射检测过程中,信号数据的实时显示方式包括声发射信号参数列表、参数相对于时间的经历图、参数的分布图、参数之间的关联图、声发射源定位图和直接显示声发射信号的波形。在实际的检测过程中,根据检测目的的不同可选用不同的显示模式。比如,进行压力容器检测时,一般同时选用参数列表、参数相对于时间的经历图、参数的分布图、参数之间的关联图和声发射源定位图来进行实时显示。

(三)声发射数据分析

1. 噪声源的识别

噪声的类型包括:机械噪声和电磁噪声。

机械噪声,是指由于物体间的撞击、摩擦、振动所引起的噪声;而电磁噪声,是指由于静电感应、电磁感应所引起的噪声。常见的噪声来源见表 1 -6。

表 1 -6 噪声源

类型	来源
电磁噪声	1. 前置放大器噪声,是不可避免的白色电子噪声; 2. 地回路噪声,因检测仪和试件的接地不当而引起; 3. 电台和雷达等无线电发射器、电源干扰、电开关、继电器,马达、焊接、电火花、打雷等引起的电磁干扰
机械噪声	1. 摩擦噪声,多因加载时的相对机械滑动而引起,包括试样夹头滑动、施力点摩擦、容器内外部构件的滑动、螺栓松动、裂纹面的闭合与摩擦; 2. 撞击噪声,包括:雨、雪、风沙、振动及人为敲打; 3. 流体噪声,包括:高速流动、泄漏、空化、沸腾、燃烧

2. 噪声的抑制和排除

噪声的拟制和排除,是声发射技术的主要难题,现有许多可选择的软件和硬件排除方法。有些需在检测前采取措施,而有些则要在实时或事后进行。噪声的排除方法、原理和适用范围见表 1 -7。

表 1－7　噪声的排除方法、原理和适用范围

方法	原理	适用范围
频率鉴别	滤波器	600Hz 以下机械噪声
幅度鉴别	调整固定或浮动检测门槛值	低幅度机电噪声
前沿鉴别	对信号波形设置上升时间滤波窗口	来自远区的机械噪声或电脉冲干扰
主副鉴别	用波到达主副传感器的次序及其门电路，排除先到达副传感器的信号，而只采集来自主传感器附近的信号，属空间鉴别	来自特定区域外的机械噪声
符合鉴别	用时差窗口门电路，只采集特定时差范围内的信号，属空间鉴别	来自特定区域外的机械噪声
载荷控制门	用载荷门电路，只采集特定载荷范围内的信号	疲劳试验时机械噪声
时间门	用时间门电路，只采集特定时间内的信号	点焊时电极或开关噪声
数据滤波	对撞击信号设置参数滤波窗口，滤除窗口外的波击数据，包括前端实时滤波和事后滤波	机械噪声或电磁噪声
其他	差动式传感器、前放一体式传感器、接地、屏蔽、加载销孔预载、隔声材料、示波器观察等	机械噪声或电磁噪声

3. 数据解释

数据解释，是指所测得数据中分离出与检测目的有关的数据。除简单情况外，多采用事后分析方法。数据解释的步骤一般如下。

(1) 在声发射数据采集和记录过程中，标识出检测过程中出现的噪声数据。

(2) 采用软件数据滤波方法剔除噪声数据，常用的方法包括时差滤波或空间滤波，撞击特性参数滤波，外参数滤波。

(3) 识别出有意义和无意义的声发射信号和声发射源，识别方法包括分布图、关系图和定位图分析等。

4. 数据评价

1) 排序分级和接受/不接受的方法

对数据解释识别出的有意义声发射信号及其声发射源，一般先按它们的平均撞击特征参数(幅度、能量或计数)进行强度排序和分级，然后按其不同阶段声发射源出现的次数对活性进行排序和分级，最后将声发射源的强度和活性进行综合考虑确定声发射源的级别。

目前评价声发射源接受或不接受的判据是声发射技术中尚不够成熟的部分。在现行的构件检测规程中，多采用简便的接受/不接受式判据。这种判据，主要指示结构缺陷的存在与否，而不指示缺陷的结构意义，但可为接受或后续复检及其处理提供依据。表 1－8 列出了一些美国和我国现行检测标准中选用的评价判据。

表1－8 声发射检测数据常用评价判据

评价判据	ASTM E—1067 增强塑料容器	ASTM E—18 增强塑料管道	ASME V—11 增强塑料容器	ASMEV—12 金属容器	GB/T18182—2012 金属容器
恒载声发射	有	有	有	有	有
费利西蒂比	有	有	有	有	无
振铃计数或计数率	有	无	无	有	有
高幅度事件计数	有	有	有	有	有
长持续时间或大能量事件计数	无	有	有	无	有
事件计数	无	无	无	有	有
能量或幅度随载荷变化	无	无	有	有	有
活性	无	无	有	有	有

2）与校准信号的比较

对于有意义的声发射源还要通过在实际构件上发射模拟信号进行定位校准，最终找到声发射源在实际构件上对应的具体部位。

3）其他无损检测方法对源的评价

声发射检测给出的声发射源的级别，只是对源所产生的声发射信号的强度和活性进行评价，并不能识别产生声发射源的机制，对于绝大部分构件进行的声发射检测，其最终目的是发现活性缺陷，而诸如塑性变形和氧化皮剥落等产生的声发射源并无活性缺陷存在，因此，为了进一步评价声发射源部位是否存在活性缺陷，通常采用超声、射线、磁粉和渗透等常规无损探伤方法对有意义的声发射源进行复验。

第二章 石油钻机

第一节 概 述

一、钻机发展概况

人类钻井发展分为以下几个阶段:

(1)人工掘井:1521 年之前。

(2)人力冲击钻:1521—1835 年,是靠人力、捞砂筒、特殊钻头、悬绳、游梁等来完成的。

(3)机械顿钻(冲钻):1859—1901 年,靠机械冲击作用破岩,破岩和清岩相间进行。

(4)旋转钻:1901 年至今,旋转钻井是靠动力通过转盘或顶驱带动钻头旋转,在旋转过程中对井底岩石进行破碎,同时循环钻井液以清洁井底。

为适应各种地理环境和地质条件、加快钻井速度、降低钻井成本、提高钻井综合经济效益,其钻井方法和钻井技术也必须随之不断地发展、变化和改善,近年来世界各国在转盘钻机的基础上研制了各种类型的具有特殊用途的钻机,如沙漠钻机、丛式井钻机、顶驱钻机、小井眼钻机、连续柔管钻机、套管钻机、液压钻机、车载钻机等特种钻机。

二、钻机的类型

世界各国的各大石油公司、各钻机制造厂家按照各自的特点,对石油钻机的分类不尽相同。一般来说,可按以下方法对石油钻机进行分类。

1. 按钻井方法分类

(1)冲击钻机:如钢绳冲击钻机(也称为顿钻钻机)、地面发动振动钻机、爆炸钻井钻机、电火花钻井钻机。

(2)地面发动旋转钻机:如转盘旋转钻机(也称为常规钻机,是目前世界各国通用的钻机)、顶部驱动水龙头旋转钻机等。

(3)井底发动钻机:如井底冲击振动钻具、井底旋转钻具(涡轮钻具、螺杆钻具、电动钻具)。

2. 按驱动钻头旋转的动力来源分类

(1)转盘驱动旋转钻机:也就是用转盘驱动钻具旋转的常规钻机。

(2)井底驱动旋转钻机:即转盘旋转钻机加井底动力钻具所组成的钻机。

(3)顶部驱动旋转钻机:即转盘旋转钻机加顶部驱动钻井装置所组成的钻机。

3. 按工作机驱动形式分类

(1)统一驱动钻机:绞车、转盘及钻井泵三个工作机由统一动力机组驱动。统驱钻机的功率利用率高,发动机有故障时可以互济,但其传动复杂,安装调整费事,传动效率低。

(2)单独驱动钻机:各工作机单独选择大小不同的电动机驱动。单驱钻机多用于电驱动,其传动简单、安装容易,但功率利用率低、造价较高。

(3)分组驱动钻机:动力的组合介于前两者之间,将三个工作机分成两组,绞车、转盘两个工作机由统一动力机驱动,钻井泵由另一动力机组驱动。与单独驱动钻机相比,这种钻机的功率利用率较高,传动较简单,还可将两组工作机安装在不同高度和分散的场地上。

4. 按主传动副类型分类

(1)V 形胶带传动钻机(平皮带传动早已淘汰):V 带传动钻机是指采用 V 形胶带作为钻机主传动副,多台柴油机并车、各工作机组及辅助设备的驱动及钻井泵的传动均采用 V 带传动。

(2)链条传动钻机:链条传动钻机是指采用链条作为主传动副,2 ~4 台柴油机用链条并车,统一驱动各工作机组,用 V 带驱动钻井泵。

(3)齿轮传动钻机:齿轮传动钻机采用齿轮为主传动副,配合万向轴驱动绞车和转盘,或采用圆锥齿轮—万向轴并车驱动绞车、转盘和钻井泵。

5. 按钻井深度分类

(1)浅井钻机:钻井深度在 1500m 以下。

(2)中深井钻机:钻井深度为 1500 ~3000m(含 3000m)。

(3)深井钻机:钻井深度为 <3000 ~5000m(含 5000m)。

(4)超深井钻机:钻井深度为 <5000 ~9000m(含 9000m)。

(5)特深井钻机:钻井深度在 9000m 以上。

6. 按使用地区和用途分类

(1)陆地钻机:也称为常规钻机,用于正常陆地勘探、钻井。

(2)海洋钻机:用于海上钻井平台勘探、钻井。

(3)浅海钻机:用于 0 ~5m 水深或沼泽地区钻井。

(4)丛式井钻机:用于在一个井场或平台上钻出若干口井。

(5)沙漠钻机:用于在沙漠地区勘探、钻井。

(6)直升机吊运钻机;用于将钻机吊运到偏远的山地、丛林、岛屿或沙漠腹地等无地面公路,不适合地面行驶的油区钻井。

(7)小井眼钻机;用于钻探井口直径较小的油、气井,井眼直径为 85.73mm,这种钻机由于井场面积小、井眼小、钻屑少,不需废泥浆池,所需装机功率低,因此,不仅可大幅度降低钻井成本,而且安全、环保。

(8)柔杆钻机;柔杆钻机是一种新型的钻探设备。它包括以环链牵引器为主体的地面设备、柔杆及储存装置、钻探电动机三大部分。这种钻机是用电动机作为井底动力直接带动钻头旋转切削岩石和割取岩芯。用连续的柔性钻杆(简称柔杆)代替普通的刚性钻杆,由若干液压夹持器组成的环链牵引器夹持柔杆实现连续起下钻。

三、钻机的形式和基本参数

1. 钻机的驱动形式及型号标识方法

按驱动设备类型的不同可把钻机分为:

1)机械驱动钻机

机械驱动钻机是以柴油机或燃气机为主要动力,通过液力变矩器、链条、齿条、万向轴等不同组合的传动方式,用以驱动钻机的绞车、转盘、钻井泵等主要设备的钻机。

2)电驱动钻机

电驱动钻机利用柴油机或燃气轮机带动发电机,或从电力网供电,为钻机各主要设备的电动机提供电力,用以驱动钻机的绞车、转盘、钻井泵等主要设备的钻机。电驱动钻机又可分为直流电驱动钻机和交流电驱动钻机。直流电驱动钻机是指工作机用直流电动机驱动。直流电驱动钻机包括:直—直流电驱动钻机(DC—DC)和交—直流电驱动钻机(AC—SCR—DC)。交流电驱动钻机包括:交流发电机(或工业电网)—交流电动机驱动钻机(AC—AC)和正在发展中的交流变频电驱动钻机,即交流发电机—变频调速器—交流电动机驱动钻机(AC—VFD—AC)。随着SCR(直流变频系统)和VFD(交流变频系统)的日趋完善,目前电驱动钻机以安装方便、损耗低、易维修、易控制、易保养、故障率低等优点,已大量普及。本章以ZJ70D钻机为例介绍(图2-1ZJ70D钻机平面布置图)。

3)液压驱动钻机

通过利用柴油机或燃气轮机带动发电机,或从电力网驱动电动机驱动液压系统并传输动力,带动设备运转。但由于液压钻机在诸多技术上还有不完善的地方,液压驱动钻机还不普及。在本章节不做详细介绍。

4)复合驱动

同时具备上述2种以上驱动方式为主要设备提供动力的钻机。

2. 钻机的型号及标识方法

钻机的型号包括改型序号、运移方式、钻机特征、钻机级别和钻机代号五类。标识方法具体如图2-1所示。

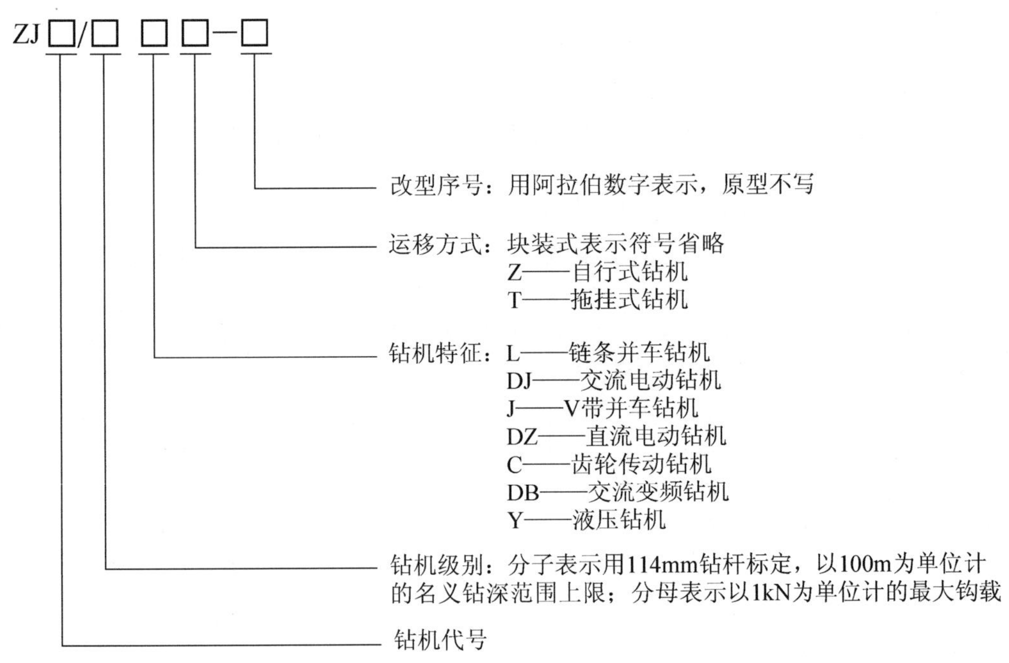

图2-1 钻机的型号

3. 钻机的基本参数

钻机的基本参数应符合表2-1中的规定。

表 2-1 钻机基本参数

钻机级别		ZJ10/600	ZJ15/900	ZJ20/1350	ZJ30/1800	ZJ40/2250	ZJ50/3150	ZJ70/4500	ZJ90/6750	ZJ120/900	ZJ150/11250
最大钩载,kN		600	900	1350	1800	2250	3150	4500	6750	9000	11250
名义钻深范围 m	127mm 钻杆	500 ~ 800	700 ~ 1400	1100 ~ 1800	1500 ~ 2500	2000 ~ 3200	2800 ~ 4500	4000 ~ 6000	5000 ~ 8000	7000 ~ 10000	8500 ~ 12000
	114mm 钻杆	500 ~ 1000	800 ~ 1500	1200 ~ 2000	1600 ~ 3000	2000 ~ 3200	2500 ~ 4000	3500 ~ 5000	4500 ~ 7000	7500 ~ 12000	10000 ~ 15000
绞车额定功率	kW	110 ~ 200	257 ~ 330	330 ~ 500	400 ~ 700	735 ~ 1100	1100 ~ 1500	1470 ~ 2210	2210 ~ 2940	2940 ~ 4400	4400 ~ 5880
	hp	150 ~ 270	350 ~ 450	450 ~ 680	550 ~ 950	1000 ~ 1500	1500 ~ 2000	2000 ~ 3000	3000 ~ 4000	4000 ~ 6000	6000 ~ 8000
游动系统绳数	钻井绳数	6	8	8	8	8	10	12	14	14	16
	最多绳数	6	8	8	10	10	12	14	16	16	18
钻井泵单台功率不小于	kW	368	588		735		956	1176		1617	1617,2205
	hp	500	800		1000		1300	1600		2200	2200,3000
转盘开口直径	mm	381,444.5		444.5,520.7,698.5			698.5,952.5		952.5,1257.3,1536.7		1257.3,1536.7
	in	15,17½		17½,20½,27½			27½,37½		37½,49½,60½		49½,60½
钻台高度	m	3.4		4.5			5,6,7.5		7.5,9,10.5		12,16

第二节 钻机总装

一、钻机总装检验项目

1. 钻机总装前检验技术要求

钻机、修井机的安装应按制造商经规定程序审批的书面文件进行，文件应包括但不限于以下内容：

(1)安装前的单元设备、零部件检验要求。

(2)满足测量与试验设备的要求。

(3)满足 SY/T 6680《石油钻机和修井机出厂验收规范》的装配试验场地要求。

(4)试验安全警示要求。

(5)人员资格和职责。

(6)作业内容和程序。

(7)记录。

2. 安装检验要求

进行完各项试验并验收合格的设备和零部件方可进入安装阶段。

除非用户有要求，否则组成整套钻机和修井机的各类设备、零部件及配套件应按实际使用工况进行安装配套试验。

钻机、修井机的安装应符合制造商设计图样和工艺文件的规定。

二、设备安装检验

(一)井架

(1)井架应按起升前的实际位置摆放和安装，并符合 SY/T 6680 的规定。连接螺栓应装配齐全，各连接销轴在装入后应加装安全别针。

(2)二层台应正确安装在井架上，各种安全链(索)应正确连接，指梁槽尺寸满足钻柱排放的要求。

(3)钻井液循环管汇立管的安装应符合设计的要求。

(4)井架上的各类电器设备和线路的安装应符合设计的要求，安装后的检验按 SY/T 6680 的规定执行。

(5)死绳固定器的安装位置应符合制造商的书面文件的规定，在穿入钻井钢丝绳后应按技术要求卡紧固定。

(6)套管扶正台应按实际工况位置进行安装，应确保工作人员能安全进入，防坠落装置的安装应符合制造商的书面文件的规定。

(二)底座

(1)常规式底座：底座应以井口为中心，按实际位置摆放、安装。前后台基座调平、垫实，在基座上平面测得的水平度应小于3mm,其他检验按底座设计及SY/T 6680的规定执行。

(2)自升式底座:同时测量左右对应的立柱销轴孔同轴度,应小于3mm,各销孔应加入规定的润滑油(脂),连接销轴在装入后应加装安全别针。

(三)天车、游车、大钩

天车、游车、大钩应按起升前的实际位置安装和摆放,并符合设计和SY/T 6680的要求,钻井钢丝绳的穿绳方式应符合制造商的书面文件的规定。

(四)绞车

(1)绞车作为钻机和修井机设备的核心部分应按照制造商的设计要求,以井口中心为基准进行找正、安装和固定。

(2)机械传动连接的安装应符合相关条款的规定。

(3)电气设备、线缆的型号、技术参数、连接方式、绝缘值、线缆入口处的密封性能及安全接地等应符合制造商的设计要求。电气设备的防爆要求按相关的规定执行。

(4)各类液压、水、气管线及安全监测系统的安装,刹车装置的间隙、液压系统及冷却系统的压力、流量等应符合制造商的设计要求。

(5)所有辅助装置及各种安全防护装置应按产品设计要求正确安装。

(五)转盘及驱动装置

(1)转盘应按制造商的设计要求以井口为中心准确找正,正确牢固地安装在底座上。

(2)机械传动连接的安装应符合相关条款的规定。

(3)用于驱动转盘的电动机、线缆的型号、技术参数、连接方式、绝缘值、线缆入口处的密封性能及安全接地等应符合制造商的设计要求,电气设备的防爆要求按相关的规定执行。

(六)机械传动连接

钻机各机械传动连接部位,常见的采用万向轴、联轴器、皮带连接的方式。对其安装的检验要求如下。

1. 万向联轴器安装

万向联轴器的安装质量控制要求应符合表2－2的规定。

表2－2 万向联轴器的安装

检验项目	质量要求	
	柴油机用万向轴	其他(钻井泵、转盘、绞车等)
法兰端面平行度	≤0.5mm	≤1mm
轴倾斜度	≤3°	≤8°
修井机可放宽至≤12°		

2. 鼓形齿式联轴器安装

鼓形齿式联轴器的安装质量控制要求应符合表2－3的规定。

表 2－3　鼓形齿式联轴器的安装

检验项目	质量要求
主动端和从动端的同轴度	≤ϕ0.25mm
轴倾斜度	≤1°30′

3. 窄 V 带传动—链传动

相配的两传动轮轴线应相互平行，相对应的槽或齿的对称平面应重合，允许的误差应符合表 2－4 的规定。

表 2－4　两传动轮安装

传动方式	允许误差
带传动	≤3mm
链传动	≤2mm

多根相同类型的窄 V 带组装时应配组，不配组的带或新带和旧带不允许同组，混联组窄 V 带在安装前应检查各轮槽尺寸和槽距，对超过规定偏差的带轮不允许使用。

(1)单根窄 V 带组装时的初张紧力应通过在带与带轮的两切点中心加一个垂直于带的载荷，使其产生规定的挠度来控制。

(2)联组窄 V 带所需初张紧力的测定，为所需总载荷值等于单根窄 V 带所需的值乘以联组数。

(3)单根链条张紧力按两链轮间链条的下垂度控制，水平传动链条下垂度应小于两链轮间切线长度的 3%，倾斜传动链条下垂度应小于两链轮间切线长度的 2%。

4. 气胎离合器安装

气胎离合器连接的同轴度应小于或等于 ϕ0.5mm，分离状态下离合器摩擦毂与摩擦片之间的间隙为(3 ±1)mm。

5. 推盘离合器安装

推盘式离合器在分离状态下摩擦片的总间隙应小于 $n \times 1.5$mm，其中 n 为摩擦片结合面数。

6. 液压动力站安装

(1)液压动力站应按制造商的书面文件的规定进行安装、调试，管缆系统的布置整齐、合理，安装后的液压管线应进行液压试验，不应有可见渗漏。

(2)各操作阀件应灵活，逻辑关系正确。

(3)液压油品的型号、质量和加注量应符合设计要求。

(4)报警装置安装正确、可靠。

(5)电气设备、线缆的型号、技术参数、连接方式、绝缘值、线缆入口处的密封性能及安全接地等应符合制造商的设计要求，电气设备应符合防爆要求的规定。

7. 液压猫头安装

(1)液压猫头应按制造商的设计要求进行安装，管缆系统的布置应整齐合理，安装后的液压管线应按使用说明书进行液压试验,不应有可见渗漏。

(2)钢丝绳端部连接应符合制造商的书面文件的规定。

(3)滑轮应按规定的润滑脂进行充分润滑。

(4)操作阀件应灵活、可靠,逻辑关系正确。

8. 动力大钳和旋扣钳安装

(1)动力大钳和旋扣钳应按制造商规定的方法进行安装,管缆系统的布置整齐合理,安装后的液压管线应按照使用说明书要求进行液压试验,不应有渗漏。

(2)各操作阀件应灵活可靠,逻辑关系正确。

(3)液压油品的型号、质量和加注量应符合设计要求。

(4)安装动力大钳和旋扣钳的基桩应经无损探伤,保证焊缝质量符合设计要求。

9. 提升机安装

(1)提升机应按制造商的设计要求进行安装,管缆系统的布置符合 SY/T 6680《石油钻机和修井机出厂验收规范》的规定。

(2)各接触开关应灵敏,逻辑关系正确。

(3)液压油品的型号、质量和加注量应符合设计要求。

10. 倒绳机安装

(1)倒绳机应按制造商的书面文件的规定方法进行安装,管路、线路系统及安全护罩的安装应整齐、合理、可靠。

(2)传动装置应按规定的润滑脂进行充分润滑。

11. 液压(气动)绞车安装

(1)液压(气动)绞车应按制造商的设计要求进行安装,管路的安装应整齐、合理、可靠。

(2)各操作控制装置动作灵活、位置准确。

(3)绞车应按制造商的书面文件的规定正确加注润滑油(脂)。

12. 钻井仪器和仪表安装

(1)钻井仪器和仪表的安装固定应充分考虑减震和避震措施,安装位置应有利于司钻的视线观察,并依据其连接观察的重要性合理地安排。

(2)仪器、仪表的连接线路和管线应按设计要求安装牢固,排列整齐,标志清楚,走向合理,相互之间不应产生干扰。

13. 管路系统

(1)用于输送水、气和润滑油的管线和接头组装前应用洁净的压缩空气吹净,组装后的管线应进行压力试验,试验介质为空气,试验压力为其输送的额定工作压力,稳压 10min,不应出现泄漏。

(2)用于输送液压油的管线和接头组装前应用煤油进行清洗,组装后的管线应进行压力试验,试验介质为液压油,试验压力为额定工作压力,稳压 10min,不应出现泄漏。

14. 电传动系统

(1)电传动系统的多台发电机组一般应组合成一个整体,相互间紧密连接,组合后的机房应满足防雨、防风和排污的要求。电控房的安放位置应符合设计和用户的要求。

(2)各种连接线、缆应安装牢固,排列整齐,走向合理,标志正确清楚,折弯处圆滑过渡,不应出现死弯。

(3)驱动绞车、转盘和钻井泵的电动机组,其安装位置和精度应符合制造商设计的要求。

15. 井场电路

井场电路的安装应符合 GB 50254《电气装置安装工程　低压电器施工及验收规范》及 GB 50257《电气装置安装工程　爆炸和火灾危险环境电气装置施工及验收规范》的规定。防爆电气选型应参考表 2－5 要求。

表 2－5　电气设备防爆型式

符号	防爆型式	适用区域
o	充油型	一级一类
p	正压型	一级一类或一级二类
q	充砂型	一级一类
d	隔爆型	一级一类
e	增安型	一级一类
ia	本质安全型 a 类	一级一类
ib	本质安全型 b 类	一级一类
m	浇封型	一级一类
n	无火花型	一级二类

16. 井控系统安装

(1)井控系统应按实际使用连接工况进行安装,连接型式和安装位置应符合用户和制造商设计文件的要求。

(2)管路系统的安装应整齐、合理、可靠。

(3)压力介质的类型、质量和加注量应符合设计要求。

(4)防喷器控制装置和节流管汇控制台蓄能器的预充气压力应符合制造商的书面文件的规定。

(5)各操作手柄、阀件应动作灵活,无卡阻,逻辑位置关系正确。

17. 钻井液循环系统安装

(1)钻井泵(机泵组)、钻井液循环管汇、电气设备、钻井液处理系统及设备等应按钻机和修井机使用要求的实际工况安装。

(2)机械传动连接应符合 SY/T 6680 的规定。

(3)电动机和电缆的绝缘电阻、电动机的安装方式、旋转方向、接地方式和接地应符合制造商的技术要求。

(4)各端部出口按规定连接,手柄、阀门位置处于待工作状态,灌注泵、喷淋泵及润滑油泵等运转正常,各种润滑液(脂)、冷却液加注正确。

(5)各种管线走向平直、排列整齐、固定牢靠,各密封处无泄漏。当井架上的高压立管用金属压板紧固时，应加装防震胶垫。

(6)钻井泵空气包加注的氮气或空气压力应符合制造商的书面文件的规定。

18. 传动装置安装

传动装置(传动箱、带传动装置等)应按制造商的设计要求进行组装，一般应以绞车为基准进行找正。机械传动连接的安装应符合 SY/T 6680《石油钻机和修井机出厂验收规范》的规定。

19. 司钻控制房安装

(1)司钻控制房应按制造商的设计要求进行连接组装。安装检验内容主要包括：电气系统，液、气系统，电控系统，仪器、仪表系统和工业监视系统。

(2)各系统元器件的型号、技术参数、接口尺寸、安装尺寸、管路连接处的密封性能及安全接地等应符合制造商的设计要求。

(3)电气设备的防爆要求按表 2-6 的规定。

(4)各系统管缆的连接布置按整齐、合理、牢固。各种标志、标识齐全、清晰、牢固，易查找。

(5)各操作手柄、阀件、开关应动作灵活，无卡阻，逻辑位置关系正确。

20. 柴油机动力机组安装

(1)柴油机动力机组应按制造商的设计要求进行组装，以传动装置为基准找正固定，柴油机应安装在具有足够刚性的底座或基础上。

(2)传动连接应符合整齐、合理、牢固相关条款的规定。

(3)柴油机燃油供给系统、润滑系统、冷却系统和启动系统的安装要求应符合制造商的书面文件的规定。

三、调试运转检验

下面介绍了钻机主要设备的调试运转试验项目和内容。调试运转试验应按制造商制定的书面程序逐项进行。所有待试的动力、传动、运转设备应按规定加注燃油、润滑油(脂)、液压油、冷却水等。各种警示标志、划定试验区域、安全保障措施均满足试验要求，相关配套辅助设备均应处于正常工作状态。

(一)动力系统调试运转检验

1. 气源净化装置调试运转检验

启动冷启动压缩机组，调试净化装置至正常工作状态。

检验净化装置的下列主要性能：

(1)相关部位密封性能。

(2)空气压缩机组运转性能。

(3)空气压缩机各项保护性能。

(4)干燥机工作性能。

(5)冷启动空气压缩机性能。

各主要性能要求应符合制造商的书面文件的规定。

2. 柴油机调试运转检验

柴油机的调试运转程序、方法和检验要求应按制造商的书面文件的规定,运行中应主要检查以下内容:

(1)报警功能检测(如高油温、低油压、低水位等)。

(2)机油压力、油位和供油状况。

(3)冷却水循环和温度。

(4)油、水、气的密封。

(5)运转中无异常振动、无异响。

多台柴油机并车使用时,各柴油机之间载荷应均衡,相互间转速差应小于50r/min。

每台柴油机应分别进行空载荷低速、高速运转及载荷运转(如钻井泵组试验)等试验。

3. 柴油发电机组调试运转检验

(1)按设计规定检查储气罐压力值。

(2)分别启动柴油发电机组,检查机组运转状况。

(3)调整各机组的工作参数(如频率、电压等),使其符合设计的规定。

(4)按设计要求检查柴油发电机组的功率、转速、容量及并车时载荷分配的合理性等。

(5)柴油发电机组需进行空载荷低速、高速运转及载荷运转(如钻井泵组试验)试验等。功率、转速、容量及并车时载荷分配等试验同步进行。

4. 发电机控制单元调试试运转

发电机控制单元电指标控制要求见表2-6。

表2-6 发电机控制单元电指标控制要求

检验项目		控制要求	检验项目		控制要求
频率控制	频率稳态调整率	0~5%	主要保护功能	过流保护	按额定值设定
	频率瞬态调整率	±5%		过压保护	≤1.5倍额定电压 延时≤100ms
	频率波动率	0.5%		欠压保护	≥0.85倍额定电压 延时≤100ms
	频率稳定时间	3s		超频保护	≤1.1额定频率
电压控制	电压稳态调整率	±2.5%		欠频保护	≥0.9倍额定频率
	电压调整范围	±20%		逆功率保护	≥0.9倍额定频率
	电压稳定时间	1.5s		短路保护	按设计规定
	电压波动率	0.5%		水温高保护	按设计规定
	响应时间	20ms		低水压保护	按设计规定
不均衡度	有功功率不均衡度	≤±5%		故障自检保护	按设计规定
	无功功率不均衡度	≤±5%		柴油机超速保护	按设计规定

5. 电控房调试运转检验

检查并确认电控房与电动机、司钻电控箱、调速开关、电磁刹车、照明系统、液压站（源）等的线缆连接正确，符合设计和用户的要求。

分区域对应设备或系统供电，依据设计要求正确调试各功能开关、指示仪表等的参数。

检查下列主要保护功能：

(1)交流输入电压失压保护。

(2)过流保护。

(3)单元内部短路保护。

(4)最大输出电流限制。

(5)电动机失风保护。

(6)系统接地保护。

各主要保护功能应满足制造商的设计要求。

(二)传动系统调试运转检验

1. 传动装置调试运转检验

(1)检测传动装置的润滑系统，启动传动装置润滑系统油泵，给各润滑部位预润滑。

(2)检验离合换挡机构动作灵活、定位准确。

(3)传动装置的运转试验应按制造商书面文件规定的方法和程序进行。试验在空运转条件下进行，当有要求时还应进行载荷运转试验。空运转各挡位运转总时间不少于4h，载荷运转各挡位运转总时间不少于2h。在运转1h后检查各连接紧固件不应有松动，各密封结合处不应有可见渗漏，润滑油供给应符合要求，传动件运转平稳，无异常声响和异常的冲击和振动。试验结束测量轴承座外壳处的温升应小于40℃（空运转）或小于45℃（载荷运转），最高温度应小于80℃。

2. 气动控制系统调试运转检验

气动控制系统应进行各电气控制开关动作试验和气密封性能试验，应符合制造商设计文件的规定，并满足下列检验要求：

(1)管路排列应整齐、合理、牢固、标识清楚。

(2)各控制单元的逻辑功能正确。

(3)管线及元器件密封可靠，无泄漏。

3. 辅助刹车调试运转检验

辅助刹车（电磁涡流刹车、水刹车、气控盘式刹车等）安装完成后应确认电缆、水、气管路连接的可靠性，按制造商的技术要求调整设备电流、电压、气压、水压至规定的工作状态，并满足下列检验要求：

(1)电磁涡流刹车控制系统应能可靠地输入连续、稳定、可调的电流。

(2)失风（断水）、超温及断电保护功能灵敏、可靠。

(3)管路连接密封可靠，无泄漏。

(4)水刹车的水位调节装置可靠。

(5)游动滑车在最高下放速度时的制动性能要求符合制造商的书面文件的规定。

4. 水冷却系统调试运转检验

水冷却系统应按实际工况进行水循环试验，循环时间不少于2h，应按制造商设计规范的要求模拟进行报警试验，并满足下列检验要求：

(1)管路的连接、固定牢固。

(2)各种泵运转平稳，无异常声响，各轴承的温升符合制造商的书面文件的规定。

(3)冷却系统密封可靠，无泄漏，管路进、回水状况符合设计要求。

(4)报警系统灵敏、可靠。

5. 绞车调试运转检验

绞车气路检验，向绞车气路系统供气，分别重复操作司钻台各控制阀不少于10次，应满足下列检验要求：

(1)惯性刹车的进气、排气顺畅时间不得超过4s。

(2)滚筒高、低速离合器进气、排气顺畅时间不得超过4s。

(3)换挡机构灵活可靠。

(4)锁挡机构灵活可靠。

(5)刹车灵敏、可靠。

(6)防碰开关动作灵敏、可靠。

(7)防碰天车装置重锤式、数码式、过卷式三种齐全。

6. 盘式刹车检验

(1)启动液压源，按设计要求调整系统压力至规定值。

(2)盘式刹车装置的设计应符合制造商的书面文件的规定并满足用户的要求。操作工作钳、安全钳等转动部件动作灵活、准确、无卡阻。每条液压管线应通过1.5倍的最大工作压力试验，应连接可靠，无泄漏。刹车片应经磨合试验使其与刹车盘之间接触均匀，观察刹车盘痕迹，刹车片接触面应大于总摩擦面积的80%，磨合试验时刹车盘表面温度应小于400℃。工作钳和安全钳在刹车释放状态下刹车片与刹车盘之间的间隙为0.4～0.6mm。

(3)检查液压管路系统的密封，不应有任何渗漏现象。

(4)刹车盘冷却系统应符合制造商的设计要求，所用的冷却液、流量和冷却系统压力应符合制造商设计文件的规定。冷却液循环管路应连接牢固、畅通、无泄漏。检验冷却系统的温度、流量、冷却液液面、报警装置，应符合设计技术要求。

7. 带式刹车检验

(1)带式刹车的刹车带设计和质量控制应符合GB/T 17744《石油天然气工业　钻井和修井设备》的规定。刹车带应经磨合试验使其与刹车毂之间接触均匀，观察刹车毂痕迹，刹车带接触面应大于总摩擦面积的80%，磨合试验时刹车毂表面温度应小于400℃。在自由状态下刹车带与刹车毂之间的间隙为1～3mm。刹把应转动灵活，与垂直方向的有效转角应为45°～70°。

(2)水冷却系统的检验应按实际工况进行水循环试验，循环时间不少于2h，应按制造商设计规范的要求模拟进行报警试验。并满足下列检验要求：

① 管路的连接、固定牢固。

② 各种泵运转平稳,无异常声响,各轴承的温升符合制造商的书面文件的规定。

③ 冷却系统密封可靠,无泄漏,管路进、回水状况符合设计要求。

④ 报警系统灵敏、可靠。

8. 报警装置检验

应分别模拟润滑系统的温度和压力、冷却系统的温度、水位和流量、润滑系统和冷却系统断流及电动机风机未启动等非正常工况,检验报警装置的灵敏可靠性,报警装置的性能应符合设计技术要求。

(三)运转设备的调试运转检验

1. 空运转检验

1)电动机检验

按制造商的技术规定,在绞车空挡条件下主要检验:

(1)润滑油压力及润滑部位润滑状况。

(2)电动机加、减速运行性能。

(3)电动机惯性刹车性能。

(4)若双电动机应检验单机运行、双机并车运行性能。

2)正挡空运转

有挡位绞车的各正挡均应进行空运转试验。各挡位运转时间不少于30min;无级变速绞车应在低速、中速和高速条件下分别运转不少于30min。两种条件下累计运转时间均不少于2h,并满足下列检验要求:

(1)润滑油压力及润滑部位润滑状况符合制造商的书面文件的规定。

(2)各操作机构准确、灵活。

(3)高低速离合器的挂合灵活,刹车灵敏、可靠。

(4)绞车运转平稳,无任何异常声响和振动。

(5)电动机温度、润滑油温度、冷却水温度及各轴承部位的温升符合制造商的书面文件的规定。

(6)相关部位密封可靠,无泄漏。

3)倒挡空运转

绞车应进行低速条件下的倒挡空运转试验,运转时间不少于20min,检验内容如下:

(1)润滑油压力及润滑部位润滑状况符合制造商的书面文件的规定。

(2)各操作机构准确、灵活。

(3)高低速离合器的挂合灵活,刹车灵敏、可靠。

(4)绞车运转平稳,无任何异常声响和振动。

(5)电动机温度、润滑油温度、冷却水温度及各轴承部位的温升符合制造商的书面文件的规定。

(6)相关部位密封可靠,无泄漏。

2. 防碰装置检验

1)防碰装置检验项目

防碰装置检验的项目包括:

(1)初始检验:

初始检验在游动系统的低速进行,过卷阀、防碰开关各进行一次动作试验;随机检测游动系统的高度,应与司钻控制系统显示的数据一致。初始检验合格后进行防碰装置检验。

(2)过卷阀检验:

过卷阀检验按下述步骤进行:

① 使游动系统以最高速度的50%向上运行。

② 推动过卷阀阀杆使其动作。

③ 检验从过卷阀开始动作至游动系统停止所用时间,此为1个循环。

④ 重复①、②、③直至完成3个循环。

(3)防碰开关检验:

防碰开关检验按下述步骤进行:

① 使游动系统以最高速度的50%向上运行。

② 打开防碰开关。

③ 检验从防碰开关开始动作至游动系统停止所用时间,此为1个循环。

④ 重复①、②、③直至完成3个循环。

(4)电子防碰装置检验:

电子防碰装置检验按下述步骤进行:

① 使游动系统以最高速度的50%向上运行。

② 使游动系统以最高速度的50%向下运行。

③ 重复①、②直至完成3个循环。

2)防碰装置检验要求

(1)过卷阀、防碰开关及刹车系统应灵活、迅速、准确。

(2)从过卷阀或防碰开关动作到游动系统停止所用时间应小于3s。

(3)在电子防碰装置上行的试验检验中,游动系统应能在滚筒编码器检测到的第一个高限位减速,在第二个高限位停止。减速高度、全停高度符合设定数值。

(4)在电子防碰装置下行的试验检验中,游动系统应能在滚筒编码器检测到的第一个低限位减速,在第二个低限位停止,减速高度、全停高度符合设定数值,游动系统停止后的位置离转盘的距离宜控制在100~150mm。

3. 提升、下放检验

依次从绞车的低挡位到高挡位进行试验,每挡位提升、下放不少于5次,并满足下列检验要求:

(1)各阀件操作准确、灵活。

(2)绞车运转平稳,无任何异常声响和振动。

(3)刹车装置灵敏、可靠。

1)滚筒排绳检验

滚筒排绳检验可在提升、下放试验的同时进行,并满足下列检验要求:

(1)排绳器钢丝绳的张紧度符合制造商的设计要求。

(2)滚筒排绳状况正常。

(3)排绳器工作稳定可靠。

2)紧急刹车检验

本项检验可在提升、下放试验的同时进行。在提升、下放过程中各进行一次,机械钻机可在二挡进行,电动钻机可在低速挡进行,并满足下列检验要求:

(1)紧急刹车系统灵敏、可靠。

(2)盘式刹车的工作钳和安全钳动作正确、灵敏。

(3)辅助动力应能准确分离。

3)起升大绳检验

井架、底座起升用钢丝绳的性能参数应满足制造商设计文件的规定。端部的固定方法和要求符合 SY/T 6666《石油天然气工业用钢丝绳的选用和维护的推荐作法》的规定,当采用浇灌绳帽法固定绳端时,应进行最大为钢丝绳公称强度 50% 的拉力试验,制造商应提供客观的试验记录。井架、底座起升用钢丝绳在起升前及起升后检查钢丝绳均应无断丝、散股、锈蚀、滑移等影响使用的缺陷。

4)井架起升检验

井架起升时的操作程序和检验要求应符合制造商的书面文件的规定。正式起升前应进行预起升试验,试验可按下述步骤进行。

(1)起升井架至脱离前支架 100~200mm。

(2)回放井架至初始位置。

(3)重复(1)、(2)过程。

(4)再次起升井架至与水平位置约为 150mm,稳定时间不少于 3min,检查并记录下列内容:

① 井架最大起升载荷。② 底座后端最大翘起高度。③ 液压系统最大起升压力(对液缸起升式井架)。④ 液压系统及起升液缸的密封状况(对液缸起升式井架)。⑤ 各受力部位焊接及变形状况。⑥ 起升时电动机最大电流。

在完成预起升试验并检验合格后进行井架的正式起升,检查并记录下列内容:

① 井架起升过程运行状况。② 起升液缸的运行状况。③ 各受力部位焊接及变形状况。④ 绳系及转动铰接处的运转性能。

5)底座起升检验

底座起升时的操作程序和检验要求应符合制造商的书面文件的规定。正式起升前应进行预起升试验,试验可按下述步骤进行:

(1)起升上座至脱离基座 50~100mm。

(2)回放上座至初始位置。

(3)再次起升上座至与水平位置约为 150mm,稳定时间不少于 3min,检查并记录下列

内容:

① 底座最大起升载荷。② 液压系统最大起升压力(对液缸起升式底座)。③ 液压系统及起升液缸的密封状况(对液缸起升式底座)。④ 各受力部位焊接及变形状况。⑤ 起升时电动机最大电流。

在完成预起升试验并检验合格后进行正式起升。

6)井架找正检验

起升后的井架应进行对中找正。制造商应规定找正的方法和程序。找正后的井架天车对转盘中心的偏差应小于 ±10mm。

7)二层台安装检验

二层台应进行指梁的操作试验和二层台前端至游动系统距离的检测,应满足下列检验要求:

(1)二层台指梁应收、放灵活,无卡阻。

(2)二层台前端至游动系统的距离应符合制造商的设计要求。

8)套管扶正台检验

套管扶正台应进行加载条件下的功能性试验,试验包括 1.25 倍额定工作载荷条件下的静态载荷试验,及额定工作载荷条件下的动态载荷试验。动态载荷试验在全行程内运行次数不少于 3 次,期间至少应分别进行 1 次上升和下降过程中突然失去动力时的自锁保护功能试验。

应满足下列检验要求:

(1)静态载荷条件下,套管扶正台锁紧机构锁紧可靠,无滑移现象。

(2)动态载荷条件下,套管扶正台升降运行平稳。

(3)升降控制及高位和低位限位装置灵敏、可靠。

(4)套管扶正台自锁保护装置安全可靠。

(5)电动套管扶正台电动机、开关、线路的防爆、防震、防火及安全性符合制造商及相关标准的规定。

(6)液动套管扶正台液压泵运转平稳,管路系统密封可靠。

(7)气动套管扶正台气动装置运转平稳,管路系统密封可靠。

9)防喷器移动装置检验

当有要求时,防喷器移动装置应进行加载条件下的功能性试验。在最大额定载荷条件下,防喷器移动装置应能在全行程范围内完成起放和平行移动试验,试验次数不少于 3 次,应满足下列检验要求:

(1)防喷器移动装置操作灵活,运行平稳,无卡阻现象。

(2)液控系统无泄漏,液控压力符合设计要求。

(3)各项技术性能符合设计规定。

10)井架下放检验

井架下放应遵照制造商规定的方法、程序和检验要求进行,主要检查:

(1)井架下放过程运行状况。

(2)液缸的运行状况(对液缸起升式井架)。

(3)各受力部位焊接及变形状况。

(4)绳系及转动铰接处的运转性能。

11)底座下放检验

底座下放应遵照制造商规定的方法、程序和检验要求进行,主要检查:

(1)井架下放过程运行状况。

(2)液缸的运行状况(对液缸起升式井架)。

(3)各受力部位焊接及变形状况。

(4)绳系及转动铰接处的运转性能。

12)天车、游车、大钩、水龙头运转检验

天车、游车、大钩、水龙头运转检验亦可与提升、下放试验同时进行,应满足下列检验要求:

(1)提升、下放过程中天车和游动系统运行平稳,无异常声响和振动。

(2)紧急刹车试验后,天车、游车钻井钢丝绳防跳槽装置可靠。

13)转盘及驱动装置检验

转盘及驱动装置应进行空载荷下的运转试验,应分别进行转盘的惯性刹车试验、正挡运转试验和倒挡运转试验,试验可按下述方法进行:

(1)有挡位转盘及驱动装置的每个挡位均应进行运转试验。无级变速转盘及驱动装置应分别进行低速、中速和高速运转试验。

(2)低速正挡运转30min,之后进行惯性刹车试验。

(3)中速正挡运转30min,之后倒挡运转30min。

(4)高速正挡运转30min,之后进行惯性刹车试验。

检验时应满足下列检验要求:

(1)离合器挂合灵活可靠。

(2)惯性刹车灵敏可靠。

(3)转盘及驱动装置运转平稳,无任何异常声响和振动。

(4)转盘及驱动装置密封可靠,无泄漏。

(5)润滑油的压力符合制造商的书面文件的规定。

(6)轴承的温升符合制造商的书面文件的规定。

14)液压动力站运转检验

液压动力站应进行两项试验,即模拟低油位、回油管路滤网堵塞及高油温报警试验;所有使用液压动力站的系统连续运行不少于4h的运转试验。

检验时应满足下列检验要求:

(1)报警系统灵敏可靠。

(2)额定压力、额定流量、液压油温度和电动机电流等主要技术参数值符合制造商的书面文件的规定。

(3)液压动力站的设备及管路系统密封可靠,无泄漏。

(4)液压泵运转平稳。

(5)控制装置及显示仪表准确、灵敏。

(6)加热装置可靠。

(7)当有要求时还应检验冷却装置的可靠性。

15)液压猫头运转检验

液压猫头应在最大行程范围内至少运行3次,并按实际工况模拟测试液压猫头拉力。

检验时应满足下列检验要求:

(1)油缸运行平稳,无卡阻。

(2)系统压力等主要技术参数符合设计要求。

(3)液压元器件及管路系统密封可靠,无泄漏。

16)动力大钳和旋扣钳

动力大钳和旋扣钳应分别进行高速和低速空载运转试验。

检验时应满足下列检验要求:

(1)空运转时间不少于3min,设备应运转平稳,无异常声响。

(2)适用管径等主要技术参数应符合制造商的技术要求。

(3)钳头动作灵活、夹紧可靠。

(4)元器件及管路密封可靠,无泄漏。

17)提升机运转检验

提升机应进行全行程范围内的运行试验,运行次数不少于3次。

检验时应满足下列检验要求:

(1)提篮上下运行平稳。

(2)额定载荷、提升高度等主要技术参数符合设计要求。

(3)电动机、油泵运转平稳。

(4)电器元件及液压阀动作准确。

(5)运行中任意点悬停无滑移。

18)倒绳机运转检验

倒绳机试验可在配合井架倒绳时进行。

检验时应满足下列检验要求:

(1)承载重量、输出扭矩等主要技术参数符合设计要求。

(2)电动机、液动(气动)马达运转平稳。

(3)元器件及管路密封可靠、无泄漏。

19)液压(气动)绞车运转检验

液压(气动)绞车应分别进行运转试验、动态载荷试验及静态载荷试验,试验可按下述方法进行:

(1)绞车应在悬重三分之一额定工作载荷的条件下,在10m的行程内完成不少于3次的运行,其中包括不少于3次的刹车试验。

(2)动态载荷试验的载荷为额定工作载荷,在绞车的1次上升和下降过程中应分别进行3次刹车测试。

(3)静态载荷试验的载荷为1.25倍的额定工作载荷。

检验时应满足下列检验要求：

(1)额定压力、额定牵引力等主要技术参数符合设计要求。

(2)绞车的悬重端在最低位时，绞车滚筒上的缠绳应不少于5圈。

(3)运转试验中绞车应平稳，控制准确、可靠。

(4)动态载荷试验刹车测试中，绞车应能准确可靠刹车。

(5)静态载荷试验条件下，驻车悬停5min，绞车滚筒不应转动。

(6)液动(气动)元器件及管路无泄漏。

20)井控系统运转检验

井控系统应进行规定功能的试验，试验内容包括闸板防喷器和环形防喷器的关闭和打开试验、液动闸阀的关闭和打开试验、蓄能器组充压时间试验、液压泵组自动启停试验、溢流阀试验、司钻控制台操作试验、液动节流阀试验、钻井液气液分离器的液体最大通过能力试验。试验方法应按制造商的书面文件的规定，并符合下列要求：

(1)应分别选取一种闸板防喷器和环形防喷器进行关闭和打开循环试验，循环不少于3次，环形防喷器可只进行有钻柱条件下的试验。

(2)所有的液动闸阀均应进行关闭和打开循环试验，循环不少于3次。

(3)蓄能器组应从预充气压力充液压至额定工作压力。

(4)使蓄能器组压力从额定工作压力缓慢下降直至液压泵组启动，泵启动后，蓄能器组升压直至液压泵组停止，循环试验不少于3次。

(5)启动液压泵组使系统升压直至溢流阀溢流，之后，降低系统压力直至溢流阀关闭，循环试验不少于3次。

(6)操作司钻控制台各操作阀，重复(1)、(2)试验。

(7)操作节流管汇控制台手柄，使液动节流阀在最大行程上运行，循环不少于3次。

(8)以规定的最大液体流量通过钻井液气液分离器，运行时间不少于30min。

检验时应满足下列检验要求：

(1)闸板防喷器和环形防喷器的关闭和打开应运行平稳，无卡阻。任一种规格的闸板防喷器，关闭时间应小于30s。公称通径小于476mm的环形防喷器，关闭时间应小于30s；公称通径大于或等于476mm的环形防喷器，关闭时间应小于45s。

(2)液动闸阀的关闭和打开应运行平稳，无卡阻。任一种规格的液动闸阀，关闭时间应小于闸板防喷器的关闭时间。

(3)蓄能器组从预充气压力升压至额定工作压力的时间应小于15min。

(4)液压泵组应能在蓄能器组压力低于或高于制造商设定的额定值时自动启动或停止。

(5)溢流阀应能在系统压力高于或低于制造商设定的额定值时开启或关闭。从司钻控制台应能准确操作防喷器及液动闸板，且各操作阀开关动作与远程控制台操作阀动作一致。

(6)液动节流阀应运行平稳、无卡阻，在最大行程上的运行时间应小于3s。节流管汇控制台的节流阀位置指示器应与节流阀孔的相对位置一致。

(7)钻井液气液分离器的液体流量通过能力应符合制造商的书面文件的规定。

21)钻井液循环系统运行检验

钻井液循环系统(钻井泵组、钻井液循环管汇、钻井液处理系统及设备等)应进行规定功能的试验，试验内容包括振动筛在各级规定速度下的运转试验、搅拌器的空载荷运转和载荷运转试验、钻井泵组安全阀试验、单台钻井泵组性能试验及多台钻井泵组性能试验。试验方法按制造商的书面文件的规定，并符合下列要求：

(1)泥浆振动筛应在规定的各级速度下运转时间不少于30min，累计运转时间不少于4h。

(2)搅拌器应在空载荷条件下运转时间不少于1h。

(3)在7MPa的安全阀放喷压力条件下，逐级提高钻井泵的循环排出压力，直至安全阀启动放喷。

(4)按钻井泵的最大额定工作压力条件设定安全阀放喷压力，在最大额定工作压力条件下运行钻井泵不少于30min。

(5)单台钻井泵均应分别进行运行试验。当钻井泵压力≥21MPa工作压力运行时，运行时间不小于30min。

(6)多台钻井泵组联合运转试验时(适用时)，钻井泵应从3.5MPa工作压力及对应的冲程开始，逐级增加至最大额定工作压力及对应的冲程，期间级差压力不大于7MPa，总级数不少于三级，在每个压力级别处钻井泵组运转时间不少于30min。

(7)在最大额定工作压力及冲程条件下，多台钻井泵组及钻井液处理系统及设备(可只运行搅拌器)连续运转不少于30min。

(8)钻井液管汇的试验与钻井泵运行试验可同步进行。

检验时应满足下列检验要求：

(1)振动筛运行稳定，运动轨迹、电动机轴承和电动机温升符合制造商的技术要求。

(2)搅拌器应运转平稳，电动机轴承和变速箱的温升符合制造商的书面文件的规定。

(3)钻井泵安全阀应能在规定的压力下准确放喷，其误差值范围应不大于标定值的±10%。

(4)钻井泵动力端、钻井液循环管汇及钻井液处理设备运行平稳，各连接、传动部件(如法兰连接、活接头连接、机架与底座连接、皮带轮及护罩连接等)无松动现象。

(5)钻井泵液力端及循环密封系统密封可靠，无泄漏。

(6)各润滑部位油压和加注量符合设计要求。

(7)灌注泵、喷淋泵设备工作运转正常。

22)电动钻机联动运行检验

电动钻机在各单元系统调试运转检验合格后应进行规定功能的联动调试运转试验，试验可在多台钻井泵组额定工作压力及冲程试验中进行。试验方法按制造商的书面文件的规定，并符合下列要求：

(1)可在多台钻井泵组额定工作压力及冲程的试验条件下，启动振动筛、转盘、绞车等全部设备，并将运行设备的总功率提升到钻机所配备总功率的70%～90%。

(2)使转盘分别在高速、中速、低速条件下连续运转，每种速度下运转时间不少于30min。

(3)使游动系统分别在高速、中速、低速条件下提升和下放，每种速度下运行不少于10次。

检验时应满足下列检验要求：

(1)各运行设备在工作状态下运行平稳，相互之间无干扰。

(2)绞车、转盘在运行中的加速、减速平稳。

(3)游动系统运行至上、下限位时的停车准确,刹车平稳可靠。

(4)各项操作系统和控制系统稳定、准确、可靠。

(5)电控房及发电机组工作正常。

四、钻机出厂前外观质量检验

(一)外观质量检验总则

总装完成后的钻机和单元设备应进行外观质量检验,检验应包括但不限于下列条款。

1. 完整性

参与钻机总装试验及单元设备装配的各类设备、零部件、连接件、栓固件等应装配完整、齐全,安装方法正确,不应出现错装、漏装现象;螺栓、螺柱拧入长度均匀一致,头部露出螺母端面2~3个螺距。

2. 管缆布置

各种连接管路、线缆应布置整齐,走向合理,安装牢固,尺寸符合设计要求。

3. 工作平台

各类工作台面应平整,整体平面度不大于10mm,台面上不应有超过10mm的凸起物;相邻两台面的高度差应小于5mm,间隙均匀且不大于10mm;各围栏、扶梯应能顺利装拆,无歪斜、晃动。

4. 加工表面

加工表面不应有沟痕、黑斑、裂纹、锈蚀、磕、拉、碰、伤缺陷,飞边、毛刺应清除干净,锐棱、尖角应进行倒钝处理,暴露的加工表面应进行防腐处理。

5. 非加工表面

(1)铸件非加工表面应平整光滑,任何由于铸造形成的黏砂、飞边、多肉、结疤等应打磨清除干净,分型面、焊补、粘补后的痕迹应修磨平整,圆滑过渡。

(2)锻件非加工表面不应有可见的飞边、氧化皮、结疤、夹渣等缺陷,仅影响美观的上述缺陷应予以清除,且应光滑过渡,深度不超过该处最小实体尺寸;胎模锻分模线处错移量应小于1.5mm,并修磨平整,圆滑过渡。

6. 焊接结构件

焊接结构件的形状尺寸应符合设计的要求,不应有碰伤、弯曲、扭曲、变形等缺陷。检查所有焊缝,所允许的外部缺陷偏差应符合GB/T 19418—2003《钢的弧焊接头缺陷质量分级指南》及GB/T 12467.1~4—2009《金属材料熔焊质量要求》。

7. 标志

各种标志应符合制造商的书面文件的规定和用户的要求,产品标志还应符合相关特定产品标准的规定;标志位置合理、字符清晰、内容正确、安装牢固,主要应检查:

(1)产品铭牌、警示牌、指示牌、结构件编号牌、仪器及仪表刻度等。

(2)液、气、水管线标志。

(3)电气接口标志。

(4)井口安装基础标志等。

(二)涂漆

(1)涂漆的质量、颜色和油漆的品种应符合制造商的书面文件的规定和(或)用户的要求。

(2)完工后的涂漆外观表面不应有发黏、脆裂、脱皮、皱皮、气泡、斑痕及黏附颗粒、杂质等缺陷,漆膜应均匀、细致、光亮、平整,颜色一致,不应有流挂和明显的刷痕。

第三节 井架及底座

一、概述

(一)井架及底座的功能

井架是石油钻机起升系统的主要部件,它与绞车、天车、游动滑车、大钩、钢丝绳等设备和工具共同完成起下钻具、下套管及控制钻头钻进等作业。在这些作业中,井架既用于安放、悬挂天车、游车、大钩、吊环、吊钳及吊卡等起升设备及工具,还要用于悬持钻柱、套管柱并存放钻具。

井架坐在底座上,底座的主要作用是:支承井架、钻台和转盘,为钻台上的设备提供工作场所;在钻台下为防喷器组提供一定高度的空间。在起下作业钻柱坐在卡瓦上时,底座承受全部钻柱的负荷。在下套管时,卡瓦支承着套管柱,卡瓦又坐在转盘上,此时底座承受了全部套管管柱的负荷。

(二)井架及底座的形式与基本参数

1. 基本组成与类型

1)组成

石油钻机井架主要由主体、天车台、人字架、二层台、立管平台及工作梯几部分组成。

按照结构形式分,井架可分为塔形井架、前开口式井架、A 形井架、桅形井架和动力井架 5 种基本类型。下面仅对常用的塔形井架、前开口式井架、A 形井架、桅形井架的结构做简要叙述。

2)井架类型

① 塔形井架:

塔形井架是一种横截面为正方形或矩形的四棱截锥体的空间结构,整个井架是由许多单一构件用螺栓连接而成的非整体结构(即可拆结构)。20 世纪 40 年代以前,世界各国几乎全部采用这种井架形式,40 年代以后,因其安装和搬迁工作量大,高空作业危险性大,在陆地井架中,已趋于淘汰此种类型井架。但由于塔形井架总体稳定性好,承载能力大,在海洋钻井中,它仍占绝对优势。

② 前开口式井架:

前开口式井架,又称 K 形井架截面呈冂型,即:前面敞开(或大部分敞开),两侧分片或块焊成若干段,背部为桁架体系,各段及杆件间用销子或螺栓连接。K 形井架整体刚性好、制作成本低，拆装迅速、方便、安全，这种井架形式在我国发展较快，而国外也主要采用此种井架结构形式。

③ A形井架：

A形井架是由两个等截面的空间杆件结构或柱壳结构的大腿靠天车台与井架上部的附加杆件和二层台连接成“A”字形的空间结构，每条大腿又由若干段焊接结构用螺栓连接成整体结构。由于A形井架主要是靠两个大腿承载，工作载荷在大腿中的分布更均匀，材料的利用更加合理，加上大腿是封闭的整体结构，所以其承载能力和稳定性都较好，但总体稳定性尚不够理想。

④ 桅形井架：

桅形井架是由一段或几段格构式柱或管柱式大腿组成的空间结构。它在工作时多向井口方向倾斜，一般为3°～8°，因此绷绳成为桅形井架不可缺少的基本支承，以此来保持结构的稳定性。桅形井架主要作为车装钻机井架和修井机井架。

3）底座结构类型

随着钻井工艺和钻机结构的不断发展，出现了多种不同结构的底座，主要分为箱式底座和自升式底座两大类型。

① 箱式底座：

箱式底座又分为箱块式和层箱式两种类型，其主要特征是：根据底座各个部分的不同功能，分别设计成不同的箱形框架、组合梁及板块，用销轴连接组装成整体；立根盒梁与绞车支架之间通过转盘梁用销轴连接起来，组成钻台；井架支撑于两个侧箱之上，以适应井架低位整体起升的要求。

② 自升式底座：

自升式底座的主要特征是：底座地面组装时，绞车、转盘、井架等在底座上固定，通过动力传动系统或者绞车动力将底座整体起升到钻台高度。根据起升方式又可分为弹弓式、旋升式和伸缩式三种类型。

二、型号表示方法

1．井架型号表示方法

井架型号表示方法如图2－2所示。

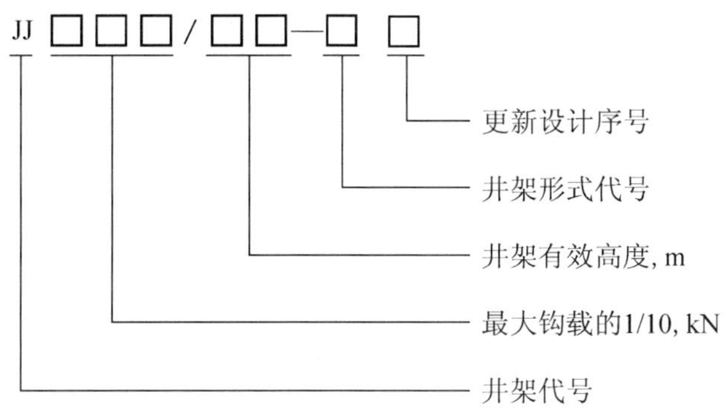

图2－2　井架型号

井架代号“JJ”表示陆地用井架，海洋用井架的代号为“HJJ”。

井架形式代号分别为：

T——塔形井架；

K——前开口式井架；

A——A 形井架；

W——桅形井架。

2. 底座型号表示方法

底座型号表示方法如图 2－3 所示。

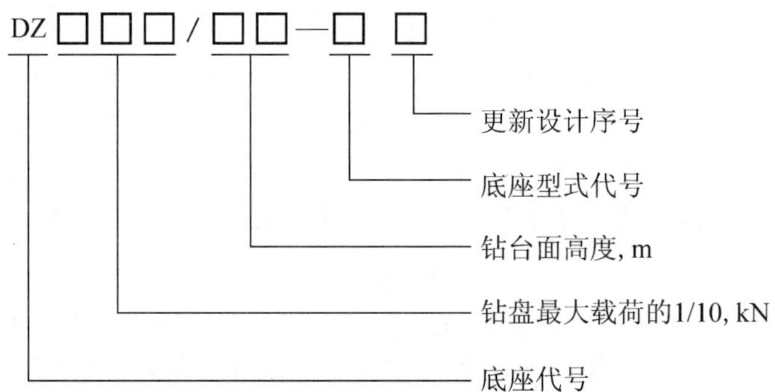

图 2－3　底座型号

底座代号“DZ”表示陆地用底座，海洋用底座代号为“HDZ”。

转盘最大载荷也是用载荷的十分之一千牛数表示。

底座型式代号分别为：

X——箱式底座；

XD——箱叠式底座；

S——升举式底座；

T——拖撬式底座。

三、井架及底座的技术要求

1. 井架的技术要求

1）总体安装要求

（1）构件及紧固件应能顺利安装并符合设计图样的要求。

（2）井架两节连接后，其间隙应小于 0.5mm。

（3）伸缩式井架在起立、放倒过程中，井架应平稳，伸缩应灵活无卡阻。

（4）井架总装后，应保证井架大腿在全长范围内直线度公差值为全长的 0.5/1000。

2）承载能力要求

井架承载最大钩载时，主要受力构件上的应力值应不超过设计许用应力，在 15min 内，整体与主要构件不得有残余变形，焊缝不得有开裂现象。

3）整体起放要求

整体起放的井架在起立和放倒过程中，整体与主要受力构件的应力值应不超过设计许用应力。起放应灵活，天车梁中心与井口对中，其偏差不得超过 ±20mm。

4）材料要求

（1）钢材：

① 用于井架的各种钢材应符合有关标准的规定。主要承载结构钢材的屈服强度：

各种型钢不应低于 225N/mm^2；

对于钢管不应低于 240N/mm^2。

注意不允许使用沸腾钢。

② 用于井架的钢材应有原生产厂的质量证明书，没有质量证明书或位置证明书不准确时，应做相应的化学成分分析和机械性能试验。

③ 在 -20℃以下温度条件下工作的井架，对钢材应有特殊要求，具体要求由合同规定。

（2）铸钢：

铸钢件应符合 GB/T 11352《一般工程用铸造碳钢件》的规定。

（3）焊条：

手工焊接用焊条应符合 GB/T 10044《铸铁焊条及焊丝》，GB/T 10045《碳钢药芯焊丝》及 GB/T 5293《埋弧焊用碳钢焊丝和焊剂》的规定。

（4）螺栓、螺母：

① 普通螺栓的性能等级应符合 GB 3098.1《紧固件机械性能　螺栓、螺钉和螺柱》中 4.8 级的规定。

② 高强度螺栓、螺母的性能应符合 GB 3098.1 中 6.8 级的规定。

③ 直径和长度相同而强度级别不同的螺栓，不能在同一井架上使用。

2. 底座的技术要求

1）总体安装要求

构件及紧固件应能顺利安装并符合设计图样的要求。

2）承载能力要求

底盘在转盘最大载荷作用下，整体和主要变力构件上的应力应不超过设计许用应力。在 15min 内整体与主要构件不得有残余变形，焊缝不得有开裂现象发生。

材料要求、机加工制造质量要求与井架相同。

四、井架及底座的检验项目及检验方法

1. 检验依据

井架机底座的检验依据以中国石油天然气集团公司行业标准为主，必要时可参照相关的 API 标准。对于井架及底座所用材料的化学成分，机械性能的检验、焊接质量及加工制造质量的检验应依据相应的国家标准。作为检验依据的标准主要包括：

GB/T 25428《石油天然气工业钻井和采油设备　钻井和修井井架、底座》；

API Spec 4F《钻井和修井井架、底座规范》；

SY 6326《石油钻机和修井机井架底座承载能力检测评定方法及分级规范》；

GB/T 11352《一般工程用铸造碳钢件》；

GB/T 3098.1《紧固件机械性能　螺栓、螺钉和螺柱》；

GB/T 19418《钢的弧焊接头　缺陷质量分级指南》。

2. 检验项目

1）井架的检验项目

（1）材料化学成分检验。

（2）材料机械性能检验。

（3）总装质量检验。

（4）整体起立与放倒检验。

（5）静载检验。

（6）伸缩井架的伸缩检验。

（7）焊缝质量检验。

（8）尺寸精度检验。

（9）外观质量检验。

2）底座的检验项目

（1）材料化学成分检验。

（2）材料机械性能检验。

（3）总装质量检验。

（4）静载检验。

（5）井架起放、移动时底座结构的稳定性检验。

（7）焊缝质量检验。

（8）尺寸精度检验。

（9）外观质量检验。

3. 检验方法

上述的检验项目中，材料化学成分检验、材料机械性能检验、几何尺寸精度检验等都是大家熟悉的常规检验，外观质量检查则属于感官检查，所以这些检验项目的检验方法将不在此介绍。下面简述几个主要检验项目的检验方法。

1）井架总装质量检验

（1）检查构件、紧固件和连接件在安装中是否顺利，检查安装是否符合图样要求。

（2）检查伸缩式井架在起放时是否平稳，伸缩是否灵活，有无卡阻显现。

（3）测量大腿在全长范围内直线度公差。

（4）测量井架两段拼接后全长直线度公差。

（5）测量任意侧面的对角线尺寸差。

2）井架静载检验

井架静载试验的应力测定：

（1）根据 SY 6326《石油钻机和修井机井架底座承载能力检测评定方法及分级规范的要求》，选择井架应力测试测点位置。

（2）对井架结构测点部位进行打磨，确保测点部位清洁平整，无漆皮。

（3）用黏合剂或通过夹具将应变片或传感器固定在结构测点部位，通过屏蔽电缆接至节点模块。

（4）将采集模块绑定在井架上，确保井架上体、下体有相对运动时不受影响。

（5）直立井架，上井架伸出到位，使其处于作业状态。

（6）确定井架静载载荷能达到最大钩载。

（7）将井架上各采集模块通电，将工控机摆放在平台露天位置。

（8）测试载荷设计（做载荷试验分级设计）。

（9）启动采集模块和电脑，做初始平衡，并做好记录。

（10）按照测试载荷设计，逐级加载，并做好每次载荷应变值记录。

（11）做好回零数据记录，试验天气状况记录（风速、温度、湿度等）。

（12）拆除采集模块和数据线。

（13）清理测点，并对因测试而打磨的部位补漆。

（14）恢复现场至井架正常使用状态。

（15）将测试数据及相关资料用专用软件进行应力分析，并出具应力测试报告，做出相应的分析及评估结论。应力报告的原件（签字、盖章）交予甲方。

井架静载检验的变形测试：

（1）在负载加至井架最大载荷时，测量整体及主要构件的变形，观察有无焊缝开裂等异常情况。

（2）比较最大载荷条件下的实测变形值与设计允许变形值，记录出现的异常情况，给出该项目是否符合要求的判断。

3）井架整体起升与放倒的检验（仅适用于整体起升式井架）

起放灵活性及对中性检验：

（1）检测井架在起放过程中是否灵活、顺利，有无卡阻现象。

（2）测量井架起升后天车梁中心与井口中心的偏差。

（3）观察情况及实测值与技术要求比较，判断该项目是否合格。

井架起放检验的应力测定：

（1）在准备进行起放检验的井架上，按事先设计的贴片点粘贴应变片或安装应变传感器并架设线路。

（2）接通并调试应变测试仪器。

（3）安装、调试力传感器及二次指示仪表，或用钻机上的指重表代替。

（4）用不大于 0.05m/s 的速度起升井架，在井架与水平面的夹角分别为 0°、10°、15°、20°、

30°、45°、60°、75°及90°时,测取主要构件的应变值及相应的载荷值。每一角度下的持续稳定时间为15min。

(5)将井架以不大于5m/s的速度缓慢下放,分别测取井架与水平面的夹角为75°、60°、45°、30°、20°、15°、10°、5°及0°时的应变值及相应的载荷值。每一角度下的持续稳定时间为15min。

(6)重复(4)进行第二次起升试验。

(7)比较井架起放时主要构件的最大应力值与设计许用应力值,判断该检验项目是否符合要求。

4)底座总装质量检验

(1)检查构件、紧固件和连接件在安装中是否顺利,检查安装是否符合图样要求。

(2)检查底座的安装几何尺寸。

(3)检查底座的焊缝质量。

5)底座的静载检验

底座静载检验的应力测定:

(1)在安装就绪的底座上,按事先设计的测点,粘贴应变片或应变传感器并架设线路。

(2)接通并调试测试仪器。

(3)安装、调试力传感器及二次指示仪表。

(4)给被试底座逐级施加载荷、直到加至转盘最大载荷。分别记录相应的载荷值及应变值。转盘最大载荷的施加时间为15min。

(5)比较实测应力值与设计许用应力值,判断该项目是否符合要求。

底座静载检验的变形测试:

(1)在负载加至转盘最大载荷时,测量整体及主要构件的变形,观察有无焊缝开裂等异常情况。

(2)比较最大载荷条件下的实测变形值与设计允许变形值,记录出现的异常情况,判断该项目是否符合要求。

第四节　绞　　车

一、概述

绞车是钻机和修井机的重要配套部件。在石油钻井和修井作业过程中,不仅担负着起下钻具、下套管、控制钻压、处理事故、提取岩芯筒、试油等各项作业,而且还担负着井架、底座的起放任务等。根据功能的不同,绞车可分为钻井绞车和修井绞车。以下所述的绞车,以钻井绞车为主。

绞车一般由动力、变速机构、滚筒、离合器、刹车等部件组成。绞车在钻井过程中具有起下钻具、下套管、控制钻进过程钻压和整体起立井架等功用,它的工作特点是操作使用频繁,变速范围宽、载荷变化大。

二、绞车结构

绞车的结构多种多样，一般有五种类型，即单轴、双轴、三轴、五轴和各为单轴的主、辅绞车等。目前常用的绞车结构型式以单轴和三轴为主，重型和超重型绞车多为五轴绞车或单轴齿轮结构。下面我们以宝鸡石油机械有限公司 JC－70DB10 绞车为例。

JC－70DB10 绞车是一种交流变频控制的单轴齿轮绞车，它主要由交流变频电动机、减速箱、液压盘刹、滚筒轴、绞车架、自动送钻装置、空气系统、润滑系统等单元部件组成。绞车动力由两台功率 800kW、转速 0～2800r/min 的交流变频电动机驱动。绞车为一挡无级变速，不需专门的换挡机构。绞车主刹车为液压盘式刹车，配双刹车盘。绞车取消了传统的辅助刹车机构，使用主电动机能耗制动作为辅助刹车。绞车传动采用齿轮传动形式，齿轮及轴承润滑采用强制润滑方式。绞车配置了自动送钻装置。自动送钻装置由一台 37kW 的交流变频电动机提供动力，经一台立式齿轮减速机减速后驱动滚筒实现自动送钻功能。

三、绞车的基本型式与基本参数

1. 绞车的驱动型式

绞车根据驱动方式分为机械驱动、电驱动、液压驱动。

1）机械驱动绞车

以内燃机（一般为柴油发动机或天然气发动机）为动力，通过机械传动系统驱动的绞车。

2）液压驱动绞车

以液马达为动力驱动的绞车。

3）电驱动绞车

以电动机为动力驱动的绞车，电驱动又分为：直流电驱动、交流工频电驱动、交流变频电驱动。

2. 绞车的传动型式

绞车动力输出至滚筒的传动形式主要分为：链条传动、齿轮传动、液力传动。

3. 绞车型号的表示方法

绞车型号的表示方法应符合图 2－4 的规定。

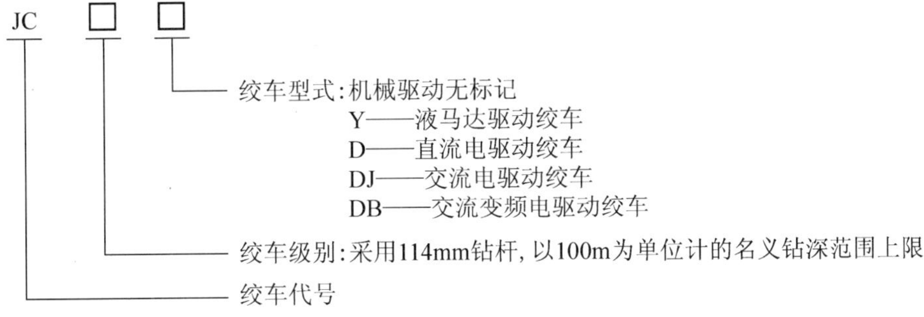

图 2－4　绞车型号

四、绞车的技术要求

1. 整机技术要求

根据钻井对绞车的要求,对于钻井绞车应具备如下条件:

(1)绞车应配备润滑系统。

(2)绞车推荐配备应急装置,如紧急停车、过卷阀。

(3)传动机构应运转平稳、无异常响声。

(4)换挡装置应摘挂灵活、动作准确,在动力传动中,可靠地工作。

(5)对于两台及以上变速箱传动的多挡(含两挡)齿轮绞车,必须具有挡位互锁功能。

(6)油、气、水管线各密封处不应渗漏。

(7)气控系统的各零部件动作应灵敏,准确可靠。

(8)气胎离合器进气时间应小于5s,放气时间应小于4s。

(9)各轴承座外壳温升应不大于45℃,最高温度不应大于80℃。

(10)成对传动链轮调整时,两链轮端面应在同一平面内,偏差应不大于两链轮中心距的2‰。

(11)独立的辅助刹车装置与滚筒轴在同一轴线上时,同轴度公差应不大于ϕ0.4mm。

(12)电动机轴与绞车输入轴在同一轴线时,同轴度公差应不大于ϕ0.15mm。

(13)盘式刹车的设计及安装应符合SY/T 6727《石油钻机液压盘式刹车》的相关要求。

(14)主刹车应在规定的刹车力及允许的下钻速度下,将最大负载的钻具可靠地刹住。

(15)电磁刹车、水刹车及气动盘式刹车安装应符合SY/T 6858《油井管无损检测方法》的相关要求。

(16)主墙板与绞车底座之间、轴承座与绞车底座之间、盘式刹车钳架与绞车底座之间及绞车架之间的焊缝均为关键焊缝,需进行无损检测。

(17)带式刹车刹把应装有安全链,并且在其工作范围内应转动灵活、可靠。

(18)带式刹车刹带与刹车毂的间隙,在刹把完全松开时,沿圆周的间隙误差应不大于2mm。

(19)带式刹车刹带刹紧后,平衡梁两端底面与轴座上端面的间隙应相等,间隙的公差应不大于1mm。

(20)在运转中,齿轮传动、链条传动系统平稳,无异常响声。工作中,噪声不超过90dB(A)。

(21)润滑油应符合GB 5903《工业闭式齿轮油》的规定,润滑脂选用应参考产品使用说明书,所使用产品的应符合SH/T 0368《钙钠基润滑脂》、GB/T 7324《通用锂基润滑脂》的规定。

2. 主要零部件技术要求

绞车的设计、制造应符合GB 17744《石油天然气　钻井和修井设备》的相关规定。各零部件生产制造应满足以下条件:

(1)原材料、外购件、标准件应符合有关国家标准、行业标准的规定,并且应有质量合格证明书。

(2)焊接件应按 JB/T 5000.3《重型机械通用技术条件 第3部分:焊接件》规定的技术要求制造。

(3)铸铁件应按 JB/T 5000.4《重型机械通用技术条件 第4部分:铸铁件》规定的技术要求制造。

(4)铸钢件应按 JB/T 5000.6《重型机械通用技术条件 第6部分:铸钢件》规定的技术条件制造。

(5)铸钢件的补焊按 JB/T 5000.7《重型机械通用技术条件 第7部分:铸钢件补焊》的相关规定进行。

(6)链轮轮齿工作表面的硬度应不低于45HRC。

(7)齿轮轮齿(不含倒挡齿轮)工作表面的硬度应不低于50HRC。

(8)对主承载件应进行无损检测,并应符合 GB 17744 中的规定。

(9)带式刹车的刹车毂工作表面的硬度应不低于40HRC。

(10)带式刹车及盘式刹车的刹车块符合 SY/T 5023《石油钻机用刹车块》的要求。

(11)带式刹车应经磨合试验使其与刹车毂之间接触均匀,刹车带接触面应大于总摩擦面积的80%,磨合试验时刹车毂表面温度应小于400℃。在自由状态下刹车带与刹车毂之间的间隙为1~3mm。刹把应转动灵活,与垂直方向的有效夹角应为45°~70°。

(12)盘式刹车工作钳、安全钳等转动部件应动作灵活、准确、无卡阻。每条液压管线应通过1.5倍的最大工作压力试验,应连接可靠,无泄漏。刹车片应经磨合试验使其与刹车盘之间接触均匀,刹车片接触面积应大于总摩擦面积的80%,磨合试验时刹车毂表面温度应小于400℃。工作钳、安全钳在刹车释放状态下刹车片与刹车盘之间的间隙为0.4~0.6mm。

(13)滚筒绳槽半径应等于滑轮超半径。

(14)滚筒绳槽深应为钢丝绳公称直径的30%。

(15)设计多层缠绕的滚筒时,绳槽中心线之间的距离约等于钢丝绳公称直径加上规定外径公差的二分之一。

(16)绞车滚筒应做静平衡试验(应和轴及冷却水管线一起做静平衡试验),其平衡品质等级不低于G6.3平衡精度。

(17)冷却水管道应做0.7MPa静水压试验。

(18)空气管道应做1.0MPa密封性试验。

(19)滚筒直径必须大于钢丝绳公称直径的20倍。

五、绞车的检验项目及检验方法

绞车质量检验根据目的不同分为出厂检验和型式试验。

1.检验项目及要求

绞车在生产过程中的检验项目应按如下要求进行。

1）设计要求

绞车的设计应按 GB/T 17744 的相关规定执行。其他特殊要求应满足制造商与用户认可的书面文件的要求。

2）零部件加工要求检验

（1）绞车架及底座关键焊缝无损检验

绞车架及底座关键焊缝的无损检验应包括对主要焊接参数和焊接产品的检验。制造商应依据有关标准制定书面的焊接工艺规程，应包括对合格焊接操作者、焊接设备、工艺评定方法、工艺评定记录、焊接材料、焊接性能、质量控制等要求。完工的关键焊缝应按下列方法检验和验收（关键焊缝的确认是制造商的责任）：

① 目视检验：所有的关键焊缝应 100% 进行直观检验，包括焊缝两侧 13mm 以内的基体表面。应满足下列要求：

a）焊缝形式和尺寸符合设计文件的要求。

b）咬边不应使该处（考虑两侧）厚度减少到允许的最小厚度以下，并应打磨与周围材料光滑连接。

c）密封表面或密封表面 13mm 范围内不允许有表面孔隙和飞溅焊渣。

② 表面无损检验：关键焊缝的 20% 应在最终热处理和（或）最终机加工后用磁粉或液体渗透法由制造商的检验人员随机选择检验部位进行无损检验。若设备需进行载荷试验，则检验应在载荷试验之后进行。检查前应除去表面涂层，检查应包括焊缝两侧 13mm 以内的基体表面，应满足下列要求：

a）无相关线性显示。

b）深度小于或等于 16mm 的焊缝，无大于 3mm 的圆形显示；深度大于 16mm 的焊缝，圆形显示小于 4.8mm。

c）同一直线上间隔小于 0.6mm（边至边）的相关显示不多于 3 个。

③ 体积无损检验：关键的熔透焊缝应根据 AWS D1.1《钢结构焊接规范》或 ASME V《锅炉及压力容器规范》第 V 卷：2010 第 A 部分第 5 章和第 2 章进行超声波或射线检验。验收准则应符合 ASME V：2010 中 UW—51 和附录 12 的要求。

（2）铸铁件应按 JB/T 5000.4《重型机械通用技术条件　第 4 部分：铸铁件》规定的试验方法和检验规则进行检验。

（3）铸钢件应按 JB/T 5000.6《重型机械通用技术条件　第 6 部分：铸钢件》规定的试验方法和检验规则进行检验。

（4）铸钢件的补焊按 JB/T 5000.7《重型机械通用技术条件　第 7 部分：铸钢件补焊》规定的检验规则进行检验。

（5）锻件应按 JB/T 5000.8《重型机械通用技术条件　第 8 部分：锻件》规定的检验规则和试验方法进行检验。

（6）主要旋转部件静平衡应符合厂家设计要求。

（7）减速箱装配齿轮啮合面积沿齿宽超过 60%，齿高超过 40%，齿侧间隙大于或等于 0.34mm。齿轮工作面硬度应不低于 50HRC。

3)装配质量检验

(1)成对传动链轮的调整质量应按 SY/T 5595—2013《油田链条和链轮》中附录 D 的第 2 条款进行检验。

(2)独立的辅助刹车装置与滚筒轴在同一轴线上时,以其中一个部件为基准,在另一个部件轴端的四个象限点上,用量具测量同轴度。

(3)电动机轴与绞车输入轴在同一轴线时,同轴度公差应符合 SY/T 6680《石油钻机和修井机出厂验收规范》的要求。

(4)盘式刹车装置的设计应符合制造商的书面文件的规定并满足用户的要求。操作工作钳、安全钳等转动部件应动作灵活、准确、无卡阻。每条液压管线应通过 1.5 倍的最大工作压力试验,应连接可靠,无泄漏。刹车片应经磨合试验使其与刹车盘之间接触均匀,观察刹车盘痕迹,刹车片接触面应大于总摩擦面积的 80%,磨合试验时刹车盘表面温度应小于 40℃。工作钳和安全钳在刹车释放状态下刹车片与刹车盘之间的间隙为 0.4 ~0.6mm。

(5)辅助刹车安装检验包括电气安装检验、滚筒轴离合器安装同轴度检验、滚筒轴挂合分离检验。

(6)液压系统安装检验:

液压动力站应按制造商的书面文件的规定进行安装,管缆系统的布置整齐、合理,安装后的液压管线应进行液压试验,不应有可见渗漏。

(7)润滑系统检验:

润滑系统应符合制造商的设计要求,所用润滑油(脂)的牌号、用量和润滑系统压力应符合制造商设计文件的规定。润滑管路应连接牢固、畅通。检测润滑系统的温度和压力报警装置、加热和冷却装置,应满足设计技术要求。

(8)冷却系统检验:

冷却系统应符合制造商的设计要求,所用的冷却液、流量和冷却系统压力应符合制造商设计文件的规定。冷却液循环管路应连接牢固、畅通、无泄漏。检验冷却系统的温度、流量、冷却液液面报警装置,应符合设计技术要求。

(9)尺寸检验:

制造商应规定和检验产品的关键尺寸(例如端部连接尺寸、离合器间隙、安装基准等)。关键尺寸的验收应符合制造商的技术文件要求。

(10)联轴器检验:

联轴器的性能、参数和尺寸应符合相关标准及制造商设计文件的规定,制造商应提供产品合格的书面证明。

(11)电气设备检验:

① 电气设备防爆检验:

电气设备防爆性能应符合 GB 3836《爆炸性环境》的规定,各防爆电气设备的防爆型式、类别、性能等要求,应能满足依据 SY/T 10041《石油设施电气设备安装一级一类和二类区域划分的推荐作法》或 SY/T 6228《油气井钻井及修井作业职业安全的推荐作法》分类的不同危险区域的防爆要求。不同的电气设备防爆型式适用的危险区域见表 2 -7 的规定。

表 2-7 电气设备防爆型式

符号	防爆型式	适用区域
o	充油型	一级一类
p	正压型	一级一类或一级二类
q	充砂型	一级一类
d	隔爆型	一级一类
e	增安型	一级一类
ia	本质安全型 a 类	一级一类
ib	本质安全型 b 类	一级一类
m	浇封型	一级一类
n	无火花型	一级二类

② 电气设备外壳防护等级检验：

电气设备外壳的防护等级应满足 GB 4208《外壳防护等级(IP 代码)》中 IP54 的要求。

4)调试检验

(1)空运转试车检验

按照绞车设计部门出具空运转试车的试车规程进行检验。空运转试验应按制造商书面文件规定的程序进行。绞车滚筒应在高速运转条件下检查其平衡性，空运转时间不小于 15min，不应有显著的摆动和振动。运转结束测量各轴承温度。

① 空运转试车前的要求：

a)绞车各部件应检验合格，装配质量应符合图样及技术要求的规定。

b)试车供气、供水系统能正常工作。

c)强制润滑系统的油箱应按试车规程的要求加入定量润滑油。

d)按照试车规程的要求，准备经计量测试部门检定合格的检验仪器以及设备。

② 空运转试车的要求：

绞车应逐挡做空运转试车，各挡的空运转时间不应少于 30min，平衡性应主要依靠单个滚筒的静平衡效果来保证，其平衡品质等级不低于 G6.3。

(2)润滑、冷却水管道的密封性检验：

在工作压力下，观察各系统管道是否存在渗漏、滴漏乃至泄漏情况。

(3)强制润滑系统检验：

① 观察强制润滑系统的各喷油点是否成扇状喷油。

② 检查系统是否存在泄漏或阻塞。

(4)报警装置检验：

应分别模拟润滑系统的温度和压力、冷却系统的温度、水位和流量、润滑系统和冷却系统断流及电动机风机未启动等非正常工作，检验报警装置的灵敏可靠性及互锁逻辑的准确可靠。

(5)气控系统检验：

① 绞车司钻台的气动控制元件是否操纵灵活、准确。

② 相关气动控制元件或相应的气动执行元件是否灵敏、正确动作。

③ 梭阀是否反应迅速。

④ 快速排气阀是否排气通畅。

⑤ 操纵调压阀时，相应的调压继动阀是否随调节压力连续、稳定地升高或降低。

⑥ 观察气胎离合器摩擦片的抱合、脱开时间并记录时间。

⑦ 刹车气缸是否工作正常。

(6)液压系统检验：

① 各操作阀件应灵活，逻辑关系正确。

② 液压油品的型号、质量和加注量应符合设计要求。

③ 报警装置安装正确。

④ 电气设备、线缆的型号、技术参数、连接方式、绝缘值及线缆入口处的密封性能及安全接地等应符合制造商的设计要求、电气设备的防爆要求的规定。

(7)换挡装置检验：

① 将各齿形或牙嵌离合器摘挂 3 次，检查离合器及换挡机构是否摘挂灵活、动作准确。

② 换挡用气胎离合器，应按规定进行检验。

(8)轴承温升检验：

在绞车空运转试车换挡时及各挡空运转完成后，用电子温度计检验各轴承座外壳的温升，温升应小于 45℃，最高温度应小于 80℃。

(9)噪声检验：

在绞车空运转试车及各挡空运转时，用专用噪声计测量传动系统的噪声，噪声应小于 90dB。测量方法参考 SY/T 5532《石油钻机用绞车》。

(10)最大快绳拉力检验：

① 绞车最大快绳拉力应在所属的同级别钻机上进行检验。

② 该级别钻机采用游动系统最多绳数。

③ 该级别钻机最大钩载应达到 GB/T 23505《石油钻机和修井机》中的规定。

(11)主刹车安全性检验：

主刹车的安全性应符合 GB/T 6680《液体化工产品采样通则》的要求，并按其要求进行检验。

(12)刹把工作安全性检验：

① 带刹车刹把的操纵力应小于 400N。

② 盘式刹车刹把的操纵力应小于 80N。

六、绞车涂装

绞车涂装应符合 GB/T 23505《石油钻机和修井机》相关内容的要求。

第五节　天车、游动滑车

一、概述

1. 天车、游动滑车的功能

天车和游动滑车是钻机起升系统的两个部件，天车和游动滑车通过钻井钢丝绳的反复上下穿绕把它们连成一个定、动滑轮组合，最后一道钻井钢丝绳绕过天车轮，绳头放下后缠绕在绞车滚筒上，从天车轮另一端下来的钻井钢丝绳则把它固定在井架下的死绳固定器上。天车、游动滑车、钻井钢丝绳三个部件把绞车、井架以及钻柱联系起来，以实现起下钻作业。

天车和游动滑车同钻机其他部件一样，应有足够的承载能力，并能在恶劣的工作条件下正常运行。这就要求滑轮、天车轴、游动滑车轴、下车架、下提环、下销座或侧板组及提环销等承载零件符合使用要求，保证有高质量的滑轮轴承，并保证有定期的、正确的润滑措施。

2. 天车、游动滑车的结构

1）天车的结构

天车是一组定滑轮，它由滑轮、天车轴、天车架及轴承等主要零件组成，如图 2 – 5 所示。

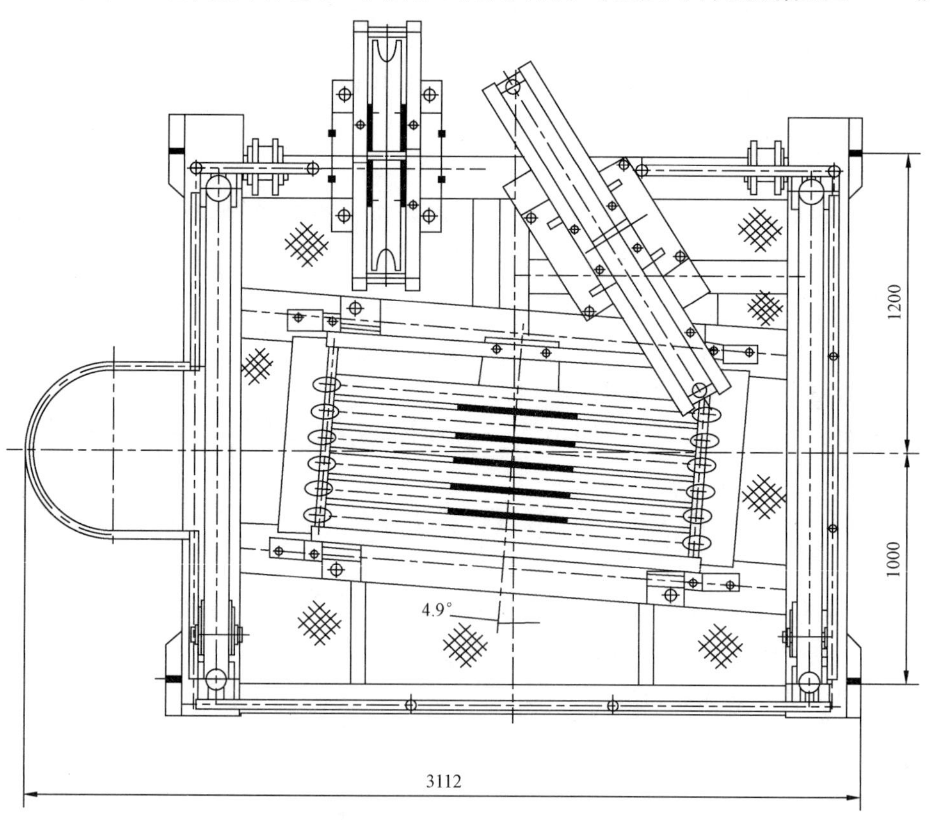

图 2 – 5　天车的结构

天车的滑轮有 4 ~ 6 个不等，同装在一根天车轴上，排成一行。

2）游动滑车的结构

游动滑车是一组动滑轮，它由滑轮、游车轴、下提环、下销座、侧板组、提环销及轴承组成，如图 2 - 6 所示。

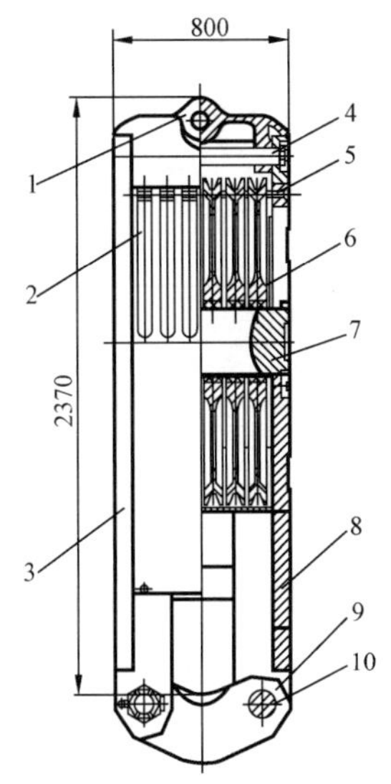

图 2 - 6　游动滑车的结构

1—吊梁；2—侧护板；3—左侧板组；4—吊梁销；5—护罩销；6—滑轮；7—轴；8—右侧板组；9—提环；10—提环销

游动滑车由多个滑轮组成，同装在一根游车轴上，排成一列。

二、天车、游动滑车的型式与基本参数

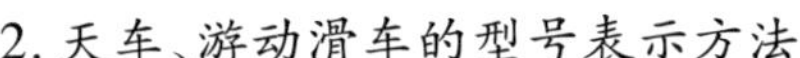

1. 天车、游动滑车的型式

天车和游动滑车的结构比较简单，在现行有效的标准中及实际使用中都没有结构型式的专门规定。这主要由于不论是天车还是游动滑车其结构都是在一根芯轴上安装不同数量的滑轮。用以区分它们型式的方法常用滑轮数表示。天车和游动滑车也有一些特殊结构的型式。如带辅助滑轮的天车，游动滑车与大钩组合在一起，组成游车大钩等。

2. 天车、游动滑车的型号表示方法

1）天车的型号表示方法

天车的型号表示方法如图 2 - 7 所示。

（1）天车代号：

天车代号为“天车”两字汉语拼音的第一个字母（大写）。

（2）最大钩载：

最大钩载用钻机最大钩载（kN）的十分之一表示。

2）游动滑车的型号表示方法

游动滑车的型号表示方法如图 2 - 8 所示。

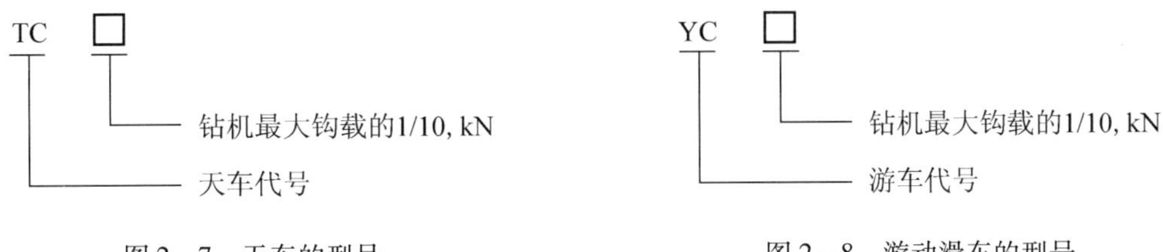

图 2 - 7　天车的型号　　　图 2 - 8　游动滑车的型号

（1）游车代号：

游动滑车代号是“游车”两字汉语拼音的第一个字母（大写）。

（2）最大钩载：

与天车一样，最大钩载也是用钻机最大钩载的十分之一表示。

3. 基本参数

1) 天车的基本参数

天车的基本参数见表2－8。

表2－8　天车的基本参数

天车型号	最大钩载,kN	滑轮数	钢丝绳公称直径,mm
TC90	900	5	26
TC135	1350	5	29
TC225	2250	6	32
TC315	3150	7	35
TC450	4500	7	38
TC585	5850	8	42

2) 游动滑车的基本参数

游动滑车的基本参数见表2－9及图2－9。

表2－9　游动滑车的基本参数

型号	最大钩载 P_{max} kN	滑轮数	钢丝绳公称直径	B_{1min}	A_{1max}
			mm		
YC90	900	4	26	83	70
YC135	1350	4	29	83	70
YC225	2250	5	32	83	102
YC315	3150	6	35	83	102
YC450	4500	6	38	89	102
YC585	5850	7	42	89	102

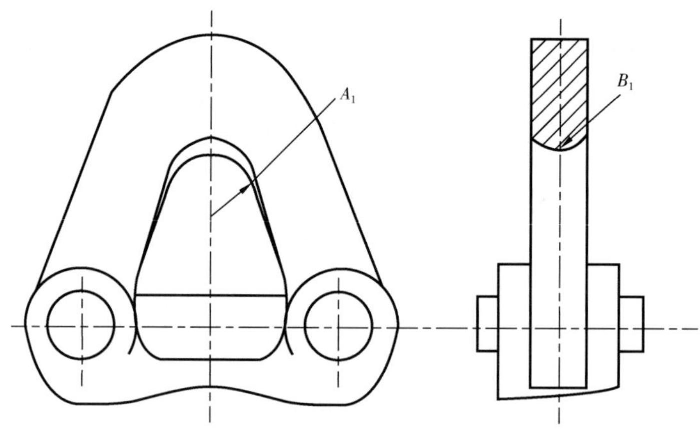

图2－9　游动滑车的圆弧接触表面半径示意图

三、天车、游动滑车的技术要求

1. 天车的技术要求

1）整机性能要求

（1）天车装配好后，滑轮转动应灵活、平稳、无卡阻、无异常响声。当转动任一滑轮时，其相邻滑轮不得转动。

（2）天车装配好后应进行静拉力试验，卸载后产品及其零件、部件的有效功能不得削弱。

（3）滑轮装配后应进行静平衡试验，其允许的不平衡力矩按式（2－1）计算：

$$M = 9.8e \cdot G \tag{2-1}$$

式中　M——允许不平衡力矩，N·mm；

e——允许偏心距，取 0.8mm；

G——滑轮质量，kg。

（4）主轴承的额定负荷按式（2－2）计算：

$$C_1 = \frac{n \cdot C}{357} \tag{2-2}$$

式中　C_1——主轴承额定负荷计算值，kN；

n——滑轮数；

C——单个滑轮轴承额定负荷（在转速为 100r/min 条件下，90% 的轴承最短使用寿命为 3000h 的负荷），kN。

2）材料及制造质量要求

（1）天车应按经规定程序批准的图样及技术文件制造。

（2）天车轴，包括快绳和死绳滑轮支承轴，除弯曲屈服安全系数应大于 1.67 外，应按照 AISC 335—1989《钢结构建筑规范》设计。

（3）所用的锻件应符合 JB/T 4385.1《锤上自由锻件　通用技术条件》的规定。

（4）滑轮绳槽几何尺寸应符合图 2－10 和表 2－10 的规定。

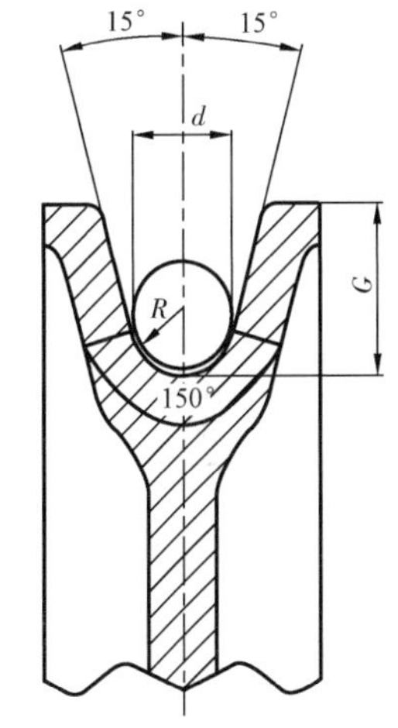

图 2－10　天车滑轮绳槽尺寸

表 2－10　滑轮绳槽几何尺寸

钢丝绳公称直径 d,mm		26	29	32	35	38	42
槽底半径 R mm	基本尺寸	13.79	15.37	16.99	18.69	20.40	22.25
	极限偏差	$^{+0.38}_{0}$					
绳槽总长度 G,mm		$1.75d \geq G \geq 1.33d$					

（5）铸造滑轮槽底圆弧面上，不允许有直径大于 2.5mm，深度大于 1.5mm，总数超过 6 个的非密集型铸造缺陷。

（6）滑轮绳槽的工作表面硬度为45～50HRC，淬深不得小于2mm。

（7）天车轴表面应进行探索，其质量应达到JB/T 9218—2007《渗透探伤方法》或GB/T 15822.1—2005《钢铁材料的磁粉探伤方法》中3级的规定。

（8）涂漆质量应符合JB/T 5000.12《重型机械通用技术条件　第12部分：涂装》的规定。

2. 游动滑车的技术要求

1）总装性能要求

（1）游动滑车装配好后，滑轮转动应灵活、平稳、无卡阻、无异常响声。

（2）游动滑车应进行最大钩载静拉力试验，卸载后，产品和零部件的有效功能不得削弱。

（3）游动滑车应加载到设计载荷。在此载荷被卸除后，应检查产品的设计功能。所有设备零件的设计功能均不得因此项加载而受到损害。对已进行过设计验证试验的产品，用应变片或其他适用手段测定的临界永久变形，除接触区外，不得超过0.2%。

（4）游动滑车外部不允许有挂伤其他零部件的突出部分。

（5）游动滑车的滑轮装配好后应进行静平衡试验，其允许不平衡力矩和主轴承的额定负荷的计算同天车中的滑轮。

2）材料及制造质量要求

（1）游动滑车应按经规定程序批准的图样及技术文件制造。

（2）游动滑车主要受力零件的设计安全系数应符合表2－11的规定。

表2－11　受力零件的设计安全系数

最大钩载 P_{max}，kN	屈服强度设计安全系数
≤1350	3.00
>1350～4500	$3.00-\frac{0.75(P_{max}-1350)}{3150}$
>4500	2.25

（3）所用的铸件应符合JB/T5000.6《重型机械通用技术条件　第6部分：铸钢件》的规定。

（4）所用的锻件应符合JB/T 4385.1《锤上自由锻件通用技术条件》的规定。

（5）滑轮绳槽几何尺寸应符合图2－5、表2－11的规定。

（6）铸造滑轮槽底圆弧面上，不允许有直径大于2.5mm，深度大于1.5mm，总数超过6个的非秘籍型铸造缺陷。超过时，允许焊补修正。

（7）滑轮绳槽的工作表面硬度为45～50HRC，淬深不得小于2mm。

（8）下销轴或侧板组的焊缝质量应符合JB/T 4730.5《渗透检测》或JB/T 4730.4《磁粉检测》中Ⅱ级要求。

（9）涂漆质量应符合JB/T 5000.12《重型机械通用技术条件　第12部分：涂装》的规定。

四、天车、游动滑车的检验项目及检验方法

1. 检验项目

天车、游动滑车的结构类似，功能基本相同，所以它们的检验项目基本上也是相同的。下面一并叙述。

1）整机性能检验项目

（1）最大钩载静拉力检验。

（2）最大试验载荷检验（游动滑车）。

（3）装配质量检验。

（4）滑轮静平衡检验。

2）材料及制造质量检验项目

（1）滑轮绳槽工作表面硬度及淬深检验。

（2）探伤检验：

① 天车轴探伤检验。

② 天车架主焊缝质量探伤检验。

③ 游动滑车主要受力件（滑轮轴、销轴、提环销、下提环）探伤检验。

④ 游动滑车下销座或侧板组焊缝质量探伤检验。

（3）所用铸锻件化学成分检验。

（4）滑轮绳槽几何尺寸精度检验。

（5）滑轮绳槽底圆弧面铸造缺陷检验。

（6）涂漆质量检验。

2. 检验方法

1）最大钩载静拉力检验

天车、游动滑车的最大钩载静拉力检验。

（1）将天车安装于试验台架上，通过钻井钢丝绳将天车与游动滑车联系起来，挂上大钩。若结构形状许可，应将应变片贴到试验产品所有预期会产生高应力的部位上。建议采用有限元分析法、模型法和脆化漆法等，以进一步确定应变片的适当位置。在关键区域，建议采用三向应变片，以便能够测定其剪应力，并且可避免要求应变片准确定向。

（2）在大钩上悬挂载荷，使其逐级增加至最大钩载。通过安装在大钩与载荷之间的载荷传感器或安装在死绳上的载荷传感器观测所施加的载荷值。当达到最大钩载值时，持续 15min。

（3）记录主要受力件的应变值。

（4）卸载后，检查主要受力件的临界永久变形（临界永久变形应不超过 0.2%），对于容易产生延迟裂纹的材料（由制造厂鉴别），其无损检测应在载荷试验后 24h 进行。进行此项检查时应将设备拆开，检验前应将表面涂层除去。

（5）检查天车、游动滑车的滑轮在卸载后转动是否灵活、平稳，有无卡阻现象及异常响声。

2）最大试验载荷检验

（1）在组装完成的天车、游动滑车的高应力部位上贴好三向应变片，在天车、游动滑车与加载装置之间安装载荷传感器。

(2)给天车、游动滑车逐级加载,直到最大试验载荷,最大试验载荷值按式(2-3)计算。

$$P_t = 0.8P_{max} \cdot n \qquad (2-3)$$

式中 P_t——最大试验载荷,kN;

P_{max}——最大钩载,kN;

n——屈服强度设计安全系数。

一般情况,最大试验载荷不得小于 $2P_{max}$。

(3)达到最大试验载荷后,持续15min,卸载后,再重复加载到最大试验载荷,持续15min,这样重复加载至少3次。

(4)卸载后检查游动滑车的主要受力件的临界永久变形是否在0.2%之内,并应将该产品拆开,检查每个零件的外形尺寸有无屈服现象。对于容易产生延迟裂纹的材料(由制造厂鉴别),其无损检测应在载荷试验后24h进行。检验前应将表面涂层除去。

3)装配质量检验

(1)天车、游动滑车装配完成后,转动天车、游动滑车的滑轮,观察滑轮转动是否灵活、平稳,转动时有无卡阻现象,是否发出异常响声。

(2)观察在转动任一滑轮时,相邻滑轮是否随着转动。

(3)检查游动滑车外部是否有可能挂伤其他零部件的突出部分。

4)滑轮静平衡检验

滑轮的静平衡检验可在组装前进行,也可在天车、游动滑车装配完成后进行。

5)滑轮绳槽工作表面硬度及淬深检验

(1)用洛氏硬度计(可用便携式洛氏硬度计)检验滑轮绳槽工作表面的硬度。

(2)根据GB 9450《钢件渗碳淬火硬化层深度的测定和校核》的规定,测出滑轮绳槽工作表面的淬深。

由于探伤检验、铸锻件化学成分检验、几何尺寸精度检验、铸造缺陷检验以及油气质量检验等均为一般通用检验,有的在前面的章节中已有介绍,所以,这里不再详细叙述它们的具体检验方法。

第六节 大　钩

一、概述

大钩是钻机游动系统的主要设备之一,它的作用是悬挂水龙头并通过吊环、吊卡悬挂钻柱、套管柱,并完成钻井其他辅助工作。

现以DG225大钩为例说明大钩的结构。

大钩主要由钩身、钩座及提环组成,如图2-11所示。

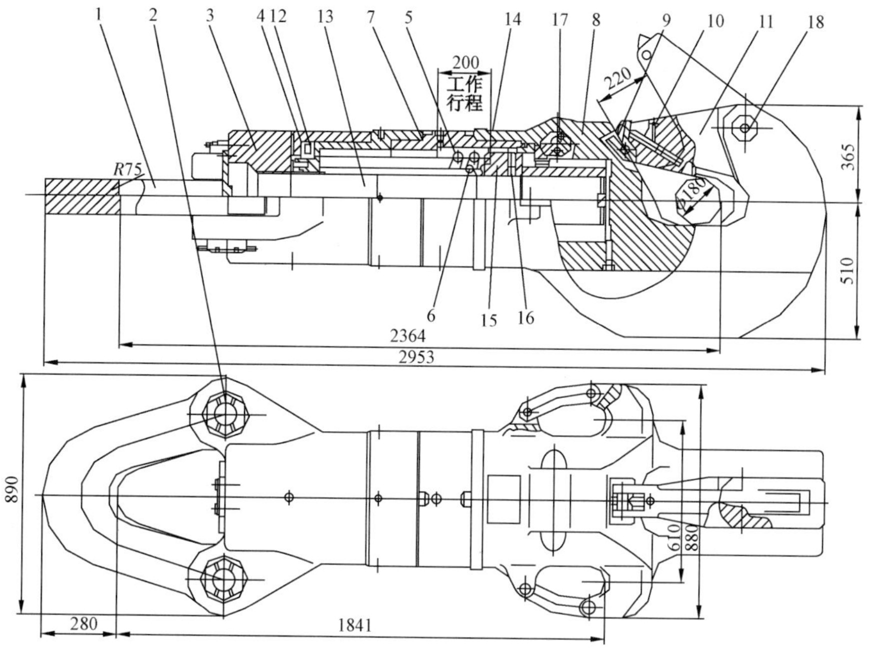

图 2－11 大钩结构

1—吊环;2—吊环销轴;3—吊环座;4—定位盘;5—外弹簧;6—内弹簧;7—筒体;8—钩身;9—掣子;10—顶杆;11—安全锁体;12—衬套;13—钩杆;14—衬套;15—弹簧座;16—轴承;17—制动装置;18—安全销轴

二、大钩的形式与基本参数

1. 大钩形式

目前钻机上使用的主要是三钩式大钩,即有一个主钩和两个侧钩,主钩用于悬挂水龙头,两个侧钩用于悬挂吊环。

三钩式大钩又可分为单独式大钩和将游动滑车与大钩组合在一起的组合式大钩两种形式。组合式大钩的主要优点是可减少单独式游动滑车和大钩在井架内所占的空间,当采用轻便井架时,组合式大钩更具优越性。

2. 型号表示方法

大钩的型号表示方法如图 2－12 所示。

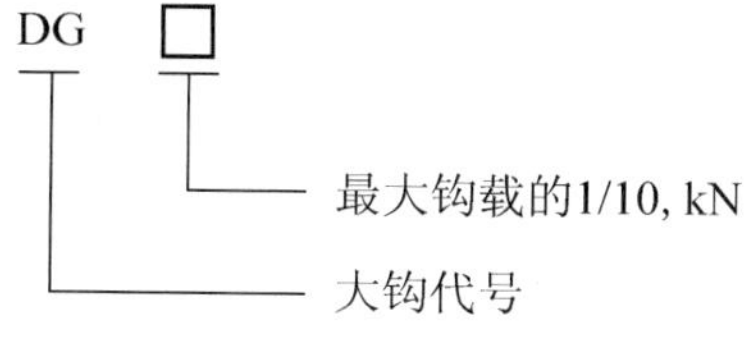

图 2－12 大钩的型号

"DG"是"大钩"两字汉语拼音的第一个字母,最大钩载用 1/10kN 的数值表示是考虑到人们以往用"吨"表示最大钩载的习惯,同时也保证了正确使用法定计量单位。

例如：最大钩载为900kN的钻机用大钩的型号为DG90。

3. 基本参数

大钩基本参数及圆弧接触表面半径见表2-12、图2-13及图2-14。

表2-12　大钩基本参数

型号	最大钩载 P_{max} kN	圆弧接触表面半径，mm				
		A_2（最小）	B_2（最大）	D_1（最小）	E_1（最小）	F_1（最大）
DG90	900	70	76	38	57	102
DG135	1350	70	76	38	64	114
DG225	2250	102	76	45	70	114
DG315	3150	102	76	45	76	114
DG450	4500	102	83	57	89	114
DG585	5850	102	83	57	89	114

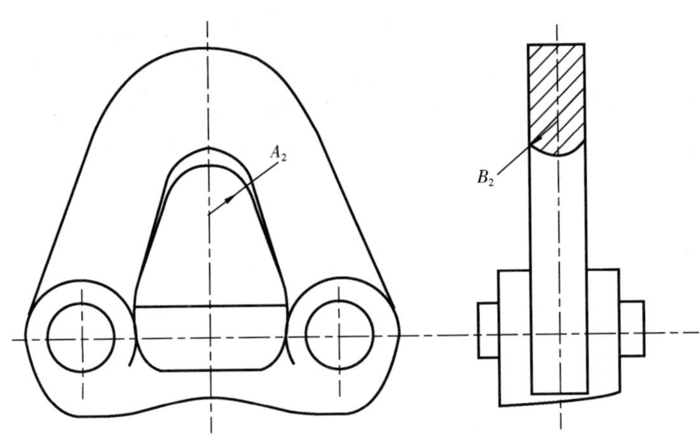

图2-13　大钩与游动滑车的圆弧接触表面半径示意图

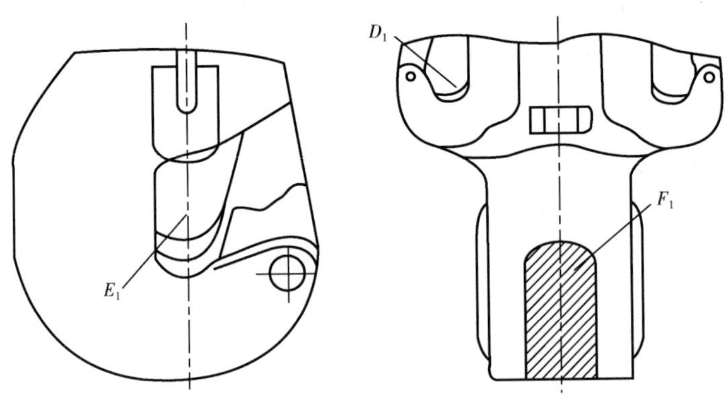

图2-14　钩身圆弧接触表面半径

三、大钩的技术要求

（1）大钩主要受力零件的设计安全系数应符合表 2－13 的规定。

表 2－13　主要受力零件设计安全系数

最大钩载 P_{max}，kN	屈服强度设计安全系数
≤1350	3.00
>1350～4500	$3.00-\frac{0.75(P_{max}-1350)}{3150}$
>4500	2.25

（2）大钩弹簧初始力应能弹起一根立根、吊环、吊卡及钩身的总质量，弹簧工作行程应在钻杆与接头螺纹长度 1.3～1.8 倍的范围内。

（3）大钩空载升降时，钩身不得随意转动。操作时用手能灵活转动钩身。

（4）大钩钩身制动装置应操作灵活，制动可靠。

（5）钩口保险机构应开闭灵活，安全可靠。

（6）各密封处应确保密封，不得渗漏。

（7）大钩应进行最大钩载静拉力试验。卸载后，产品及零部件的有效功能不得削弱。

（8）大钩经过最大试验载荷试验后，应检查产品的设计功能。所有设备零件的设计功能均不得因此项加载而受到损害。对已进行过设计验证试验的产品，用应变片或其他适用手段测定的临界永久变形，除接触区外，不得超过 0.2%。

四、大钩的检验项目及检验方法

1. 检验项目

1）整机性能检验项目

（1）弹簧行程检验。

（2）钩身灵活性检验。

（3）大钩钩身制动装置检验。

（4）钩口保险机构检验。

（5）密封性能检验。

（6）最大钩载静拉力检验。

（7）最大试验载荷检验。

2）材料及零部件制造质量检验

（1）铸锻件化学成分分析检验。

（2）主要受力零件的探伤检验。

（3）涂漆质量检验。

2. 检验方法

1）弹簧行程检验

（1）大钩悬吊足够大的载荷（弹簧压缩达到工作全行程）。

（2）去掉载荷后，观察钩身能否恢复到原来位置。

（3）大钩悬吊相当于一个立根、吊环、吊卡及钩身总重量的载荷。

（4）观察并测量弹簧工作行程是否在钻杆与接头螺纹长度1.3～1.8倍的范围内。

2）钩身灵活性检验

（1）将钩身转到某一方位后，将大钩起升一段距离，观察钩身是否保持了原有的方位。

（2）将大钩下放，观察大钩钩身是否保持了原有的方位。

（3）用手转动钩身是否灵活。

3）钩身制动装置检验

操作钩身制动装置，观察制动装置是否灵活，制动是否可靠。

4）钩口保险机构检验

操作钩口保险机构，观察保险机构开闭是否灵活，使用是否安全可靠。

5）密封性能检验

（1）在大钩空载升降时观察各密封处有无渗漏。

（2）在大钩进行最大钩载静拉力试验、最大试验载荷试验中及试验结束后，检查各密封处有无渗漏。

6）最大钩载静拉力检验

（1）选用合适的加载方式，在大钩和载荷之间安装载荷传感器。

（2）将应变片贴到试验产品所有预期会产生高应力的部位上。建议采用有限元分析法、模型法和脆化漆法等，以进一步确定应变片的适当位置。在关键区域，建议采用三向应变片，以便能够测定其剪应力和避免要求应变片准确定向。

（3）逐级给大钩加载，当达到最大载荷P_{max}时停止加载，稳定15min。

（4）卸载后，用肉眼观察产品及零件的有效功能是否削弱。用应变仪记录受力件的最大临界永久变形（临界永久变形应不超过0.2%），对于容易产生延迟裂纹的材料（由制造厂鉴别），其无损检测应在载荷试验后24h进行。进行此项检查时应将设备拆开。检验前应将表面涂层除去。

7）最大试验载荷检验

（1）选用合适的加载方式，在大钩和载荷之间安装载荷传感器。

（2）在高应力部位上粘贴三向应变片。

（3）逐级加载，当达到最大试验载荷时停止加载。稳定15min，最大试验载荷值由式（2－4）确定：

$$P_t = 0.8P_{max}n \tag{2-4}$$

式中 P_t——最大试验载荷，kN；

P_{max}——最大钩载，kN；

n——屈服强度设计安全系数。

（4）重复加载至少3次。卸载后，检查主要受力零、部件尺寸、临界永久变形是否在0.2%之内。并应将该产品拆开，检查每个零件的外形尺寸有无屈服现象。对于容易产生延迟裂纹的材料（由制造厂鉴别），其无损检测应在载荷试验后24h进行。检验前应将表面涂层除去。

第七节　水　龙　头

一、概述

1. 水龙头的功能

水龙头是钻机旋转系统的一个部件，它上部与大钩的主体相连，下部通过方钻杆与钻柱相连接，在循环钻井液的同时悬挂钻柱，并保证钻柱旋转。

2. 水龙头的结构

水龙头的结构如图2－15所示，它主要由旋转部分、固定部分、承转部分组成。

旋转部分由中心管及其接头组成；固定部分由壳体、上盖、下盖、鹅颈管、提环5个部分组成；承转部分由主轴承、防跳轴承、上下扶正轴承、钻井液密封件、上下机油密封件组成。

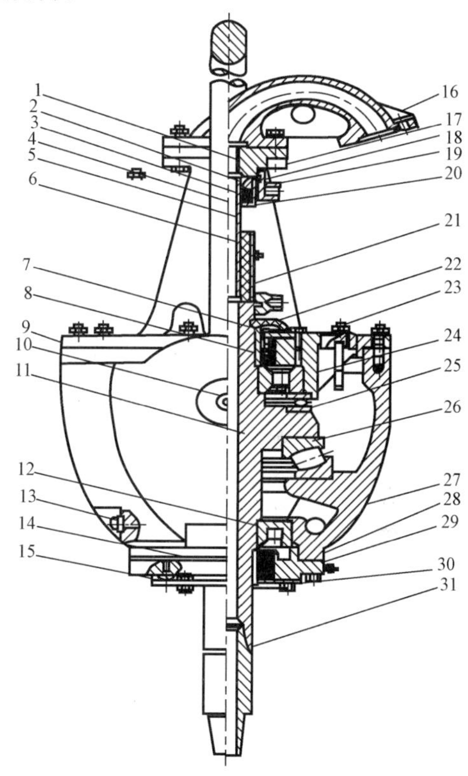

图2－15　水龙头的结构

1—短节；2—挡圈；3—冲管密封；4—提环；5—冲管；6—冲管密封；7—上油封盖；8—上部机油密封；9—垫圈；10—销轴；11—中心管；12—下扶正轴承；13—螺塞；14—下机油密封；15—石棉板；16—鹅颈管；17—上盖；18—上密封压盖；19—上密封盒帽；20—上冲管密封盒；21—下冲管密封盒；22—橡胶伞；23—螺塞；24—上扶正轴承；25—防跳轴承；26—负荷轴承；27—壳体；28—下密封盒压帽；29—下盖；30—压盖；31—保护接头

二、水龙头的型式

1. 水龙头的型式

从承转能力区分，水龙头有轻型和重型两种型式；从有无动力区分，水龙头可分为无动力水龙头及动力水龙头。目前用量最大的仍是无动力水龙头。动力水龙头又可分为液压驱动和电驱动两种型式。采用动力水龙头可省去转盘、方钻杆以及旋扣器等设备，自1982年问世的顶部驱动钻井装置是动力水龙头成熟应用的标志。

2. 型号表示方法

由于动力水龙头及顶驱在国内有相应的产品标准。在此只介绍一般通用水龙头的型号表示方法。

水龙头的型号表示方法如图2－16所示。

水龙头的代号SL，是水龙两字汉语拼音的第一个字母。

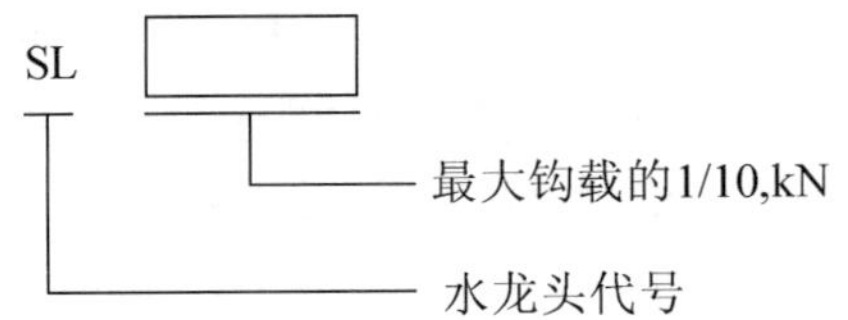

图 2－16　水龙头的型号

采用最大静载荷的 1/10kN 来表示，既符合使用法定计量单位的要求，同时又考虑到了以往人们用“吨”表示最大静载荷的习惯。

例如：最大静载荷为 1350kN 的石油钻机用水龙头，其型号为 SL 135。

三、水龙头的技术要求

1. 整机性能要求

（1）水龙头组装后，用手能匀速、平稳地转动中心管。

（2）水龙头主轴承转动应平稳，无异常响声，油温温升不得超过 45℃，最高温度不得超过 80℃。

（3）水龙头的主轴承应负荷设计额定负荷的要求，主轴承的额定负荷按式（2－5）确定：

$$C_i = \frac{C}{800} \tag{2-5}$$

式中　C_i——主轴承额定负荷的计算值，kN；

C——主轴承额定负荷（在转速为 100r/min 条件下，90% 的轴承最短使用寿命为 3000h 的负荷），N。

（4）水龙头组装后应进行静压试验，稳压 3min，各密封处不得渗漏。

（5）最大静载荷试验卸载后，整机及零部件的有效功能不得削弱。

（6）水龙头最大试验载荷试验后进行拆检，每一个主承载件的残余变形不得超过 0.2%，但允许零件与夹具接触区有局部屈服。

（7）水龙头主要受力零件的设计安全系数应符合表 2－14 的规定。

表 2－14　设计安全系数

额定载荷 $P(P_1)$，kN（short ton）	设计安全系数 n
$P \leq 1334$（150 短吨）	3.00
1334（150）$< P \leq 4448$（500）	3.00－[0.75×(P－1334)/3114]（此处 P 的单位为千牛） 3.00－[0.75×(P_1－150)/350]（此处 P_1 的单位为短吨）
$P > 4448$（500）	2.25

（8）水龙头试车后，检查内腔清洁度，残余杂质干燥后不得大于 500mg。

2. 材料及制造质量要求

（1）设计使用材料的力学性能为相应材料标准规定的最小值，剪切屈服强度与抗拉屈服强度的比值应取 0.58。

(2)主承载铸件、锻件应符合 JB/T 4385.1—1999《锤上自由锻件 通用技术条件》、JB/T 5000.6—2007《重型机械通用技术条件 第 6 部分:铸钢件》和 JB/T 5000.8—2007《重型机械通用技术条件 第 8 部分:锻件》的规定。

(3)主承载件的高应力部位应进行无损检测,其铸件质量应符合 GB/T 7233.1—2009《铸钢件 超声检测 第 1 部分:一般用途铸钢件》、GB/T 7233.2—2010《铸钢件 超声检测 第 2 部分:高承压铸钢件》或 GB/T 5677—2007《铸钢件射线照相检测》中 2 级和 NB/T 47013.4—2015《承压设备无损检测 第 4 部分:磁粉检测》中Ⅱ级要求。

(4)冲管的工作表面硬度不应小于 50HRC。

(5)水龙头的零部件应按经规定承受批准的图样及技术文件制造。

(6)鹅颈管(或鹅颈管接头)与水龙带接头的连接有螺纹和焊接两种形式。

(7)鹅颈管(或鹅颈管接头)与水龙带接头的连接螺纹应符合 GB/T 9253.2—1999《石油天然气工业 套管、油管和管线管螺纹的加工、测量和检验》的规定。

(8)涂漆质量应符合 JB/T 5000.12—2007《重型机械通用技术条件 第 12 部分:涂装》的有关规定。

四、水龙头的检验项目及检验方法

1. 检验项目

1)整机性能检验项目

(1)正常转动性能检验。(2)温升检验。(3)静压密封检验。(4)加载检验。(5)最大静载荷能力检验。(6)最大试压载荷能力检验。(7)清洁度检验。

2)材料及制造质量检验项目

(1)铸锻件化学成分分析检验。

(2)主要受力件探伤检验。

(3)钻井液管工作表面硬度检验。

(4)鹅颈管(或鹅颈管接头)连接螺纹检验。

(5)鹅颈管吊耳链条破断力检验。

(6)中心管及接头连接螺纹检验。

(7)涂漆质量检验。

2. 检验方法

1)正常转动性能检验

由一人施力于 1m 长的链钳手柄上,转动中心管,检查转动是否平稳、均匀,转动中有无停滞、卡阻现象。

2)加载检验及温升检验

加载检验及温升检验可同时进行:

(1)水龙头组装(不装密封装置和鹅颈管)后,进行逐级加载运转试验,试验载荷见表 2-15,运转时间至少 3h。

表 2-15 试验载荷值

<table>
<tr><td>额定载荷,kN</td><td>360</td><td>600</td><td>700</td><td>900</td><td>1100</td><td>1350</td><td>1800</td><td>2250</td><td>3150</td><td>4500</td><td>5850</td><td>6750</td><td>9000</td><td>11250</td></tr>
<tr><td>试验载荷,kN</td><td>80</td><td colspan="2">150</td><td colspan="2">≥200</td><td>≥250</td><td colspan="2">≥300</td><td>≥400</td><td colspan="3">≥500</td><td colspan="2">≥750</td></tr>
</table>

(2)使水龙头转速不低于 80r/min,待润滑油温度稳定后测量油温,油温温升不应超过 45℃,最高温度不应超过 80℃。

(3)观测主轴承转动应平稳,无异常响声。

3)静压密封检验

(1)水龙头整机的静压密封检验:

① 将中心管接头下端螺纹用堵头封严。

② 从鹅颈管接头处注入两倍最大工作压力的水压。

③ 稳压 3min,观察各密封处有无渗漏,承压零部件有无裂纹、变形等现象。

(2)鹅颈管静压密封检验:

① 将鹅颈管一端堵严,另一端输入两倍最大工作压力的水压。

② 稳压 3min,观察鹅颈管有无渗漏、裂纹等现象。

4)最大静载荷能力检验

(1)选用合适的加载方式并加接载荷传感器。

(2)将应变片贴到试验产品所有预期会产生高应力的部位上。建议采用有限元分析法、模型法和脆化漆法等,以进一步确定应变片的适当位置。在关键区域,建议采用三向应变片,以便能够测定其剪应力和避免要求应变片准确定向。

(3)逐级加载,当达到最大静载荷 P_{max}时,停止加载,稳定 15min。

(4)卸载完后,记录最大残余变形,每一个主承载件的残余变形不得超过 0.2%,观察各零部件有无裂纹、变形或影响使用功能的现象。对主承载件的高应力部位应进行无损检测。

5)最大试验载荷检验

(1)选择合适的加载方式,并加接载荷传感器。

(2)在高应力部位上粘贴三向应变片。

(3)逐级加载,当达到最大试验载荷时,停止加载,最大试验载荷的确定同天车和游动滑车的最大试验载荷。

(4)卸载后,记录主要受力件的残余变形,测量零部件的尺寸。

(5)进行该项建议不安装主轴承,可用外形尺寸相同的模拟件代替。

(6)重复 3 次,记录下 3 次检验中最大的残余变形及尺寸变化的最大值,每一个主承载件的残余变形不得超过 0.2%,对主承载件的高应力部位应进行无损检测。

6)清洁度检验

清洁度检验在加载检验及静压密封检验后进行:

(1)用煤油清洗水龙头内腔,洗下所有金属粉末、铁渣及活物。

(2)清洗后的煤油经 200 目铜丝网过滤。

(3)将滤出的在网上的活物、铁渣、金属粉末置于烘箱内烘干 0.5h。

(4)去除烘干物,称其重量不应大于 500mg。

7）鹅颈管吊耳链条破断力检验

鹅颈管应有一孔径为29mm的吊耳，将链条一端装入吊耳孔内，另一端加73kN的载荷，持续15min，观察链条是否损坏、破断、吊耳孔是否破裂。

第八节　吊钳、吊环、吊卡及卡瓦

为了在钻井过程的接单根、起下钻和下套管及在修井时的取下油管等作业中，卡持和放开钻杆柱或油管柱，同时要上、紧、松、卸钻杆、套管和油管之间连接的螺纹，通常使用吊环、吊卡、吊钳和卡瓦（即所谓的“三吊一卡”）等工具来完成这些操作。为了与地下工具相区别，因而称它们为钻采地面专用工具。

一、型式与基本参数

（一）吊环

1. 吊环的型式

吊环成对使用，上端分别挂在大钩两侧的耳环上，下端分别套入吊卡两侧的耳孔中，用来悬挂吊卡。

按结构不同，吊环分单臂吊环和双臂吊环两种型式，如图2－17与图2－18所示。

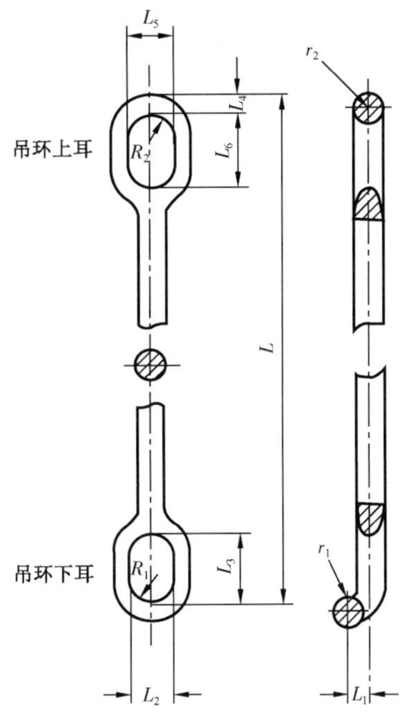

图2－17　单臂吊环

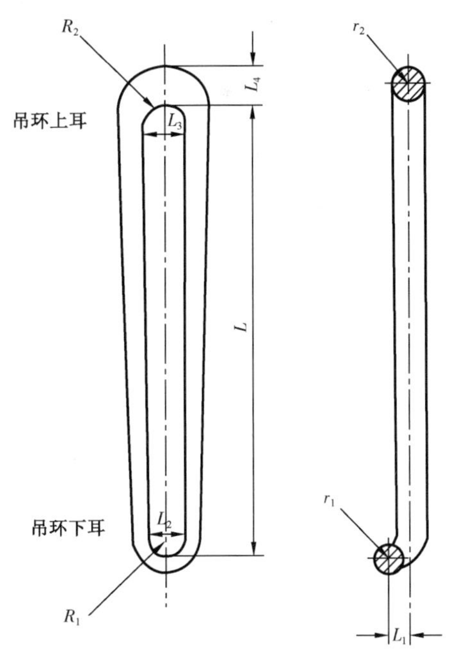

图2－18　双臂吊环

单臂吊环是采用20SiMnMoV等高强度合金钢锻造而成，具有强度高、重量轻、耐磨等特点，因而适用于深井作业。在双吊卡起下钻作业中，操作方便，但对于吊卡的耳孔配合尺寸要求较高，套入吊卡时需要注意力集中。

双臂吊环则是用一般合金钢锻造、焊接而成，所以承担载荷偏小，只适用于一般钻修井作业中，相对于单臂吊环使用数量较少。

2. 吊环的型号表示方法及基本参数

(1)单臂吊环的型号表示方法如图2－19所示。

(2)双臂吊环的型号表示方法如图2－20所示。

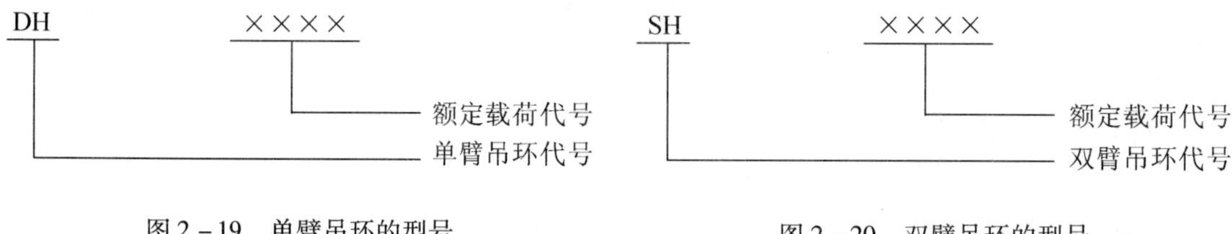

图2－19　单臂吊环的型号

图2－20　双臂吊环的型号

(二)吊卡

吊卡是扣在钻杆或油管接头或套管接箍下面，卡住管柱以进行管柱的悬持、提升和下放的专用工具，它的内径比钻杆外径略大，但比钻杆接头外径小。按其用途不同可分为钻杆吊套管、吊卡和油管吊卡三类，若按结构可分为侧开式、对开式和闭锁环式三种。

1. 吊卡的型式

吊卡按照结构型式分为对开式、侧开式和闭锁式吊卡(表2－16)。

表2－16　吊卡型式

<table>
<tr><th>产品名称</th><th colspan="2">对开式</th><th colspan="2">侧开式</th><th>闭锁环式</th></tr>
<tr><td>钻杆吊卡</td><td rowspan="3">直角台阶</td><td>锥形台阶</td><td rowspan="3">直角台阶</td><td>锥形台阶</td><td rowspan="2">—</td></tr>
<tr><td>套管吊卡</td><td rowspan="2">—</td><td rowspan="2">—</td></tr>
<tr><td>油管吊卡</td><td>直角台阶</td></tr>
</table>

1)侧开式吊卡

侧开式吊卡的结构如图2－21所示。该型吊卡重量较重，适用于对常规接头钻杆、接头下部有18°锥度的钻杆、套管和油管卡持，使用较广泛，能与单臂吊环、双臂吊环起下钻。

2)对开式吊卡

对开式吊卡的结构具有开合方便，重量较轻，但制造比较复杂，适用于吊卡—卡瓦起下钻以及接头下部有18°锥度的钻杆。

3)闭锁环式吊卡

闭锁环式吊卡如图2－22所示，它只适用于小尺寸，中等载荷的油管。

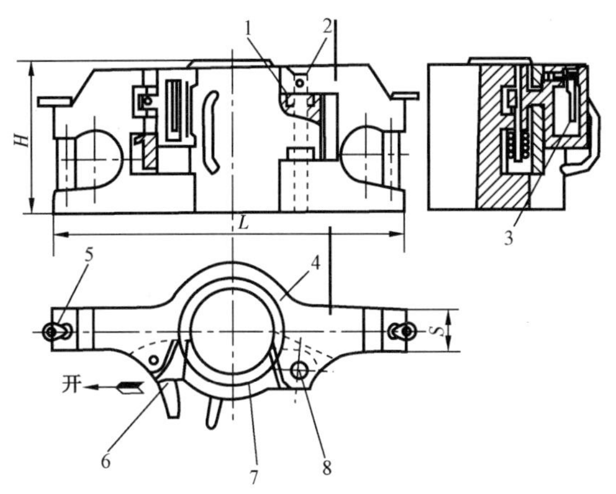

图 2－21　CD 型侧开式吊卡

1—轴套；2—紧定螺钉；3—双保险手把；4—主体；
5—安全销；6—锁环；7—活页；8—活页销

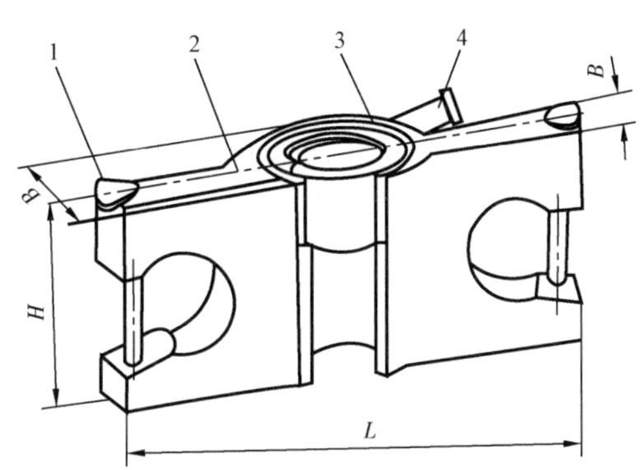

图 2－22　BD 型闭锁环式吊卡

1—安全销；2—主体；3—闭销孔；4—手柄

2. 吊卡的型号表示方法及基本参数

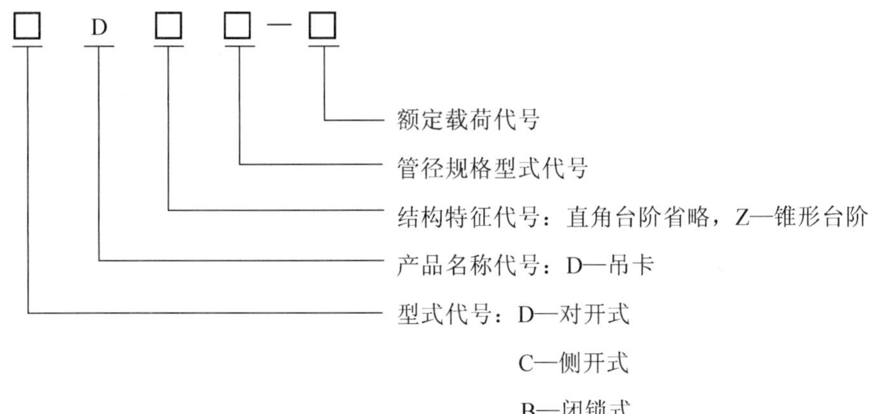

图 2－23　吊卡的型号

示例 1：钻杆规格型式代号为 $4\frac{1}{2}$ IEU、额定载荷代号为 150 的侧开式直角台阶吊卡表示为 C D$4\frac{1}{2}$IEU－150。

(三)钻井和修井动力钳、吊钳

1. 钻井和修井动力钳

钻井和修井动力钳又称为液压大钳，是用于拧紧或松开钻杆、套管、油管或抽油杆螺纹用的工具。其主要组成部分为：主钳、背钳、操作手柄、弹簧吊筒、液压马达、手动换向阀等。悬吊主钳时，背钳浮动于主钳之下，主、背钳通过前导杆总成及后导杆总成连为一体，主钳可以单独使用，也可以主背钳组合使用。

根据用途不同，动力钳可分为钻杆动力钳、套管动力钳、修井动力钳。

2. 吊钳的型式

吊钳又叫大钳，是用于拧紧或松开钻杆或套管连接螺纹的工具。

根据用途不同，吊钳分为钻杆吊钳和套管吊钳；按照结构不同，分为多扣合钳和单扣合钳两种。钻井吊钳都是采用各级扣合尺寸能衔接的多扣合钳，只有在特殊情况下如管径太小或太大时（油管、大直径套管）才采用单扣合钳。

吊钳的结构如图 2－24 所示，主要由钳柄、吊杆、五节钳头（1#扣合器、2#固定扣合器、3#长钳、4#短钳、5#扣合钳）和钳牙组成，各钳头之间用铰链相连接，2，3，4 钳头内各装有牙板共 4 块，5 号扣合钳上有台肩。

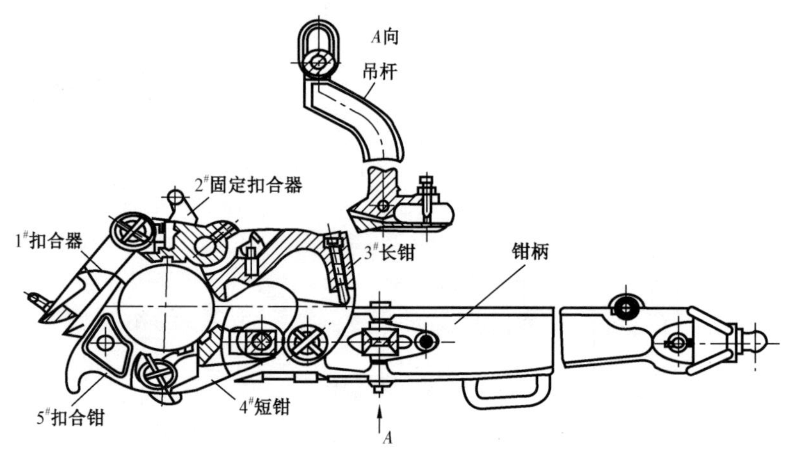

图 2－24　B 型吊钳结构

3. 钻井和修井动力钳、吊钳的型号表示方法及基本参数

钻杆动力钳的型号表示方法如图 2－25 所示。

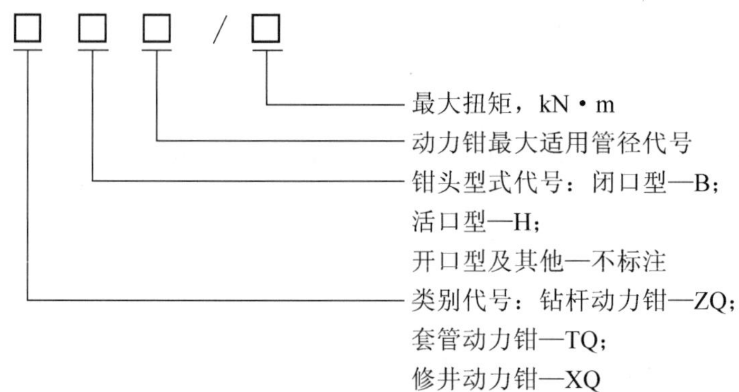

图 2－25　钻杆动力钳的型号

示例：ZQ203/100 表示最大适用管径为 203mm、开口型、最大扭矩为 100kN·m 的钻杆动力钳。

吊钳的型号表示方法如图 2－26 所示。

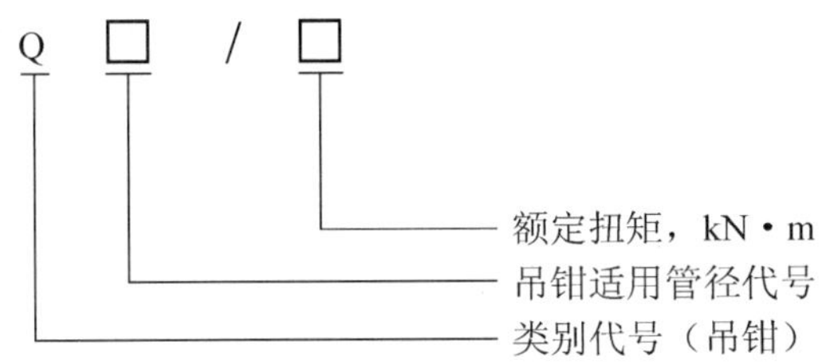

图 2-26　吊钳的型号

示例：Q3½～12¾/75 表示适用管径范围为 86～324mm，额定扭矩为 75kN·m 的吊钳。

(四)钻井卡瓦

1. 卡瓦型式

在钻井过程中，经常需要拧紧或卸开钻杆的连接螺纹，位于井中的一段钻柱必须暂时悬挂在转盘上，卡瓦就是用来放入转盘补心中，卡住和悬持井中钻柱的工具。按操作方式分为手动卡瓦和动力卡瓦（包括气动卡瓦和液动卡瓦）两种型式。

手动卡瓦外体呈圆锥形，当它楔落在转盘补心中时，其内壁合围成圆孔，并有很多钢牙紧密与钻柱吻合，从而卡住钻杆柱或套管柱，以防落入井内。提取卡瓦时，因其牙齿稍微向上倾斜，卡瓦牙表面很容易脱开钻柱，钻柱便可升降。卡瓦主要由卡瓦体、卡瓦牙、手柄及连接件等组成。按卡瓦体的数量分为三片式卡瓦和多片式卡瓦。

1)三片式卡瓦

三片式卡瓦主要用于卡持钻杆柱，它由三片扇形卡瓦体组成，三片卡瓦体之间用销钉相铰接，但不封闭，以供钻柱出入。三片式卡瓦如图 2-27 所示，每片卡瓦体内开有轴向燕尾槽，槽内装衬板和卡瓦牙，通过更换衬板和卡瓦牙，卡瓦可以卡持不同直径的管柱。

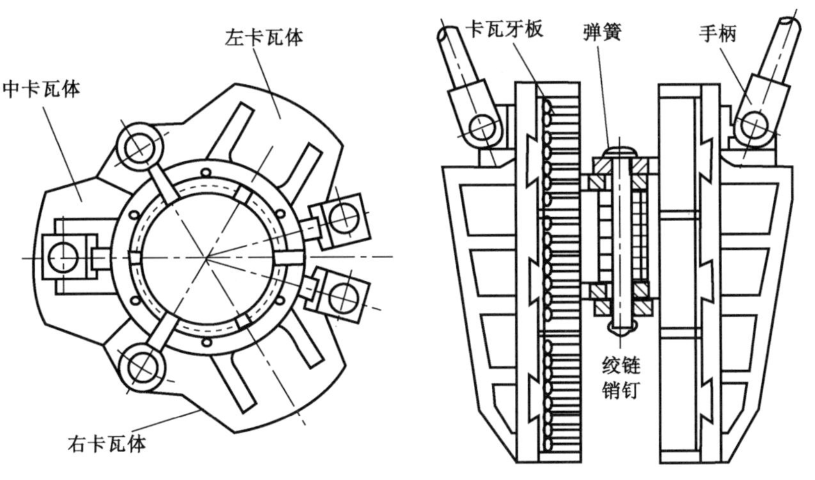

图 2-27　三片式卡瓦

2)多片式卡瓦

多片式卡瓦一般用在低载荷条件下对钻铤和套管的卡持。它有四片式、十一片式和多片式。

(1)四片式卡瓦的四片卡瓦体分二副组合,如图2-28所示,每副卡瓦体之间用销钉铰接,卡瓦牙型式和三片式卡瓦相同,使用时两副分别从钻柱两侧放入转盘补心内以卡持钻柱。这种卡瓦更换容易,但因操作不便且不太安全,目前已很少使用。

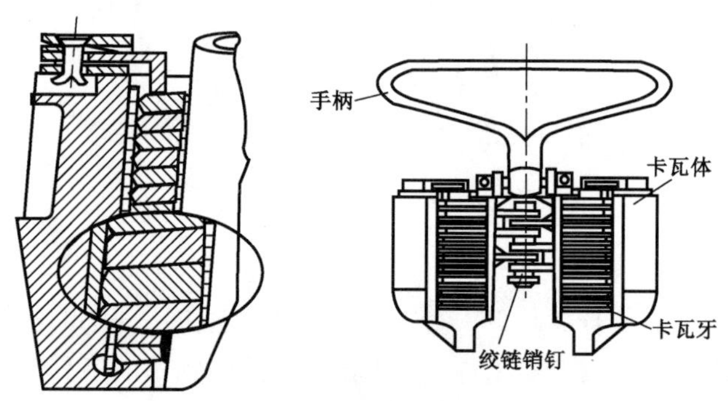

图2-28 四片式卡瓦

(2)十一片式卡瓦如图2-29所示,它是由十一片卡瓦体组成,十一片卡瓦体用连接销互相铰接,每个卡瓦体内开有周向燕尾槽供装卡瓦牙,卡瓦牙是整体的,一副卡瓦装十一块。

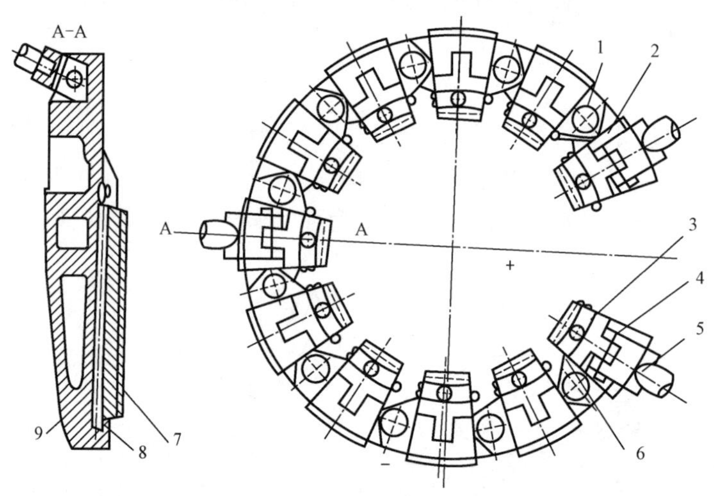

图2-29 十一片式卡瓦

1—卡瓦连接销;2—右卡瓦体;3—左卡瓦体;4—手把连接销;5—手把;6—开口销;7—卡瓦牙;8—卡瓦牙固定销;9—中卡瓦体

(3)多片式卡瓦的结构基本上和十一片卡瓦相似,多用于夹持套管,卡瓦牙由条形改为小凸圆形,卡住套管时以小凸圆接触形式均匀地分布在整个360°包角及全部接触长度内。

3)按使用功能分为钻杆卡瓦、钻铤卡瓦和套管卡瓦

(1)钻杆卡瓦为铰链销轴联结的三片式卡瓦。

(2)钻杆卡瓦和套管卡瓦为铰链销联结的多片式卡瓦。

2. 卡瓦的型号表示方法及基本参数

卡瓦的型号表示方法如图 2－30 所示。

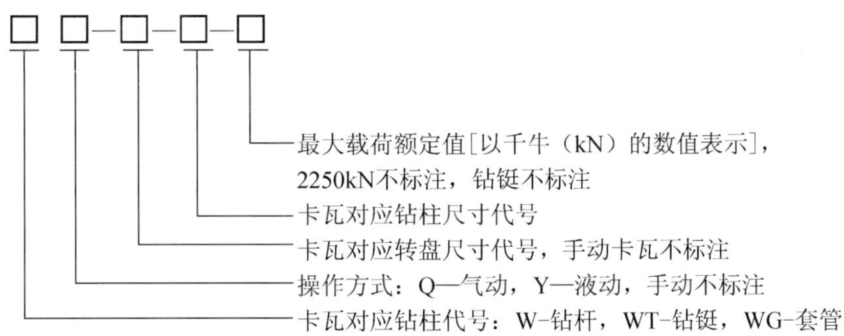

图 2－30　卡瓦的型号

示例 1：用于 127mm（5in）钻杆，最大载荷额定值 2250kN 的钻杆手动卡瓦型号为 W－5。

示例 2：用于ZP－275 型转盘，139.7mm（5½in）套管，最大载荷额定值 2250kN。

二、技术要求、检验项目及检验方法

（一）吊环

1. 技术要求

（1）吊环原材料为锻钢，应符合 GB 3077《合金结构钢》的规定，最终热处理后的机械性能应符合表 2－17 的规定。

表 2－17　吊环最终热处理后的机械性能

材料类别	机械性能				
	抗拉强度 R_m N/mm²	屈服强度 R_{eL} N/mm²	断后伸长率 A %	断面收缩率 Z %	冲击吸收功 A_{kv}[a] J
	≥				
1	1375	1180[b]	10	40	42
2	930	785	12	45	42

注：1 类材料用于单臂吊环；2 类材料用于双臂吊环。

[a] 为三次试验的平均值（在－20℃时），且任意一次试验值不得低于 32J。

[b] 屈服强度为 $R_{p0.2}$。

（2）锻件应符合 JB/T 4385.1《锤上自由锻件　通用技术条件》规定的Ⅱ级以上要求。

（3）双臂吊环的焊接工艺规范应按 NB/T 47014《承压设备焊接工艺评定》的规定进行评定。焊缝应处在直杆中部，并应打磨到与周围的材料光滑结合。

（4）单臂吊环表面经喷丸强化处理，表面压应力不小于 390N/mm²。

（5）吊环的屈服强度设计安全系数与额定载荷的关系应符合表 2－18 的规定。

表 2-18　吊环、吊卡的屈服强度设计安全系数与额定载荷的关系

额定载荷 P、P_1，kN(short tons)	屈服强度设计安全系数 n_s
≤1334(150)	3.00
1334(150)~4448(150~500)	$3.00-\frac{0.75(P-1334)}{3114}$ $3.00-\frac{0.75(P_1-150)}{350}$
>4448(500)	2.25

2. 质量检验依据

依据 GB/T 19190—2013《石油天然气工业　钻井和采油提升设备》中规定的检验项目进行检验。

3. 检验项目及要求

1) 双臂吊环焊缝无损检测

采用超声波法或射线法检验，符合 GB/T 19190—2013 的相关要求。

2) 配对吊环长度差

配对吊环长度小于或等于 4.25m 时，配对误差应在 4mm 以内；吊环长度大于 4.25m 时，配对误差应在 7mm 以内。

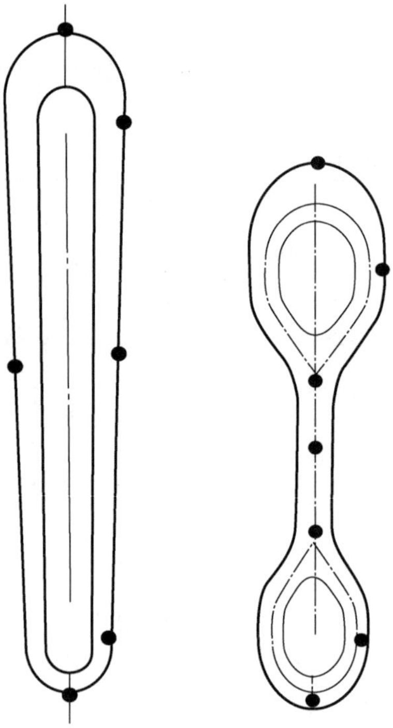

3) 载荷验证试验

加载到 1.5 倍额定载荷(即 1.5P)时保载不得少于 5min，卸载后产品功能不能受到损害。

4) 设计验证试验

加载到设计验证试验载荷 P，卸载后残余变形不得大于 0.2%，且试验 24h 后，进行表面磁粉无损检测，符合 GB/T 19190—2013 的相关要求。设计验证试验载荷按式(2-6)确定：

$$P_t = 0.8n_s \cdot P_{max} \tag{2-6}$$

式中　P_t——设计验证试验载荷，kN(但不小于 $2P_{max}$)；

P_{max}——额定载荷，kN [额定载荷值不超过 11120kN(1250 短吨)]；

n_s——屈服强度设计安全系数。

按图 2-31 将吊环贴上应变片，连接好应变仪，模拟吊环实际工况，先加载到载荷验证试验载荷，记录应变值，卸载后读取残余变形值，再加载到设计验证试验载荷，记录应变值，卸载后读取残余变形值，检查残余变形是否超过 0.2%，表面再进行磁粉无损检测，符合 GB/T 19190—2013 的相关要求。

图 2-31　吊环贴片示意图

(二)吊卡

1. 技术要求

(1)吊卡主体(或左右体)、销轴和侧开式锥形台阶吊卡的活门材料最终热处理后的机械性能应不低于表2－19的要求。

表2－19　吊卡主要件最终热处理后的机械性能

材料类别	抗拉强度 R_m N/mm²	屈服强度 R_{eL} N/mm²	断后伸长率 A %	断面收缩率 Z %	冲击吸收功 A_{kV}* J
锻钢	835	655	15	45	42
铸钢	640	540	15	25	42

注：*表示－20℃以上(含－20℃)时的平均冲击功不小于42J，且单个试验值不小于32J；－20℃以下使用环境温度时，在该极限温度下试样平均冲击功不小于27J，单个试验值不小于20J。

(2)吊卡的主要承载零件的受力部位按图样和技术文件规定进行无损探伤。

(3)吊卡的屈服强度设计安全系数与额定载荷的关系应符合表2－19的规定。

2. 检验依据

依据GB/T 19190—2013《石油天然气工业　钻井和采油提升设备》中规定的检验项目进行检验。

3. 检验项目及要求

1)内部无损检测

主要承载件为锻件，按GB/T 6402—2008《钢锻材超声检验方法》不低于2级标准；主要承载件为铸件，按GB/T 5677—2007《铸钢件射线照相检测》射线检测不低于Ⅲ级，或者按标准GB/T 7233—1987《铸钢件超声探伤及质量评级标准》(已作废)超声波检测不低于Ⅱ级(执行ϕ3mm灵敏度)。

2)设计验证试验

吊卡设计验证试验载荷的确定同吊环。

载荷验证试验：模拟吊卡实际工况，如图2－32所示，将吊卡加载到额定载荷的1.5倍，并保持不少于5min，卸载后产品功能不得削弱。

设计验证试验：模拟吊卡实际工况，然后如图2－33所示在吊卡受力较大部位贴应变片，连接好应变仪，再加载到设计验证试验载荷，卸载后停留3min，读取残余变形是否大于0.2%。

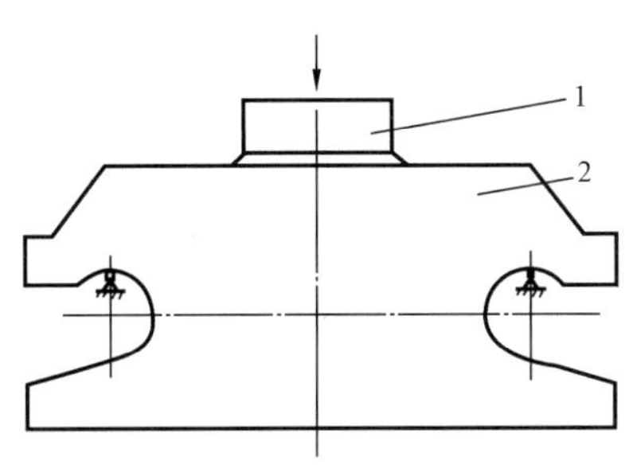

图2－32　吊卡试验装置
1—压头；2—吊卡

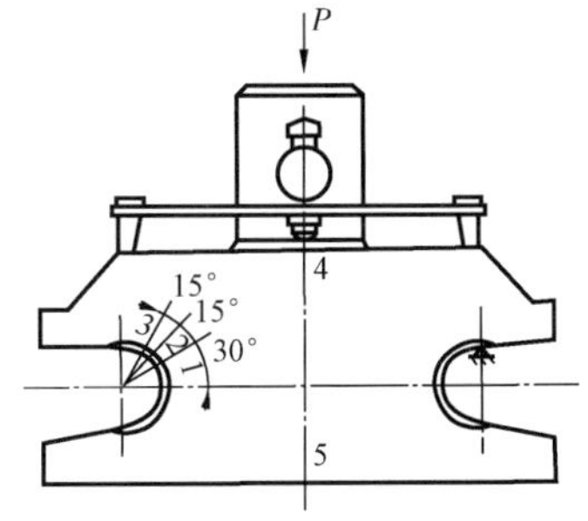

图2－33　吊卡贴片示意图
1,2,3,4,5均为贴应变片的推荐位置

(三)吊钳及钻井和修井动力钳

1. 技术要求

1)通用技术要求

动力钳的坡板、颚板、颚板滚子、颚板滚子轴、齿轮等主要受力件和吊钳零件的材料应符合GB/T 3077《合金结构钢》的规定。金属牙板的表面硬度56~62HRC。

2)动力钳特定要求

(1)动力钳转速操作挡不得少于2挡;牙板齿尖宽度、牙顶夹角应符合表2-20的规定。

表2-20　牙板齿尖宽度牙顶夹角

类别	钻杆动力钳	套管动力钳	修井动力钳
牙板齿尖宽度	0.1~0.3mm		0.05~0.15mm
牙顶夹角	75°~90°		

(2)动力钳各部件组装合格后应进行空载试验。空载试验时,动力钳应运转平稳,无阻滞现象,不得有异常声响,操作系统应灵活、准确、可靠,且无局部过热现象。

(3)颚板夹紧管柱时,颚板滚子应处于坡板设计规定的位置上,夹紧可靠、不打滑;缩回灵活、无阻滞。

(4)液压系统应进行密封试验,试验压力为额定压力的1.25倍,稳压3min,各密封、连接处不得有渗漏。

(5)动力钳在空载高挡转速工况下,最大噪声不得超过87dB(A)。

(6)开口型动力钳主钳应配有安全门。

(7)动力钳在最大适用管柱施加最大扭矩后,其开口处开口尺寸不得有残余变形。

(8)在最大适用管柱、最大扭矩工况下,钻井动力钳连续上扣和卸扣各50次,修井动力钳连续上扣和卸扣各1000次,整机应无故障,且不打滑。

(9)钻杆动力钳在钻杆接头磨损不大于其直径的10%的情况下,钳头夹紧可靠,满足相关的扭矩要求。

(10)动力钳牙板的寿命在30%最大扭矩工况下应不少于表2-21的要求,试验后牙板不打滑、无崩齿、无裂纹等现象。

表2-21　牙板寿命指标

动力钳类别	钻杆钳	套管钳	修井钳
牙板寿命	400次	500次	2000次

3)吊钳特定要求

(1)吊钳牙板与牙板槽尺寸配合应为32H9/h9。牙板应制成梯形,长度为50mm、75mm、100mm、125mm、150mm五种。其主要尺寸应符合图2-34的规定。

(2)吊钳应能扣紧其适用管径范围内的管件,且各扣合钳头动作灵活,无卡阻。

2. 检验项目及要求

1)出厂试验

(1)吊钳对其适用管径范围的每一台阶挡的最大和最小两种管径做扣合功能试验。

(2)在适用管径范围内任选一种管径(对成批生产的吊钳,应在各钳头间变动管径)进行出厂载荷试验,加载到1.5倍额定扭矩的出厂试验载荷,保持载荷不少于5min,试验后应进行产品功能检查,不应有功能削弱,且各零件不得有变形、损伤,并在24h后进行磁粉检测,主承载件为锻件,按NB/T 47013.4《承压设备无损检测 第4部分:磁粉检测》的规定进行检测,检测结果评定不得低于Ⅱ级;主承载件为铸件,按GB/T 9444《铸钢件磁粉检测》的规定进行检测,检测结果评定不得低于2级。

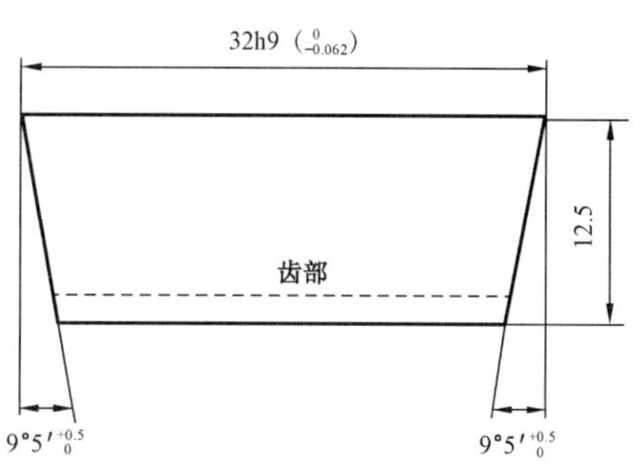

图2-34 吊钳牙板

2)型式试验

(1)在吊钳受力较大的部位粘贴应变计,分别按型式试验载荷的25%、50%、75%、100%逐级加载到型式试验载荷,记录各点应变值,允许进行不超过三次的重复性试验。

型式试验载荷的确定与前面天车和游动滑车的试验载荷相同。其最小设计安全系数见表2-22。

表2-22 最小设计安全系数

动力钳最大扭矩,kN·m	吊钳额定扭矩,kN·m	最小设计安全系数
≤41		3.00
>41~136		3.00-0.75(P_{max}-41)/95
≥136		2.25
注:P_{max}——额定扭矩。		

(2)型式试验产品应在出场试验项目全部合格后进行,最大残余变形不应大于0.2%,并在24h后进行磁粉检测,主要承载件为锻件,按JB/T 4730.4规定进行检测,检测结果不得低于Ⅱ级;主要承载件为铸件,按GB/T 9444《铸钢件磁粉检测》的规定进行检测,检测结果评定不得低于2级。

(四)卡瓦

1. 技术要求

(1)钻井卡瓦所用合金结构钢应符合GB/T 3077《合金结构钢》的规定,所用的铸钢件应符合SY/T 5715《石油钻采机械产品用承压铸钢件通用技术条件》的规定。气控系统的气缸材料应符合JB/T 5923《气动 气缸技术条件》的规定,液压控制系统的液压缸材料应符合JB/T 10205《液压缸》的规定。气控系统或液压控制系统的控制管线材料应符合GB/T 2351《液压气动系统用硬管外径和软管内径》和JB/T 8727《液压软管 总成》的规定。卡瓦牙材料应符合 GB/T 3077《合金结构钢》的规定，卡瓦牙热处理后应达到：表面硬度 58～62HRC，渗碳深度 0.8～1.2mm，心部硬度 34～44HRC。

(2)卡瓦体材料的力学性能应不低于表 2－23 的要求。

表 2－23 卡瓦体材料的力学性能

抗拉强度 R_m，MPa	屈服强度 R_{eL}，MPa	断后伸长率 A，%	断面收缩率 Z，%	冲击韧度 α_k，J/cm^2
686	540	12	25	42

(3)每批卡瓦体应抽样按 GB/T 5677《铸钢件射线照相检测》的要求进行射线无损检测，评定结果不应低于Ⅲ级。

(4)动力卡瓦的外形结构尺寸应符合表 2－24 中卡瓦座外形尺寸要求。

(5)钻井卡瓦所配用的卡瓦体和卡瓦牙尺寸应符合表 2－24 的规定。卡瓦牙齿顶宽不小于 0.2mm。

(6)设计尺寸要求：动力卡瓦气缸(液压缸)上升到最高时，测量支撑板最高处露出转盘面应小于 380mm，卡瓦体上、下开口最小直径比相应的扶正耐磨环直径至少大 40mm。

(7)气控系统或液压控制系统的压力等级符合 JB/T 7938《液压泵站　油箱　公称容积系列》的规定。

(8)动力卡瓦在最大工作压力的 1.25 倍压力下，接头及连接处应无渗漏。

(9)钻井卡瓦进行载荷试验后，卡瓦体外锥面、横筋、退刀槽、卡瓦牙应无崩齿，连接销轴应转动灵活。

(10)卡瓦体背锥及卡瓦座内锥设计锥度为 1∶3，即卡瓦体背锥斜角为 9°27′45″±2′30″。

(11)动力卡瓦与转盘配合的卡瓦座外型尺寸及最大静载荷应符合表 2－24 的规定。

表 2－24 卡瓦座外形尺寸及最大静载荷

动力卡瓦型号(对应转盘尺寸代号)	适用转盘规格	卡瓦座上端外形(边长×边长或上下直径) mm×mm	卡瓦座下端直径 mm	卡瓦座最大静载荷	
				kN	US ton
175	ZP－175(450)	460×460	442.9	1350	150
275	ZP－205(520)	536×536	520	2250	250
275	ZP－275(700)	712×712	697	3150	350
375	ZP－375(950)	ϕ600×ϕ519	481	4500	500
495	ZP－495(1257)	ϕ600×ϕ519	481	6750	750

2. 检验项目及要求

1)材料机械性能

材料机械性能不得低于表 2－23 的要求。

2)几何尺寸与精度

(1)动力卡瓦与转盘配合的卡瓦座外形尺寸应符合表 2－24 要求。卡瓦体、卡瓦牙板、轴销几何尺寸及精度均要符合图纸要求。

(2)卡瓦体背锥锥度1∶3,斜角为9°27′45″±2′30″。

(3)卡瓦牙齿顶宽不小于0.2mm。

3)工艺质量水平

(1)卡瓦牙材料应符合GB3077的规定。经热处理后,卡瓦牙表面硬度达到58~62HRC;渗碳深度0.8~1.2mm,心部硬度34~44HRC。

(2)卡瓦牙材料应按QC/T 262《汽车渗透齿轮金相检验》和QC/T 29018《汽车碳氮共渗齿轮金相检验》的规定进行渗碳性能检验。

(3)按照设计要求连接气动卡瓦气路管线,试验压力为1.125MPa,依次分段检查气路管线无明显泄漏。按照设计要求连接液动卡瓦液压管线,试验压力为10MPa,应保持5min无泄漏,且压力下降小于0.1MPa。

(4)在气动卡瓦支撑板上加2000N的均匀圆盘的钢体,试验压力为0.6MPa(最低控制压力),使其往复运动10次,活塞杆运动应平稳、无爬行现象。在液动卡瓦支撑板上加8000N的均匀圆盘的钢体,试验压力为6MPa(最低控制压力),使其往复运动10次,活塞杆运动应平稳、无爬行现象。

4)无损检测

卡瓦体按GB 5677《铸钢件射线照相检测》的要求进行射线探伤检查,评定结果不得低于Ⅲ级。

5)性能试验

(1)产品装配后,各转动部位应转动灵活,无卡阻现象。

(2)施加初始载荷(最大载荷额定值的30%),5min后泄压检查:卡瓦体背锥与锥套(卡瓦座)之间应接触均匀,接触面积不小于65%;卡瓦牙与钻杆间齿面接触面积不小于85%,且牙痕分布均匀。

(3)钻杆卡瓦的出厂检验载荷为最大载荷额定值的1.5倍。钻铤卡瓦和套管卡瓦的出厂检验载荷为最大载荷额定值的1.25倍。

(4)加载到钻井卡瓦最大试验载荷,卸载停留5min后,从静态电阻应变仪上读取残余变形值,实测残余变形应不大于0.2%,但接触部位允许有局部屈服。并在24h后进行磁粉检测,按GB/T 9444《铸钢件磁粉检测》的规定进行检测,检测结果不得低于2级。

钻井卡瓦最大试验载荷P_t的确定与天车和游动滑车检验中的最大试验载荷相同,其屈服强度安全系数见表2-25。

表2-25 钻井卡瓦最大试验载荷

钻井卡瓦最大载荷额定值	屈服强度安全系数n_s
≤1350kN	$n_s=3.00$
$1350\text{kN}<P_{max}\leqslant 4500\text{kN}$	$n_s=3-\frac{0.75(P_{max}-1350)}{3150}$
$P_{max}>4500\text{kN}$	$n_s=2.25$

6)型式试验

(1)试验装置如图2－35所示,在锥套接触面均匀涂一层红丹,施加初载荷后卸载,检查卡瓦背锥与锥套的实际接触面积与总面积的百分比。

(2)卡瓦背锥与锥套接触面采用适当的润滑剂润滑后,在模拟钻杆上绕一张白纸和复写纸,施加初载荷,卸载后检查卡瓦牙与管柱的实际接触齿数与总齿数的百分比。

(3)加载到出厂试验载荷值,卸载后检查卡瓦有无损伤。

(4)按图2－36所示在卡瓦体上贴应变片,连接好应变仪,将卡瓦加载到最大试验载荷后卸载,待5min后,读取残余变形值,并检查卡瓦有无损伤。

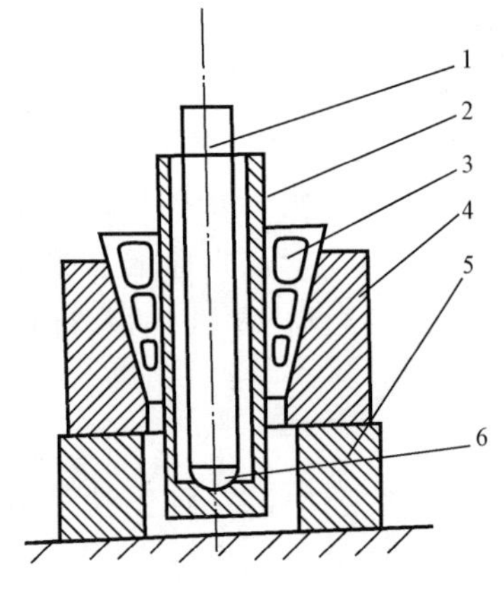

图2－35　钻井卡瓦试验装置

1—芯棒;2—模拟管柱;3—卡瓦;4—锥套;5—垫块;6—钢球

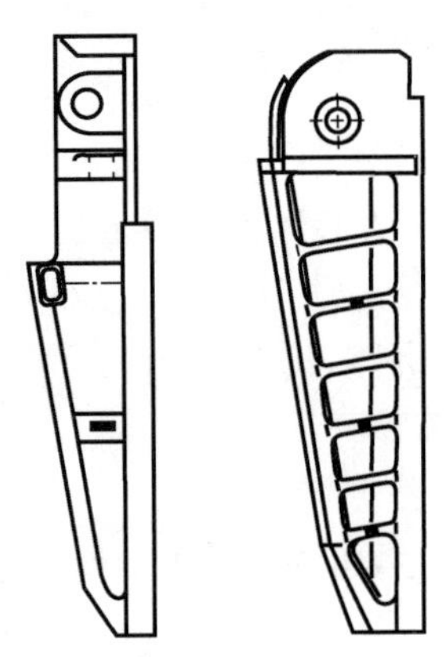

图2－36　两种卡瓦贴片图

第九节　转　　盘

一、概述

1. 转盘的功能

转盘是旋转钻机的关键设备,也是传统钻机的三大工作机之一。转盘实质上是一个大功率的圆锥齿轮减速器。在钻进过程中,转盘的作用是把发动机的动力通过方瓦传给方钻杆、钻杆、钻铤和钻头,驱动钻头旋转,提供钻头破岩的旋转动力从而实现进尺,钻出井眼。在起下钻和下套管过程中,需要把管柱卡在转盘上进行卸扣。因此,始终保持转盘处于良好的工作状态,是快速优质钻井的必备条件之一。

2. 转盘的结构

转盘主要是正交齿轮传动副结构,转盘主要是由转台装置、铸焊底座、快速轴总成、锁紧装置、主补心装置、上盖等零部件组成。

转盘的基本结构如图2－37所示。

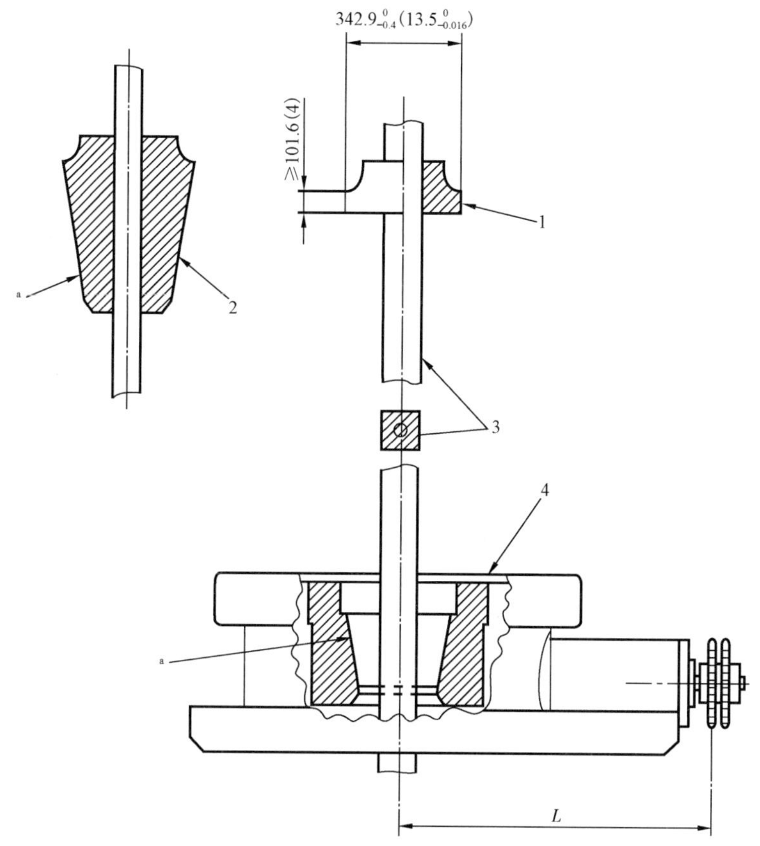

图 2 – 37　转盘安装及结构

1—方钻杆补心已从转盘中取出;2—转盘卡瓦;3—方钻杆;4—转盘大方瓦补心

[a]锥度 1∶3(333.33 ±1.5)mm/m,(4 ±0.018)in/ft

二、转盘的形式与基本参数

1. 转盘的基本形式

转盘的形式通常用转盘的通径来确定。所谓转盘的通孔直径是指转台通孔能通过最大钻头或隔水管的直径。现在用的转盘,其转盘通孔直径可分为 444.5mm、520.7mm、698.5mm、952.5mm、1257.3mm 几种。各种通径直径不同,其承载能力、最大工作扭矩都不同。

根据主动轴驱动动力方式可分为机械驱动、电驱动、液压驱动。传统旋转钻机的转盘是通过绞车驱动和单独驱动两种形式。随着电气化的发展,目前转盘使用电动机独立驱动已普及。通过电动机驱动的转盘更方便司钻准确地控制钻井过程,其结构简单、维修方便。

2. 转盘的标识方法

转盘的标识方法如图 2 – 38 所示。

3. 基本参数

转盘的基本参数见表 2 – 26。

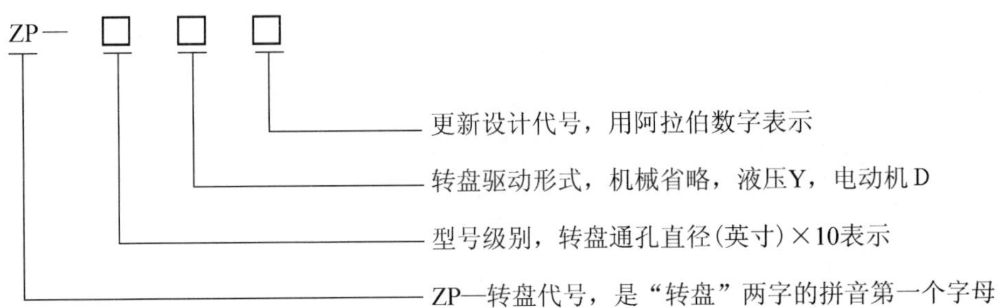

图2－38　转盘的标识方法

表2－26　转盘的基本参数

型号	转盘通孔直径		中心距 L		最大静载荷	转台	
						最大工作扭矩	最高转速
	mm	in	mm	in	kN	N·m	r/m
ZP60	150	—	—	—	360	8000	300
ZP70	180	—	—	—	585	12000	300
ZP100	260	—	—	—	900	—	300
ZP125	305	—	—	—	1350	—	300
ZP175	444.5	17½	1118(1353)	44(53¼)	1350	13729	300
ZP205	520.7	20½	1353	53¼	3150	22555	300
ZP275	698.5	27½	1353	53¼	4500	27459	300
ZP375	952.5	37½	1353	53¼	5850	32365	300
ZP495	1257.3	49½	1353(1651)	53¼(63)	7250	36285	—
ZP605	1536.7	60½	1841.5(1835)	72½(72¼)	—	—	—

三、转盘的技术要求

转盘是石油钻机和修井机的重要配套部件。在钻井工作中对转盘的技术要求如下：

1. 整机要求

（1）转盘的设计按GB/T 17744《石油天然气工业　钻井和修井设备》及SY/T 5080《石油钻机和修井机用转盘》的规定执行。

（2）在运转中，转盘的齿轮传动系统平稳，无异常响声。工作中，噪声不超过90dB(A)。

（3）转盘的制动装置操作灵活、锁紧可靠。

（4）正常情况下，转盘的最低工作温度为0℃。所要求工作温度低于0℃时，设备的主承载件用材料需做最大冲击试验。最大冲击试验的试验温度由采购方定。在规定（或更低）温度试验的三个全尺寸试样的最小平均夏比冲击功应为27J(20ft·lb)，单个值应不小于20J(15ft·lb)。

（5）组装完成后要求加注润滑油，打开锁紧装置后，应能由一人单手转动链轮。

(6)转盘出厂试验合格后,应用煤油(或柴油)清洗内腔,并按要求重新加注润滑油。

(7)各密封部位无渗漏,轴承及油池温升不应超过45℃,最高温度不超过80℃。

(8)润滑油应符合 GB 5903《工业闭式齿轮油》的规定,润滑脂选用应参考产品使用说明书,所使用的应符合 SH/T 0368《钙钠基润滑脂》、GB/T 7324《通用锂基润滑脂》的规定。

(9)转盘空运转试验后,其内腔清洁度为:通径不超过 305mm 的转盘,其内腔清洁度不应超过 1000mg。通径大于 305mm 的转盘,其内腔清洁度不应超过 1500mg。

2. 材料及制造零件质量要求

(1)转盘主载荷路径内构件的最小设计安全系数为 1.67;计算剪切时,屈服强度和拉伸屈服强度的比值应为 0.58。

(2)铸件、锻件、焊接件、机械加工、装配和包装的技术要求,均应按 SY/T 5080 中有关要求执行。

(3)齿轮应用合金钢制造。所用合金钢应符合 GB 3077《合金结构钢》的规定。齿轮应按 GB 11365《锥齿轮和准双曲面齿轮精度》的规定,精度等级不低于 8 级。接触斑点和沿齿长和齿高方向均不得小于 50%,齿侧间隙等于或大于 0.34mm。

(4)转盘做低温试验的每个主承载件应标记“SR2”,以表明已经进行的低温试验。每个承载件也应采用摄氏度标记实际设计温度和试验温度。

(5)结构件箱件的屈服设计安全因数 n_s 大于或等于 3(SY/T 5080—2013 中已取消本项目,在此仅作参考)。

(6)转台应作平衡试验,静平衡的许用不平衡力矩按式(2-7)计算:

$$M = e \cdot G \tag{2-7}$$

式中 M——许用不平衡力矩,N·mm;

e——允许偏心矩,1.0mm;

G——转台质量,kg。

(7)主要受力零件有可追溯性。

(8)转盘非加工表面及外露加工表面应涂漆。涂漆前基体表面的清理和涂漆层应符合 SY/T 6680《石油钻机和修井机出厂验收规范》的规定。

四、转盘的检验项目及检验方法

1. 转盘零部件及安装尺寸检验项目

转盘主要尺寸检验有:传动输轴轴头尺寸、转盘通孔直径、大方补心和方钻杆补心尺寸检验,其检验应符合 GB/T 17744《石油天然气工业 钻井和修井设备》的规定。

2. 试验及验证

转盘的试验及验证分为出厂试验和型式试验。一般情况,产品以出厂试验为主。但具备以下条件之一,转盘需进行型式试验:

(1)新产品或老产品转厂生产的试制定型鉴定。

(2)正式生产后,如结构、材料、工艺发生重大改变,可能影响产品性能。

(3)正常生产三年或累计生产300台时。

(4)国家质量技术监督机构提出型式试验要求时。

1)空运转试验

转盘应在空载条件下进行运转试验。试验要求如下：

转台100r/min,运转1h;

转台180r/min,运转1h;

(1)转盘应运转平稳,无异常声响,各密封处无渗漏现象。

(2)使用A级声级计检查转盘噪声。在距转盘外表面1m处的三个不同方位检测噪声,其平均值应不大于90dB。

(3)测量轴承温升应不高于45℃,最高温度不高于80℃。

(4)检查锥齿轮副的侧隙和接触斑点。

(5)检查清洁度。使用煤油清洗壳体内的零部件,将油放出后,使用200目滤网过滤,网上污物,使用200℃烘干2h后称重。通径不超过305mm的转盘,其内腔清洁度不应超过1000mg。通径大于305mm的转盘,其内腔清洁度不应超过1500mg。

(6)清洁度检查每一批次要求抽检量大于5%。

2)最大静载荷试验

(1)最大静载荷试验时不装主轴承。

(2)转盘应逐级加载到按制造商规定的最大静载荷,保持5min,卸载后检查所有零件,主轴承底座、最大参与变形量不大于0.2%。

(3)最大静载荷后应不削弱产品正常功能。

(4)载荷试验后,应对样机的主承载部件进行表面无损检测。

3)设计验证

(1)每种型号的转盘应抽取一台作为样机进行设计验证。

(2)承包商应制定试验扭矩和试验程序等。对连续运转的转盘,试验样机应在额定的速度下至少运行2h;间接运转或周期运转的转盘,试验样机至少运行2h或10个工作周期。

(3)设计验证功能试验,样机运转过程应无明显动力损失;各密封部位无渗漏,油池温升不应超过45℃,最高温度不超过80℃。

(4)设计验证功能试验后应检查齿轮副齿面不应有塑性变形、胶合、粘连等现象。

(5)转盘应以最高转速运转30min,齿轮副啮合应无异常响声,各密封部位无渗漏,油池温升不应超过45℃,最高温度不超过80℃。

第十节 钻 井 泵

一、概述

1. 钻井泵的功能

钻井泵是用来输送介质(水、钻井液等冲洗液)的钻井配套设备,其作用是将钻井液通过钻杆柱注入井下,用以冷却钻头、清洁井底、固着井壁、破碎岩石、携带岩屑、驱动钻进、平衡地层压力,也可作为动力液驱动井底钻具的容积式往复泵。

2. 钻井泵的结构

钻井泵有双缸双作用往复泵，也有三缸单作用泵。近年来，三缸单作用泵（图2-39）的使用更加广泛。这两种形式的泵均为往复泵。

图2-39 钻井泵外观图

二、钻井泵的型式与基本参数

1. 钻井泵的型式

钻井泵有双缸双作用泵和三缸单作用泵两种型式。

双缸双作用泵有两个缸，每个缸中的活塞在一侧吸入的同时，另一侧则排出，活塞往复一次，吸入、排出各两次。三缸单作用泵有三个缸、三个活塞，活塞仅一面给流体施加压力，活塞往复一次，泵作用一次吸入和排出。

按液缸的布置方案，往复泵有卧式、立式之分，按活塞式样，有活塞泵、柱塞泵之分，对于钻井泵来说大都为卧式活塞泵。

2. 钻井泵型号表示方法

三缸单作用卧式活塞泵型号表示方法如图2-40所示。

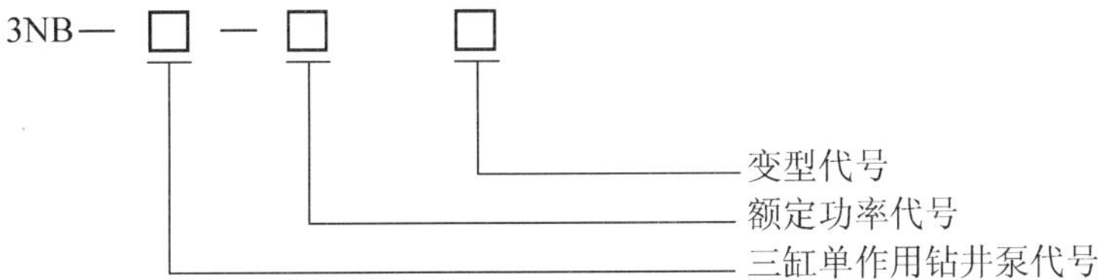

图2-40 三缸单作用卧式活塞泵型号

钻井泵以往现场一直称作“泥浆泵”,“NB”是“泥浆泵”汉语拼音的缩写。数字“3”表示三缸。

3. 基本参数

1)三缸单作用钻井泵的基本参数

三缸单作用钻井泵基本参数见表2-27。

表2-27 三缸单作用钻井泵产品规格及主要参数

钻井泵功率代号,hp	额定输入功率,kW	最大泵压,MPa	最大理论流量,L/s(参考)
350	261	20.7	35
350	261	27.6	35
500	373	27.6	35
500	373	34.5	35
800	597	34.5	38.5
800	597	51.7	38.5
1000	746	34.5	40
1000	746	51.7	40
1300	969	34.5	42.5
1300	969	51.7	42.5
1600	1193	34.5	46
1600	1193	51.7	46
2200	1641	51.7	65
2200	1641	69.0	65
3000	2237	51.7	76
3000	2237	69.0	76

注:1. 钻井泵功率代号的数值是英制马力(hp),1hp=0.7457kW。
2. 最大理论流量的数值仅供参考。

2)双缸双作用泵

双缸双作用泵的用量逐年呈递减趋势,近年来也没编制该产品的标准,故双缸双作用泵的基本参数不便确切给出。

三、钻井泵的技术要求

1. 整机性能要求

每台钻井泵液力端的承压件应进行静水压试验。钻井泵的液缸、排出管、排出三通、排出空气包、壳体等主要受压零件应有足够的耐压性能,承受排出压力的零部件的静水压试验压力应为最大泵压的1.5倍。承受吸入压力的铸件的静水压试验压力应为额定吸入压力的2倍。对于自吸或采用离心泵灌注的钻井泵吸入管,静水压试验压力可取1.6MPa。试验介质可以是清水、加入添加剂的水或实际作业中常用的液体。压力试验应在已完工的零件或总成油漆作业前进行。

1)试验程序

静水压试验应按以下四个步骤进行:

(1)初始保压期。

(2)试验压力降至零。

(3)试验件所有外表面完全干燥。

(4)二次保压期。

保压期应从达到试验压力,且试压件和压力测试仪表同压力源隔离,试验件外表面完全干燥之后计时,初始保压期应不少于3min,二次保压期应不少于10min。

在每次试验循环后,应仔细地检查,试验时不得出现渗漏或永久性变形。

在设计工作条件下,钻井泵应运转平稳,不得有异常响声和剧烈震动。

在额定功率和额定排出压力下运转时,钻井泵自身的噪声不得超过95dB。

钻井泵在出厂试验后的齿面接触斑点应达到沿齿长方向不少于60%,沿齿高方向不少于45%。

钻井泵在额定输入功率下运转2h,动力端清洁度不得超过1500mg。

钻井泵排出压力不均匀度应不大于5%。

在额定工况下,用大缸套测试,钻井泵的流量系数不得低于95%,总效率不得低于85%。

除易损件外,钻井泵在正常工作条件下的使用寿命不得低于15000h。

在不违反本标准和使用说明书中有关运输、安装、使用及维护保养等规定的情况下,钻井泵出厂后18个月内,如用户发现产品质量不符合本标准规定时,制造厂商有责任予以更换或进行修理。橡胶件的保存期为一年。

钻井泵在达到稳定运转工作状态时,动力端油池和轴承端盖外侧的温升不应超过60℃,且油池和轴承端盖外侧的最高温度不应超过90℃。钻井泵在运行时间小于6h时,油池和轴承端盖外侧的温升不得超过50℃。

钻井泵的主承载件应进行目检。铸件的目检应符合MSS SP-55标准的要求。锻件材料的目检应按照制造商形成文件的要求进行。焊缝的目检应符合GB/T 17744《石油天然气工业 钻井和修井设备》中8.4.9.2.1的规定。

2)无损检测

液力端主承压件的表面无损检测应符合GB/T 17744中8.4.7的规定。

液力端主承压焊缝的无损检测应符合GB/T 17744中8.4.9的规定。

液力端排出空气包铸件壳体的体积无损检测应符合GB/T 17744中8.4.8的规定。

动力端主承载件的锻件表面无损检测应符合NB/T 47013.4《承压设备无损检测 第4部分:磁粉检测》的规定,并按Ⅰ级质量要求验收。

动力端主承载件的铸件表面无损检测应符合NB/T 47013.4的规定,关键部位按Ⅰ级质量要求验收,其余部位按Ⅱ级质量要求验收。

3)外观质量检验

总装完成后的钻井泵或钻井泵组应进行外观质量检验,检验应包括但不限于下列条款。

钻井泵产品的基本配置应符合制造商的规定,并应满足用户的要求。各零部件、连接件、紧固件等应装配完整、齐全，安装方法正确。螺栓、螺柱旋入长度均匀一致，头部露出螺母端面2~3个螺距。

加工表面不应有可见变形、黑斑、沟痕、锈蚀、磕、拉、碰、划伤等缺陷，飞边、毛刺应清除干净，锐棱、尖角应进行倒钝处理，暴露的加工表面应进行防腐处理。

非加工的铸件表面应平整光滑，任何由于铸造形成的分型面、黏砂、飞边、结疤等应打磨清除干净，修磨平整，圆滑过渡。锻件非加工表面不应有可见的飞边、氧化皮、夹渣等缺陷，仅影响美观的上述缺陷应予以清除，清除深度不超过该处最小实体尺寸。

所有焊缝应均匀、平滑、美观，焊缝高度尺寸应符合设计的要求，不允许有降低强度和影响外观的缺陷存在。

涂装的质量、颜色、品种和涂层厚度应符合 SY/T 6919《石油钻机和修井机涂装规范》的要求。

产品铭牌、指示牌、警示标志等符合制造商的设计要求，标志位置合理、字符清晰、内容正确、安装牢固。

对于所有外露的旋转运动部位及零部件（如输入轴轴伸、皮带轮、链轮、万向轴或联轴器等）应设置有安全护罩。

液力端经常拆卸的橡胶密封部位应设有密封圈失效后的溢流观察孔，以便于操作者发现各密封处是否泄漏并及时更换密封圈。对工作压力大于 34.5MPa 的液力端溢流观察孔应安装弯头，弯头的排出口方向宜朝向下方。

排出安全阀的放喷管线应符合下列要求：

放喷管线与水平方向之间应具有不小于3°的向下倾角。

管线在弯曲处的角度应不小于160°。

放喷管线的两端应设置安全链或安全绳，安全链或安全绳的最小破断拉力应不小于71.2kN。

排出空气包的气囊内宜充入一定压力的氮气或空气，不准许充入氧气或可燃性气体。钻井泵的制造厂商必须在产品使用说明书上做出明确的警示，空气包的铭牌上也应做出明确的警示。

2. 材料及制造质量要求

（1）零部件应按照经规定程序批准的图样及技术文件制造。

（2）钻井泵主承载件和承压件的材料要求应符合 GB/T 17744《石油天然气工业　钻井和修井设备》第6章的规定。液力端承压件材料应按 GB/T 229《金属材料夏比摆锤冲击试验方法》的要求进行低温冲击试验。三个标准夏比冲击试样的平均冲击吸收能量不小于 27J（-20℃），单个值应不低于 20J（-20℃）。

（3）焊接要求应符合 GB/T 17744 第7章的规定。

（4）装配应符合 SY 5307《石油钻采机械产品用机械装配通用技术条件》（现已作废）的规定。

（5）涂装应符合 SY/T 6919《石油钻机和修井机涂装规范》的规定。

（6）每件排出安全阀均应进行开启压力试验，正常情况下钻井泵排出安全阀的开启压力误差应小于标定压力值的±10%。

(7)拉杆摩擦副、介杆密封、阀盘导向杆、十字头导板、缸套与活塞等均不允许有明显的偏磨或损伤。

(8)每个排出空气包总成在完成组装后应进行气密封试验。排出空气包总成加压至设计规定的最大充气压力(氮气或空气),关闭截止阀,保压24h,气体压降应小于0.20MPa。

(9)加工表面不应有可见变形、黑斑、沟痕、锈蚀、磕、拉、碰、划伤等缺陷,飞边、毛刺应清除干净,锐棱、尖角应进行倒钝处理,暴露的加工表面应进行防腐处理。非加工的铸件表面应平整光滑,任何由于铸造形成的分型面、黏砂、飞边、结疤等应打磨清除干净,修磨平整,圆滑过渡。锻件非加工表面不应有可见的飞边、氧化皮、夹渣等缺陷,仅影响美观的上述缺陷应予以清除,清除深度不超过该处最小实体尺寸。

所有焊缝应均匀、平滑、美观,焊缝高度尺寸应符合设计的要求,不允许有降低强度和影响外观的缺陷存在。

四、钻井泵的检验项目及检验方法

1. 检验项目

1)整机性能检验项目

运转试验;运转平稳性检验;润滑、泄漏情况检验;振动情况及温升检验;齿面接触精度检验;静水压试验;噪声检验;齿面接触精度检验;运动件磨损情况检验;性能试验;压力、流量检验;输入功率与输出功率检验;流量系数与总效率检验;热平衡温升检验。连续运转检验;齿面接触精度检验;清洁度检验;安全阀检验;排出空气包气密封试验;排出压力不均匀度检验;运动件磨损情况检验。

2)材料及零部件制造质量检验项目

材料化学成分分析检验;几何尺寸精度检验;焊接质量检验;空气包气密性检验;安全阀开启压力值检验;装配质量检验;涂装质量检验;外观质量检验。

2. 检验方法

1)钻井泵运转试验

(1)每台出厂的钻井泵均应进行运转试验,试验内容包括:空运转试验、逐渐加载运转试验、负荷运转试验。

(2)钻井泵在大于或等于80%额定输入功率条件下,连续运行的时间应不少于2h,总运转时间应不少于4h。

(3)在试验过程中应客观记录钻井泵的运转情况。钻井泵在达到稳定运转工作状态时,动力端油池和轴承端盖外侧的温升不应超过60℃,且油池和轴承端盖外侧的最高温度不应超过90℃。钻井泵在运行时间小于6h时,油池和轴承端盖外侧的温升不得超过50℃。

(4)在额定输入功率下运转时,钻井泵自身的噪声不得超过95dB(A);钻井泵整体运转平稳,无异常响声和剧烈振动,各部位润滑正常,无渗漏、零件失效等各种异常情况。

(5)试验后检查十字头与导板的磨损,应无拉伤等异常情况。

2）静水压试验

（1）总则：

每台钻井泵液力端的承压件应进行静水压试验。承受排出压力的零部件的静水压试验压力应为最大泵压的1.5倍。承受吸入压力的铸件的静水压试验压力应为额定吸入压力的2倍。对于自吸或采用离心泵灌注的钻井泵吸入管，静水压试验压力可取1.6MPa。试验介质可以是清水、加入添加剂的水或实际作业中常用的液体。压力试验应在已完工的零件或总成油漆作业前进行。

（2）试验程序：

静水压试验应按以下四个步骤进行：

① 初始保压期。

② 试验压力降至零。

③ 试验件所有外表面完全干燥。

④ 二次保压期。

保压期应从达到试验压力，且试压件和压力测试仪表应同压力源隔离，在试验件外表面完全干燥之后计时，初始保压期应不少于3min，二次保压期应不少于10min。

在每次试验循环后，应仔细地检查，试验时不得出现渗漏或永久性变形。

3）钻井泵性能试验

（1）试验抽样：

对于新设计的、首台钻井泵应进行功能试验。权威部门的监督检查，应随机抽取一台样机进行功能试验。

（2）试验程序：

① 制造厂商应制定试验时间、试验施加的载荷（缸径和压力）和试验泵速的形成文件的程序。在额定功率下至少运行2h。试验的内容应包括：

最大流量的试验。一般在最大缸套孔径和额定泵速下运行。

最大泵压的试验。一般在最小缸套孔径和额定泵速下运行。

额定输入功率的试验。

② 试验过程中和/或试验后应检测下列内容：

性能参数，包括流量、压力、功率和泵速等。

温度及温升。

噪声。

试验后应进行解体检查。齿面接触斑点应符合相应要求；各摩擦副（十字头与导板、缸套与活塞）的磨损情况。

（3）合格评定：

试验样机的性能参数应达到设计要求；温升、噪声和齿面接触斑点符合本标准的规定；各摩擦副（十字头与导板、缸套与活塞）无异常情况发生。

4）钻井泵的连续运转试验

连续运转试验在上述检验项目完成后进行。

（1）试验抽样：

对于新设计的、首台钻井泵应进行连续运转试验。试验的目的主要是考验钻井泵的可靠性。

（2）试验程序：

① 累计试验时间为100h，缸径可根据实际情况确定。在额定输入功率、额定泵速和额定压力条件下运行。

② 试验中应及时记录该钻井泵的运行情况，包括起止运行时间；每1h测量一次油池内的润滑油温度、轴承端盖部位的温度和环境温度，并绘制成温度曲线和温升曲线；噪声测量；各种异常情况，如异常响声、渗漏、零件失效等。

③ 试验后应进行适当的解体检查，包括：齿轮的齿面接触斑点，齿面的点蚀情况；轴承的状况；十字头导板的滑动表面是否存在异常情况；缸套活塞表面是否存在异常情况等。

（3）合格评定：

钻井泵连续运转试验后应进行解体检查。所有主承载件应完好无损；十字头导板的滑动表面无异常情况；温升、噪声等指标应符合要求。

5）齿面接触精度

钻井泵齿轮装配后的齿面接触斑点应符合图2－41和表2－28的要求。

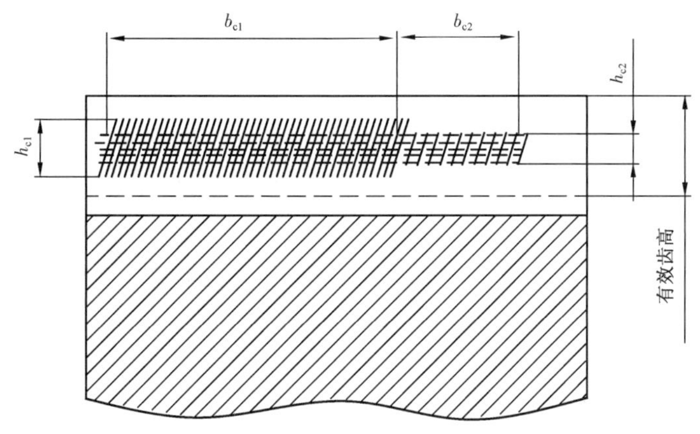

图2－41　齿轮副接触斑点分布的示意图

表2－28　斜齿轮装配后的接触斑点

b_{c1}占齿宽的35%	h_{c1}占有效齿高的40%	b_{c2}占齿宽的35%	h_{c2}占有效齿高的20%
注：不要把齿面接触斑点的检测理解为证明齿轮精度等级的可替代方法。			

6）动力端清洁度检查

每批钻井泵或泵组应取样10%但不少于1台进行动力端清洁度检查。钻井泵在额定输入功率下运转2h，停车沉淀1h后放出上部清洁润滑油，然后用煤油彻底冲洗动力端内各部，放出全部混合油，用180～200目的铜丝网过滤其杂质，并收集池中的沉淀物一起烘干，称其重量不得超过1500mg。

7）安全阀检验

每一个型号和规格的安全阀均应进行验证试验。试验样件应在产品中随机抽取。

试验应在钻井泵的运转状态下进行。每一个安全阀在开启的额定压力下应至少进行 3 次试验。

调节钻井泵的排出压力，使之逐渐增加，直至安全阀开启和泄压，记录安全阀开启时的压力，其开启压力误差应不大于给定值的 ±10%。

8）排出空气包气密封试验

每个排出空气包总成在完成组装后应进行气密封试验。排出空气包总成加压至设计规定的最大充气压力（氮气或空气），关闭截止阀，保压 24h，气体压降应小于 0.20MPa。

9）排出压力不均匀度检验

用精度等级为 1 级或相同等级的压力传感器及压力记录仪测量，以规定的时间间隔记录排出压力值，计算排出压力的不均匀度，钻井泵排出压力不均匀度应不大于 5%。

10）运动件磨损情况检验

该检验在负载运转后进行，检查并记录介杆摩擦副、介杆密封、阀盘导向杆（或阀座导向孔）、十字头导板、缸套与活塞等的偏磨及损伤情况。

测量、记录十字头与上导板的间隙，比较是否在规定要求范围内。

第十一节　固控系统

固控系统主要指固相控制设备，固相控制设备主要有振动筛、清洁器、旋流器、除气器、砂泵、搅拌器。振动筛具有最先、最快分离钻井液固相的特点，担负着清除大量钻屑的任务。如果振动筛发生故障，其他固控设备（除砂器、除泥器、离心机等）都会因超载而不能正常、连续地工作。因此，它是钻井液固控的关键设备。清洁器包括除砂器和除泥器。除砂器、除泥器统称为水力旋流器清除器，是指与除砂器除泥器相配的高目数振动筛，用于回收重晶石、清除大的岩屑，其工作对象是中细颗粒固相。旋流器是利用旋流离心沉降原理进行钻井液固相液相分离的装置。砂泵是输送钻井液的一种专用离心泵。搅拌器是通过叶轮的搅拌，使钻井液中的固相颗粒悬浮，避免沉降的一种搅拌装置。

一、振动筛

1. 概述

1）用途及分类

钻井液振动筛是固控设备的龙头设备，振动筛的使用效果不但直接关系固控设备的工作效能，而且影响钻井工程井下的工况。按振动筛的振动型式分为普通椭圆振动筛、圆振动筛、直线振动筛和平动椭圆振动筛四种；按振动筛组合型式分为单筛振动筛、双联筛振动筛和多联筛振动筛；按振动筛筛网布置型式分单层筛振动筛、双层筛振动筛和叠层筛振动筛。

2）振动筛的型号表示方法

振动筛的型号表示方法如图2－42所示。

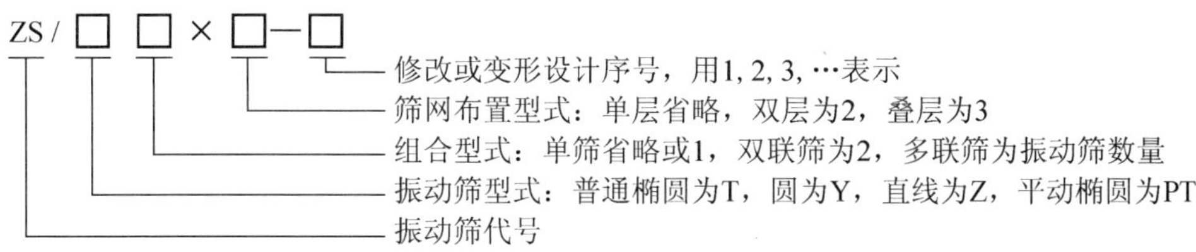

图2－42　振动筛的型号

注：筛网层数为双层或叠层时，振动筛组合型式单层1不能省略。

示例1：ZS/PT1×2—4表示平动椭圆振动筛第四代产品，其中振动筛组合型式为单筛，筛网层数为双层筛。

示例2：ZS/Z2—4表示直线振动筛第四代产品，其中振动筛组合型式为双联筛，筛网层数为单层筛。

2. 结构型式与基本参数

1）结构型式

振动筛由底座、筛箱、激振器、后仓、防溅系统、升降调角机构和防爆电控系统组成，其结构示意图如图2－43所示。

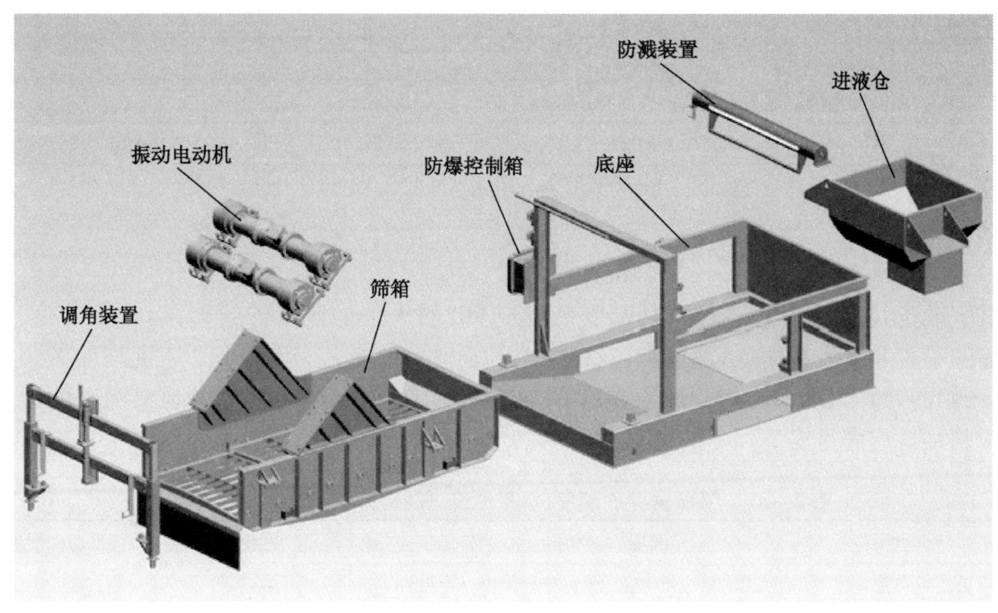

图2－43　振动筛结构示意图

2）基本参数

振动筛筛箱内宽度尺寸系列见表2－29。

表 2－29　筛箱内宽度尺寸系列

序号	1	2	3	4	5	6	7	8
筛箱内宽度尺寸，mm	600	900	1080	1120	1180	1200	1260	1340

产品标准、规范要求：振动筛主要依据标准为 SY/T 5612—2007《石油钻井液固相控制设备规范》。

主要检验仪器设备及主要检验项目见表 2－30。

表 2－30　振动筛检验主要仪器设备及主要检验项目

检验项目	名称	型号	台数	计量检测仪器设备技术指标			检定周期月
				量程，mm/s	准确度	分辨力，mm/s	
筛面垂直加速度	基本物理量测试仪	BZ6101	1				
	加速度传感器	CA－YD－107	4	0～200	0.5%	0.1	12
水平速度	基本物理量测试仪	BZ6101	1				
	加速度传感器	CA－YD－107	4	0～200	0.5%	0.1	12
振幅	基本物理量测试仪	BZ6101	1				
	加速度传感器	CA－YD－107	4	0～200	0.5%	0.1	12
筛箱前后加速度差	基本物理量测试仪	BZ6101	1				
	加速度传感器	CA－YD－107	4	0～200	0.5%	0.1	12
筛箱运动轨迹	基本物理量测试仪	BZ6101	1				
筛箱横向摆量	基本物理量测试仪	BZ6101	1				
	加速度传感器	CA－YD－107	4	0～200	0.5%	0.1	12
整机噪声	声级计	ND12	1	0～120dB	1dB	0.5dB	12

3. 检验方法

1）筛面垂直加速度、水平速度、振幅、筛箱运动轨迹检验

试验准备：在筛箱激振器轴线两端安装互成 90°的 4 个加速度传感器，启动振动筛，记录振动筛的垂直和水平加速度、速度和位移数据，筛面垂直加速度均值、水平速度均值做为检测结果，振幅的计算为水平位移和垂直位移的均方差的均值，通过显示仪表观察筛箱的运动轨迹。检验结果应满足表 2－31 的要求。

表 2－31　筛面垂直加速度、水平速度、振幅、筛箱运动轨迹要求

检验项目	圆形	椭圆形	直线形	平动椭圆形
筛面垂直加速度	4～7g	3.5～7g	4～7g	3.5～7g
水平速度，m/s	0.25～0.6	0.2～0.6	0.3～0.75	0.25～0.7
振幅，mm	5～8	5～8	5～10	5～10
筛箱运动轨迹	圆形	椭圆形	直线形	平动椭圆

注：$g=9.8m/s^2$。

2）筛箱前后加速度差、筛箱横向摆量检验

试验准备：在筛箱前后两端安装互成90°的4个加速度传感器（其中在筛箱上端安装传感器），启动振动筛，记录振动筛的加速度和位移数据，安装在筛箱侧板最前端且与其垂直的传感器所测得的最大位移值为筛箱横向摆量，并计算筛箱前后加速度差。检验结果应满足表2－32的要求。

表2－32　筛箱前后加速度差、筛箱横向摆量要求

筛箱前后加速度差，g	0.5～1.5
筛箱横向摆差，mm	≤1.0

3）整机噪声检验

试验准备：在振动筛正常运转过程中，在距振动筛1.5m、距地面高1.2m处的前后左右各测量一次，取平均值。检验结果应满足表2－33的要求。

表2－33　整机噪声要求

质量级别	噪声，dB	
	双联筛	单筛
1	≤75	≤70
2	≤80	≤75
3	≤85	≤80

注：参考SY/T 5612—2007《石油钻井液固相控制设备规范》。

二、旋流器

1. 概述

旋流器在很多固控设备上都装有，除泥器、清洁器和除砂器上都有旋流器，只是它们的分离点不同而已。旋流器的分离点越低，表明其分离固相的效果越好。小尺寸的旋流器具有更好的分离效果，然而它处理钻井液的量比大尺寸旋流器要小。现场使用表明，某一尺寸的旋流器，其分离点并不是一个常数，而是随着钻井液的黏度、固相含量以及输入压力等因素的变化而变化。一般来讲，钻井液的黏度和固相含量越低，输入压力越高，分离点越低，分离效果越好。

旋流器的型号表示方法如图2－44所示。

2. 结构型式与基本参数

1）结构型式

旋流器的基本结构如图2－45所示。

2）基本参数

旋流器的基本参数见表2－34。

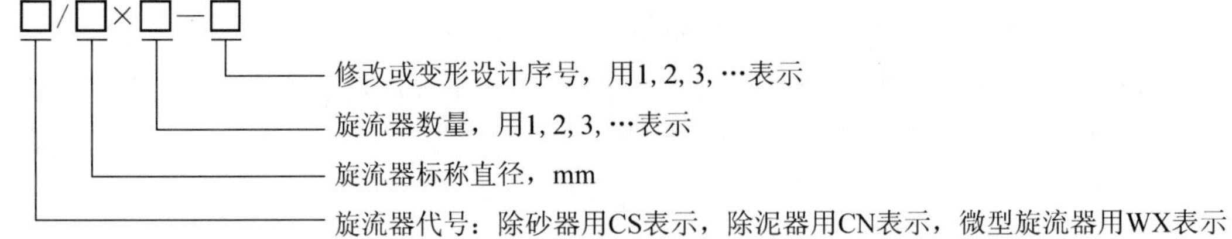

图 2－44　旋流器的型号表示方法

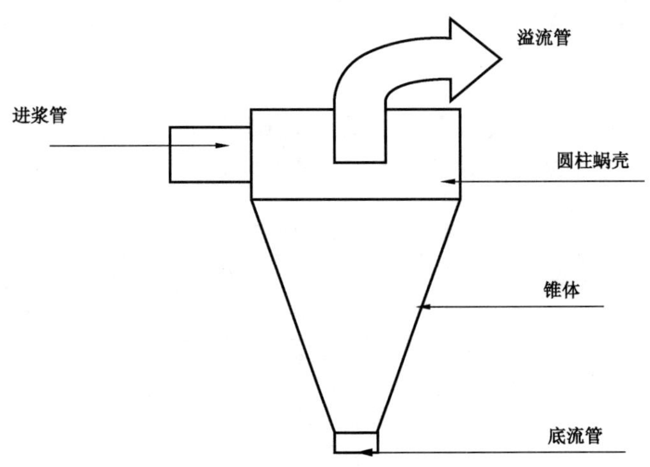

图 2－45　旋流器结构示意图

表 2－34　旋流器的基本参数

参数	分类						
	除砂器				除泥器		微型旋流器
分离粒度，μm	44～74				15～44		5～10
旋流器标称直径 D，mm	300	250	200	150	125	100	50
圆锥筒锥度 α，(°)	20～35		20				10
处理量[a]，m^3/h	＞120	＞100	＞30	＞20	＞15	＞10	＞5
额定工作压力，kPa	200～400						
钻井液密度，g/m^3	1.05～2.2						

[a]该处理量是工作压力为 300kPa 时的处理量。

3. 产品标准

旋流器主要依据标准 SY/T 5612—2007《石油钻井液固相控制设备规范》。

4. 主要检验仪器设备及主要检验项目

旋流器主要检验仪器设备及主要检验项目见表 2－35。

表 2-35 旋流器主要检验设备及主要检验项目

检验项目	名称	型号	台数	计量检测仪器设备技术指标			检定周期月
				量程	准确度	分辨力	
密封性能试验	多功能试验台		1				
	压力表	0~6MPa	1	0~6MPa	0.1MPa	0.05MPa	12
平衡设计工况运转试验	多功能试验台		1				
	压力表	0~6MPa	1	0~6MPa	0.1MPa	0.05MPa	12
淹没底设计工况运转试验	多功能试验台		1				
	压力表	0~6MPa	1	0~6MPa	0.1MPa	0.05MPa	12
圆锥筒外径径向变形	多功能试验台		1				
	游标卡尺	0~300mm	1	0~300mm	0.02mm	0.01mm	12

5. 检验方法

1)密封性能试验、圆锥筒外径径向变形试验

试验准备:将旋流器安装于专用多功能试验台,堵住底流口和溢流口,以清水为介质,进行试验。在密封性能试验前,测量圆锥筒外径。

密封性能试验结果应满足:以清水为介质,加压至1.5倍额定工作压力,保压15min,各连接处不得有渗漏(额定工作压力为200~400kPa)。

圆锥筒外径径向变形试验结果应满足:进行密封试验后,圆锥筒外径的径向变形不得大于试验前外径的0.5%。

2)运转试验

包括平衡设计工况运转试验、淹没底设计工况运转试验。

试验准备:将旋流器安装于专用多功能试验台,以清水为介质,在额定工作压力下进行运转试验。

平衡设计工况运转试验结果应满足:以清水为介质,在额定工作压力下运转,从大到小调节底流口,使底流口无水排出或只有少量滴水,记录此时旋流器进口流量,运转1h,检查各连接处不得渗漏,也不得有其他异常现象。

淹没底设计工况运转试验结果应满足:以清水为介质,在额定工作压力下进行运转试验,从大到小调节底流口,使底流口排出水呈稳定伞状喷出,记录此时旋流器进口流量,运转1h,检查各连接处不得渗漏,也不得有其他异常现象。

三、清洁器

1. 概述

清洁器是钻井液旋流器和钻井液细网振动筛的组合体,包括除砂器和除泥器。现目前有单独的除砂器或除泥器,也有除砂器和除泥器为一体的一体机。

清洁器的型号表示方法如图2-46所示。

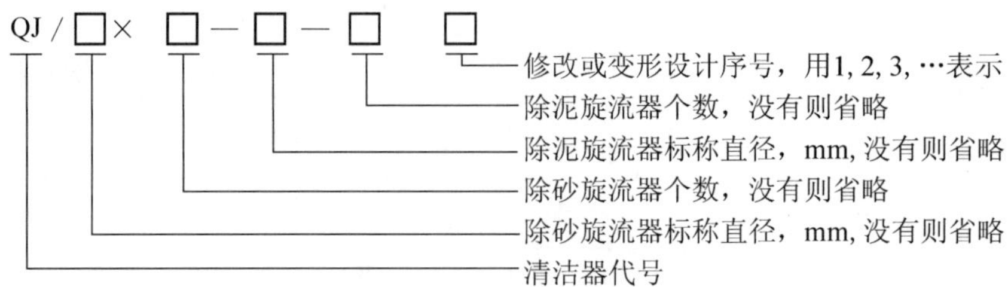

图 2－46　清洁器的型号

2. 基本参数

清洁器的进口工作压力为 200～400kPa，清洁器的处理量为各个钻井液旋流器的处理量之和，清洁器所用振动筛筛网的目数为 120～180 目。

3. 产品标准

清洁器主要依据标准为 SY/T 5612—2007《石油钻井液固相控制设备规范》。

4. 主要检验仪器设备及主要检验项目

清洁器的主要检验设备及主要检验项目见表 2－36。

表 2－36　检测主要仪器设备及主要检验项目

检验项目	名称	型号	台数	计量检测仪器设备技术指标			检定周期月
				量程	准确度	分辨力	
密封性能试验	多功能试验台		1				
	压力表	0～6MPa	1	0～6MPa	0.1MPa	0.05MPa	12
平衡设计工况运转试验	多功能试验台		1				
	压力表	0～6MPa	1	0～6MPa	0.1MPa	0.05MPa	12
淹没底设计工况运转试验	多功能试验台		1				
	压力表	0～6MPa	1	0～6MPa	0.1MPa	0.05MPa	12
筛面垂直加速度	基本物理量测试仪	BZ6101	1				
	加速度传感器	CA－YD－107	4	0～200mm/s	0.5%	0.1mm/s	12
水平速度	基本物理量测试仪	BZ6101	1				
	加速度传感器	CA－YD－107	4	0～200mm/s	0.5%	0.1mm/s	12
振幅	基本物理量测试仪	BZ6101	1				
	加速度传感器	CA－YD－107	4	0～200mm/s	0.5%	0.1mm/s	12
筛箱前后加速度差	基本物理量测试仪	BZ6101	1				
	加速度传感器	CA－YD－107	4	0～200mm/s	0.5%	0.1mm/s	12
圆锥筒外径径向变形	多功能试验台		1				
	游标卡尺	0～300mm	1	0～300mm	0.02mm	0.01mm	12
筛箱运动轨迹	基本物理量测试仪	BZ6101	1				

续表

检验项目	名称	型号	台数	计量检测仪器设备技术指标			检定周期月
				量程	准确度	分辨力	
筛箱横向摆量	基本物理量测试仪	BZ6101	1				
	加速度传感器	CA－YD－107	4	0～200mm/s	0.5%	0.1mm/s	12
整机噪声	声级计	ND12	1	0～120dB	1dB	0.5dB	12

5. 检验方法

(1)旋流器的检验按照上面旋流器检验法部分检验,这里不再重复阐述。

(2)振动筛的试验按照上面振动筛检验法部分检验,这里不再重复阐述。

(3)整机噪声。

试验准备:清洁器正常运转过程中,达到额定处理量时,在距清洁器1m处的前后左右各测量一次,取平均值。

检验结果应满足噪声小于85dB。

四、除气器

1. 概述

1)用途及分类

钻井过程中,地层中有各种气体溶入钻井液中,在深井中由于液柱压力使气体体积没有太大的变化,对钻井液的参数没有太大的影响,但随着钻井液向上循环运移,液柱压力减小使得气体体积急剧增大,使钻井液的密度迅速变小,从而整个液柱压强变小,对地层压力失衡,尤其是直径小于0.8mm的气泡无法克服钻井液的张力束缚逃逸,钻井液体系一旦被气侵污染,砂泵、钻井泵无法正常工作,严重的后果将导致井涌、井喷,失控后后果更不堪设想,因此前期的除气至关重要。除气器主要分为离心式、真空式、真空离心式、内泵式和外泵射流式五种。

2)型号表示方法

除气器的型号表示方法如图2－47所示。

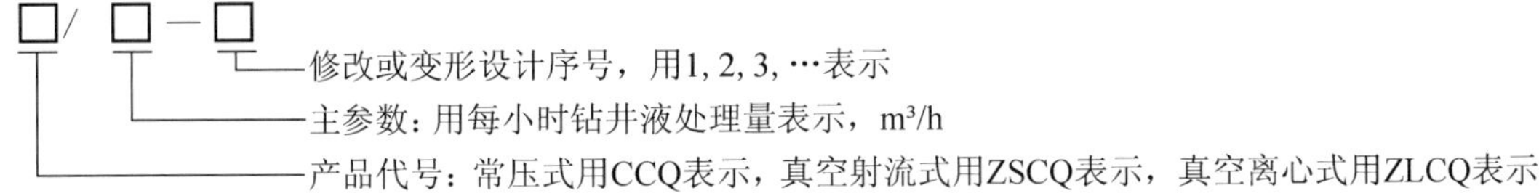

图2－47 除气器的型号

示例1:ZLCQ240表示是真空离心式除气器,钻井液处理量为240m^3/h。

示例2:CCQ240表示是常压式除气器,钻井液处理量为240m^3/h。

2. 结构型式与基本参数

1)除气器的基本结构如图 2－48 所示。

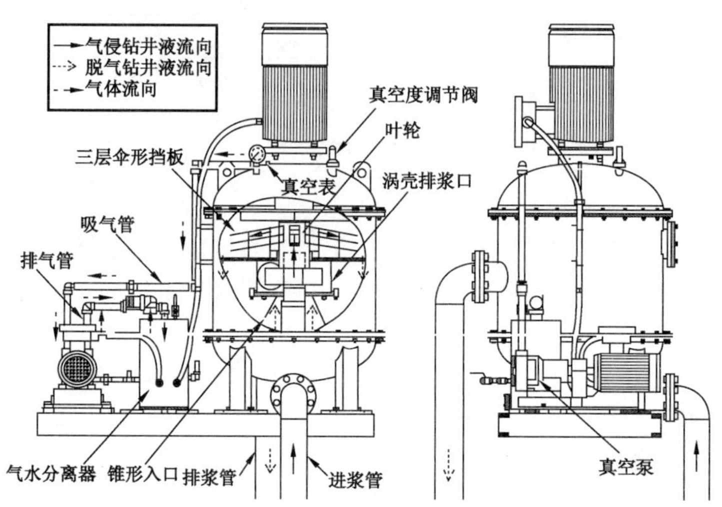

图 2－48　除气器结构示意图

2)基本参数

除气器的基本参数见表 2－37。

表 2－37　除气器的基本参数

型号					
型号	真空射流式	ZSCQ120	ZSCQ180	ZSCQ240	ZSCQ300
	真空离心式	ZLCQ120	ZLCQ180	ZLCQ240	ZLCQ300
	常压式	CCQ120	CCQ180	CCQ240	CCQ300
标称处理量，m^3/h		100～150	160～200	210～260	280～340

3. 产品标准

除气器主要依据标准为 SY/T 5612—2007《石油钻井液固相控制设备规范》。

4. 主要检验仪器设备及主要检验项目

除气器的主要检验设备及主要检验项目见表 2－38。

表 2－38　检测主要仪器设备及主要检验项目

检验项目	名称	型号	台数	计量检测仪器设备技术指标			检定周期月
				量程	准确度	分辨力	
真空罐密封内压试验	电动试压泵	4DSY－15/80	1	0～6MPa	0.1MPa	0.05MPa	12
抽真空时间	多功能试验台		1				
	秒表	E7－2	1				12

续表

检验项目	名称	型号	台数	计量检测仪器设备技术指标			检定周期月
				量程	准确度	分辨力	
真空度	多功能试验台		1				
	压力真空表	-1~5MPa	1	-1~5MPa	0.1MPa	0.05MPa	6
钻井液处理量	多功能试验台		1				
液气分离机构性能	多功能试验台		1				
	量筒	500mL	1	50~500mL	5mL	2.5mL	
除气器整机密封性能	多功能试验台		1				
运动平稳性	多功能试验台		1				
整机噪声	多功能试验台		1				
	声级计	ND12	1	0~120dB	1dB	0.5dB	12

5. 检验方法

1)真空罐密封内压试验

用堵头将真空罐的各个出液口和出气口堵住(留出试压接口),试验介质为清水,连接好试压接头。试验结果应满足:试验压力200kPa,保压30min,焊缝及密封处不得渗漏。

2)运转试验

将除气器连接于多功能试验台上,试验介质为清水,启动除气器。

3)抽真空时间试验

启动除气器时开始计时,当压力表出现负压时计时结束。试验结果应满足:一级应小于30s,二级应小于45s,三级应小于60s。

4)真空度试验

在除气器正常运转过程中,每10min读取真空压力表,取3个读数进行平均。

试验结果应满足表2-39的要求。

表2-39　真空度试验要求

名称	一级	二级	三级
分流型,kPa	>50	>40~50	>30~40
喷射型,kPa	>40	>30~40	>20~30

5)钻井液处理量试验

在除气器正常运转过程中,测量1h的除气器的液体处理量。试验结果应满足:钻井液处理量允差不得超过表2-40标称值的±10%。

表 2-40　各种型号除气器的标称处理量

型号	真空射流式	ZSCQ120	ZSCQ180	ZSCQ240	ZSCQ300
	真空离心式	ZLCQ120	ZLCQ180	ZLCQ240	ZLCQ300
	常压式	CCQ120	CCQ180	CCQ240	CCQ300
标称处理量，m^3/h		120	180	240	300

6）油气分离机构性能试验

在除气器正常运转过程中，将容器连接于除气器的排气管处，测量 1h 的除气器排气管滴液量。试验结果应满足：一级应小于 80mL/h，二级应小于 180mL/h，三级应小于 300mL/h。

7）除气器整机密封性能试验

在除气器正常运转过程中，观察除气器各连接处。试验结果应满足：各连接处应密封良好，不得有渗漏现象。

8）运动平稳性试验

在除气器正常运转过程中进行观察。试验结果应满足：运动件应平稳正常，不得有异常响声。

9）整机噪声试验

在除气器正常运转过程中，在距除气器 1m 处的前后左右各测量一次，取平均值。除气器的整机噪声应不大于 85dB。

五、砂泵

1. 概述

1）用途及分类

砂泵是离心泵的一种。实质上砂泵只是一个笼统的叫法。一般主要用在矿业、煤炭、冶金、化工、环保等行业。一般意义上的砂泵用在环保、挖沙、河道清淤等行业较多。这个系列砂泵主要以 ES 或者 G 系列的较多。除此之外，叫作砂泵的类型还有很多，石油领域的 SB 砂泵，矿业上的 PS 砂泵系列等。这里所阐述的砂泵是石油领域的 SB 砂泵。砂泵结构型式分为单级单吸式，安装方式为卧室和立式。卧式砂泵旋转方向分顺时针和逆时针两种。

2）型号表示方法

砂泵的型号表示方法如图 2-49 所示。

2. 产品标准

砂泵主要依据标准为 SY/T 5612—2007《石油钻井液固相控制设备规范》。

3. 主要检验仪器设备及主要检验项目

砂泵的主要检验仪器设备及主要检验项目见表 2-41。

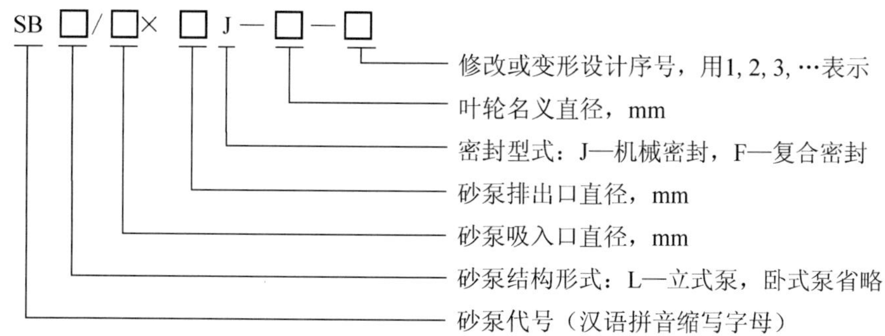

图 2－49　砂泵的型号

示例：SB200×150J—330—1 表示砂泵吸入口直径为 200mm，排出口直径为 150mm，叶轮名义直径为 330mm，采用机械密封，一次改型设计的卧式砂泵。

表 2－41　检验主要仪器设备及主要检验项目

检验项目	名称	型号	台数	计量检测仪器设备技术指标			检定周期月
				量程	准确度	分辨力	
水压强度	电动试压泵	4DSY－15/80	1	0～6MPa	0.1MPa	0.05MPa	12
法兰尺寸	游标卡尺	0～500mm	1	0～500mm	0.02mm	0.01mm	12
整机噪声	声级计	ND12	1	0～120dB	1dB	0.5dB	12

4. 检验方法

1）法兰尺寸检验

用游标卡尺测量连接法兰的尺寸。测量结果应满足表 2－42 的要求。

表 2－42　法兰尺寸检验的要求

公称通径 mm	法兰及密封面				螺栓及通孔	
	D	D_1	b	d	d_0	n(个)
150	265±2	225±0.5	20	202±1.6	$17.5^{+2.0}_{-0.5}$	8
	285±2	240±0.5	26	212±1.6	$22^{+2.0}_{-0.5}$	8
	300±2	250±0.5	34	212±1.6	$26^{+2.0}_{-0.5}$	8
200	320±2	280±0.5	22	258±1.6	$17.5^{+2.0}_{-0.5}$	8
	340±2	295±0.5	28	268±1.6	$22^{+2.0}_{-0.5}$	8
	340±2	295±0.5	30	268±1.6	$22^{+2.0}_{-0.5}$	12
	360±3	310±0.5	34	278±1.6	$26^{+2.0}_{-0.5}$	12

2）叶轮静平衡检验

将叶轮自由转动，当自然停止后，用绳索缠绕在叶轮槽内，将叶轮转动 90°，下端施加悬重物，直至平衡为止。实测不平衡力矩 M 为：

$$M = 悬重 \times (叶轮根部直径 + 绳索直径)/2$$

检验结果应满足:静平衡允许的不平衡力矩为:

$$M = e \cdot m \cdot g$$

式中 e——允许偏差距,m;

m——零件质量,kg;

g——重力加速度,9.81m/s^2。

3)水压强度检验

承受液体压力的零件,应连接试压接头,进行试验。检验结果应满足:清水试压至1.5倍工作压力,稳压10min,无渗漏现象。

4)整机噪声检验

泵在满负荷运转情况下,噪声检验在距泵体表面水平距离1m处进行。整机噪声应小于或等于85dB。

六、搅拌器

1. 概述

1)用途及分类

钻井液搅拌器是钻井液固控系统的重要组成部分。钻井液搅拌器安装在循环罐上,搅拌器叶轮深入液面下一定深度,搅动钻井液使之均匀旋动,防止钻井液混合液沉砂。根据电动机的安装方式分为卧式搅拌器和立式搅拌器。

2)型号表示方法

搅拌器的型号表示方法如图2-50所示。

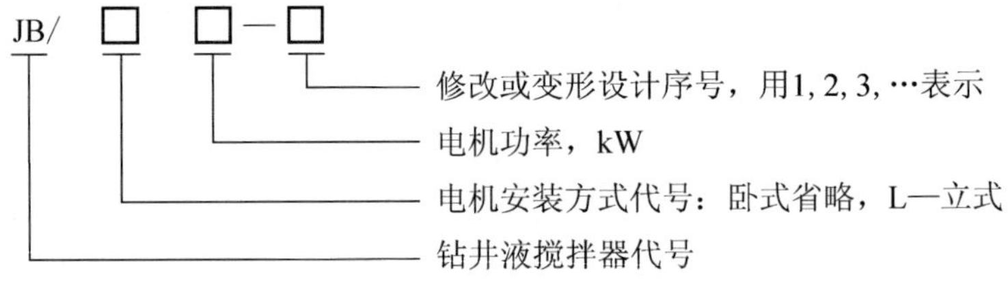

图2-50 搅拌器的型号

2. 产品标准

搅拌器主要依据标准为SY/T 5612—2007《石油钻井液固相控制设备规范》。

3. 主要检验仪器设备及主要检验项目

搅拌器的主要检验设备及主要检验项目见表2-43。

表 2-43 搅拌器主要检测仪器设备及主要检验项目

检验项目	名称	型号	台数	计量检测仪器设备技术指标			检定周期月
				量程	准确度	分辨力	
空运转油池温升	多功能试验台		1				
	测温仪	DHS100X	1	0~200℃	1℃	0.5℃	12
空运转轴承温升	多功能试验台		1				
	测温仪	DHS100X	1	0~200℃	1℃	0.5℃	12
搅拌试验油池温升	多功能试验台		1				
	测温仪	DHS100X	1	0~200℃	1℃	0.5℃	12
搅拌试验轴承温升	多功能试验台		1				
	测温仪	DHS100X	1	0~200℃	1℃	0.5℃	12
空运转噪声	多功能试验台		1				
	声级计	ND12	1	0~120dB	1dB	0.5dB	12
搅拌试验噪声	多功能试验台		1				
	声级计	ND12	1	0~120dB	1dB	0.5dB	12
轴密封处表面粗糙度	表面粗糙度	TR200	1				12
轴密封处硬度	里氏硬度计	TH140	1				12

4. 检验方法

1）空运转试验

空运转油池温升、空运转轴承温升、空运转噪声、空运转密封、连接及运转情况。

试验准备：将搅拌器安装于专用多功能试验台，连续空运转搅拌器2h后，检测温升、噪声、密封、连接及运转情况，噪声检验在距声源1.5m处进行。

检验结果应符合表2-44的规定。

表 2-44 空运转试验项目要求

项 目	标准要求	
	空运转试验（连续空运转2h后）	搅拌试验（以清水为介质，连续运转2h后）
油池温升	≤30℃	≤35℃
轴承温升	≤40℃	≤45℃
噪声	<85dB	<85dB
密封、连接及运转情况	各密封处及接合处不允许有渗漏现象，连接件不应有松动现象，各部件运转应平稳，无异常振动及噪声	各密封处及接合处不允许有渗漏现象，连接件不应有松动现象，各部件运转应平稳，无异常振动及噪声

2）搅拌试验

搅拌试验油池温升、搅拌试验轴承温升、搅拌试验噪声、搅拌试验密封、连接及运转情况。

试验准备:将搅拌器安装于专用多功能试验台,以清水为介质,连续运转搅拌器 2h 后,检测温升、噪声、密封、连接及运转情况,噪声检验在距声源 1.5m 处进行。

3)轴密封处表面粗糙度

轴密封面处表面粗糙度 Ra 应为 0.8 ~ 1.6μm。

4)轴密封处硬度

轴密封处硬度值应为:HB380 ~ HB420

第十二节　顶　　驱

一、概述

1. 顶驱的功能

顶驱是顶部驱动钻井装置(Top Driver)的简称。顶部驱动钻井系统被誉为钻井技术的革命性技术,顶驱是钻井装备上的一项重大革新,是集钻井设备中转盘和水龙头的功能为一体的钻井设备,具有自动化程度高、安全性能好、钻井速度快和劳动强度低等优点,在深井、大斜度井、欠平衡井、水平井、海洋钻井等复杂条件钻井中有着广泛的应用前景。

顶驱的钻井动力直接驱动钻具旋转钻井,驱动的动力可以是直流电、交流电,也可以是液压的。在钻井作业中顶驱取代水龙头、方钻杆及转盘,可从井架空间上部直接旋转钻柱,并沿井架内专用导轨向下送进,完成钻柱旋转钻进,循环钻井液,上卸扣和倒划眼等多种钻井操作。

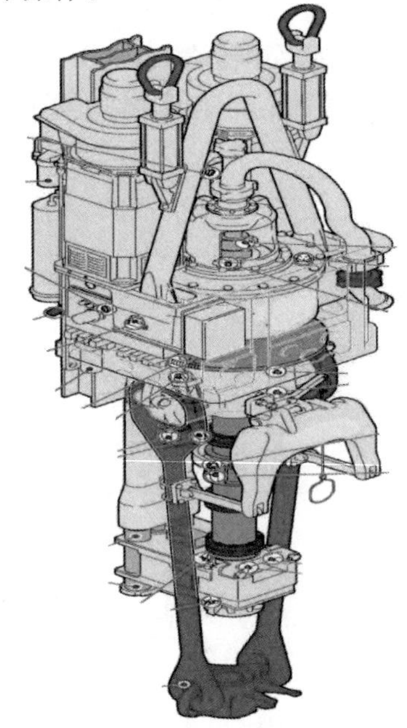

图 2 - 51　顶驱结构

2. 顶驱的组成

1)顶驱包含五大部分

(1)顶驱装置主体:主体部分由动力水龙头、刹车机构、平衡机构、回转机构、倾臂机构、内防喷器机构和背钳等组成。

(2)液压传动与控制系统。

(3)电气传动与控制系统。

(4)电缆及管路系统。

(5)控制操作台。

2)结构型式

顶驱的结构型式如图 2 - 51 所示。

(1)按驱动结构分为:有减速箱型、直接驱动型。

(2)按电动机的数量分为:单电动机型、双电动机型。

(3)按驱动类型分为:直流驱动、交流变频驱动、液压马达驱动。

二、顶驱的形式与基本参数

1. 顶驱的形式

随着钻井技术的不断发展和要求，顶驱的能力也越来越大，形式越来越多样化，从直流顶驱、交流顶驱、液压顶驱到直驱交流顶驱，其分类如下：

按动力来源分：直流电动机驱动齿轮箱的顶驱；交流变频电动机驱动齿轮箱的顶驱；液压马达驱动齿轮箱的顶驱；

按驱动方式分：经齿轮箱驱动主轴的顶驱；直接驱动主轴的顶驱；

按导轨数量分：使用单导轨的顶驱；使用双导轨的顶驱。

2. 顶驱的基本参数

1）名义钻深和额定载荷

顶驱的规格一般按照与其相匹配的钻机的名义钻深和额定载荷来划分，各级钻深及其额定载荷详见表2－45。

表2－45 产品规格及主要参数

钻机名义钻深 m	额定载荷 kN(US tonf)	连续钻井扭矩 kN·m	最大旋松螺纹扭矩 kN·m	钻井液通道直径 mm	钻井液循环通道工作压力 MPa
2000	1334(150)	≥15	≥28	64	34.5
3000	1690(190)	≥20	≥35	64	34.5
4000	2224(250)	≥25	≥45	75	34.5
5000	3114(350)	≥35	≥55	75	34.5
7000	4448(500)	≥50	≥75	75	34.5/52
9000	6672(750)	≥65	≥125	75	52
12000	8896(1000)	≥85	≥135	89	52/69
15000	11120(1250)	≥122.10	≥203.4	89	52/69

注：1. 单位符号US tonf表示美制短吨。
2. 钻机名义钻深是在使用114mm(4½in)钻杆情况下的表示依据。

2）电动机参数

电动机的系列见表2－46，超出表2－46以外的中心高尺寸及额定电压、额定功率，由用户与电动机制造厂协商确定。

表 2－46　电动机基本参数系列

电动机类别	额定电压，V	额定功率，kW	中心高，mm
交流电动机	380，500，600，690	200.300，400，500，600，710，800，900，1000，1120，1250，1600，1800，2000，2500	280，315，355，400，423，450，500，560，630，710，800，850
直流电动机	440，600，750	450，600，800，850	

三、顶驱的技术要求

1. 基本要求

（1）按照 SY/T 6726《石油钻机顶部驱动装置》、API Spec 7K《钻井和修井设备》、API Spec 8C《钻井和采油提升设备规范》的标准要求设计、制造和试验顶驱。

（2）顶驱装置的强度、规格等级、额定值、安全系数、抗剪切强度、防坠落物的要求应符合 SY/T6726、API Spec 7K、API Spec 8C 的规定。

（3）设备主承载件和承压件的材料应满足或超过设计要求的书面规范，材料的鉴定、性能和加工符合 SY/T6726、API Spec 7K、API Spec 8C 的标准要求。

（4）设备的制造过程应确保零部件生产时可重复满足规范的所有要求。

（5）顶驱装置应外形美观、布局合理、维护方便、使用安全。

2. 动力水龙头的技术要求

动力水龙头由电动机、鹅颈管、冲管总成、主轴、减速箱等组成，其功能集转盘水龙头于一身，电动机带动减速箱及主轴旋转，钻井液通过鹅颈管、冲管及主轴到达钻具。在一定的环境条件下，电动机与电气运行所能发挥的功效是不同的，在下列环境条件下应能保证动力水龙头的运行：

1）电动机的运行条件

电动机在海拔高度不超过 1200m 时，当海拔高度每增加 300m 或增加值不足 300m，则电流定额减少 1%；遮阴处最高环境温度不超过 45℃，最低环境温度大于或等于 －40℃；空气相对湿度：最湿月月平均最大相对湿度为 90%（该月月平均最低温度为 25℃）；安装底座处，当振动频率范围为 10～150Hz 时，最大振动加速度应小于 5g（g 为重力加速度）；立式安装时，电动机倾斜度应小于 5°。

2）电气运行条件

变流器输出电压波形范围为：尖峰值电压：$V_{peak} \leqslant 3U_N$（U_N 为额定电压）；电压变化率（V/μs）：$dV/dt \leqslant 1500$。

3）主轴推力轴承的载荷确定及减速箱运行要求

主推力轴承承受钻柱纵向载荷。轴承额定载荷应由下式确定：

$$W_S = W_R/800$$

式中　W_S——主推力轴承在100r/min时，计算的主轴承的止推载荷定值，kN；

W_R——在100r/min时，90%的主轴承最短寿命为3000h的止推载荷额定值，N。

减速箱应运转平稳，主轴空载转速为100r/min时，润滑油温升应低于45℃；顶驱正常运转时，减速箱各处密封均不应渗漏，无卡阻现象；直驱顶驱正常运转时，主轴空载转速为100r/min时，轴承处的温升应低于45℃，且无异响。

3. 盘式刹车机构的技术要求

盘式刹车能承受井底钻具的反扭矩；当钻具在井下遇阻、遇卡电动机停止转动，钻具迅速反转时能及时刹住主轴防止脱扣；当电动机失控转速过高时能及时刹住。

4. 管子处理装置的技术要求

旋转头悬挂吊环的吊耳应能带动吊环一起绕主轴双向旋转，转速应小于10r/min且可调；吊环倾斜机构应能实现调换的前倾、后倾及回到中位的复位功能，前倾可伸向鼠洞或二层台抓放钻柱，最大后倾应能使吊卡抬离钻台面而不影响顶驱下行；内防喷器应安装遥控操作（上部）和手动操作（下部）两个在主轴与保护接头之间，遥控操作防喷器在按下按钮后5s内完成动作。在主轴与内防喷器、保护接头之间应有防松装置，以保证它们之间的螺纹连接不会因为钻进和旋紧或松开钻柱接头的操作而旋紧或松开，且防松装置在现场便于拆装；背钳应具有在正常钻进时能防止夹紧机构与钻柱产生摩擦的装置（或功能）。

5. 导轨与滑车的技术要求

单导轨是悬挂在天车底梁上，下端通过反扭矩梁固定在井架下横梁上，其与滑车的作用是使顶驱沿井架上下移动，在钻井作业中保持在相对于井架的正确位置承受反扭矩，要求有足够的强度。导轨的长度应与井架高度相适应，并在适当范围内可调；导轨安装后，其下端面距离钻台面的高度不小于2m，不大于2.2m；导轨与井架做成一体的双导轨与滑车的作用同单导轨，其下横梁距离钻台面的高度不小于2m，不大于2.2m。

6. 液压系统的技术要求

顶驱液压系统的动力源应能满足顶驱装置全部液压元件对动力液的需求；承受内部压力超过0.1MPa的管线、管路与接头的材质适于所传输的流体介质，且能承受至少大于系统额定压力1.5倍的压力；软管的爆破压力由软管制造厂按样件的实际试验压力来确定且出具合格证明，软管总成应进行额定1.5倍的压力试验；安装在顶驱上的电磁阀应具有防爆功能，防爆等级不低于ExdⅡBT4。

7. 电气系统的技术要求

设备中的电器元器件均应符合各自相应的标准，其应在所处的环境中全天候100%负荷下连续工作，还应在名义电压的±10%范围内正常工作。

8. 材料要求

1）按材料规范选用

制造厂应按书面的材料规范选用材料，包括但不限于（化学成分和允差；力学性能要求；试验方法；许可的熔炼、加工和热处理方法；补焊要求），性能要求如下：

（1）主承载件中铸钢件热处理后的力学性能应符合表2-47的要求。

表 2-47　铸钢件力学性能

布氏硬度	抗拉强度 R_m,MPa	规定非比例延伸强度 R_{PU2}（下屈服强度 R_{eL}）,MPa	延伸率 A,%	断面收缩率 Z,%
220~300HB	$R_m \geqslant 710$	$R_{PU2} \geqslant 500$	≥12	≥25

(2)主承载件中钢制锻件的力学性能应符合表 2-48 的要求。

表 2-48　钢制锻件力学性能

布氏硬度	抗拉强度 R_m,MPa	规定非比例延伸强度 R_{PU2}（下屈服强度 R_{eL}）,MPa	延伸率 A,%	断面收缩率 Z,%
280~340HB	$R_m \geqslant 965$	$R_{PU2} \geqslant 827$	≥12	≥40

(3)主承载件中提环的力学性能应符合表 2-49 的要求。

表 2-49　提环力学性能

布氏硬度	抗拉强度 R_m,MPa	规定非比例延伸强度 R_{PU2}（下屈服强度 R_{eL}）,MPa	延伸率 A,%	断面收缩率 Z,%
240~280HB	$R_m \geqslant 750$	$R_{PU2} \geqslant 650$	≥15	≥40

(4)主承载件材料冲击功 A_{kV} 应由试件二次试验的平均值确定。-20℃时的平均冲击功不小于 42J,且其中任一值不小于 32J。当用户在合同中要求低于 -20℃使用环境温度时,在该极限温度下试件三次试验的平均冲击功最低应为 27J,且其中任一值不应小于 20J。

2)材料的化学成分分析

材料的化学成分应按制造厂规范的要求对规定的元素进行分析,主承载件材料的最大含硫和含磷量均应小于 0.025%。

9. 电控系统的要求

各功能开关、指示仪表等的参数要符合制造商设计文件及客户的特殊要求。

10. 液控系统的要求

电气控制开关的动作试验和密封试验应符合制造商设计文件及客户的特殊要求。

四、顶驱检验项目

1. 检验项目

1)资料审查

制造许可证、制造标准、设计图纸、材料、制造工艺规程、设计人员、焊接工艺规程、焊接人员、检验人员等资质的审查。

2)主要部件

(1)动力即直流电动机或交流变频电动机或液压马达(外观、标志、防护、绝缘、耐压强度、堵转等)的检验。

(2)刹车装置(盘刹的间隙等)的检验。
(3)齿轮减速箱(齿面接触面积、咬合间隙、轴承间隙等)的检验。
(4)管子处理系统(旋转头旋转、倾斜机构空载、倾斜机构中位浮动等)的试验。
(5)提环、销孔及销轴(直径等尺寸)的检测。
(6)阀岛系统(密封等)的检查。
(7)液压系统(功能、联动等)的试验。
(8)电控系统(功能、功能互锁、保护、显示、报警等)的试验。
(9)司钻操作台(功能、显示、开关按钮等)的试验。

3)顶驱整机性能

(1)空载荷试验:
液路系统的密封及耐压强度试验;顶驱空运转试验。
(2)载荷试验:
最大转速的试验;最大扭矩的试验;最大钩载的试验。
(3)型式试验与出厂试验:
试制定型鉴定或验证整机的先进性,产品出厂前逐台试验。
(4)外观质量:
顶驱的完整性;涂装;标志。
(5)包装;随机文件;储存。

2. 检验方法

1)直流电动机的检验

目测手动检验:

外观检查及要求:表面不得有气泡、裂纹、明显变形、擦伤和毛刺等缺陷。配合应紧固、到位、不得有松动或卡住不到位现象。

标志检查及要求:标志要齐全(名称、型号、制造厂、出厂编号、接线图、绝缘等级、外壳防护等级、总重量、额定功率、电压、频率、额定转速、调速范围、制造商名称、出厂日期等)。

外壳防护检查及要求:目测有良好的外壳防护。

内部布线检查及要求:两条以上同样走向的导线捆扎在一起,导线要固定牢固,不允许松散,避开锐角和锐边,防止与活动部件接触。

转向检查及要求:与转向标志一致。

结构检验及要求:接线盒必须安装牢固,不能松动。

接地装置与接地导线的检查及要求:接地导线与接地装置有良好的连接,接地装置有接地标志。

启动试验:

空载时 0.65 倍的额定电压启动:启动三次的电压值。

负载时 0.85 倍的额定电压启动:启动三次的电压值。

负载时 1.15 倍的额定电压启动(仅对带有启动元件的电动机):启动三次的电压值。

温升限值:

电动机应选用耐热等级为 H 或 200 级的绝缘材料。采用不同等级绝缘材料的电动机绕组和其他部件在试验台上测得的温升限值见表 2－50。

表 2－50　连续定额的温升限值

<table>
<tr><th rowspan="2">电动机部件</th><th rowspan="2">测量方法</th><th colspan="2">绝缘等级</th></tr>
<tr><th>H</th><th>200</th></tr>
<tr><td>定子绕组</td><td>电阻法</td><td>180K</td><td>200K</td></tr>
<tr><td>转自绕组</td><td>电阻法</td><td>160K</td><td>180K</td></tr>
<tr><td>换向器或滑环</td><td>电温度计法</td><td>120K</td><td>120K</td></tr>
<tr><td>鼠笼式转子、阻尼绕组</td><td>电温度计法</td><td colspan="2">温升以不损害邻近绕组或其他部件为限</td></tr>
<tr><td>轴承温升</td><td colspan="3">环境温度不超过 40℃时，滚动轴承的温升限值为 55K</td></tr>
</table>

同一台电动机的不同部件，若采用不同等级的绝缘，则各部件的温升限值取与其绝缘等级相应的值（如果在实际运行中，电动机直接或间接受到其他热源的影响或电动机的冷却空气温度比 45℃高，则电动机试验时各部件的温升限值均应比上述限值降低相应于实际冷却空气温度与 45℃的温差值；如果试验地点的海拔或环境空气温度与 9. 3. 2. 1 的不同时，温升限值按 GB 755《旋转电动机　定额和性能》的规定修正）。

电动机的测试见表 2－51、表 2－52。

表 2－51　电动机测试

<table>
<tr><th colspan="2">测试项目</th><th>符合要求</th></tr>
<tr><td colspan="2">绕组电阻测试</td><td>电阻值不超过 5Ω</td></tr>
<tr><td rowspan="2">绝缘测试</td><td>常态下</td><td>不小于 50MΩ</td></tr>
<tr><td>热态下</td><td>不小于 1MΩ</td></tr>
<tr><td>耐压强度测试</td><td>1min 耐电压测试符合表 2－52 试验电压</td><td>绝缘不被击穿</td></tr>
</table>

表 2－52　耐电压的试验电压

<table>
<tr><th rowspan="2">电动机绕组</th><th colspan="2">试验电压，V</th></tr>
<tr><th>交流试验</th><th>直流试验</th></tr>
<tr><td>直流电动机（直接与电源相连的绕组）</td><td>$2.25U_1+2000$</td><td>$3.825U_1+3400$</td></tr>
<tr><td colspan="3">注：U_1——电源在标称电压时能施加到绕组上的最高对地电压。</td></tr>
</table>

匝间绝缘耐压强度试验：匝间绝缘试验按 JB/T 5810《电动机磁极线圈及磁场绕组匝间绝缘　试验规范》的规定执行。

堵转试验：堵转试验及要求：堵转功率应不大于额定功率；主轴低速转动，加载至额定扭矩使主轴停止，堵转 3min，电动机工作正常。

型式试验：直流电动机型式试验时，为绘出对应于规定特性的典型特性曲线，应取得足够的试验读数（如每条曲线上取四或五个读数）。

典型转速/电流特性曲线应以最初四台被试电动机的平均转速绘制。此平均值相对于规定值的偏差不应超出表 2－53 给出的设计容差。同时每台电动机的转速与相应的典型值的偏差不应超过表2－53中列出的制造容差;表2－52中两点之间的容差相对于电流值按线性分等;典型转矩/电流曲线应采用型式试验中得到的效率值由转速/电流曲线计算而得;在保证定额下测得的总损耗应不超过规定特性曲线上对应值的15%;在保证定额下用损耗分析法测得的效率(η)容差为－15%($1-\eta$)。

表2－53 在满磁场下的直流电动机的转速容差

设计容差,%		制造容差,%	
点Ch1	点Ch2	点Ch1	点Ch2
±5	±3	±3.5	±3

注:1.点Ch1表示在规定的或典型的特性曲线上的最高工作转速的80%时相对应的电流值,或是表示该点的转速低于最高工作转速的80%时,其相对应的最小电流值。

2.点Ch2表示在相关的特性曲线上的最大电流值的90%的那一点。

例行试验:额定励磁条件下,测取点Ch1和点Ch2的转速读数。对于他励电动机,应绘制恒定励磁条件下的曲线,且仅取点Ch2的读数即可;转速值与典型值之差应小于表2－53规定的制造容差。

2)交流变频电动机的检验

目测手动检验:

外观检查及要求:表面不得有气泡、裂纹、明显变形、擦伤和毛刺等缺陷。配合应紧固、到位、不得有松动或卡住不到位现象。

标志检查及要求:标志要齐全(型号、名称、制造厂、出厂编号、接线图、绝缘等级、外壳防护等级、总重量、额定功率、电压、频率、额定转速、调速范围、制造商名称、出厂日期等)。

外壳防护检查及要求:目测有良好的外壳防护。

内部布线检查及要求:两条以上同样走向的导线捆扎在一起,导线要固定牢固,不允许松散,避开锐角和锐边防止与活动部件接触。

旋转方向检查及要求:按图接线,面对轴伸端看旋转方向与转向标志一致。

结构检验及要求:接线盒必须安装牢固,不能松动。

空载性能检查:额定电压下空载运行,用非接触方法(转速表)测取电动机转速,用电流表测取电动机运转电流,同时检查电动机有无异常杂音,检查启动电压。

定子匝间冲击试验:按规定电压值用匝间测试仪进行匝间冲击试验。加载130%的额定电压,运转3min无冒烟不击穿。

温升试验:用温度计法检查及要求:轴承的温升不超过80℃。

电动机的测试见表2－54、表2－55。

表2－54 电动机测试

测试项目		符合要求
绕组电阻测试		电阻值不超过5Ω
绝缘测试	常态下	不小于50MΩ
	热态下	不小于1MΩ
耐压强度测试	1min耐电压测试符合表2－55试验电压	绝缘不被击穿

表 2－55　耐电压的试验电压

电动机绕组	试验电压,V	
	交流试验	直流试验
交流电动机	$2U_{dc}+1000$ 或 $2U_{rp}/\sqrt{2}+1000$ 或 $U_{rpb}/\sqrt{2}+1000$	$3.4U_{dc}+1700$ 或 $2.4U_{rp}+1700$ 或 $1.2U_{rpb}+1700$

注:1. U_{dc}——可能出现在直流环节的对地最高平均电压,此时供电系统为最高电压,电动机处于驱动状态。
2. U_{rp}——可能出现在绕组上的对地最高重复峰值电压,此时供电系统为最高电压,电动机处于驱动状态。
3. U_{rpb}——可能出现在绕组上的对地最高重复峰值电压,此时电动机处于制动状态。

匝间绝缘耐压强度试验:冲击试验电压波的波前时间为 0.5μs,时间应不低于 3s 冲击电压峰值取$\sqrt{2}$倍对地耐电压试验值。试验后,匝间绝缘不发生击穿。

绝缘防潮能力是经过高温 40℃六个周期交变湿热试验后应满足要求:绕组对机座和相互间的绝缘电阻应不低于 2MΩ;热态下,电动机绕组应能承受表 2－52 规定试验电压值的 85%,历时 1min 而不发生击穿;电动机转动或可动部分零部件不应有卡住或影响正常运行的现象,整机应能正常运转;电动机表面防锈处理件的外观应不低于 JB/T 4159《热带电工产口通用技术要求》中的三级要求;电动机表面油漆外观和附着力应不低于 GB/T 12351《热带型旋转电动机环境技术要求》中的二级要求;绝缘材料、塑料等零部件不应有变形、发黏、开裂等现象;试验结束后检测电动机轴承温升应不超过相关的规定,润滑脂不应出现乳化、变质和泄漏等现象。

短时过转矩:电动机在热态和逐渐增加转矩的情况下,应能承受 1.6 倍的额定转矩的短时过转矩试验,历时 15s 不发生转速突变、停转或有害变形,此时电压、频率维持在额定值。

3)液压马达

外观检查及要求:壳体表面应平整、光滑,不应有影响元件外观质量的工艺缺陷。

对铸件的要求:铸件应进行清砂处理,内部通道和容腔内不应有任何残留物。

对装配的要求:使用经检验合格的零件和外购件按相关产品标准或技术文件的规定和要求进行装配;变形、损伤和锈蚀的零件及外购件不应用于装配;装配前应将零件清洗干净,不应带有任何污染物(铁屑、毛刺、纤维状杂质等);不应使用棉纱、纸张等纤维易脱落物擦拭壳体内腔及零件配合表面和进出流道;不应使用有缺陷及超过有效使用期限的密封件。

排量验证试验方法及要求:按 GB/T 7936《液压泵和马达　空载排量测定方法》的规定。

效率试验及要求:在额定转速、空载压力下运转稳定后测量流量等一组数据,填入 JB/T 10829《液压马达》附录 B 的“液压马达试验记录表”。然后逐级加载,按上述方法测量从额定压力的 25% 至额定压力,六个以上等分试验压力点的各组数据并计算效率值,且按百分比计算出的压力值修约至 1MPa;分别测量约为额定转速的 85%、70%、55%、40%、25% 时上述各试验压力点的各组数据并计算效率值,且按百分比计算出的压力值修约至 1MPa;对双向马达按相同方式做反方向试验并按百分比计算出的转速值修约至 10r/min;绘出综合特性曲线图(见 JB/T 10829 图 A.3)并做效率特性数据表。

变量特性试验及要求:根据变量控制方式,在设计规定的条件下,测量不同的控制量与被控制量之间的对应数据,绘制变量特性曲线。

启动效率试验及要求:在额定压力、零转速及马达要求的背压条件下,分别测量马达输出轴处于不同的相位角(12 个点)时的输出转矩,以所测得的最小输出扭矩计算启动效率且双向旋转的马达应分别测试正反向输出转矩,要求见表 2 – 57。

低速性能试验及要求:在额定压力下,改变马达的转速,目测马达运转稳定性,以不出现肉眼可见的爬行的最低转速为马达的最低稳定转速。试验至少进行三次,以最高者为准且双向旋转的马达应进行双向试验,要求见表 2 – 57。

噪声试验及要求:在额定转速下,按 GB/T 17483《液压泵空气传声噪声级测定规范》的要求,分别测量额定压力的 100%、75% 时,其最高转速、额定转速、额定转速的 75% 各工况的噪声值。本底噪声应比被测试马达实测噪声低 10dB(A)以上,否则应进行修正,要求见表 2 – 58。

满载试验及要求:在额定工况下,进口油温为 30 ~ 60℃ 时做连续运转,运转时间按耐久性试验要求。连续运转过程中每 50h 测量一次容积效率,要求符合耐久性试验。

冲击试验及要求:对双向运转的柱塞马达和叶片马达,在最大排量、额定压力条件下,调整马达转速,使马达正反向换向时的冲击压力峰值为马达额定压力的 120% ~ 125%,以每分钟 10 ~ 30 次的频率进行马达正、反向冲击试验 10 次(换向一次即为冲击一次);对双向运转的齿轮马达,在额定转速和额定压力工况下(当额定压力大于 20MPa 时,按 20MPa)以每分钟 10 ~ 30 次的频率进行马达正、反向冲击试验(换向一次即为冲击一次),冲击次数按相关要求;对单向马达,在额定转速下,以每分钟 10 ~ 30 次的频率进行压力冲击试验,冲击次数按相关要求,冲击波向应符合 JB/T 10829《液压马达》图 A. 2。该要求符合耐久性试验。

超载试验及要求:试验时被测试马达的进口油温为 30 ~ 60℃ 时做连续运转符合超载试验要求并应达到耐久性试验要求。

超速试验及要求:在被测试马达的进口油温为 30 ~ 60℃ 时,分别在空载压力和额定压力下连续运转 15min,符合超速试验要求。

低温试验及要求:按低温试验要求在额定转速、空载压力工况(变量马达在最小排量)下启动被试马达至少 5 次,效率试验有要求时做此项试验或可以由制造商与用户协商,在工业应用中进行。

高温试验及要求:在油液黏度不低于马达所允许的最低黏度条件下试验符合高温试验要求。

效率的检查:完成上述规定项目试验后,在额定工况下测量马达的容积效率。

密封性能试验及要求:将被测试马达擦拭干净,进行上述试验,试验完成后马达泄漏量应满足要求(静密封:上述试验完成后,将干净吸水纸压贴于静密封部位,然后取下,纸上如有油迹即为渗油;动密封:上述试验进行前,在动密封部位下放置白纸,4h 内纸上不应有油滴)。

连续运转试验时间或次数是指扣除与被试马达无关的故障时间或次数后的累积值;变量马达均在最大排量下进行试验。

容积效率和总效率:在额定工况下,定量马达的容积效率和总效率应符合表 2 – 56 的规定,变量马达的指标比相同排量的定量马达指标低 2 个百分点。

表 2－56　液压定量马达的容积效率和总效率

柱塞马达							
额定压力 P_n MPa	效率 %	公称排量 V,mL/r					
		2.5≤V<10	10≤V<25	25≤V<80	80≤V<160	160≤V<250	V≥250
≥21～41	容积效率	≥88	≥92	≥94	≥95	≥95	≥96
	总效率	≥78	≥79	≥82	≥83	≥85	≥87

齿轮马达								
额定压力 P_n MPa	效率 %	公称排量 V,mL/r						
		≤2	2≤V<4	4≤V<10	10≤V<25	25≤V<50	50≤V<200	V≥200
2.5	容积效率	≥69		≥79	≥89	≥90	≥92	≥94
	总效率	≥59		≥69	≥76	≥79	≥81	≥83
10～25	容积效率	≥77	≥82	≥85	≥86	≥88	≥89	≥90
	总效率	≥70	≥71	≥72	≥75	≥77	≥80	≥80

叶片马达								
额定压力 P_n MPa	效率 %	公称排量 V,mL/r						
		V<4	4≤V<10	10≤V<20	20≤V<40	40≤V<100	100≤V<200	V≥200
P_n≤6.3	容积效率	≥74	≥81	≥83	≥86	≥88	≥90	≥92
	总效率	≥54	≥63	≥68	≥75	≥75	≥82	≥83
6.3<P_n≤16	容积效率	≥63	≥74	≥78	≥83	≥84	≥88	≥90
	总效率	≥50	≥59	≥66	≥67	≥73	≥80	≥81
16<P_n≤25	容积效率	—	≥70	≥72	≥75	≥77	≥81	≥84
	总效率	—	≥54	≥63	≥65	≥69	≥75	≥78

液压马达的启动效率和最低转速：在额定压力和规定背压条件下（变量马达在最大排量下），液压马达的启动效率和最低转速应符合表 2－57 的规定。

噪声：在额定工况下，噪声值应符合表 2－58 的规定。

表 2－57　液压马达的启动效率和最低转速

	柱塞马达			齿轮马达			叶片马达		
排量，mL/r	≤25	>25～160	>160	≤25	>25～100	>100	≤25	>25～160	>160
起动效率，%	≥65	≥72	≥80	≥65	≥68	≥70	≥65	≥68	≥70
最低转速，r/min	200	150	100	600	500	500	600	500	400

表 2－58　液压马达的噪声值

柱塞马达								
额定压力 MPa	公称排量 V,mL/r							
	≤10	>10～25	>25～56	>56～80	>80～112	>112～160	>160～250	>250
	噪声值，dB(A)							
≤28	≤72	≤73	≤75	≤76	≤79	≤80	≤83	≤87
>28～42	≤73	≤75	≤78	≤79	≤80	≤82	≤85	≤90

续表

<table>
<tr><th colspan="6">齿轮马达</th></tr>
<tr><td rowspan="3">额定压力
MPa</td><td colspan="5">公称排量 V,mL/r</td></tr>
<tr><td>≤10</td><td>>10～25</td><td>>25～50</td><td>>50～100</td><td>>100</td></tr>
<tr><td colspan="5">噪声值,dB(A)</td></tr>
<tr><td>≤10</td><td>≤70</td><td>≤75</td><td>≤76</td><td>≤78</td><td>≤80</td></tr>
<tr><td>>10～25</td><td>≤80</td><td>≤85</td><td>≤85</td><td>≤90</td><td>≤90</td></tr>
</table>

<table>
<tr><th colspan="10">叶片马达</th></tr>
<tr><td rowspan="3">额定压力
MPa</td><td colspan="9">公称排量 V,mL/r</td></tr>
<tr><td>≤10</td><td>>10～25</td><td>>25～50</td><td>>50～63</td><td>>63～100</td><td>>100～160</td><td>>160～200</td><td>>200～400</td><td rowspan="2">类型</td></tr>
<tr><td colspan="8">噪声值,dB(A)</td></tr>
<tr><td>≤6.3</td><td>≤69</td><td>≤71</td><td>≤74</td><td colspan="2">≤76</td><td colspan="2">≤77</td><td>—</td><td rowspan="3">定量马达</td></tr>
<tr><td>>6.3～16</td><td rowspan="2">≤72</td><td rowspan="2">≤73</td><td colspan="2" rowspan="2">≤74</td><td colspan="2" rowspan="2">≤78</td><td colspan="2">≤81</td></tr>
<tr><td>>16～25</td><td>≤81</td><td>—</td></tr>
<tr><td>≤16</td><td rowspan="2">≤70</td><td colspan="2" rowspan="2">≤75</td><td colspan="2" rowspan="2">≤76</td><td colspan="3">≤78</td><td rowspan="2">变量马达</td></tr>
<tr><td>>16～25</td><td colspan="3">—</td></tr>
</table>

低温性能试验及要求:在环境温度和油液温度为－25～－20℃的条件下,或用户与制造商商定的低温条件下,液压马达应能正常启动。

高温性能试验及要求:在额定工况下,液压马达进口油温达到90～100℃时,液压马达应能正常工作1h以上,无异常现象出现。

超速性能试验及要求:在110%额定转速或设计规定的最高转速(选择其中高者)下,液压马达应能正常运转5s以上,无异常现象出现。

超载性能试验及要求:在最高压力或125%的额定压力及额定转速工况下,液压马达应能连续正常运转1min以上,无异常现象出现。

冲击性能试验及要求:液压马达应能承受冲击载荷,在规定冲击试验次数内被试马达无异常现象。

密封性能试验及要求:静密封(各静密封部位在正常工作条件下不渗油)动密封(各动密封部位在正常工作条件下,4h内不应滴油)。

耐久性试验及要求:耐久性能应满足其中一个方案(满载试验1000h:双向马达正反各试验500h,冲击试验10万次,超载试验10h;超载试验100h,冲击试验40万次)。

液压马达的跑合试验及要求:在额定转速下,从空载压力开始逐级加载,分级跑合。跑合时间与压力分级应根据需要确定,其中额定压力下的跑合时间应不少于2min。

4)刹车装置

盘刹的检验:刹车钳应按额定压力的1.5倍做保压试验,保压10min,不得有渗漏或压降;工作钳刹车块与刹车盘之间的间隙应不大于1.5mm。

5)齿轮减速箱

当主轴运转达到设计最高转速时,齿轮箱应运转平稳,不允许有冲击性噪声和不均匀的响声,正常工况下噪声不得高于85dB;齿轮箱各密封面及轴头密封处,不允许有渗漏现象;主轴空载转速为100r/min时,润滑油温升应低于45℃。

6)管子处理系统

旋转头在转速不超过6r/min下正、反向旋转,旋转平稳,无卡阻现象,换向时无冲击,运转平稳;倾斜机构应能使吊环前、后运动到设计位置,倾斜运动平稳;倾斜机构中位浮动试验应能自由回到垂直位置并保持浮动。

7)阀岛系统和液压系统试验

阀岛系统和液路系统的密封及耐压强度试验:耐压强度试验(向系统中的承压件供给压力油,压力由低到高分级升压,在1.5倍的设计工作压力下,稳压5min未见压降和渗漏现象为合格);密封性能试验(向液路系统各元件供给压力油,压力由低到高分级升压,在不大于16MPa的系统额定工作压力下,稳压5min未见压降和渗漏现象为合格);双向压力试验(对系统中的双向作用元件,应进行双向试压,方法同上);主通道密封试验(主通道内工作压力小于或等于34.5MPa)。

8)控制系统试验

液压控制系统试验:压力控制阀、流量控制阀、电磁阀的开关正常,无泄漏和无阻塞现象。

电力控制系统试验:司钻控制台、辅助控制台、电控房内的输出接线端子柜、传动柜、变频柜、PLC可编程控制器、变压器、断路器、空调器等接线正常,交流输入电压试压保护正常,过流保护正常,单元内部短路保护正常,最大输出电流限制保护正常,电动机失风保护正常,系统接地正常。

9)整机检验的方法及要求

空负荷试验:当主轴在0转至最大转速之间运转可无极调速;在运转过程中运转平稳,无异常响声,各密封处无渗漏;在距转盘外表面1m处的三个不同方位检测噪声,其平均值应不大于90dB;动力水龙头空负荷运行正常;管子处理机构空负荷运行到位。

载荷试验:静载荷试验(当逐级加载到按制造商规定的最大静载荷,保持15min,卸载后检查所有零件,其有效功能不应削弱);动载荷试验(主轴低速运转,当逐渐加载到按制造商规定的最大扭矩3min,卸载后检查电动机应工作正常;主轴低速运转,当逐渐加载到按制造商规定的最大扭矩3min,卸载后所有零件其有效功能不应削弱;动力水龙头按制造商规定的最大负载运转正常;管子处理机构按制造商规定的最大负载运行到位)。

第三章　修井机及连续油管作业设备

第一节　修　井　机

一、概述

(一)修井机的功能

修井机是用来对井下设备或井身进行维修工作,以保证井下设备操作正常或恢复原油产量的特种设备,大型的修井机可以用于侧钻开窗作业。主要组成部分包括动力系统、传动系统、底盘系统、绞车系统、井架及游动系统、液气电系统、旋转系统等。

修井作业主要分为起下作业,如对发生故障或损坏的油管、抽油杆、抽油泵等井下设备和工具提出、休息更换、再下入井内,以及抽吸、捞砂、机械清蜡等;井内的循环作业,如冲砂、热洗、循环钻井液及挤水泥等;旋转作业,如钻砂堵、钻水泥塞、扩孔、重钻、侧钻及修补套管等。根据作业的复杂程度,可以分为小修和大修。

综上所述,井下作业工艺对修井设备的基本要求有以下几个方面:起下钻具、洗井、旋转钻井、装拆及维修、野外通过能力。

(二)修井机的组成

整机组成部分,分为七大系统:

(1)动力系统:主要包括发动机、传动箱、分动箱及操纵机构、柴油箱等。

(2)传动系统:主要包括传动轴、传动链条及护罩等。

(3)底盘系统:主要包括车架、车桥、转向系统、前后悬挂、浮动桥、驾驶室、工具箱等。

(4)绞车系统:主要包括角传动箱、主滚筒及刹车系统(捞砂滚筒及刹车系统)、水刹车、刹车冷却系统、绞车架及护罩等。

(5)井架及游动系统:主要包括井架、天车、游车大钩、钢丝绳、井架基础等。

(6)液气电系统:主要包括液路、气路、电路、司钻控制箱等。

(7)旋转系统:转盘、转盘传动装置、气动卡瓦、水龙头、水龙带、液压大钳。

二、修井机的结构形式与基本参数

(一)修井机的类型

随着技术的进度,修井机逐渐由老式功能单一的通井机发展成为复合功能的专用设备,相继出现了电动修井机、连续油管修井机、全液压修井机等新装备。

(1)修井机移运采用柴油机驱动底盘或牵引底盘,根据绞车及转盘获取动力及动力传递方式的不同,驱动型式分为:

① 机械驱动:绞车及转盘使用同一台柴油机,钩载较大的修井机也可采用第二台柴油机,双机并车型式可采用链条并车和齿轮并车,移运时可使用台上作业动力。

② 电驱动:绞车及转盘使用电驱动,又分为直流电驱动、交流工频电驱动和交流变频电驱动,底盘柴油机可以作为修井作业的备用动力。

③ 液压驱动:绞车及转盘采用液压马达驱动。

(2)按绞车型式分为:单滚筒或双滚筒。

(3)按井架型式分为:前开口桁架结构或桅杆式结构,同时可采取伸缩式结构。

(4)按装载方法分为:汽车底盘、自走底盘或牵引底盘。

(5)按绞车采用的刹车方式分为:带式刹车和盘式刹车。

(6)按使用地点分类:

① 陆地用修井机。

②海洋用修井机。

(二)型号表示方法

石油修井机产品型号表示方法如图 3－1 所示。

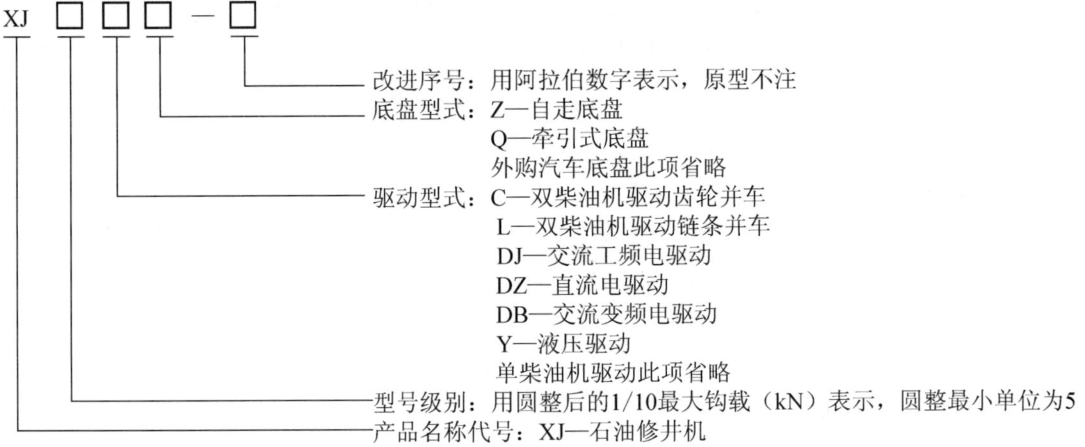

图 3－1　石油修井机产品型号

三、修井机的技术要求

(一)基本要求

(1)发动机安装、自走底盘的设计制造应符合 SY/T 5534《油气田专用车通用技术条件》的规定。

(2)使用柴油机驱动时,修井机行走及作业计算功率按柴油机 1h 标定功率;使用电动机驱动时,修井机作业时计算扭矩按电动机最大扭矩。

(3)机械驱动修井机、修井机用自走底盘宜采用液力机械传动方式。

(4)各车桥承载重量应不大于额定桥荷的110%,不小于额定桥荷的70%。

(5)修井机底盘最小离地间隙不小于300mm,最大爬坡度不低于20%。

(二)专用装置要求

(1)游车大钩和天车技术要求见本书相关章节。

(2)水龙头技术要求见本书相关章节。

(3)绞车技术要求见本书相关章节,滚筒绳槽尺寸如图3-2所示。

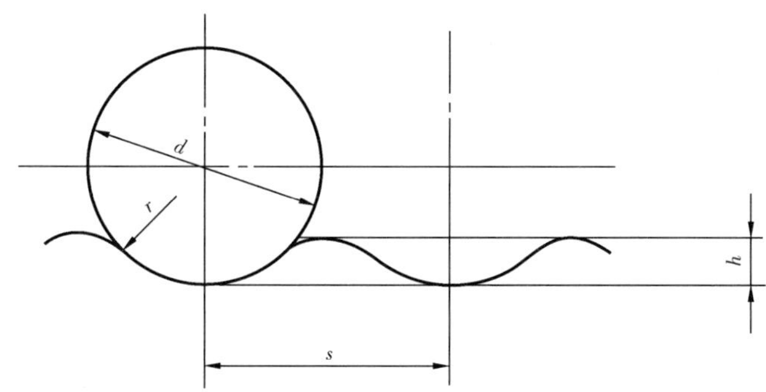

图3-2　滚筒绳槽尺寸

r—绳槽圆弧半径,其值取 $r=0.54d$;s—绳槽距,其值取 $s=1.04d$;

h—绳槽高(指槽底至槽间脊峰修圆后顶端的高度)其值取 $h=0.2d$;d—游动系统钢丝绳直径

(4)井架及底座:

① 井架及底座应符合SY/T 5025《钻井和修井井架、座底规范》(现已废止)的要求;天车梁下应设防碰垫木。

② 井架材料的最低屈服强度与井架承受最大设计钩载值时的构件最大应力之比不得小于1.67。

③ 采用油缸伸缩的井架,上下体重合段综合间隙不应大于4mm。扶正器中心线与柱塞中心的误差不应大于4mm,扶正器应灵活可靠,并应牢固锁紧。活塞杆中心的弯曲误差不大于4mm。

④ 二层台应设置逃生装置。

(5)钻台:

① 钻台材料的最低屈服强度与钻台承受最大设计载荷值时的构件最大应力之比不得小于1.67。

② 组焊后的结构件变形允许矫正。经矫正后,转盘梁上平面的平面度允许误差为6mm。

③ 钻台上平面应采取防滑措施。

④ 竖密封盒上平面应具备防滑、防冲击能力。

⑤ 高于2.5m的钻台应设置逃生装置。

(6)转盘技术要求见本书相关章节。

(7)液压系统:

① 液压系统和液压元件应符合 GB/T 3766《液压传动　系统及其元件的通用规则和安全要求》和 GB/T 7935《液压元件通用技术条件》的规定。

② 使用规定的液压油,滤油器过滤粒度宜为 30μm。

③ 当环境温度高时,除特殊规定外,液压泵的进口工作油温不宜超过 60℃。

④ 液压支腿应带机械式锁紧装置。

⑤ 起升、伸缩缸接口处应配置节流装置,以防止井架自由下落。宜选择合适的位置设置明显标记,提示和警告井架起放操作者在每次起放井架前应将井架起升和伸缩液缸内的气体排尽。

⑥ 修井机在作业状态时,起升、伸缩油缸的柱塞(活塞)杆应装防护套或涂防护脂。

⑦ 液压系统的额定工作压力宜为 14MPa。

(8)钻井液管汇:

① 钻井液管汇应以 2 倍钻井液系统最高工作压力做静水压试验,稳压 5min,不应渗漏。

② 在 -4℃以下使用时,宜有保温措施。

(9)气路系统:

① 气控系统和气动元件应符合 GB/T 7932《气动系统通用技术条件》和 SY/T 2027《石油钻采设备用气动元件》的规定。

② 气路系统应设过滤装置,过滤粒度为 40μm。

③ 气路系统应设防冻、干燥及排水装置。

④ 气路系统及元件的额定工作压力宜为 0. 8MPa。

(10)电气装置:

① 宜采用不同颜色的电线以区别不同的电气线路。

② 应在修井机的井架顶部和仪表处装设夜间工作灯。

③ 应安装修井机行驶状态全长、全宽和全高的轮廓显示灯。

④ 修井机底盘部分工作电压为 24V,台上照明系统工作电压为 220V,绞车冷却及辅助刹车水循环系统工作电压为 380V。非安全电器元器件应防水、隔爆。

⑤ 电气装置场所在修井机井口周围区域的分类应符合 SY/T 0025—1995《石油设施电器装置场所分类》(现已废止)中 8. 4 的规定。

(11)操纵系统:

① 操纵手柄、刹把应集中安装在操作方便的位置上,操纵动作不能相互干扰。对可能引发安全事故的部件,其操作系统的设计应保证不致引起误动作。

② 操纵手柄、刹把不能因振动等原因离位,操纵应轻便灵活。

③ 操纵手柄、手轮、按钮等应配置鲜明的永久性标志,标明其用途和操作方法。

(12)齿轮箱:

① 圆柱齿轮精度应符合 GB/T 10095. 1《圆柱齿轮　精度制　第 1 部分:轮齿同侧齿面偏差的定义和允许值》的规定,圆锥齿轮精度应符合 GB/T 11365《锥齿轮和准双曲面齿轮精度》的规定。

② 齿轮箱在正常工况下连续运转,其轴承外壳温升不应超过 40℃,最高温度不大于

80℃,润滑油温度不应超过 70℃。制造厂有特殊要求的除外。

③ 齿轮箱应运转平稳,不能有冲击性噪声和不均匀的响声。正常工况下,距离 1m 处的噪声不应超过 85dB(A)。

④ 齿轮箱各密封面及轴头密封处,不应有渗漏现象。

⑤ 采用气液换挡的齿轮箱,应配备全套控制仪表和管线。在司钻处应装有挡位显示(指示)装置。

(13)万向联轴器:

① 使用万向联轴器装置传动时,万向联轴器的轴线与水平面夹角不宜大于 8°。

② 万向联轴器应做动平衡实验,实验转速为正常使用转速。

(14)链传动及链条传动箱:

① 链条及链轮齿形应符合 SY/T 5595《油田链条和链轮》的规定。

② 在绞车传动链的同一链传动副中,两链轮的平面度误差不应大于中心距的 0.2%。其他链传动中,两链轮的平面度误差不应大于中心距的 0.25%。

③ 链条应采用密闭油浴润滑、甩油盘润滑或强制润滑。在油浴润滑时,油面位置应刚好达到链条节线最低点处的位置。在甩油盘润滑时,甩油盘将油甩向集油板,经油槽将油引向下部链条的上侧,甩油盘的直径应使轮缘速度在 183 ~ 2438m/min 间。链条也可以采用强制润滑,但应保证在强制润滑失效时,油浴润滑仍能满足工作要求。链条盒、箱、罩上需有便于观测的油面显示装置及最高油面线与最低油面线。

④ 链条盒、箱、罩应保证足够的间隙。除了为链条悬垂提供间隙以外,在链条的周边至少还应再加不小于 76mm 的间隙,且在链条宽度方向的每一侧应有不小于 19mm 的间隙。

⑤ 链条盒、箱、罩的各密封处不能有渗漏现象。

⑥ 用滚子链联轴器连接的两轴,其同轴度误差不应大于 0.2mm。

(15)钢丝绳:

① 提升系统的钢丝绳应选用西鲁式钢丝绳,其技术性能指标应符合 SY/T 5170《石油天然气工业用钢丝绳》的有关规定。

② 防风绷绳、二层台吊绳、液压猫头钢丝绳、液压小绞车钢丝绳,其技术性能指标应符合 SY/T 5170 的有关规定。

(16)防护装置:

万向联轴器、绞车滚筒体的刹车毂等外露旋转零件应设置防护罩。防护罩应固定牢固,且便于观察检修。

(三)其他要求

(1)在特殊环境下作业的发动机应满足环境要求。

(2)采用液力传动的修井机,柴油机与液力变矩器及传动箱的匹配,除提升最大钩载的事故挡外,其他各挡变矩器效率不应低于 70%。

(3)汽车底盘改装应符合国家及底盘生产厂家改装的有关规定,应满足强度要求,避免接触不良和应力集中。

四、修井机的检验方法及主要检验仪器设备

(一)检验条件及检验用仪器设备

对各项实验工作的共同性试验条件,做统一规定,以确保实验数据的准确可靠。修井机各总成、部件、专用设施、附件、附属装置必须安装在规定位置,其整机调整状况应符合厂家试验大纲及修井机相关标准的要求,使整机处于正常状态。

(二)检验项目和试验方法

1. 专用装置及整机作业性能试验方法

1)游车大钩、天车的试验方法

(1)最大负荷额定值试验:对试验产品应逐级加载到最大钩载 P_{max},卸载后经检查该产品的有效功能不应被削弱。允许天车与井架一起进行试验。

(2)游车大钩最大试验负荷试验:

① 最大试验负荷计算公式见式(3-1):

$$P_t = 0.8P_{max} \cdot n_s \tag{3-1}$$

式中 P_t——最大试验负荷,但不得小于 $2P_{max}$,kN;

P_{max}——最大钩载,kN;

n_s——设计安全系数。

② 将试验产品主承载轴承用等效的承载轴套代替,并将最大试验负荷分为不少于四级,从小到大逐级进行加载,试验时一边加载一边读取应变值,观察是否有屈服变形。试验产品可根据需要多次加载,直至获得合适的试验数据为止。

③ 若试验产品的结构允许时,可在该试验产品预计出现高应力的部位上,用应力测定方法测定。

2)水龙头及转盘性能试验方法

(1)水龙头性能试验按 SY/T 5530《石油钻机和修井机用水龙头》的规定执行。

(2)转盘性能试验按 SY/T 5530 的规定执行。

3)绞车的试验方法

整机总装后,随整机试验做绞车整体性能试验。

4)井架起放、伸缩试验

将整车停放在指定位置后,支起液压支腿,然后进行井架起放和伸缩各三次,每次起放、伸缩都应顺利,不应有卡阻现象;井架起升到最大位置后,校正天车与转盘的对中性,其位置度的偏差值不能超过 ϕ40mm,偏差可通过尾部的机械调节丝杠进行调整,不能通过拉防风绷绳或调液压支腿进行调整。

5)空负荷试验

井架竖直在作业高度,大钩不带负荷。然后操纵变速箱换挡,从最低挡到最高挡,每挡运

行 5min,并做以下检查:

(1)各传动系统应运转平稳,各连接部位应牢固可靠。各种箱体应无渗漏油现象,各种箱体温升正常。

(2)用点温计检验各轴承的温升,连续运转 2h,轴承温升应不大于 40℃,最高温度不大于 80℃。

(3)司钻处噪声不宜超过 95dB(A)。

(4)离合及换挡装置试验:

① 给气胎离合器充气 0.2 ~0.3MPa,摩擦片应结合,放气后应能完全脱开,脱开及结合应迅速。

② 将齿式或牙嵌离合器摘挂 3 次,离合器及换挡装置应摘挂自如、准确可靠。

③ 传动箱及箱体的换挡应灵敏可靠,运转中不得有脱挡、跳挡和半挂合现象,挡位显示装置的显示应与运转中的实际挡位一致。

(5)绞车空运转试验:

① 发动机以额定转速运转,分别在各挡位下启动滚筒提放游车,每个挡位做最低和最高位置的全行程起落二至三次,滚筒运转应平稳、无异常声响,滚筒上缠绕的钢丝绳应排列整齐、无乱绳等现象。

② 提升游车大钩至最高位置,待游车大钩静止无摆动后,松开滚筒刹车,游车大钩应自由、顺利下落。

(6)绞车刹车安全性及灵活性试验:

① 带式刹车:检查刹把有无安全链,反复操纵刹把,应在其工作范围内操作灵活,准确可靠。

② 盘式刹车:反复操作刹车阀手柄,检查左、右路压力变化应平稳,工作钳及安全钳动作应灵敏可靠。

③ 紧急刹车及天车防碰的安全性及灵活性试验:调整防碰天车装置至安全位置,滚筒分别以低挡和高挡提升游车,防碰天车装置应在规定位置可靠地使滚筒制动,且其制动过程时间不得超过 1.5s。紧急刹车也应满足上述要求。

6)气路系统试验

(1)在气压 0.8MPa 的条件下,保压 5min,气路系统压力下降应不大于 30kPa。

(2)气控元件及执行机构的动作应灵敏可靠。

7)液压系统试验

(1)各种液缸全行程伸缩四次,液缸应伸缩平稳,无爬行、抖颤等异常。其他液压元件及执行机构的动作应灵敏可靠。

(2)液路压力达到 14MPa 时,保压 5min,液压系统各部接头、阀件、液缸等不应渗漏。

8)水管路的密封试验

(1)用肉眼观察水管路,应无滴、漏现象。

(2)在无压力输出的情况下,水压表应无压降。

9)负荷试验

(1)快绳或大钩拉力和速度的测定:

① 发动机以额定工作转速运转。

② 按大钩或吊卡提升与各挡计算相对应的钩载值,测定大钩在匀速段的起升速度。

③ 负荷试验时应将最大钩载分为不少于四级,从小到大逐级进行加载,每次加载试验提升次数不少于三次,重物提升高度一般不小于2.5m,实测的拉力和速度与设计计算的理论值相一致。最大钩载及主刹车能力的测定:最大钩载试验提升高度不小于1.5m,在模拟允许的下钻速度下,刹车应灵活、安全可靠。大钩提升最大钩载时,滚筒上缠绕的钢丝绳应排列在第一层。最大钩载及绞车快绳拉力应符合规定。

(2)离合器传递扭矩性能试验:在工作气压不大于0.9MPa时,离合器的传递扭矩应保证能提升修井机的最大钩载;当提升载荷超过最大钩载时,在最大钩载的1.05倍内离合器应处于打滑状态。

(3)井架最大承载力的测试:

① 井架承受设计的最大静钩载时,采用应力测定方法测定各主要受力构件的应力,井架材料的最低屈服强度与井架承受最大设计钩载值时的构件最大应力之比不得小于1.67。

② 井架在承受最大静钩载2min内,其整体及主要构件不得有残余变形,所有焊缝不得有开裂和裂纹存在。

(4)钻台负荷试验:

① 钻台负荷试验时,应在转盘梁和竖密封盒上分级加载到钻台的设计最大载荷,试验时加载时间不小于15min。

② 钻台承受设计的最大载荷时应采用应力测定方法测定各主要受力构件的应力,钻台材料的最低屈服强度与钻台承受最大设计载荷值时的构件最大应力之比不得小于1.67。整体及主要构件不得有残余变形,所有焊缝不得有开裂和裂纹存在。

2. 整机行驶性能试验方法

(1)型式试验应按QC/T 252《专用汽车定型试验规程》的规定进行。

(2)制动系统试验方法应符合GB 12676《商用车辆和挂车制度系统技术要求及试验方法》第6章的规定。

(3)倾侧稳定角试验应按GB 7258《机动车运行安全技术条件》中3.7.1的规定执行。

(4)汽车起动性能试验应按GB/T 12535《汽车起动性能试验方法》的规定执行。

(5)滑行试验应按GB/T 12536《汽车滑行试验方法》的规定执行。

(6)汽车牵引性能试验应按GB/T 12537《汽车牵引性能试验方法》的规定执行。

(7)重心高度测定方法应按GB/T 12538《两轴道路车辆　重心位置的测定》中4.2的规定执行。

(8)爬陡坡试验方法应按GB/T 12539《汽车爬陡坡试验方法》的规定执行。

(9)最小转弯直径测定应按GB/T 12540《汽车最小转弯直径、最小转弯通道圆直径和外摆值测量方法》的规定执行。

(10)地形通过性能试验应按 GB/T 12541《汽车地形通过性试验方法》的规定执行。

(11)发动机冷却能力试验应按 GB/T 12542《汽车热平衡能力道路试验方法》的规定执行。

(12)加速性能试验应按 GB/T 12543《汽车加速性能试验方法》的规定执行。

(13)最高车速试验应按 GB/T 12544《汽车最高车速试验方法》的规定执行。

(14)燃料消耗量试验应按 GB/T 12545. 1《汽车燃料消耗量试验方法　第 1 部分:乘用车燃料消耗量试验方法》的规定执行。

(15)驾驶室或乘员室隔热通风试验应按 GB/T 12546《汽车隔热通风试验方法》的规定执行。

(16)最低稳定车速试验应按 GB/T 12547《汽车最低稳定车速试验方法》的规定执行。

(17)外廓尺寸测定应按 GB/T 12673《汽车主要尺寸测量方法》的规定执行。

(18)质量参数测定方法应按 GB/T 12674《汽车质量(重量)参数测定方法》的规定执行。

(19)技术状况行驶检查应按 GB/T 12674《汽车质量(重量)参数测定方法》的规定执行。

第二节　连续油管作业设备

一、概述

连续管又称为挠性管,起源于第二次世界大战期间的海底管线工程。自 20 世纪 60 年代,连续管技术开始在石油工业中应用。随着现代科学技术的进步,有力地推动了连续管技术的发展与应用,在油气田勘探与开发中发挥着越来越重要的作用。连续管技术与传统的一般油管作业技术相比较,其技术的突出优点包括:

(1)连续管由于没有接头,可以方便地实现动密封,能够安全地进行带压作业,应用于不压井作业和实现真正的欠平衡钻井。

(2)连续管作业不用接单根,在作业过程中不停泵,能够连续循环介质,减少砂埋或卡钻等事故,实现安全钻井和作业,尤其是应用于水平井中,避免井下事故的发生;可以实现连续拖动,连续上下活动,方便地实现拖动酸化作业和分段压裂。

(3)连续管不用接单根,电缆容易通过,不用连接,传递信号方便快捷,用于测井和钻井,可以方便地获取井下信息。

(4)连续管无接箍,操作方便,起下速度快,节省作业时间,降低作业成本;井口无操作人员,减少钻井事故的发生。

(5)连续管尺寸小,刚性大,可以方便地起下测井工具,可以不动管柱过油管作业。

(6)连续管装备占地面积小,移运方便,小钻井液量和小岩屑处理量,节能降耗,保护环境,节省成本。

连续油管作业设备是可移动式的,采用液压驱动连续管起下、运输的设备,其基本功能是在进行连续管作业时,向油、气及水井内下入连续管柱,作业完将起出的连续管卷绕在连续管作业机的卷筒上以便运输。连续管作业机组成包括:底盘车、操作室、滚筒、副车架、发电机、液压系统、动力软管滚筒、控制软管滚筒、登车梯、动力系统,如图 3 - 3 所示。

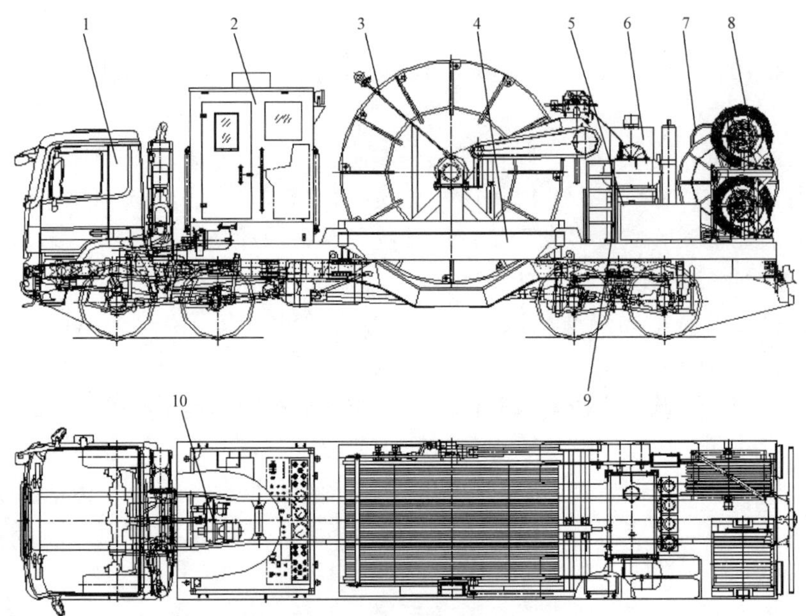

图 3－3　连续油管设备组成示意图

1—底盘车;2—操作室;3—滚筒;4—副车架;5—发电机;6—液压系统;
7—动力软管滚筒;8—控制软管滚筒;9—登车梯;10—动力系统

二、结构形式及基本参数

(一)结构型式

1. 型式

型式按滚筒的装载方式可分为车装式、橇装式、拖装式三种基本型式。

2. 型号表示方法

连续管型号表示方法如图 3－4 所示。

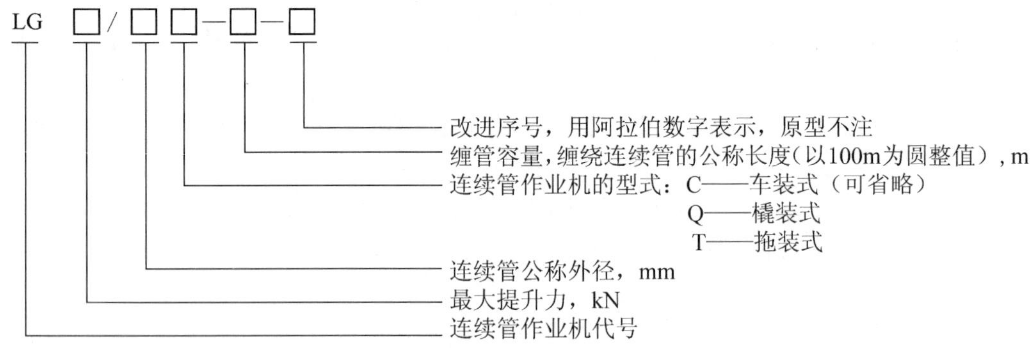

图 3－4　连续管的型号

示例：LG360/50Q－4000－1 表示最大提升力为 360kN、缠绕连续管公称外径为 50mm、缠管容量为 4000m，第一次改型的橇装式连续管作业机。

(二)连续管作业机基本型号与参数

连续管作业机基本型号与参数见表3－1。

表3－1　基本型号与参数

连续管公称外径 mm(in)		32 (11/4)	38 (11/2)	45 (13/4)	50 (2)	60 (23/8)	73 (27/8)	76 (3)	89 (31/2)
推荐滚筒容量,m									
连续管作业机型式	车装式	7500,8000,10000	4500,5500,8000	4000,6400	3100,5000	3000	1600	1600	—
	橇装式	10000	5500,7300	4200,5400	3500,4000	2000,2400	1100,1300	1100,1250	—
	拖装式	8000,10000	5500,10000	4200,7800	6000,6600	4300,5100	3000	3000	1800
机型代号									
主流机型代号		LG180/32	LG270/38	LG270/45	LG360/50	LG450/60	LG580/73	LG680/76	LG900/89
其他常用机型代号		LG270/32	LG180/38	LG360/45	LG270/50	LG360/60	LG450/73	LG580/76	LG680/89

注:1. 表中滚筒容量根据滚筒不同结构型式得来。

2. “—”——不推荐机型。

三、产品标准、规范要求及检验项目

(一)产品标准、规范要求

1. 设备配置要求

(1)动力设备:主要包括柴油机、电动机、液压泵等。

(2)起下连续管设备:主要包括注入头、导向器等。

(3)缠管设备:主要包括滚筒、排管器等。

(4)液压及控制系统:主要包括控制室、操作控制台、数据采集系统、监视系统,液压、电、气各控制装置及管线,显示仪器仪表等。

(5)防喷系统:主要包括防喷器、防喷盒、防喷管等。

(6)底盘、底座及支撑装置:主要包括整机底座、注入头支腿等,车装或拖装式连续管作业机还包括装载车或拖挂车底盘等。

2. 健康、安全和环境控制配置要求

(1)系统安全应急动力源。

(2)防喷系统防误操作装置。

(3)所有外露旋转类设备及零部件防护设施。

(4)符合GB 3836.1《爆炸性环境　第1部分:设备　通用要求》和GB 3836.2《爆炸性环境　第2部分:由隔爆外壳“d”保护的设备》规定的防爆电气设施。

(5)液、电、气等控制系统的故障报警系统或装置。

(6)注入头顶部台架周边的防护栏杆或防坠落保护设施。

(7)符合 GB 2894《安全标志及其使用导则》规定的安全标志,安装在设备醒目位置处。

(8)井场通话等通信系统。

(9)安装在注入头、滚筒等部位的视频监控系统。

(10)设置必要的废液集收装置。

(11)消防器材及灭火设备。

(12)适应不同地域和环境的防风、防沙、防腐、防热、防潮、防寒等设备。

(13)有害气体检测装置。

(14)井场应配有逃生通道及正压式空气呼吸器。

3. 整机技术要求

(1)所有外购件、标准件应符合相关国家标准、行业标准的规定,影响安全及整机主要性能的特殊产品和零部件应提供相关的国家或行业认证证书及合格证。

(2)连续管作业机整机设计应符合 SY/T 6228《油气井钻井及修井作业职业安全的推荐作法》有关健康、安全、环保的规定。

(3)整机的布局应合理,便于操作控制、观测检查及维护保养。

(4)整机设计应使注入头与滚筒动作协调可靠。

(5)整机应配置有载荷、井口压力、循环压力、流量计及连续管起下速度和深度记录装置。载荷、速度传感器应安装在注入头上,井口压力传感器应安装在防喷系统上,循环压力传感器和流量计传感器应安装在滚筒外部管汇上,并在控制室内显示记录;注入头和滚筒均应安装深度传感器,以保证数据的可靠性。

(6)整机所有零部件应连接牢固,在承受振动和冲击的情况下,无变形、无脱落。

(7)整机上的气、液管线应标示明确,排列整齐,警示标志明显。

(8)电气系统的设计制造应符合 JB/T 7845《陆地钻机用装有电子器件的电控设备》的规定;电气装置及操作系统的安装应符合 GB/T 4798.6《电工电子产品应用环境条件　船用》(现已废止)的要求;所配套的电器元件及电磁阀件根据需要还应符合 GB 3836.1《爆炸性环境　第1部分:设备　通用要求》和 GB 3836.2《爆炸性环境　第2部分:由隔爆外壳“d”保护的设备》中的防爆要求。

(9)链条及链轮齿廓部位尺寸以及链条和链轮的安装应符合 SY/T 5595《油田链条和链轮》的规定。

(10)对于车装式、拖装式连续管作业机还应满足以下要求:

① 整机的质心应配置合理,车装式和拖装式底盘车的前、后桥载荷分布应符合 SY/T 5534《油气田专用车通用技术条件》的规定。

② 整机的运行安全技术要求应符合 GB 7258《机动车运行安全技术条件》的规定。

4. 专用装置技术要求

1)注入头

(1)注入头最大提升力和最大注入力设计安全系数应大于或等于 1.2。

(2)注入头在失去动力、停机等工况下应能实现有效制动。

(3)驱动链轮工作齿面硬度应在 40~50HRC 范围内。

(4)夹紧系统液路应配备蓄能器和调压阀,蓄能器的充氮压力应为夹紧系统最高工作压力的1/4～1/3。

(5)张紧系统液路应配备蓄能器和调压阀,蓄能器的充氮压力应为张紧系统最低工作压力的60%～80%。

(6)夹持块与连续管的接触面尺寸及形状应正确,并应有耐磨性能。

(7)两驱动轴上的驱动链轮应在同一个平面内,装配误差不应大于0.5mm,以保证夹持块的对中要求。

(8)驱动链条应有可靠的润滑装置,各链节运转正常,不应有异响。

(9)注入头的转动和移动部位,应运动自如,不应有卡阻现象。

(10)工作链条允许伸长量应符合SY/T 5595《油田链条和链轮》的规定,伸长量超过3%时应进行更换。

(11)注入头液压系统的各执行和控制元件应布局合理,管线走向应整齐顺畅。

2)连续管滚筒

(1)连续管滚筒及排管器应运转灵活、可靠,应能平稳地将连续管整齐地缠绕在滚筒体上以及从滚筒体上平稳地拉拽出连续管。

(2)连续管滚筒筒体半径应尽可能减少缠绕连续管时产生的弯曲变形,连续管滚筒筒体半径与连续管直径的对应关系见表3-2。

表3-2 连续油管滚筒筒体半径与连续管直径的关系

连续管直径,mm	滚筒筒体半径
25.4	510～765
31.8	640～915
38.1	765～1015
44.5	900～1220
50.8	1015～1220
60.3	1070～1375
73.0	1220～1475
88.9	1400～1780

(3)连续管滚筒刹车装置应安全、可靠。

(4)连续管滚筒高压管汇中,其内部管汇应满足投球等作业的要求;外部管汇应至少提供两个入井循环介质接口,并应有测压装置,以便于在作业时可向井中循环两种介质。

(5)各链条护罩应固定牢靠,运转中不应有振动等引起的响声和与链条的碰撞声。

3)导向器

(1)导向器的弯曲半径应尽可能减少工作时连续管的弯曲变形。

(2)导向器的安装应使连续管和注入头夹持块对中,并能正确的支承和引导连续管进入注入头夹持块内。

(3)导向器滚轮应转动灵活,滚轮的材质应具有减磨性。

(4)连续管进出导向器应顺畅。

4)连续管

连续管的设计和制造应符合 SY/T 6895《连续油管》的规定。

5)液压系统

(1)液压系统和液压元件应符合 GB/T 3766《液压传动　系统及其元件的通用规则和安全要求》和 GB/T 7935《液压元件通用技术条件》的规定。

(2)使用规定的液压油,回油过滤器过滤精度不应低于 10μm。

(3)液压泵的进口工作油温不应超过 65℃。

(4)动力液压管线的进出口端应分别安装液压油过滤器。

(5)系统中需要调节和观测的元件,应布置合理,仪表显示应灵敏准确。

(6)控制阀件、操作手柄的安装应保证操作动作不互相干扰,防喷器应加装防误操作装置。

(7)液压系统组装后应进行密封试验,试验压力为各分支额定压力,试压 5min,各管线、接头、阀件、液缸等不得有渗漏现象。

(8)防喷器回路、控制回路上应配备蓄能器以保证防喷器和控制回路的工作安全可靠,蓄能器的充氮压力 p_0 应为:

$$0.9p_1 > p_0 > 0.25p_2 \quad (3-2)$$

式中 p_1——系统最小工作压力;

p_2——系统最大工作压力。

(9)系统总液路在发动机失去动力时,应可由防喷器回路、控制回路上蓄能器、手动泵或其他方式提供防喷器、防喷盒和注入头夹紧及张紧的液压动力。

6)控制室

(1)控制室设计和布局除满足正常的操作和维修空间外,还应满足安全、健康、环保的要求,应配备制冷、取暖和通风等设施。

(2)控制室升降应平稳。

(3)控制室举升到位后,应同时具有可靠的液压自锁功能和机械定位装置。

(4)控制室的门窗设置应为操作者提供良好的视野,方便操作者与施工人员的联系。

(5)各控制元件、仪表及指示灯的安装位置应便于操作、观察,各控制手柄(或旋钮等)的操作应灵活可靠。

(6)控制台面上各控制阀件、操纵手柄等处应有明显的永久性标志,标明其名称和操作方向。

7)防喷系统

(1)防喷器的配置应符合 SY/T 6698《油气井用连续管作业推荐作法》和 API RP 16ST - 2009(R2014)连续油管井控设备系统的规定。

(2)防喷盒应满足在起下连续管时隔离井筒与大气之间的压力要求。

(3)防喷盒结构应便于现场作业时进行密封胶芯的更换。

(4)防喷管安装在防喷盒和防喷器(或防喷器和采油树)之间,防喷管的设计和配置应便于起下井下工具。

(二)检验项目

1. 整机性能检验项目

(1)整机下入联动检验。

(2)整机提升联动检验。

(3)整机油区道路行驶检验。

(4)整机工业性检验。

2. 专用装置(关键部件)检验项目

(1)动力系统检验。

(2)注入头检验。

(3)滚筒检验。

(4)控制室检验。

(5)防喷系统检验。

(6)液压系统检验。

3. 外观质量

(1)标志;(2)包装;(3)运输;(4)存储。

四、检验方法

(一)整机性能检验方法

整机性能检验包括:整机下入联动检验、整机提升联动检验、整机油区道路行驶检验及整机工业性检验。

1. 整机下入联动检验

(1)试验应选择在试验井或现场井上进行,连续管下入深度不应小于800m。

(2)根据连续管下入深度及重量,调定合适的注入头夹紧和张紧压力。

(3)调整滚筒马达驱动压力,启动注入头马达下入连续管;下入过程中由低速逐渐加速到高速,下到预定深度前,应逐渐降低下入速度,直至停止。

(4)下入过程中,检查滚筒与注入头之间的连续管,张紧应适度;滚筒上不应有浮管。

(5)检查注入头、滚筒等各运转部位,工作应平稳,操作控制应灵活可靠,整个系统无异常现象,做好记录。

(6)停止过程中,检查注入头和滚筒刹车应灵敏有效。

(7)记录注入头与滚筒驱动马达的转速和压力,记录连续管下入速度和深度。

(8)下入试验应重复试验2次以上,试验结果应一致,否则应增加试验次数。

2. 整机提升联动检验

(1)试验应选择在试验井或现场井上进行,连续管下入深度不应小于800m。

(2)根据连续管已下入的深度及重量,调定合适的注入头夹紧和张紧压力。

(3)调整滚筒马达驱动压力,启动注入头马达提升连续管;提升过程中由低速逐渐加速到最大起升速度,起到井口前,应逐渐降低起升速度,直至停止。

(4)提升过程中,操作和调节排管器进行排管,检查连续管在滚筒上排列应整齐。

(5)检查注入头、滚筒等各运转部位,工作应平稳,操作控制应灵活可靠,整个系统无异常现象,做好记录。

(6)停止过程中,检查注入头和滚筒刹车应灵敏有效。

(7)记录注入头与滚筒驱动马达的转速和压力,记录连续管起升长度和最大起升速度。

(8)提升试验应重复试验2次以上,试验结果应一致,否则应增加试验次数。

3. 整机油区道路行驶检验方法

(1)选择沙石填充路面(四级路面)。

(2)行驶里程不少于100km。

(3)观测行驶状态:通过能力、最低和最高行驶车速、颠簸情况等。

(4)检验后对车上装置的连接情况进行检查和记录。

4. 整机工业性检验方法

(1)依据产品的适用作业深度,选择1~2口井进行作业。应保证检验中连续管作业机的最大检验拉力不低于最大提升力设计值的70%或试验井深不低于设计井深的80%。

(2)作业时,设备的安装和使用应按产品使用维护和保养手册的规定和操作规程进行。

(3)应作好相应试验记录。

(二)专用装置(关键部件)检验方法

专用装置检验主要包括:动力系统检验、注入头检验、滚筒检验、控制室检验、防喷系统检验、液压系统检验。

1. 动力系统检验

(1)试验前,油箱所有吸油管阀门应全开;回油、泄油管阀门应全开;将所有换向阀的手柄置于中位,所有减压阀的设定压力调至零。

(2)设置发动机转速分别为800r/min、1200r/min、1400r/min、1600r/min,运转时间分别为3min、1min、1min、1min,发动机应运转正常;分动箱及泵运转方向正常;发动机两侧7m处,车载噪声≤84dB(A)、动力橇噪声≤90dB(A)。

(3)发动机报警信号验证:失去机油压力,失去冷却液,发动机温度过高,发动机排气温度过高验证。

(4)发动机加速正常,急停功能正常,发生超速时发动机自动停止运转。

(5)发动机各液压泵输出压力值正常;取力器、联轴器、分动箱运行无干涉且无异常。

(6)动力橇散热器风扇、发动机、分动箱、液压泵、液压管线、液压阀件运行正常,无渗漏现象。

2. 注入头检验

注入头检验包括:注入头张紧试验、注入头夹紧试验、注入头注入速度试验、注入头起出速度试验、注入头润滑试验、注入头最大注入力测试以及注入头最大提升力测试。

1)注入头张紧试验

(1)试验前,将注入头液压马达的主溢流阀压力调节为8~10MPa,将系统压力调到

18MPa，用注入头溢流阀控制运转速度，在低速 5m/min 速度下，起管方向运行 30min，打开注入头马达 U 口（排气口）一次；下管方向运行 30min，打开注入头马达 U 口（排气口）一次，直至空气排空。

（2）将张紧回路换向阀置"张紧"位，将张紧液路压力分别调至 2MPa、3.5MPa、5MPa，记录控制室压力表读数及注入头压力表读数，控制室压力表读数与注入头压力表读数不超过 ±0.5MPa。

（3）记录张紧液缸最大伸出量，要求 LG180 型作业机≤20mm，其他型号作业机≤30mm。

① 准备 2m 长、直线度在 ±0.5mm 内的试棒夹在注入头上，注入头张紧 2MPa，夹紧 3MPa，注入头下入试棒至防喷盒连接座孔位置，使夹紧缸左右浮动到位，测量试棒外径与孔前后、左右对中尺寸，要求偏差≤2mm。

② 准备 2m 长、直线度在 ±0.5mm 内的试棒夹在注入头上，注入头张紧 2MPa，夹紧 3MPa，注入头起管试棒至滑座位置，使夹紧缸左右浮动到位，测量试棒外径与滑座左右两边对中尺寸，要求偏差≤3mm，两个对中试验必须同时进行。

③ 调注入头张紧初始试验压力为 15MPa，保压时间 30min，记录结束压力，其压降应小于 1MPa。

2）注入头夹紧试验

（1）试验前，夹持块之间插入一段连续管，先将链条张紧，再将"夹紧控制"换向阀置于"夹紧"位置，将所有夹紧截止阀置于"开启"位，再调节"夹紧调压"减压阀，将夹紧压力调至 3MPa、5MPa、8MPa、10MPa，记录控制室注入头与注入头压力值，其差值不得超过 0.5MPa，且所有夹紧液缸动作正常。

（2）将注入头夹紧初始压力分别调至 15MPa、25MPa，且各保压 15min，记录结束压力，开始和结束时的环境温度相差不超过 2℃，压降应小于 1MPa。

3）注入头注入速度试验

（1）将注入头链条张紧，张紧压力 3.5MPa。调节散热器泵设定变量压力为 18MPa，出口的安全溢流阀设定开启压力为 20MPa。

（2）将"注入头马达排量控制"控制阀调节至最小，将注入头"刹车"控制换向阀置于"自动"位，将注入头控制手柄从"中位"位分别置于"下管"位置，将滚筒方向控制阀置于"起下"位，将滚筒压力调节阀调至合适压力（根据管径不同所需压力不同，以打开刹车滚筒不能自转为宜）。调节注入头遥控压力。待注入头刹车压力表升至 3.5MPa 时，慢慢提高注入头运行速度。

（3）将注入头控制手柄置"最大"位，调节"注入头泵排量控制"阀，"注入头泵控制压力"最大显示为 3.0MPa，然后起调"注入头压力调节"旋钮，增加"注入头马达压力"，可在注入头在低速大扭矩状态下运转起来后，将"注入头泵控制压力"调节到一个非常低的值，使注入头速度在 0.1～20m/min，最低速度为注入头链条能连续运转的速度。

（4）将"高低速控制"旋钮置于"高速"位置，调节高低速减压阀压力至 2.5MPa，将控制手柄置于起管或下管最大位置，调节注入头遥控溢流阀，使注入头速度在 5～75m/min 的范围内由小到大。

4)注入头起出速度试验

将注入头链条张紧,张紧压力3.5MPa。调节散热器泵设定变量压力为18MPa,出口的安全溢流阀设定开启压力为20MPa。

(1)将“注入头马达排量控制”控制阀调节至最小,将注入头“刹车”控制换向阀置于“自动”位,将注入头控制手柄从“中位”位分别置于“起管”位置,将滚筒方向控制阀置于“起下”位,将滚筒压力调节阀调至合适压力(根据管径不同所需压力不同,以打开刹车滚筒不能自转为宜),将滚筒刹车控制阀至于“解除”位。调节注入头遥控压力。待注入头刹车压力表升至3.5MPa时,慢慢提高注入头运行速度。

(2)将注入头控制手柄置“最大”位,调节“注入头泵排量控制”阀,“注入头泵控制压力”最大显示为3.0MPa,然后起调“注入头压力调节”旋钮,增加“注入头马达压力”,可在注入头低速大扭矩状态下运转起来后,将“注入头泵控制压力”调节到一个非常低的值,使注入头速度在0.1~20m/min,最低速度为注入头链条能连续运转的速度。

(3)将“高低速控制”旋钮置于“高速”位置,调节高低速减压阀压力至2.5MPa,将控制手柄置于起管位置,调节注入头遥控溢流阀,使注入头速度在5~75m/min的范围内由小到大。

5)注入头润滑试验

将“注入头润滑”控制阀向下按住5s左右,注入头润滑油应呈现喷雾状。

6)注入头最大注入力测试

(1)在专用试验装置中,分级施加夹紧力和张紧力;在连续管由静止加速到9m/min运动过程中,由注入头给连续管施加向上的拉力,专用试验加载装置提供向下的载荷,直至(试验管与夹持块间不打滑)载荷传感器读数达到设计最大提升力值并保持稳定2~3min,以此确定系统满足最大提升力设计要求。

(2)对应压力值为最大提升力时夹紧液缸和注入头马达驱动压力设定值。

(3)参与试验的试验管应有标记,试验后也应有试验标记,并记录试验结果。进行二次以上试验,试验结果应一致。

7)注入头最大提升力测试

(1)在专用试验装置中,分级施加夹紧力和张紧力;在连续管由静止加速到9m/min运动过程中,由注入头给连续管施加向下的注入力,专用试验加载装置提供向上的载荷,直至(连续管与夹持块间不打滑)传感器读数达到设计最大注入力值,以此确定系统满足最大注入力设计要求。

(2)对应压力值为最大注入力时夹紧液缸、张紧液缸和注入头马达驱动所需压力设置值。

(3)参与试验的试验管应有标记,试验后也应有试验标记,并记录试验结果。各进行2次以上试验,试验结果应一致。

3. 滚筒检验

滚筒检验包括:滚筒运转试验、排管器移动试验、排管器升降试验及软管滚筒试验。

1)滚筒运转试验

(1)试验前,滚筒运转应无干涉情况;将滚筒液压系统的工作压力调整为合适压力,推动“滚筒控制”手柄,使其位于“起管”位置,将滚筒刹车置于“解除”位。调节“滚筒调压”溢流阀压力,用秒表记录转速。

(2)使用一段连续管穿过机械计数器,计数器转动灵活。

2)排管器移动试验

(1)将“强制排管”换向手柄推动至“左”或“右”位置,将“多路阀开关”截止阀旋至“开”位,调节“多路阀调压”减压阀压力至强制排管动作实现为止,压力应≤10MPa。

(2)“强制排管”左右方向应正确,强排左右四次自动换向应灵活正确。

(3)自动排管离合器无自动脱落,菱形轴转动平稳,低速下马达移动无冲击及憋卡现象,排管器管线、阀及接头均无渗漏现象。

3)排管器升降试验

(1)液缸伸缩方向应与控制方向一致。

(2)排管器起升三次,压力不大于10MPa,三次压力值压差±0.5MPa。

(3)液缸伸缩自如且同步在3mm之内,移动平稳,无爬行及憋卡现象,排管器液缸升至最高时,能够平稳下降,要求试验2次,排管器液缸升至最高时,排管器左右移动应正常,无卡顿,各液路的阀件、管线、接头等处,无渗、漏油等现象。

(4)排管器液缸两次保压时间分别为10min、12h,液缸上升至最大位置,要求活塞下降长度不大于5mm。

4)软管滚筒试验

(1)试验前,打开软管滚筒控制盒上节流截止阀,调节软管滚筒减压阀压力至8~10MPa。分别将软管滚筒控制盒上多路阀三个换向阀手柄置于“放”或“收”位置。

(2)三个软管滚筒的转向应一致,调节减压阀和节流截止阀,观察软管滚筒转速的变化,并检查三个软管滚筒马达的低速性能,应无窜动及憋卡现象。

(3)检查从控制盒到滚筒,各连接阀件及管线的密封情况,应无渗漏。

4. 控制室检验

控制室检验包括:控制室升降试验、数据采集系统试验、电气设备设置与运行、监控系统设置与运行。

1)控制室升降试验

(1)试验前,发动机转速调至800r/min,调节控制室减压阀至升降压为5~10MPa。

(2)记录控制室升降压力表数值,其范围应在5~10MPa(压力不得过低)。

(3)记录控制室起升压力和下降压力,均应不大于7MPa,且上升、下降平稳,无蠕动及憋卡现象。

(4)换向手柄方向应正确,液缸活塞无损伤和严重发热,导向柱无损伤,液缸上下接头连接牢固。

(5)控制室处于升起状态,将发动机转速调至1200r/min,控制室应自动升起。

2)数据采集系统试验

(1)速度、深度、压力、流量、载荷等参数值无大幅度跳动或漂移。

(2)依据最大载荷试验数据,载荷传感器与校准值误差应在±1t范围以内。

(3)根据循环压力试验数据,循环压力传感器与校准值误差应在±2MPa之间;数据线布置合理。

(4)根据井口压力试验数据,井口压力传感器与校准值误差应在 ±2MPa 之间;数据线布置合理。

(5)在夹持块上做标记,以稳定速度 20m/min,精确记录 20 圈后乘系数,与编码器记录深度对比,核实编码器显示的速度及深度,允许差值 ±5mm;数据线布置合理。

(6)记录流量计状态,校准显示值与流量计显示值,差值 ±10L/min。

3)电气设备设置与运行

(1)空调启动后运行正常无异响,无跳闸现象,空调冷凝水对液压件及旋转件无接触,30min 后测量温度,制冷≤30℃,制热≥25℃。

(2)各插座通电正常,扩音器工作正常,话筒固定牢固。

(3)控制室内可正常控制底盘车发动机系统;打开液压油箱加热器开关,加热 30min,液压油温度能正常上升。

(4)检查供电是否为 220V,电压是否稳定在 205~235V;检查供电是否为 380V,电压是否稳定在 295~365V。

4)监控系统设置与运行

(1)注入头、滚筒等位置监控界面清晰、稳定,画面清晰。

(2)注入头监控界面,所有压力表数据可清晰读出。

(3)滚筒监控界面放大后,可清晰看到排管器、注入头等。

(4)监控画面方向与实际方向一致;监控软件操作灵活,缩放、转动正常。

5. 防喷系统检验

1)防喷器检验

(1)开关“全封”手柄,全封闸板动作应正确且密封橡胶无损伤。

(2)将一根长约 2m 的连续管放入防喷器闸板中,先将“半封”推至“关”位,后将“悬挂”手柄推至“关”位,各闸板的动作应正确;然后将手柄推至“开”的位置,闸板应退到原位。

(3)将“半封”“悬挂”手柄先后推至“关”的位置,然后将“剪切”手柄置于“关”的位置,记录剪断时防喷器工作压力,并观察连续管切开形状,应是圆形或椭圆形,不得压扁。

(4)将“剪断”手柄置于“开”的位置,剪切闸板应退到原位,拆开剪切闸阀,剪切刀刃无损伤。

(5)防喷器与系统切断压力源后,能够进行“开—关—开”三个全行程要求。

(6)将连续管放入防喷器闸板中,井口压力传感器接好,与试验法兰连接固定好,将试验法兰与防喷器底部法兰连接,将“半封”手柄推至“关”的位置,升压分别升至 35MPa 和 70MPa,保压 15min,压降不得超过 3.45MPa。

(7)拆掉连续管,将“全封”手柄推至“关”的位置,升压分别升至 35MPa 和 70MPa,保压 15min,压降不得超过 3.45MPa。

2)防喷盒检验

(1)试验前,将一根带“笔尖”的连续管放到防喷盒内,将“防喷盒”手柄分别置于“开”或“关”位置,防喷盒动作应灵活正确。

(2)将“防喷盒控制”换向阀手柄置于“密封”位置,将“防喷盒调压”减压阀压力调节至3MPa,用手转动连续管,应不能转动。

(3)将“防喷盒控制”换向阀手柄置于“密封”位置,将“防喷盒调压”减压阀压力调节至油驱18MPa和气驱35MPa,关闭“防喷盒截止”阀,分别保压30min,记录温差及压降,环境温差≤2℃,压降≤1MPa。

(4)液路密封试验后,观察连续管不得出现变形。

(5)将对应尺寸的试验管放入防喷盒中,与试验接头连接固定好,防止试验管窜动,升压至35MPa和70MPa,保压15min,井口压降不得超过3.45MPa。

(6)试验结束后,防喷盒胶筒应无损伤。

6. 液压系统检验

(1)液压系统试验应与各执行机构的试验一同进行。

(2)各系统分支压力调定为额定压力,试压5min,各管线、接头、阀件、液缸等不应有渗漏。

(3)各种液缸:包括滚筒摆动液缸、排管器升降液缸、注入头夹紧液缸、张紧液缸工作行程伸缩三次以上,液缸应伸缩平稳,无爬行、抖颤等异常现象。

7. 外观质量检验

1)标志

按图样要求固定能永久保持的产品标牌,橇装式连续管作业机标牌应符合GB/T 13306《标牌》的规定,车装式和拖装式标牌应符合GB/T 7258《机动车运行安全技术条件》和GB/T 18411《道路车辆　产品标牌》的规定。

2)包装

(1)连续管作业机采用裸装方式。出厂时,应将注入头、滚筒、导向器、防喷器等固定牢固,其他要求应符合JB/T 5947《工程机械　包装通用技术条件》的规定。

(2)随机备件和随机文件应装在防潮、防雨、防污染的包装箱内。

(3)随机文件应包括:

① 产品合格证车装式、拖装式应提供整车合格证。

② 产品使用维护和保养手册(含易损件目录及图样)。

③ 交货清单(含备件清单、随机工具清单)。

④ 装箱单。

3)运输

连续管作业机在运输过程中,不应受机械性损伤。

第四章　固井、压裂设备

第一节　固井成套设备

一、背罐车

（一）组成

背罐车主要用于倒运储灰罐的专用车辆，主要由二类汽车底盘和底座、龙门架、油缸及挂钩、缓冲器、带液路保护的液压起升和下放系统、操作系统等组成。

（二）分类及型号

背罐车分类轻型背罐车和重型背罐车。

背罐车型号标记由制造厂商名称代号与产品编号组成。其表示方法如图 4 - 1 所示。

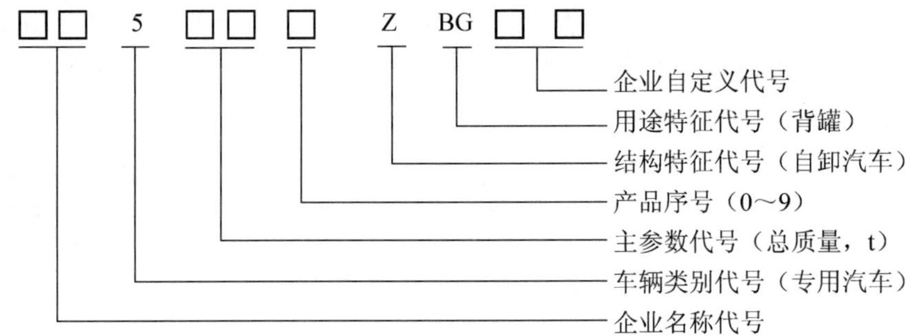

图 4 - 1　背罐车的型号

示例：型号 × ×5140ZBG 表示 × ×厂或公司制造、专用汽车、最大允许总质量 14t、第一次设计的自卸式背罐车。

（三）结构形式

1. 副车架及龙门架

副车架采用钢盒式框架结构，与汽车大梁用连接板连接，固定牢固。

龙门架为支架式；与立式灰罐接触的摩擦片材质为牛筋摩擦片；龙门架边梁采用钢板制作，内框直径 ϕ2500mm，罐体前有挡块滑槽；龙门架前端加装固定销；圆弧梁间焊加槽钢，每根槽钢上加装摩擦片。起升油缸底部安装有一套捆绑器，结构简图如图 4 - 2 所示。

2. 液压系统

液压系统主要由齿轮油泵、溢流阀、换向阀、平衡阀、油缸、压力表等主要部件组成；取力操

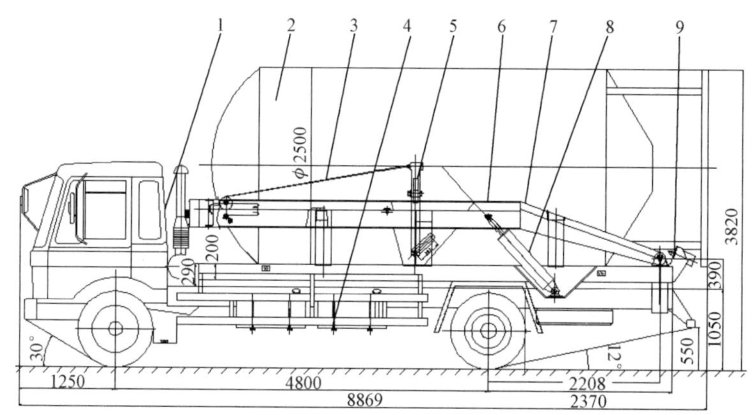

图4－2 背罐车整车简图

1—二类底盘;2—立式灰罐;3—挂钩钢丝绳;4—侧防护;5—挂钩油缸;6—龙门架;7—底架;8—变幅油缸;9—缓冲器

作系统配手油门装置,台上油路管线盖板为全密封盖板。

液压泵由汽车发动机取力器提供泵动力;液压系统的支腿油缸采用单级双作用伸缩式结构,置于盒式支腿中,安装在尾大梁下部,并单独控制,带双向单向锁。

(四)产品标准

产品标准按 SY/T 5250—2016《油田用背罐车》执行。

(五)检验项目及测量设备

背罐车的检验项目及测量设备见表4－1。

表4－1 背罐车的检验项目及测量设备

序号	检验项目	测量设备	备注
1	下灰罐直径	卷尺	
2	允许下灰罐质量	电子称重仪	
3	起升负荷	电子称重仪	
4	最大举升角及时间	角度仪、秒表	
5	提罐高度	卷尺	
6	装卸下灰罐的作业时间	秒表	
7	液压系统额定工作压力	压力表	
8	关键焊接质量	磁粉或液体	
9	泄漏试验	角度仪	

(六)试验方法

1. 背架各构件焊接质量的检查

关键焊缝的无损检测,表面无损检测一般采用磁粉或液体渗透检测方法;背架各构件几何形状及尺寸采用通用或专用量具及样板检验。

2. 液压系统

(1)管路元件及连接的检查方法:目测及操作。

(2)泄漏试验:

背罐车泄漏试验方法:测量龙门架(翻转架)边梁的起始角度。

(3)液压系统压力试验:

用额定工作压力的1.5倍(额定工作压力≤16MPa)或1.25(额定工作压力>16MPa),保压5min,液压系统不应出现渗油、破裂、局部膨胀及接头脱开现象。

(4)自卸性能试验:

背罐车在空载状态下,停放在清洁、干燥、平坦的,用沥青或混凝土铺装的直线道路上进行试验,测定龙门架(翻转架)最大倾翻角,记录载运罐直径、载运罐质量,测量吊装下灰罐的作业时间、卸载下灰罐的作业时间。

(5)自卸作业可靠性试验:

背罐车自卸作业可靠性试验方法:连续背罐次数不少于3000次。

二、供水车

(一)组成

供水车由二类底盘、储罐、泵水系统、输水胶管等组成。

(二)分类及型号

供水车分类:轻型供水车和重供水型车。

供水车型号标记由制造厂商名称代号与产品编号组成。其表示方法如图4-3所示。

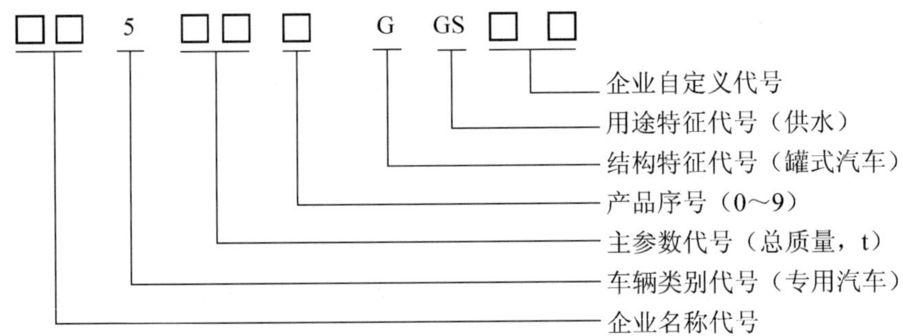

图4-3 供水车的型号

示例:型号××5090GGS表示××厂或公司制造、专用汽车、最大允许总质量9t、第一次设计罐式运水车。

(三)结构形式

储罐为椭圆截面,内设置有横向防波挡板;罐顶设置有人孔,人孔直径500mm,人孔盖上设有加注口和呼吸阀。罐体两侧设走台板和存放管线的圆筒形管线箱;罐尾有上下罐的梯子。水管两端装与管汇出口匹配的不锈钢快速接头;加水系统由取力器、传动轴、自吸式离心泵、球阀、压力表、真空表、快速接头及管线组成;罐底有排污口,便于罐体清洗和排污;取力器由驾驶室内的电控开关控制,球阀控制水的吸入和排出,整车的结构简图如图 4 - 4 所示。

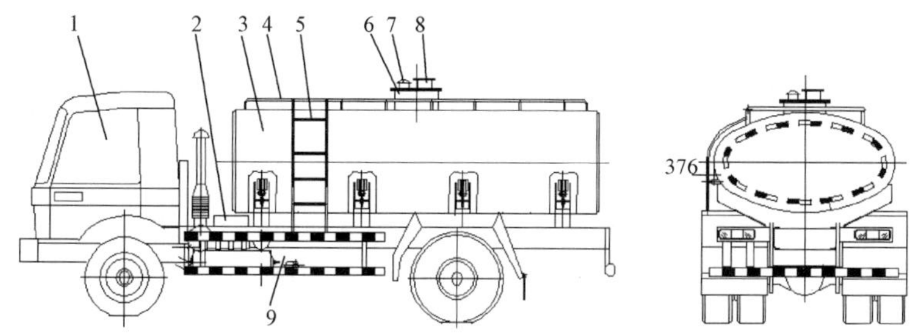

图 4 - 4 供水车整车的结构

1—二类底盘;2—管线箱;3—罐体;4—罐顶扶手;5—罐梯;6—人孔;7—不锈钢呼吸阀;8—加水口;9—右侧泵水系统

(四)产品标准

产品标准按 QC/T 653—2000《运油车、加油车技术条件》执行。

(五)检验项目及测量设备

供水车的检验项目及测量设备见表 4 - 2。

表 4 - 2 供水车的检验项目及测量设备

序号	检验项目	测量设备	备注
1	人孔直径	卷尺	
2	流量	流量计	
3	压力	压力表	
4	扬程	压差测量仪	
5	自吸高度	卷尺	
6	罐体总容量	流量计	
7	导电通路电阻值	万用表	

(六)试验方法

1. 焊接质量的检查

(1)外观检查,通过目测,焊缝应光滑、平整、均匀,不应有咬边、夹渣、焊后未熔合等焊接缺陷。

(2)关键焊缝的无损检测,表面无损检测一般采用磁粉或液体渗透检测方法,按 NB/T 47013.4—2015《承压设备无损检测 第 4 部分:磁粉检测》或 NB/T 47013.5—2015《承压设备无损检测 第 5 部分:渗透检测》的规定进行;体积无损检测一般采用超声波或 X 射线检测方法,按 NB/T 47013.2—2015《承压设备无损检测 第 2 部分:射线检测》或 NB/T 47013.3—2015《承压设备无损检测 第 3 部分:超声检测》的规定进行。

2. 液压系统

(1)管路元件及连接的检查方法:目测及操作。

(2)水罐容量的测量:

通过测量完全注满水的水罐的质量。减去无水罐的质量,并将结果除以所测量温度下水的密度,以升(L)为单位,精确到0.1L。

(3)液压系统压力试验:

① 试验压力为0.2MPa,试验介质应当为清水,保压足够长时间,泵及管汇系统、水罐各部位及接头处不应有异常变形和泄漏现象。

② 有毒、腐蚀液体的罐体,其卸料阀门应为串联式双道阀门,其中一道阀门应为紧急切断阀,并装置在罐体的底部,水压试验后,分别对紧急切断阀及远程控制系统进行切断试验1~2次,检查其动作是否灵敏可靠,开关是否到位。

(4)罐体内外任一点到导静电橡胶拖地带和车辆连接点的导电通路电阻值不大于5Ω。

(5)金属管路中任意两点间,或管路任意一点到橡胶拖地带和车辆连接点的导电通路电阻值不大于5Ω。

三、下灰车

(一)概述

下灰车是用于固井作业中,装载、运送散装水泥并能自动装卸的车装设备。罐体结构为圆柱形单仓或双仓结构,组合式软质流化床,重心低,容积大,管路部分结构紧凑,且阻力小,配无油摆式风冷空压机。具有承载能力大、下灰速度快、剩灰率低等特点,能实现粉料的集中运装,减少物料损耗和环境粉尘污染,可广泛用于石油、水利、建筑、建材等行业。

(二)标记

下灰车型号标记按GB/T 15089《机动车辆及挂车分类》和GB/T 17350《专用汽车和专用挂件术语、代号和编制方法》的规定,由制造厂商名称代号与产品编号组成。其表示方法如图4-5所示。

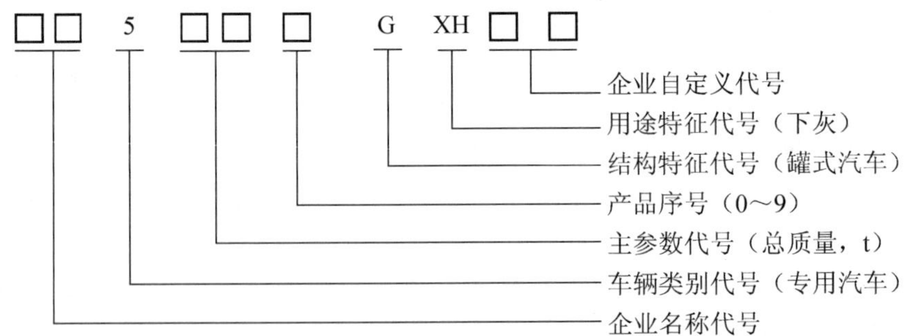

图4-5 下灰车的型号

示例:型号××5310GXH表示××厂或公司制造、专用汽车、最大允许总质量31t、第一次设计罐式下灰车。

（三）结构形式

罐体内部结构为组合式软质流化床，封头为厚度6mm的16Mn钢板热压成形，筒体为厚度6mm的16Mn钢板卷制，出灰管线4in，配5in卸料蝶阀。主要分为压缩空气配给系统和空压机动力传输系统。

1. 压缩空气配给系统

地面气源（或空压机产生）的压缩空气由该系统分配给罐内的气化装置和扫管气路。一般要求外接气源条件为压缩空气流量不低于8m³/min，压缩空气压力0.3～1.0MPa，外接气源接入装置由2in不锈钢球阀、空气减压阀及管线组成。当使用地无可用外接气源接时，可使用车载压缩空气供气系统。

2. 空压机动力传输系统

空压机的动力是由取力器取力，通过传动轴、皮带传动系统传递而获得，电控气操作，操作控制按钮设在驾驶室并设有标识，如图4－6所示。

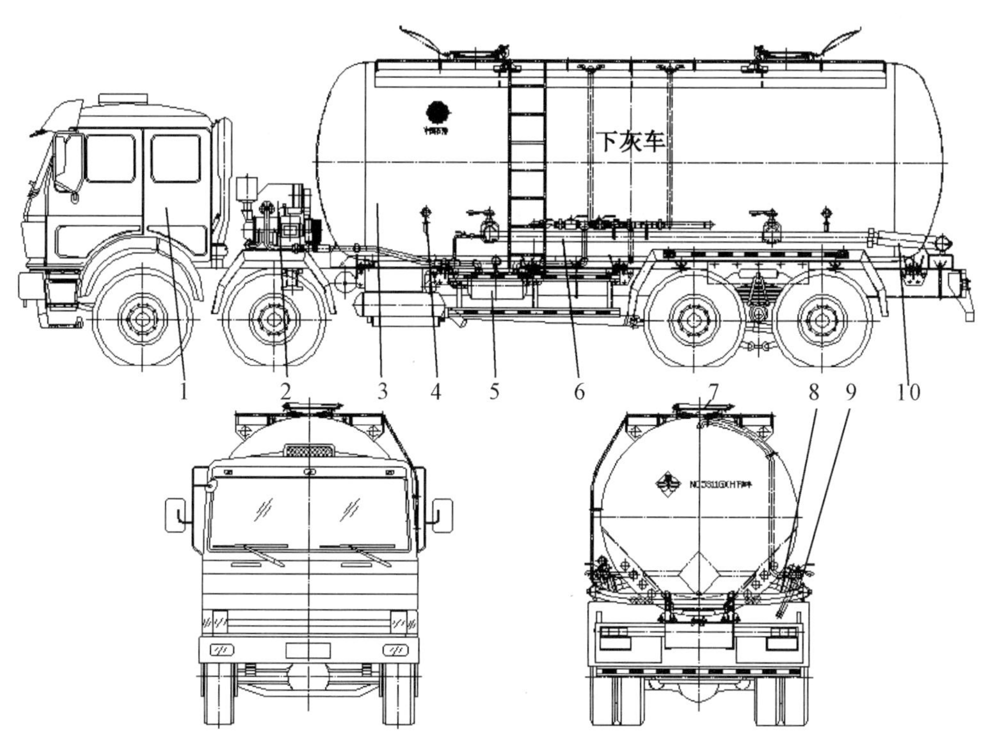

图4－6　下灰车整车外廓尺寸及结构图

1—二类底盘；2—空压机及动力传动系统；3—罐体总成；4—压力表；5—储气瓶；6—下灰管路系统；7—人孔总成；8—排空管；9—上灰管路系统；10—上下灰软管

（四）产品标准

产品标准按SY/T 5557—2009《固井成套设备规范》执行。

(五)检验项目及测量设备

下灰车的检验项目及测量设备见表 4-3。

表 4-3　下灰车的检验项目及测量设备

序号	检验项目	测量设备	备注
1	罐体直径及形式	卷尺、目视	
2	罐体焊接及壁厚测定	X 射线探伤机、焊缝检查尺 5~10 倍放大镜及其他量器具	
3	安全阀	目视	
4	最大工作压力	压力表	
5	最大卸料速度	地磅、秒表	$v=\frac{G_1-\Delta G}{t}$
6	剩灰率	地磅、秒表	$I=\frac{\Delta G}{G}\times 100\%$
7	总质量	地磅	
8	检验人员	GS 2 人、RS 2 人、MT Ⅱ级 2 人、RT Ⅱ级 2 人	

(六)检验方法

1. 宏观检查

用肉眼并借助 5~10 倍放大镜及其他量器具。

1)外部检查

(1)罐体的本体、接口部位、焊接接头等部位内外表面有无裂纹、未熔合、表面气孔、弧坑、未填满和肉眼可见的夹渣等缺陷,焊缝与母材应圆滑过渡、焊缝表面的咬边深度和长度符合标准要求。

(2)内外表面有无腐蚀、变形。

(3)罐体外表面有无组对时留下的疤痕、创伤、弧坑、机械损伤等宏观缺陷。

2)结构检查

重点检查筒体与封头的连接是否圆滑、开孔及补强是否合理、是否存在十字焊缝、焊缝布置是否合理等。

3)几何尺寸的检查

(1)壳体焊缝有无对口错边、棱角度、咬边等超标情况。

(2)焊缝余高及角焊缝的焊脚高度是否合格。

(3)同断面的最大、最小直径。

(4)封头表面的凹凸量、直边高度和皱折情况。

2. 壁厚测定

对组成罐体的钢板进行复核性测厚,特别是制造过程中的变形和减薄部位,是否在允许范围内。

3. 无损探伤

1)磁粉探伤(MT)

探伤部位:主要探伤丁字焊缝、封头环焊缝以及应力集中的部位。

合格级别:Ⅰ级。

2)射线探伤(RT)

探伤比例:每个罐体探伤数量不少于两张底片(底片长度不少于300mm)。

探伤部位:主要探伤部位为丁字焊缝和罐体的纵焊缝以及应力集中的部位。

合格级别:Ⅲ级。

4. 安全附件检查

(1)安全阀检查:主要检查安全阀的选型、整定压力是否正确,是否在校验有效期内。

(2)压力表的检查,主要检查压力表的选型,量程,精度,表盘直径,安装,铅封和校验日期是否符合规范要求。

5. 出具检查结果

检查检验完毕后应根据检验情况出具下灰车罐体检查检验意见书。

四、供液(泵)车

(一)概述

供液车是用于向井场运送液体的专用车。车上装有储罐、立式柱塞泵或离心泵。压裂酸化作业时对压裂车机组进行供给酸液的专用车辆。主要由二类汽车底盘、车台柴油发动机、离合器、不锈钢耐腐蚀离心泵,耐酸涡轮流量计及综合数据显示仪,进、排液管汇及操作控制台等组成。作业时底盘柴油机不工作,车台发动机动力输出通过弹性联轴器驱动酸泵工作;该车的操作控制与仪表指示都集中在控制台上。计量显示系统具备对车台上供液泵的流量、压力等施工参数进行现场实时数据采集、处理和显示等功能,具有向施工人员提供各种信息和操作提示等功能。

(二)标记

供液车型号标记按GB/T 15089《机动车辆及挂车分类》和GB/T 17350《专用汽车和专用挂件术语、代号和编制方法》的规定,由制造厂商名称代号与产品编号组成。其表示方法如图4-7所示。

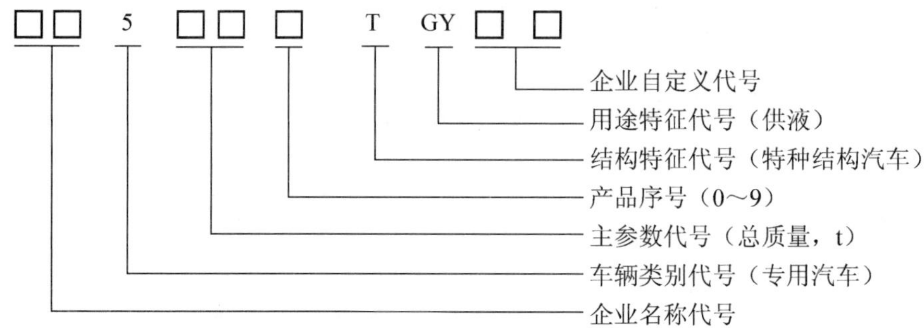

图4－7　供液车的型号

示例:型号××5100TGY表示××厂或公司制造、专用汽车、最大允许总质量10t、第一次设计的特种供液车。

(三)结构形式

1. 车台发动机、离合器及操纵机构

台上发动机采用全程调速器,配置24V进气加热器,作为冷启动辅助装置,并配套消音器、空滤器,发动机支座以及该发动机机型配套离合器,离合器操纵机构采用液力远距离操纵,并利用底车储气瓶气压伺服助力。

2. 供酸泵

供酸泵应符合GB/T 3215—2007《石油、重化学和天然气工业用离心泵》的要求,其采用单级单吸不锈钢耐腐蚀离心泵,并调整泵支架位置与宽度使之能尽量降低安装位置,出口为水平方向。

3. 泵传动系统

离合器动力输出端与供酸泵动力输入端采用法兰盘结构,两者间直接采用带伸缩花键的万向节传动轴连接,泵动力输入端不加带减振装置的过渡联轴器及中间支承,以缩短泵与发动机之间的安装距离。

4. 计量系统

计量系统由耐酸涡轮流量传感器、耐酸泵进、出口压力传感器、压力变送器、数显压力表及配套电缆组成。流量信号远程数据接口布置涡轮流量传感器上,并由仪表车采集显示,压力表布置于操作台上。

5. 管汇系统

由吸入管汇系统和排液管汇系统组成,吸、排液管汇及阀件额定工作压力1～1.5MPa,全部管汇系统内表面衬3～4mm耐酸橡胶,以满足工作介质为盐酸的防腐性能要求,管汇连接方式为卡箍连接。

6. 操作控制及仪表指示系统

该车的操作控制与仪表指示都集中在控制台上,并作防震设计,设护栏,上下护梯。

7. 结构简图

供液(泵)车整车结构简图如图4－8所示。

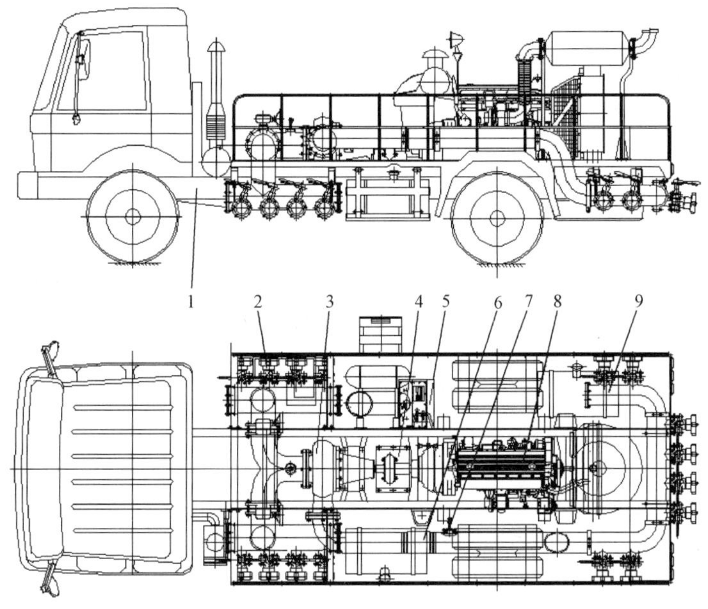

图4－8　供液(泵)车整车结构

1—汽车二类底盘;2—进液管汇;3—供液泵;4—联轴器及护罩;5—控制台;
6—涡轮流量传感器;7—泵排液端压力传感器;8—台上发动机;9—排液管汇

(四)产品标准

产品标准按GB/T 3215—2007《石油、重化学和天然气工业用离心泵》和SY/T 5211—2009《压裂成套设备》执行。

(五)检验项目及测量设备

供液(泵)车的检验项目及测量设备见表4－4。

表4－4　供液(泵)车的检验项目及测量设备

序号	检验项目	测量设备	备注
1	额定工作转速	转速测量仪	
2	叶轮直径	游标卡尺	
3	额定排量下扬程	流量计、压力表、尺子(转换计算)	
4	最大工作压力	压力表	

(六)检验方法

1. 静压试验

试验压力为额定工作压力的1.5倍取值(1.0MPa),稳压15min,要求无泄漏。

2. 负载试验

在最高压力或最大排量的条件下，试验 30min。记录发动机转速、泵的排量及扬程。

五、运砂车(压裂砂罐车)

装运并向混砂车供支撑剂的车装设备。由车装砂罐和输砂器等组成。

(一)概述

运砂车是按照油田用户压裂施工加砂的需求设计的新型车辆，是往返于施工现场与砂库间，与混砂车相配套的必不可少的压裂专用设备，它可以快捷方便地将各种压裂砂运至作业现场，满足压裂施工的需要。运砂车是以汽车发动机为动力，主要控制方式为气—液—电联动式，由底盘、副梁、厢体、液压系统及主砂罐组成，是油田专用最佳运输车辆，主要用于配合油田压裂作业时输送压裂支撑剂。罐体为矩形密封结构，后卸式，选装直臂式液压装置，选装不带液压支撑机构，尾部可选装一个出砂口。

(二)标记

运砂车型号标记按 GB/T 15089《机动车辆及挂车分类》和 GB/T 17350《专用汽车和专用挂件术语、代号和编制方法》的规定，由制造厂商名称代号与产品编号组成。其表示方法如图 4－9 所示。

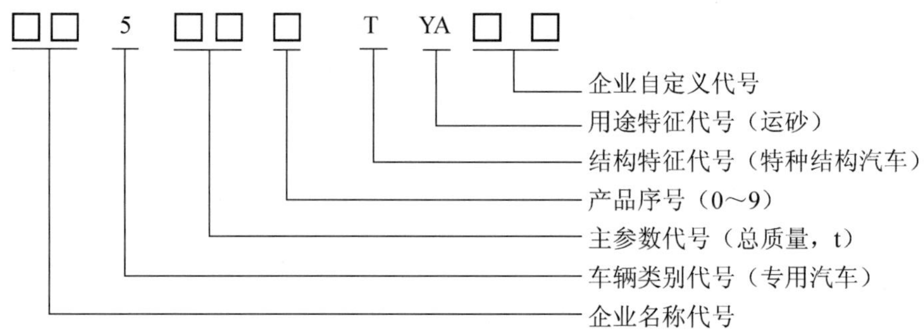

图 4－9　运砂车(压裂砂罐车)的型号

示例：型号××5250TYA 表示××厂或公司制造、专用汽车、最大允许总质量 25t、第一次设计运砂车。

(三)结构形式

(1)厢体采用优质碳钢板，矩形密封后卸式，自卸部分配中置顶或前置顶，尾部加装卸料口，厢体顶部设计有圆形进料口、防滑踏板、护栏，箱体顶部也可根据用户要求设计成液压顶盖。

(2)副梁，采用槽钢焊接而成，安装了箱体锁紧装置，箱体下落完成后锁紧箱体，在行驶过程中箱体无晃动及倾斜。副梁通过高强度的螺栓与底盘连接。

(3)主砂罐，顶部有 2 个直径为 800mm 的加砂口，尾部有 1 个直径为 400mm 的卸砂口，卸砂口的开关通过 3 头 T 型扣的螺杆来控制。左右、前后都安装了梯子，便于爬上去观察。

(4)液压系统，操作集中在驾驶室后的小操作平台上。

(5)左右护栏、工具箱、液压备胎架，左右护栏按改装车辆标准设计，工具箱安装的护栏里面节省空间，又不影响操作。

(四)产品标准

产品标准按 SY/T 5211—2009《压裂成套设备》执行。

(五)作业性能要求

(1)装载机构满载工作循环时间应小于或等于 40s，空载工作循环时间应小于或等于 30s。

(2)装载机构应能在任何工作位置上停留。在满载提升过程的中间位置上停留 5min，其提升油缸活塞杆的沉降(伸出)量应小于或等于 10mm。

(3)卸料机构满载工作循环的时间应小于或等于 60s，空载工作循环时间应小于或等于 50s。

(4)倾翻卸料运砂车在满载工况下，在倾翻角为 20°～25°位置停留 5min，其举升液压油缸活塞杆的沉降(伸出)量应小于或等于 10mm。

(5)液压系统应设置安全阀，其调整压力应为系统最高工作压力的 110%。

(6)液压系统应保证散热的要求，装满一厢垃圾时油箱内油温应不超过 70℃。

(六)试验方法

(1)车厢有效容积采用钢卷尺进行检查。

(2)将厢体停留于提升过程的中间位置上，用秒表计时，停留 5min 后用钢直尺测量各液压油缸活塞杆的沉降(伸出)量。用操作、水平角度仪等方法进行检查。

(3)摆臂机构吊装和吊卸按 QC/T 439—2013《摆臂式自装卸汽车》中相关规定进行。

(4)操作卸料机构，并用秒表测量完成一个卸料作业工作循环。

(5)运砂车专用装置作业可靠性试验按 QC/T 52—2000《垃圾车》中 5.22 的有关规定进行。

六、气举设备(油气田用压缩机车)

用于气举采油的一整套装置。由气体压缩机、配气管汇、注气管柱、气举阀和分离器等组成。

(一)概述

油气井经过规模开采，进入中后期阶段时，压力和气量呈大幅度衰减态，而且有水气藏占了很大比例。由于井压下降，气已无力托水，不能自喷，要提高低压气井的产量，使死井复喷，需压缩机进行增压气举，特别是对点多、面广、零星的中、后期气藏，更需要灵活的车载压缩机组在各单井站气举作业。

(二)标记

压缩机车标记按 GB/T 15089《机动车辆及挂车分类》和 GB/T 17350《专用汽车和专用挂

件术语、代号和编制方法》的规定，由制造厂商名称代号与产品编号组成。其表示方法如图4－10所示。

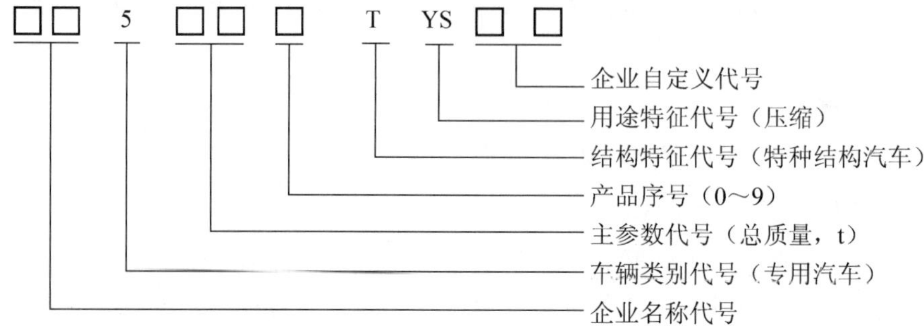

图4－10　压缩机车的型号

示例：型号××5310TYS表示××厂或公司制造、专用汽车、最大允许总质量31t、第一次设计的压缩机车。

（三）结构型式

油气田用压缩机车由定型的汽车底盘承载的台上发动机、压缩机、联轴器、控制和应用仪表、配管和附属装置、冷却器、缓冲罐及底座支撑等主要部件组成的、对油田井眼气举排液作业的特种设备。压缩机组由车台发动机驱动，作业时底盘柴油机不工作，车台柴油机一方面通过弹性联轴器将动力传给压缩机而带动压缩机工作。另一方面通过风扇对冷却系统进行冷却，该车的车台柴油机、压缩机控制均集中于控制台上，控制系统自动化程序高，操作方便可靠。其结构图如图4－11所示。

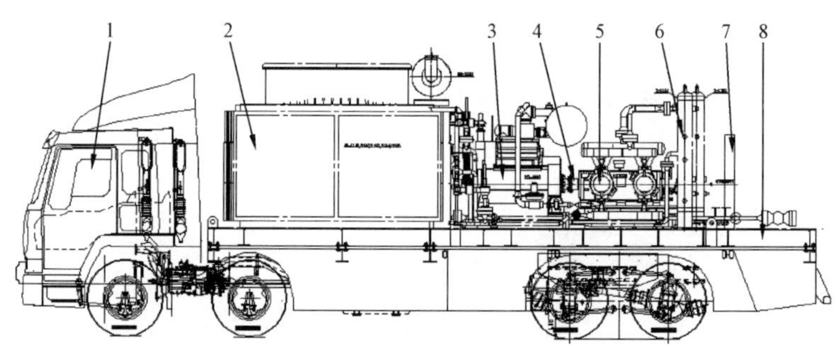

图4－11　压缩机车整车结构

1—汽车二类底盘；2—空冷器；3—发动机；4—联轴器及护罩；5—压缩机；6—缓冲罐；7—控制台；8—底座

（四）产品标准

油气田用压缩机车的产品标准如下：

GB/T 4980—2003《容积式压缩机噪声的测定》；

GB/T 7777—2003《容积式压缩机振动测量与评价》；

API 618—2007《石油化工和天然气工业用往复式压缩机》；

SY/T 6650—2012《石油、化学和天然气工业用往复式压缩机》。

(五)检验项目及测量设备

压缩机车的检验项目及测量设备见表4－5。

表4－5 压缩机车的检验项目及测量设备

序号	检验项目	测量设备	备注
1	进气压力	压力表	
2	排气压力	压力表	
3	排气温度	温度计	
4	排气量(标准工况下)	流量计	

(六)试验方法

1. 静水压强度

压缩机在额定压力1.5倍条件下,稳压15min,无可见变形和无可见渗漏。

2. 水密封

压缩机在额定压力条件下,稳压15min,无可见渗漏。

3. 无损检测

应对压缩机组的承压部件、锻件、铸件及其焊接进行无损检测,并符合相应的质量要求。

4. 空负荷试验

试验介质为空气,产品在额定转速下进行,运转时间不少于15min,试验过程检查以下项目:

(1)检查传动部件、压缩机、液气路元件有无异常现象。

(2)检查各设备油温、水温是否正常。

(3)观察是否有漏油、漏水、漏气和渗漏现象。

(4)观察各仪表及指示灯的工作是否正常。

(5)观察台上驱动机压缩机的保护和启停装置工作是否正常。如果出现不正常情况应停止试验,排除异常情况后重新开始计时试验。

5. 负荷试验

试验介质为空气,测试产品压缩机组连续运转的性能,试验过程包括以下项目:

(1)压缩机工况主要技术指标的试验:包括压缩机的功率、转速、吸气压力、排气压力、吸气温度、排气温度、排气量和各系统的密封性。

(2)压缩机噪声声功率级测定方法:车台发动机处于额定工况下,在距发动机左、右各1m时,距地面高1.5～1.7m处测试噪声,其级别不得大于90dB(A)。

6. 额定压力试验

将产品按设计档次由低到高逐渐升压至额定压力,各挡运转时间为15min,记录各压力档次下的排量。

第二节　压裂成套设备

一、概述

压裂过程是人们利用地面高压泵组，将高黏度液体即压裂液以大大超过地层吸收能力的排量注入井中，在井底附近憋起高压，当此压力超过井壁附近地层应力及岩石的抗张强度后，将地层压出裂缝，并把支撑剂注入裂缝中，在地层中形成足够长度、宽度和高度的填砂裂缝，这些裂缝具有很高的渗透能力，大大地改善了油气层的渗透性，起到增产增注作用（图 4－12）。压裂过程所使用到的主要设备的统称为压裂成套设备。压裂成套包括压裂车（橇）、混砂车（橇）、管汇车（橇）、仪表车（橇）、运砂车、供液车、液氮泵车等，除此之外还有混配车、平衡车、背罐车、运酸车、输砂车等其他辅助设备。压裂施工时液体的流动过程如图 4－13 所示。

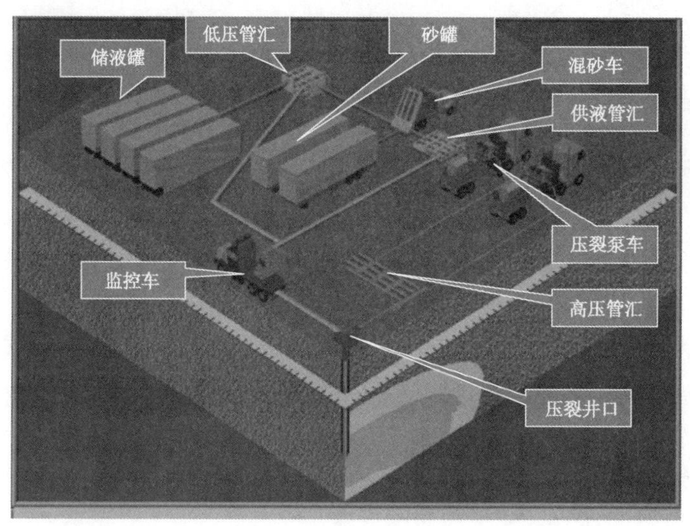

图 4－12　压裂施工作业示意图

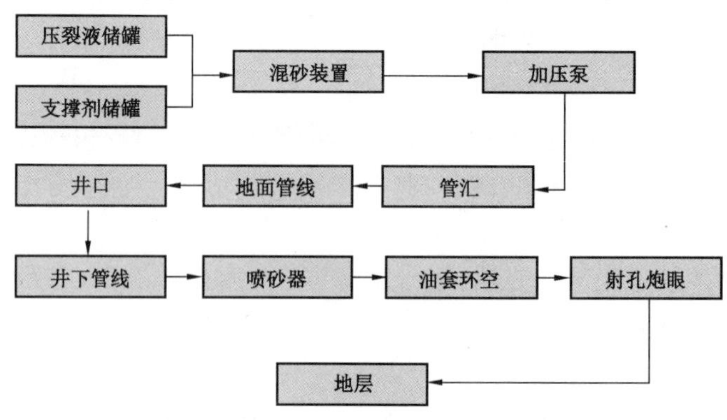

图 4－13　压裂施工时液体的流动过程

(一)成套设备基本要求

(1)成套设备之间的连接管线接头主要配合尺寸必须匹配。

(2)成套设备之间的控制方式及接口应一致。

(3)设备选用高压管汇元件时应遵循其压力等级大于或等于设备额定工作压力的原则。

(二)整机基本要求

(1)整机整体应布置合理、结构紧凑、使用安全可靠,便于保养、维修和更换易损件。

(2)特殊紧固件连接应按设计要求达到规定的拧紧力矩。

(3)各种软、硬管线应固定整齐,不得有任何松动现象。

(4)转动部位应安装护罩及警示牌。

(5)高压区应设警示牌。

(6)各部分的控制元件和操纵机构应工作可靠、操纵灵活、调整方便、标志明显。

(7)各仪表反应灵敏、准确。

(8)整机的外形尺寸应符合我国公路及铁路运输条件,并且起吊方便。

(9)底盘发动机排气管、车台发动机排气管应符合井场的防火要求。

(10)整机应配置灭火装置、夜间照明装置。

(11)整机使用中产生的废液排放应避免污染环境。

(12)网络控制系统基本要求:

① 网络控制系统的硬件应能在 0 ~ 60℃,相对湿度为 85% ~ 95% 的工作环境下正常显示。

② 网络控制系统必须基于模块和网络组合的模块化结构硬件平台,具备通信完成数据交换的先进信息传递模式。

③ 网络控制系统中各设备之间数据共享。

④ 网络控制系统应确保设备满足验证和安全策略的要求。

⑤ 网络控制系统通过冗余模块实现冗余。

(三)压裂成套设备中的主要设备

1. 压裂车

压裂车是压裂的主要设备,它的作用是向井内注入高压、大排量的压裂液,将地层压开,把支撑剂挤入裂缝。压裂车主要由运载、动力、传动、泵体四大件组成。压裂泵是压裂车的工作主机。现场施工对压裂车的技术性能要求很高,压裂车必须具有压力高、排量大、耐腐蚀、抗磨损性强等特点。

2. 混砂车

混砂车的作用是按一定的比例和程序混砂,并把混砂液供给压裂车。它的结构主要由传动、供液和输砂系统三部分组成。

3. 仪表车

仪表车的作用是在压裂施工时远距离遥控压裂车和混砂车,采集和显示施工参数,进行实时数据采集、施工监测及裂缝模拟,并对施工的全过程进行分析。

4. 管汇车

管汇车的作用是运输管汇,如高压三通、四通、单流阀、控制阀等。

二、压裂车

(一)概述

压裂车为适应不同地域、不同使用条件的要求演变为拖车结构,作业时可以通过一台拖车头将泵组拖到压裂施工井场。橇装式压裂泵组是一种固定式结构,一般应用在海洋平台和丛式井压裂作业中。施工安全性是压裂车最重要的特性之一,在本车上必须具有两套以上的安全装置,同时与机组的安全系统进行连接以确保万无一失。现场施工对压裂车的技术性能要求很高,压裂车必须具有压力高、排量大、耐腐蚀、抗磨损性强、越野性能好等特点。

多功能化是压裂车的另一个发展方向。酸化压裂由于具有酸浓度大、腐蚀性强、施工排量大的特点,所以对压裂车的泵头和连接管汇提出了更高的要求。同时适应防砂、N_2 泡沫和 CO_2 等压裂作业,也对压裂车提出了新的要求。国外有一种多功能压裂车,车上增加了两个多功能罐,在作业前可以完成多种添加剂的配液,以适应压裂工艺的要求。

(二)标记

车装设备型号编制规则应符合 GB/T 17350《专用汽车和专用挂件术语、代号和编制方法》的规定。其型号表示方法如图 4-14 所示。

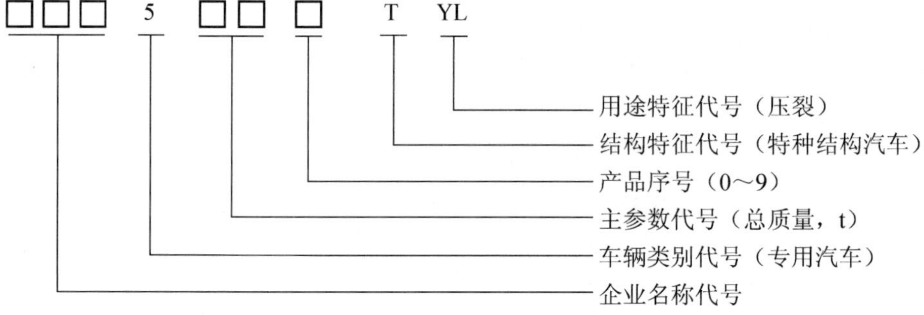

图 4-14 压裂车的型号

示例:某油气田专用车制造厂设计生产的第二代总质量为 34t 压裂车,其型号编制为×××5341TYL。

(三)型式

压裂车的型式可以依据下列几种方式进行划分:

(1)按传动方式分:① 液力机械传动;② 机械传动。

(2)按控制方式分:① 本地操纵;② 远控操纵。

(3)按柱塞泵型式分:① 三缸压裂车;② 五缸压裂车。

(四)基本参数

(1)额定输出功率应为:225kW,300kW,400kW,550kW,700kW,850kW,1000kW,1500kW,1700kW,1860kW,2000kW,2350kW 等。

(2)额定压力等级:50MPa,70MPa,105MPa,125MPa,140MPa。

(3)额定流量:$4m^3/min$,$6m^3/min$,$8m^3/min$,$10m^3/min$,$12m^3/min$,$16m^3/min$,$18m^3/min$,$20m^3/min$。

(五)整机要求

(1)压裂车整车应符合压裂成套设备中对整机的规定。

(2)高压管汇、低压管汇、液气路管线不允许有渗漏现象。

(3)高压管汇、低压管汇分别喷涂不同颜色的油漆以示区别。

(4)各润滑点供油正常、密封可靠。

(5)酸化压裂施工或海上压裂施工的产品,应根据用户使用要求对主要零部件进行防腐处理。

(6)整车的噪声级别要符合 SY/T 5211—2009《压裂成套设备》中噪声的要求。

(7)设备应配备至少两套超压保护装置,超压保护装置应在设定压力下开启。

(8)压力表应具有防水、防震性能,其精度等级不低于 1.5 级,并按相关规定规程进行周期检定。

(9)操作控制系统有如下规定:

① 压裂车仪表主要显示项目:

a)柱塞泵的排出压力、柱塞的排出流量。

b)安全阀的预置压力。

c)传动箱的挡位。

d)发动机转速、油温、机油压力。

② 仪表显示系统要求:

a)仪表应能在 -20 ~50℃,相对湿度为 85% ~95% 的工作环境下正常显示。

b)供电电源容量满足整车电路系统的要求。

c)线路连接正确,各种元器件及信号线具有抗干扰性能。

d)仪表显示清晰、稳定,防震及防水。

③ 传感器测量范围:

a)温度: -40 ~120℃,误差小于或等于 0.5% 。

b)压力:0 ~120MPa,误差小于或等于 0.5% 。

④ 紧急停机开关应安装护罩。

(六)结构及工作原理

压裂车主要部件包括载运车、压裂泵、启动系统、动力系统、散热系统、吸入管汇、排出管汇、安全系统、操作控制系统、润滑系统。压裂车的具体结构和工作原理以宝石机械生产的 2300 型压裂车为例。整个组成部分如图 4 -15 所示。

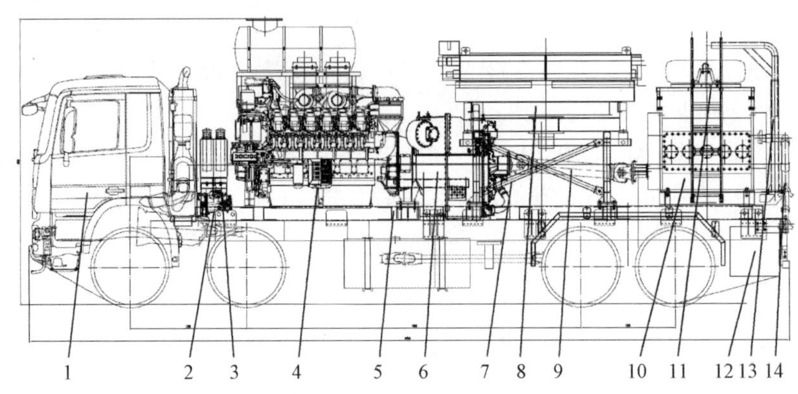

图 4-15　2300 型压裂车结构图

1—底盘车;2—取力器;3—液压系统;4—车台发动机;5—控制箱;6—传动箱;7—副车架;8—冷却水箱;9—传动轴;10—压裂泵;11—备胎总成;12,13—高压管汇;14—吸入管汇

2300 型压裂车采用车载结构。底盘车经过加装特殊设计的副梁用于承载上装部件和道路行驶,采用的重型车桥和加重钢板可以保证压裂车适应油田特殊道路行驶。底盘传动箱和发动机取力器驱动液压系统,启动车台发动机并为车台发动机冷却水箱提供动力。

冷却水箱风扇由液压马达驱动,风扇转速可随发动机水温高低自动实现低速和高速运转,同时还可以采用手动控制方式实现风扇定速控制。车台发动机为压裂泵提供动力。与发动机配套使用的传动箱的功能是为了适应不同工作压力和输出排量变换工作挡位(改变输出轴的速度),以满足施工作业的要求。传动箱润滑油的冷却采用热交换器的方式,通过发动机的水与传动箱的润滑油进行热交换方式实现冷却。传动轴主要用于连接动力装置,用于连接传动箱和压裂泵两部分。

为保证压裂车在施工过程中的安全,该车设置有两套安全系统。第一,采用压力传感器,将施工中的压力变化转化为电流的变化。施工前首先设定工作安全压力,当工作压力达到设定压力值时,超压保护装置给发动机输出信号,在控制器得到信号后会立即使发动机回到怠速状况,并立即使传动箱置于空挡状态,防止压裂泵继续工作;第二,采用机械式安全阀。产品在出厂时根据设备的承压最高值进行调定。其功能是在施工作业或者试压过程中,压力达到调定之后,安全阀会自动开启泄压,当泄压完成后,安全阀会自动关闭。该安全阀的设定是为了保护压裂泵和整个高压管汇系统的安全。

固定在整车尾部的吸入管汇采用两路直通结构,施工过程中可以根据现场施工车辆的布置情况灵活接入一根或者二根上水管线。直通斜向结构既有利于液体的吸入,又便于施工完成后的管线清理。排出管汇采用 105MPa 的高压直管和活动弯头,施工作业时可以将直管移动到地面并与地面管汇或其他设备进行连接。

压裂车的控制系统采用网络控制方式,通过车台上网络控制箱进行集中或远程控制。网络控制箱通过设置在压裂车上的各路传感器采集显示和控制信号,经过数字化处理后可以在压裂机组的每一台设备上进行远程显示和控制,通过随机配置的采集软件采集和分析施工作业状态,并可以通过设备分组和分阶段流程控制,实现整套压裂机组的自动排量控制和自动压力控制。

压裂车泵的润滑系统包括动力端和液力端润滑系统。动力端采用连续式压力润滑，通过传动箱取力器驱动的润滑泵提供润滑油。液力端柱塞、密封填料采用气动润滑泵连续压力润滑，设备挂挡后可以自动启动密封填料润滑，当传动箱置于刹车挡位时系统将自动关闭液力端润滑系统。

（七）技术要求

（1）整车设计、制造符合 SY/T 5211—2009《压裂成套设备》标准规定。

（2）整车设计总质量满足 GB 1589—2004 规定要求。

（3）整车满足现场酸化加砂压裂要求，能与压裂流程顺利连接，满足压裂对压力、排量的需求。

（4）安装后满载时其整车重心位置、轴荷分配应符合原底盘车的要求。

（5）底盘车、发动机及附件、传动箱，液、气路元件及电器元件等主要外购件其主要性能参数及质量状况应满足整机使用性能的要求。

（6）压裂泵技术要求：

① 压裂泵的型式和基本参数应符合设计或客户对柱塞泵型式和基本参数的要求和规定。

② 介质为清水，灌注压力不大于 0.3MPa 时，泵的容积效率应符合表 4－6 的规定。

表 4－6　压裂泵参数

泵的主要参数	压力级别	
	$p \leq 50$MPa	$p > 50$MPa
容积效率 η_v	0.95	0.92
总效率 η	0.85	0.85

③ 泵的主要零部件材料应符合图样规定，其化学成分及机械性能应符合我国国家材料标准及其他行业标准的规定。

④ 泵头体内表面各相关部位必须圆滑过渡，不允许有任何尖角锐棱，泵头体不允许有影响强度的任何缺陷，发现缺陷后不允许补焊。

⑤ 泵头体阀座孔与吸入阀、排出阀阀座相配合的锥度表面不允许有沟槽及伤痕，其锥度部门的接触面积呈连续的环带状。环带的宽度均匀，接触面积不小于 70%。

⑥ 泵头体和曲轴须进行无损探伤。泵头体应进行静水压试验，其试验压力按最大工作压力的 1.5 倍取值，稳压时间为 15min，不允许有任何渗漏现象。

⑦ 液力端吸入阀、排出阀的重量偏差应分别小于图样规定值的 ±5%。

⑧ 吸入阀、排出阀弹簧的刚度偏差分别符合图样规定；动力端组装好后应进行跑合。

（7）管汇技术要求：

① 高压管汇材料的机械性能及尺寸规格应符合有关标准及设计要求，不允许有任何影响强度的缺陷存在。

② 高压管汇必须进行静水压试验，试压压力为工作压力的 1.5 倍取值，稳压时间为 15min。低压管汇必须进行水密封性试验，均不允许有任何渗漏现象。

（8）传动箱技术要求：

① 传动箱的性能参数应满足整机的设计要求，挡数应不低于3个。

② 传动箱组装后需进行空载跑合，在最大设计转速下，各挡分别运转0.5h，要求传动平稳，无冲击，无异常振动和响声，各密封处、结合处不得有渗漏现象。

③ 负载跑合，在设计最大负荷和转速下，各挡位分别运转0.5h。连续运转后，传动箱内油温温升不得超过55℃，最高油温不得超过95℃。

（八）压裂泵维护与检查

操作者或维修人员在使用泵之前，应熟悉维护保养要求。每次使用后，要对液力端进行彻底的检修，更换损坏的易损件。液力端在酸性、腐蚀性液体中暴露的时间越长，其工作寿命也就会越短，所以对液力端要进行彻底冲洗，以免造成过度损害。碳酸钠、碳酸钠溶液或其他类似的碱性溶液都可用来冲洗缸体，以中和酸性液体的影响。

1. 新泵最初100h工作期间

（1）每工作25h（如有必要可缩短更换时间）更换动力端的润滑油滤清器，防止滤清器旁流。

（2）最初工作50h和100h后，彻底清洗动力端润滑油吸入滤网。

（3）最初工作100h后，更换动力端润滑油并清洗润滑油箱。

2. 每日维护

（1）检查动力端润滑油箱中的油位。

（2）检查柱塞润滑油箱中的油位。

（3）检查柱塞泵是否漏油或漏液。

（4）检查动力端润滑油系统是否泄漏。

（5）检查柱塞润滑系统是否泄漏。

（6）检查增压管路是否泄漏。

3. 每周维护

（1）检查“日检”清单上的所有项目。

（2）检查所有阀、阀密封圈、阀座和弹簧。

（3）检查所有排出和吸入盖密封件。

（4）检查吸入压力缓冲器是否正确地充气。

4. 每月（或每工作100h）维护

（1）检查“日检”和“周检”清单上的所有项目。

（2）检查液力端所有安装螺栓，确保无松动。

（3）检查柱塞泵所有安装螺栓，确保无松动。

（4）更换动力端润滑滤清器。

（5）检查所有备件（如O形圈、油封、阀、阀密封圈、阀座、阀弹簧、密封填料、滤芯等）。

5. 每季度（或每工作250h）维护

（1）检查“日检”、“周检”和“月检”清单上的所有项目。

（2）更换动力端的润滑油，重新加入正确等级的齿轮油，以便适合预期的环境条件。

(3)彻底清洗动力端润滑油吸入滤网。

(4)拆下并检查柱塞和密封填料总成的零部件，更换所有密封填料。

(5)清洗柱塞泵通油孔和动力端润滑油箱通气孔。

6. 每年(或根据需要)维护

(1)更换磨损的柱塞和密封填料铜套。

(2)更换磨损或腐蚀的排出盖、吸入盖、密封填料螺母、排出法兰、泵工具等。

(3)更换所有排出法兰密封和吸入管汇密封。

(4)更换所有损坏的仪表和仪器。

(5)检查(如有必要改造)动力端润滑油泵。

(九)检修程序

1. 液力端检修步骤

液力端示意图如图4－16所示。

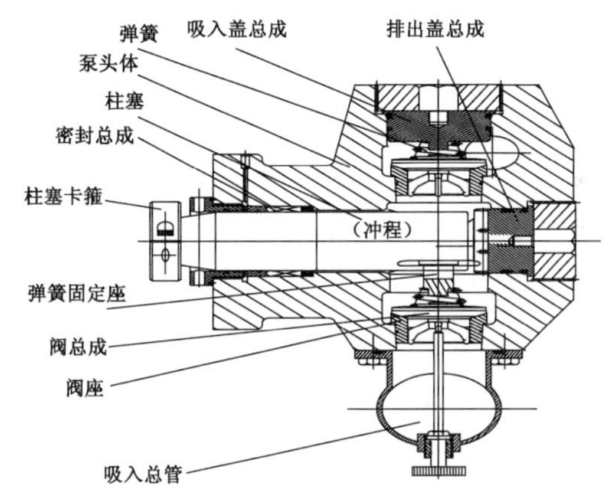

图4－16　液力端示意图

1)从动力端上卸下液力端

(1)拆卸吸入、排出管线及其他附件，如冲次计数器或压力表。

(2)从小连杆上卸下柱塞，并将其推入液力端一段距离，使它不会掉出来。

(3)用吊车吊起液力端，绳子拉紧到合适程度，不能将绳子拉得太紧，这样会损坏拉杆。

(4)用扳手，从液力端上卸下12个拉杆螺母。

(5)在吊起或放下之前，将液力端从动力端直接拉出，并保证其与拉杆完全分离。

(6)重新安装液力端时，检查全部拉杆螺母是否拧紧到3525N·m。可能的话，将动力端向上抬起离开枕木就可以较方便地拧紧螺母。

2)卸下柱塞和密封填料

(1)用六角扳手卸下吸入盖止动螺母，用带螺纹的锤击式拉出器卸下吸入盖。

(2)卸下连接小连杆接箍的2个螺钉。

(3)松开密封填料螺母，经过液力端前端小心的卸下柱塞，防止损坏柱塞的夹持端部。

(4)卸下密封填料螺母、密封填料和铜套。注意不要损坏密封填料、铜套或泵头内孔。

(5)重新装配泵之前，检查柱塞和铜套有无过度磨损或刻痕及毛刺。同时，清洗液力端的密封填料孔并加黄油。

(6)将密封填料及铜套装入液力端，密封填料唇扣朝向液力端的前部。

(7)装上密封填料螺母并略微上紧，以便调整密封填料。然后松开螺母，以便安装柱塞。通过吸入盖孔，将柱塞滑入密封填料中。必要时，用木柄或软一点的东西将柱塞撞入密封填料中，上紧密封填料螺母。

(8)确保小连杆和柱塞的结合面是干净的，装上接箍，上紧密封填料螺母。

(9)必要时，更换吸入盖和O形密封圈。装上吸入盖螺母，上紧后不要过分用锤敲击止动螺母,以免造成螺纹损坏。

3)卸下阀及阀座

(1)用六角扳手卸下排出盖止动螺母,用带螺纹的锤击式拉出器卸下排出盖。取出阀弹簧和阀。

(2)用阀座拉出器卸下阀座。不允许采用加热、冷却或焊接的方法。

(3)如果要拆卸的是吸入阀座,就不需要拆去排出阀座,因为拉出器的杆能够通过排出阀座的孔,卸出吸入盖及其止动螺母。

(4)使用吸入阀弹簧压缩工具和吸入阀弹簧固定架拉出器,卸去弹簧固定架。拆下吸入弹簧座、弹簧和阀。

(5)用拉出器卸去吸入阀座。

(6)重新组装之前,彻底清洗泵头体锥孔,用手将阀座压入锥孔,检查其接触情况。将阀放在阀座上面,使用一重棒冲击阀座进入锥孔,使其结合紧密。

(7)安装新的吸入阀固定架或排出盖,检查阀升程,大约是1/2in。

更换盖和止动螺母时,上紧后不要过分用锤敲击止动螺母,以免造成螺纹损坏。

(8)用清水运转泵到最高排出压力,以使阀座安装到位。

2. 动力端检修步骤

1)卸掉拉杆

(1)更换拉杆,必须拆出液力端,拉杆不能采用气割和焊接,只能更换。

(2)拆出液力端和更换拉杆后,清洗动力端和拉杆螺纹并加油。必须清除动力端、液力端和拉杆结合面的刻痕和毛刺,以确保动力端和液力端的拉紧,拉杆上紧力矩为1356N·m。

(3)一旦液力端被更换,液力端的支撑千斤必须重新调整,以防止拉杆过早的损坏。

2)拆卸小连杆

(1)拆出柱塞并推入液力端,以防掉下。拆卸小连杆密封座。

(2)拆出小连杆。通过泵侧拉杆之间的空间拆卸小连杆。

(3)重新安装小连杆之前,检查十字头销定位螺钉是否装上。

(4)重新安装密封座之前,检查双唇口密封圈的磨损情况,确定是否需要更换。

(5)检查小连杆和柱塞结合面,清除刻痕和毛刺,防止其不同轴和过早损坏,引起密封填料和铜套的过度磨损。

(6)重新安装柱塞,在泵运转之前,检查其是否上紧。

3)拆卸连杆轴承座

(1)切断泵的传动,以防止拆卸时动力意外输入齿轮,引起人身伤害和损坏泵。

(2)拆出顶盖和后盖。

(3)从每一个轴承座盖上拆卸4个连接螺栓。拆出轴承座盖时必须成对做好标记,以保证重新装配的正确。拆卸时,注意不要丢失2个定位销。

(4)使用橡皮锤或榔头的木柄,轻敲轴承座的一端使其在壳体孔内转动并取出。

(5)重新安装连杆轴承座时,检查其两定位销和盖与座的配对标记。

(6)上紧轴承座盖螺栓扭矩为475N·m。

(7)泵重新工作前,用一个大螺纹来回运动连杆轴承座,确保其在曲轴上自由滑动。如果安装新轴承座，在泵运转之前，参照本说明书中有关跑合程序执行。

4）拆卸连杆和十字头

（1）切断泵的动力，以防止拆卸时动力意外输入，造成人身伤害或损坏泵。

（2）拆出液力端、动力端顶盖和后盖、小连杆密封座和小连杆。

（3）旋转曲轴，使要拆卸的连杆轴承座处在最高位置，便于拆卸。

（4）分离连杆和连杆轴承座。

（5）从动力端前面拆卸十字头和连杆总成。

（6）卸出连杆销、连杆、十字头衬套。

（7）重新安装前，清洗和检查全部零件的磨损情况，任何时候都应该安装新的连杆销，新的十字头衬套。

（8）更换连杆销时，注意连杆销定位螺钉一定要沉入孔内。

（9）更换连杆和十字头总成时，要保证十字头的油槽向上。

（10）紧固连杆和连杆轴承座。

（11）在运行动力端之前，不能安装顶盖和后盖，以便能观察所有零件工作和润滑是否正常。

5）拆卸小齿轮轴

（1）拆出与小齿轮轴相连的联轴节。

（2）拆出小齿轮轴密封座、齿轮注油管和曲轴油路管接头。拆卸两齿轮盖和大齿轮。

（3）小齿轮轴可以从泵的任意一侧卸出。拆出两小齿轮轴承座。

（4）拆卸小齿轮轴轴承，检查其磨损程度，决定是否能继续使用或更换。

（5）重新安装小齿轮轴，先只安装轴侧（动力输入端）的小齿轮轴轴承及其轴承座，最后安装泵侧的轴承及轴承座。将轴装入动力端壳体内，安装轴承座螺钉。

（6）加热另一侧的轴承，装到轴上。待轴承冷却后，用两个长 20mm 的螺栓调整轴承座与轴承，并轻敲轴承座接近轴承的位置。安装轴承座螺钉。用手转动小齿轮轴，检查轴承座是否与轴承有 2.4mm 的间隙，不能碰上。

（7）重新安装大齿轮、齿轮盖、齿轮注油管和曲轴油路管接头。重新安装小齿轮轴密封座和新的密封圈。

（8）将联轴节装于小齿轮轴上，并留有小齿轮轴浮动的足够空间。

（9）注意在油田，允许拆卸和分解小齿轮轴，但是在油田一般不合适安装新的小齿轮轴。安装这些新的零件，必须在大齿轮上加工新的键槽，以保证齿轮的正确啮合。

由于服务周期和类型的变化，仅根据泵的工作时间来评估其磨损或损坏的程度是很困难的。在定期维护期间，仔细检查润滑滤清器，经常注意滚动轴承、齿轮、轴瓦的工作情况。推荐每 200h 打开视孔盖并检查轴承和齿轮的工作情况。当这些零件的工作表面出现剥落、凹坑或划痕时，则表明过度的磨损。齿面出现少许上述缺陷是可接受的，但承压表面出现任何剥落时都应尽快地更换。更换这些主要的部件费用是很高的，主轴承的失效常常导致泵壳、曲轴或其他的部件严重损坏。

（十）压裂泵故障排查

压裂泵故障排查见表 4－7。

表 4 - 7　压裂泵故障排查

迹象	故障的原因
动力端润滑油压高	(1)极低的环境温度/极高的油黏度。 (2)润滑系统吸入口过滤器堵塞。 (3)润滑系统吸入软管扭曲或破裂。 (4)油箱通气孔堵塞。 (5)仪表读数不准确
动力端润滑油压偏低	(1)润滑泵吸入管路泄漏,空气进入系统。 (2)润滑油泵的磨损或损坏。 (3)润滑泵压力管泄漏。 (4)油箱油面偏低。 (5)过滤器滤芯堵塞。 (6)润滑系统安全阀出现故障。 (7)润滑油油温过高/极低的油黏度。 (8)仪表读数不准确
动力端润滑油温偏低 (时而出现低油压)	(1)环境温度过高/极低的油黏度/不合适的齿轮油等级。 (2)齿轮油混有水、杂质或气泡。 (3)柱塞泵在最大功率或最大扭矩情况下,连续工作时间过长。 (4)热交换器或油冷却器不正常工作。 (5)仪表读数不准确。 (6)动力端内部件损坏或动力端磨损
动力端油封泄漏	(1)极冷的环境温度/高的油黏度。 (2)配合部件油封表面损坏。 (3)油箱通气孔堵塞/高的曲轴箱压力。 (4)油封磨损或损坏。 (5)润滑油被污染
液力端密封件泄漏	(1)油封安装不正确。 (2)安装时,密封件被切或压皱。 (3)密封件安装前,配合密封表面未清理干净。 (4)配合密封表面损坏或腐蚀。 (5)密封件没有压紧
柱塞或密封填料泄漏	(1)密封填料螺母没有拧紧。 (2)密封填料磨损或损坏。 (3)密封填料安装不正确。 (4)密封填料安装前,配合密封表面未清理干净。 (5)配合密封表面损坏和腐蚀。 (6)密封填料不适合泵送这种液体

续表

迹象	故障的原因
液体爆震或冲击	(1)空气从松动、磨损或损坏的接头里进入增压系统。 (2)空气从灌注泵漏气的密封件里进入增压系统。 (3)泵送的液体中含气体和蒸汽。 (4)液体增压不够或压力不足。 (5)阀组芯开启/阀弹簧的折断或阀不工作。 (6)阀、阀座或阀密封磨损或损坏。 (7)未按要求充气或吸入压力缓冲器不起作用
低排放压力/泵运行不平稳	(1)阀总成磨损或损坏。 (2)液体增压不够或压力不足。 (3)泵入的液体中混有空气、气体和蒸汽。 (4)未按要求充气或吸入压力缓冲器不起作用

(十一)液压系统的安装、调试和故障处理要点

液压系统发生故障时根据液压系统原理进行逻辑分析或采用因果分析等方法逐一排除，最后找出发生故障的部位，这就是用逻辑分析的方法查找出故障。为了便于应用，故障诊断专家设计了逻辑流程图或其他图表对故障进行逻辑判断，为故障诊断提供了方便。

1. 系统噪声、振动大的消除方法

系统噪声、振动大的消除方法见表4－8。

表4－8　系统噪声、振动大的消除方法

故障现象及原因	消除方法	故障现象及原因	消除方法
泵中噪声、振动，引起管路、油箱共振	(1)在泵的进出油口用软管。 (2)泵不装在油箱上。 (3)加大液压泵，降低电动机转数。 (4)泵底座和油箱下塞进防振材料。 (5)选低噪声泵，采用立式电动机将液压泵浸在油液中	管道内油流激烈流动的噪声	(1)加粗管道，使流速控制。 (2)少用弯头，多采用曲率小的弯管。 (3)采用胶管。 (4)油流紊乱处不采用直角弯头或三通。 (5)采用消声器、蓄能器等
阀弹簧引起的系统共振	(1)改变弹簧安装位置。 (2)改变弹簧刚度。 (3)溢流阀改成外泄油。 (4)采用遥控溢流阀。 (5)完全排出回路中的空气。 (6)改变管道长短/粗细/材质。 (7)增加管夹使管道不致振动。 (8)在管道的某部位装上节流阀	油箱有共鸣声	(1)增厚箱板。 (2)在侧板、底板上增设筋板。 (3)改变回油管末端的形状或位置
		阀换向产生的冲击噪声	(1)降低电液阀换向的控制压力。 (2)控制管路或回油管路增节流阀。 (3)选用带先导卸荷功能的元件。 (4)采用电气控制方法，使两个以上的阀不能同时换向
空气进入液压缸引起的振动	(1)排出空气。 (2)对液压缸活塞、密封衬垫涂上二硫化钼润滑脂即可	压力阀、液控单向阀等工作不良，引起管道振动噪声	(1)适当处装上节流阀。 (2)改变外泄形式。 (3)对回路进行改造，增设管夹

2. 系统压力不正常的消除方法

系统压力不正常的消除方法见表4－9。

表4－9　系统压力不正常的消除方法

故障现象及原因		消除方法
压力不足	溢流阀旁通阀损坏	修理或更换
	减压阀设定值太低	重新设定
	集成通道块设计有误	重新设计
	减压阀损坏	修理或更换
	泵、马达或缸损坏、内泄大	修理或更换
压力不稳定	油中混有空气	堵漏、加油、排气
	溢流阀磨损、弹簧刚性差	修理或更换
	油液污染、堵塞阀阻尼孔	清洗、换油
	蓄能器或充气阀失效	修理或更换
	泵、马达或缸磨损	修理或更换
压力过高	减压阀、溢流阀或卸荷阀设定值不对	重新设定
	变量机构不工作	修理或更换
	减压阀、溢流阀或卸荷阀堵塞或损坏	清洗或更换

3. 系统动作不正常的消除方法

系统动作不正常的消除方法见表4－10。

表4－10　系统动作不正常的消除方法

故障现象及原因		消除方法
系统压力正常，执行元件无动作	电磁阀中电磁铁有故障	排除或更换
	限位或顺序装置不工作或调得不对	调整、修复或更换
	机械故障	排除
	没有指令信号	查找、修复
	放大器不工作或调得不对	调整、修复或更换
	阀不工作	调整、修复或更换
	缸或马达损坏	修复或更换
执行元件动作太慢	泵输出流量不足或系统泄漏太大	检查、修复或更换
	油液黏度太高或太低	检查、调整或更换
	阀的控制压力不够或阀内阻尼孔堵塞	清洗、调整
	外负载过大	检查、调整
	放大器失灵或调得不对	调整修复或更换
	阀芯卡涩	清洗、过滤或换油
	缸或马达磨损严重	修理或更换

续表

故障现象及原因		消除方法
动作不规则	压力不正常	逐项排查液压系统元件
	油中混有空气	加油、排气
	指令信号不稳定	查找、修复
	放大器失灵或调得不对	调整、修复或更换
	传感器反馈失灵	修理或更换
	阀芯卡涩	清洗、滤油
	缸或马达磨损或损坏	修理或更换

4. 系统液压冲击大的消除方法

系统液压冲击大的消除方法见表4－11。

表4－11　系统液压冲击大的消除方法

故障现象及原因		消除方法
换向时产生冲击	换向时瞬时关闭、开启，造成动能或势能相互转换时产生的液压冲击	(1)延长换向时间。 (2)设计带缓冲的阀芯。 (3)加粗管径、缩短管路
液压缸在运动中突然被制动所产生的液压冲击	液压缸运动时，具有很大的动量和惯性，突然被制动，引起较大的压力增值故产生液压冲击	(1)液压缸进出油口处分别设置反应快、灵敏度高的小型安全阀。 (2)在满足驱动力时尽量减少系统工作压力，或适当提高系统背压。 (3)液压缸附近安装囊式蓄能器
液压缸到达终点时产生的液压冲击	液压缸运动时产生的动量和惯性与缸体发生碰撞，引起的冲击	(1)在液压缸两端设缓冲装置。 (2)液压缸进出油口处分别设置反应快、灵敏度高的小型溢流阀。 (3)设置行程(开关)阀

5. 系统油温过高的消除方法

系统油温过高的消除方法见表4－12。

表4－12　系统油温过高的消除方法

故障现象及原因	消除方法
设定压力过高	适当调整压力
溢流阀、卸荷阀、压力继电器等卸荷回路的元件工作不良	改正各元件工作不正常的状况
卸荷回路的元件调定值不适当，卸压时间短	重新调定，延长卸压时间
阀的漏损大，卸荷时间短	修理漏损大的阀，考虑不采用大规格阀
高压小流量、低压大流量时不要由溢流阀溢流	变更回路，采用卸荷阀、变量泵
因黏度低或泵故障，增大泵内泄漏使泵壳温度升高	换油、修理、更换液压泵
油箱内油量不足	加油，加大油箱

续表

故障现象及原因	消除方法
油箱结构不合理	改进结构,使油箱周围温升均匀
蓄能器容量不足或有故障	换大蓄能器,修理蓄能器
需安装冷却器,冷却器容量不足,冷却器有故障,进水阀门工作不良,水量不足,油温自调装置有故障	安装冷却器,加大冷却器,修理冷却器的故障,修理阀门,增加水量,修理调温装置
溢流阀遥控口节流过量,卸荷的剩余压力高	进行适当调整
管路的阻力大	采用适当的管径
附近热源影响,辐射热大	采用隔热材料反射板或变更布置场所;设置通风、冷却装置等,选用合适的工作油液

6. *液压控制系统的安装、调试*

液压控制系统与液压传动系统的区别在于前者要求其液压执行机构的运动能够高精度地跟踪随机的控制信号的变化。液压控制系统多为闭环控制系统,因而就有系统稳定性、响应和精度的需要。为此,需要有机械—液压—电气一体化的电液伺服阀、伺服放大器、传感器,高清洁度的油源和相应的管路布置。液压控制系统的安装、调试要点如下:

(1)油箱内壁材料或涂料不应成为油液的污染源,液压控制系统的油箱材料最好采用不锈钢。

(2)采用高精度的过滤器,根据电液伺服阀对过滤精度的要求,一般为 5 ~ 10μm。

(3)油箱及管路系统经过一般性的酸洗等处理过程后,注入低黏度的液压油或透平油,进行无负荷循环冲洗。

循环冲洗需注意以下几点:

① 冲洗前安装伺服阀的位置应用短路通道板代替。

② 冲洗过程中过滤器阻塞较快,应及时检查和更换。

③ 冲洗过程中定时提取油样,用污染测定仪器进行污染测定并记录,直至冲洗合格为止。

④ 冲洗合格后放出全部清洗油,通过精密过滤器向油箱注入合格的液压油。

(4)为了保证液压控制系统在运行过程中有更好的净化功能,最好增设低压自循环清洗回路。

(5)电液伺服阀的安装位置尽可能靠近液压执行元件,伺服阀与执行元件之间尽可能少用软管,这些都是为了提高系统的频率响应。

(6)电液伺服阀是机械、液压和电气一体化的精密产品,安装、调试前必须具备有关的基本知识,特别是要详细阅读、理解产品样本和说明书。注意以下几点:

① 安装的伺服阀的型号与设计要求是否相符,出厂时的伺服阀动、静态性能测试资料是否完整。

② 伺服放大器的型号和技术数据是否符合设计要求,其可调节的参数要与所使用的伺服阀匹配。

③ 检查电液伺服阀的控制线圈连接方式,串联、并联或差动连接方式,哪一种符合设计要求。

④ 反馈传感器(如位移、力、速度等传感器)的型号和连接方式是否符合设计需要,特别要

注意传感器的精度，它直接影响系统的控制精度。

⑤ 检查油源压力和稳定性是否符合设计要求，如果系统有蓄能器，需检查充气压力。

(7)液压控制系统采用的液压缸应是低摩擦力液压缸，安装前应测定其最低启动压力，作为日后检查液压缸的根据。

(8)液压控制系统正式运行前应仔细排除气体，否则对系统的稳定性和刚度都有较大的影响。

(9)液压控制系统正式使用前应进行系统调试，可按以下几点进行：

① 零位调整，包括伺服阀的调零及伺服放大器的调零，为了调整系统零位，有时加入偏置电压。

② 系统静态测试，测定被控参数与指令信号的静态关系，调整合理的放大倍数，通常放大倍数越大静态误差越小，控制精度越高，但容易造成系统不稳定。

③ 系统的动态测试，采用动态测试仪器，通常需测出系统稳定性，频率响应及误差，确定是否能满足设计要求。系统动、静态测试记录可作为日后系统运行状况评估的根据。

(10)液压控制系统投入运行后应定期检查以下记录数据：油温、油压、油液污染程度、运行稳定情况、执行机构的零偏情况、执行元件对信号的跟踪情况。

7. 液压控制系统的故障处理

液压控制系统的故障处理见表4－13。

表4－13　液压控制系统的故障处理

液压控制系统的故障现象	故障排除方法
控制信号输入系统后执行元件不动作	(1)检查系统油压是否正常，判断液压泵、溢流阀工作情况。 (2)检查执行元件是否有卡锁现象。 (3)检查伺服放大器的输入、输出电信号是否正常，判断其工作情况。 (4)检查电液伺服阀的电信号有输入和有变化时，液压输出是否正常，用以判断电液伺服阀是否正常。伺服阀故障一般应由生产厂家处理
控制信号输入系统后执行元件向某一方向运动到底	(1)检查传感器是否接入系统。 (2)检查传感器的输出信号与伺服放大器是否误接成正反馈。 (3)检查伺服阀可能出现的内部反馈故障
执行元件零位不准确	(1)检查伺服阀的调零偏置信号是否调节正常。 (2)检查伺服阀调零是否正常。 (3)检查伺服阀的颤振信号是否调节正常
执行元件出现振荡	(1)检查伺服放大器的放大倍数是否调得过高。 (2)检查传感器的输出信号是否正常。 (3)检查系统油压是否太高
执行元件跟不上输入信号的变化	(1)检查伺服放大器的放大倍数是否调得过低。 (2)检查系统油压是否太低。 (3)检查执行元件和运动机构之间游隙太大
执行机构出现爬行现象	(1)油路中气体没有排尽。 (2)运动部件的摩擦力过大。 (3)油源压力不够

三、压裂混砂车

（一）概述

混砂车是压裂成套设备的主要组成部分之一，其主要用于加砂压裂作业中将液体（可以是清水、基液等）和支撑剂（石英砂或陶粒）、添加剂（固体或液体）按一定比例均匀混合，可向施工中的压裂车（组）以一定压力泵送不同砂比，不同黏度的压裂液进行压裂施工作业，适用于中、大型油气井的压裂加砂施工作业。

混砂车动力由底盘发动机和车台发动机提供，采用全液压电控的方式实现混砂车各个执行部件的操作。施工过程中可以根据作业流量的要求来配置多台压裂车进行联合施工，可以根据现场情况进行“左吸右排”、“右吸左排”等三种不同的管线连接。控制系统采用网络传输方式，可以实现混砂车台上和远程的手动和自动控制。施工作业参数可以通过仪表车进行采集和打印，也可以通过任何控制台上的采集数据口，使用笔记本采集施工作业参数。

（二）结构型式与基本参数

1. 结构型式

混砂车型式的划分方法及分类见表 4 – 14。

表 4 – 14　混砂车型式的划分方法及分类

序号	划分方法	型式
1	按运载方式分	车载式
		橇装式
2	按输砂型式分	螺旋输砂
		气动输砂
		皮带输砂
3	按混砂型式分	机械搅拌式
		液力加机械搅拌式
4	按操纵型式分	本地操纵
		远程操纵
5	按传动型式分	机械传动
		液压传动
		液压加机械传动

2. 型号编制规则及基本参数

1）混砂橇型号编制规则

混砂橇型号编制规则如图 4 – 17 所示。

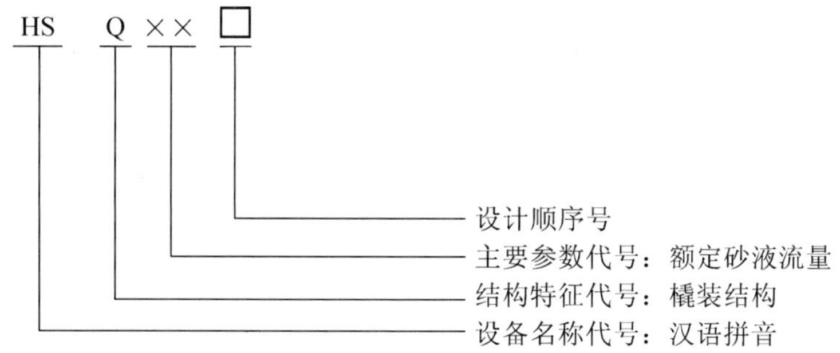

图4－17　混砂橇的型号

2)混砂车型号编制规则

混砂车型号编制规则如图4－18所示。

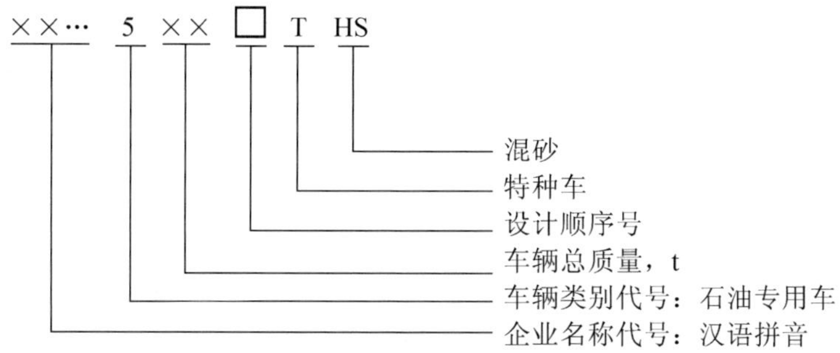

图4－18　混砂车的型号

3)混砂车(橇)基本参数

混砂车的基本参数见表4－15。

表4－15　混砂车的基本参数

混砂车(橇)代号	HS04	HS06	HS08	HS10	HS12	HS16	HS20	HS40
额定砂液流量(清水),m^3/min	4	6	8	10	12	16	20	40
额定输砂量,m^3/min	1,2.5,3,3.5,5,6,8,10,12							
砂泵额定排出压力,MPa	0.3~0.7							
最大砂液比额定值,%	≥45							

(三)主要组成部分及要求

混砂车主要由装载底盘、动力系统、输砂系统、混砂系统、管汇系统、液添系统、干添系统、电气系统、液压系统、气路系统、控制系统等几大部分组成。整体外形如图4－19所示。

施工作业时,砂子经输砂器输入到混合罐中,加上从管汇中来的清水及干添液添输送来的混合剂,经混合罐搅拌混合,输送到作业井内去;整个车子的液压系统是通过发动机输出的动力驱动分动箱的四组或者三组油泵进行工作的。整个施工作业的输砂量、排水量、干添液添量等信息都可以在操作室内的控制面板上进行控制和显示,而整个液压系统的压力也可以在操作室进行观察;操作室内一般配有冷暖空调,确保整个作业的舒适性。

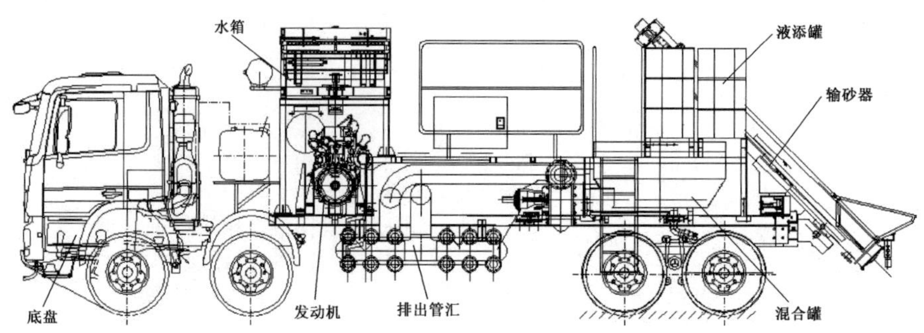

图 4-19　混砂车的整体外形

1. 底盘及动力系统

目前市场上常用的混砂车底盘和台上发动机(表 4-16),主要有以下几种:

表 4-16　常用的混砂车底盘和台上发动机的种类

序号	装载底盘	台上发动机
1	Benz Actros 4144	Detroit/S60
2	MAN TGS 41.440	CUMMINS/QSX 15
3	KENWORTH K500	CAT/C 13

其具体的要求见表 4-17。

表 4-17　底盘和发动机的型号及技术参数

序号	名称	型号及技术参数
1	底盘	底盘型号:KENWORTH K500 型; 驱动方式:8×4; 总负荷能力:41t; 驾驶室:舒适型暖风空调、带内部除霜器驾驶员座、气动缓冲气囊副驾驶座、气动缓冲气囊、调频/调幅/CD、LED 灯指示、公制仪表、电动门窗、中控锁、电加热后视镜、二个前防雾灯; 发动机型号:CUMMINS 电喷式,涡轮增压柴油发动机。排放达到欧 4 标准; 发动机功率:475hp/2000r/min; 变速箱与离合器:FULLER(富勒)RTO 16913A 13-速变速箱; 制动系统:ABS 制动系统,发动机制动装置; 油箱:总容量不小于 900L,油箱盖带锁,带油水分离器; 转弯半径:13.367m; 离地间隙:≥300mm; 离去角:≥25°; 外形尺寸:≤12.5×2.5×4.2m($L\cdot W\cdot H$); 前轮胎:前桥单轮胎,BRIDGESTONE 12R24 18PR 内胎型; 后轮胎:后桥双轮胎 BRIDGESTONE 12R24 18PR 内胎型; 备用轮胎:配置一个备用轮胎架及一个备用轮胎。备胎架设置必要的升降机构,以方便备用轮胎的取、装

续表

序号	名称	型号及技术参数
2	底盘	底盘型号:Benz Actros 4144 型; 驱动方式:8×6; 总负荷能力:41t; 驾驶室类型:平头、中型标准驾驶室(带折叠卧铺),带空调及暖风装置、除霜装置、收音机及车载CD播放机、电动门窗、中控锁、电加热后视镜,配置两个前防雾灯; 发动机类型:OM502 LA 型,电喷式,涡轮增压柴油发动机。配置发动机智能控制系统,排放达到欧4标准; 发动机功率:320kW(435hp)/1800r/min; 变速箱:G 240-16/16.9-0.69 全同步16速液压助力手动变速箱; 离合器:OM502LA 标配 2×400mm 干式双片离合器; 制动系统:ABS 和 ASR 的 Telligent 智能制动系统,发动机制动装置; 速度控制系统:自动巡航系统及限速系统; 油箱:总容量不小于900L,油箱盖带锁,带油水分离器; 大梁:组合型加强大梁、重型前保险杠、加强型前后拖车钩; 前轮胎:315/80R22.5(或12.00R20)公路非公路两用轮胎; 后轮胎:315/80R22.5(或12.00R20)公路非公路两用轮胎; 离地间隙:≥300mm; 离去角:≥20°; 转弯半径:≤16m; 外形尺寸:≤12.5×2.5×4.2m($L \cdot W \cdot H$); 智能保养系统:故障诊断显示系统;柔性保养提示系统(无须定公里保养);维修检测辅助判断系统; 备用轮胎:配置一个备用轮胎架及一个备用轮胎。备胎架设置必要的升降机构,以方便备用轮胎的取、装
3	底盘	底盘类型:MAN TGS 41.440; 驱动方式:8×6; 总负荷能力:41t; 驾驶室类型:M 型紧凑型驾驶室 2240mm 宽,1880mm 长,驾驶室卧铺可折叠,正副驾驶员两侧灯,中控锁前挡及两侧车门玻璃加色天窗,前部遮阳板可加,可调节双后视镜,右侧望地镜,驾驶员气悬可调座椅,副驾驶座椅,两把额外的车门钥匙,自动温控冷热空调,CD 机,正副驾驶阅读灯,仪表板防反光阅读,国际标准公制单位; 发动机类型:MAN D2066,涡轮增压柴油发动机,配发动机制动装置,排放达到欧4标准; 发动机功率:440hp/324kW; 变速箱:采埃夫(ZF)16S-252 OD 全同步变速箱,变速箱油冷却系统,16个前进挡,2个倒挡; 油箱:总容量900L,铝合金油箱盖带锁,带油水分离器和加热装置; 大梁:组合型加强大梁、重型前保险杠、加强型前后拖车钩; 前后轮胎:315/80R22.5(或12.00R20)公路非公路两用轮胎; 离地间隙:≥300mm; 离去角:≥25°; 外形尺寸:≤12.5×2.5×4.2m($L \cdot W \cdot H$); 备用轮胎:配置一个备用轮胎及备胎架。备胎架设置必要的升降机构,以方便备用轮胎的取、装

续表

序号	名称	型号及技术参数
4	发动机	型号:Detroit/S60 型涡轮增压电喷式柴油发动机; 标定功率:391kW(525hp)或 373kW(500hp)或 441kW(600hp)或 496kW(665hp); 标定工况:压裂、酸化作业; 启动方式:电启动或液压启动; DDEC IV 型电子发动机控制系统; 双级、干式空气滤清器,带灰尘过滤指示器,入口配防雨装置; 水平安装的排气系统,配防雨罩的工业级重载卧式消音器; 发动机及液压油冷却采用卧式安装方式,由液马达带动的风扇进行冷却
5	发动机	型号:CUMMINS/QSX 15 型涡轮增压电喷式柴油发动机; 标定功率:391kW(525hp)/2100r/min; 标定工况:压裂、酸化作业; 启动方式:电启动或液压启动; 双级、干式空气滤清器,带灰尘过滤指示器,入口配防雨装置; 水平安装的排气系统,配防雨罩的工业级重载卧式消音器; 发动机及液压油冷却采用卧式安装方式,由液马达带动的风扇进行冷却
6	发动机	型号:CAT C13 ACERT ENGINE 型涡轮增压电喷式柴油发动机; 标定功率:520hp(388kW)/2100r/min; 标定工况:压裂、酸化作业; 启动方式:电启动或液压启动; 油水分离器; 双级、干式空气滤清器,带灰尘过滤指示器,入口配防雨装置; 水平安装的排气系统,配防雨罩的工业级重载卧式消音器; 发动机及液压油冷却采用卧式安装方式,由液马达带动的风扇进行冷却

整车动力系统由底盘发动机和台上发动机组成,因此其驱动形式可分为台上发动机单独驱动、底盘发动机单独驱动和两个发动机组合驱动的方式。一般对发动机噪声有如下要求:在发动机左右各 1m,距离地面高 1.5～1.7m 处测试噪声,当装机功率小于或等于 500kW 时,其噪声不大于 95dB(A);当装机功率大于 500～900kW 时,其噪声不大于 100dB(A)。

2. 混砂系统

混砂车的混砂系统是螺旋输砂器、混合罐、干添和液添的统称,按数量可分为单轴、双轴和三轴;按搅拌的形式可分为立式垂直搅拌和卧式水平搅拌两种。

根据不同输砂量要求,输砂器可以由一个、两个或三个等螺旋输砂器组成,螺旋输砂器由液力驱动、可调速,左右双筒螺旋输砂器采用独立的工作方式,输砂器采用起升油缸带动输砂管在滑道上滑动,由液压油缸起升以便适合于公路行驶和混砂施工作业。升降动作由起升阀控制,两个输砂器能够单独升降。螺旋输砂器的砂斗为两个,作业时可由左右分合油缸带动砂斗分开,分合由液压控制并可在 45°的范围内左右移动,以便于两台运砂车对其连续加砂,砂斗的操作能够单独分离。绞龙轴上装有计量齿轮,通过传感器和电缆将输砂信号传递到仪表台和仪表车上，瞬时砂量和累计砂量在仪表台上和网络系统直接读出。为保证输砂器在作业中不出现卡死现象，输砂装置设计有反转机构。两个输砂器的上端通过计数齿轮计量在不同转速下的输砂量的大小。一般要求螺旋输砂器在加砂斗落地后，其上平面距离地面高度不超过900mm。

混合罐的功能是为不同的介质提供搅拌的空间，混合罐为双层结构，液体从内层入罐，通过出口流入外层，双层搅拌装置和罐内的扰流板可以实现液体的均匀搅拌，以保证小砂比和小排量的混合，防止不均匀混合砂浆。混合搅拌好的液体通过罐底由排出砂泵吸出；混合罐底部设置有自动排放阀，以方便排出杂液；混合罐中设有自动液面控制系统，通过调节供液量来控制液面。采用雷达液位计比例控制阀的方式检测液面高度，通过操作面板或者计算机自动调节吸入泵供液量的大小，从而手动和自动控制混合罐液面高度。

液添系统一般由胶联泵、油马达、联轴器、液添罐、蝶阀、流量计、单向阀等部件组成。该系统一般配有4套，排量在0～600L/min的范围内（具体排量根据客户需要），且可调，还附配2～4个（具体数量根据客户需要）带计量刻度的不锈钢液体添加剂罐，每个罐有效容量大于或等于150L，吸入口配滤网。液体添加剂罐安装在高于液体添加剂泵的适当位置，每个罐之间用管线连接，中间加不锈钢球阀隔离，以保证每个罐都能向任一液体添加剂泵供液。液添系统其吸入是从台上液体添加剂罐吸入，并配置两个不锈钢液体添加剂输送泵，能从地面把液体添加剂输送到台上液体添加剂罐内；排出既能注入混合罐与排出砂泵之间的管汇，也能直接注入混砂车排出流量计之后的管汇；由混砂车操作控制室手动和自动比例控制。

干添系统一般有两套，排量可调，其加料斗一般由不锈钢材料做成，以防止添加腐蚀材料对装置的损坏，添加剂可手动或自动控制添加比例。在施工作业时，干粉加入加料斗中，通过控制液压马达的转速来控制干粉的输送量，干粉从送料装置出来后被水管喷出的水混合，然后进行混合罐，与混合罐里的混合液混合，这种方式可有效防止结块现象。

3. 管汇系统

管汇系统由吸入排出泵、管汇、蝶阀及流量计等组成。其管汇上有24个4in的吸入排出接口（根据排量可调整），可安装成“左吸右排”、“右吸左排”、“双吸双排”的形式，管汇上要配12个4in蝶阀及4in Fig206M活接头（带活接头堵头），另配12个4in蝶阀及4in Fig206F活接头（带活接头堵头）。在管汇上还安装有两个涡轮流量计及快速切换装置，以进行流量的检测。在实际中，可选择在混砂车的任一侧吸入。其驱动方式可由台上发动机或底盘发动机直接驱动或液压驱动。管汇安装完成后，要进行1MPa的水压密封试验，以检测密封性能，还要在管路的最低位置设置排放口，以方便排渣。

4. 控制系统

控制系统是混砂车的核心部件，其性能的好坏将直接决定了整个混砂车的性能。整个控制系统要能实施自动比例控制，包含液面自动控制、密度自动控制、添加剂自动控制和压力自动控制；能够按作业要求（采用匀变式或台阶式）预设工作液含砂浓度、各液体添加剂泵加入比例及各干粉添加剂加入比例；要能够显示纯液体流量的瞬时值和累计值、混合液体流量的瞬时值和累计值、输砂流量的瞬时值和累计值、添加剂流量的瞬时值和累计值、混合液的密度和砂液比、吸入排出压力、发动机转速、水温和机油压力、底盘转速等主要信息；能满足恶劣的野外作业要求，能在沙漠中使用，且在工作环境温度－20～＋50℃、相对湿度为85%～95%（＋20℃时）能正常工作。

整个控制系统一般由手动控制系统、仪表台自动控制系统和网络远程自动控制系统所组成,三者之间能够实现相互转换。

1)手动控制系统

手动控制系统是依靠操作面板上安装的手动电气开关和控制旋扭来操作各液压和气动执行元件,实现各部件动作,以满足作业要求。

2)仪表台自动控制系统

混砂车仪表台自动控制系统由主机和显示仪表组成,作业时通过操作安装在控制面板上的15in(或更大屏幕)液晶显示屏,按照施工作业方案输入自动控制指令或在监控计算机软件系统中预制自动控制程序后,混砂车能够按照指令实现砂比、排量、液面、添加剂比例的自动控制以及相应的施工参数显示。同时控制系统在施工中遇突发情况时操作人员能即时中断自动控制并切换为手动控制功能,手动控制方式能满足实现混砂车全部控制功能。手动和自动控制之间完全能实现无干扰切换。仪表台自动控制系统可脱离网络,独立实现计算机的手动和自动控制,实现作业要求。

3)网络远程自动控制系统

网络远程自动控制系统是通过有线网络通信的方式实现对混砂车的远程自动控制,通信距离50m以上。该系统可安装在仪表车或便携式控制箱上,可实现仪表台自动控制系统的全部功能。

施工中,混砂车可以将施工数据即时传送到仪表车系统中,并可由仪表车中的设备进行实时监视和控制,并将整个过程完整地记录下来。施工结束后,数据经计算机处理可以用文字、报表、曲线等形式打印成施工作业文件进行存档。

操作控制系统能将混砂车的作业参数,实时在网络中传输,通过以太网接口,可用安装有采集数据的系统PC机来采集数据。

4)系统的控制精度

混砂车控制系统的控制精度一般要求是:在任何情况下,液面控制精度误差小于或等于1%;砂比控制精度误差小于或等于0.5%;浓度控制精度误差小于或等于0.5%;最小稳定输砂误差小于或等于0.5%;各种计量控制精度误差小于或等于0.5%。

另外,控制系统的操作室内要设置操作台、12/24V直流照明、空调、暖气、风扇和观察窗等必要装置,以满足操作环境舒适性、安全性的要求。

(四)质量检验项目

1. 检验依据

整个混砂车的质量检验主要依据如下:

(1)SY/T 6276—2014 《石油天然气工业健康、安全与环境管理体系》;

(2)SY/T 5211—2009 《压裂成套设备》;

(3)GB 50055—2011 《通用用电设备配电设计规范》;

(4)GB/T 27745—2011 《低压电器通信规范》;

(5)GB/T 24975—2010 《低压电器环境设计导则》;

(6)GB/T 4798.5—2007 《电工电子产品应用环境条件　第5部分:地面车辆使用》;

(7)GB 16735—2004 《道路车辆　车辆识别代号(VIN)》;

(8) Q/JQ. J04. 123—2005　《高压流体产品试验规范》;

(9) SY/T 6270—2012　《石油钻采高压管汇的使用、维护、维修与检测》;

(10) GB 7258—2012　《机动车运行安全技术条件》;

(11) SY/T 5534—2007　《油气田专用车通用技术条件》;

(12) GB 1589—2004　《道路车辆尺廓尺寸、轴荷和质量限值》(现已作废);

(13) JB/T 5000. 10—2007　《重型机械通用技术条件　第 10 部分:装配》;

(14) GB/T 7935—2005　《液压元件通用技术条件》;

(15) GB/T 3683. 1—2006　《橡胶软管及软管组合件　钢丝编织增强液压型　规范　第 1 部分:油基流体适用》(现已作废);

(16) GB 17691—2005　《车用压燃式、气体燃料点燃式发动机与汽车排气污染物排放限值及测量方法》(中国Ⅲ、Ⅳ、Ⅴ阶段);

(17) GB 4785—2007　《汽车及挂车外部照明和光信号装置的安装规定》;

(18) ISO 3046 - 1—2002　Reciprocating Internal Combustion Engines - Performance - Part1: Declarations of Power. Fuel and Lubricating Oil Comsumptions, and Test Methods 往复式内燃机性能　第 1 部分:功率、燃料及机油消耗标定;测试方法;

(19) SAE J1349　Society of Automation Engineers - Power and Torque Certification 动力和扭力认证;

(20) API 7B - 11C Specification for Internal - Combustion Reciprocating Engines for Oil - Field Service 油田往复式内燃机规范;

(21) DIN 6271　活塞式内燃机要求功率公差,对 DIN ISO 30467 T. 1 的补充规定;

(22) BS5514　Reciprocating internal combustion engines Performance. Speed governing 往复式内燃机性能及调速。

2. 检验项目

1) 整机检验项目

(1) 主要结构和技术特性参数的测定:

整车的质量、桥荷的分配、质心位置都应符合石油专用车的有关要求。

(2) 行驶试验:

按规定的行驶试验项目、行车里程进行行驶试验后,检查各连接件应牢固,各密封部位应无渗漏现象。

2) 部件检验项目

(1) 底盘发动机:

主要有外观检查、参数检查、资料检查、配件检查等。

(2) 外购件:

主要检验外购件是否符合双方技术协议要求,是否有相关的技术资料,如说明书、保养手册、图纸等。

(3) 控制系统检验:

主要检验计算机系统的性能是否满足作业数据采集、记录、显示和分析的需要;数据采集系统是否有实施作业各种曲线的显示及对外输出。

3)外观质量检验项目

主要检查:整机的完整性、涂漆、标志、包装、随机文件、储存。

3. 检验设备

1)数字万用表

测量范围:0~500V,0~10A,0~200kΩ;准确度:1%~3%。

2)卷尺

测量范围:0~500V,0~10A,0~200kΩ;准确度:0.5%。

3)压力表

测量范围0~40MPa,0~20MPa;准确度:±1.6%。

4)气压表

测量范围0~10Psi;准确度:±2%。

5)温度仪

测量范围40~120℃;准确度:±0.5%。

6)流量计

测量范围0~30m^3/min;准确度:±0.5%。

7)液位计

测量范围0~5m;准确度:±1%。

8)混砂车专用试验台架和装置

如输砂试验台架、装置等。

上述检验设备,需满足SY/T 5211《压裂成套设备》试验的要求。

(五)检验方法与规则

1. 检验方法

1)整机性能检验方法及要求

(1)整车主要结构和技术特性参数的测定:

整机运移状态下的总重量、桥荷分配及质心位置的测定,按SY/T 5534《石油专用车通用技术条件》中相关的规定进行。

(2)整车行驶试验:

行驶试验的项目、行车里程按SY/T 5534《石油专用车通用技术条件》中相关的规定进行。

(3)整机试验:

主要包括空负荷试验、清水循环试验、额定载荷持续运行试验、连续输砂定型试验和工业试验。

相关试验方法及要求按SY/T 5211《压裂成套设备》中9.3.6条的规定进行。

(4)其他要求:

整车应布置合理、结构紧凑,使用安全可靠,便于保养、维修和更换易损件;各种软、硬管线应固定整齐,不得有任何松动现象;转动部位应安装防护罩及警示牌;各部分的控制元件和操纵机构应工作可靠、操纵灵活、调整方便、标志明显;底盘发动机排气管、车台发动机排气管应符合井场防火要求；整车应配备灭火和夜间照明装置；整车控制系统的硬件能在 0～60℃，相对湿度 85%～95% 的工作环境下正常显示；整车质量接近角不应小于 23°，离去角不应小于 15°。

2）部件性能检验方法及要求

（1）底盘及台上发动机：

主要检查相关资料是否齐全，如使用说明书，保养手册等、外表有无破损，缺少部件等现象；是否符合国家相关标准；是否达到双方签订的技术协议等。

（2）外购件：

主要检验外购件是否符合双方技术协议要求，是否有相关的技术资料，如说明书、保养手册、图纸等。

（3）控制系统检验：

主要检验计算机系统的性能是否满足作业数据采集、记录、显示和分析的需要；数据采集系统是否有实施作业各种曲线的显示及对外输出。

3）设备标志、包装、运输、贮存检查

（1）标志安装及内容：

产品标志应安装于车上最明显且易于永久保存的部位。标志的内容应符合 GB/T 13306《标牌》的规定。标牌的要求基本内容包括制造厂名及注册商标、产品名称及型号、总质量、整备质量、产品外形尺寸、产品主要技术参数、发动机型号、发动机额定功率、产品出厂编号及产品制造日期及 VIN 码。

（2）包装及运输：

整车可裸装运输，车上各主要部件有配合关系的裸露部位应涂润滑脂或防锈剂或者安装防护附件，防止运输过程中出现锈蚀及磕、碰、损伤情况。随车技术文件一律装在不透水塑料袋内，并与随车附件一并装箱。

（3）随车技术文件：

主要包括产品合格证、产品使用及维护说明书、交货清单、备件清单、装箱单、随车附件、备件清单、易损件目录及图样、底盘车出厂所带技术文件。

（4）随车附件：

主要包括附件、备件、专用工具、底盘车出厂所带工具。

（5）贮存：

设备应放在干燥通风的场地，存放期间要注意防水、防火、防冻和防锈蚀。

2. 检验规则

（1）混砂车性能试验方法应按 QC/T 252《专用汽车定型试验规程》的规定进行。

（2）质量参数测定方法应按 GB/T 12674《汽车质量（重量）参数测定方法》的规定进行。

（3）外廓尺寸测定应按 GB/T 12673《汽车主要尺寸测量方法》的规定进行。

（4）外部照明和信号装置的一般要求试验按 GB 4785《汽车及挂车外部照明和光信号装置的安装规定》的规定进行。

（5）后视镜性能试验方法和安装检查应符合 GB 15084《机动车辆　间接视野装置　性能

和安装要求》的规定。

(6)侧倾稳定角试验方法应按 GB/T 14172《汽车静侧翻稳定性台架试验方法》的规定进行。

(7)制动系统试验方法应符合 GB 12676《商用车辆和挂车制动系统技术要求及试验方法》的规定。

(8)噪声测定应按 GB 1495《汽车加速行驶车外噪声限值及测量方法》的规定进行。

(9)汽车安全行驶状况检查应按 GB/T 12677《汽车技术状况行驶检查方法》的规定进行。

(10)道路行驶试验里程按 SY/T 5534《油气田专用车通用技术条件》的规定进行。

(11)前位灯、后位灯、示廓灯、制动灯配光性能应符合 GB 5920《汽车及挂车前位灯、后位灯、示廓灯和制动灯配光性能》的规定。

(12)整车侧面和后下部防护装置应符合 GB 11567.1《汽车和挂车侧面防护要求》和 GB 11567.2《汽车和挂车后下部防护要求》的规定。

(13)号牌板及其位置应符合 GB 15741《汽车和挂车号牌板(架)及其位置》的规定。

(14)其他检验规则可按相关国家标准进行。

(六)维护和保养

1. 整车检查

(1)按底盘操作规程启动汽车底盘。

(2)检查底盘车和车台发动机的燃油箱、机油箱油位,加足燃油、机油。

(3)检查接头、软管、工具:

① 吸入软管(化学添加剂、胶凝剂用的软管):

a)施工所需各种软管的数量(包括备用的)。

b)用链条和扎线将软管固定到车上。

② 吸入接头:

a)合适的尺寸。

b)合适的数量。

c)固定到合适的架上或箱内。

③ 工具:

施工配备所需的合适规格的工具装到工具箱内。

(4)液压泵、液马达和软管:

① 检查所有裸露的液压件:(检查是否漏油,即液压油的滴漏或混油、气雾):

a)液压泵和液马达的外壳。

b)液压油硬管线、油路或软管。

c)液压油箱。

d)液压油冷却风扇。

e)液压接箍泄漏。

② 检查液压软管外表的磨损迹象：

a)外表破裂。

b)液压软管与框架或其他金属部件的摩擦部位。

c)连接件四周的磨损。

d)软管外表的突起或气泡。

③ 对主要的泄漏部位或异常情况进行维修。

(5)检查所有裸露的气管线。

(6)检查所有裸露的电线、电缆。

(7)检查液体化学添加剂泵。

(8)检查螺旋输砂绞龙。

(9)吸入管汇：

① 检查是否泄漏。

② 检查管汇内部吸入口或滤网是否被堵塞；阀件磨损或断裂。

③ 检查吸入管汇阀的工作情况。

(10)排出管汇：

① 检查外表面是否渗漏。

② 检查管汇内部。

(11)混合罐：

① 排空混合罐内部的液体。

② 检查外表面是否渗漏。

③ 检查混合罐排空阀的情况。

2. 部件检查

1)底盘

底盘包括发动机、传动器、汽车大梁、支架、轮胎及悬挂系。在进行维护保养时，要检查底盘的各个部分。主要有以下几点：

(1)检查发动机和传动器油面及刹车液，按要求予以补充。

(2)保证所有支架、紧系装置、底盘衬垫是牢固系紧的，并处于良好状态。按要求拧紧螺栓。检查底盘大梁的横梁及支架是否有裂痕或非正常磨损。

(3)测量轮胎气压，并检查胎面磨损情况。保证轮缘螺帽，挡泥板护罩及轮上方的支撑是安全的并处于良好状态。

(4)检查所有底盘灯光是否正确工作，包括位置灯、转弯灯、刹车灯、尾灯、前灯(高光束和低光束)。

(5)检查发动机冷却剂液面，按要求予以补充。

(6)保证发动机皮带和软管处于良好工作状态，且正确安装。

(7)拆下电瓶接线柱上的电线，清洁端部及电线夹。在电线夹和接线柱上涂敷薄薄一层导电脂。清洁电瓶并检查酸液液面。重新连接并压紧电线。

(8)保证分动箱(PTO)支架和轴是可靠的。给分动箱轴上脂,按要求给分动箱补充油。保证分动箱接合/分离阀正确工作。

(9)冲洗卡车外部。

(10)擦洗并清洁卡车驾驶室。

其他保养事项,可参阅相关底盘说明书。

2)发动机

发动机在日常保养中,主要保养以下几个方面:

(1)保证软管及线路处于良好工作状态。

(2)检查空气滤清器限度指示器,超过限度应更换滤清器零件。

(3)检查传动器,发动机机油油面。检查散热器冷却剂,按要求予以补充。

(4)检查散热器芯子、风扇及液力系统的空气—油冷却器是否磨损、有裂缝或异常情况。

(5)保证散热器风扇轮毂上的皮带是可靠的。

(6)保证发动机和传动器支架上的螺栓是可靠的。

(7)对主驱动轴上的联轴器接合面处加注润滑脂。

(8)保证驱动轴上的螺栓及驱动轴护罩的连接是拧紧的。

(9)对供电给 ARC 系统的 24V 直流电瓶进行维护,拆开并清洁电线,涂敷薄薄一层导电脂在电线和接线柱上。校正并拧紧电线夹。

3)外购件

外购件主要包括吸入排出泵、流量计及液压系统部件。这些部件的维护和保养主要参照其随身携带的资料来进行,如说明书、维护保养手册等。

4)液压系统

(1)油箱中的液压油液应经常保持正常液面。

(2)每天检查液压油箱的液位是否合适,是否存在水,液压油是否腐败变质(表明过热)。

(3)每 500h 更换一次液压油,每工作 70h 清洗一次油滤器,每 500h 更换一次滤清器。更换液压油的同时要更换滤清器。

(4)换油时的要求:

① 更换的新油液或补加的油液必须符合本系统规定使用的油液牌号,并应经过化验,符合规定的指标。

② 换油液时需将油箱内部的旧油液全部放完,并且冲洗合格。

③ 新油液过滤后再注入油箱,过滤精度不得低于系统的过滤精度。

(5)油温应适当,油箱的油温一定不能超过 60℃。

(6)在初次启动液压系统时,应注意以下事项:

① 向泵里灌注工作介质。

② 检查转动方向是否正确。

③ 入口和出口是否接反。

④ 用手试转。

⑤ 检查吸入侧是否漏入空气。

⑥ 在规定的转速启动和运转。

(7)其他

在液压泵启动和停止时,应使溢流阀泄荷。溢流阀的调定压力不得超过液压系统的最高压力。易损件,如密封圈等,应经常有备品,以便及时更换。

四、压裂仪表车

(一)概述

仪表车是由底盘车和台上设备两部分组成。底盘车主要完成整车的移运功能;台上设备主要由厢体、电源系统、冷暖系统、数据采集与监控系统、通信系统、井场监视系统、便携式数据采集器、仪表车附件及仪表车的连接等组成。

仪表车主要用于油气田深井、中深井的各种压裂作业现场,是整个压裂机组的指挥中心,它可以控制一台单机压裂车和混砂车进行施工作业,也可以控制由多台设备组成的压裂机组,从而实现联机作业。每台设备通过数据线进行连接,设备之间相互串联形成环形网络,各台设备的发动机、传动箱、压裂泵等信号和数据通过网络进行双向传递,从而实现数据共享。这些数据都可以在仪表车进行显示,从而实现了仪表车远程控制压裂机组的目的。施工作业参数可以通过任何一台控制箱上的采集数据口,使用笔记本采集施工作业参数,也可以通过仪表车进行采集和打印。

(二)结构型式与基本参数

1. 结构型式

压裂仪表车的结构型式为车载式封闭车厢。

2. 型号编制规则

仪表车的编号是根据仪表车的总重参数来进行确定的,具体如图4-20所示。

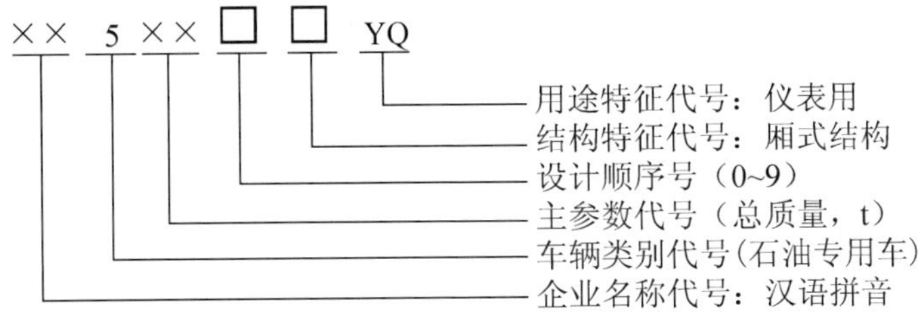

图4-20 压裂仪表车的型号

3. 基本参数

仪表车的基本参数一般是根据总质量来进行表示的。

(三)主要组成部分及要求

仪表车主要由:底盘、厢体、电源系统、控制系统(包含了数据采集与监控系统、井场监视系统、便携式数据采集系统)、冷暖系统、通信系统、仪表车附件及连接等组成。

仪表车主要组成部分如图4-21所示。

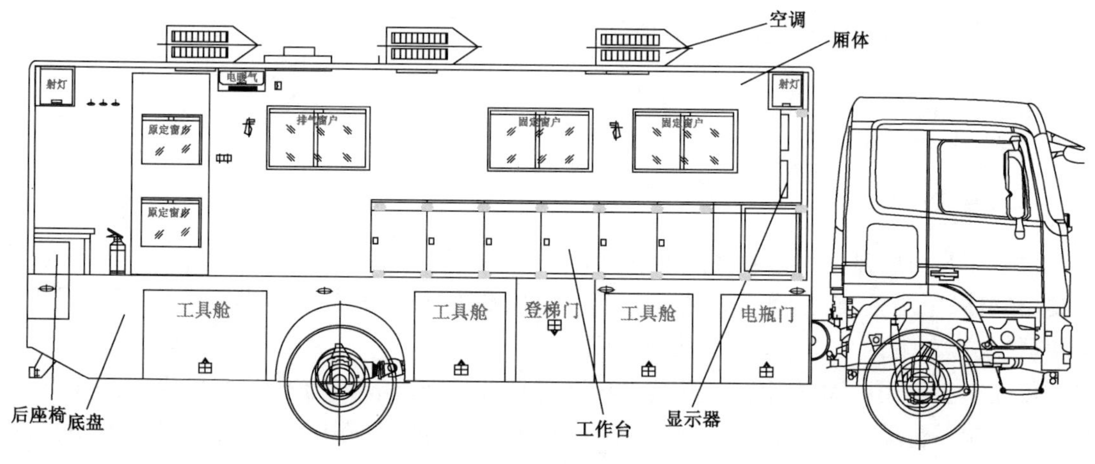

图4-21 仪表车结构图

其工作原理是:仪表车采用车载式、通舱式结构。底盘车经过加装特殊设计的副梁用于承载上装部件和道路行驶,采用的载货车桥和加强型钢板可以保证仪表车适应于油田特殊道路行驶;而通舱式结构便于人员操作及人员逃生。

压裂现场施工作业时,所有的压裂泵车和混砂车的数据都可以在仪表车室内的8个19in的液晶显示器进行显示,也可以通过仪表车控制现场作业的压裂泵车和混砂车,该仪表车最大可控制20台压裂泵车和两台混砂车。施工作业的所有数据最终通过计算机将数据输出,并打印出来。

整个控制系统采用外接电源和发电机相互切换互不干扰的供电方式,以保证整个控制系统稳定、可靠的工作。

1. *底盘及动力系统*

底盘及动力系统的型号及技术参数见表4-18和表4-19。

表4-18 底盘及动力系统的型号

具体方案	装载底盘及驱动方式	控制压裂车台数,台	控制混沙车台数,台
1	Mercedes - Benz 2032 4×4	1~20	1~2
2	MAN TGS 18.360 4×4	1~20	1~2
3	KENWORTH T800 6×4	1~20	1~2
4	北方奔驰 ND2163 4×4	1~20	1~2
5	中国重汽 ZZ2167 4×4	1~20	1~2
6	东风天锦(国Ⅳ标准)4×2	1~20	1~2

表 4－19　具体的参数

序号	名称	型号及技术参数
1	底盘	底盘型号:Merceds－Benz Actros　2032 型; 驱动方式:4×4; 总负荷能力:20t; 驾驶室类型:L 型标准驾驶室,带空调及暖风装置、除霜装置、收音机及车载 CD 播放机、电动门窗、中控锁、电加热后视镜,配置两个前防雾灯; 发动机类型:OM 501 LA 型、电喷式、涡轮增压柴油发动机,带发动机智能控制系统,排放达到欧 4 标准; 发动机类型及功率:230kW(313hp)/1800r/min; 变速箱:G240－16/16.9－0.69 全同步 16 速变速箱; 离合器:OM 501 LA 标配干式离合器; 油箱:总容量 400L,油箱盖带锁,带油水分离器和加热装置; 制动系统:ABS 和 ASR 的 Telligent 智能制动系统,发动机制动装置; 速度控制系统:自动巡航系统及限速系统; 离地间隙:300mm; 离去角:23°; 转弯半径:≤15m; 整车外形尺寸:长 10210mm,宽 2500mm,高 3940mm; 整车重量:14700kg; 智能保养系统:故障诊断显示系统;柔性保养提示系统(无需定公里保养);维修检测辅助判断系统; 前后轮胎:12.00R20 或 315/80 R22.5 公路非公路两用轮胎备用轮胎:配置一个备用轮胎架及一个备用轮胎。备胎架设置必要的升降机构,以方便备用轮胎的取装
2	底盘	底盘型号:MAN TGS 18.360 4×4; 驱动方式:4×4; 总负荷能力:18t; 驾驶室类型:平头驾驶室(带卧铺),带空调及暖风装置、除霜装置、收音机及车载 CD 播放机、电动门窗、中控锁、电加热后视镜,配置两个前防雾灯; 发动机类型:MAN D2066 型电喷式,涡轮增压柴油发动机,配发动机制动装置,排放达到欧 4 标准; 发动机功率:360hp/1800r/min; 变速箱:采埃夫(ZF)16S－252 OD 全同步变速箱; 油箱:总容量 400L,铝合金油箱盖带锁,带油水分离器和加热装置; 大梁:高强度,抗扭大梁、大梁尾部拖钩 ROCKINGER SK5; 离地间隙:≥300mm; 离去角:≥25°; 转弯半径:≤15m; 外形尺寸:长 10210mm,宽 2500mm,高 3940mm; 整车重量:15000kg; 前后轮胎:12.00R20 或 315/80R22.5 公路非公路两用轮胎; 备用轮胎:配置一个备用轮胎架及一个备用轮胎。备胎架设置必要的升降机构,以方便备用轮胎的取装

续表

序号	名称	型号及技术参数
3	底盘	底盘型号:北方奔驰 ND2163E48J; 驱动方式:4×4; 总质量:16000kg; 驾驶室:单驾驶室、顶置空调、减振座椅、采用低顶加宽; 发动机类型:WP10.300E40 电喷式,涡轮增压柴油发动机,排放达到国 4 标准; 发动机功率:221kW; 变速箱总成:9T160; 制动系统:前后鼓制动器,ABS 系统; 油箱:300L 油箱铝合金油箱盖带锁,带油水分离器和加热装置; 最小转弯半径:≤12m; 离地间隙:≥300mm; 离去角:≥25°; 整车外形尺寸:长 8665mm,宽 2495mm,高 3260mm; 前后轮胎:12.00R20 18PR; 备用轮胎:配置一个备用轮胎架及一个备用轮胎。备胎架设置必要的升降机构,以方便备用轮胎的取装
4	底盘	底盘型号:东风天锦 DFL1160B; 驱动方式:4×2; 总负荷能力:14t; 驾驶室:带卧铺及空调、收音机及 DVD 播放机、导流罩等; 发动机类型:ISDe180 e40 型柴油发动机,符合国 4 排放标准; 发动机功率:155kW; 变速箱:DF6S750(1)型; 轴距:5000mm; 燃油箱:容积 300L,油箱盖带锁; 前后轮胎:10.00R20 米其林轮胎; 离去角:≥15°; 转弯半径:10.5m; 备胎:配置一个带升降机构的备胎架和一个备用轮胎,备胎取装方便
5	底盘	底盘型号:KENWORTH T800; 驱动方式:6×4; 总质量:16000kg; 驾驶室:常规斜鼻子舒适型、暖风空调、内部除霜器驾驶员座、气动缓冲气囊副驾驶座、气动缓冲气囊、调频/调幅/CD、LED 灯指示、公制仪表、电动门窗、中控锁、电加热后视镜、配置两个前防雾灯; 发动机类型:CUMMINS 电喷式,涡轮增压柴油发动机,排放达到欧 4 标准; 发动机功率:381hp/1900r/min; 变速箱与离合器:FULLER(富勒)FRO15210C 10-速变速箱; 制动系统:ABS 制动系统,发动机制动装置; 油箱总容量:420L,铝合金油箱盖带锁,带油水分离器和加热装置; 转弯半径:13.1m; 离地间隙:≥300mm; 离去角:≥25°; 前后轮胎:Bridgestone M843 315/80R22.5; 备用轮胎:配置一个备用轮胎架及一个备用轮胎。备胎架设置必要的升降机构,以方便备用轮胎的取装

续表

序号	名称	型号及技术参数
6	底盘	底盘型号：中国重汽 ZZ2167M5227D1； 驱动方式：4 ×4； 总质量：16000kg； 驾驶室：HOWO 驾驶室、顶置空调、减振座椅、采用低顶加宽； 发动机类型：D10. 31 －40 电喷式，涡轮增压柴油发动机，排放达到国 4 标准； 发动机功率：228kW； 变速箱总成：HW15710C； 制动系统：前后鼓制动器，ABS 系统； 油箱：300L 油箱铝合金油箱盖带锁，带油水分离器和加热装置； 最小转弯半径：≤12m； 离地间隙：≥300mm； 离去角：≥25°； 整车外形尺寸：长 8968mm，宽 2496mm，高 3110mm； 前后轮胎：12. 00R20 18PR； 备用轮胎：配置一个备用轮胎架及一个备用轮胎。备胎架设置必要的升降机构，以方便备用轮胎的取装

2. 车厢

对于车厢的大小，一般要求是：

进口底盘：车厢外形尺寸：长 7316mm，宽 2500mm，高 2200mm。

车厢内部尺寸：内长 7216mm，内宽 2400mm，内高 2100mm。

国产底盘：车厢外形尺寸：长 6650mm，宽 2500mm，高 2200mm。

车厢内部尺寸：内长 6550mm，内宽 2400mm，内高 2100mm。

（以上尺寸为基本尺寸，用户可以根据不同的底盘或需求和供方协商采用不同的尺寸）

仪表车车厢包括工作室、发电机仓、电缆仓等部分，车厢三面带窗。工作室内的布置由用户提供需求设想，由供应商根据用户需求提出设计方案，经用户审核后实施。

仪表车车厢通过减震和隔热措施牢靠地安装在装载底盘上。箱体内墙板为复合材料，外箱体采用油漆附着力强的金属材料，进行防腐处理。车内配备供电系统、照明系统、操作台、工作椅等设备，为操作人员和监控人员提供一个舒适的工作环境。

车厢后部装有外来输入信号连接挡板，用于压裂泵车和井口及地面传感器的连接，以进行数据采集和控制。

厢体门有两套合金铝密封车用门，仪表车副驾驶侧适当位置安装主门，主驾驶侧适当位置安装副门，下部安装有高强度的轻质隐藏式可折叠登车梯和安全扶手。仪表车主副门有较好的密封、隔音性能。主副门外部加装闭门器。门锁锁体材质为不锈钢，门下端与地板平齐，不得有门槛。

厢体两侧下部空间制作裙边柜：（1）台上用发电机柜：空间大小满足发电机操作维护要求；（2）配电工具柜：柜内固定安置一个三极输出电源插座（连接发电机输出端），采用带开关的优质专用插座，固定一个 60m 的电源线辊；（3）高压密度计柜：内部参考尺寸为长/宽/高：750/550/45（mm），柜顶部加装厚度 5mm 辐射隔阻铅板，底部带滑槽，装卸时可拖出；（4）裙边其余能够利用的空闲空间全部制作成工具箱;(5)所有裙边柜门尽可能采用对开门设计(发电机柜采用上翻门、密度计柜和梯子收纳柜采用下翻门设计);(6)柴油发电机安装在裙边柜内,所有裙边柜门顶部安装防雨槽。

1)电源系统

仪表车的供电系统使用220V 50Hz交流电源,既能由仪表车上柴油发电机组提供,也能由外电源提供。主要由一台功率不小于12kW进口柴油发电机组供电,该机组采用独立电瓶供电和底盘油箱供油。发电机组固定在仪表车的发电机仓内,发电机组整体安装在一个滑动轨道总成上,需要维护时可将其从发电机仓内滑出。为了保证系统正常工作,还要配备UPS电源,与计算机数据采集系统相连。通过电源插座形成一个一体化的电源供电系统,确保所要求的电力正确地分配到特定的硬件需求部位。供电系统外接的电源接头采用工业插头。

2)控制系统

主要由压裂车混砂车控制系统、数据采集系统和井场监视系统所组成。

(1)压裂车混砂车控制系统:

压裂车、混砂车控制系统设置在操作室内,能对全套压裂机组进行集中远控操作,主要由压裂车网控操作终端和混砂车网控操作终端组成,机组网络系统可显示压裂车和仪表车的全部施工参数。仪表车要配置完整必要的操作及监测控制仪表,并集中显示所有必要的操作参数和作业参数。

(2)数据采集处理系统:

数据采集处理系统能够实时采集、显示、记录压裂作业全过程的作业参数(数据采集速度为1组/s),并能应用分析软件对压裂作业进行分析、处理。数据采集处理系统及操作控制系统界面友好,方便于用户使用的计算机硬件和软件。选用国际标准接口,具有较好的互换性和通用性。数据采集处理系统抗震、防潮、抗干扰性能好,适合于压裂酸化现场作业。

该系统要能采集、显示、储存至少6个模拟信号和10个频率信号,并且这些采集通道可分别设置为采集油压、套压、排量、砂浓度、液体密度、添加剂排量等参数,同时还可以通过2个RS232端口以ASCII可显示的文本方式从其他计算机中获得数据。要求提供一个与外接显示器连接的端口(该外接显示器由买方自配)。

作业中该系统能选择以曲线或数字方式,部分或全部显示各种作业参数,至少包括以下作业参数:时间、阶段号、油压、套压、井底压力、纯净液排量、混砂液排量、添加剂加入比例、累计液量、累计砂量、阶段累计液量、阶段累计砂量、添加剂加入量等。

作业结束,该系统对施工中显示的参数能选择以曲线或表格方式,部分或全部在打印机上输出,并能输出完整的作业报告。作业报告至少包括以下内容:液体、支撑剂、各种添加剂的基本参数、油井的基本参数、各作业阶段液体、支撑剂、各种添加剂的阶段注入量和注入速度、作业中注入的液体、支撑剂、各种添加剂的总量、各阶段的最高作业参数和一般作业参数(如最高工作液含砂浓度和一般工作液含砂浓度)、完整的彩色施工曲线。

作业中该系统采集的全部数据和从RS232端口获得的数据能以ASCII可显示文本方式通过另一个RS232端口实时传递到其他的计算机。

作业结束后该系统能利用施工中储存的作业数据进行回放,重复显示施工的全过程。

此外,还要配置便携式数据采集系统,主要由采集系统、军用平板电脑等组成,其原理和作用等同于数据采集系统。

(3)视频监控系统:

仪表车上要配置一套高压区视频集中监控系统,该套系统包括5台带6in球形云台或恒速云台的高性能彩色一体摄像机,架设高度至少2m、抗风能力强的重型三脚架,信号电缆、接插件。车内配置三台(21in)液晶显示器用于选择显示三路视频图像,配置一台工业电脑(带显示器)用于视频控制和视频录像,配置一个视频矩阵用于视频切换。配置视频网络服务器和相应的传输接口用于视频网络传输。

摄像头、彩色一体化摄像机、非伸缩杆安装的室外云台和重型三脚架共4套。

伸缩杆安装的室外云台及摄像头。

具体配置可根据双方签定的技术协议。

3)冷暖系统

车内要配备3台2P车载顶置空调,2台1.5kW暖风机,1台换气扇,以保证整车工作的舒适性。具体配置可根据双方签定的技术协议。

4)通信系统

通信系统配置20套摩托罗拉GP328防爆对讲机及配套单充,每套对讲机配一副头盔式耳麦;车内配置1部GM950E或GM3688车载电台组成无线通信局域网,5套室内耳挂式对讲机,另配4个能同时充6只电池的充电器(220V 50Hz);具体配置可根据双方签定的技术协议。

5)仪表车附件

主要有电缆仓,照明系统等。电缆仓内配齐信号传输电缆、视频监控电缆、外接电源电缆、压裂车控制电缆。同时配齐电缆盘及随车工具。根据电缆仓中的插座类型和数量配置等量备用插头。

照明系统要在车厢内安装合适数量的照明灯具,全部采用空开集中控制;车内操作区及泵控区顶部安装适当数量的LED照明灯;车厢外部安装6盏150W井场照明灯,在厢体左、右、后上方各装2盏150W泛光灯。

(四)质量检验项目

1. 检验依据

仪表车质量检验主要依据如下:

(1)SY/T 6276—2014 《石油天然气工业 健康、安全与环境管理体系》;

(2)SY/T 5211—2009 《压裂成套设备》;

(3)GB 3847—2005 《车用压燃式发动机和压燃式发动机汽车排气烟度排放限值及测量方法》;

(4)GB/T 17350—2009 《专用汽车和专用挂车术语、代号和编制方法》;

(5)GB/T 12673—1990 《汽车主要尺寸测量方法》;

(6)GB/T 4798.5—2007 《电工电子产品应用环境条件 第5部分:地面车辆使用》;

(7)GB 16735—2004 《道路车辆　车辆识别代号(VIN)》;

(8)GB/T 12674—1990 《汽车质量(重量)参数测定方法》;

(9)GB 7258—2012 《机动车运行安全技术条件》;

(10)SY/T 5534—2007 《油气田专用车通用技术条件》;

(11)GB 1589—2016 《汽车、挂车及汽车列车外廓尺寸、轴荷和质量限值》;

(12)JB/T 5000.10—2007 《重型机械通用技术条件　第10部分:装配》;

(13)GB 17691—2005 《车用压燃式、气体燃料点燃式发动机与汽车排气污染物排放限值及测量方法(中国Ⅲ、Ⅳ、Ⅴ阶段)》;

(14)GB 4785—2007 《汽车及挂车外部照明和光信号装置的安装规定》。

2. 检验项目

1)整机检验项目

(1)主要结构和技术特性参数的测定:

整车的质量、桥荷的分配、质心位置都应符合石油专用车的有关要求。

(2)行驶试验:

按规定的行驶试验项目、行车里程进行行驶试验后,检查各连接件应牢固,各密封部位应无渗漏现象。

2)部件检验项目

(1)底盘与发电机:

主要有外观检查、参数检查、资料检查、配件检查等。

(2)车厢检验:

主要检验车厢的外形尺寸、周围灯具的安装是否符合相关标准及图纸的要求、相关部件的安装位置是否符合要求、厢体进出的门窗及梯子是否满足要求等方面。

(3)控制系统检验:

主要检验计算机系统的性能是否满足作业数据采集、记录、显示和分析的需要;数据采集系统是否有实施作业各种曲线的显示及对外输出。

(4)内部装饰及外部涂装:

① 内装饰材料的确认,按双方签定的技术协议进行。

② 内装饰板、压条与骨架以及各紧固件应安装正确,连接可靠,行驶时不得自行松动、振响。

③ 内装饰板及压条与骨架应贴合紧密,其外表面应平整,过渡处应圆滑,不允许凸凹不平的现象。外露部分不应有容易造成人身伤害的锐边、尖角和毛刺。

④ 车厢骨架必须先进行表面防腐处理后再进行内外蒙皮铆接,内、外蒙皮之间填充隔热材料。

⑤ 整车不允许出现缺漆、露底、起泡、裂纹、脱落、生锈、划伤。涂装颜色及图案应符合双方确认的图样。

3）外观质量检验项目

主要检查：整机的完整性；涂漆；标志；包装；随机文件；储存。

3. 检验设备

1）数字万用表

测量范围：0～500V；0～10A；0～200kΩ；准确度：1%～3%。

2）卷尺

测量范围：0～500V；0～10A；0～200kΩ；准确度：0.5%。

3）仪表车专用试验台架和装置

如淋雨试验台架、装置等。

上述检验设备，需满足SY/T 5211《压裂成套设备》试验的要求。

（五）检验方法与规则

1. 检验方法

1）整机性能检验方法及要求

（1）整车主要结构和技术特性参数的测定：

整机运移状态下的总重量、桥荷分配及质心位置的测定，按SY/T 5534《油气田专用车通用技术条件》中相关的规定进行。

（2）整车行驶试验：

行驶试验的项目、行车里程按SY/T 5534《石油专用车通用技术条件》中相关的规定进行。

（3）整机试验：

整车电气系统的有关要求按GB 5226.1《机械电气安全　机械电气设备　第1部分：通用技术条件》的规定进行；样机工作试验应进行两口井以上的现场固井作业，其中至少有一口井的井深在1000m以上，以便考核整车的工作性能达到现场固井作业的要求。

2）部件性能检验方法及要求

（1）发电机：

① 外观检查：要求发电机外观无明显划痕、油漆脱落、气泡、开裂现象；各管路、线路无断裂、露线、渗漏现象。

② 参数检查：要对发电机的基本参数进行检验，如电压、额定功率、频率等，要求符合实际需要。

③ 资料检查：发电机随机的各类资料（如使用手册、保修手册、合格证等），要求齐全并做好登记记录。

④ 配件检查：要对发电机出厂的配件进行检查，要求数量符合要求、无损坏现象。

（2）车厢检验：

① 车厢外廓尺寸符合图纸要求。

② 厢体周围灯具的安装符合图纸要求，侧标志灯、示廓灯、反光标识的安装符合国家行业标准要求，且有3C标志并提供生产厂家的资质证明书。

③ 车厢顶部安装的风扇大小及位置按图纸要求。

④ 厢体门启闭应灵活、门锁锁止可靠；两侧设有梯子以方便操作人员上下行走方便。

(3)控制系统检验：

主要检验计算机系统的性能是否满足作业数据采集、记录、显示和分析的需要；数据采集系统是否有实施作业各种曲线的显示及对外输出。

(4)内部装饰及外部涂装：

① 内装饰材料的确认，按双方签订的技术协议进行。

② 内装饰板、压条以及各紧固件应安装正确，联接可靠，行驶时不得自行松动、振响。

③ 内装饰板及压条与骨架应贴合紧密，其外表面应平整，过渡处应圆滑，不允许凸凹不平的现象。外露部分不应有容易造成人身伤害的锐边、尖角和毛刺。

④ 车厢骨架必须先进行表面防腐处理后再进行内外蒙皮铆接，内、外蒙皮之间填充隔热材料。

⑤ 整车不允许出现缺漆、露底、起泡、裂纹、脱落、生锈、划伤。涂装颜色及图案应符合双方确认的图样。

3)设备标志、包装、运输、贮存检查

(1)标志安装及内容：

产品标志应安装于车上最明显且易于永久保存的部位。标志的内容应符合 GB/T 13306《标牌》的规定。标牌的要求基本内容包括：制造厂名及注册商标；产品名称及型号；总质量；整备质量；产品外形尺寸；产品主要技术参数；发动机型号；发动机额定功率；产品出厂编号及产品制造日期及 VIN 码。

(2)包装及运输：

整车可裸装运输，车上各主要部件有配合关系的裸露部位应涂润滑脂或防锈剂或者安装防护附件，防止运输过程中出现锈蚀及磕、碰、损伤情况。随车技术文件一律装在不透水塑料袋内，并与随车附件一并装箱。

(3)随车技术文件：

主要包括产品合格证；产品使用及维护说明书；交货清单、备件清单、装箱单；随车附件、备件清单；易损件目录及图样；底盘车出厂所带技术文件。

(4)随车附件：

主要包括附件、备件；专用工具；底盘车出厂所带工具。

(5)贮存：

设备应放在干燥通风的场地，存放期间要注意防水、防火、防冻和防锈蚀。

2. 检验规则

(1)仪表车性能试验方法应按 QC/T 252《专用汽车定型试验规程》的规定进行；

(2)质量参数测定方法应按 GB/T 12674《汽车质量(重量)参数测定方法》的规定进行；

(3)外廓尺寸测定应按 GB/T 12673《汽车主要尺寸测量方法》的规定进行；

(4)外部照明和信号装置的一般要求试验按 GB 4785《汽车及挂车外部照明和光信号装置的安装规定》的规定进行；

(5)后视镜性能试验方法和安装检查应符合 GB 15084《机动车辆　间接视野装置　性能

和安装要求》的规定；

(6)侧倾稳定角试验方法应按 GB/T 14172《汽车静侧翻稳定性台架试验方法》的规定进行；

(7)制动系统试验方法应符合 GB 12676《商用车辆和挂车制动系统技术要求及试验方法》的规定；

(8)噪声测定应按 GB 1495《汽车加速行驶车外噪声限值及测量方法》的规定进行；

(9)汽车安全行驶状况检查应按 GB/T 12677《汽车技术状况行驶检查方法》的规定进行；

(10)道路行驶试验里程按 SY/T 5534《油气田专用车通用技术条件》的规定进行；

(11)其他检验规则可按相关国家标准进行。

(六)维护和保养

1. 底盘及发电机

(1)定期检查发电机燃油油位、机油油位。

(2)定期更换发动机相关易损件。

(3)定期检查底盘的减震器、排气管、取力器等装置。

(4)按所选用的底盘使用说明书或者维护保养手册进行操作。

2. 发电机

(1)定期检查发电机水位、油位。

(2)定期更换发电机防火保护罩，需达到相关安全标准。

(3)按所选用的发电机说明书进行维护操作。

3. 电源系统

(1)定期检测电源系统，看有无漏电等现象。

(2)定期检查电源部件。

第五章　井控装置

第一节　旋转防喷器

一、概述

旋转防喷器是井口安全控制系统的重要设备，也是欠平衡钻井、地热钻井、煤层气钻井的必要设备之一。旋转防喷器安装在防喷器组的最上部，作为控制设备的补充，在井眼环空与钻柱之间起封隔作用，并提供安全有效的压力控制，同时具有将井眼返出流体导离井口的作用，能提高钻井效率，较少造成地层损害，还能降低对环境的污染。

（一）组成

旋转防喷器包括旋转防喷器主机、液压控制单元、司钻控制盘、安装连接部件四大部分。旋转防喷器如图5－1所示。

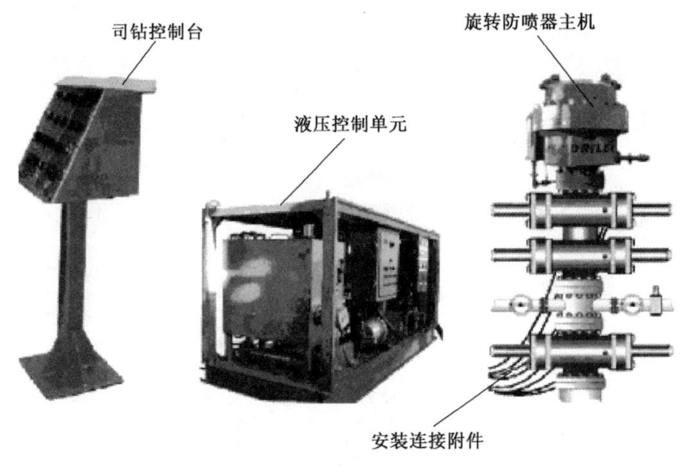

图5－1　旋转防喷器

旋转防喷器主机主要由旋转总成和壳体两部分组成。旋转总成包括方补心（可旋转）、上、下部橡胶密封胶芯、旋转总成、中心管、壳体等几大部分。旋转总成和壳体用卡箍连接。

液压控制单元主要由储能器、电动机启动接线箱、仪表盘、油箱等组成。

司钻控制盘主要由显示器、报警器、开关等组成。

安装连接部件主要由井口压力传感器、缓冲器、液压连接软管和电缆组成。

（二）型号表示方法

旋转防喷器型号按如下规则表示。

二、检测依据、条件及检测仪器设备

(一)检验依据

旋转防喷器检验的主要依据为 GB/T 25430—2010《钻通设备 旋转防喷器规范》,该标准规定了用于气体钻井、油气井钻井作业和地热钻井作业的旋转防喷器的设计、性能、材料、试验和检验、焊接、标识、搬运、贮存和运输的要求。适用于主动型、被动型和混合型旋转防喷器,旋转防喷器旋转总成,旋转防喷器密封胶芯和旋转防喷器本体卡箍,不适用于旋转防喷器的现场试验。

(二)检测条件

1. 检验环境

(1)压力试验时,应在独立的压力试验区进行。在升压和稳压过程中,操作人员应远离带压区,以保证人员安全。试验时不得少于 2 人,并有专人监护。

(2)超声波探伤、磁粉探伤、渗透探伤照明符合要求,如磁粉探伤的可见光照度≥1000lx,现场采用便携设备时可见光照度≥500lx,暗室可见光照度≤20lx。

(3)压力试验时有可靠的安全设施。

(4)具备供水、供气和供电设施。

2. 检验人员

(1)井控装置检验人员应经过国家认可的部门培训,取得培训合格证书后,在证书有效期内进行井控装置的质量检验工作。

(2)无损检测人员应根据 GB/T 9445《无损检测 人员资格鉴定与认证》的规定进行资格鉴定。

(3)所有其他直接影响材料和产品质量的质量控制人员也应进行资格鉴定。

(三)检测仪器设备

1. 压力表或压力传感器

压力试验的测量设备应是压力表或压力传感器,应满足以下条件。

(1)精度至少应为全量程的 ±0.5%。

(2)最大允许示值误差为满量程的 ±2%。

(3)如果使用压力表,应在压力表满量程 25% ~75% 的区间进行压力试验。

2. 便携式硬度计

测量范围为 200 ~900HL,准确度为 ±0.8%。

3. 电液伺服万能材料试验机

测力系统准确度为1级或优于1级,引伸计准确度不低于2级,准确度为1%。

4. 冲击试验机

测量范围为300J,准确度为0.5%。

5. 探伤设备

包括超声波探伤仪、磁粉探伤仪、射线探伤仪、声发射检测仪。

6. 通径规

通径规直径比制造商规定的轴承总成和旋转防喷器本体通孔设计尺寸小0.51~0.76mm。通径规芯轴标准长度至少比任何整机设备通孔长51mm,且不小于300mm。

7. 旋转动密封试验装置

扭矩0~5000N·m,转速0~300r/s,承载50t。

8. 防喷器试验装置

起下钻速度:0~300mm/s。

9. 光谱分析仪

光谱分析仪1台。

三、检测检验

旋转防喷器检验与试验,按照GB/T 25430—2010《钻通设备　旋转防喷器规范》的要求执行。

(一)原材料的检验

承压件的材料按标准要求应进行化学分析、拉伸试验、冲击试验、硬度试验等,其性能应符合表5-1至表5-6的要求。

表5-1　承压件材料性能要求

API材料代号	屈服强度2%残余量最小,psi	拉伸强度最小,psi	2in的延伸率最小,%	断面收缩率最小,%
36K	36000	70000	21	—
45K	45000	70000	19	32
60K	60000	85000	18	35
75K	75000	95000	18	35

表5-2　API承压部件材料选用

零件	额定工作压力,psi		
	≤10000	15000	20000
本体	36K,45K,60K,75K	45K,60K,75K	60K,75K
端部连接	60K	75K	75K
盲板法兰	60K	75K	75K
盲板毂	60K	75K	75K

表 5－3　承压件用钢化学成分限制

合金元素	碳钢和低合金钢(质量分数) %	马氏体不锈钢限制(质量分数) %
碳	0. 45	0. 15
锰	1. 80	1. 00
硅	1. 00	1. 50
磷	0. 04	0. 04
硫	0. 04	0. 04
镍	1. 00	4. 50
铬	2. 75	11. 0 ~ 14. 0
钼	1. 50	1. 00
钒	0. 30	—

表 5－4　合金元素允许变化范围要求

合金元素	碳钢和低合金钢限制(质量分数) %	马氏体不锈钢限制(质量分数) %
碳	0. 08	0. 08
锰	0. 40	0. 40
硅	0. 30	0. 35
镍	0. 50	1. 00
铬	0. 50	—
钼	0. 20	0. 20
钒	0. 10	0. 10

注:对于所规定的任何合金元素,这些值是其含量允许的变化范围,并且不应超过表 5－4 所给出的最大值。

表 5－5　夏比 V 型缺口冲击试验的验收准则

温度等级	试验温度	每组三个试样所要求的最低平均冲击值 lb · ft	每组只有一个试样所允许的最小冲击值 lb · ft
T－0	0℉(－18℃)	15(20J)	10(14J)
T－20	－20℉(－29℃)	15(20J)	10(14J)
T－75	－75℉(－59℃)	15(20J)	10(14J)

表 5－6　最低硬度要求

API 材料标记	布氏硬度,HBW
36K	140
45K	
60K	174
75K	197

(二)无损检测

所有承压焊缝应在热处理后100%地进行射线探伤、超声波探伤或声发射检测。所有修理部分超过原壁厚25%或1in(两者取其小者)的补焊在所有的焊接、焊后热处理后应100%地进行射线探伤、超声波探伤或声发射检测。声发射检测应贯穿于整个厂内静水压强度试验过程中。

所有可接近的井内流体接触的表面及密封表面的铁磁性材料零件都应在最终热处理及最终机械加工完成后用磁粉(MP)或液体渗透法(LP)进行检验。非铁磁性材料零件应在最终热处理和最终机械处理完成后用LP进行检验。

(三)出厂试验

旋转防喷器出厂试验项目及试验要求见表5-7。

表5-7 旋转防喷器出厂试验项目及试验要求

序号	试验项目	第一次试压		第二次试压		试验要求
		试验压力值 MPa	稳压时间 min	试验压力值 MPa	稳压时间 min	
1	静水压强度试验	额定静压的1.5倍	≥3	额定静压的1.5倍	≥15	无渗漏
2	液压控制腔试验	额定工作压力的1.5倍	≥3	额定工作压力的1.5倍	≥15	无渗漏
3	旋转防喷器关闭试验	0.69~0.82	≥10	额定静压力	≥10	无渗漏
4	旋转扭矩试验	在制造商规定的额定动压和最大旋转速度情况下旋转				符合制造商的书面规范
5	通径规试验	压力试验后,用通径规芯轴穿过整机设备通孔				应不借助外力穿过通孔

(四)性能验证试验

性能验证试验包括出厂试验和功能试验,在出厂试验完成后,进行功能试验。旋转防喷器功能试验见表5-8。

表5-8 旋转防喷器功能试验

试验要求	被动型		主动型		混合型		
	轴承总成	胶芯	承压件	胶芯	轴承总成[a]	被动型胶芯	主动型胶芯
密封性能试验	—	—	—[b]	Yes	—[b]	—	Yes
疲劳试验	—	—	—[b]	Yes	—[b]	—	Yes
胶芯拆装试验	Yes		Yes		Yes		
承压起下钻寿命试验	—[b]	Yes	—[b]	Yes	—[b]	Yes	Yes
额定动压试验	Yes[a]		Yes[a]		Yes[a]		
额定静压试验	Yes		Yes		Yes		

[a]如果旋转防喷器不止一个轴承总成,那么应对每一个轴承总成单独进行测试。

[b]试验不适用,但是为了进行胶芯试验,轴承总成应保留在适当位置上。

1. 密封性能试验——主动型

应分别在有钻杆芯轴和空井的情况下(非旋转)进行,有钻杆芯轴试验的钻杆外径尺寸应按制造商规定,且为密封胶芯所用的最小尺寸。主动型密封胶芯试验包括以下四部分。

(1)恒井压试验。

(2)恒关闭压力试验。

(3)全封闭压力试验。

(4)额定动压试验。

2. 疲劳试验

主动型旋转防喷器反复关闭和开启后保持加0.34~0.69MPa(50~120psi)压力和额定静压密封的能力。

(1)每完成20次开关循环时,开启活塞到最大开启位测胶芯内径,每隔5min测一次胶芯内径,直到内径恢复到旋转防喷器通径或时间经过30min为止。

(2)密封失效时的循环数或364次开关循环和52次压力循环,取其首先达到者。

3. 胶芯拆装试验

拆装胶芯和每拆装20次进行一次额定静压试验。文件应包括失效时的拆装循环数或200次装拆循环数,取其首先达到者。

4. 承压起下钻寿命试验

试验芯轴以300mm/s的速度做往复运动,上下冲程为1.5m,在起下钻过程中井压变化不超过±10%,以制造商推荐的关闭压力进行1000次循环或直到出现可视泄漏。

5. 额定动压试验

测量并确定初始旋转力矩。旋转力矩不得超过制造商的书面规范。

逐渐增加井压直至井压等于制造商规定旋转防喷器的额定动压,并保持3min。

开始旋转旋转防喷器中的试验钻杆芯轴,在施加制造商规定的旋转防喷器额定动压的同时增加旋转速度直至等于最大旋转速度(RPM)。在制造商规定的旋转防喷器额定动压和最大旋转速度情况下继续旋转,并保持100h。测量和记录试验过程轴承内外冷却剂的温度以及使用的润滑剂。停止旋转,增加井压直至等于旋转防喷器额定静压,并保持3min。然后完全泄放压力。

测量并记录旋转力矩,旋转力矩不得超过制造商书面规范的要求。若旋转防喷器不止一个轴承,那么每一个轴承都应单独进行试验以确定旋转防喷器额定动压。

6. 额定静压试验

对关闭并抱住试验芯轴的旋转防喷器进行试压,试验压力为额定静压力,并保持一段时间。

试验应记录试验芯轴尺寸、试验压力、保压时间等。

(五)产品外观及包装质量检验

橡胶密封圈应根据制造商的书面程序进行储存。

检查所有连接表面及密封垫环槽是否用耐用的覆盖物加以保护。

所有设备应打印产品代码或字母数字代码。

第二节　闸板防喷器和环形防喷器

一、概述

防喷器是井控装置的一个重要组成部分，主要用途是在钻井、修井和试油等作业中控制井口压力，有效地防止井喷事故发生，实现安全施工。国内液压防喷器经过 30 多年的发展，已研制出 180mm、230mm、280mm、350mm、480mm、540mm、680mm 等通径，14MPa、21MPa、35MPa、70MPa、105MPa、140MPa 压力级别的系列产品。

（一）分类与功能

防喷器按功能可以分为闸板防喷器和环形防喷器。其结构如图 5－2、图 5－3 所示。

图 5－2　闸板防喷器结构图

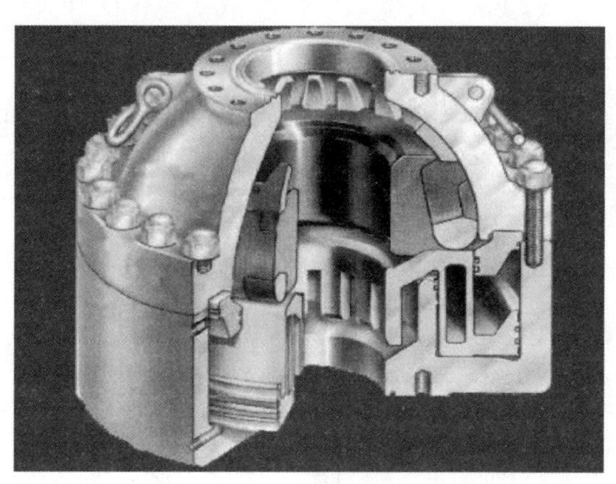

图 5－3　环形防喷器结构图

1. 闸板防喷器的功能

当井内有管柱时，配上相应管子闸板能封闭套管与管柱间的环形空间；当井内无管柱时，配上全封闸板能全封闭井口；在封闭情况下，可通过四通及壳体旁侧出口所连接的管汇进行钻井液循环、节流放喷和压井等特殊作业；必要时，管子闸板可以悬挂钻具；在特殊情况下，配置剪切闸板，可切断钻具，达到封井的目的。

2. 环形防喷器的功能

当井内有钻具、油管或套管时，能用一种胶芯封闭各种不同尺寸的环形空间；当井内无钻具时，能全封闭井口（封零）；在进行钻井、取芯和测井等作业发生井涌时，能封闭方钻杆、取芯工具、电缆及钢丝绳等与井筒所形成的环形空间；在使用调压阀或缓冲蓄能器控制的情况下，能通过 18°无细扣对焊钻杆接头，强行起下钻具。

（二）防喷器型号的表示方法

（1）单闸板防喷器：FZ 公称通径—最大工作压力。

(2)双闸板防喷器:2FZ 公称通径—最大工作压力。

(3)三闸板防喷器:3FZ 公称通径—最大工作压力。

(4)环形防喷器(锥形胶芯):FH(Z)公称通径—最大工作压力。

二、标准及相关技术要求

(一)检验依据

闸板/环形防喷器检验的主要依据是 GB/T 20174—2006《石油天然气工业　钻井和采油设备　钻通设备》,该标准规定了用于油气井的钻通设备的性能、设计、材料、试验和检验、焊接、标记、搬运、贮存与运输的要求。

(二)技术要求

承压件应使用制造商规定的材料制造,这些材料应满足表 5－1 和表 5－2 的要求。制造承压件的碳钢、低合金钢及马氏体不锈钢的化学元素限制应符合表 5－3 合金元素含量允许公差范围、夏比 V 型缺口冲击试验应符合表 5－4、表 5－5 的要求。

表面无损检测、射线探伤、超声波探伤、声发射检测和硬度检测的技术要求同“第一节　旋转防喷器”的相关要求。

三、检测条件及检测仪器设备

(一)检测条件

1. 检验环境

(1)进行压力试验时,应在独立的压力试验区进行。在升压和稳压过程中,操作人员应远离带压区,以保证人员安全。试验时操作人员不得少于 2 人,并有专人监护。

(2)超声波探伤、磁粉探伤、渗透探伤的照明条件应符合要求,如磁粉探伤的可见光照度≥1000lx,现场采用便携设备时,可见光照度≥500lx,暗室可见光照度≤20lx。

(3)进行压力试验时配备有可靠的安全设施。

(4)具备供水、供气和供电设施。

2. 检验人员

(1)井控装置检验人员应经过国家认可的部门培训,取得培训合格证书后,在证书有效期内进行井控装置的质量检验工作。

(2)无损检测人员应根据 GB/T 9445《无损检测　人员资格鉴定与认证》的规定进行资格鉴定。

(3)所有其他直接影响材料和产品质量检验的质量控制人员也应进行资格鉴定。

(二)检测仪器设备

检测仪器设备有:

(1)压力试验的测量设备应是压力表或压力传感器,应满足以下条件:① 精度至少应为全量程的 ±0.5%;② 最大允许示值误差为全量程的 ±2%;③ 如果使用压力表,应在压力表全量程25% ~75% 的区间进行压力试验。

(2)便携式硬度计。

(3)电液伺服万能材料试验机。

(4)冲击试验机。

(5)光谱分析仪。

(6)探伤设备包括超声波探伤仪、磁粉探伤仪、射线探伤仪、声发射检测仪。

(7)通径规:通径规芯轴标准长度至少比任何整机设备通孔长 51mm,且不小于 300mm。设备尺寸见表 5 -9。

表 5 -9　设备尺寸

防喷器公称尺寸		通径规直径	
mm	in	mm	in
179	7 1/16	178.61	7.032
228	9	227.84	8.970
279	11	278.64	10.970
346	13 5/8	345.31	13.595
425	16 3/4	424.69	16.720
476	18 3/4	475.49	18.720
527	20 3/4	526.29	20.720
540	21 1/4	538.99	21.220
680	26 3/4	678.69	26.720
762	30	761.24	29.970

(8)防喷器试验装置:起下钻速度为 0 ~600mm/s。

(9)高低温试验装置:有效空间为 $60m^3$,温度范围为 -70 ~150℃,内环境介质温度为200℃,波动范围为 2℃。

(10)气密封试验装置:排气量为 $2m^3$/min,测试压力范围为 0 ~210MPa,驱动气源为 0.8MPa。

四、检测检验

(一)原材料的检验

承压件的材料要按相关标准要求进行化学分析、拉伸试验、冲击试验和硬度试验等,其性能应符合表 5 -1、表 5 -4 至表 5 -6 的规定。

(二)无损检测

所有承压焊缝应在热处理后全部进行射线探伤、超声波探伤或声发射检测。所有修理部分超过原壁厚25%或1in(两者取其小者)的补焊在焊接和焊后热处理后应全部进行射线探伤、超声波探伤或声发射检测。声发射检测应贯穿于整个厂内静水压强度试验过程。

所有可接近的井内流体接触的表面及密封表面的铁磁性材料零件都应在最终热处理及最终机械加工完成后用磁粉(MP)或液体渗透法(LP)进行检验。非铁磁性材料零件应在最终热处理和最终机械处理完成后用液体渗透法(LP)进行检验。

(三)出厂试验

表5-10为闸板防喷器、环形防喷器出厂试验项目及试验要求。

表5-10　闸板防喷器、环形防喷器出厂试验项目及试验要求

序号	试验项目	第一次试压		第二次试压		试验要求
		试验压力值,MPa	稳压时间,min	试验压力值,MPa	稳压时间,min	
1	静水压强度试验	见表5-11	≥3	见表5-11	≥15	无渗漏
2	液压控制腔试验	额定工作压力的1.5倍	≥3	额定工作压力的1.5倍	≥15	无渗漏
3	BOP关闭试验	1.4~2.1	≥10	额定工作压力	≥10	无渗漏
4	环形胶芯试验	1.4~2.1	≥10	额定工作压力的50%	≥10	无渗漏
5	液压闸板锁紧装置试验	1.4~2.1	≥10	额定工作压力	≥10	无渗漏
6	剪切闸板试验	1.4~2.1	≥3	额定工作压力	≥3	无渗漏
7	气密封试验	1.4~2.1	≥10	额定工作压力	≥10	无气泡且压降不大于1.0MPa
8	通径规试验	所有压力试验后,30min内用通径规芯轴穿过整机设备通孔				应不借助外力穿过通孔

注:1. 管子闸板、全封闸板和变径闸板按防喷器关闭试验的要求进行试验。
2. 气密封试验适用于天然气勘探钻井用防喷器或客户要求进行气密封性能试验的防喷器。

静水压强度试验压力见表5-11。

表5-11　静水压强度试验压力

额定工作压力		试验压力			
		API法兰公称尺寸≤346mm(13⅝in)		API法兰公称尺寸≥425mm(16¾in)	
MPa	psi	MPa	psi	MPa	psi
13.8	2000	27.6	4000	20.7	3000
20.7	3000	41.5	6000	31.0	4500
34.5	5000	51.7	7500	51.7	7500
69.0	10000	103.5	15000	103.5	15000
103.5	15000	155.0	22500	155.0	22500
138.0	20000	207.0	30000	—	—

(四)性能验证试验

性能验证试验包括出厂试验和功能试验,在出厂试验完成后,进行功能试验。

功能试验项目应符合表5-12的规定。

表5-12 闸板防喷器和环形防喷器功能试验项目

试验	闸板防喷器				环形防喷器
	固定孔[a]	变径孔	全封[a]	剪切	
密封性能试验	P1,S2	P3,S3	P1,S2	P1,S2	P1,S2
疲劳试验	P1,S2	P3,S3	P1,S2	P1,S2	P1,S2
承压起下管柱寿命试验	P2,S2	P2,S2	N/A	N/A	N/A
剪切闸板试验	N/A	N/A	N/A	P1,S2	N/A
胶芯拆装试验	P2,S2[b]				P2,S2[c]
闸板锁紧装置	P2,S2[d]				N/A
温度验证	P3,S3				

注:P1:验证所有不高于被试产品额定压力的产品试验是否合格。

P2:该被试产品能验证所有压力等级的产品是否合格。

P3:只验证该额定压力的被试产品是否合格。作为例外,当相同尺寸和材料的密封闸板有多个压力等级时,只需进行最高压力等级的试验。

S2:验证所有规格尺寸的被试产品是否合格。

S3:只验证该规格尺寸的被试产品是否合格。

N/A:不适用。

[a]一种固定孔管子闸板试验合格可验证其他尺寸固定孔管子闸板和全封闸板的相同试验合格。

[b]对于一个产品系列只需做一次闸板拆装试验。

[c]只有功能上设计相似的关闭机构可进行比例换算。

[d]对于一个产品系列只需做一次闸板锁紧装置试验(用任何闸板进行)。

1. 闸板防喷器功能试验

1)密封性能试验

密封性能试验包括初始井压为零的闸板关闭试验和有上部井压的闸板关闭试验。

对于通径不小于279mm(11in)的防喷器的固定孔管子闸板试验应使用127mm的试验芯轴;当防喷器通径小于279mm时,应使用88.9mm的试验芯轴。变径闸板的密封性能试验应包括其尺寸范围内的最小和最大尺寸的试验。

2)疲劳试验

用制造商推荐的操作压力关闭及开启闸板各7次,在第7次关闭时,闸板胶芯及密封件维持1.4~2.1MPa和额定工作压力的密封能力,在第7次压力循环时,关闭闸板并锁闭缩紧机构,试验前,释放掉所有液动压力。每个试验压力保持3min。重复以上过程,直至闸板损坏、胶芯开裂或总计完成开启和关闭各546次(78次试压)。

3)承压起下钻寿命试验

对于通径不小于279mm(11in)的防喷器,使用外径为127mm(不带钻杆接头)的试验芯轴;当防喷器通径小于279mm时,应使用88.9mm(不带钻杆接头)的试验芯轴。使试验芯轴以600mm/s的速度做往复运动,直到相当于9.1m的钻杆在润滑状态下通过闸板密封件为止。泄放井压,打开闸板。直到渗漏率超过4L/min或相当于15000m的钻杆通过密封件。

4)悬挂试验

适用于通径不小于279mm的防喷器,变径闸板的任何悬挂试验应使用该闸板设计的最小和最大的钻杆尺寸分别进行。悬挂试验应在最恶劣的工况下进行,即利用关闭压力保持悬挂或泄放关闭压力只用闸板锁紧装置保持闸板关闭。

5)胶芯拆装试验

本试验包括拆装闸板和每拆装20次进行一次井压试验,共计拆装200次。

6)闸板锁紧装置试验

本试验可在进行疲劳试验和悬挂试验时完成。

7)温度验证试验

要求对每个温度等级进行高低压试验,低压试验应在1.4~2.1MPa压力下进行,高压试验在设备的额定工作压力下进行。

2. 环形防喷器功能试验

1)密封性能试验

密封性能试验包括恒井压试验、恒关闭压力试验和全封压力试验。

本试验应分别在有钻杆做芯轴和在空井的条件下进行。通径不小于279mm(11in)的防喷器,使用外径为127mm的试验芯轴;当防喷器通径不大于228mm时,应使用88.9mm的试验芯轴。

2)疲劳试验

用制造商推荐的压力关闭和打开BOP,重复此操作6次,第7次用制造商推荐的关闭压力关闭BOP,施加1.4~2.1MPa压力和BOP额定工作压力,并分别保持3min。在每进行第20次压力循环时,开启BOP,并测量胶芯内径,然后每隔5min测量一次胶芯内径,直到其内径恢复到BOP通径或直到时间过去30min为止。重复前述过程直到胶芯出现渗漏或已完成364个开关循环。

3)承压起下钻寿命试验

对于通径不小于279mm的防喷器,使用外径为127mm并带模拟API 18°台肩的$6\frac{5}{8}$in钻杆接头的试验芯轴;当防喷器通径不大于228mm时,应使用88.9mm并带模拟API 18°台肩的5in钻杆接头的试验芯轴。使试验芯轴以600mm/s的速度做往复运动,上下冲程为1.5m,在起下钻过程中井压变化不超过±10%,直到渗漏率超过4L/min或完成5000次循环。

4)胶芯拆装试验

本试验包括拆装胶芯和每拆装20次进行一次井压试验,共计拆装200次。

5)温度验证试验

要求对每个温度等级进行高低压试验,低压试验应在1.4~2.1MPa压力下进行,高压试验在设备的额定工作压力下进行。

3. 产品外观及包装质量检验

橡胶密封圈应根据制造商的书面程序进行储存。

检查零件和设备的外露金属表面是否进行过防锈处理保护，所有连接表面及密封垫环槽应用耐用的覆盖物加以保护。

所有设备应打印产品代码或字母数字代码，并续以“GB/T 20174”。

第三节　防喷器控制装置

一、概述

防喷器控制装置是钻井控制系统的核心设备之一，用于控制井口防喷器组及液动节流阀、压井阀，是钻井作业中不可缺少的装置，其质量和可靠性对钻井作业的安全至关重要。控制装置的功能就是预先制备与储存足量的压力油并控制压力油的流动方向，使防喷器得以迅速实现开关动作。当液压油由于使用消耗，导致油量减少，油压降低到一定程度时，控制装置将自动补充储油量，使油压始终保持在一定的高压范围内。

控制装置（图 5－4）由蓄能器装置（又常称远程控制台或远程台）、遥控装置（又常称司钻控制台或司钻台）以及辅助遥控装置（常称辅助控制台）组成。控制装置还可以根据需要，增加氮气备用系统、报警装置、压力补偿装置及油箱电加热装置等。

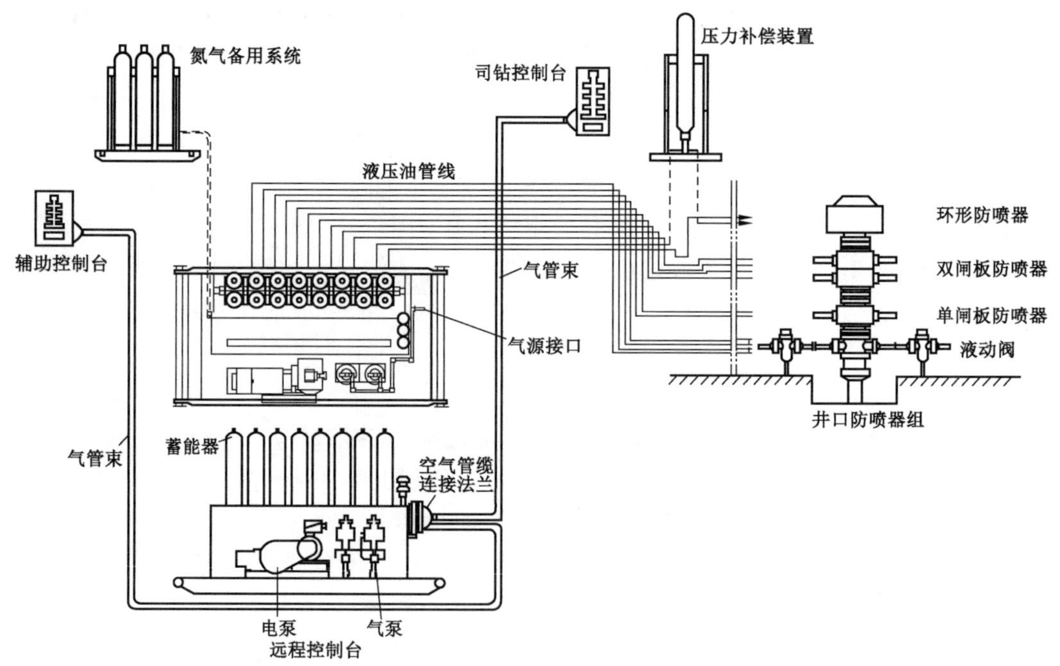

图 5－4　防喷器控制装置组成

蓄能器装置是制备、储存与控制压力油的液压装置，由油泵、蓄能器、阀件、管线和油箱等元件组成。通过操作三位四通转阀（换向阀）可以控制压力油进入防喷器油腔，直接使井口防喷器实现开关动作。

遥控装置是使蓄能器装置上的换向阀动作的遥控系统，间接使井口防喷器实现开关动作。

辅助遥控装置安置在值班房内，作为应急的遥控装置备用。

氮气备用系统可为控制管汇提供应急辅助能量。如果蓄能器和（或）泵装置不能为控制管汇提供足够的动力液，可以使用氮气备用系统为管汇提供高压气体，以便关闭防喷器。

报警装置可以在蓄能器压力较低、气源压力较低及油箱液位较低的情况下为系统提供声、光报警信号，并显示电动机的运转状况，为井控操作人员提供帮助。

压力补偿装置是控制装置的配套设备，可以减少环形防喷器胶芯的磨损，同时也会在防喷器过接头后使胶芯迅速复位，确保钻井安全。

油箱电控制装置远程控制台油箱内的液压油进行加热。

二、标准及相关技术要求

（一）检验依据

防喷器控制装置主要检验依据为 SY/T 5053. 2—2007《钻井井口控制设备及分流设备控制系统规范》和 SY/T 5964—2006《钻井井控装置组合配套　安装调试与维护》。

（二）技术要求

1. 响应时间

水上防喷器控制装置应能在 30s 内关闭每个闸板防喷器，公称通径小于 476. 25mm 的环形防喷器的关闭时间应不超过 30s；公称通径不小于 476. 25mm 时，应不超过 45s。节流阀和压井阀的响应时间应不超过已知闸板防喷器响应时间中的最小值。

2. 泵系统

（1）泵组的总排量应能在 15min 内使整个蓄能器系统从预充压力升至控制系统的额定压力。

（2）在不使用蓄能器组且一套泵系统或一套动力系统不工作时，余下的泵系统能在 2min 内满足以下情况：在空井时关闭一个环形防喷器（不包括分流器）；打开液动节流阀；提供的压力至少等于环形防喷器制造厂推荐的最小操作压力值或节流阀制造厂推荐的最小操作压力值（取两者的较大值）。

（3）气动泵系统应具备气源压力在 0. 53MPa 的条件下，把蓄能器充压到系统额定压力的能力。

（4）溢流阀的设定压力应不超过系统额定压力的 10%，溢流阀和溢流管路的溢流能力应具备在泵的最大排量时其压力不超过系统额定压力的 133%。

（5）系统工作压力降至接近系统额定压力的 90% 时，主泵应能自动启动，系统工作压力升至系统额定压力的 97% ~100% 时应自动停止。辅助泵的停泵压力不应低于系统额定压力的 95%，启泵压力不应低于系统额定压力的 85%。

三、检测条件及检测仪器设备

（一）检测条件

试验环境为常温常压。

试验介质为液压油、空气。

蓄能器充气压力为7MPa ±0.7MPa,气源压力为0.65 ~0.80MPa,电源电压力为380V ±19V。

(二)检测仪器设备

检测仪器设备包括以下几件。

(1)元件试验台。

(2)液控:额定压力为31.5MPa;最大流量为175L/min。

(3)气控:排气压力为1.0MPa;排气量为3.0m^3。

四、检测检验

防喷器控制装置的检验分为出厂检验和型式试验。

(一)出厂检验

1. 蓄能器组充压时间试验

1)试验内容

远程控制台泄压到7MPa,各三位四通液转阀处于“中位”的情况下,启动泵组给蓄能器组充压,记录从充压开始至压力升高到21MPa的时间。

2)要求

(1)在不使用蓄能器组且防喷器组中放入了所使用的最小直径钻杆的情况下,泵组的总输出液量应能在2min内关闭环形防喷器(不包括分流器)、打开所有液动阀,并使管汇具有不小于8.4MPa的压力。

(2)泵组的总输出液量能在15min内,使所有蓄能器从充气压力升高到地面防喷器控制装置的标称压力。

2. 泵组自动起停试验

分别对电泵和气泵进行自动起停试验。将蓄能器组压力从20.3 ~21MPa缓慢下降到18.9MPa时,观察泵是否能自动启动,泵启动后,当压力升高到20.3 ~21MPa时,观察泵组能否自动停止。

3. 溢流阀超压保护试验

1)试验内容

在主令开关放在手动位置、切断液气开关的情况下,启动泵组逐渐升压,观察溢流阀开始产生溢流的压力,观察随着系统压力降低,导致溢流阀关闭的压力。

2)要求

至少采用下列两种超压保护装置。

(1)一种装置是压力控制器和液气开关,其分别控制电泵和气泵,当泵的输出压力达20.3 ~21MPa时,能切断泵的动力源,并在系统压力下降至接近18.9MPa时,使泵自动启动。

(2)另一种装置通常是溢流阀,其调定压力不大于23.1MPa,其关闭压力不得低于18.9MPa。系统应有足够数量的溢流阀,溢流能力至少应等于泵组在标称压力时的流量。溢流阀应有最大流量试验数据(阀件单独试验)。

4. 环形防喷器调压阀出口压力稳定性试验

使调压阀的出口压力为21MPa,出口压力调定为厂商推荐值,通过改变外界条件的办法,促使调压阀出口压力缓慢上升、下降,观察其出口压力值波动的范围(此项可在元件试验台上单独试阀)。

5. 动作的一致性试验

操作司钻台上的各操作阀,观察远程控制台上的相应三位四通转阀的开关动作是否一致。

6. 控制滞后时间试验

1)试验内容

在调压出口压力为10.5MPa时,依次记录扳动司钻控制台上各操作阀到远程控制台三位四通液转阀完成动作之间的滞后时间。

2)要求

调压阀出口压力为10.5MPa,依次扳动司钻控制台上各操作阀,远程控制台三位四通液转阀完成动作滞后时间不得大于3s。

7. 油密封试验

1)试验内容

在蓄能器压力为21MPa、环形防喷器调压阀出口压力为10.5MPa和管汇压力为21MPa的情况下,用丝堵封严油管末端,并使各三位四通液转阀分别在“中位”、“开位”和“关位”换向5min,观测三位四通液转阀在中位、开位或关位时3min的压力降。

2)要求

中位的压力降不得大于0.25MPa,开位、关位的压力降不得大于0.6MPa。

8. 气密封试验

1)试验内容

远程控制台泄压,气源压力为0.8MPa,司钻控制台各操作阀分别在“中位”、“开位”和“关位”,切断气源后,观测3min的压力降。

2)要求

气源压力为0.80MPa,切断气源后观察3min内司钻控制台上各操作阀在“中位”、“开位”和“关位”的压力降,中位的压力降不得大于0.05MPa,开位、关位的压力降不得大于0.20MPa。

9. 调压阀出口压力稳定性试验

允许在元件试验台上试验。

10. 耐压试验

1)防喷器控制装置

(1)试验内容:油管末端用丝堵堵严,关闭蓄能器截止阀,开启旁通阀。高压溢流阀调定在34.5MPa,启动气动泵,使压力升至地面防喷器控制装置标称压力的1.5倍,将各三位四通液转阀放在“中位”,停泵保压 10min 后,检查各个部件有无明显泄漏,有无明显变形、裂纹等缺陷,并检查 3min 内的压力降。

(2)要求:各个部件有无明显泄漏,有无明显变形、裂纹等缺陷,3min 内压力降不应大于 0. 35MPa。

2)管排架和高压软管

(1)试验内容:单独进行 1. 5 倍标称压力的耐压试验,保压 10min。

(2)要求:各部位有无泄漏,有无明显变形、裂纹等缺陷。

(二)型式检验

除进行产品出厂检验的全部项目外,还应增加以下项目。

1. 三位四通液转阀的操作力矩检验

1)试验内容

三位四通液转阀进口压力为 10. 5MPa 时,扳动其手柄由“开”到“关”或由“关”到“开”,根据拉力计读数及手柄长度计算手柄操作力矩。

2)要求

三位四通液转阀进口压力为 10. 5MPa 时,手柄操作力矩不得大于 40N · m。

2. 防喷器关闭时间检验

1)试验内容

在调压阀出口压力为 10. 5MPa 的条件下,操作司钻控制台上的各操作阀,记录关闭闸板防喷器、环形防喷器和液动阀的时间。

2)要求

地面防喷器控制装置应能在 30s 内关闭任一个闸板防喷器。标称通径小于 476mm(183/4in)的环形防喷器,关闭时间不应超过 30s。标称通径不小于 476mm 的环形防喷器,关闭时间不应超过 45s。关闭(或打开)液动阀的时间,应小于防喷器组任一闸板防喷器的实际关闭时间。

3. 溢流阀最大流量检验

允许在元件试验台上试验。

4. 气动泵最低供气压力下最高输出压力检验

1)试验内容

使气动泵在 0. 53MPa 的供气压力下运转,检查气动泵的最高输出压力。

2)要求

气动泵在供气压力为 0. 53MPa 的条件下运转,其最高输出压力不应低于 21MPa。

5. 液压元件试验

液压元件包括三位四通转阀(液、气)、溢流阀、减压溢流阀、液气开关、气动泵和曲轴柱塞泵。元件试验都在元件试验台上完成,所有元件除了进行静压试验外,其他试验项目如下所示。

曲轴柱塞泵：空载排量、容积效率、超载性能、带载启动性能和气密封试验。

气动泵：空载排量、容积效率、超载性能、带载启动性能、外渗漏检查和效率试验。

三位四通转阀（液）：阀机能、换向性能和内泄漏量。

三位四通转阀（气）：阀机能、换向性能和内泄漏量。

减压溢流阀：调压范围及压力稳定性、减压稳定性、内泄漏量和反向冲击试验。

溢流阀：调压范围及压力稳定性、内泄漏量和启闭特性。

液气开关：换向性能、气密封试验和液密封试验。

（三）产品外观及包装质量检验

1. 产品外观

控制系统其主控制面板应带有铭牌，铭牌的内容至少应包含：制造厂名称或标志；型号或编号；生产日期；系统设计能提供的动力液的容积；系统额定压力；API 会标（包含 API 许可证号）。

2. 防护和保存

在运输前，元件和整机应彻底排出试验用液，应堵上裸露的孔。

3. 包装

所有的吊装点或吊装说明都应明显地为运输者和搬运者标出，所有密封的电气箱都应带有干燥剂。

第四节　节流和压井系统

一、概述

在油气井钻进中，井筒中的钻井液一旦被地层流体所污染，就会使钻井液静液柱压力和地层压力之间的平衡关系遭到破坏，导致溢流或井涌。在井控工作中常实施压井作业，压井作业需借助于一套装有可调节流阀的专用管汇，通过节流阀给井内施加一定的回压并通过管汇约束井内流体，使井内各种流体在控制下流动或改变流动路线。这套专用管汇称为节流和压井管汇。

当需循环出被污染的钻井液，或泵入性能经调整的加重钻井液压井，以便重建此平衡关系时，在防喷器关闭的条件下，利用节流管汇中节流阀的启闭控制一定的套压，来维持稳定的井底压力，避免地层流体的进一步流入。除此之外，节流管汇还可用于洗井等作业。压井管汇是油气井压力控制设备中的一个组成部分。它的功能是当不能通过钻柱进行正常循环时，可通过压井管汇向井中泵入钻井液，达到控制油气井压力的目的。压井管汇一端与防喷器组合侧孔相连，一端和钻井泵相连。与防喷器组合连接的部位必须在可能关闭闸板防喷器下方。

（一）组成

节流压井管汇包括节流管汇和压井管汇两部分，它们主要由闸阀、节流阀、止回阀、钻井节流阀、节流和压井管线(刚性节流和压井管线、铰接节流和压井管线、柔性节流和压井管线)、活接头与旋转活接头、三通、四通、五通等组成。柔性节流和压井管线主要用于钻井平台、半潜式钻井船或钻井船有相对运动以及钻机安装尺寸有变化的节流压井管汇上。

(二)分类

目前,常用的节流压井管汇压力有21MPa、35MPa、70MPa、105MPa和140MPa,按压力等级高低分为Ⅰ类、Ⅱ类和Ⅲ类,其中70MPa、105MPa和140MPa节流压井管汇的结构采用同一种形式,属于Ⅰ类节流压井管汇,典型的70~140MPa(10000~20000psi)管汇如图5-5所示。

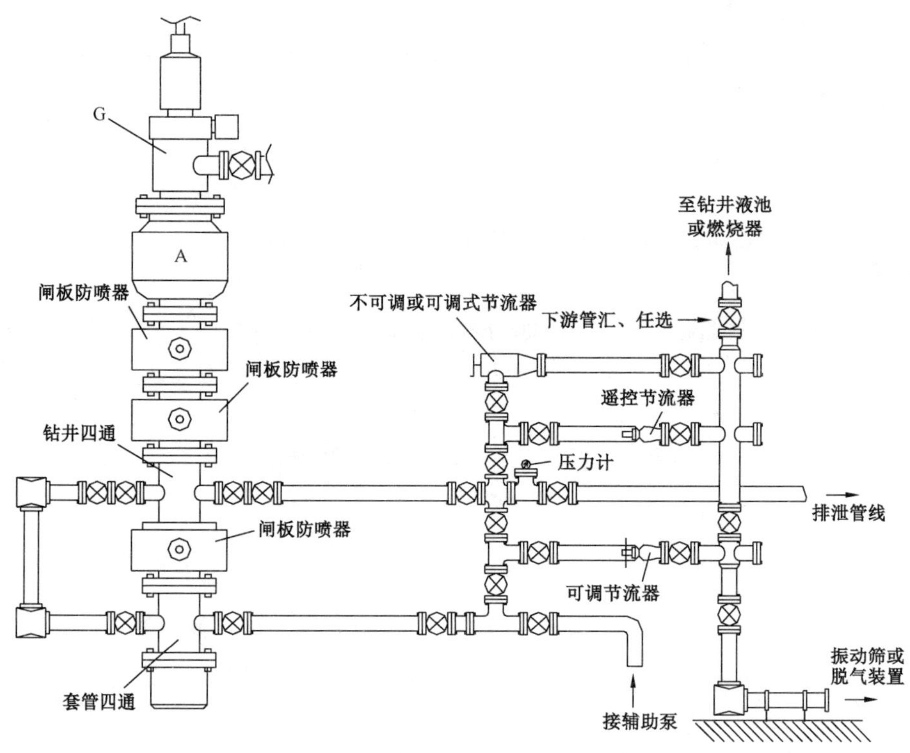

图5-5 典型的70~140MPa(10000~20000psi)管汇

(三)结构及特点

不同工作压力的节流管汇、压井管汇的标准配置不同,也可根据油气井的特殊情况、其重要性所要求达到的保护程度,将标准配置的节流管汇加以完善和改进。例如,附加液动阀、液动节流阀回路、附加压力表和排放歧管等。工作压力在21MPa或以上的节流和压井管汇各部件之间的连接方式,应采用法兰连接、焊接或卡箍连接。

目前国内外大多采用单级节流管汇,这种管汇结构简单,但在使用中存在如节流阀压降大,阀芯、阀座损坏严重,寿命短,节流阀手动操作劳动强度大,压力控制精度低等弊端,据了解,目前已研制出多级节流压井系统,其由多级节流管汇和控制系统构成,与常规单级节流压井系统相比,使用寿命明显提高。

二、标准及相关技术要求

(一)节流压井管汇的标准

节流和压井系统现行标准为 SY/T 5323—2004《节流和压井系统》,该标准等同采用 API Spec 16C:1993《节流和压井系统规范》。该标准在技术内容上规定了节流和压井系统的性能、设计、材料、焊接、试验、检验、贮存和运输的最低要求。

该标准所特指和涉及的设备有驱动阀控制管线、铰接节流和压井管线、钻井节流阀驱动器、钻井节流阀控制管线(不包括防喷器控制管线和井下安全阀控制管线)、钻井节流阀控制器、钻井节流阀、柔性节流和压井管线、活接头、刚性节流和压井管线、旋转活接头。

本标准内,同时也被其他 API 标准所涉及的设备有单向阀、节流阀、三通和四通、法兰式和螺栓式端部和出口连接、直通阀、卡箍式端部和出口连接、生产型节流阀驱动器、垫圈、螺栓与螺母、螺纹端部连接、阀驱动器。对于这些设备,本标准给出了以下最低要求:产品规范级别应不低于 PSL3,材料等级应不低于 EE 以及标准规定的额定温度,使其适用于节流和压井系统。

(二)节流和压井管汇的技术要求

1. 静水压试验

装配的总成在制造商发运之前,应进行本体静水压试验。测试压力时不应在节流阀内部的关闭机构中产生压力差。试验应在喷漆前进行。管汇总成在从装配厂发运前应按表 5-13 的要求进行静水压试验。如果管汇总成的零件具有不同的工作压力,应依据最低的额定工作压力确定试验压力。

表 5-13 不同额定工作压力下的静水压试验压力

额定工作压力,MPa(psi)	静水压试验压力,MPa(psi)
13.8(2000)	27.6(4000)
20.7(3000)	41.3(6000)
34.5(5000)	69.0(10000)
69.0(10000)	103.5(15000)
103.5(15000)	155.0(22500)
138.0(20000)	207(30000)

2. 材料及制造质量要求

1)理化性能

承压件(包括本体、阀盖和 API 端部连接件)应使用由制造商确定的并符合表 5-14、表 5-15、表 5-16 和表 5-17 规定的材料制造。其中表 5-14 为承压件材料力学性能要求,承压件标记见表 5-15,承压件材料成分的最大含量及公差范围见表 5-16、表 5-17,冲击试验验收要求见表 5-18。

表 5－14　承压件材料的性能要求

API 材料标记	最小屈服强度[a] MPa(psi)	抗拉强度 MPa(psi)	最小延伸率 %	最小断面收缩率 %	最小布氏硬度 HBW
36K	248(36000)	483(70000)	21	未注明	140
45K	310(45000)		19	32	
60K	414(60000)	586(85000)	18	35	174
75K	517(75000)	655(95000)	18		197

[a]引用 ASTM A370《钢产品力学性能试验方法和定义》。

表 5－15　承压件材料标记

零件	额定工作压力,MPa(psi)					
	13.8 (2000)	20.7 (3000)	34.5 (5000)	69.0 (10000)	103.5 (15000)	138.0 (20000)
本体、阀盖和刚性管线	36K					—
	45K					
	60K					
	75K					
端部接头和出口	60K				75K	
盲孔法兰						

表 5－16　承压件材料成分的最大含量(质量分数)

合金元素	碳钢和低合金钢 %	马氏体不锈钢 %	合金元素	碳钢和低合金钢 %	马氏体不锈钢 %
碳	0.45	0.15	磷	0.025	
铬	2.75	11.0～14.0	硅	1.00	1.50
锰	1.80	1.00	硫	0.025	
钼	1.50				
镍	1.00	4.50	钒	0.30	不适用

表 5－17　合金元素最大公差范围要求(质量分数)

合金元素	碳钢和低合金钢 %	马氏体不锈钢 %	合金元素	碳钢和低合金钢 %	马氏体不锈钢 %
碳	0.08		镍	0.50	1.00
铬	0.50	—	硅	0.30	0.35
锰	0.40				
钼	0.20		钒	0.10	

用于承压件的材料，每一炉材料都应做冲击试验。对一炉材料进行测试时，应至少测试三个冲击试棒。

表5-18　夏比V型缺口冲击验收准则

额定温度	试验温度 ℃(℉)	三个试件的最小平均冲击值 J(1b·ft)	一个试件的最小冲击值 J(1b·ft)
A	-20(-4)	20.3(15)	13.5(10)
B			
K	-60(-75)		
P	-29(-20)		
U	-18(0)		

2)螺纹检验

端部和出口连接的螺纹应用量规进行检验。端部和出口连接的螺纹应用GB/T 22513—2013《石油天然气工业　钻井和采油设备　井口装置和采油树》中相关条款规定的量规及测量标准进行测量，以手紧检验紧密距。验收准则应符合API Spec 5L《管线钢管规范》、ANSI B1.1《统一螺纹》或ANSI B1.2《统一螺纹的量规和测量》的适用条款。

3)关键尺寸

制造商应规定及检验关键尺寸。关键尺寸的验收准则应按制造商的书面规范制定。

4)表面无损检测

对表面无损检测的要求如下所述：

(1)各个成品零件的可接近表面应在最终热处理后和最终机加工后进行检测。

(2)所有磁粉检测应使用湿性荧光法。

(3)对于准备堆焊的所有表面应进行无损检测。

5)内部无损检测

超声波探伤验收准则：单一显示不应超过基准定距振幅曲线。多个显示不应超过基准定距振幅曲线的50%。多个显示是指在任一方向上彼此相距12.7mm(1/2in)的距离以内有两个或更多的显示(每一个超过基准定距振幅曲线的50%)。

三、检测条件及仪器设备

(一)检测条件

1. 检验环境

(1)压力试验时，应在独立的压力实验区进行。在升压和稳压过程中，操作人员应远离带压区，以保证人员安全。试验时操作人员不得少于2人，并有专人监护。

(2)照明符合要求,如磁粉探伤的可见光照度≥1000lx,现场采用便携设备时,可见光照度≥500lx,暗室可见光照度≤20lx。

(3)具备安全消防措施。

(4)压力试验时,有可靠的安全设施。

(5)具备供水、供气和供电设施。

(6)超声波探伤、磁粉探伤和渗透探伤等检验环境要有保障。

2. 人员条件和注意事项

(1)非试验人员未经允许严禁进入高压试验区。

(2)检验人员应持有相应的资格证书。

(3)人员应穿戴相应的劳保用品。

(二)检测仪器设备

1. 压力计或压力传感器

(1)精度至少应为全量程的±0.5%。

(2)最大允许示值误差为全量程的±2%。

(3)如果使用压力表,应在压力表全量程的25%~75%区间进行压力试验。

2. 便携式硬度计

测量范围为200~900HL,准确度为±0.8%。

3. 电液伺服万能材料试验机

测力系统准确度为1级或优于1级,引伸计准确度不低于2级,准确度为1%。

4. 冲击试验机

测量范围为300J,准确度为0.5%。

5. 探伤设备

探伤设备包括超声波探伤仪、磁粉探伤仪、射线探伤仪和声发射检测仪。

6. 游标卡尺

测量范围为300mm,准确度为0.02mm。

7. 光谱分析仪

光谱分析仪1台。

四、检测检验

(一)节流管汇出厂试验

典型的节流管汇结构示意图如图5-6所示。

节流管汇出厂试验方法和具体要求见表5-19。

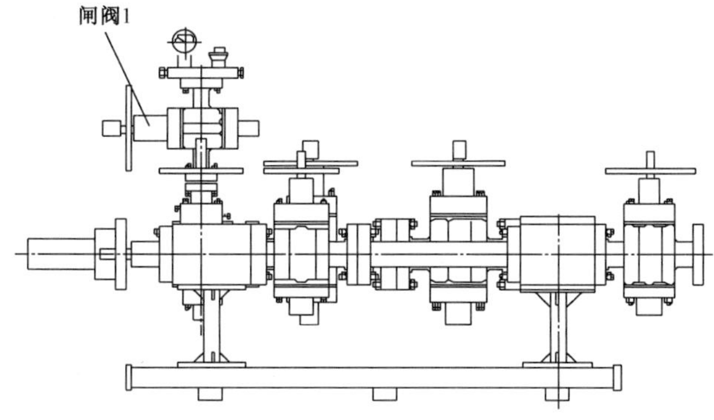

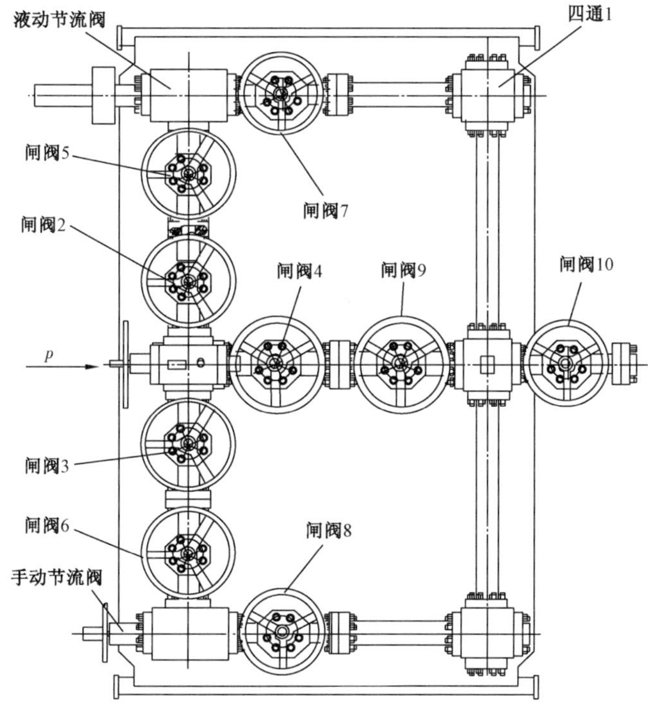

图5－6　典型的节流管汇结构示意图

表5－19　节流管汇试验方法与验收要求

序号	试验项目	试验方法	验收要求
1	单阀试验	组成节流管汇的阀门均应在管汇连接装配前进行密封试验，双向阀以额定工作压力施加于每一侧，另一侧通大气，单向阀按阀体指明方向施加压力	无可见渗漏
2	管汇整体试验	组成节流管汇的所有阀门均半开，各出口端封堵，按管汇总成额定压力进行管汇整体试验，以检验管汇总成连接情况	无可见渗漏

续表

序号	试验项目		试验方法	验收要求
3	典型节流管汇总成密封试验		密封性能试验压力以节流阀出口为界分为两部分，其上游试验压力为该管汇的最大工作压力，其下游试验压力比该管汇最大工作压力低一个压力级。以图 5－6 为例介绍节流管汇总成密封试验方法。 (1)闸阀1、2、3、4 处于全关状态，闸阀1 上端的压力表座堵头取下，其余各闸阀、节流阀处于全开状态，闸阀10 堵头取下。由节流系统上游施加上游额定工作压力。 (2)闸阀1、2、3、4 处于半开状态，闸阀1 上端的压力表座堵头装上，闸阀5、6、9 处于全关状态，节流阀处于全开状态，其余各闸阀全开、闸阀10 堵头取下。由节流系统上游施加上游额定工作压力。 (3)闸阀1、2、3、4、5、6、9 处于半开状态，节流阀处于全开状态，闸阀7、8 处于全关状态，闸阀10 处于全开状态，闸阀10 堵头取下。由节流系统上游施加下游额定工作压力。 (4)闸阀1、2、3、4、5、6、7、8、9 处于半开状态，节流阀处于全开状态，闸阀10 处于全关状态，闸阀10 堵头取下。由节流系统上游施加下游额定工作压力。 保压时间分两个阶段，第一次保压时间≥3min，第二次保压时间≥15min	设备及压力计与压力源隔离，总成外表面完全干燥时才开始计时。无可见泄漏
4	材料试验	化学分析	管汇阀门与连接管线应按炉取样并按制造商规定的公认工业标准进行化学分析。管汇总成中阀体及管线应采用移动式金属光谱仪进行化学分析	化学成分应满足表5－16、表5－17 要求以及制造商的书面规范
		主阀硬度	主阀硬度检验应按 ASTM E10 所规定的程序进行	由碳钢、低合金钢和马氏体不锈钢制作的零件，其硬度测量值应不小于表 5－14 所给出的数值，最大硬度值应符合 NACE MR0175—2003《油田设备用抗硫化物应力腐蚀断裂和应力腐蚀裂纹的金属材料》的要求
5	产品标记		目视检查	节流压井管汇总成应在铭牌上标记制造时间(年和月)、制造商、额定温度和试验压力等

(二)压井管汇出厂试验

典型的压井管汇结构示意图如图 5－7 所示。

压井管汇出厂试验方法和具体要求见表 5－20。

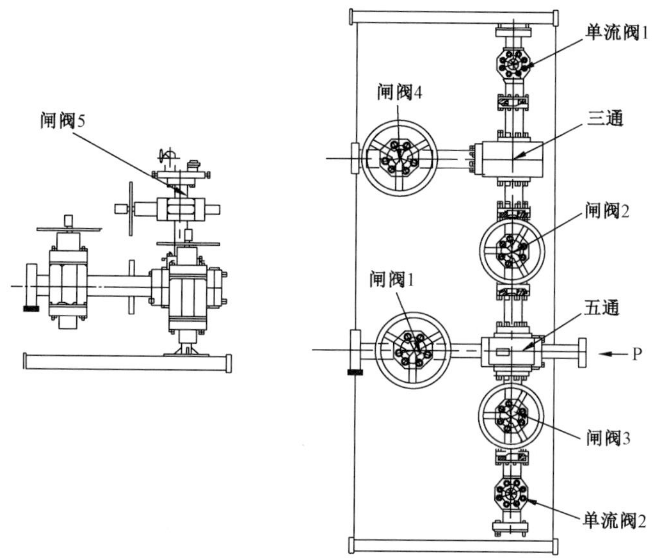

图5－7　压井管汇结构示意图

表5－20　压井管汇试验方法与验收要求

<table>
<tr><th>序号</th><th colspan="2">试验项目</th><th>试验方法</th><th>验收要求</th></tr>
<tr><td>1</td><td colspan="2">单阀试验</td><td>组成压井管汇的阀门均应在管汇连接装配前进行密封试验，双向阀以额定工作压力施加于每一侧，另一侧通大气，单向阀按阀体指明方向施加压力</td><td>本体外部应无可见渗漏</td></tr>
<tr><td>2</td><td colspan="2">管汇整体试验</td><td>以图5－7为例介绍典型压井管汇总成密封试验。组成压井管汇的所有阀门均半开，各出口端封堵，按管汇总成额定压力进行管汇整体试验，以检验管汇总成连接情况</td><td>无可见渗漏</td></tr>
<tr><td>3</td><td colspan="2">典型节流管汇总成密封试验</td><td>(1)从进压口进压，闸阀2处于半开状态，闸阀1、3、4、5处于全关状态，卸掉单流阀2及压力表、阀座，外围敞开，试验压力为额定工作压力。
(2)从进压口进压，闸阀4全开，闸阀3、5处于半开状态，闸阀1、2全关，装上单流阀2及压力表阀座，外围敞开，试验压力为额定工作压力。
保压时间分两个阶段，第一次保压时间≥3min，第二次保压时间≥15min</td><td>试验时间应在试验压力达到制造商规定范围，设备及压力计与压力源隔离，总成外表面完全干燥时才开始计时。无可见泄漏</td></tr>
<tr><td rowspan="2">4</td><td rowspan="2">材料试验</td><td>化学分析</td><td>管汇阀门与连接管线应按炉取样并按制造商规定的公认工业标准进行化学分析。管汇总成中阀体及管线应采用移动式金属光谱仪进行化学分析</td><td>化学成分应满足表5－16、表5－17要求以及制造商的书面规范</td></tr>
<tr><td>主阀硬度</td><td>主阀硬度检验应按ASTM E10《金属材料布氏硬度的标准试验方法》所规定的程序进行</td><td>由碳钢、低合金钢和马氏体不锈钢制作的零件，其硬度测量值应不小于表5－14所给出的数值，最大硬度值应符合NACE MR0175—2003《油田设备用抗硫化物应力腐蚀断裂和应力腐蚀裂纹的金属材料》的要求</td></tr>
</table>

续表

序号	试验项目	试验方法	验收要求
5	产品标记	目视检查	节流压井管汇总成应在铭牌上标记制造时间(年和月)、制造商、额定温度和试验压力等

第五节　钻具内防喷工具

一、概述

在钻进过程中,当地层压力超过钻井液静液柱压力时,为了防止地层压力推动钻井液沿钻柱水眼向上喷出,保护水龙带不会因高压而被憋坏,则需使用钻具内防喷工具。钻具内防喷工具主要有方钻杆上旋塞阀、方钻杆下旋塞阀和钻具止回阀等。它们的使用,不仅能防止钻井液从钻具水眼喷出,保护水龙带不受地层高压的破坏,避免发生更严重的事故,而且起到了节约钻井液、保持钻台清洁它减少环境污染的作用。

(一)方钻杆旋塞阀

1. 组成

方钻杆旋塞阀是防止井喷的有效工具之一,它分上部方钻杆旋塞阀和下部方钻杆旋塞阀。上部方钻杆旋塞阀连接于水龙头下端和方钻杆上端之间,下部方钻杆旋塞阀连接于方钻杆下端和钻杆上端或方钻杆保护接头的下端之间,当发生溢流井涌时,用以防止底层流体沿钻柱水眼向上喷出。

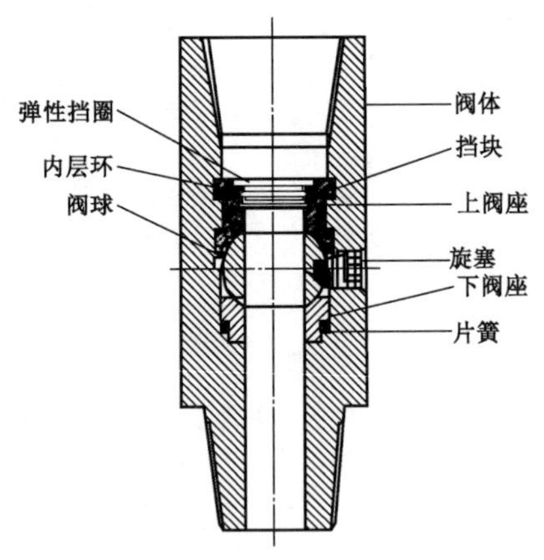

图 5－8　方钻杆旋塞阀结构

2. 结构及特点

方钻杆旋塞阀一般采用球阀结构,也有采用蝶阀结构的。就控制方钻杆旋塞阀的启闭方式而言,多数采用手控式(用扳手),也有采用远程控制的,目前使用的较少。方钻杆旋塞阀操作简单,只需用专业扳手按指示要求转动 90°即可实现开和关。目前常用的整体式浮动旋塞阀的结构基本相似,主要由阀体、上下阀座、球体、旋钮、挡圈和弹簧等组成,阀的本体都采用整体式结构,侧面开有旋钮孔,如图 5－8 所示。

3. 型式与基本分类

方钻杆旋塞阀分为上部旋塞阀和下部旋塞阀。

(1)装于方钻杆上部的为上部旋塞阀,上部旋塞阀为左旋螺纹。

(2)装于方钻杆下部的为下部旋塞阀,下部旋塞阀为右旋螺纹。

(3)上、下旋塞阀结构分为整体式和分体式。

(二)钻具止回阀

1. 组成

钻具止回阀是一种重要的钻具内防喷工具,装在钻杆上,允许钻井液自上向下流动但不允许钻井液向上窜流。钻具止回阀结构形式很多,就密封原件而言,有碟形、浮球形和箭形等密封结构。使用方式也各异,有的被连接在钻柱中;有的则在需要时,将它投入钻具水眼而起封堵井压的作用。

2. 结构及作用

钻具止回阀按其结构型式分为五种,其名称和代号应符合表5-21的规定。

表5-21 钻具止回阀结构型式及代号

名称	代号
箭型止回阀	FJ
球型止回阀	FQ
碟型止回阀	FD
投入式止回阀	FT
钻具浮阀(或称浮式止回阀)	FZF

二、标准及相关技术要求

(一)旋塞阀

1. 标准

旋塞阀现行有效的产品标准为SY/T 5525—2009《旋转钻井设备 上部和下部方钻杆旋塞阀》。本标准规定了旋转钻井和修井设备中方钻杆旋塞阀(以下简称旋塞阀)的型式与基本参数、要求、试验方法、检验规则、标志、包装、运输和贮存。

本标准适用于手动的旋塞阀,在正常的使用条件下,适用于最大工作压力为35~105MPa的所有规格的阀。阀体的额定工作温度不低于-20℃,对于密封装置的部件,允许有其他的温度限制。顶部驱动钻井系统的钻柱内防喷器及钻杆旋塞阀用于修井作业时可参照执行。

2. 技术要求

1)压力密封性能要求

旋塞阀压力密封性能的要求是:设计旋塞阀(无论何种密封机构)应考虑地面或地面和井下的使用条件。用在顶驱钻井系统中的钻柱内防喷器宜按井下使用情况进行设计。压力密封的使用类别及设计性能要求见表5-22。

表 5－22　压力密封的使用类别及设计性能要求

等级号	使用类别	压力密封的设计性能要求
1 级	用于地面	阀体和钻柱密封件应承受等于阀体试验压力的内部压力。 密封套应承受来自于井下 1.7MPa 的低压和等于最大工作压力的高压
2 级	地面和井下	阀体和钻柱密封件应承受等于阀体试验压力的内部压力。 钻柱密封件应承受外部压力，低压为 1.7MPa 和最低的高压为 13.8MPa。 密封机构应承受来自于井下 1.7MPa 的低压和等于最大工作压力的高压。 密封机构应承受来自于上方 1.7MPa 的低压和等于最大工作压力的高压。 密封件的温度范围由试验确定

2）静水压试验要求

每一新阀的阀体都应进行静水压试验，试验压力见表 5－23。

表 5－23　静水压试验压力

最大工作压力，MPa	静水压阀体试验压力（仅用于新阀），MPa
35	70
70	105
105	157.5

3）材料及制造质量要求

（1）旋塞阀的阀座和阀芯应防腐、耐磨。

（2）上部旋塞阀应为吊钳夹持部位留有不少于 200mm 的距离，下部旋塞阀在有内螺纹的一端，应留有至少修切一次后吊钳夹持部位不少于 200mm 的距离。

（3）旋塞阀的螺纹应符合 GB/T 22512.2《石油天然气工业　旋转钻井设备　第 2 部分：旋转台肩式螺纹连接的加工与测量》的规定。阀两端连接的螺纹与密封台肩应进行磷酸锌或磷酸锰的抗磨损处理（磷化处理）。磷化处理应在螺纹测量完成后进行。处理类型应由制造商选择。

（4）旋塞阀螺纹磁粉检测缺陷显示质量等级不超过 NB/T 47013.4—2015《承压设备无损检测　第 4 部分：磁粉检测》规定的 Ⅰ 级。无磁钢制造的螺纹连接采用的渗透检测质量分级为 NB/T 47013.5—2015《承压设备无损检测　第 5 部分：渗透检测》规定的 Ⅰ 级。每件阀体在最终热处理后，进行全尺寸超声波检测和磁粉检测。超声波检测标准灵敏度为 2mm 直径平底孔试块，推荐使用 SY/T 5200—2012《钻柱转换要求》附录 B 中的检测试块要求，磁粉检测缺陷显示长度等级不超过 NB/T 47013.4 规定的 Ⅰ 级。

（5）旋塞阀的阀体材料力学性能应符合表 5－24 的规定。

表 5－24　阀体材料力学性能要求

阀体外径范围 mm	钢的力学性能和试验				无磁材料的力学性能和试验					
					不锈钢			铍铜		
	最小屈服强度 MPa	最小抗拉强度 MPa	四倍直径标距长度的最小伸长率 %	最小布氏硬度 HBW	最小屈服强度 MPa	最小抗拉强度 MPa	最小伸长率 %	最小屈服强度 MPa	最小抗拉强度 MPa	最小伸长率 %
88.9～174.6	758	965	13	285	758	827	18	758	965	12
177.8～297.4	689	931	13	285	689	758	20	689	931	13

就冲击吸收能量而言，在温度为 -20℃的条件下试验时，三个试样的平均冲击吸收能量应不小于 42J，且单个试样冲击吸收能量不低于 32J。

（二）钻具止回阀

1. 标准

钻具止回阀（以下简称 NRV）现行标准为 GB/T 25429—2010《钻具止回阀规范》，该标准修改采用 API Spec 7NRV：2006《钻具止回阀规范》。该标准规定了石油和天然气工业用钻具止回阀设备的选择、制造、试验和使用要求，适用于组成钻具止回阀设备的钻具止回阀、短节、定位接头、泄压接头及其他所有部件。

2. 技术要求

材料及制造质量要求：

（1）制造商制定的金属材料规范应规定化学成分、热处理条件和力学性能（抗拉强度、屈服强度、伸长率和硬度）。

（2）对于非金属密封件，制造商应有形成文件的程序和试验结果证明材料，证实其符合钻具止回阀设备对非金属密封材料的要求，如非金属件类型、力学性能（包括抗拉强度、伸长率、拉伸模量、压缩变形和硬度）。

（3）尺寸检验：除弹性密封件外，依据功能和设计规范及图纸要求对具有可追溯性的元件尺寸进行检验。

（4）螺纹检验：API 旋转台肩式螺纹连接的公差、检验要求、测量、测量方法以及螺纹规的校准和证书应符合 GB/T 22512.2—2008《石油天然气　旋转钻井设备　第 2 部分：旋转台肩式螺纹连接的加工与测量》的规定，其他螺纹应符合螺纹制造商的书面规范。

（5）无损检测。

① 湿磁粉检测：制造的螺纹连接应采用湿磁粉的方法检查，见 ASTM E709《磁粉检验指南》。验收要求不应有任何 4.8mm（3/16in）或更大的相关显示。焊件不允许有相关线性显示；在任意 39cm^2（6in^2）的面积范围内的相关显示不应超过 10 个；在任一条直线上不应有 4 个或 4 个以上间距小于 1.6mm（1/16in）的圆形相关显示。

② 超声检测：焊缝检验方法——《ASTM 锅炉和压力容器规范　第Ⅴ卷：无损检测　第 5 章》，验收准则——《ASTM 锅炉和压力容器规范　第Ⅷ卷：压力容器　第 1 分册　附录 12》；铸件检验方法——ASTM E428《超声检测用钢质参考试块的制作与质量控制方法》和 ASTM A609/A609M《碳钢、低合金钢和马氏体不锈钢铸件的超声检测》，验收准则——ASTM A609/A609M 中超声波检测的最低质量水平；锻件检验方法——ASTM E428 和 ASTM A388/A388M《大型钢锻件超声检验标准操作方法》，验收准则——不应出现以下缺陷：底波法——出现伴随底波完全损失，大于参考底面反射 50% 的显示，平底孔法——出现不小于规定的参考试块中平底孔信号的显示，斜角法——不连续振幅超过参考沟槽信号的显示。

三、检测条件及检测仪器设备

钻具内防喷工具的检测条件与"节流和压井系统"的检测条件相同，其检测仪器设备也基本相同，只是增加了气密封试验装置，该装置排气量为 2m^3/min，测试压力范围为 0～210MPa，驱动气源压力为 0.8MPa。

四、检测检验

(一)方钻杆旋塞阀检验项目及要求

方钻杆旋塞阀出厂试验方法和具体要求见表5－25。

表5－25　方钻杆旋塞阀出厂试验的方法与验收要求

序号	试验项目		试验方法	验收要求
1	静水压阀体试验		静水压阀体试验应于阀处在半关闭状态下进行。高压试验按表5－23中规定的压力进行，如果阀体中有钻柱密封件，应进行压力为1.7MPa的低压试验[a]。低压试验和高压试验都应分三步进行： (1)初始压力保持3min。 (2)压力减低至零。 (3)最终压力保持不少于10min	稳压期间不应有可见的泄漏，压力降应在制造商零泄漏率的允许误差范围内
2	下部压力试验(适用于1级和2级阀)		阀处于关闭状态下，压力应作用于阀的功能下端(通常为外螺纹端)。低压和高压试验都应进行，低压为1.7MPa，高压应为额定压力。阀进行高压试验后，打开和关闭阀，释放阀内压力	压力试验持续最少5min，无可见泄漏或压力降
3	上部压力试验[b](仅适用于2级球形密封结构阀)		在阀处于关闭状态下，压力应作用于阀的上端(通常为内螺纹端)。低压和高压试验都应进行，低压应为1.7MPa，高压应为额定压力。阀进行高压试验后，打开或关闭阀，释放试验压力，然后重复低压力试验	压力试验持续最少5min，无可见泄漏或压力降
4	内螺纹和外螺纹检验		旋塞阀的内螺纹和外螺纹检验用符合GB/T 22512.2—2008《石油天然气工业　旋转钻井设备　第2部分：旋转台肩式螺纹连接的加工与测量》的螺纹量规检验	旋塞阀的螺纹应符合GB/T 22512.2的规定。阀两端连接的螺纹与密封台肩应进行磷酸锌或磷酸锰的抗磨损处理(磷化处理)
5	外观质量检验		目测和用卡尺等测量	旋塞阀的阀座和阀芯应防腐、耐磨。 上部旋塞阀应为吊钳夹持部位留有不少于200mm的距离。 下部旋塞阀在有内螺纹的一端，应留有至少修切一次后吊钳夹持部位不少于200mm的距离
6	气密性的性能验证试验	非设计方的权威机构验证	在室温下应使用氮气或其他适宜的不易燃的气体。此外，低压和高压试验应按照压力试验的要求进行	在5min的试验期间内，不应观察到气泡
		0.62MPa低压气体试验	按压力试验中的适用条款，采用室温空气，在0.62MPa的低压下进行气体试验	在5min的试验期间内，不应观察到气泡

[a] 所有规定按1.7MPa的压力进行低压试验的，其低压试验的压力可在1.4～2.1MPa的压力区间内波动。

[b] 压力试验完成后，宜检查球阀开关手柄，在对准开位刻度的情况下，确保球形密封的流道通径与阀体流道的对应位置在允许的范围内，以免引起流体冲蚀问题。

（二）钻具止回阀检验项目及要求

钻具止回阀出厂试验方法和具体要求见表 5－26。

表 5－26 钻具止回阀出厂试验方法与验收要求

<table>
<tr><th>序号</th><th colspan="2">试验项目</th><th>试验方法</th><th>验收要求</th></tr>
<tr><td>1</td><td colspan="2">产品试验</td><td>(1)在环境温度和 1.4MPa 的压力下，进行低压水压试验，时间为 1min，水流流量 10mL/min。
(2)在环境温度和额定工作压力下，进行高压水压试验，时间为 1min，水流流量不超过 10mL/min。
(3)在环境温度和 1.5 倍额定工作压力下，进行阀本体水压试验，时间为 1min，水流流量不超过 10mL/min</td><td>本体外部应无可见渗漏</td></tr>
<tr><td>2</td><td colspan="2">尺寸及螺纹检验</td><td>API 旋转台肩式螺纹连接的公差、检验要求、测量、测量方法以及螺纹规的校准和证书应符合 GB/T 22512.2—2008《石油天然气工业　旋转钻井设备　第 2 部分：旋转台肩式螺纹连接的加工与测量》的规定，其他螺纹应符合螺纹制造商书面规范</td><td>符合 GB/T 22512.2—2008 的规定</td></tr>
<tr><td rowspan="2">3</td><td rowspan="2">材料试验</td><td>化学分析</td><td>化学分析应按照冶炼炉号进行，按照制造商书面规定的材料牌号进行分析，原材料可以取铁屑进行分析，试验应按 GB/T 223《钢铁及合金化学分析方法》和 GB/T 222《钢的成品化学成分允许偏差》的规定方法进行。成品可以采用 GB/T 4336《碳素钢和中低合金钢火花源原子发射光谱分析方法（常规法）》或 GB/T 14203《钢铁及合金光电发射光谱分析法通则》等方法，用光谱分析仪进行分析</td><td>符合制造商书面规范</td></tr>
<tr><td>力学性能</td><td>(1)拉伸试验。拉伸性能应按 GB/T 228《金属材料　拉伸试验》的规定进行试验。
(2)硬度试验。硬度测试方法应符合 GB/T 231.1《金属材料　布氏硬度试验　第 1 部分：试验方法》的规定。对于成品硬度试验可以采用便携式里氏硬度计进行测试。硬度测试时应将被试工件表面打磨光滑、平整</td><td>拉伸性能及硬度应符合制造商书面规范</td></tr>
<tr><td>4</td><td colspan="2">产品标志</td><td>目视检查</td><td>钻具止回阀应按制造商书面规定进行永久性标志，标志应包括：
(1)制造商名称或商标。
(2)钻具止回阀尺寸、类型和型号。
(3)用于识别的唯一序列号。
(4)额定工作压力。
(5)原始生产日期。
(6)设备级别、标准工况和应力腐蚀开裂工况</td></tr>
</table>

第六章　抽　油　机

第一节　游梁式抽油机

一、概述

从地层中开采石油的方法有自喷采油法和机械采油法两大类。自喷采油法是利用地层本身的能量来举升原油,有些油井原始地层能量过低,一开始就不能自喷;另一类油井开发初期能自喷,但随着油田的不断开采,地层能量逐渐下降,也不能保持油井自喷。对于上述两类不能自喷的油井,必须用机械设备、给井内液体补充能量,才能把原油开采出来,这种开采方法称为机械采油法。

机械采油法分为两大类,即气举法和抽油法。气举法的特点是利用注入井下的压缩气体的能量,把原油提升到地面。气举法在我国应用很少。抽油法的特点是将各种结构的抽油泵放到井下进行抽油,所以抽油法又叫泵法。

用抽油法开采,按其抽油设备传递动力方式的不同,可分为有杆抽油设备和无杆抽油设备两大类。有杆抽油设备(俗称"三抽")是由地面的抽油机,通过抽油杆,带动井下的抽油泵做上、下往复运动,来实现石油的采收。这是国内外应用最广泛的抽油设备。无杆抽油设备是指不借助抽油杆传递动力的抽油设备,如利用液体传递动力的水力活塞泵、射流泵、涡轮泵以及利用电缆传递电能的电动潜油离心泵和电动潜油螺杆泵等。油气开采方法系列如图 6－1 所示。

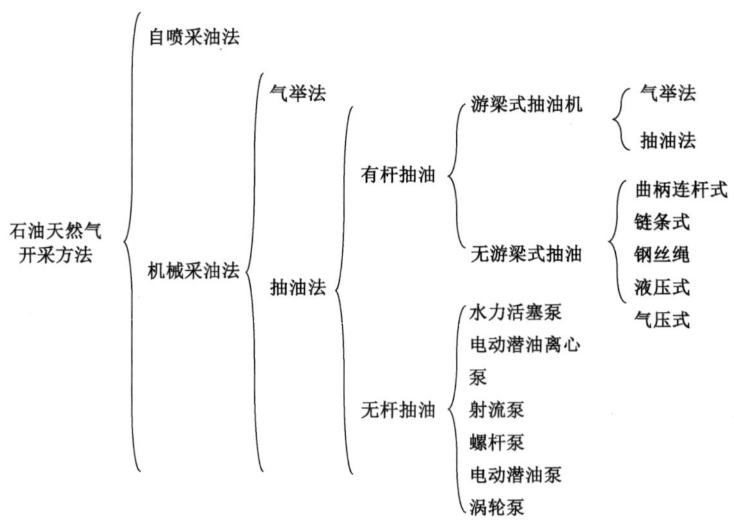

图 6－1　油气开采方法系列

抽油机是构成“三轴”系统的主要设备，是有杆抽油的地面动力设备。

根据结构和工作原理的不同，抽油机主要分为游梁式抽油机和无游梁式抽油机两大类。

无游梁式抽油机近年来发展迅速，它们大多具有冲程长、重量轻和耗能较低等特点。但在工作可靠性方面仍不及游梁式抽油机。无游梁式抽油机，因其工作机理不同，结构各异，形式多样，主要可分为低矮式抽油机、滚筒式（沉入式）抽油机、塔架式抽油机、曲柄连杆抽油机、液压式抽油机、气动式抽油机、增程式（增距式）抽油机、链条式抽油机、皮带式抽油机和绳索式抽油机等形式。

游梁式抽油机—深井泵装置，是目前国内外使用最广泛的抽油设备，由于它具有结构简单、制造容易和维护方便等优点，而被长期使用。因此本章我们将重点介绍游梁式抽油机及其产品质量检验。

二、游梁式抽油机的结构和工作原理

目前，最常用的游梁式抽油机如图 6－2 所示。它主要由游梁、驴头、横梁、连杆、曲柄、减速箱、制动机构、支架、撬座、悬绳器、平衡重以及电动机等组成。

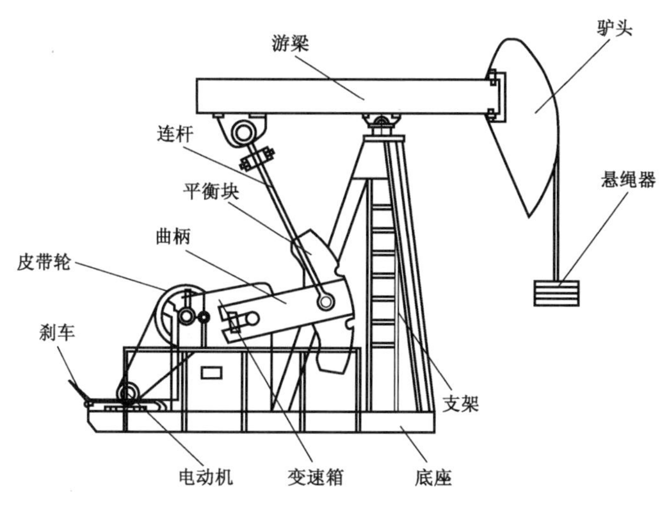

图 6－2 游梁式抽油机

游梁式抽油机是由电动机通过皮带传动带动减速箱，减速后，由四连杆机构（曲柄、连杆、横梁和游梁）把减速箱输出轴的旋转运动变为游梁前端的往复运动，再通过驴头将游梁前端的往复圆弧运动变为往复直线运动，驴头通过光杆和抽油杆带动井下的抽油泵作上下往复直线运动，把原油从井下抽至地面。

三、游梁式抽油机的分类

1. 按结构形式分类

按结构形式可分为以下几种。

(1)常规型:这种抽油机是最常用的抽油机,驴头和曲柄分别位于支架前后。

(2)前置型:这种抽油机的结构特点是驴头和曲柄连杆机构均位于支架的前方。

(3)双驴头型:这种抽油机具有与机座连接的前支撑和后支撑,支撑的结构尺寸可以随意调节,从而改变游梁的倾斜角度,以满足斜井的需要。

(4)变异游梁型。

2. 按平衡方式分类

按平衡方式可分为以下几种。

(1)游梁平衡型:在游梁上加平衡重的平衡方式。

(2)曲柄平衡型:在曲柄上加平衡重的平衡方式。

(3)复合平衡型:同时采用游梁平衡和曲柄平衡的平衡方式。

(4)气动平衡型:用气缸平衡的平衡方式。

另外,还有天平平衡型、液力平衡型、差动平衡型等方式。

3. 按驴头结构分类

按驴头结构可分为以下几种。

(1)上翻式:驴头在修井时可翻到游梁上面。

(2)侧转式:驴头在修井时可沿垂直轴旋转。

(3)上挂式。

弯游梁抽油机是以常规游梁式抽油机为基础模型,对其进行技术性的改进,而得到的一种新型节能抽油设备。该机通过改变游梁形状和平衡位置,有效降低了减速器输出轴的峰值扭矩,与常规游梁式抽油机相比可节电 15% ~30%,并保持了常规机结构简单、耐用、可靠和操作维修方便的优势,适合各种工况的原油开采。

弯游梁抽油机的技术关键就是如何解决整机的平衡问题,大量研究表明:简单的曲柄平衡效果很差,难以减小净扭矩的波动。弯游梁抽油机把尾游梁设计成为弯曲或曲折形状,合理优化这部分的弯折角度和游梁平衡块的重心旋转半径,模拟各种工况进行游梁平衡和曲柄平衡块的有机结合,从而有效改善整体平衡和载荷之间的对应关系,达到提高平衡效果,减小减速器输出净扭矩波动的目的。

下偏杠铃型游梁复合平衡抽油机(图 6 - 3),是在游梁尾部装有由支撑板、横轴和平衡块组成的下偏杠铃型平衡装置,保持原游梁式抽油机的结构基本不变,具有结构紧凑、安全可靠、可操作性强、变矩范围大和节电的优点。

数字化游梁平衡节能抽油机(图 6 - 4)有如下几个特点。

(1)三条腿支架结构:三条腿全部坐于底座上,具有足够稳定性,便于制造安装、节约材料成本。

(2)减速器安装方向:与常规型游梁式抽油机布置一致,更利于低转速减速器的齿轮和轴承润滑。

(3)电动机与控制柜后置:符合 SY 6320—2008《陆上油气田油气集输安全规程》的相关规定,距离井口 5m 以上。

(4)无基础底座:不需要现场修建水泥基础,地面用三合土压实即可安装。

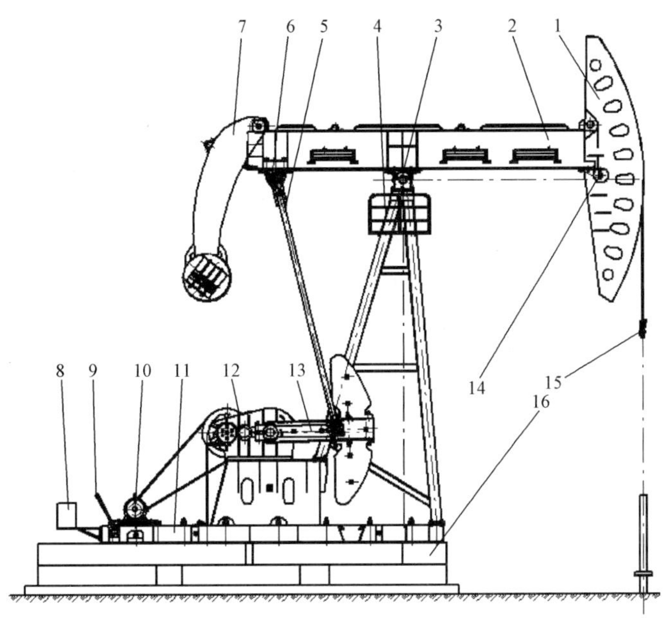

图6－3　下偏杠铃游梁抽油机

1—驴头;2—游梁;3—游梁支承;4—支架;5—连杆装置;6—横梁总成;7—偏置平衡装置;8—配电柜;9—刹车操纵装置;10—电动机总成;11—底座总成;12—减速器;13—曲柄装置;14—插销;15—悬绳器;16—基础

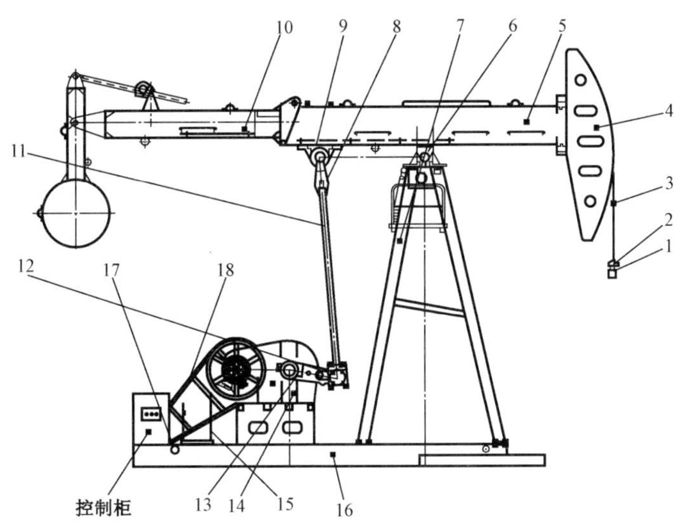

图6－4　数字化游梁平衡节能抽油机

1—悬绳器;2—光杆卡;3—炉头绳;4—驴头支架;5—游梁;6—支架轴承座;7—支撑装置;8—横梁;9—横梁总成;10—吊臂;11—连杆装置;12—曲柄销装置;13—曲柄;14—减速器;15—刹车装置传动带;16—底座;17—皮带护罩;18—电动机总成

(5)全新游梁平衡调节装置:电动机带动丝杠传到系统,使与抽油机后臂连接的平衡重力臂发生改变来平衡悬点载荷。

(6)一体化载荷悬绳器:载荷传感器嵌入特制的悬绳器能够对传感器提供有效保护。

(7)预装的动力及信号电缆:在游梁、支架和底座等位置预装线缆的穿线管和安装卡座,规范电缆布置。

(8)自动调节平衡:数字化抽油机根据自动监测并实时显示抽油机的平衡状况,可手动或自动将抽油机调整到最佳的平衡状况,降低峰值电流,达到保护减速器和节能的目的。通过软件可设定平衡度,如90% ~100%为最佳平衡状态,当采集的传感器数据经计算后,自动启动平衡电动机至最佳平衡状态。

四、游梁式抽油机规格代号和型号表示方法

游梁式抽油机型号按如下规则表示。

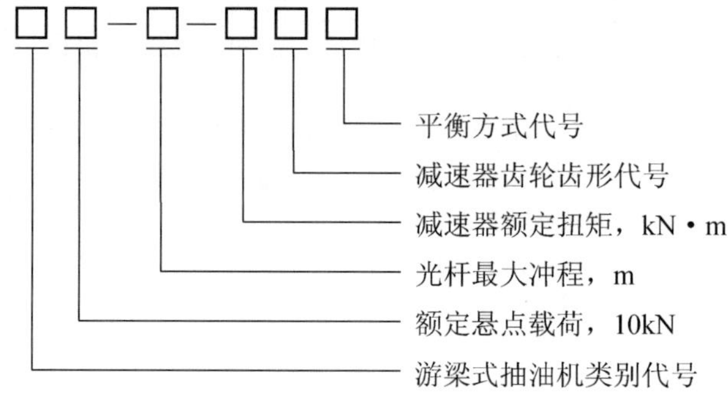

示例:规格代号为8 -3 -37的常规型游梁式抽油机,减速器采用点啮合双圆弧齿轮,平衡方式为曲柄平衡,其型号为CYJ8 -3 -37HB。

1. 代号

1)抽油机类别代号

(1)CYJ:常规型游梁式抽油机。

(2)CYJQ:前置型游梁式抽油机。

(3)CYJY:异相型游梁式抽油机。

(4)CYJS:双驴头型游梁式抽油机。

(5)CYJW:变异游梁型游梁式抽油机。

2)抽油机平衡方式代号

(1)Y:游梁平衡,即在游梁上加平衡重的平衡方式。

(2)B:曲柄平衡,即在曲柄上加平衡重的平衡方式。

(3)F:复合平衡,即同时用两种以上(含两种)平衡的平衡方式。

(4)Q:气动平衡,即用气缸平衡的平衡方式。

3）减速器齿轮齿形代号

（1）渐开线齿形不标注。

（2）点啮合双圆弧齿形，代号：H。

2. 抽油机规格代号表示方法

由额定悬点载荷、光杆最大冲程和减速器额定扭矩排列组成规格代号。

示例：额定悬点载荷为80kN，光杆最大冲程为3m，减速器额定扭矩为37kN·m（3700kgf·m）的抽油机，规格代号为8－3－37。

3. 游梁式抽油机技术要求

游梁式抽油机应满足如下技术要求：

（1）抽油机应符合GB/T 29021《石油天然气工业　游梁式抽油机》的要求，并按规定程序批准的图纸和技术文件制造。

（2）焊缝应均匀、平整、成形美观，不允许有裂纹、烧穿、咬边、夹渣、弧坑和间断等缺陷。应将焊缝处焊渣和金属飞溅等异物清除干净。

（3）连杆的焊缝部位及其热影响区的强度应保证不低于杆体的设计强度。

（4）在游梁上钻孔或焊接不得影响整体的设计强度。曲柄销连接孔与减速器输出轴连接孔之间范围内及该孔周围不得有影响强度的缺陷。

（5）铸件不应有影响游梁式抽油机外观质量和降低强度的缺陷，减速器铸造齿轮轮缘上的疏松、缩孔及成型面上的缺陷不准补焊，减速器箱体上不应有导致渗漏现象的缺陷。

（6）减速器箱体与箱盖合箱后，边缘应平齐。相互错位每边应不大于总长1.5/1000。

（7）减速器箱体与箱盖自由结合后，应用0.05mm塞尺检查剖分面接触的密合性，塞尺塞入深度不得大于剖分面宽度的1/3。

（8）减速器的双圆弧齿轮精度按GB/T 15753《圆弧圆柱齿轮精度》规定的8－8－7级制造；渐开线齿轮精度按GB/T 13924《渐开线圆柱齿轮精度　检验细则》规定的8－8－7级制造。齿厚上、下偏差应符合图纸要求。

（9）对于圆柱齿轮传动的减速器，每对齿轮的齿面硬度组合应符合表6－1的规定，且大小齿轮齿面硬度差应在30～60HB的范围内。

表6－1　齿轮的齿面硬度组合

配对齿轮	组合编号						
	1	2	3	4	5	6	7
	最低齿面硬度，HB						
小齿轮	350	335	315	300	285	265	250
大齿轮	300	285	270	255	235	215	210

（10）减速器在空载试验后，应检查齿轮副接触迹线偏差、接触斑点和侧隙，点啮合双圆弧齿轮按GB/T 15753《圆弧圆柱齿轮精度》的规定检测，渐开线齿轮按GB/T 10095《圆弧齿轮　精度制》的规定检测。

（11）减速器内应清洁无杂物，出厂前检查排出的残存杂物质量不超过表6－2的规定值。

表 6-2　残杂物质量

总中心矩,mm	≤650	>650~1000	>1000~1200	>1200
残杂物质量,mg	400	1000	1600	2000

(12)在使用楔键时,连接曲柄与减速器输出轴的楔键上、下接触面积均不得小于80%,并且每平方厘米的单位面积上均应有接触斑点。

(13)表面没有全部进行机械加工的胶带轮,应作静平衡试验,且不平衡力矩应不大于按式(6-1)计算的值。

$$M = 9.8e \cdot G \tag{6-1}$$

式中　M——不平衡力矩,N·m;

e——允许偏心距,mm;

G——胶带轮重,kg。

胶带轮在不同转速下允许偏心距按表6-3选择。

表 6-3　胶带轮允许偏心距

胶带轮转速,r/min	≤300	>300~500	>500~700	>700~900	>900
允许偏心距,mm	0.55	0.38	0.26	0.18	0.10

(14)悬绳器与钢丝绳的连接强度,在型式试验时按钢丝绳破断拉力的80%进行静拉试验;出厂检验时,按额定悬载荷的1.5倍进行静拉试验,不得有滑脱或松动现象。

(15)载荷试验中,抽油机支架顶部的纵向振幅和横向振幅符合表6-4的规定。驴头在任何位置时,悬点投影均应在表6-5规定的圆周范围内。由电动机驱动的游梁式抽油机在出厂检验时,整机噪声不得超过表6-6的规定。

表 6-4　抽油机支架顶部的纵向振幅和横向振幅

光杆最大冲程,m	≤1.5	>1.5~2.5	>2.5~3	>3~3.6	>3.6~6	>6
纵向振幅,mm	≤3	≤4	≤5	≤6	≤7	≤9
横向振幅,mm	≤2	≤3	≤4	≤5	≤6	≤8

表 6-5　驴头在任何位置时的悬点投影圆周范围

光杆最大冲程,m	≤1.5	>1.5~2.5	>2.5~3	>3~3.6	>3.6~6	>6
投影圆直径,mm	10	14	18	22	28	30

表 6-6　抽油机的整机噪声

减速器扭矩,kN·m	<37	≥37
噪声,dB(A)	85	87

(16)两曲柄剪刀差不得超过表6-7的规定值。

表 6－7 两曲柄剪刀差

光杆最大冲程,m	≤1.5	>1.5～2.5	>2.5～3	>3～3.6	>3.6～6	>6
剪刀差,mm	≤3	≤4	≤5	≤6	≤7	≤8

(17)驴头铰链处转动应灵活、无阻滞。

(18)在切断动力源后,曲柄在任何位置时,刹车装置制动均应平稳、可靠,且刹车操作力不得超过 0.15kN。

(19)曲柄平衡块在调节时应平稳、无阻滞。

(20)同一种型号的抽油机,安装尺寸、易损件基本尺寸应符合专业规定。

(21)抽油机到第一次大修前的使用时间不得少于 6 年,到报废为止,抽油机的总使用时间不得少于 15 年。

(22)抽油机配套供应范围:

① 悬绳器。

② 户外用电动机或内燃机。

③ 具有自动断电保护的电器控制箱。

④ 地脚螺栓或压杠总成,应带螺母和垫圈。

⑤ 专用工具一套。

⑥ 按冲次配套的胶带轮。

⑦ 三角胶带及其护罩、曲柄连杆装置的防护栏杆。

五、游梁式抽油机检验依据与检验项目

(一)检验依据

游梁式抽油机检验依据为 GB/T 29021—2012《石油天然气工业 游梁式抽油机》。

(二)检验项目

1. 整机性能检验项目

游梁式抽油机产品质量检验工作程序如图 6－5 所示。整机性能检验项目如下。

(1)整机运转平稳性:整机运转平稳、可靠,不得有不正常的响声。

(2)驴头稳定性:驴头不得抖动。

(3)成品各部分可靠性:各连接部分可靠,不得有任何松动。

(4)成品各部分密封性:各密封处不得有任何渗漏现象。

(5)支架顶部纵向振幅。

(6)支架顶部横向振幅。

(7)驴头悬点投影。

(8)两曲柄剪刀差。

(9)运转噪声(A 级权声计)。

(10)减速器轴承温度:温升不超过 40℃,最高温度不超过 70℃。

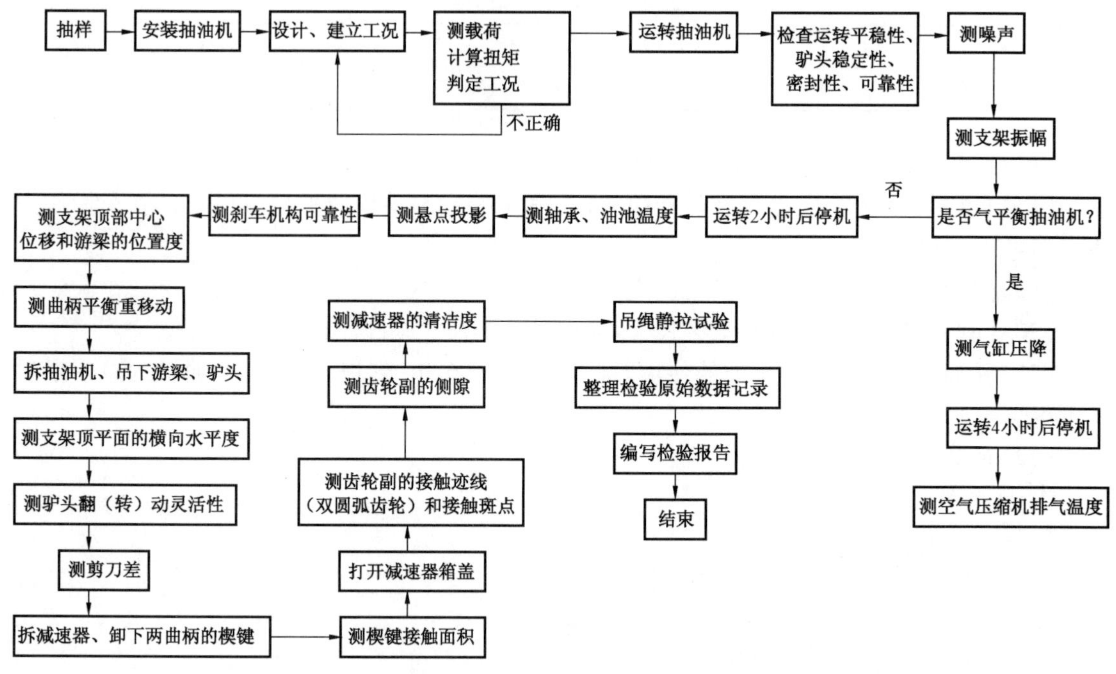

图 6－5　游梁式抽油机产品质量检验工作程序图

(11)减速器油池温度:温升不超过 15℃,最高温度不超过 70℃。

(12)刹车机构可靠性。

(13)两曲柄与从动轴连接处的接触面积。

(14)曲柄平衡重的移动。

(15)驴头翻(转)动的灵活性:应灵活、无阻滞。

(16)减速器齿轮齿面接触精度。

(17)双圆弧齿轮接触迹线位置偏差。

(18)减速器齿轮齿侧间隙。

(19)减速器内腔清洁度。

(20)若为气平衡抽油机时,还要检验以下两项。

① 平均气缸压降:在工作压力下,不补充空气工作 4h,气缸的压力降不应大于 0.5MPa;

② 气体压缩机排气温度:最高排气温度不大于 160℃。

2. 主要零件关键检验项目

(1)减速器主动轴:材料的机械性能、热处理硬度、与轴承配合处的尺寸精度及表面粗糙度、密封部位的尺寸精度和表面粗糙度、轴头锥面的接触面积及齿面粗糙度。

(2)减速器中间轴:材料的机械性能、热处理硬度、与轴承配合处的尺寸精度及表面粗糙度、齿面粗糙度。

(3)减速器从动轴:材料的机械性能、热处理硬度、与轴承配合处的尺寸精度及表面粗糙度、密封部位的尺寸精度和表面粗糙度、两轴头处同一母线上键槽的工作面相对于母线的对称度。

(4)减速器的左右旋齿轮:材料的机械性能、热处理硬度、安装孔的尺寸精度、齿面粗糙度及铸造缺陷。

(5)减速器被动齿轮:材料的机械性能、热处理硬度、安装孔的尺寸精度、齿面粗糙度及铸造缺陷。

(6)曲柄销:材料的机械性能、热处理硬度、与轴承配合处的尺寸精度及表面粗糙度、曲柄销台阶处过渡圆弧的半径尺寸和表面粗糙度、锥面与环境的接触面积。

(7)连杆:受力焊缝质量、连杆的有效长度偏差及销轴孔的位置精度。

(8)吊绳:绳帽与钢绳的连接强度试验。

(9)减速器箱体与箱盖:轴承孔的尺寸精度及表面粗糙度、各轴孔中心线间的平行度和极限位置偏差、箱体与箱盖剖分面的粗糙度及接触密合性。

(10)曲柄:曲柄销孔的尺寸精度、轴孔的尺寸精度及表面粗糙度、键槽的尺寸精度、键槽相对于由轴孔、轴线、销孔中心线所构成的平面对称度。

(11)胶带轮:静平衡试验。

3. 外观质量

外观质量检验项目包括:

(1)包装。

(2)外露金属体表面。

(3)组合件与焊件。

(4)涂漆。

(5)螺栓外露部分。

(6)铸件不加工表面。

(7)锻件不加工表面。

(8)箱体与箱盖合箱处边缘。

六、检验条件及所用仪器设备

(一)所用仪器设备及精确度的要求

(1)光学经纬仪:水平 ±6″,垂直 ±10″。

(2)声级计: ±0.5dB。

(3)动力仪:1%。

(4)光学倾斜仪: ±20″。

(5)检验芯棒:6 级。

(6)百分表:0.01mm。

(7)点温计: ±0.1℃。

(8)测力计: ±1N。

(二)试验工况的确定

对游梁式抽油机各型新产品和转厂生产或当材料、结构、工艺有较大改变时,应用不少于两台的样机进行整机型式检验，合格后方可定型投入批量生产。

整机型式检验分为额定值检验和超额定值检验两类，均在悬点处吊挂重物加载状态下进行。

额定值检验要求产品在额定悬点载荷、减速器额定扭矩、最大冲程和最高冲次状态下运转到规定时间，在一种检验参数下不能同时达到两种及以上额定值，可在多种检验参数下分别达到。

超额定值检验只要求产品在超额定悬点载荷25%和超减速器额定扭矩25%的状态下运转。整机型式检验前要进行额定值检验和超额定值检验的检验参数计算及其选择。若产品有x种冲程、y种冲次时，则有$x \cdot y$种冲程冲次组合，即共有$x \cdot y$种型式检验参数，在不超过额定悬点载荷和不超过减速器额定扭矩的前提下，每种型式检验参数应有吊挂物质量和合理平衡位置等数据。

在$x \cdot y$种型式检验参数中选择最佳检验参数作为整机型式检验的检验参数，选择时要符合以下要求。

(1)在一种检验参数中，悬点载荷达到或接近额定值，运转时间规定不少于50h。

(2)在一种检验参数中，减速器扭矩达到或接近额定值，运转时间规定不少于50h。

(3)在(1)或(2)条件下运转不含最大冲程时，应进行最大冲程运转检验，此时悬点载荷和减速器扭矩可不限。运转规定时间不少于1h。

(4)在(1)或(2)条件下运转不含最高冲次时，应进行最高冲次运转检验，此时悬点载荷和减速器扭矩可不限。运转规定时间不少于1h。

(5)超额定悬点载荷25%、超减速器额定扭矩25%的检验，在一种检验参数条件下不能同时达到两种及以上额定值时，可在两种检验参数中分别达到，每种检验参数运转时间为10min。

一种产品的整机型式检验参数最少为两种，最多为六种。

(三)各检验项目的检测方法

1. 抽油机的整机检验

抽油机的整机运转平稳性、驴头稳定性、成品各部分的可靠性和密封性，在抽油机整机运转过程中进行目测。

2. 抽油机支架振幅的检验方法

用光学经纬仪测量抽油机支架振幅。测量的振幅值是通过光学经纬仪从抽油机支架上的坐标纸或直尺上读取，读数精度为0.5mm。

将坐标纸或直尺固定在抽油机的支架上，用光学经纬仪对准坐标纵轴或直尺的某一刻度。在图6－6指出的贴坐标纸处贴上坐标纸或用电磁铁将直尺压在上面。坐标纸或直尺的位置应在距支架顶平面150mm的范围内。用于测支架纵向振幅的B处坐标纸纵轴线应尽可能与支架纵轴线重合。为了避免驴头挡住光学经纬仪视线，A处的坐标纸可靠向支架的边缘。

抽油机支架的振幅在抽油机整机运转条件下，从光学经纬仪上读取支架纵轴的左右振幅。以支架纵轴的左右振幅绝对值之和为支架振幅。

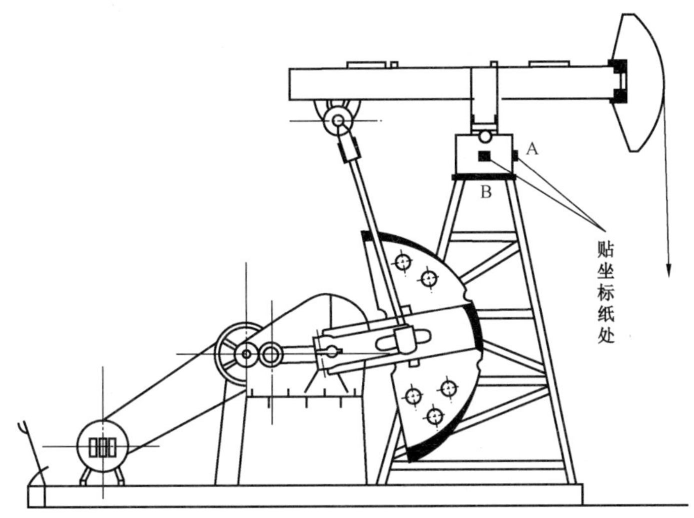

图 6－6　抽油机支架振幅测量图

在抽油机驴头的前面放一台光学经纬仪对准 A 坐标纸，在抽油机侧面放一台光学经纬仪对准 B 坐标纸，让光学经纬仪的镜头纵轴线与坐标纸纵轴线尽可能重合，若两轴线构成的角度过大，应调整坐标纸的角度。坐标纸与光学经纬仪调好后，在测量完成前不允许再移动坐标纸和光学经纬仪。

从镜头上读数时，常有镜头纵轴线介于坐标两刻度线之间，可在其中间取值，读出小数精度应在 0.5mm 内。

支架振幅分为纵向和横向，A 点测量的是支架横向振幅，B 点测量的是支架纵向振幅。

对支架纵、横向分别测取三次振幅，填入原始记录表，以各自的最大值作为支架的纵向或横向振幅。

3. 抽油机驴头悬点投影检测方法

用两台光学经纬仪同时测量驴头悬点投影。测量时，光学经纬仪与坐标纸或直尺配合使用，测量精度为 0.5mm。

在整机运转后测量抽油机的驴头悬点投影（图 6－7）。其载荷仅用挂重加载法施加。

抽油机的驴头悬点投影应是动态指标，可近似以静态测量。

检测步骤如下：

（1）在抽油机驴头挂重的载荷大于抽油机驴头悬点最大载荷的一半的条件下，测试悬点投影。在挂重盘的底面与挂重杆同轴处，用吊线螺钉装上一线锤。

（2）光学经纬仪 A 的中心线应与抽

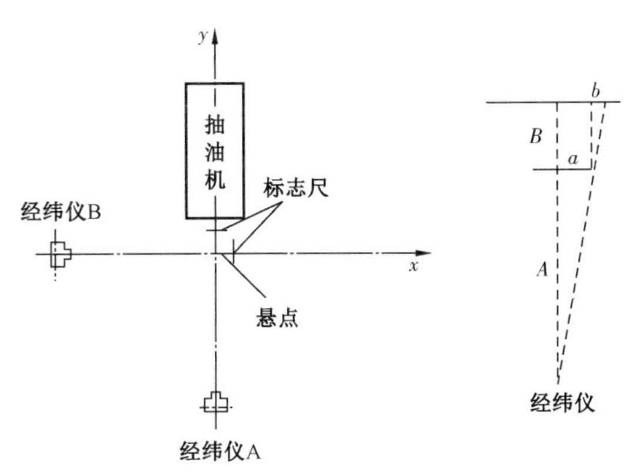

图 6－7　抽油机驴头悬点投影测量图

油机底座中心线在一条直线上，镜头对准悬点吊线锤的吊线。经纬仪 B 的中心线应与抽油机中心线垂直，镜头对准悬点吊线锤的吊线，经纬仪 B 可安放在抽油机底座中心线的任一侧。

(3)在每台光学经纬仪的对面，安放一标示尺，使得悬点在标示尺与光学经纬仪之间。同时标示尺的某刻度线应与相对应的轴线重合，即与光学经纬仪镜头的纵坐标线重合。标示尺的平面应与相对应的轴线垂直。将标示尺固定在地面上，并将其调整水平。

为保证测量精度，使误差不大于 0.1mm，应能满足式(6－2)的条件。

$$B \leqslant \frac{b}{a} \cdot A \leqslant 0.1\,\frac{A}{a} \tag{6-2}$$

式中 B——标志尺到悬点的距离，m；

a——被测抽油机悬点投影公差，mm；

A——光学经纬仪距悬点的距离，m。

A 值根据场地情况而定，要保证光学经纬仪镜头能测量抽油机上、下始点位置时的投影。

(4)测试的静态点至少不得少于 5 个点，应包括上始点、下始点和中点，当抽油机停在某一测试点时，在吊线相对静止后，光学经纬仪对准吊线，让镜头上的垂线与吊线重合。调好后镜头后，镜头不允许左右移动。

(5)上、下移动光学经纬仪镜头，让镜头对准固定在地面的标示尺。读出镜头上的垂线与标示尺上刻度线的距离，该距离便是该点的坐标值。每一点对应有 x、y 两个坐标值，分别由光学经纬仪 A 和光学经纬仪 B 所测得。

(6)每一点的坐标读 3～5 次，填入原始记录表，取其平均值。

(7)在适当比例的坐标纸上作一直角坐标系，将各点标在坐标系上。在坐标系上作一能包容下所有测试点的最小圆，该圆的直径则是该抽油机的悬点投影值。

随着检测技术的不断发展，对悬点投影值的测量可采用光电仪器进行动态测量。

4. 抽油机运转噪声检测方法

抽油机运转噪声在抽油机整机运转条件下测量。

将声级计置放在抽油机减速器输出轴两端距轴头 1m、距地面 1.5m 处测量，用声级计 A 声级(慢挡)测取算术平均值。

将声级计的计权网络开关置于 A 计权网络的位置。

测量步骤如下：

(1)测出抽油机运转时两轴头处的噪声级，测取值为该点的总噪声级(L_{SN})。

(2)抽油机停机后测出背景的噪声级(L_N)。

(3)求出两者之差($\Delta L = L_{SN} - L_N$)，若差值小于 3dB，则应改变环境，使环境噪声降下来后再重新测量。若差值为 3～10dB，则需进行修正。若差值大于 10dB，则不必进行修正。求出差值 ΔL 后，可在表 6－8 的横坐标上找到此值，沿此值垂直向上与曲线相交，找出交点的纵坐标，即可求得修正值 ΔL_N。

表 6－8　本底噪声修正表

测得声源噪声级与本底噪声级之差 ΔL，dB	3	4～5	6～9
修正值 ΔL_N，dB	3	2	1

（4）从总噪声级 L_{SN} 中减去修正值 ΔL_N，即为被测抽油机的噪声级 L，即 $L = L_{SN} - \Delta L_N$。

（5）将输出轴两端的噪声各测三次，填入原始记录表中，以两端噪声的平均值为抽油机的运转噪声。

5. 抽油机减速器轴承和油池温度的检测方法

在抽油机整机运转后立即测量抽油机减速器轴承和油池温度。

将点温计触头放在减速器各轴的轴承外壳上（或靠近轴承的轴上），待点温计的数字不再上升后，读出数据，以各轴承温度的最高者为减速器轴承温度。

打开减速器视孔盖，将点温计触头放入油池中，待点温计的数字不再上升后，读出仪器上的数据，即为油池温度。

减速器轴承温度和油池温度减去环境温度，得到减速器轴承温升和油池温升。

6. 抽油机两曲柄剪刀差检测方法

抽油机两曲柄剪刀差用精度不低于 6 级（包括 6 级）的检验芯棒进行检验，检验精度为 ±0.1mm。

抽油机两曲柄剪刀差检验步骤如下：

（1）将曲柄销从曲柄上卸下来，让曲柄停在一便于操作的角度，牢牢地刹住刹车。如果可能，也可将减速器和曲柄一起从抽油机上卸下来测量。

（2）将两检验芯棒插入两曲柄最外销孔，芯棒锥面应与曲柄销锥面贴合好。

（3）测量两芯棒端部相对于公共轴线的同轴度，以一芯棒端部外圆为基准，用百分表测量另一芯棒端部外圆的径向跳动。

（4）百分表在基准轴上调零，然后测另一轴的跳动，将最大值填入原始数据记录表。

（5）将一芯棒顺时针转动 120°后，测一次数据，然后将另一芯棒逆时针转动 12°后，再测一次数据，以三次数据的平均值为剪刀差。

为提高检测精度，也可采用光电法进行剪刀差的测量。

7. 抽油机刹车机构的检测方法

刹车机构的检测是对抽油机刹车的灵敏度和可靠性的考核。

抽油机整机运转工况下，切断电源，施加 150N 的力在刹车把上，抽油机曲柄在任何位置均能制动。

抽油机刹车装置的检测步骤如下：

（1）将拉力计的一端固定在刹车刹把的手把上，拉力计的另一端操作者用手拿。

（2）检测前，将刹把的手把与限位块的手把用铁丝捆在一起，使刹车的限位块脱开处于放松状态。

（3）切断抽油机电源后，将刹车刹死，让曲柄停在任何角度。调整刹车力为 150N ±15N，曲柄应静止不动。若曲柄在 150N ±15N 的刹车力作用下转动，刹车为不合格。

(4)当用150N±15N的刹车力使曲柄静止后,松开刹车,曲柄应能转动(即刹车时,曲柄不在死点);若曲柄不转动,则应重新启动电动机,重复步骤(3)。

(5)重复步骤(3)、(4)三次,三次均能满足要求则判为合格。

8. 抽油机两曲柄与从动轴连接处键的接触面积检测方法

采用目测评判检验。

曲柄与从动轴连接处键的接触面积一般应在抽油机整机运转前检测。对已进行过整机运转的抽油机进行抽检时,可直接将楔键从曲柄和从动轴的键槽中卸下来检验。

检测步骤如下:

(1)将装配好的楔键从曲柄和从动轴的键槽中卸下来,在键的上、下两底面分别涂上薄薄的一层红丹粉。

(2)将涂有红丹粉的键打入键槽,使之到位。

(3)再将楔键从曲柄和从动轴的键槽中卸下来,测量键的上、下接触面上的接触面积,接触处为金属亮斑,未接触处仍有红丹粉的斑迹。

金属亮斑占接触面积的百分数为曲柄楔键的接触面积。

9. 抽油机支架顶面横向水平度的检测方法

抽油机支架顶面横向水平度的检测主要考核抽油机支架、底座的制造质量和整机运转后支架和底座的整体变形程度。

该项目用光学倾斜仪测量,精度为±20in。

抽油机支架顶部上平面的横向水平度在整机运转后测量,将光学倾斜仪安放在支架的上平面,并使它与抽油机纵向中心线垂直,从光学倾斜仪的读数显微镜上可读出抽油机横向的倾斜角度值Q。

将读数Q按式(6-3)进行处理,从而转变成为该抽油机实际横向水平度千分之几的线性值。

$$\text{横向水平度} = \tan(Q) \tag{6-3}$$

10. 抽油机支架顶部的位移及游梁的位置度的检验方法

抽油机支架顶部的位移度及游梁的位置度的检验主要考核抽油机支架、游梁和底座的质量,它包括了抽油机制造质量对装配的影响和抽油机整机运转后机架的变形程度。

该项目采用吊锤、经纬仪和直尺或坐标纸检测,测量精度为±1mm。

该项目在抽油机整机运转后测量。

检测步骤如下:

(1)从支架和游梁的吊线螺孔处分别吊一线锤,线长应使铅锤下端距底座中心线的标记平面1~2mm。

(2)用直尺测出铅锤中心线与底座纵向中心线的距离,其值即为支架顶部的位移度和游梁的位置度。

11. 减速器齿轮副齿面的接触精度、双圆弧齿轮副接触迹线位置偏差和减速器齿轮副侧隙的检验

应按照GB/T 15753《圆弧圆柱齿轮精度》、GB/T 10095《圆柱齿轮　精度制》及GB/T

13924《渐开线圆柱齿轮精度 检验细则》中的有关规定进行。

12. 气平衡抽油机平均气缸压降检验方法

气平衡抽油机平均气缸压降检验的目的是考核气缸和气包的密封性能,特别是在工作过程中的密封性能。

气平衡抽油机的气缸在工作压力下,不补充气工作4h,气缸压力降不得大于0.5MPa,检测精度为0.05MPa,该项目在抽油机运转工况下进行检验。

检测步骤如下:

(1)启动气平衡抽油机的压缩机,使气缸压力达到工作压力。

(2)切断自动补气系统电源。

(3)在抽油机整机运转工况下,运转4h。

(4)观察气缸压力表的压力值,气缸的初始工作压力值与该值之差为抽油机气缸压力降。

13. 气平衡抽油机空气压缩机排气温度检测方法

该项目是在抽油机整机运转4h后,对空气压缩机的排气管温度用点温计测量,检测精度为±1℃,以考核气平衡抽油机所配空气压缩机的性能和质量。

该项目在抽油机整机运转4h、空气压缩机在补气工作后检测。若在整机运转工况下工作不到4h,空气压缩机便完成了一次补气工作,则应视其整机运转时间长短来确定是否停机检测空气压缩机的排气温度。当空气压缩机完成一次补气工作,而抽油机整机运转时间 $t<3.5h$ 时,则应等到下一次空气压缩机进行补气后再测量。测量方法是将点温计触头放在空气压缩机的排气接管外壁,待温度数值稳定后,读出数据。其值不大于160℃时为合格。

14. 抽油机悬绳器与钢丝绳连接强度试验方法

抽油机悬绳器与钢丝绳连接强度试验在悬绳拉力试验台上进行。其目的是对吊绳灌铅工艺进行考核,要求能承受钢丝绳破断拉力的80%,而不出现松铅或断脱现象。出厂检验时,按额定悬点载荷的1.5倍进行静拉试验,不得有滑脱或松动现象。

试验后的吊绳不得再用于出厂抽油机上。

检测步骤如下:

(1)根据钢丝的破断拉力 F',确定悬绳的最小应承受的试验拉力 F_1($F_1=0.8F'$);或按额定悬点载荷 P_{max} 的1.5倍,确定悬绳应承受的试验拉力 F_2($F_2=1.5P_{max}$)。

(2)按悬绳拉力试验台的操作规程,将拉力 F_1 或 F_2 转换为试验台上液缸的压力值,便于操作。

(3)将悬绳卡在拉力试验台上,启动液缸的液压源。

(4)当压力表达到试验拉力所对应的压力值或出现松铅时,便停止加力。

(5)仔细观察钢丝绳铅头是否有松铅或断脱现象,若试验压力达到规定值而无松铅、断脱现象为合格,否则为不合格。

15. 减速器内腔清洁度检测

在抽油机整机运转后,放出润滑油,再用不少于润滑油体积的柴油冲洗减速器内腔及其零件,然后用SSW00630054(平纹)(GB 6004)的铜丝网或绒布过滤放出的润滑油和清洗油,将滤取的残存物在200℃的温度下烘0.5h,然后称其质量,即为减速器内腔清洁度。

16. 曲柄平衡重的移动、驴头翻(转)动的灵活性检测

该项检测在整机运转试验完成后进行。

17. 抽油机的主要零件和外观质量检验

该项检测按生产用图样进行检验。

第二节　无游梁式抽油机

一、概述

游梁式抽油机以其结构简单、坚固耐用等特点为国内外油田开采做出了巨大的贡献,但是因其为四连杆机构实现运动转换基本运动原理导致其“大马拉小车”的问题已使其成为当今油田巨大能耗的主要源头之一。以上客观事实引发了国内外诸多专家、学者和企业纷纷投入到无游梁式抽油机技术研究、生产和推广中,因此无游梁式抽油机种类众多、样式各异。我国于 2008 年颁布了 SY/T 6729《无游梁式抽油机》,最新颁布是 SY/T 6729—2014《无游梁式抽油机》。

二、型式与基本参数

1. 型号表示方法

按照 SY/T 6729《无游梁式抽油机》的要求,本产品的型号按如下规则表示。

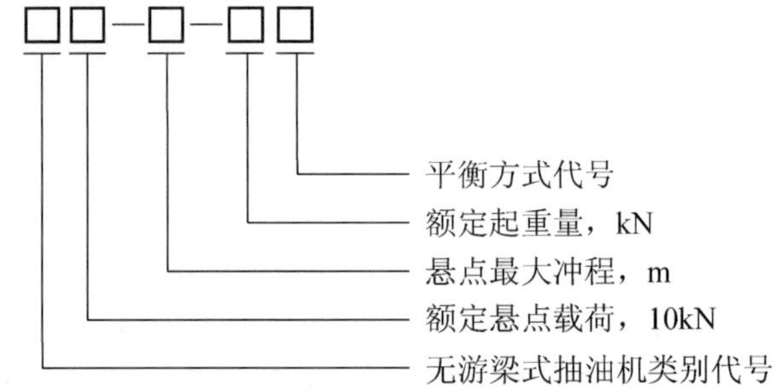

无游梁式抽油机类别代号为:

(1)机械换向型无游梁式抽油机,其代号为:WCYJJ。

(2)电控换向型无游梁式抽油机,其代号为:WCYJD。

(3)流体换向型无游梁式抽油机,其代号为:WCYJL。

平衡方式代号为:

(1)重力平衡,即在上、下往复运动的平衡架上加平衡重的平衡方式,其代号为 Z。

(2)互动平衡,即一台抽油机在两口油井之间工作,利用两口油井的光杆载荷的平衡方式,代号为 H。

(3)复合平衡,即同时用两种以上(含两种)平衡的平衡方式,代号为 F。

规格代号表示法规定按额定悬点载荷、悬点最大冲程和额定起重量的序列，并在三项参数间采用连接号组成规格代号。

例如：额定悬点载荷为 80kN、悬点最大冲程为 3m 和额定起重量为 20kN 的无游梁式抽油机规格代号为 8 -3 -20。

2. 基本参数

无游梁式抽油机基本参数见表 6 -9，允许采用表 6 -9 中三项参数进行交叉组合形成无游梁式抽油机的规格代号，允许有变化，有插值出现。

表 6 -9　无游梁式抽油机基本参数

额定悬点载荷，10kN	悬点最大冲程，m	额定起重量，kN
5	1.5	5
6	2	10
7	2.5	15
8	3	20
9	3.5	25
10	4	30
11	4.5	35
12	5	40
14	5.5	—
16	6	—
18	7	—
20	8	—
22	9	—
24	10	—
26	—	—
28	—	—
30	—	—

例如：规格代号为 8 -3 -20 的电控换向型无游梁式抽油机，平衡方式为重力平衡，其型号为 WCYJD8 -3 -20Z。

三、产品技术要求及检验项目

（一）整机性能要求

（1）无游梁式抽油机运行应平稳，不应有冲击、振动和异常的响声。

（2）在载荷检验时，悬点投影应符合表 6 -10 的规定。

表 6-10 悬点投影

悬点最大冲程,m	≤2.0	>2.0~3.0	>3.0~4.0	>4.0~5.0	>5~7.0	>7.0
投影圆直径,m	10	14	18	22	26	28

(3)在载荷检验时,整机噪声应符合表 6-11 的规定。

表 6-11 整机噪声

额定悬点载荷,10kN	≤10	>10
噪声,dB(A)	≤85	≤87

(4)在载荷检验时,机架顶部的纵向振幅和横向振幅应符合表 6-12 的规定。

表 6-12 机架纵向振幅和横向振幅

悬点最大冲程,m	≤2.0	>2.0~3.0	>3.0~4.0	>4.0~5.0	>5~7.0	>7.0
机架纵向振幅,mm	3	5	6	7	8	9
机架横向振幅,mm	2	4	5	6	7	8

(5)在切断动力源后,配重箱在任何位置时,刹车装置制动均应平稳、可靠,有手动刹车机构的,刹车操作力不超过 150N,紧急刹车除外。制动装置应配备安全挂钩。

(6)悬吊机构让位应灵活、无卡阻,修井让位距离应大于 700mm,抽油机悬点与机架间应有适当的距离以便井口作业。

(7)无游梁式抽油机应具有缺相保护功能。在控制箱断开一相电源时,应保护不能启动;运行时,控制箱或专用的制动装置应切断电源并制动。

(8)无游梁式抽油机应具有超载保护功能。运行时,如瞬时悬点载荷超过额定悬点载荷的 25%,控制箱或专用的制动装置应切断电源并制动。

(9)无游梁式抽油机应具有失载保护功能。运行时,如瞬时悬点载荷为零,控制箱或专用的制动装置应切断电源并制动或使平衡系统缓慢下落。

(10)整机型式检验中除按额定值检验外,还应进行超额定值检验。在超额定值检验中或检验后应检查无游梁式抽油机动作的正确性、整机及部件强度,不允许有屈服变形和焊缝开裂。

(11)同一种型号的无游梁式抽油机,其主要部件应能互换。

(12)无游梁式抽油机到第一次大修理前的使用时间不少于 6 年。

(13)无游梁式抽油机首次无故障工作时间不少于半年,总寿命不少于 10 年。

(二)部件性能要求

1. 电动机

(1)电动机绕组绝缘等级不低于 F 级。

(2)电动机防护等级不低于 IP54。

2. 减速器

(1)减速器的双圆弧齿轮精度按 GB/T 15753《圆弧圆柱齿轮精度》中的 8-8-7 级制造;

渐开线齿轮精度按 GB/T 10095《圆柱齿轮　精度制》中的 8－8－7 级制造，其他齿轮精度按相关标准要求制造。

（2）减速器在空载荷检验后应检查齿轮副接触迹线偏差、接触斑点和侧隙，点啮合双圆弧齿轮按 GB/T 15753 的规定检测，渐开线齿轮按 GB/T 10095 的规定检测。

（3）减速器在载荷检验时应符合下列要求：

① 轴承温升不超过 40℃，油池温升不超过 15℃，并且最高温度均不超过 70℃。

② 各密封处、接合处不应有漏油、渗油现象。

③ 运转应平稳，不应有冲击、振动和异常的响声。

④ 齿轮齿面不得有破坏性点蚀。

（4）减速器内应清洁无杂物，出厂前检查排出的残存杂物质量不应超过表 6－13 的规定。

表 6－13　残存杂物质量

总中心距，mm	≤650	＞650～1000	＞1000～1200	＞1200
残存杂物质量，mg	400	1000	1600	2000

（5）对于表面没有经过全部机械加工的皮带轮，应做静平衡试验，其不平衡力矩应不大于按式（6－4）计算的值。

$$M = 9.8 \times 10^{-3} e \cdot G \tag{6-4}$$

式中　M——允许最大的不平衡力矩，N·mm；

e——允许偏心距，mm。

G——皮带轮质量，kg。

皮带轮在不同转速下允许偏心距应按表 6－14 选择。

表 6－14　皮带轮允许偏心距

皮带轮转速，r/min	≤300	＞300～500	＞500～700	＞700～900	＞900
允许偏心距，mm	0.55	0.38	0.26	0.18	0.10

3. 机架

（1）机架宜采用整料制作，如采用拼接，则拼接处强度、刚度不应低于母材。型材焊前应校正，焊后进行矫形。

（2）焊缝应均匀、平整、成形美观，不应有裂纹、烧穿、收缩和间断等缺陷。主要承载焊缝应进行无损检测，验收级别不低于Ⅱ级。应将焊缝处焊渣和金属飞溅等异物清除干净。

（3）上部平台四周、攀梯正面和上下往复运动件投影区域四周应有安全护栏。

（4）机架应进行结构强度计算校核，对机架的强度和刚度进行分析，或采用测试仪器对机架进行应力测试，对机架的安全性做出评价。

（5）机架的安全系数应不小于 3.3，平台的安全系数应不小于 4。

（6）机架的构件应符合 JB/T 5000.3《重型机械通用技术条件　第 3 部分：焊接件》至JB/T 5000.10《重型机械通用技术　第 10 部分：装配》标准的要求。

4. 悬绳器和配重箱

(1)悬绳器用柔性件(钢丝绳或皮带)的安全系数应不小于5,以钢丝绳的破断强度、皮带的抗拉强度为依据。承载杆、端部配件等部件的安全系数应不小于3.3。

(2)悬绳器与柔性件的连接可采用成型式或紧固式。成型式应按评定合格的工艺制造,紧固式装夹应符合相关安全标准的要求。

(3)悬绳器与柔性件的连接强度应进行检验。在型式检验时按额定悬点载荷的2倍进行单根静拉试验;在出厂检验时,按额定悬点载荷的0.75倍进行单根静拉试验或按额定悬点载荷的1.5倍进行两根钢丝绳(共同承受)静拉试验,达到试验拉力后保持拉力3min,各种试验均不得出现滑脱或松动现象。

(4)悬绳器用柔性件使用寿命不少于1年。

(5)配重箱吊耳应采用局部加强,安全系数应不小于4。

5. 控制箱

(1)控制箱的防护等级为IP23,应防雨、防尘以及适应不同野外环境下工作。

(2)控制箱内带电部件和非带电金属部件的绝缘电阻应不小于2MΩ。

(3)控制箱壳体上应焊有专门用于接地的螺钉或螺母,并有接地的标志,接地螺钉应不生锈(或有其他防锈措施)。

(4)控制箱外表面应有符合安全标准要求的标志。

(5)控制箱应在抽油机最低至最高冲次范围内,实现无级调速。

(6)控制箱应有短路、过载、断相保护功能,断脱、停电自动刹车功能。

6. 传动系统

(1)链条润滑油盒不应漏油,并有良好的防雨、防尘功能。

(2)链条松紧度由顶丝调节,单边位移量应在25~50mm的范围内。

(3)润滑油应加至油窗中线,应使传动件浸入油位高度下15~25mm。

7. 压力控制系统

(1)液压系统应符合GB/T 3766《液压系统通用技术条件》的要求。

(2)液压系统关键部件泵、换向阀和油缸的使用寿命不低于3年。

(3)液压系统的电气接口应可靠密封,连接管线排列整齐、连接牢固。

(4)液压油清洁度应符合GB/T 14039《液压传动 油液固体颗粒污染等级代号》的相关要求。

8. 换向机构

(1)换向机构换向应平稳、无冲击。

(2)换向轴两端在链齿处的不同步误差不应超过传动链节距的5%。

(3)换向机构的使用寿命不低于3年。

9. 动力机组的强度匹配

(1)电动机与减速器连接的联轴器,其安全系数不小于1.5。

(2)减速器与主动轮连接的联轴器,其安全系数不小于1.5。

(3)主动轮的安全系数不小于4。

(4)主动轮轴承设计寿命不低于6年。

10. 外观质量

(1)铸件不应有影响产品外观质量和降低零件强度的缺陷。

(2)焊缝应均匀、平整、成型美观,不应有裂纹、烧穿、收缩和间断等缺陷。应将焊缝处焊渣和金属飞溅等异物清除干净。

(3)涂漆应均匀,色泽美观大方,光亮平整;无裂纹、气泡和自然脱落现象;无漏漆。

(4)螺栓外露应整齐,螺栓突出螺母的末端长度应符合表6-15的要求,并涂防锈油脂。

(5)运动件、电器件安全警示标识应符合相关标准要求。

表6-15 螺栓突出螺母的末端长度

螺距	螺纹直径,mm		末端长度/mm
	粗牙	细牙	
2	14,16	24~52	4.5~6.5
2.5	18,20,22	—	
3	24,27	36~76	5.5~8
3.5	30	—	
4	36	56~76	7~11
4.5	42	—	
5	48	—	10~15
5.5	56	—	

(三)检验方法

1. 整机性能检验方法

(1)在空载荷检验和载荷检验中目测检查整机运转平稳性,是否有冲击、振动和异常的响声。

(2)悬点投影应在载荷检验时,用在悬点上挂重锤的方法检验,用两台经纬仪同时测量(也可采用其他等效的方法)。

(3)整机噪声应在额定悬点载荷条件下检验,测点分布在减速器输出轴两端或机架四周、距抽油机1m远处、距抽油机底面1.5m高处,用声级计A声级(慢挡)测取算术平均值。

(4)机架振幅应在额定悬点载荷条件下检验,在机架顶部纵、横两个方向适当位置贴坐标纸,用经纬仪观测。

(5)刹车装置可靠性应在额定悬点载荷条件下检验,配重箱在任何位置时,启动刹车装置刹车;有手动刹车机构的,切断动力源后,用拉力计进行刹车操作力检测。

(6)悬吊机构让位灵活性应在空载荷条件下检验,启动让位机构达到最大行程时检测让位距离及在让位过程中观测其是否运行灵活。

(7)缺相保护功能应在空载荷条件下检验,启动时人为断开控制箱一相电源,检查电动机能否起动;运行时人为断开控制箱一相电源,检查控制箱能否切断电源并制动。

(8)超载保护功能应在超额定值条件下检验，人为增加悬点载荷使其超过额定悬点载荷的25%，检查控制箱能否切断电源并制动。

(9)失载保护功能应在额定悬点载荷条件下检验，可使用脱钩器等特殊装置使悬点载荷瞬时减小为零，检查控制箱能否切断电源并制动或使平衡系统缓慢下落。

2. 部件检验方法

1)减速器

(1)减速器齿轮精度等级用齿轮检测仪检测。

(2)减速器齿轮齿面接触斑点用目视检测。

(3)减速器齿轮接触迹线偏差、齿侧间隙检验，圆弧齿轮精度按GB/T 15753《圆弧圆柱齿轮精度》的规定检测，渐开线齿轮按GB/T 10095《圆柱齿轮　精度制》的规定检测。

(4)减速器轴承、油池温升检验，用点温计或红外线测温仪检测。

(5)减速器密封性、减速器运转平稳性、减速器齿面质量用目视检测。

(6)减速器清洁度检验，在额定载荷检验后放干润滑油，将不少于润滑油体积50%的煤油注入减速器内，清洁内腔和所有零部件，用SSW0.063/0.045的铜丝网过滤，剩余物在200℃的温度下烘干0.5h，然后称其质量。

(7)皮带轮静平衡检验，在专用的静平衡试验台上进行检测。

2)机架

(1)焊缝质量用目视检测，主要承载焊缝无损检测结果应符合Ⅱ级要求。

(2)平台、攀梯、上下往复运动件投影区域四周护栏安全性用目视检测。

3)悬绳器和配重箱

(1)悬绳器与柔性件连接质量用目视检测。

(2)悬绳器与柔性件的连接强度在专用的拉力试验台上检验。达到试验拉力后保持拉力3min，进行用目视检测。

4)控制箱

(1)控制箱的外观及安全标识，接地的螺钉或螺母连接质量用目视检测。

(2)控制箱内带电部件和非带电金属部件的绝缘电阻，使用绝缘电阻表检测。

(3)在抽油机最高冲次范围内，人为设定工作冲次，检验无级调速性能。

5)传动系统

(1)链条单边位移量用钢板尺检测。

(2)润滑油位用目视检测。

6)压力控制系统

(1)液压站的电气接口质量、管线排列质量用目视检测。

(2)液压油清洁度使用显微镜计数法或遮光原理自动计数法检测。

7)换向机构

(1)换向机构换向平稳性用目视检测。

(2)换向轴两端链齿处的不同步误差用专用工装检测。

（四）检验仪器设备及要求

无游梁式抽油机检验所用的仪器设备与游梁式抽油机的要求基本相同，部分试验台架如失载试验台，需要在整机试验平台的基础上加装安全防护设施。

第三节　抽油机节能拖动装置

一、概述

（一）基本工作原理

电力拖动装置是以电动机为原动机，拖动生产机械设备进行运转的拖动方式。电力拖动系统是由电动机、机械传动机构、生产机械的工作机构、电动机控制设备以及电源五部分组成的综合机电装置。

抽油机节能拖动装置主要是由电动机及其控制装置组成（图6－8）。抽油机节能拖动装置通过控制装置实现对电动机启动、制动的控制，对电动机转速调节的控制，对电动机转矩的控制等，并完成对抽油机机械设备的自动化控制，改善抽油机机械设备的控制性能。其工作系统框架如图6－9所示。

图6－8　抽油机节能拖动装置实物图

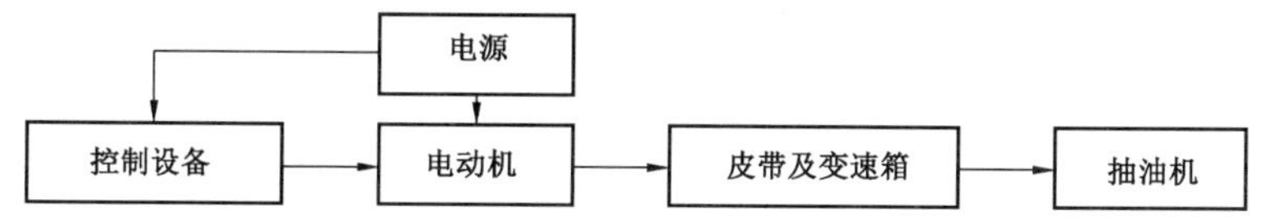

图6－9　抽油机节能拖动装置工作系统图

（二）分类

1. 按照选择的电动机进行分类

目前，抽油机节能拖动装置按照选择的电动机种类，主要分为两大类，一类是配套YCCH系列超高转差率电动机，第二类是配套YCH系列高转差率电动机。

2. 按照安装结构进行分类

抽油机节能拖动装置按照电动机与控制系统的安装结构，分为整体安装结构和分体安装结构。整体安装时，控制箱为无底脚箱形结构，与电动机出线口直接连接；而分体安装时，控制箱为有底脚箱形结构，独立安装，电动机出线口有接线盒。

3. 型号表示方法

抽油机节能拖动装置的型号表示方法如下：

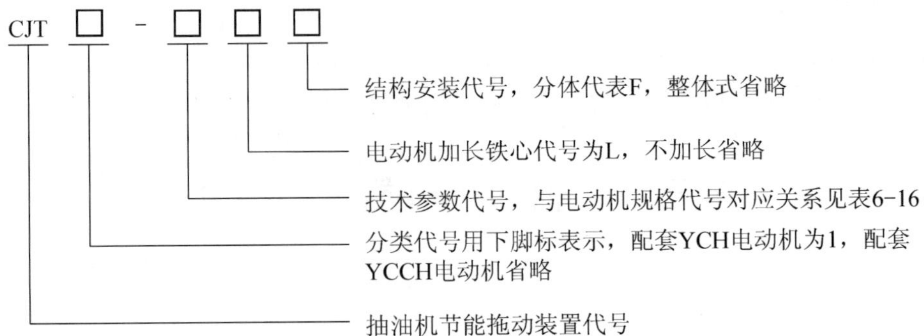

表 6-16 拖动装置技术参数代号与电动机规格代号对应关系

拖动装置技术参数代号	2	3	3L	3.5	4	5	6
电动机规格代号	180	200	200-1	225	250	280	280L

通过抽油机节能拖动装置标注的型号，我们可以对任意一套抽油机节能拖动装置做出准确判断，查看其采用的电动机种类、规格型号和安装结构。例如：某一抽油机节能拖动装置标注型号为 CJT-3.5F，表示此抽油机节能拖动装置配套电动机为 YCCH 系列、技术参数代号为 3.5（电动机中心高为 225mm）的超高转差率电动机，其安装结构为分体式。目前，针对选用控制装置的分类，标准中并未进行详细的规定。

（三）使用条件

1. 安装电源要求

抽油机节能拖动装置的额定频率为 50Hz、额定电压为 380V 或额定频率为 60Hz、额定电压为 460V。如有特殊要求，其他电压等级产品执行用户技术规范或技术协议并进行特别标注。

2. 运行环境的要求

抽油机节能拖动装置的安装环境温度范围为 -40 ~ +40℃，室外严酷工况，包括风沙或雨雪、腐蚀性气体、高湿度和周期载荷情况下，可按额定功率连续运行。

二、主要检验参数

目前，在油田生产及应用中，抽油机节能拖动装置主要依据 SY/T 5226—2014《抽油机节能拖动装置》的要求进行检验。

（一）外形尺寸和安装尺寸

1. 外形尺寸

因为配套用抽油机节能拖动装置的控制装置中，选用的电器元件有所差异，外形尺寸也不相同，如有特殊要求或协议，需参照特殊要求和协议进行。无特殊情况，主要的外形尺寸检验项目依据表 6-17 的要求。对于分体式安装结构的控制设备相关外形尺寸，标准中暂时只对电动机进行了详细的规定，对控制装置部分未做要求。

表 6-17　整体安装结构拖动装置的主要外形尺寸(mm)

拖动装置型号	*AB*	*BB*	*CC*	*HZ*	*L*	*W*
CJT-2	330	305	125	745	650(712)	645
CJT-3	365	350	125	765	720(802)	675
CJT-3L	365	350	125	765	720(802)	675
CJT-3.5	425	385	160	785	795(895)	720
CJT-4	490	430	160	815	860(970)	755
CJT-5	545	465	190	870	965(1070)	840
CJT-6	545	640	190	870	1065(1080)	840

在检验外形尺寸过程中,为保证检测数据的准确性,被测拖动装置需要放置在固定的水平台上进行测量,采用的计量器具主要包括高度尺、游标卡尺和内径千分尺等。

2. 电动机的安装尺寸及其公差

电动机的安装尺寸及其公差中,键宽与键槽宽度、键高与键槽高度的公差配合、中心距高等参数,都是影响电动机温升、振动和噪声等相关参数的关键零部件,也是影响拖动装置使用寿命的重要因素之一。因此,对拖动装置检验过程中,对上述参数的检验至关重要。

(二)拖动装置的温升

1. 电动机温升

线圈的温升,应在规定的额定电压和频率下,满负荷运行时,采用 GB/T 1032《三相异步电动机试验方法》中电阻法测得的温升,对 YCH 电动机 F 级绝缘不应超过 80K;F 级囊封绝缘不应超过 90K;H 级绝缘不应超过 125K;电动机使用系数应为 1.15。对 YCCH 电动机 F 级绝缘不应超过 GB 755《旋转电动机　定额和性能》所规定的允许温升 105K,使用系数应为 1.0。在使用电阻法测量温升试验过程中,要保证试验环境温度的稳定性,避免试验区域温度大幅度波动。

滚动轴承的运行允许温度按 GB 755—2008《旋转电动机　定额和性能》中 8.9 规定的测量方法不应超过 95℃。

电动机的装入式热保护系统最少应安放 3 个温度检测器(每相一个),应在不引起热保护系统动作的最大负载下运行,且应在最高温度限值 F 级绝缘(145 ± 5)℃、H 级绝缘(160 ± 5)℃下可靠动作。

2. 控制箱的温升

控制箱内的连接导线应具有与额定电压相适应的绝缘。当通入控制箱内的电流为额定电流(额定电流值应符合 GB/T 762《标准电流等级》的规定)时,导(母)线连接处操作手柄和壳体的温升不应超过表 6-18 的规定。

表6-18　导(母)线连接处操作手柄和壳体的温升

部位		温升,K
连接外部绝缘导线的接头		70
铜母线的接头	接触处无防蚀被覆盖	60
	接触处搪锡	65
操作手柄	金属的	15
	绝缘的	21
可能会触及的壳体	金属表面	30
	绝缘表面	40

注:1. 70K的温升界限,是指控制箱封闭条件下限定的数据。
2. 15K的温升界限,对于装于箱体内部而需打开箱门才能触及的不经常操作的手柄,其温升值可以比15K限值高出3K。
3. 30K的温升界限,对于接近而无须触及的壳体,其温升值可以比30K限值高出10K。

(三)拖动装置控制保护功能

拖动装置在使用过程中,因其运行特性及使用地点的特殊环境,会经常遇到线路故障、紧急停止、设备维护和过电压等突发情况的发生,因此,必须对抽油机节能拖动装置控制保护功能做出严格技术要求,来保障安全生产运行。

拖动装置应至少具备以下控制保护功能:短路保护、过载保护、断相保护、浪涌过电压保护、电动机绕组过温闭锁保护和停电恢复自动延时再启动。

抽油机节能拖动装置的短路保护,是操作人员安全的有效保障,防止操作人员因短路而引起触电;过载保护、断相保护、浪涌过电压保护、电动机绕组过温闭锁保护等功能,可在发生意外过程中,防止设备被烧毁,减少因意外造成的财产损失。停电恢复自动延时再启动功能,其延时自启动系统应能按给定的时间间隔动作,延时时间应可以在0~6min内任意设定。

(四)偶然过电流试验

电动机在正常工作温度下,应能承受1.5倍的额定电流,历时不应少于2min。在电压和频率维持在额定值时,电动机应能承受不小于1.6倍的额定转矩,历时15s而不发生转速突变或停转(在逐渐增加转矩的情况下)。此项试验的目的是验证电动机的定子绕组,是否能承受意外的偶然过电流现象,过电流值和历时时间是电动机检验的主要参数之一。

(五)超速试验

试验电动机在空载情况下应能承受提高转速至其同步转速的120%,历时2min而不发生有害变形。将电动机转速提高达到规定的要求下进行测量,达到相应的时间后,观察电动机。使用的主要计量器具为转速表。

(六)绝缘电阻

所谓绝缘电阻,就是使用不导电的物质将带电体隔离或包裹起来,以对触电起保护作用的一种安全措施。良好的绝缘是保证电气设备与线路的安全运行,防止人身触电事故发生的最基本和最可靠的手段,其定义是指直流电压U与泄漏电流I之间的比值,是反映电线电缆产品绝缘特性的主要指标，它反映了线缆产品承受电击穿或热击穿能力的大小，与绝缘的介质损耗以及绝缘材料在工作状态下的逐步劣化等均存在着极为密切的关系。在强电作用下，绝缘电阻物质可能被击穿而丧失其绝缘性能。固体绝缘电阻物质被击穿以后，则不可逆地完全丧失了其电气绝缘性能。因此，电气线路与设备的绝缘选择必须与电压等级相配合，而且须与使用环境及运行条件相适应，以保证绝缘的安全作用。

产品的绝缘电阻主要取决于所选用的绝缘材料，但工艺水平对绝缘电阻的影响很大，因此测定绝缘电阻是监督材料质量和工艺水平的一种方法。测定绝缘电阻的作用是可以发现工艺的缺陷，同时也是研究绝缘材料的品质和特性、研究绝缘结构以及产品在各种运行条件下的使用性能等各方面的重要手段，对于已投入运行的产品，绝缘电阻是判断产品品质变化的重要依据之一。

对于拖动装置的绝缘电阻，SY/T 5226—2014《抽油机节能拖动装置》有如下规定。

1. 控制箱的绝缘电阻

控制箱的各个电路于耐压试验前后，所测量的绝缘电阻不应低于 1MΩ（此值仅供试验前后作辅助性的判别），通常采用兆欧表、数字兆欧计等相关检验设备，对控制箱的相间及相对地之间，进行该参数的检验。

2. 电动机的绝缘电阻

对于电动机的绝缘电阻，主要是检验其定子绕组的绝缘电阻，判断其绕组在制作过程中，是否因绕线、整形、绕包和嵌线等工序出现瑕疵，而造成绝缘性能不足的现象，是保证电动机持续稳定运行的基础，因此，对其做出如下要求。

电动机定子绕组的绝缘电阻在热状态时或温升试验后应不低于式（6-5）求得的值。

$$R = U/(1000 + P/1000) \tag{6-5}$$

式中 R——电动机定子绕组的绝缘电阻，MΩ；

U——电动机高转矩接线型式定子绕组的额定电压，V；

P——电动机高转矩接线型式的容量（功率），kV·A（kW）。

但在标准中，只针对热状态时电动机定子绕组的绝缘电阻做出规定，并未对电动机定子绕组在冷态时、整体抽油机节能拖动装置的绝缘电阻做出具体要求。

（七）耐电压试验

拖动装置在长期工作中，不仅要承受额定工作电压的作用，还要接受操作过程中短时间的高于额定工作电压的过电压作用（过电压值可能会高于额定工作电压值的好几倍）。在这些电压的作用下，电气绝缘材料的外部结构将发生变更。当过电压强度抵达某特定值时，就会击穿材料的绝缘部分，电器将不能正常运转，操作者就有触电可能，从而危及人身安全。拖动装置应能承受耐电压试验，此项试验是检验其在耐受电压过程中，是否会发生击穿现象，避免装置在使用过程中因意外而发生大电压时，产生击穿而危及人员和设备使其受到伤害。试验电压应尽可能为正弦波形，使用的主要仪器设备为耐压测试仪，试验电压值应符合下列规定。

1. 电动机的耐电压试验

在电动机进行耐电压试验时，主要施加试验电压位置为三相绕组对地、三相绕组相间及绕组与热检测器之间，施加试验电压值应为2倍的额定电压与1000V（有效值）之和，施加全值电压试验时间为1min。

2. 控制箱的耐电压试验

控制箱的耐电压试验主要依据GB 7251.1《低压成套开关设备和控制设备 第1部分：总则》要求的方法进行试验，分别在主电路和不直接与主电路连接的辅助电路两部分进行，其试验电压值依据表6－19和表6－20的规定执行，施加电压试验时间为1min。

表6－19 控制箱主电路的额定工作电压的试验电压

控制箱主电路的额定工作电压 U,V	试验电压（有效值），V
$60 \leqslant U < 300$	2000
$300 \leqslant U \leqslant 660$	2500
$U > 660$	$2U + 1000$

表6－20 不直接与主电路连接的辅助电路的额定电压的试验电压

不直接与主电路连接的辅助电路的额定电压 U,V	试验电压（有效值），V
$U \leqslant 12$	250
$12 < U \leqslant 60$	500
$U > 60$	$2U + 1000$，最低为1500

（八）短时升高电压试验

电动机的定子绕组应能承受短时升高电压试验而匝间绝缘不发生击穿。试验在电动机空载时进行，外施加电压为130%的额定电压，时间为3min。在提高电压值至130%的额定电压时，可以同时提高频率或转速，但不应超过超速试验所规定的转速。试验过程中，电动机应无冒烟等击穿现象。此项试验的目的是验证电动机的定子绕组，是否能承受意外过电压现象。

（九）振动

振动是抽油机拖动装置运行过程中常有的现象。对于各种类型和规格的拖动装置来说，在它们稳定运行时，振动都有一种典型特性和一个允许限值。当拖动装置中的电动机内部出现故障、零部件产生缺陷、装配和安装情况发生变化，其振动特性就要发生变化。因此，振动能客观地反映电动机的运行状态，对电动机振动的诊断、掌握其运行状态对于发现故障有着极其重要的意义。

抽油机拖动装置的振动检验，是在电动机空载稳定运行时，振动速度有效值按GB 10068《轴中心高为56mm及以上电动机的机械振动 振动的测量、评定及限值》的规定执行，见表6－21（在高转矩接线型式下测定）。

表6－21 振动速度有效值

项目	弹性安装	
电动机中心高，mm	180，200，225	250，280
振动速度有效值，mm/s	2.8	3.5

（十）噪声

拖动装置中的电动机噪声主要分为三类：电磁噪声、机械噪声和空气动力噪声。

1. 电磁噪声

电磁噪声为电动机空隙中的磁场脉动，引起定子、转子和整个电动机结构的振动所产生的一种低频噪声。其数值大小取决于电磁负荷与电动机的设计参数。电磁噪声主要是结构噪声，主要是由于定子、转子槽的配合不当，定子、转子偏心或气隙过小以及长度不一致等原因产生的。

2. 机械噪声

机械噪声是电动机运转过程中，由摩擦、撞击、不平衡以及结构共振形成的噪声。机械原因引起的噪声种类很多。主要原因有自身噪声、负载感应噪声和辅助零部件的机械噪声等。由加工工艺、加工精度和装配质量等问题产生。

3. 空气动力噪声

空气动力噪声一般是由电刷与换向器、轴承、转子和通风系统等产生。可将机械噪声分为电刷噪声、轴承噪声、风扇噪声和负载噪声等。

因此，噪声的限值也是电动机检验和判断电动机性能的主要方法之一，不同容量（功率）电动机的噪声，通过使用声级计进行检验。其单台空载稳定运行时 A 计权声功率级的限值按 GB/T 10069.3《旋转电动机噪声测定方法及限值　第 3 部分：噪声限值》的规定执行，见表 6－22（在高转矩接线型式下测定）。

表 6－22　电动机 A 计权声功率级噪声的限值

容量（功率）S kV·A（kW）	$6.5 \leq S \leq 11$	$11 < S \leq 22$	$22 < S \leq 37$	$37 < S \leq 55$	$55 < S \leq 110$
声功率级 dB（A）	81	84	87	90	93

（十一）接地连接电阻

拖动装置接地是一个重要环节，可是有的单位往往忽视了这一点，因为拖动装置中的电动机不明显接地也可以运转，但这给生产及人身安全埋下了安全隐患。因为绝缘一旦损坏后外壳会产生危险的对地电压，这样直接威胁人身安全及设备的稳定性。所以拖动装置一定要有安全接地。拖动装置的接地就是将拖动装置在正常情况下，不带电的某一金属部分通过接地装置与大地做电气连接，而电动机的接地就是金属外壳接地。这样即使在设备发生接地和外壳短路时，电流也会通过接地向大地做半球形扩散，电流在向大地中流散时形成了电压降，这样保证了设备及人身安全。成套设备中的保护电路可由单独的保护导体或导电结构部件组成，或由两者共同组成。它的主要目的是提供下述保护：防止因成套设备内部故障引起的后果；防止由成套设备供电的外部电路故障引起的后果。利用保护电路进行安全防护适用于电击防护措施中采用间接接触的防护。电击防护措施中对于成套设备主要的防护措施有两种，分为直接接触的防护和间接接触的防护。间接接触的防护中采用保护电路以外的防护措施。

控制箱的金属壳体或可能带电的金属件(包括因绝缘损坏可能会带电的金属件)与接地螺钉之间,应保证可靠的电气连接,其与接地螺钉间的连接电阻实测值不应超过0.1Ω。在实际检定过程中,对控制箱的裸露导电部件或可能带电的金属件与接地螺钉之间进行检验,通常采用双臂电桥法进行检定。使用设备有:高精度回路电阻测试仪等设备进行检定。

(十二)电气布置与防护

控制箱中的电路和电器布置,应力求整齐美观、操作方便和工艺合理,保证维护检修安全。箱门或接线盒盖应有可靠的防尘、防雨功能,应能在不小于90°的范围内灵活启闭。控制箱内电气元件的电气间隙和爬电距离应满足GB 7251.1《低电压成套开关设备和控制设备　第1部分:总则》中的规定。装于控制箱上的各个电器元件,应符合本身的标准规定和安全规程,安装结构应符合GB 14711《中小型旋转电动机通用安全要求》中相应的规定。

良好的外观与电气布置,不仅维修方便,也为查找故障提供方便;可靠的防尘、防雨密封构件,是保证人员操作安全和拖动装置生产的基础保障。

第七章　抽　油　杆

第一节　钢制抽油杆

一、概述

抽油杆是有杆抽油设备中的主要部件，它由接箍连接成抽油杆柱，上连抽油机，下接抽油泵，其作用是将地面抽油机的能量传递给井下的抽油泵。

（一）抽油杆类型

抽油杆通常有实心钢制抽油杆和特种抽油杆。

1. 抽油杆

抽油杆通常是具有镦粗两端头的实心圆断面的杆体，如图7－1所示。两端头分别有外螺纹、应力槽、外螺纹台肩、扳手方、凸缘和圆弧过渡区等。

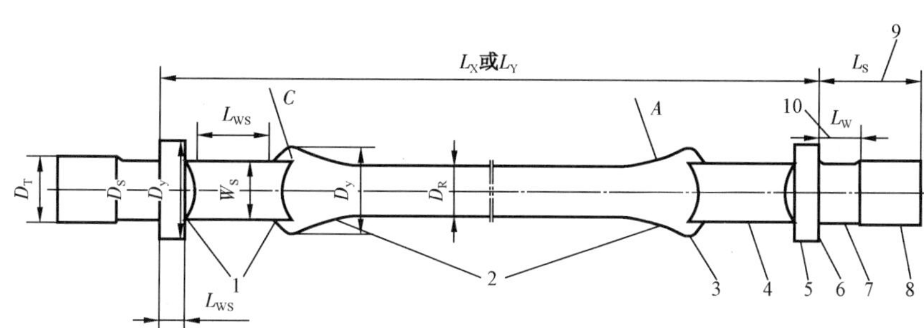

图7－1　钢制抽油杆和短杆

1—过渡形状（任选）；2—抽油杆杆体；3—镦粗凸缘；4—扳手方；5—外螺纹台肩；6—端面；7—应力卸荷槽；8—螺纹（两端相同）；9—外螺纹长度；10—应力卸荷槽长度

2. 特种抽油杆

除了上述常用的实心钢制抽油杆外，为了满足低液面、高含水、高凝油、高含蜡、防腐及稠油开采等需要，近年来，国内外开发了许多特种抽油杆，主要有连续抽油杆和抗扭抽油杆等。其主要特点及用途见表7－1。

表7－1　特种抽油杆的特点及用途

序号	名称	特点	用途
1	钢制连续抽油杆	（1）无接箍，焊接成抽油杆柱； （2）杆体横截面为椭圆形； （3）失效频率低、磨损小	（1）斜井、定向井； （2）稠油井

续表

序号	名称	特点	用途
2	碳纤维连续抽油杆	(1)高强度、高耐磨性、高腐蚀性； (2)重量轻、柔韧性好、截面积小； (3)接头少	(1)超深井； (2)高腐蚀井
3	抗扭抽油杆	承受扭矩大、刚度大	带动螺杆泵
4	喷涂抽油杆	表面喷涂不锈钢粉末或其他耐蚀材料	腐蚀井

二、抽油杆及其接箍的形式和等级

(一)抽油杆的形式和等级

1. 抽油杆的形式

抽油杆分为“一体式”抽油杆及“三节式”抽油杆。“一体式”抽油杆是指杆体与外螺纹端头或内螺纹端头是一整体的抽油杆；而“三节式”抽油杆为杆体与外螺纹端头或内螺纹端头通过螺纹连接起来的抽油杆。

按抽油杆端头的形式，抽油杆又可分为两种。

(1)两端为外螺纹的抽油杆，这是目前使用最多的一种抽油杆。

(2)内—外螺纹端抽油杆，这种抽油杆一端为内螺纹，另一端为外螺纹。这种抽油杆多为特种抽油杆，有各类防脱抽油杆等。

2. 抽油杆的等级

根据 SY/T 5029—2013《抽油杆》的规定，将抽油杆分为 C 级、D 级、K 级、KD 级、HL 级和 HY 级。

C 级抽油杆用于轻、中负荷的油井。

D 级抽油杆用于中、重负荷的油井。

K 级抽油杆用于有腐蚀且轻、中负荷的油井。

KD 级抽油杆用于有腐蚀且中、重负荷的油井。

HL 级和 HY 级抽油杆用于超重负荷的油井(深井、稠油井和大泵强采井)。

3. 抽油杆的规格及型号表示方法

1)抽油杆的规格

抽油杆的规格根据 SY/T 5029—2013《抽油杆》的规定，按其杆体公称尺寸分为 16mm、19mm、22mm、25mm、29mm 共五种。

2)抽油杆的型号表示方法

抽油杆的型号表示方法如下：

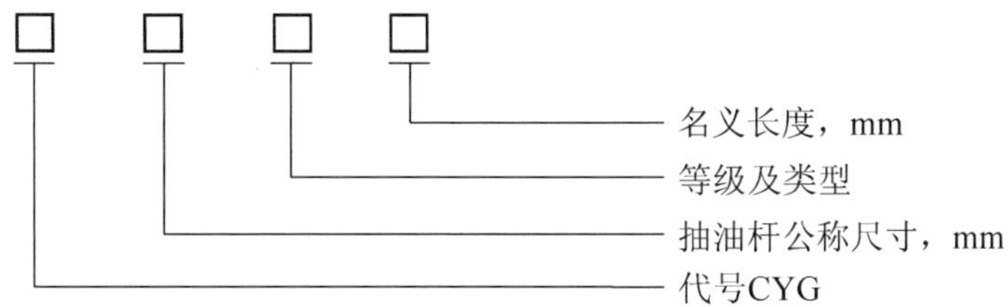

代号示例:公称尺寸为19mm,名义长度为8000mm的D级抽油杆;则型号表示为CYG 19D 8000。

(二)接箍的形式和等级

1. 接箍的形式

接箍是将抽油杆组合成抽油杆柱时的连接零件,按其结构特征可分为普通接箍、异径接箍、光杆接箍、小井眼接箍和喷焊接箍,如图7-2所示。

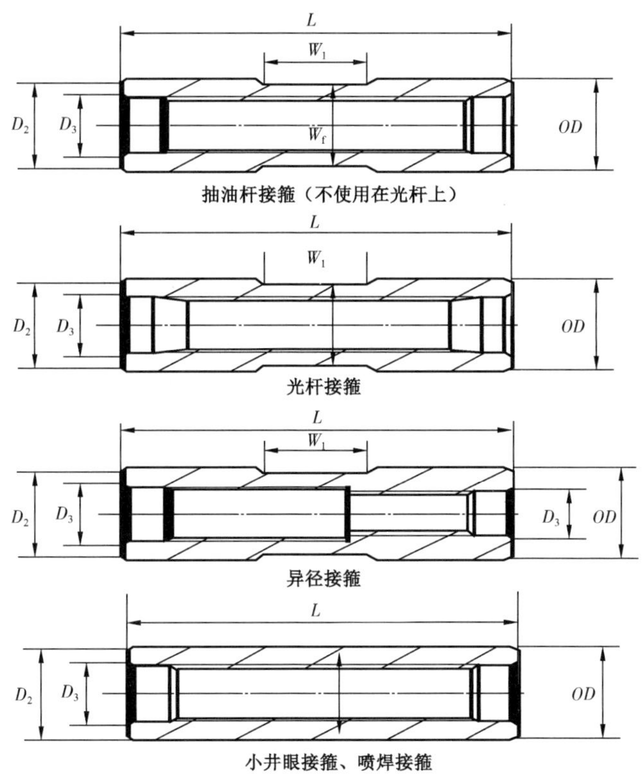

图7-2　抽油杆接箍、光杆接箍、异径接箍、小井眼接箍和喷焊接箍

2. 接箍的等级

接箍的等级一般分为T级(整体热处理)和SM级(表面金属喷焊)。

3. 接箍的型号表示方法

接箍代号表示方法如下:

普通接箍代号为PJ,异径接箍与光杆接箍代号为PR,小井眼接箍在等级代号后面再加上SH。

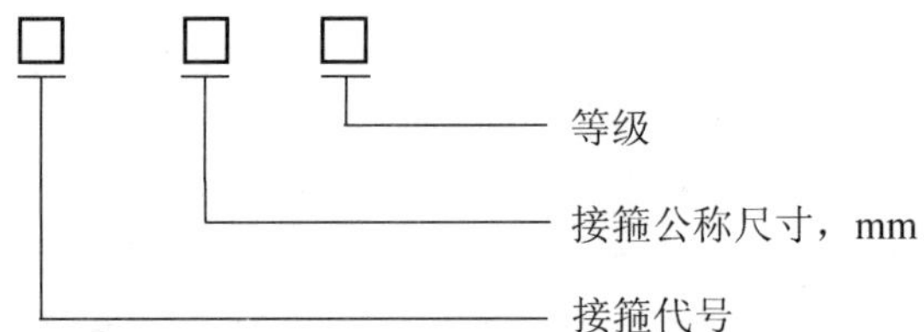

代号示例:公称尺寸为22mm的SM级接箍代号表示为PJ22SM;公称尺寸为22mm×25mm的T级小井眼异径接箍代号表示为PR22×25TSH。

三、抽油杆及其接箍的技术要求

(一)抽油杆的技术要求

1. 抽油杆的化学成分及力学性能

钢制抽油杆和钢制短杆应为GB/T 26075—2010《抽油杆用圆钢》中所列的系列钢材或等效钢材的任一化学成分,经过有效的热处理能达到K级、C级、D级、KD级、HL级、HY级杆的力学性能要求。

对用于制造抽油杆和短杆的每一炉批钢材应进行化学分析。化学分析应按GB/T 223《钢铁及合金化学分析方法》、GB/T 4336《碳素钢和中低合金钢　多元素含量的测定　火花放电原子发射光谱法(常规法)》、GB/T 20125《低合金钢　多素的测定　电感耦合等离子体发射光谱法》的规定进行。来自原钢厂每一炉批钢的材料测试报告可视为符合要求。

对于抽油杆的力学性能,目前国内外研究者尚存在不同的见解,例如:美国API标准中只规定了抽油杆的抗拉强度,并以此来划分抽油杆级别。而在我国的标准中,除规定了抽油杆的抗拉强度外,还规定了塑性和韧性指标,见表7-2。

表7-2　钢制抽油杆和短杆的材料及力学性能

等级	材料	抗拉强度 R_m MPa	下屈服强度 R_{eL} MPa	伸长率 A_{200mm} %	断面收缩率 Z %	表面硬度 HRC	心部硬度 HRC
C	优质碳素钢或合金钢	621~793	≥414	≥13	≥50	—	—
K	镍钼合金钢	621~793	≥414	≥13	≥60	—	—
D	优质碳素钢或合金钢	793~965	≥586	≥10	≥50	—	—
KD	镍钼合金钢	793~965	≥586	≥10	≥50	—	—
HL	合金钢	965~1195	≥793	≥10	≥45	—	—
HY	合金钢	965~1195	—	—	—	≥42	≥20

2. 尺寸精度

抽油杆主要尺寸及公差要求见表7-3。

表 7－3　抽油杆主要尺寸及公差

单位：mm

抽油杆公称尺寸	杆体直径 D_R	螺纹直径 d_T	螺纹台肩外径 D_F	扳手方宽度 $W_S \pm 0.79$	扳手方长度 L_{WS}	凸缘直径 D_u	抽油杆长度 ±50.8		A ±3.175	C +1.59 −0.40	应力卸荷槽直径 D_1 ±0.127	应力卸荷槽长度 $L_R\ ^{+0.79}_{0}$
							抽油杆 L_K	短抽油杆 L_Y				
16	$15.88^{+0.18}_{-0.36}$	15/16	$31.75^{+0.13}_{-0.25}$	22.23	31.75	$30.96^{+0.13}_{-3.18}$	9898.4 9042.4 7898.4 7518.4	508.0 1117.6 1727.2 2336.8 2946.4 3556.0	47.63	3.18	20.07	13.11
19	$19.05^{+0.20}_{-0.41}$	1 1/16	$38.10^{+0.13}_{-0.25}$	25.40	31.75	$35.72^{+0.13}_{-3.18}$			57.15	3.18	23.24	15.09
22	$22.23^{+0.20}_{-0.41}$	1 3/16	$41.28^{+0.13}_{-0.25}$	25.40	31.75	$38.10^{+0.13}_{-3.18}$			66.68	4.76	26.42	17.07
25	$25.40^{+0.23}_{-0.46}$	1 3/8	$50.80^{+0.13}_{-4.76}$	33.34	38.10	$48.42^{+0.31}_{-4.76}$			76.20	4.76	31.17	20.24
29	$28.58^{+0.25}_{-0.51}$	1 9/16	57.15 ±0.38	38.10	41.28	$55.56^{+0.31}_{-4.76}$			85.73	4.76	35.92	22.23

注：1. 扳手方长度指最小长度，不包括过渡圆角。
2. 抽油杆长度指从一端外螺纹台肩接触面至另一端外螺纹台肩接触面之间长度。
3. 公称尺寸为 22mm 的 HY 型抽油杆扳手方宽度为 28.50mm，其他尺寸与表 7－3 相同。
4. HY 型抽油杆表面淬硬层深度应为杆体直径的 5% ~13%，淬硬层应连续，淬硬层区域应从一端台肩至另一端台肩。

3. 形位公差

1)杆体直线度

(1)弯曲。杆体上任意304.8mm标距范围内的最大许可间隙为1.65mm。0.61m短杆杆体直线度应用152.4mm标距测量,最大允许的间隙值为0.84mm。

(2)弯折。在152.4mm的标距中间最大允许的间隙值为3.18mm。弯折不允许校直,该杆应报废。

2)端部直线度

将杆体支撑在离杆外螺纹接头台肩152.4mm处测量端部直线度。对于尺寸为16~29mm的最大允许 *TIR* 值为3.30mm。

4. 螺纹质量

抽油杆台肩接头的螺纹部分应为10牙/英寸。牙型应符合ANSI/ASME B1.1《统一英制螺纹》的2A—2B级公差和间隙要求。抽油杆外螺纹设计牙型是UNR型,这里所述的抽油杆螺纹为圆柱螺纹。螺纹牙型应完全覆盖设计长度且不应有制造厂商工艺规定的验收准则以外的撕裂、破裂、剪切、缺口或裂纹。

5. 表面质量

1)不连续性

不连续性是指正常物理结构或轮廓上的中断,例如:裂纹、折叠、接缝、凹坑和起层。

不连续性的典型实例见SY/T 5029—2013《抽油杆》中的附录K。当去除不连续缺陷时,应满足所有的尺寸要求。

2)杆体表面质量

当一缺陷的深度不能被测量时,应采用光滑过渡的方法将其消除。诸如轧制氧化皮、毛刺和机械损伤等缺陷,去除时必须用光滑过渡的形式除去。

只要从实际相邻面量起深度或高度不超过0.51mm,这些纵向缺陷均认为是合格。在0.51mm范围内的纵向缺陷不必去除。深度大于0.10mm的横向缺陷应被认为不合格,应采用光滑过渡的形式将其除去。凹坑深度不应超过0.20mm。

3)镦粗部位表面质量

镦粗部位的机械加工表面的粗糙度 *Ra* 不应超过3.2μm。

当一缺陷的深度不能被测量时,应采用光滑过渡的方法将其消除。

在镦粗区直径等于扳手方宽度以上的部位允许出现纵向缺陷。从直径等于扳手方宽度的部位起到杆体的镦粗区域上出现的纵向缺陷,只要其高度或深度不超过0.79mm可视为合格。在这个区域内,纵向缺陷超过0.79mm的应以光滑过渡方式除去,但应保证尺寸在允许公差范围内。

连续环绕镦粗区的横向缺陷,其深度大于1.60mm的为不合格,应采用光滑过渡的形式将其除去。在除去缺陷时,所有尺寸应满足要求。深度大于3.18mm的横向缺陷为不合格。

(二)抽油杆实物的疲劳试验

抽油杆实物疲劳试验是综合考核抽油杆产品质量的最有效方法。由于实验数据分散、需要较多测试样、花费的时间长和费用大等原因，API 标准未制定钢制抽油杆实物疲劳试验标准，但为了认识和提高抽油杆的疲劳性能，特别是新型抽油杆（包括采用新材料或新工艺，或新投产的抽油杆厂生产的新产品）和生产许可证换发证时的型式试验，有必要进行抽油杆疲劳性能试验。

1. 试样

根据 SY/T 5029—2013 中的附录 L，抽油杆疲劳试样一般采用两种形式，但目前在国内由于试验机的原因，一般采用 Ⅰ 型试样，疲劳试样长度一般不大于 500mm（从抽油杆两端螺纹外端部算起的总长），每组疲劳试验一般准备 7 根试样。

2. 试验参数及判定原则

抽油杆的疲劳性能是由两个载荷参数（例如最大应力 σ_{max} 及应力比 R）和寿命 N 来确定。

1）疲劳试验参数

频率：不大于 150Hz。

循环次数：$N = 10^6$。

载荷比：$R = 1/10$。

疲劳应力：D 级抽油杆 $\sigma_{max} = 406$MPa；

HL 级、HY 级抽油杆 $\sigma_{max} = 540$MPa。

2）判定原则

抽油杆疲劳试验时，试样数量为 5 根，在循环次数为 10^6 的条件下应不发生疲劳断裂。若 5 根试样中有一根断裂，应另取两根重复进行试验，全部通过为合格。

（三）接箍的技术条件

1. 接箍的力学性能

力学性能应符合制造厂商的工艺规范，接箍的最小抗拉强度为 655MPa。应采用符合强度要求的如下方法之一。

（1）金属材料硬度试验：优质碳素钢硬度值为 56 ~ 62HRA，合金钢硬度值为 58 ~ 65HRA。

（2）如果后续加工没有改变力学性能，来自原钢厂每一炉批钢的材料测试报告可视为符合要求。

（3）最终热处理后，按 GB/T 228.1—2010《金属材料　拉伸试验　第 1 部分：室温试验方法》的要求至少进行两次拉伸试验。

当选定用硬度试验来验证接箍和异径接箍的抗拉性能时，硬度试验应在最终热处理之后按 GB/T 230.1—2009《金属材料　洛氏硬度试验　第 1 部分：试验方法（A、B、C、D、E、F、G、H、K、N、T 标尺）》的 HRA 试验程序进行。

喷焊金属层硬度应按每批至少一个喷焊金属试样，或每批喷焊的接箍或异径接箍中的一件，或每 5000 件产品一个喷焊金属试样，或每 5000 件接箍或异径接箍中选一件来进行。

喷焊金属硬度试验应按 GB/T 4340.1—2009《金属材料　维氏硬度试验　第 1 部分：试验方法》中的维氏显微硬度试验程序进行，或者进行与之等效的努氏硬度试验。

喷焊金属层的硬度应不小于 $595HV_{0.2}$。

2. 接箍的化学成分

材料应符合制造厂商的规范，其最大含硫量为0.05%。

用于制造接箍或异径接箍的每一炉批钢应进行化学分析。化学分析应按GB/T 223《钢铁及合金化学分析方法》、GB/T 4336《碳素钢和中低合金钢　多元素含量的测定　火花放电原子发射光谱法（常规法）》、GB/T 20125《低合金钢　多素的测定　电感耦合等离子发射光谱法》的规定进行。材料试验报告可视为符合本标准的要求。

SM级接箍喷焊金属层化学成分应符合SY/T 5029—2013中表C.3的要求。

3. 螺纹要求

接箍内螺纹牙型是UN型，牙根部为平底形，平根宽度（0.25）×螺距，即0.25P以外的牙根部形状可以带圆弧。螺纹牙型应完全覆盖设计长度且不应有制造厂商工艺规定的验收准则以外的撕裂、破裂、剪切、缺口或裂纹。

4. 尺寸精度

普通接箍主要尺寸及公差要求见表7－4。

SM级接箍的喷焊金属层厚度应为单边0.25～0.51mm，并且应覆盖整个外径。喷焊金属层应延伸到接触端面外径。成品尺寸应符合表7－4的要求。

接箍的公称尺寸和对应的抽油杆公称尺寸相同。

表7－4　普通接箍主要尺寸及公差　　单位：mm

接箍公称尺寸	外径 $OD^{+0.13}_{-0.250}$	长度 $L_0^{+1.57}$	扳手方宽度 $W_{f\,-0.8}^{\ 0}$	扳手方长度 W_1（最小）	D_2（最小）	D_3
16	38.10	101.6	34.9	31.8	31.75	$28.19^{+0.38}_{-1.39}$
19	41.28	101.6	38.1	31.8	37.85	$31.83^{+0.38}_{-1.85}$
22	46.0	101.6	41.3	31.8	41.28	$35.00^{+0.38}_{-1.85}$
25	55.6	101.6	47.6	38.1	50.55	$39.78^{+0.38}_{-1.85}$
29	60.33	114.3	53.9	41.3	55.30	$44.53^{+0.38}_{-1.85}$

5. 表面质量要求

T级接箍外表面粗糙度Ra不应大于3.2μm。

SM级接箍外表面粗糙度Ra不应大于1.6μm。此要求不适用于接触面外径与接箍外径相接处的倒角或圆角。

T级或SM级接箍的端面、外螺纹空刀槽和相连接倒圆的粗糙度Ra不应大于3.2μm。

在喷焊金属层上有目测检验可见的砂眼，被视为不合格。

在喷焊金属层上有目测检验可见的针孔，被视为不合格。

喷焊金属层剥落，被视为不合格。

在喷焊金属接箍加工表面有微观裂纹不应导致拒收。

用在接箍和异径接箍螺纹上的抗黏附处理应符合制造厂商规范，并应用于所有接箍和异径接箍螺纹上。黏附处理应减少接箍与抽油杆、短杆或光杆旋合时的黏附趋势。黏附处理不应影响最终允许的尺寸要求。

四、抽油杆及其接箍的质量检验项目

（一）检验依据

检验依据为 SY/T 5029—2013《抽油杆》。对获得 API 认可的出口抽油杆，可依据 API Spec 11B《抽油杆、光杆和衬套、接箍、加重杆、光杆卡子、密封盒和抽油三通规范》进行检验。

（二）检验项目

抽油杆及其接箍的产品质量检验项目可依据本节“三、抽油杆及其接箍的技术条件”的内容逐项进行检验。

抽油杆及其接箍出厂检验和生产许可证检验项目应依据抽油杆及其接箍产品生产许可证换发证实施细则中的要求进行。

抽油杆及其接箍型式试验项目中抽油杆力学性能、螺纹尺寸精度和疲劳试验为必须检验项目。

委托检验可根据用户的需求协商检验项目。

监督检验可不进行疲劳性能检测，但在分析新型抽油杆的产品质量时，需进行疲劳性能检测。

五、检验方法

（一）化学成分检验

材料化学成分的检验可在所抽样品的其他检验完成后，在样本上取样试验。

在制造厂就地检测时，在加工过程中可在原料上取样化验。

（二）力学性能检验

在被检抽油杆的几何尺寸等项目检测完成后，从杆体两端距端部 500mm 处、杆体中部各截取长 500mm 的拉伸试样（共 3 段），标距 $L_0=200\text{mm}$，进行抗拉强度 R_m、下屈服强度 R_{eL}、伸长率 A_{200mm}、断面收缩率 Z 的检验。

另外，从杆体两端距端部约 300mm（该尺寸视试验机夹头距离而定）处分别截取试样（共 2 段），然后将两试样用一接箍连接起来，进行抗拉强度试验，用于检验热影响区及螺纹连接部位的强度。

（三）几何尺寸精度检测

在抽油杆检验平台上放置 3 个以上的 V 形安装夹，将抽油杆平放在 V 形夹上，调整安装夹上的 V 形块，使抽油杆外圆表面与 V 形块成线接触。

1. 杆体直径检验

杆体直径用游标卡尺距端面 1m 远处和杆体中间三处进行测量，每一处应将量具沿圆周方向进行多次测量，取测量的平均值。

2. 杆头和接箍尺寸检验

用游标卡尺或间隙规测量抽油杆外螺纹台肩外径、凸缘直径、扳手方宽度和长度、应力卸荷槽直径和长度、抽油杆接箍外径、长度、接箍扳手方宽度和长度、接箍端面接触面最小外径、接箍端面接触面最大内径。应对扳手方同一截面两个方向的宽度进行测量,扳手方长度指不包括过渡区的最小长度。

3. 长度检测

抽油杆和短杆用钢卷尺进行测量,抽油杆长度指从一端外螺纹台肩接触面至另一端外螺纹台肩接触面之间长度。

4. 抽油杆锻造过渡圆弧半径 A、镦粗凸缘体半径 C 的检测(图 7-1)

采用专制的处于 A 和 C 各自公差的两个极限尺寸 A 规和 C 规进行检验。

抽油杆两端的 A 和 C 应分别测量。只要有一端不合格,则该根抽油杆 A 和 C 项目判为不合格。

5. HY 型抽油杆表面淬硬层深度的检测

表面淬硬层深度检测应符合 GB/T 5617—2005《钢的感应淬火或火焰淬火后有效硬化层深度的测定》的要求,淬硬层连续性应在杆端部纵截面内按 GB/T 5617—2005 的要求检测。

6. SM 级接箍喷焊金属层厚度的检测

SM 级接箍的喷焊金属层厚度为单边 0.25~0.51mm,由测量喷焊金属前和喷焊金属后的直径来测量,或用工业用厚度计测量。

(四)抽油杆形位公差检测

1. 杆体直线度

1)弯曲

抽油杆和短杆应进行弯曲检验,弯曲可用下列两种方法之一进行测量:

(1)在杆表面距离支点 152.4mm(标距)的地方测量全跳动(圆度)。跳动值是标距全长范围内间隙的 2 倍。

(2)应用一个 304.8mm 直尺靠在弯曲处的凹边。弯曲值是直尺和杆表面凹面之间测量的间隙。

对于 16~29mm 所有尺寸的杆,测定最大许可弯曲值应采用 304.8mm 的标距。在一边测量最大许可间隙为 1.65mm,全跳动为 3.30mm。

0.61m(长度尺寸)短杆杆体直线度应用 152.4mm 标距测量。弯曲程度的全跳动数值借助于安放在距离支点 76.2mm 的千分表来测量。对于 16~29mm 所有规格的杆,最大允许的全跳动值为 1.65mm。最大允许的间隙值为 0.84mm。

2)弯折

应对抽油杆和短杆进行弯折检验。

弯折应按如下方法进行测量:用一个 152.4mm 的直尺靠在弯折的凹面。弯折量就是在直尺和杆体表面之间测得的间隙。测定最大许可间隙应采用 152.4mm 的标距。在标距中间最大允许的间隙为 3.18mm。弯折不允许矫直,该杆应报废。

2. 端部直线度

将杆体支撑在离杆外螺纹接头台肩 152.4mm 处测量端部直线度。杆体的其他部分支在位于同一平面上间距不大于 1.83m 的若干同心支架上。借助于千分表、激光或其他类似测量仪器测量弯曲的全跳动量。在外螺纹接头经加工过的台肩外径上测量弯曲值。对于尺寸为

16～29mm 的最大允许 *TIR* 值为 3.30mm。

（五）螺纹尺寸精度的检测

抽油杆及其接箍螺纹检验所用的工作量规见表 7－5。

使用中的工作量规应用校对标准量规进行校验，合格后方可使用。

表 7－5　螺纹工作量规

量规代号	名称	检验对象
P8	通端螺纹环规	抽油杆外螺纹
P6	止端螺纹环规	抽油杆外螺纹
B2	通端螺纹塞规	接箍内螺纹
B6	止端螺纹塞规	接箍内螺纹

1. 抽油杆外螺纹检测

1）最小螺纹尺寸（尺寸下限）

产品外螺纹旋入 P6 环规不超过 3 圈。

2）最大螺纹尺寸（尺寸上限）

产品外螺纹旋入 P8 环规一直到外螺纹台肩端面与环规端面接触。

3）外螺纹台肩面平行度

P8 环规通过产品外螺纹并与其台肩面接触，在环规端面和外螺纹接头台肩端面之间任何一点 0.05mm 塞尺都应塞不进去。

2. 接箍内螺纹检验

1）最大螺纹尺寸（尺寸上限）

B6 塞规旋入产品内螺纹不超过 3 圈。

2）最小螺纹尺寸（尺寸下限）

B2 塞规旋入产品内螺纹，一直到端面接触。

3）接箍端面平行度

B2 塞规旋入产品内螺纹到端面接触，在量规端面和产品接触端面之间的任何一点 0.05mm 塞尺应塞不进去。

（六）表面质量检验

杆体及镦粗部位表面上的各种表面缺陷，可使用普通量规及肉眼观察检验，必要时，可采用磁粉探伤或其他无损探伤方法检验。

表面粗糙度可采用粗糙度对比样块或粗糙度仪进行检验。

（七）接箍表面硬度检测

T 级接箍表面硬度的检测依照按 GB/T 230.1—2009《金属材料　洛氏硬度试验　第 1 部分：试验方法（A、B、C、D、E、F、G、H、K、N、T 标尺）》的 HRA 进行，硬度计的压头应压在接箍端面壁厚的近似中点处。金属表面上由于硬度试验压痕造成的凸起应仔细修去。在每个接箍上应在端面120°位置各打一点，共取3点的值。

SM级接箍喷焊金属硬度试验应按GB/T 4340.1—2009《金属材料　维氏硬度试验　第1部分：试验方法》维氏显微硬度试验程序进行，或者进行与之等效的努氏硬度试验。

第二节　空心抽油杆

一、概述

空心抽油杆是为了有效开采"高凝、高黏、高含蜡"原油而生产的特种抽油杆。通过空心抽油杆中心孔道向井下注入热载体、化学药剂，提高原油流动性；也可用于冲砂、解盐、小井眼采油和分层采油；同时可利用它的刚度大、承受扭矩大的特点来驱动井下螺杆泵；也可配套空心抽油杆电加热装置使用。

空心抽油杆是具有空心圆断面的杆体，如图7－3和图7－4所示。两端头分别有外螺纹、密封槽、外螺纹台肩、扳手方和圆弧过渡区等。

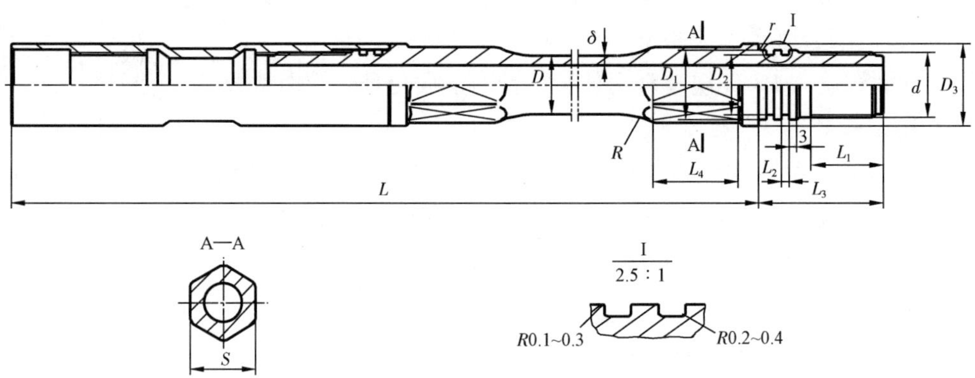

图7－3　接箍连接（J型）镦锻式空心抽油杆

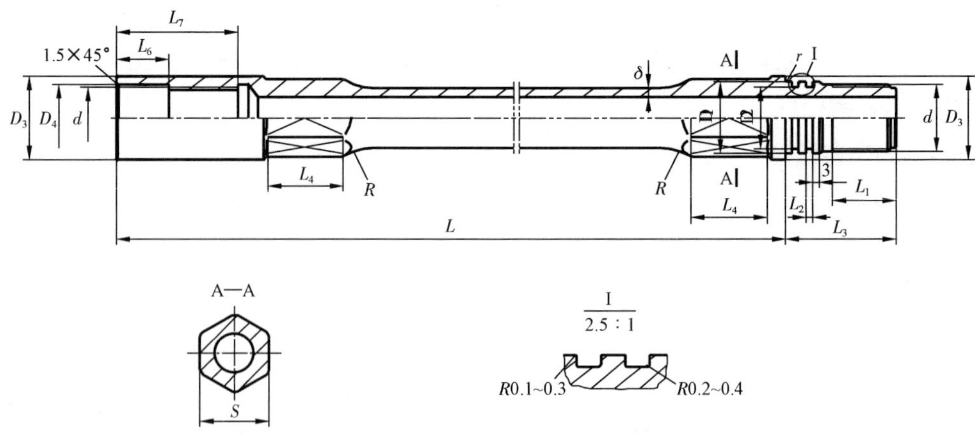

图7－4　直接连接（Z型）镦锻式空心抽油杆

二、空心抽油杆的形式和等级

（一）空心抽油杆的形式

（1）空心抽油杆按杆头加工方式分为：

镦锻式空心抽油杆和焊接式空心抽油杆。

（2）空心抽油杆之间的连接方式分为：

接箍连接，代号 J；直接连接，代号 Z。

（二）空心抽油杆等级

根据 SY/T 5550—2012《空心抽油杆》的规定，将空心抽油杆按力学性能分为 C 级、D 级、HL 级和 HY 级。

（三）空心抽油杆的型号

空心抽油杆的型号表示方法。

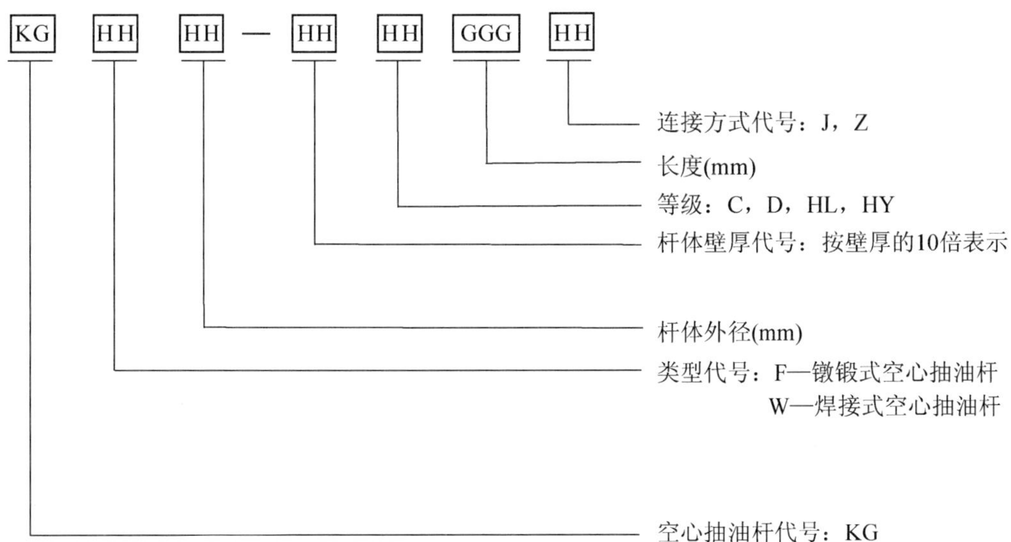

代号示例：杆体外径 36mm、壁厚 6.0mm、长度 8000mm、HY 型接箍连接的镦锻式空心抽油杆，型号表示为：KGF36－60HY8000J。

三、空心抽油杆的技术条件

（一）空心抽油杆的化学成分及力学性能

空心抽油杆的原材料应符合 GB/T 699《优质碳素结构钢》、GB/T 3077《合金结构钢》、GB/T 8162《结构用无缝钢质》的规定。应对用于制造空心抽油杆的每一炉批钢材进行化学分析，化学分析应按 GB/T 223《钢铁及合金化学分析方法》、GB/T 4336《碳素钢和中低合金钢　多元素含量的测定　火花放电原子发射光谱法（常规法）》、GB/T 20125《低合金钢　多素的测定　电感耦合等离子体发射光谱法》进行。空心抽油杆的材料及力学性能见表 7－6。

表 7－6　空心抽油杆的材料及力学性能

等级		材料	下屈服强度 R_{eL} MPa	抗拉强度 R_m MPa	断后伸长率 A %	断面收缩率 Z %	表面硬度 HRC	基体硬度 HB
C		优质碳素钢或合金钢	≥415	620～795	≥13	≥50	—	—
D			≥590	>795～965	≥10	≥48	—	—
H	HL	合金钢	≥795	>965～1195	≥10	≥45	—	—
	HY	合金钢	—	>965～1195	—	—	≥42	≥224

[a]拉伸试样可采用 GB/T 228.1 的比例试样。

（二）尺寸精度

空心抽油杆的规格和结构尺寸要求见表 7－7。

表 7－7　空心抽油杆的规格和结构尺寸

规格		KG32	KG34	KG36	KG38	KG40	KG42
杆体外径 $D\pm0.25$，mm		32	34	36	38	40	42
杆体壁厚 $\delta\pm0.25$，mm		5.0	5.5	5.5，6.0	6.0	6.0	6.0
螺纹标称尺寸 d，in		$1\frac{7}{16}$	$1\frac{9}{16}$	$1\frac{9}{16}$	$1\frac{3}{4}$	$1\frac{7}{8}$	$1\frac{7}{8}$
沟槽槽顶直径 $D_1{}^{-0.07}_{-0.14}$，mm		40	42	42	48	50.8	50.8
沟槽槽底直径 $D_2{}^{0}_{-0.05}$，mm		35.8	37.8	37.8	43.8	46.5	46.5
外螺纹台肩直径 $D_3{}^{+0.13}_{-0.25}$，mm		48	50	50	56	59	59
内螺纹沉孔直径 $D_4{}^{+0.07}_{0}$，mm		40	42	42	48	50.8	50.8
外螺纹长度 L_1，mm	F 型	32	32	32	35	35	35
	W 型	38	38	38	38	38	38
沟槽宽度 $L_2{}^{+0.15}_{-0.10}$，mm		3.6	3.6	3.6	3.6	3.6	3.6
外螺纹端面至台肩端面的长度 L_3，mm	F 型	55	55	55	59	59	59
	W 型	63	63	63	63	63	63
扳手方长度 L_4，mm		34	34	34	40	40	40
焊缝至台肩端面的最小长度 L_5，mm	W 型	15	15	15	15	15	15
内螺纹沉孔长度 L_6，mm	F 型	27	27	27	27	27	27
	W 型	29	29	29	29	29	29
内螺纹沉孔端面至内螺纹终端的长度 L_7，mm	F 型	60	60	60	64	64	64
	W 型	68	68	68	68	68	68

续表

规格		KG32	KG34	KG36	KG38	KG40	KG42
过渡圆角 R,mm	F 型	25 ~ 30	25 ~ 30	25 ~ 30	25 ~ 30	25 ~ 30	25 ~ 30
	W 型	≥7	≥7	≥7	≥7	≥7	≥7
过渡圆角 r,mm		≤1.5	≤1.5	≤1.5	≤1.5	≤1.5	≤1.5
扳手方宽度 S,mm	F 型	41	41	41	46	50	50
	W 型	41	44	44	49	54	54
使用的 O 型密封圈代号(GB/T 3452.1)mm×mm		34.5×2.65	36.5×2.65	36.5×2.65	42.5×2.65	45.0×2.65	45.0×2.65
空心抽油杆长度 L±50mm		7000,7500,8000,8500,9000,9500,10000					
空心抽油杆短节长度 L±50mm		800,1000,1500,2000,3000					

(三)形位公差

(1)空心抽油杆杆体圆柱度不应大于 0.25mm。杆体全长任意 1000mm 内的直线度对于空心抽油杆不应大于 2mm。

(2)空心抽油杆的端部直线度最大允许值为 2.0mm。

(3)焊接式空心抽油杆的对焊接头与杆体的同轴度不应大于 ϕ0.5mm。

(四)螺纹质量

空心抽油杆螺纹应进行滚、挤压加工。螺纹的质量要求与抽油杆相同。

(五)表面质量

(1)空心抽油杆杆体纵向不应有裂纹,不应有大于 0.5mm 深、5mm 长的折叠、沟槽、夹渣等。

(2)空心抽油杆杆体横向不应有裂纹,不应有大于 0.3mm 深、直径为 5mm 的凹坑。

(3)镦锻式空心抽油杆的端部镦粗部位的表面质量要求与抽油杆相同,镦粗部位的两端壁厚差应小于 0.4mm。

(4)焊接式空心抽油杆焊缝处的内、外飞边不应高出 0.3mm,并且应去除毛刺,管内不应有残余物(如铁屑、铁环)。

(5)焊接式空心抽油杆焊缝表面粗糙度 Ra 不应大于 6.3μm。

(六)其他技术要求

(1)空心抽油杆的密封试验压力不应低于 20MPa。

(2)HY 型空心抽油杆表面淬硬层深度应为杆体壁厚的 5% ~13%,淬硬层应连续,淬硬层区域应从一端台肩至另一端台肩。

四、空心抽油杆的质量检验项目

(一)检验依据

检验依据为 SY/T 5550—2012《空心抽油杆》。

（二）检验项目

空心抽油杆的产品质量检验项目可依据本节“三、空心抽油杆的技术条件”逐项进行检验。

空心抽油杆出厂检验项目和型式检验项目应符合 SY/T 5550—2012《空心抽油杆》中表 7 的要求。

委托检验可根据用户的需求协商检验项目。

五、检验方法

（一）化学成分检验

材料化学成分的检验可在所抽样品其他检验完成后，在样本上取样试验。

在制造厂就地检测时，可在加工过程中在原料上取样化验。

（二）力学性能检验

在被检空心抽油杆的几何尺寸等项目检测完成后，从杆体两端距端部 500mm 处、杆体中部各截取长 500mm 的拉伸试样（共 3 段）进行抗拉强度 R_m、下屈服强度 R_{eL}、伸长率 A、断面收缩率 Z 的检验。

另外，从杆体两端距端部约 300mm（该尺寸视试验机夹头距离而定）处分别截取试样（共 2 段），然后将两试样用一接箍连接起来，进行抗拉强度试验，用于检验热影响区及螺纹连接部位的强度。

（三）几何尺寸精度检测

在空心抽油杆检验平台上置放 3 个以上的 V 形安装夹，将空心抽油杆平放在 V 形夹上，调整安装夹上的 V 形块，使空心抽油杆外圆表面与 V 形块成线接触。

1. 杆体直径检验

杆体直径用游标卡尺距端面 1m 远处和杆体中间三处进行测量，每一处应将量具沿圆周方向进行多次测量，取测量的平均值。

2. 杆头和接箍尺寸检验

用游标卡尺或者间隙规测量空心抽油杆尺寸，应对扳手方同一截面两个方向的宽度进行测量。

3. 长度检测

空心抽油杆长度用钢卷尺进行测量。

4. 空心抽油杆 R 和 r 的检测

空心抽油杆的 R 和 r 应用专用的 R 规和 r 规检验。

5. HY 型空心抽油杆表面淬硬层深度的检测

表面淬硬层深度检测应符合 GB/T 5617—2005《钢的感应淬火或火焰淬火后有效硬化层深度的测定》的要求，淬硬层连续性应在杆端部纵截面内按 GB/T 5617—2005 的要求检测。

（四）空心抽油杆形位公差检测

（1）空心抽油杆杆体直线度的检验：用长度为 1000mm 的直边钢尺靠紧弯曲的凹向杆面，用塞尺测量杆面与钢尺边缘间隙的毫米数即为其直线度。

（2）空心抽油杆的端部直线度检测与抽油杆检测方法相同。

（3）空心抽油杆对焊接头与杆体同轴度的检验：以焊缝一侧外圆为支点旋转工件，在焊缝另一侧距焊缝 20mm 处用百分表测量外圆表面的径向圆跳动，径向圆跳动即为同轴度。

（五）螺纹尺寸精度的检测

空心抽油杆螺纹检验所用的工作量规见表 7－8。

使用中的工作量规应用校对标准量规进行校验，合格后方可使用。

表 7－8　螺纹工作量规

量规代号	名称	检验对象
P8	通端螺纹环规	空心抽油杆外螺纹
P6	止端螺纹环规	空心抽油杆外螺纹
B2	通端螺纹塞规	接箍（空心抽油杆）内螺纹
B6	止端螺纹塞规	接箍（空心抽油杆）内螺纹

1. 抽油杆外螺纹检测

1）最小螺纹尺寸（尺寸下限）

产品外螺纹旋入 P6 环规不超过 3 圈。

2）最大螺纹尺寸（尺寸上限）

产品外螺纹旋入 P8 环规一直到外螺纹台肩端面与环规端面接触。

3）外螺纹台肩面平行度

P8 环规通过产品外螺纹并与其台肩面接触，在环规端面和外螺纹接头台肩端面之间任何一点 0.05mm 塞尺都应塞不进去。

2. 接箍内螺纹检验

1）最大螺纹尺寸（尺寸上限）

B6 塞规旋入产品内螺纹不超过 3 圈。

2）最小螺纹尺寸（尺寸下限）

B2 塞规旋入产品内螺纹，一直到端面接触。

3）接箍端面平行度

B2 塞规旋入产品内螺纹到端面接触，在量规端面和产品接触端面之间的任何一点 0.05mm 塞尺应塞不进去。

（六）表面质量检验

镦锻式空心抽油杆杆体及镦粗部位表面上的各种表面缺陷，可使用普通量规及肉眼观察检验，必要时，可采用磁粉探伤或其他无损探伤方法检验。

焊接式空心抽油杆的内孔质量检验：用直径小于焊缝内孔0.3～0.4mm、长度为250mm的通规通过焊接式空心抽油杆内孔。

表面粗糙度可采用粗糙度对比样块或粗糙度仪进行检验。

(七)空心抽油杆接箍表面硬度检测

接箍表面硬度的检测依照按GB/T 230.1—2009《金属材料　洛氏硬度试验　第1部分：试验方法(A、B、C、D、E、F、G、H、K、N、T标尺)》的HRA进行，硬度计的压头应压在接箍端面壁厚的近似中点处。金属表面上由于硬度试验压痕造成的凸起应仔细修去。在每个接箍上应在端面120°位置各打一点，共取3点的值。

(八)空心抽油杆密封性能检测

空心抽油杆密封试验采用水压或油压试验，保压5min，不得渗漏。

第三节　抽油杆扶正器

一、概述

抽油杆扶正器的作用主要是抽油杆在油管内上下活动，由于抽油杆的弹性变形，抽油杆和油管壁容易产生摩擦，从而导致抽油杆断脱，抽油杆扶正器柔韧性强，它与油管内壁接触，可以减少杆与管的摩擦，增强抽油机的采油寿命。结构主要由接箍、扶正套、短节组成。使用原理：连接在抽油杆上，利用扶正套的外径大于抽油杆接箍外径起扶正作用；利用扶正套是高强度耐磨材料，与油管接触使扶正体磨损，从而减少油管的磨损，以达到防偏磨的目的。现有抽油杆扶正器主要依据SY/T 5832—2009《抽油杆扶正器》作为检验的主要依据。下述检验的基本参数及相关使用设备都是以SY/T 5832—2009作为主要标准。

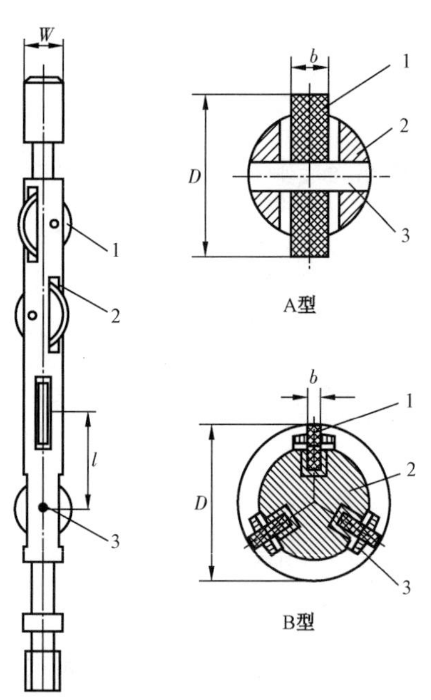

图7－5　滚轮类抽油杆扶正器
1—滚轮；2—本体；3—销轴；
D—扶正件外径；l—轮节；
W—本体外径；b—滚轮厚度

二、分类及命名

随着科学技术的不断发展，新材料的不断改进及应用，抽油杆扶正器的种类也在不断地变化。目前，油田采油过程使用的扶正器主要有下列种类。

(一)分类

抽油杆扶正器按照其基本结构分为三大类：滚轮类抽油杆扶正器(图7－5)、柱状类抽油杆扶正器(图7－6)和卡箍类抽油杆扶正器(图7－7)。

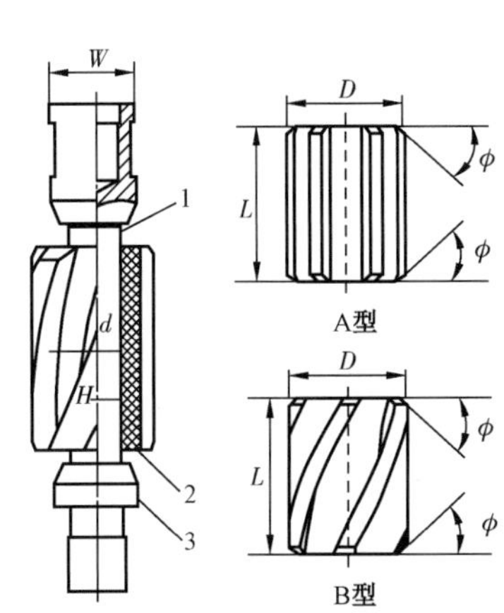

图 7－6 柱状类抽油杆扶正器

1—本体；2—扶正套；3—锁母；*W*—本体外径；*D*—外径；*L*—长度；*H*—扶正套内径；*ϕ*—肩部倒角；*d*—扶正器小径

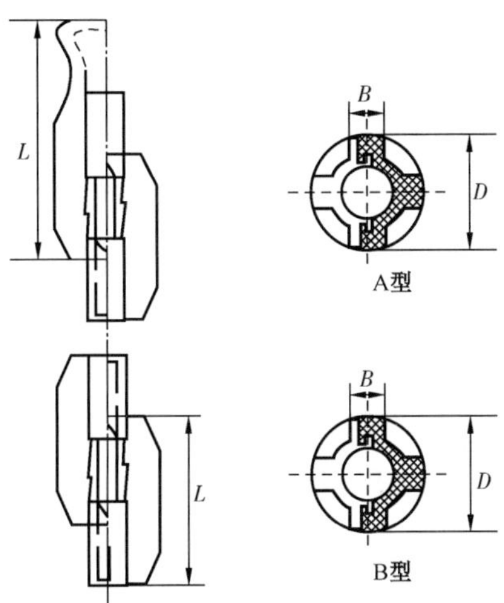

图 7－7 卡箍类抽油杆扶正器

D—外径；*L*—长度；*B*—支筋宽度

目前，滚轮类抽油杆扶正器由于其制造过程繁琐，国内油田使用相对数量较少。

(二)命名及代号

1. 命名

抽油杆扶正器的命名，依据以下顺序进行：扶正器的名称代号、分类代号、型式进行命名。

2. 代号

代号如下：

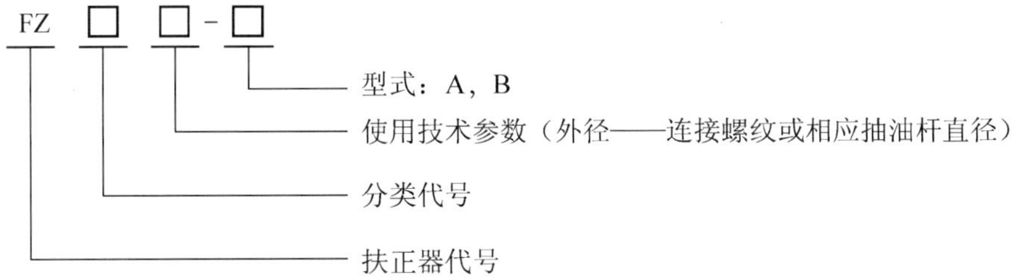

滚轮类抽油杆扶正器、柱状类抽油杆扶正器和卡箍类抽油杆扶正器分类代号用第一个汉字的汉语拼音大写字母字首表示，见表 7－9。

表7－9　分类代号

分类名称	滚轮类扶正器	柱状类扶正器	卡箍类扶正器
分类代号	G	Z	K

示例：Z46－¾in－A表示外径为46mm，连接螺纹尺寸为¾in抽油杆螺纹的柱状类A型抽油杆扶正器。

三、参数及检验

（一）基本参数

（1）滚轮类扶正器结构参数见表7－10，基本参数见表7－11。

表7－10　滚轮类扶正器结构参数

型式	每节轮数 个	轮节节数 轴向投影等分角			
		30°	40°	45°	60°
A	1	6	—	4	3
B	3	4	3	—	2

表7－11　滚轮类扶正器规格基本参数

型号	主要尺寸					额定工作载荷 kN		适应油管内径 mm	工作温度 ℃	本体疲劳寿命 次
	本体外径 W mm	滚轮厚度 b mm	轮节 l mm	最大外径 D mm						
				基本尺寸	极限偏差	轴向拉伸	径向挤压			
FZG46—⅝in	32	5	60	46	±0.4	30	0.4	50	≤140	≥10^7
FZG46—¾in	38	7				50	0.7			
FZG46—⅞in	41	9				80	1.1			
FZG58—⅝in	32	7	75	58		50	0.7	62		
FZG58—¾in	38	9				80	1.1			
FZG58—⅞in	42	11				100	1.4			
FZG58—1in	52	13				120	1.7			
FZG72—¾in	38	9	90	72	±0.5	80	1.1	76		
FZG72—⅞in	42	11				100	1.4			
FZG72—1in	42	13				120	1.7			
FZG72—1⅛in	56	15				160	2.3			

注：推荐滚轮选用含35%玻璃纤维的增强尼龙材料。

(2)柱状类扶正器规格基本参数见表7-12。

表7-12 柱状类扶正器规格基本参数

型号	主要尺寸						额定工作载荷 kN	扶正件径向挤压 kN	过流面积 mm^2	适应油管内径 mm	工作温度 ℃	本体疲劳寿命 次
	本体外径 W mm	扶正套内径 H mm	肩部倒角 ϕ (°)	扶正套长度 L mm	最大外径 D mm							
					基本尺寸	极限偏差	本体轴向拉伸					
FZZ46—5/8in	34	24	60	90~130	46	±0.4	30	0.4	≥600	50	≤140	≥10^7
FZZ46—3/4in	38	27					50	0.7				
FZZ46—7/8in	41	31					80	1.1				
FZZ58—5/8in	34	24			58		50	0.7	≥1100	62		
FZZ58—3/4in	38	27					80	1.1				
FZZ58—7/8in	42	31					100	1.4				
FZZ58—1in	52	35					120	1.7				
FZZ72—3/4in	38	27			72	±0.5	80	1.1	≥1600	76		
FZZ72—7/8in	42	31					100	1.4				
FZZ72—1in	52	35					120	1.7				
FZZ72—1 1/8in	56	40					160	2.3	≥1400			

(3)卡箍类扶正器规格基本参数见表7-13。

表7-13 卡箍类扶正器规格基本参数

型号	主要尺寸				额定工作载荷,kN		过流面积 mm^2	适应油管内径 mm	工作温度 ℃
	总长度 L mm	肩部倒角 ϕ (°)	最大外径 D mm		轴向锁紧力	径向挤压			
			基本尺寸	极限偏差					
FZQ46—16	≤125	60	46	±0.4	6	0.4	≤600	50	≤140
FZQ46—19						0.7	≤550		
FZQ46—22						1.1			
FZQ58—16			58			0.7	≤1100	62	
FZQ58—19						1.1			
FZQ58—22						1.4			
FZQ58—25						1.7			
FZQ72—16			72	±0.5		1.1	≤1600	76	
FZQ72—19						1.4			
FZQ72—22						1.7			
FZQ72—25						2.3	≤1400		

注:允许卡箍式扶正器与抽油杆凸缘直径 D_u 相吻合连接。

对上述三类的基本参数检验过程中，对几何尺寸的检验，主要使用游标卡尺、螺纹环规、螺纹止规（金属）进行检验；对额定工作载荷（轴向拉伸试验/轴向锁紧力试验），主要使用万能材料试验机进行检验。其中，轴向拉伸试验（滚轮类和柱状类）要对试样施加拉伸载荷，将试样两端接上试验夹头，置于试验机上下夹具间，使夹具夹紧试验夹头，保持试样与上下夹具同轴，施加拉伸载荷，最大拉伸载荷大于或等于 1.5 倍轴向额定工作载荷，静载 5min，试样不发生塑性变形为合格；轴向锁紧力需要将扶正器本体穿过下试验夹头中心孔，将试样卡在穿出的一端，再接上试验夹头，将试样置于试验机上下夹具间，使夹具夹紧试验夹头，保持试样与上下夹具同轴，再对试样施加 6kN 的拉伸载荷值，试样不移位为合格。

（二）扶正器材料指标

1. 扶正件材料

用于寒冷地区冬季施工的扶正器，扶正件材料在 −20℃温度下冷冻 24h 后，由轴向和径向对应方向用 50kg 力冲击，应无脆裂损伤现象。主要使用设备为高低温试验箱和冲击试验机。

2. 扶正器材料的选择方法

在 SY/T 5832—2009《抽油杆扶正器》中，对于扶正件材料的按表 7 − 14 选用，尼龙、尼龙 1010 优先选用 30% ~35% 的玻璃纤维增强剂的增强材料，技术指标见表 7 − 15。

表 7 − 14　扶正器材料选择方法

项目	指标一	指标二
工作温度，℃	<75	75 ~ 140
选材范围	塑料	塑料、金属
推荐材料	尼龙 66 尼龙 1010	增强尼龙 35CrMoA

表 7 − 15　尼龙材料技术指标

项目	指标
外观	光滑无损伤
弯曲强度，MPa	≥103
缺口冲击强度，kJ/m^2	≥13
摩擦系数 μ	≤0.018
热变形温度，℃	≥180
体积磨损，g/cm^3	≤0.073
密度，kg/m^3	1.3 ~ 1.4

3. 其他类别扶正器的材料

其他类别扶正器允许选用通过热处理后其性能不低于 35CrMoA 的其他材料代替，但其硬度应达到 220 ~ 257HB。

其中，摩擦系数（46#液压油作为试验介质）主要使用摩擦试验机进行检验；密度的检验主要需要量杯和天平进行检验；材料硬度选用布氏硬度计进行检验。

第八章　抽油泵、井口装置和采油树

第一节　抽　油　泵

一、概述

抽油泵相当于单作用柱塞泵的水力部分，它主要由泵筒、柱塞和装在柱塞上的游动阀及装在泵筒下端的固定阀组成，其工作原理如图 8－1 所示。

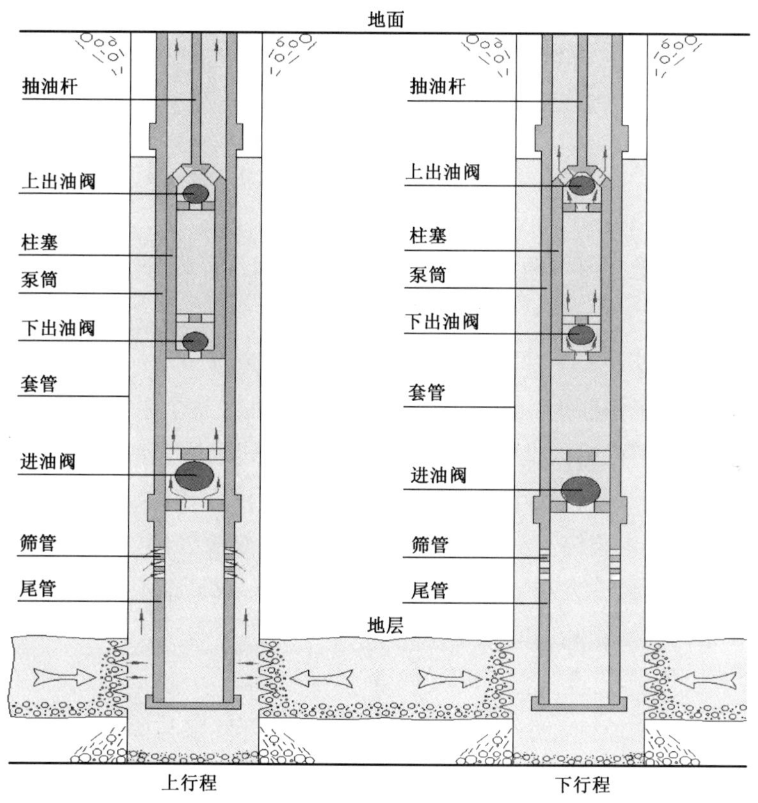

图 8－1　抽油泵示意图

在柱塞不断地上下运动中，固定阀和游动阀也不断地交替开关，每一冲程都有一定量的油液进入油管，使曲管内油液不断上升，直到出井口流入出油管线。

二、结构形式与基本参数

由于油层深度、产油能力、井内含砂含气量和原油性质等的不同，所使用的抽油泵也不同。

矿场使用的抽油泵类型很多,但根据其装配和在井中安装的方法不同,可分为管式泵和杆式泵两大类。

(一)管式泵

1. 管式泵的结构

管式泵的结构特点是泵筒连接在油管下端,固定阀装在泵筒下部,游动阀装在柱塞上。当固定阀漏失时,可用打捞装置提出固定阀进行检修。图 8 -1 中的抽油泵即为管式泵结构。因阀的数目不同,有双阀管式泵和三阀式管式泵之分,但其主要结构是相同的。

2. 管式泵主要部件及优缺点

管式泵的主要部件包括泵筒、衬套、柱塞、上下游动阀、固定阀及上下接箍等。

管式泵结构较简单,制造成本较低,在相同尺寸的油管条件下,泵径较大,因而生产率高。但在修、换泵时,需将全部油管起出,非生产时间较长,修井工作也较麻烦,故多用于浅井采油。

(二)杆式泵

1. 杆式泵的结构

杆式泵的结构特点是有内外两个工作筒。依其结构不同,可分为顶部固定杆式泵和底部固定杆式泵两种。

1)顶部固定杆式泵

顶部固定杆式泵的工作原理如图 8 -2 所示,杆式抽油泵整个泵可随抽油杆柱一道下入或起出井口,而不会影响油管柱,因此起下泵作业时间比管式泵所需时间要减小 50% 以上。由于结构较为复杂,一般设计泵径较小,泵排量较小,常用于液面较低、产量较小的深井。顶部固定杆式泵的优点:可以冲走泵筒上的砂,不易砂卡。缺点:泵筒外部处于较低的压力下,因而泵筒易变形外鼓,造成漏失量增大和爆裂。该泵用于含气井,泵筒能有效地分离气体;用于出砂井,砂子不能沉在泵筒与油管间的间隙中。

2)底部固定杆式泵

底部固定杆式泵工作原理如图 8 -3 所示,这种泵是将柱塞与固定阀装在一起,固定在油管柱下端锥座上,而泵筒做上下往复运动。由于泵筒上下运动,使得砂子不易沉在泵筒与油管之间的间隙中,所以这种泵多用于含砂量高的油井中工作。

2. 杆式泵的优缺点

杆式泵检泵方便,只要起出抽油杆即可起出泵来,不需起出油管,节省了起下时间,减少了油管螺纹的磨损,但因其结构复杂而制造成本高,同时由于多了一个外工作筒而使泵长减小排量降低,适用于深井。定筒式杆式泵不能用于出砂多的油井,否则内外工作筒之间因易积砂而把泵卡在油管内。

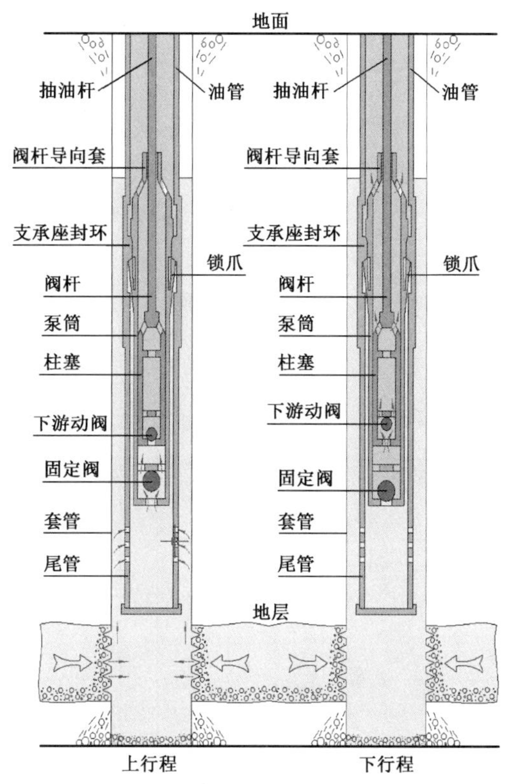

图 8－2 顶部固定杆式泵

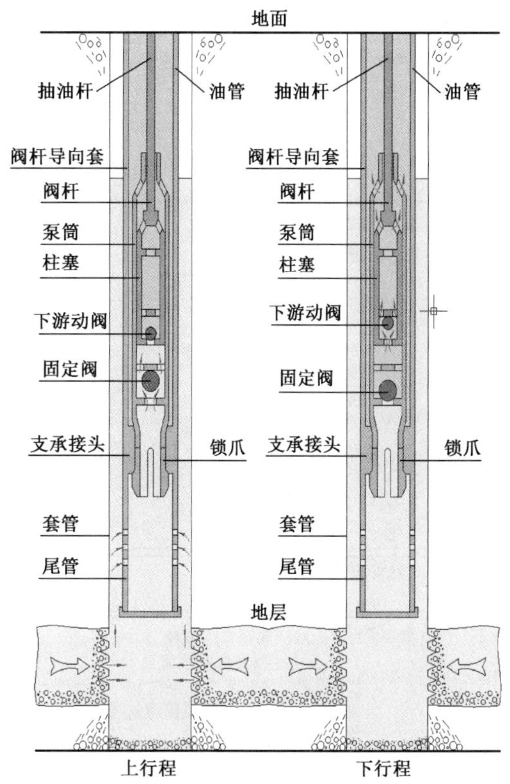

图 8－3 底部固定杆式泵

(三)特种抽油泵分类

按功能分为防砂抽油泵、防气抽油泵、稠油抽油泵和斜井抽油泵。

防砂抽油泵按结构分为长柱塞防砂抽油泵、长柱塞沉砂式防砂抽油泵等径柱塞沉砂式防砂抽油泵和刮砂式防砂抽油泵。

防气抽油泵按结构分为强启闭防气抽油泵、中空防气抽油泵和顶开阀式防气抽油泵。

稠油抽油泵按结构分为液力反馈稠油抽油泵和电加热稠油抽油泵。

斜井抽油泵按结构分为大斜度井抽油泵和旋转柱塞式斜井抽油泵。

(四)型号及基本参数

1. 型号

抽油泵的型号表示方法如图 8－4 所示。组合泵筒管式抽油泵按 SY/T 5059 表示。

示例:一台标称油管外径为 73.0mm,标称泵径为 38.10mm,金属柱塞长度为 1.2m,其厚壁泵筒的长度为 6.3m 的等径柱塞沉砂式防砂抽油泵,该泵型号表示为 25—150 TH 6.3—1.2DCS。

2. 基本参数

抽油泵的基本参数应符合表 8－1 的规定。

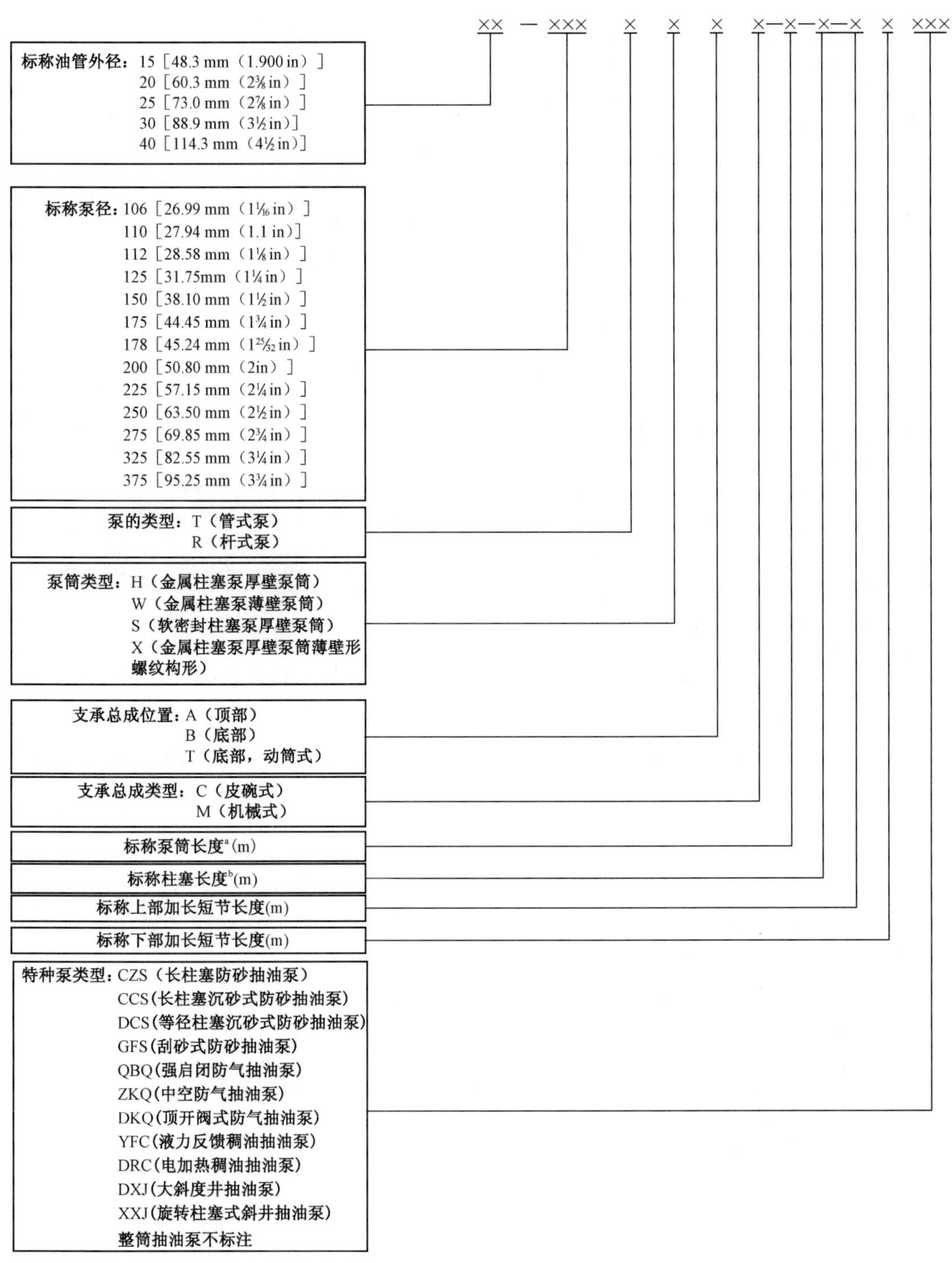

[a] 特种抽油泵由两种泵径组成时，泵筒按照上泵筒长度/下泵筒长度标注。

[b] 特种抽油泵由两种泵径组成时，柱塞按照上柱塞长度/下柱塞长度标注。

图 8－4　抽油泵的型号

表 8－1　抽油泵的基本参数

<table>
<tr><th>标称泵径
mm</th><th>泵筒长度
m</th><th>柱塞长度
m</th><th>连接油管螺纹
（TBG 或 UP TBG）</th><th>连接抽油杆规格
mm(in)</th></tr>
<tr><td>26.99</td><td rowspan="13">0.9～10.5</td><td rowspan="13">0.3～8.1</td><td rowspan="3">1.900,2⅜,2⅞</td><td rowspan="3">16(⅝),19(¾),22(⅞)</td></tr>
<tr><td>27.94</td></tr>
<tr><td>28.58</td></tr>
<tr><td>31.75</td><td rowspan="3">2⅜,2⅞</td><td rowspan="8">19(¾),22(⅞)</td></tr>
<tr><td>38.10</td></tr>
<tr><td>44.45</td></tr>
<tr><td>45.24</td><td rowspan="5">2⅞,3½</td></tr>
<tr><td>50.80</td></tr>
<tr><td>57.15</td></tr>
<tr><td>63.50</td></tr>
<tr><td>69.85</td></tr>
<tr><td>82.55</td><td rowspan="2">3½,4½</td><td rowspan="2">22(⅞),25(1)</td></tr>
<tr><td>95.25</td></tr>
</table>

三、技术要求

（一）抽油泵通用要求

1. 泵筒

（1）泵筒材质、内孔表面渗（镀）层厚度、硬度及基体心部硬度应符合 GB/T 18607《抽油泵及其组件规范》的要求。

（2）内孔电镀泵筒，其镀层与基体金属结合应牢固，不得有气泡、麻点、起皮或剥落等缺陷。

（3）泵筒内表面粗糙度 *Ra* 值不大于 0.4μm。

（4）泵筒的标准长度为 0.9～10.5m，长度按 0.3m 递增。

（5）连接油管螺纹应符合 GB/T 9253.2《石油天然气工业　套管、油管和管线管螺纹的加工、测量和检验》的要求。

2. 柱塞

（1）柱塞材质、表面镀（喷涂）层厚度和硬度应符合 GB/T 18607《抽油泵及其组件规范》的要求。

(2)镀(喷涂)柱塞的镀层(喷涂层)与基体金属结合应牢固,表面不应有气泡、麻点、起皮或剥落、碰伤等缺陷。

(3)柱塞表面粗糙度 Ra 值不大于 0.4μm。

(4)柱塞的标称长度为 0.3 ~ 8.1m,长度按 0.3m 递增。

(5)连接抽油杆螺纹应符合 SY/T 5029《抽油杆》的要求。

3. 阀球、阀座材料及硬度

(1)泵筒与柱塞的配合间隙应符合 GB/T 18607 中附录 A 的规定。

(2)普通螺纹应按 GB/T 197《普通螺纹　公差》的 6 级精度制造,螺纹表面粗糙度 Ra 值不应大于 3.2μm。

(3)零件的配合面、密封面应光洁完整,不允许打任何标记。密封检验应满足 GB/T 18607 的要求。

(4)图样中未注明尺寸公差的机械加工尺寸应符合 GB/T 1804《一般公差　未注公差的线性和角度尺寸的公差》中极限偏差 m(中等级)的规定。

(二)特种抽油泵要求

1. 防砂抽油泵技术要求

(1)泵筒宜采用内孔表面电镀处理。

(2)长柱塞允许由一体或连接方式加工而成,长度不大于 1.8m 的柱塞外径极限偏差为 0 ~ 0.013mm,长度大于 1.8m 的柱塞外径极限偏差为 0 ~ 0.02mm。组装后长柱塞组件长度应露出短泵筒 100 ~ 300mm。

(3)长柱塞防砂抽油泵中短泵筒的标准长度为 0.9 ~ 1.5m,长度按 0.3m 递增。

(4)长柱塞防砂抽油泵可不进行漏失量试验检测。

(5)等径柱塞防砂抽油泵的柱塞全长上外径极限偏差为 0 ~ 0.013mm。

(6)刮砂式防砂抽油泵中的刮砂环至少有 2 个,刮砂环材料应符合 GB/T 1222 弹簧钢的规定,其硬度为 40 ~ 48HRC,刮砂环开口应与轴线成 45°,宽度为 3 ~ 5mm,厚度不小于 5mm。

(7)带沉砂结构的防砂抽油泵泵筒宜进行扶正,保证柱塞顺利进入泵筒。

(8)带沉砂结构的进油通道面积宜是固定阀座内孔面积的 4 倍以上。

(9)外管宜采用油管。

(10)所有类型防砂抽油泵的配合间隙宜选择表 8 - 2 中的 1 ~ 5 级。

2. 防气抽油泵技术要求

(1)强启闭防气抽油泵的游动阀球开启高度不宜大于 25mm。

(2)强启闭防气抽油泵柱塞长度宜采用 0.6 ~ 1.0m。

(3)顶开阀式防气抽油泵中顶开阀的顶针必须移动灵活,其自由行程应小于阀球在阀罩内的自由起跳高度。

(4)中空防气抽油泵的中空短节长度应为柱塞长度减去500～900mm。

(5)滑阀应在拉杆上移动灵活。

(6)所有类型防气抽油泵的配合间隙宜选择表8－2中的1～10级。

3. 稠油抽油泵技术要求

(1)稠油抽油泵中所有材料的选择应满足油井采出介质最高温度的使用要求。

(2)液力反馈稠油抽油泵应按大泵径抽油泵的试验压力进行密封性能试验,试验压力和试验方法宜符合相关规定。

(3)电加热稠油抽油泵的阀球开启高度宜不大于25mm。

(4)所有类型稠油抽油泵的配合间隙宜选择表8－2中的3～10级。

4. 斜井抽油泵技术要求

(1)旋转柱塞式斜井抽油泵中的柱塞与旋转接头组装后应能保证柱塞转动灵活。

(2)大斜度抽油泵的游动阀球开启高度宜不大于25mm。

(3)大斜度井抽油泵的每个柱塞长度应为0.3～0.6m。

(4)泵筒壁厚为6.35～10mm。

(5)外管宜采用油管。

(6)所有类型斜井抽油泵的配合间隙宜选择表8－2中的1～5级。

表8－2　金属柱塞与泵筒的配合间隙　　单位:mm

间隙代号	泵筒内径及其极限偏差	金属柱塞		泵筒与金属柱塞配合间隙范围
		柱塞外径及其极限偏差	尺寸级别	
1	$D^{+0.05}_{0}$	$(D-0.025)^{0}_{-0.013}$	1	0.025～0.088
2		$(D-0.050)^{0}_{-0.013}$	2	0.050～0.113
3		$(D-0.075)^{0}_{-0.013}$	3	0.075～0.138
4		$(D-0.100)^{0}_{-0.013}$	4	0.100～0.163
5		$(D-0.125)^{0}_{-0.013}$	5	0.125～0.188
6		$(D-0.150)^{0}_{-0.013}$	6	0.150～0.213
7		$(D-0.175)^{0}_{-0.013}$	7	0.175～0.238
8		$(D-0.200)^{0}_{-0.013}$	8	0.200～0.263
9		$(D-0.225)^{0}_{-0.013}$	9	0.225～0.288
10		$(D-0.250)^{0}_{-0.013}$	10	0.250～0.313

注:D为标称泵径。

第二节　井口装置和采油树

一、概述

(一)井口装置和采油树的作用

(1)套管头连接和悬挂油(气)井中的各层套管柱。

(2)油管头悬挂油管,即悬挂下入油(气)井中的油管柱。

(3)密封套管与套管之间以及套管与油管之间的环形空间。

(4)保证各项井下作业(诱导油流、洗井、打捞、酸化和压裂等)的施工。

(5)便于录取油、套压资料和测压、清蜡等日常生产管理。

(6)用于控制油(气)井的流量和压力。

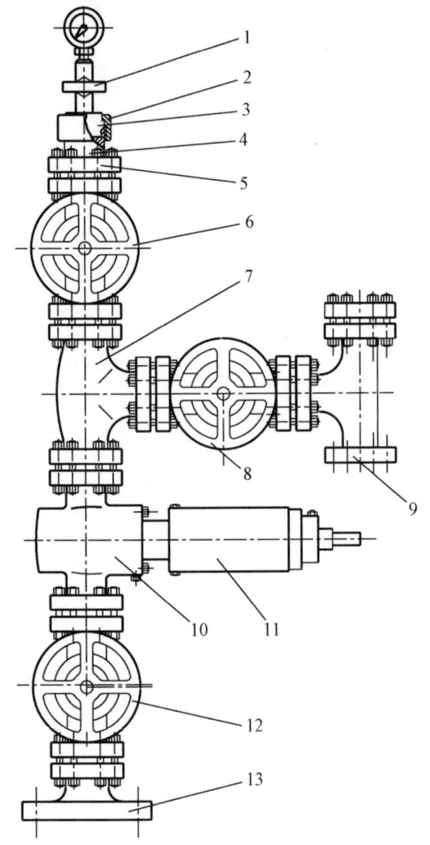

图 8－5　典型的采油树结构

1—压力表截止阀;2—盖螺母;3—管堵;4—本体;5—顶部连接装置;6—抽汲阀或顶部阀;7—三通;8—翼阀(手动或带驱动器);9—节流阀;10—地面安全阀;11—驱动器;12—主阀;13—油管头异径接头

(二)井口装置和采油树主要部件及结构

采油树是用于控制油(气)井生产的装置总成,包括油管头异径接头、阀、三通、小四通、顶部连接装置和装于油管头最上部连接的节流阀。典型的采油树结构示意图如图 8－5 所示。

井口装置是井口表层套管的最上部和油管头异径接头之间的全部永久性装置,由套管头、油管头两部分组成。典型的井口装置结构示意图如图 8－6 所示。

二、井口装置和采油树的技术要求

(一)主要零件

井口装置和采油树的主要零件为本体、盖、端部和出口连接、阀杆、阀板、阀座、密封垫环、悬挂器、螺栓和螺母等。

(二)材料

1. 主要零件用金属材料

井口装置和采油树所用的金属材料按其接触的流体腐蚀性质不同,应使用不同的材料。表 8－3 规定了 7 类材料要求。该表提供了不同使用条件和相对腐蚀程度的材料类别。在满足力学性能的条件下,不锈钢可代替碳钢和低合金钢,抗腐蚀合金可用于代替不锈钢。

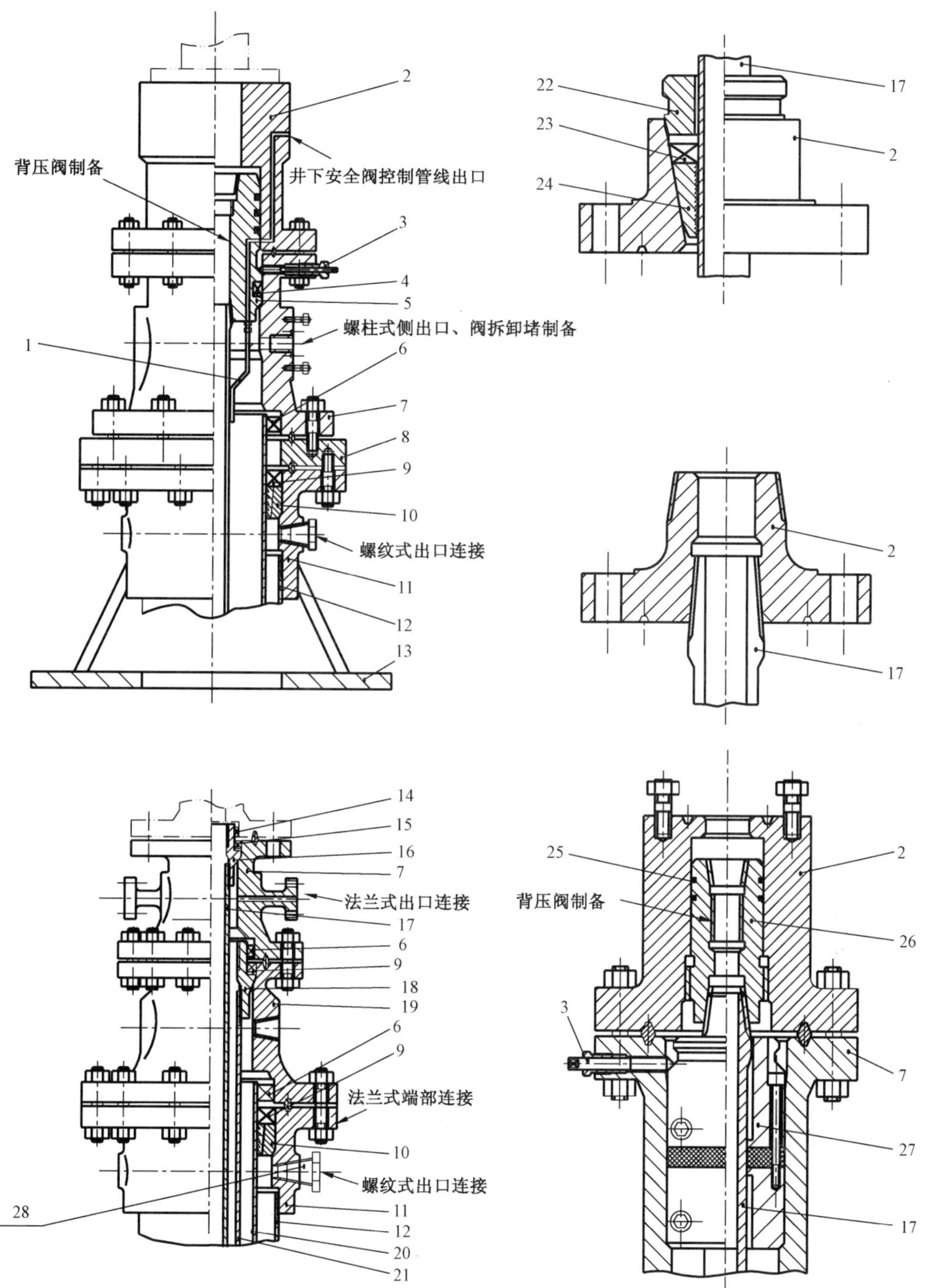

图 8-6　典型的井口装置结构

1—井下安全阀控制管线；2—油管头异径接头；3—锁紧螺钉；4—油管悬挂器封隔；5—带井下安全阀控制管线的伸长颈油管悬挂器；6—底部套管封隔；7—油管头四通；8—双螺柱式异径接头；9—环形套管封隔；10—套管悬挂器（卡瓦式）；11—套管头壳体；12—表层套管；13—井口支撑板；14—伸长颈油管悬挂器密封；15—环形油管悬挂器密封；16—芯轴式油管悬挂器；17—油管；18—芯轴式套管悬挂器；19—套管头四通；20—中层套管；21—内层套管；22—油管封隔支撑；23—油管封隔；24—油管悬挂器（卡瓦式）；25—芯轴式油管悬挂器密封；26—芯轴式油管挂器；27—缠绕式悬挂器封隔；28—管堵

表 8－3　材料要求

<table>
<tr><th rowspan="2">材料类别</th><th colspan="2">材料最低要求</th></tr>
<tr><th>本体、盖、端部和出口连接</th><th>控压件、阀杆和芯轴悬挂器</th></tr>
<tr><td>AA——一般使用</td><td rowspan="2">碳钢或低合金钢</td><td>碳钢或低合金钢</td></tr>
<tr><td>BB——一般使用</td><td rowspan="2">不锈钢</td></tr>
<tr><td>CC——一般使用</td><td>不锈钢</td></tr>
<tr><td>DD——酸性环境[a]</td><td rowspan="2">碳钢或低合金钢[b]</td><td>碳钢或低合金钢[b]</td></tr>
<tr><td>EE——酸性环境[a]</td><td rowspan="2">不锈钢[b]</td></tr>
<tr><td>FF——酸性环境[a]</td><td>不锈钢[b]</td></tr>
<tr><td>HH——酸性环境[a]</td><td>耐蚀合金[b]</td><td>耐蚀合金[b]</td></tr>
</table>

[a]指按 NACE MR0175 定义。

[b] 指符合 NACE MR0175。

为了满足采油气井口装置主要零件的要求，保证其工作的安全可靠，材料的选择是非常重要的一环，对抗硫井口尤其重要。套管悬挂器、油管悬挂器、背压阀、锁紧螺钉和阀杆的材料性能由制造商书面规定，但应满足表 8－3 规定的使用条件。使用标准材料的其他端部连接装置、本体和盖的力学性能应符合表 8－4 的要求。冲击性能应满足表 8－5 的要求，冲击试验应在其额定温度范围的最低温度或低于该最低温度下进行，单个冲击值不应低于要求的最小平均值的 2/3，三次试验中应仅允许有一次低于所要求的平均值。材料的硬度应符合表 8－6 的要求。标准材料是指性能满足或超过表 8－4 规定要求的材料。

表 8－4　本体、盖、端部和出口连接的标准材料性能要求

<table>
<tr><th rowspan="2">材料代号</th><th colspan="4">力学性能</th></tr>
<tr><th>0.2% 屈服强度
MPa</th><th>抗拉强度
MPa</th><th>50mm 的伸长率
%</th><th>断面收缩率
%</th></tr>
<tr><td>36K</td><td>≥248</td><td rowspan="2">≥483</td><td>≥21</td><td>不要求</td></tr>
<tr><td>45K</td><td>≥310</td><td>≥19</td><td>≥32</td></tr>
<tr><td>60K</td><td>≥414</td><td>≥586</td><td>≥18</td><td rowspan="2">≥35</td></tr>
<tr><td>75K</td><td>≥517</td><td>≥655</td><td>≥17</td></tr>
</table>

表 8－5　夏比 V 型缺口冲击要求（10mm×10mm）

<table>
<tr><th rowspan="2">温度级别</th><th rowspan="2">试验温度
℃</th><th colspan="3">最小平均冲击功（横向），J</th></tr>
<tr><th>PSL1</th><th>PSL2</th><th>PSL3 和 PSL4</th></tr>
<tr><td>K</td><td>－60</td><td rowspan="2">20</td><td rowspan="3">20</td><td rowspan="8">20</td></tr>
<tr><td>L</td><td>－46</td></tr>
<tr><td>P</td><td>－29</td><td rowspan="6">—</td></tr>
<tr><td>R</td><td rowspan="5">－18</td><td rowspan="5">—</td></tr>
<tr><td>S</td></tr>
<tr><td>T</td></tr>
<tr><td>U</td></tr>
<tr><td>V</td></tr>
</table>

表8-6 材料最小硬度要求

材料代号	最小布氏硬度
36K	HBW 140
45K	HBW 140
60K	HBW 174
75K	HBW 197

产品标准并没有给出材料的具体牌号，但给出了各元素的成分范围。制造商应规定材料的标称化学成分及允许偏差。材料成分应按制造商选定的国家或国际公认标准，以炉次为基础（重熔级材料以重熔锭为基础）确定。制造本体、盖、端部和出口连接所要求的碳钢、低合金钢和马氏体不锈钢（沉积硬化型的除外）的元素限制（质量分数）应符合表8-7的要求。这表明检验井口装置和采油树产品金属材料成分的依据是供应商明示的材料成分，并且还不能超出表8-7给出的限制。

表8-7 本体、盖、端部和出口连接材料的钢成分限制（质量分数，%）

<table>
<tr><th rowspan="3">合金元素</th><th colspan="6">产品规范级别</th></tr>
<tr><th colspan="3">PSL2</th><th colspan="3">PSL3 和 PSL4</th></tr>
<tr><th>碳钢和低合金钢</th><th>马氏体不锈钢</th><th>焊颈法兰用45K材料[a]</th><th>碳钢和低合金钢</th><th>马氏体不锈钢</th><th>焊颈法兰用45K材料[a]</th></tr>
<tr><td>C</td><td>≤0.45</td><td>≤0.15</td><td>≤0.35</td><td>≤0.45</td><td>≤0.15</td><td>≤0.35</td></tr>
<tr><td>Mn</td><td>≤1.80</td><td>≤1.00</td><td>≤1.05</td><td>≤1.80</td><td>≤1.00</td><td>≤1.05</td></tr>
<tr><td>Si</td><td>≤1.00</td><td>≤1.50</td><td>≤1.35</td><td>≤1.00</td><td>≤1.50</td><td>≤1.35</td></tr>
<tr><td>P</td><td colspan="2" rowspan="2">≤0.040</td><td rowspan="2">≤0.050</td><td colspan="2" rowspan="2">≤0.025</td><td rowspan="2">≤0.050</td></tr>
<tr><td>S</td></tr>
<tr><td>Ni</td><td>≤1.00</td><td>≤4.50</td><td rowspan="4">—</td><td>≤1.00</td><td>≤4.50</td><td rowspan="4">—</td></tr>
<tr><td>Cr</td><td>≤2.75</td><td>11.0~14.0</td><td>≤2.75</td><td>11.0~14.0</td></tr>
<tr><td>Mo</td><td>≤1.50</td><td>≤1.00</td><td>≤1.50</td><td>≤1.00</td></tr>
<tr><td>V</td><td>≤0.30</td><td>—</td><td>≤0.30</td><td>—</td></tr>
</table>

[a] 在规定的碳最大含量（0.35%）以下，碳含量每减少0.01%，允许锰的规定含量（1.05%）再增加0.06%，但锰的最大含量不得超过1.35%。

密封垫环的化学成分由制造商规定，硬度应符合表8-8的要求。

表8-8 密封垫环硬度要求

材料	硬度
软铁	≤56HRB
碳钢和低合金钢	≤68HRB
不锈钢	≤83HRB
镍合金 UNS N08825	≤92HRB
耐蚀合金（CRA）	硬度应符合制造商的书面规范

井口装置和采油树用栓接材料应符合表 8－9 的规定。

表 8－9　端部法兰用栓接要求

<table>
<tr><td rowspan="4" colspan="2">要求</td><td colspan="7">材料类别</td></tr>
<tr><td colspan="2">AA,BB 或 CC</td><td colspan="5">DD,EE,FF 或 HH</td></tr>
<tr><td colspan="7">温度级别</td></tr>
<tr><td>P,S,T 或 U</td><td>K,L,P,S,T 或 U</td><td>P,S,T 或 U</td><td>K,L,P,S,T 或 U</td><td>P,S,T 或 U</td><td>K,L,P,S,T 或 U</td><td>K,L,P,S,T 或 U</td></tr>
<tr><td colspan="2">GB/T 20972（所有部分）</td><td>不适用</td><td>不适用</td><td>非暴露</td><td>非暴露</td><td colspan="2">暴露（低强度）</td><td>暴露</td></tr>
<tr><td colspan="2">尺寸和额定工作压力</td><td>全部</td><td>全部</td><td>全部</td><td>全部</td><td colspan="2">所有 13.8MPa、20.7MPa 法兰；
34.5MPa（法兰 < 13$\frac{5}{8}$）；
69.0MPa（法兰 < 4$\frac{1}{16}$）；
103.5MPa（法兰为 1$\frac{13}{16}$、5$\frac{1}{8}$）；
所有 138.0MPa 法兰</td><td>全部</td></tr>
<tr><td rowspan="4">栓接</td><td>ASTM 规范等级和材料</td><td>A193/A193M GR B7</td><td>A320/A320M GR L7 或 L43</td><td>A193/A193M GR B7</td><td>A320/A320M GR L7 或 L43</td><td>A193/A193M GR B7M</td><td>A320/A320M GR L7M</td><td>A453/A453M Gr. 660（见 10.3.3.2）或 CRA</td></tr>
<tr><td>0.2% 变形屈服强度（最小）MPa</td><td colspan="4">725（≤63.5mm）
655（>63.5mm）</td><td colspan="2">550</td><td>725（≤63.5mm）
655（>63.5mm）</td></tr>
<tr><td>硬度按 GB/T 20972（所有部分）</td><td colspan="4">无</td><td colspan="3">有</td></tr>
<tr><td>夏比冲击试验要求</td><td>无</td><td>有</td><td>无</td><td>有</td><td>无</td><td>有</td><td>无</td></tr>
<tr><td rowspan="3">螺母</td><td>ASTM 规范级别，重型</td><td colspan="4">A 194/A194M
2H,2HM,4,
7 或 7M</td><td colspan="3">A 194/A194M
GR 2HM 或 7M</td></tr>
<tr><td>硬度按 GB/T 20972（所有部分）</td><td colspan="4">无</td><td colspan="3">有</td></tr>
<tr><td>夏比冲击试验要求</td><td colspan="7">无</td></tr>
</table>

本体、盖、端部和出口连接及卡箍毂端连接装置的材料最低硬度，应符合表 8－10。由碳钢、低合金钢或马氏体不锈钢制成的本体、盖、法兰和卡箍用于 DD、EE、FF 和 HH 酸性环境工况时，其硬度应不大于 HRC22（HB237）。用于酸性环境的其他材料的最大硬度值应符合 GB/T 20972《石油天然气工业　油气开采中用于含硫化氢环境的材料》的规定。

表 8－10 材料最低硬度值

材料代号	布氏硬度
36K,45K	≥140HBW
60K	≥174HBW
75K	≥197HBW

2. 非金属密封件材料

非金属密封件材料应能承受本体所承受的额定工作压力和工作温度。此外,还需要抗腐蚀和抗硫化物应力开裂的能力。

(三)加工件质量要求

1. 本体、盖、端部和出口连接及卡箍毂端连接

本体、盖、端部和出口连接及卡箍毂端连接的质量要求应符合表 8－11 的规定。

表 8－11 本体、盖、端部和出口连接及卡箍毂端连接的质量要求

试验内容	PSL1	PSL2	PSL3/PSL3G	PSL4
拉伸试验	符合表 11－2 规定	符合表 11－2 规定	符合表 11－2 规定	符合表 11－2 规定
冲击试验	符合表 11－3 规定	符合表 11－3 规定	符合表 11－3 规定	符合表 11－3 规定
硬度试验	符合表 11－4 规定	符合表 11－4 规定,酸性环境还应符合 GB/T20972 的规定		
尺寸检验	检验所有关键尺寸,其余按照 GB/T 2828.1《计数抽样检验秩序　第 1 部分:按接收质量限(AQL)检索的逐机检验抽样计划》检验水平Ⅱ、AQL＝1.5 抽检	检验所有关键尺寸,其余按照 GB/T 2828.1 检验水平Ⅱ、AQL＝1.5 抽检	与 PSL1 相同,另外,检验所有零件	与 PSL1 相同,另外,检验所有零件
可追溯性	—	制造厂文件规定跟踪能力和识别标记	应跟踪到冶炼炉号和热处理批	应跟踪到冶炼炉号和热处理批
化学分析	—	按炉号分析,符合设计规定并应符合表 11－5 规定	按炉号分析,符合设计规定并应符合表 11－5 规定	按炉号分析,符合设计规定并应符合表 11－5 规定
外观检查	铸钢件应符合 JB/T 7927《阀门铸钢件外观质量要求》规定	铸钢件应符合 JB/T 7927 规定	—	—
表面无损检测	—	铁磁材料进行磁粉检测,非铁磁材料进行液体渗透检测	铁磁材料进行磁粉检测,非铁磁材料进行液体渗透检测	铁磁材料进行磁粉检测,非铁磁材料进行液体渗透检测
连续性标记号	—	—	每个零件或每套设备都应有跟踪能力和跟踪记录	每个零件或每套设备都应有跟踪能力和跟踪记录
体积无损检测	—	—	射线或超声波检测	射线或超声波检测

2. 阀杆

阀杆的质量要求应符合表 8 – 12 的规定

表 8 – 12　阀杆的质量要求

试验内容	PSL1	PSL2	PSL3/PSL3G	PSL4
拉伸试验	符合设计规定	符合设计规定	符合设计规定	符合设计规定
冲击试验	按照制造厂的规定	符合表 11 – 3 规定	符合表 11 – 3 规定	符合表 11 – 3 规定
跟踪能力	—	制造厂文件规定跟踪能力和识别标记	应跟踪到冶炼炉号和热处理批	应跟踪到冶炼炉号和热处理批
硬度	酸性环境应符合 GB/T 20972 的规定			
化学分析	—	符合设计规定	符合设计规定	符合设计规定
表面无损检测	—	铁磁材料进行磁粉检测，非铁磁材料进行液体渗透检测	铁磁材料进行磁粉检测，非铁磁材料进行液体渗透检测	铁磁材料进行磁粉检测，非铁磁材料进行液体渗透检测
连续性标记号	—	—	每个零件或每套设备都应有跟踪能力和跟踪记录	每个零件或每套设备都应有跟踪能力和跟踪记录
体积无损检测	—	—	射线或超声波检测	射线或超声波检测

3. 阀板和阀座

阀板和阀座的质量要求应符合表 8 – 13 的规定

表 8 – 13　阀板和阀座的质量要求

试验内容	PSL1	PSL2	PSL3/PSL3G	PSL4
拉伸试验	—	—	符合设计规定	符合设计规定
冲击试验	—	—	符合表 11 – 3 规定	符合表 11 – 3 规定
化学分析	—	按炉号分析，并应符合设计规定	按炉号分析，并应符合设计规定	按炉号分析，并应符合设计规定
跟踪能力	—	—	跟踪到冶炼炉号和热处理批	应跟踪到冶炼炉号和热处理批
硬度	符合设计规定	符合设计规定	符合设计规定	符合设计规定
表面无损检测	按 GB/T 2828《计数抽样检验程序》进行抽检，AQL2. 5 Ⅱ	按 GB/T 2828 进行抽检，AQL2. 5 Ⅱ	铁磁材料进行磁粉检测，非铁磁材料进行液体渗透检测	铁磁材料进行磁粉检测，非铁磁材料进行液体渗透检测
连续性标记号	—	—	每个零件或每套设备都应有跟踪能力和跟踪记录	每个零件或每套设备都应有跟踪能力和跟踪记录

三、井口装置和采油树质量检验

(一)检验依据

井口装置和采油树质量的检验依据是 GB/T 22513《石油天然气工业　钻井和采油设备　井口装置和采油树》和 SY/T 5328《热采井口装置》。

(二)井口装置检验项目和方法

井口装置(套管头)的检验项目和要求见表 8－14,井口装置(油管头)的检验项目和要求见表 8－15。

表 8－14　井口装置(套管头)的试验方法与验收要求

序号	试验项目	试验方法	验收要求	
			PR1 级	PR2 级
1	本体静水压强度试验	(1)从零升压至试验压力(当额定压力＜34.5MPa,试验压力为 2 倍额定压力;额定压力≥34.5MPa,试验压力为 1.5 倍额定压力,至少稳压 3min。 (2)减压至零。 (3)再次升压至试验压力,第二次稳压 3min	保压期内符合接受准则 a)的要求	保压期内符合接受准则 a)的要求
2	阀门试验项目	同表 11－14 和表 11－15	同表 11－14 和表 11－15	
3	载荷循环	在最大额定载荷能力到最小额定载荷能力之间进行循环,每一加载点最少保持 5min,进行 3 次载荷循环	客观证据	符合接受准则 d)的要求
4	静水压密封试验	在套管柱下部悬挂额定载荷(包含密封压力作用于环空面上受力的影响)的情况下分别对不同的部位加压而进行。 上部:升压至额定压力,保压 15min; 上部:升压至额定压力,保压 15min; 垫环区:升压至额定压力,保压 5min。 1 组悬挂器不要求。其他根据不同的组别在上部、下部或垫环区进行。 (1)试验在最大额定载荷(或额定悬挂载荷)下,从上部或下部施加最大额定工作压力(或最大工作压力)。 (2)常温常压下,升温至最高温度。 (3)从上部和下部同时施加各自的试验压力,至少保压 1h,而后泄压。 (4)从垫环区施加试验压力,至少保压 1h,而后泄压(只适用于带底部套管封隔时)。 (5)在最小额定管材载荷下,从下部施加最大环空压力,至少保压 1h,而后泄压。 (6)降温至最低温度,在最大额定载荷下,从上部和下部同时施加各自的试验压力,至少保压 1h,而后泄压。 (7)从垫环区施加试验压力,至少保压 1h,而后泄压(只适用于带底部套管封隔时)。 (8)在最小额定管材载荷下,从下部施加最大环空压力,至少保压 1h,而后泄压	符合接受准则 a)的要求	符合接受准则 a)的要求

续表

序号	试验项目	试验方法	验收要求	
			PR1 级	PR2 级
5	带载荷的压力/温度试验	(1)升温至室温,在最大额定载荷下,从上部和下部同时施加各自的试验压力,且在升至最高温度期间,保持压力在各自试验压力的 50% ~100%,在试验压力和最高温度下至少保压 1h。 (2)在上部和下部同时保持各自试验压力的 50% ~100% 时,降温至最低温度。 (3)在保持各自的试验压力和最低温度下最少保压 1h。 (4)升温至室温,期间上部和下部同时保持各自试验压力的 50% ~100%,而后泄压。 (5)再升至最高温度,从垫环区施加试验压力,期间应保持试验压力的 50% ~100%,在试验压力和最高温度下至少保压 1h(只适用于带底部套管封隔时)。 (6)降温至最低温度,期间垫环区应保持试验压力的 50% ~100%,在试验压力和最低温度下至少保压 1h(只适用于带底部套管封隔时)。 (7)升温至室温,期间垫环区应保持试验压力的 50% ~100%,而后泄压(只适用于带底部套管封隔时)。 (8)再升至最高温度,在最小额定管材载荷下,从下部施加最大环空压力,期间应保持试验压力的 50% ~100%,在试验压力和最高温度下至少保压 1h。 (9)升温至最高温度,在最大额定载荷下,从上部和下部同时施加各自的试验压力,至少保压 1h,而后泄压。 (10)从垫环区施加试验压力,至少保压 1h,而后泄压(只适用于带底部套管封隔时)。 (11)在最小额定管材载荷下,从下部施加最大环空压力,至少保压 1h,而后泄压。 (12)降温至最低温度,在最大额定载荷下,从上部和下部同时施加各自的试验压力,至少保压 1h,而后泄压。 (13)从垫环区施加试验压力,至少保压 1h,而后泄压(只适用于带底部套管封隔时)。 (14)在最小额定管材载荷下,从下部施加最大环空压力,至少保压 1h,而后泄压。 (15)升温至室温,卸载,试件放好后加载至最大额定载荷。 (16)从上部和下部同时施加各自的试验压力,至少保压 1h,而后泄压。 (17)从垫环区施加试验压力,至少保压 1h,而后泄压(只适用于带底部套管封隔时)。 (18)在最小额定管材载荷下,从下部施加最大环空压力,至少保压 1h,而后泄压。 (19)在最大额定载荷下,从上部和下部同时施加各自的试验压力的 5% ~10%,至少保压 1h,而后泄压。 配合悬挂器进行。 (20)从垫环区施加试验压力 5% ~10%,至少保压 1h,而后泄压(只适用于带底部套管封隔时)。 (21)在最小额定管材载荷下,从下部施加最大环空压力,至少保压 1h,而后泄压,卸试验载荷。 配合悬挂器进行。PR1 级 1 组、2 组和 PR2 级 1 组均不要求	PR1 级 1 组、2 组不要求。其他组别为客观证据	PR2 级 1 组不要求。其他组别符合接受准则 a)、b)、c)、d)的要求

续表

序号	试验项目	试验方法	验收要求	
			PR1 级	PR2 级
6	悬挂器性能试验	PR1 级 1 组:载荷循环为客观证据;心轴式悬挂器的内压试验为客观证据。 对 PR2 级应循环承载能力试验应在最大额定载荷能力到最小额定载荷能力之间进行三次循环,每一加载点最少保持 5min;心轴式悬挂器进行 1 次 15min 内压试验	PR1 级 1 组不要求	PR2 级 1 组不要求
		PR1 级 2 组:进行静水压密封试验;心轴式悬挂器进行 1 次 15min 内压试验。载荷循环、压力/温度循环、流体兼容性均为客观证据。 PR2 级应进行载荷循环、静水压密封试验、带载荷的压力/温度循环。心轴式悬挂器进行 1 次 15min 内压试验。 压力密封在室温下从密封件上部或下部进行一次保压 15min	PR1 2 组不要求	符合接受准则 a)、b)、c)、d) 的要求
		PR1 级 3 组:进行静水压密封试验;心轴式悬挂器进行 1 次 15min 内压试验。载荷循环、压力/温度循环、流体兼容性、井下控制管线压力/温度循环试验(如果适用)为客观证据。 PR2 级应进行载荷循环、静水压密封试验、带载荷的压力/温度循环。心轴式悬挂器进行 1 次 15min 内压试验。井下控制管线压力/温度循环试验(如果适用)。 压力密封在室温下从密封件上部、下部各进行一次保压 15min;或垫环区进行一次保压 5min(适用于带底部封隔的悬挂器)	客观证据	符合接受准则 a)、b)、c)、d) 的要求
		PR1 级 4 组:进行静水压密封试验;心轴式悬挂器进行 1 次 15min 内压试验。载荷循环、压力/温度循环、流体兼容性、井下控制管线压力/温度循环试验(如果适用)为客观证据。 PR2 级应进行载荷循环、静水压密封试验、带载荷的压力/温度循环、固位性能试验。心轴式悬挂器进行 1 次 15min 内压试验。井下控制管线压力/温度循环试验(如果适用)。 压力密封在室温下从密封件上部、下部各进行一次保压 15min;或垫环区进行一次保压 5min(适用于带底部封隔的悬挂器)	客观证据	符合接受准则 a)、b)、c)、d) 的要求
7	通径试验	用直径和长度符合标准要求的通径规试验闸阀	应能自由通过	应能自由通过

注:接受准则:

a)室温下的静水压试验:试验压力不大于 69.0MPa 时,在保压期间压力测量装置上观测到的压力变化小于试验压力的 5%,且在保压期间无可见泄漏,应予接收;试验压力大于 69.0MPa 时,在保压期间压力测量装置上观测到的压力变化小于 3.45MPa,且在保压期间无可见泄漏,应予接收。

b)室温下的气压试验:保压期间,水池中应无可见连续气泡。若观察到泄漏,则气体的泄漏量应小于相关要求。应予接收。

c)最低/高温度试验:在高温或低温下的静水压或气压试验,试验压力不大于 69.0MPa 时,在保压期间压力测量装置上观测到的压力变化小于试验压力的 5%,且在保压期间无可见泄漏,应予接收;试验压力大于 69.0MPa 时,在保压期间压力测量装置上观测到的压力变化小于 3.45MPa,且在保压期间无可见泄漏,应予接收。

d)试验后检验:试验过的样机必须解体检查,有关项目应拍照。试验的样品不得有不符合其性能要求的永久变形,悬挂器的支撑件必须能承受额定载荷且在通径尺寸下不挤压管柱。样品不得存在不符合任何性能要求的缺陷。

表 8－15　井口装置(油管头)的试验方法与验收要求

序号	试验项目	试验方法	验收要求	
			PR1 级	PR2 级
1	内压试验	静水压强度:升压至试验压力,保压 3min	符合接受准则 a)的要求	符合接受准则 a)的要求
		静水压强度:压力降至零,升压至试验压力,保压 3min(适用于PSL1、PSL2);保压 15min(适用于 PSL3、PSL3G、PSL4)	符合接受准则 a)的要求	符合接受准则 a)的要求
		气压试验:压力降至零,升压至额定工作压力,保压 15min(适用于PSL3G、PSL4)	符合接受准则 b)的要求	符合接受准则 b)的要求
		在室温、额定工作压力下进行螺纹连接件的压力试验,保压 15min(适用于产品不符合螺纹制造厂的尺寸和材料强度要求时)	符合接受准则 b)的要求	符合接受准则 b)的要求
2	载荷循环	在最大额定载荷能力到最小额定载荷能力之间进行循环,每一加载点最少保持 5min(端部连接不适用)	客观证据	3 次循环,符合接受准则 d)的要求

注:接受准则同表 8－14。

(三)井口装置采油树用阀门检验项目

井口装置和采油树用闸阀、旋塞阀、止回阀的检验项目和要求见表 8－16。节流阀的检验项目和要求见表 8－17。地面安全阀的检验项目和要求见表 8－18。

表 8－16　井口装置和采油(气)树用闸阀、旋塞阀、止回阀的试验方法和验收要求

序号	试验项目	试验方法	验收要求	
			PR1 级	PR2 级
1	阀体静水压强度试验	(1)压力从零升压至试验压力(当额定压力 < 34.5MPa,试验压力为 2 倍额定压力,额定压力≥34.5MPa,试验压力为 1.5 倍额定压力,至少稳压 3min。 (2)减压至零。 (3)再次升压至试验压力,第二次稳压 3min	保压期内符合接受准则 a)的要求	保压期内符合接受准则 a)的要求
2	阀座密封试验	(1)压力从零升压至额定压力,第一次稳压 3min。 (2)减压至零。 (3)再次升压至额定压力,第二次稳压 3min。 双向阀门的每一方向均应试验	保压期内符合接受准则 a)的要求	保压期内符合接受准则 a)的要求
3	阀门室温开启/关闭循环动态试验	下游端充满试验介质(压力≤1%)、上游端施额定压力、全压差下开启、在不小于 50% 试验压力下完全关闭。 止回阀在下游端施加额定压力,上游端通大气,而后泄压至不大于 1% 的压力,重复循环以上步骤	3 次压力循环;并符合制造厂操作力或扭矩要求	160 次压力循环;并符合制造厂操作力或扭矩要求
4	室温下的低压阀座试验	5% ~10% 的额定工作压力下保压	客观证据	保压 1h;并符合接受准则 a)的要求

续表

序号	试验项目	试验方法	验收要求	
			PR1 级	PR2 级
5	高/低温循环气压动压试验	(1)在室温和大气压力下开始升温至最高温度。 (2)施加试验压力,至少保压期 1h,而后泄压。 (3)降温至最低温度。 (4)施加试验压力,至少 1h,而后泄压。 (5)升温至室温。 (6)在室温下施加试验压力,并且在升至最高温度期间,保持压力在试验压力的 50% ~100%。 (7)在试验压力下最少保压期 1h。 (8)在保持试验压力的 50% ~100% 时,降低温度至最低温度。 (9)在试验压力下最少保压期 1h。 (10)升温至室温,升温期间保持试验压力 50% ~100%。 (11)泄压,再升温至最高温度。 (12)施加试验压力,至少保压期 1h,而后泄压。 (13)降温至最低温度。 (14)施加试验压力,至少保压期 1h,而后泄压。 (15)升温至室温。 (16)施加试验压力,至少保压期 1h,而后泄压。 (17)施加 5% ~10% 的试验压力,至少保压期 1h,而后泄压	客观证据	保压期内符合接受准则 b)、c)的要求
6	阀门最高/最低温度下的开启/关闭动态气压试验	阀门的此方法代替“高/低温循环气压动压试验”。 用气体作为试验介质,下游端充满试验介质(≤1% 试验压力)、上游端加压至额定工作压力,全压差下开启,在≥50% 试验压力下完全打开后再完全关闭,关闭后下游端泄压至≤1% 试验压力,重复循环以上步骤。测量和记录在循环开始及结束时的开启扭矩和转动扭矩。 PR1 级产品有客观证据;PR2 级产品进行高/低温下各 20 次循环	客观证据	符合制造厂操作力或扭矩要求
7	最高/最低温度下阀体气压试验	阀部分开启,止回阀应从上游端试验。施加额定工作压力	客观证据	保压 1h;并符合接受准则 c)的要求
8	最高/最低温度下阀座气压试验	额定工作压力下保压,止回阀从下游端试验	客观证据	保压 1h;并符合接受准则 c)的要求
9	最高/最低温度下阀座低压试验	在 5% ~10% 额定压力的压力下保压;止回阀从下游端试验	客观证据	保压 1h;并符合接受准则 c)的要求
10	阀体压力/温度循环	(1)在室温下施加试验压力,并且在温度升至最高温度期间,保持压力在试验压力的 50% ~100%。 (2)在试验压力下最少保压期 1h。 (3)在保持试验压力的 50% ~100% 时,降低温度至最低温度。 (4)在试验压力下最少保压期 1h。 (5)升温至室温,升温期间保持试验压力的 50% ~100%。	客观证据	保压期内符合接受准则 b)、c)的要求

续表

序号	试验项目	试验方法	验收要求	
			PR1 级	PR2 级
10	阀体压力/温度循环	(6)泄压,再升温至最高温度。 (7)施加试验压力,至少保压期 1h,而后泄压。 (8)降温至最低温度。 (9)施加试验压力,至少保压期 1h,而后泄压。 (10)升温至室温	客观证据	保压期内符合接受准则 b)、c)的要求
11	室温下的阀体/阀座的保压/低压试验	(1)阀体保压试验:施加额定压力,保压 1h(止回阀在上游端加压)。 (2)阀座保压试验:施加额定压力,保压 15min(止回阀在下游端加压)。 (3)阀体低压试验:施加 5% ~10% 的额定工作压力,保压期 1h(止回阀从上游端试验)。 (4)阀座低压试验:施加 5% ~10% 的额定压力,保压 1h(止回阀在下游端加压),双向阀应每一方向进行。被试件浸没在水池中进行	客观证据	保压期内符合接受准则 a)、b)的要求
12	阀体静水压密封试验[a]	试验压力应为阀的额定工作压力 MPa。阀体试验应包括三部分: (1)初始保压期 3min。 (2)降压至零。 (3)再次保压期 15min	保压期内符合接受准则 a)的要求	保压期内符合接受准则 a)的要求
13	室温下的阀体气压密封试验[a]	试验装置完全浸没在水中,阀门部分开启。试验压力应为阀的额定工作压力,阀体试验应包括三部分: (1)初始保压期 3min。 (2)降压至零。 (3)再次保压期 15min	保压期内符合接受准则 b)的要求	保压期内符合接受准则 b)的要求
14	阀座静水压密封试验(第二次)[a]	双向安装的阀应从两个方向进行。单向安装的阀应按欲安装的方向进行试验。 试验压力应为阀的额定工作压力,阀座试验应包括以下三个部分: (1)初始保压期 3min。 (2)降压至零。 (3)再次保压期 15min	保压期内符合接受准则 a)的要求	保压期内符合接受准则 a)的要求
15	阀座气压试验[a]	试验装置完全浸没在水中,双向安装的阀应从两个方向进行。单向安装的阀应按欲安装的方向进行试验。试验的另一侧通大气。试验压力应为阀的额定工作压力。阀体试验应包括三部分: (1)初始保压期 3min。 (2)降压至零。 (3)再次保压期 15min	保压期内符合接受准则 b)的要求	保压期内符合接受准则 b)的要求
16	操作力或扭矩	按制造厂规范进行(止回阀不适用)	客观证据	符合制造厂的规范

[a]序号 12 和 13、14 和 15 为二选一项目,当试验产品的额定压力≥69.0MPa 应进行序号 13、15 项目(即气密封试验),否则进行序号 12、14 项目(静水压试验)。

注:1. 客观证据是指至少有两个独立来源的形成文件的现场经验、试验数据、刊物公开发表的技术报告、有限元分析(FEA),或设计计算结果。

2. 接受准则同表 8-14。

表 8－17 井口装置和采油(气)树用节流阀的试验方法和要求

序号	试验项目	试验方法	验收要求	
			PR1 级	PR2 级
1	阀体静水压强度试验	同表 8－16 序号 1	同表 8－16 序号 1	
2	阀座对阀体的静水压密封试验(PR1)	阀座对阀体的静水压密封试验压力为阀的额定工作压力。阀座试验应包括以下三个部分(试验时可用盲封阀座进行): (1)初始保压期 3min。 (2)降压至零。 (3)再次保压期 15min	1 次压力循环;保压期内符合接受准则 a)的要求	不适用
3	阀座对阀体的静水压密封试验(PR2)	阀座对阀体的静水压密封试验在室温下进行,压力为阀的额定工作压力,保压期 1h	不适用	1 次压力循环;保压期内符合接受准则 a)的要求
4	阀门室温下的开启/关闭循环动态试验[a]	阀杆在额定压力下进行规定次数的开启、关闭循环。试验中应调节内部压力以抵消试验流体腔的膨胀和收缩。 阀杆在操作期间应平滑,不应有咬合与震颤	客观证据	160 次压力循环;并符合制造厂操作力或扭矩要求
5	阀门在最高温度下的开启/关闭循环动态试验[a]	在最高温度下,试验介质为气体,阀杆在额定工作压力下进行开启—关闭—开启循环,并调节内部压力以抵消试验流体腔的膨胀和收缩	客观证据	20 次压力循环
6	最高额定温度下的阀体气压试验	将节流阀处于部分开启状态,在最高温度下,施加额定工作压力,保压至少 1h	不适用	1 次循环;保压期内符合接受准则 c)的要求
7	阀门在最低温度下的开启/关闭循环动态试验[a]	在最低温度下,试验介质为气体,阀杆在额定工作压力下进行开启—关闭—开启循环,并调节内部压力以抵消试验流体腔的膨胀和收缩	客观证据	20 次压力循环
8	最低额定温度下的阀体气压试验	将节流阀处于部分开启状态,在最低温度下,施加额定工作压力,保压至少 1h	不适用	1 次循环;保压期内符合接受准则 c)的要求
9	阀体压力/温度循环	(1)在阀座处于开启状态下,升温至室温。 (2)施加试验压力,且在升至最高温度期间,保持压力在试验压力的 50% ~100% 。 (3)验压力下最少保压 1 小时。 (4)在保持试验压力的 50% ~100% 时,降温至最低温度。 (5)在试验压力下最少保压 1h。 (6)升温至室温,期间保持试验压力的 50% ~100% 。 (7)泄压,再升至最高温度。 (8)施加试验压力,保压 1h,而后泄压。 (9)降温至最低温度。 (10)施加试验压力,至少保压 1h,而后泄压,并升温至室温		保压期内符合接受准则 c)的要求

续表

序号	试验项目	试验方法	验收要求	
			PR1 级	PR2 级
10	室温下的阀体承压试验	阀座处于开启状态,施加试验压力,至少保压 1h,而后不泄压		保压期内符合接受准则 a)或 c)的要求
11	阀体低压承压试验	阀座处于开启状态,降压至试验压力的 5% ~ 10%,至少保压 1h,而后泄压		1 次循环;保压期内符合接受准则 a)或 c)的要求
12	第二次阀座对阀体静水压密封试验	静压密封试验应采用额定工作压力,保压 1h,制造厂对本试验可选用盲封阀座	不适用	1 次循环;保压期内符合接受准则 a)或 c)的要求
13	操作力或扭矩	按制造厂规范进行	客观证据	符合制造厂的规范

[a]不适用于固定式节流阀。

注:接受准则同表 8 – 14。

表 8 – 18　井口装置和采油树用地面安全阀试验的方法与验收要求

序号	试验项目	试验方法	验收要求[a]
			PR2 级
1	同表 8 – 16 的全部试验项目	同表 8 – 16	同表 8 – 16
2	阀座渗漏试验(PR2 Ⅰ类)	(1)淡水在额定工作压力和用氮气在 13.8MPa 下,进行 SSV/USV 压力完整性的座封试验,3min 保压。 (2)在 SSV/USV 全开孔位置情况下,循环水或其他合适流体通过 SSV/USV,循环 50h。 (3)重复座封试验,3min 保压。 (4)在进行循环的 SSV/USV,从全开到全关位置情况下,循环水或其他适合流体通过 SSV/USV。通过 SSV/USV 阀座的分压应增加到接近 2.8MPa,直到每一个 SSV/USV 关闭。操作 500 个循环。重复进行 SSV/USV 座封试验之后,在 3min 保压	保压期内不允许有渗漏;如果连续 100 循环中不允许进行预防性维护,则不应有可见渗漏
3	阀座渗漏试验(PR2 Ⅱ类)	用淡水检查 SSV/USV 的渗漏: (1)SSV/USV 全开情况下,最少用 0.3m^3/min 流量的淡水循环至少 10min。 (2)通过失放驱动器能量来关闭 SSV/USV。 (3)在 SSV/USV 上游,施加 SSV/USV 额定压力的 95% ~ 105%。 (4)压力至少稳定了 3min 后,从下游渗漏检查阀检查 SSV/USV 阀座渗漏情况,至少 5min,不允许渗漏	保压期内不允许有渗漏
		用氮气检查 SSV/USV 的渗漏: (1)闭 SSV/USV。 (2)在 SSV/USV 的上游施加 13.8(1 ± 5%)MPa 压力的氮气。 (3)在压力至少稳定 3min 后,通过观察气泡检查阀座渗漏情况,至少 5min,不允许渗漏	保压期内不允许有渗漏

续表

序号	试验项目	试验方法	验收要求[a]
			PR2 级
4	钻井液循环流程试验（PR2Ⅱ类）	(1)以至少用 0.3m^3/min 的流量循环钻井液，期间用钻井液搅拌器保持钻井液黏度和含砂量稳定。 (2)根据 ISO 10414－1，确定钻井液的含砂量，并通过加入 40 目至 60 目的砂粒或用淡水稀释，以调整循环流体的含砂量达 2%（1.5% 到 2.5% 可接收）。 (3)根据 ISO 10414－1，用马氏漏斗黏度计取样确定钻井液黏度，通过增加黏度或用淡水稀释的办法来调整黏度为 100s（最大 120s 和最小 90s）。 (4)如果在第(3)步中稀释或加黏是必需的，则返回到循环的第(1)步。 (5)调整流量为至少 0.3m^3/min，记录流量、含砂百分数和黏度。 (6)钻井泵送钻井液通过 SSV/USV，持续 25h ±1h。 (7)按照本表序号 3 项目用淡水进行渗漏试验。 (8)按照本表序号 3 项目用氮气进行渗漏试验	保压期内不允许有渗漏
5	阀循环期间的钻井液流程试验（PR2Ⅱ类）	(1)以至少用 0.3m^3/min 的流量循环钻井液，期间用钻井液搅拌器保持钻井液黏度和含砂量稳定。 (2)从 SSV/USV 阀从全开到全关，在最大额定值压力下每分钟循环 7 次。 (3)调节节流阀，当关闭 SSV 阀后，以提供在 2.8(1 ±10%) MPa 下的分压通过 SSV 阀。 (4)打开和关闭 SSV 阀 500 个循环（偏差为 0～10 个循环）。 (5)按照本表序号 3 项目用淡水进行渗漏试验。 (6)按照本表序号 3 项目用氮气进行渗漏试验	保压期内不允许有渗漏

[a]地面安全阀包括完整的总成、适合驱动器的阀、驱动器和热敏开关装置，其中阀为 PR2 级。
注：接受准则同表 8－14。

(四)采油树的检验项目和要求

采油树的检验项目和要求见表 8－19。

表 8－19　采油树的试验的方法与验收要求

序号	试验项目	试验方法	验收要求	
			PR1 级	PR2 级
1	本体静水压强度试验	(1)力从零升压至试验压力（当额定压力＜34.5MPa，试验压力为 2 倍额定压力，额定压力≥34.5MPa，试验压力为 1.5 倍额定压力，至少稳压 3min。 (2)减压至零。 (3)再次升压至试验压力，第二次稳压 3min。	保压期内符合接受准则 a)的要求	保压期内符合接受准则 a)的要求
2	采油树通径试验	用直径和长度符合标准要求的通径规检验	自由通过	自由通过

续表

序号	试验项目	试验方法	验收要求	
			PR1 级	PR2 级
3	采油树静水压密封试验	(1)力从零升压至额定压力,第一次稳压 3min。 (2)减压至零;再次升压至额定压力,第二次稳压 3min	保压期内符合接受准则 a)的要求	保压期内符合接受准则 a)的要求
4	本体气压密封试验	试验装置完全浸没在水中,试验压力应额定工作压力。保压期 15min	保压期内符合接受准则 b)的要求	保压期内符合接受准则 b)的要求

注:接受准则同表 8－14。

四、检验条件及检验用仪器设备

(一)检验条件

1. 检验环境

(1)做高压试验时,应在压力试验间进行。在升压和稳压过程中,操作人员应远离带压区,以保证人员安全。若不具备压力试验间时,周围应设遮栏,并有“高压危险”等警示牌。试验时不得少于两人,并有专人监护。

(2)照明符合要求。

(3)具备安全消防措施。

(4)压力试验时,有可靠的安全设施。

(5)具备供水、供气设施。

2. 人员注意事项

非试验人员未经允许严禁进入高压试验区。

无损检测人员注意事项:

超声波检测、磁粉检测、渗透检测、射线检测等注意事项详见梁国明主编的《机械工业质量检验员手册》的规定。

(二)检验用仪器及准确度

1. 压力测量仪表的类型和准确度

压力测量仪表应在满量程的 20% ~80% 之内使用。最初的校准周期为 3 个月,根据记录的校准历史,校准周期可延长或缩短。校准周期最长增加三个月。

PSL3 级以上的压力试验(水压、气压)应采用图形记录仪。该记录曲线应标明试验产品、日期和签名。

2. 通径规

测量范围:满足通径尺寸的直径、长度要求;准确度:0. 02mm。

3. 扭矩扳手

测量范围:满足制造厂设计要求;准确度:5% 。

4. 便携式硬度计

测量范围:满足零件硬度范围要求;准确度: ±1%。

(三)检验用设备及准确度

1. 静水压压力试验装置

测量范围:满足试验值要求;准确度:不低于1%。

2. 气密封试验装置

测量范围:满足试验值要求;准确度:不低于1%。

3. 低温冲击试验机

测量范围:300J;准确度:不低于0.5%。

4. 无损检测设备

(1)磁粉探伤机。

(2)渗透检测。

(3)超声波探伤仪。

(4)X射线探伤仪。

第九章　井 下 工 具

第一节　钻 井 工 具

钻井工具主要有井口工具和井下钻具。井口工具为起下钻具和上卸钻具的工具，如吊钳、吊卡、卡瓦等。吊钳用于上、卸各类下井钻具螺纹。吊卡用以悬挂、提升和下放钻柱。卡瓦用于卡住钻柱并悬挂在转盘上。井下工具包括钻头、钻柱、井下动力钻具、打捞工具以及稳定器、减震器、震击器等工具。钻头是钻井时必不可少的破碎岩石工具，主要有牙轮钻头、金刚石钻头和刮刀钻头三类。钻柱是从方钻杆到钻头全部井下钻具的总称，由方钻杆、钻杆、钻铤、稳定器、接头及其他各种附件组成。作用是起下钻头，向钻头传递破碎岩石所需的机械能量，给井底施加钻压，向井内输送洗井液及进行其他井下作业。井下动力钻具是接在钻杆下端，随钻杆一起下入井底的动力机，主要有涡轮钻具、螺杆钻具等。稳定器俗称扶正器，接在钻柱的下部钻具组合上，用以防止井斜或钻定向井，并有利于钻头平稳工作。减震器用于吸收钻井中产生的冲击和震动负荷，以提高钻头及其他钻具使用寿命，关键构件是不同类型的减震元件。震击器在钻柱受张力发生弹性伸长时能积存弹性能量以产生震击作用的工具，可用于处理卡钻事故，并有利于安全钻进。打捞工具用以打捞井下落物和处理井下事故的专用工具。常用的打捞工具有公锥、母锥、打捞筒、打捞矛、打捞篮、磁铁打捞器、磨鞋、安全接头等。出现卡钻事故时，用测卡仪测准卡点，然后用爆炸方法松开被卡的钻具螺纹，此法处理卡钻事故很有效。这里主要介绍井下工具。

一、钻头

（一）概述

1. 用途及分类

钻头是石油钻井中用来破碎岩石以形成井眼的工具。钻井中根据所钻地层性质合理选择和使用钻头，对提高钻井速度具有重要的意义。按类型分可分为刮刀钻头、牙轮钻头、金刚石钻头。金刚石钻头根据不同的切削齿材料制造的钻头分别称为天然金刚石钻头，PDC 钻头及 TSP 钻头（或巴拉斯钻头）。

2. 型号表示方法

（1）三牙轮钻头的型号表示方法：

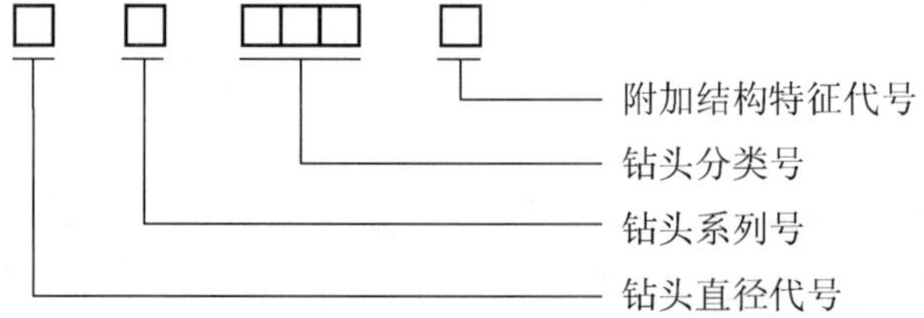

示例：直径为 8½in，适用于钻进低抗压强度的软到中等第 3 级地层，爪尖/爪背保护的密封滑动轴承保径镶齿钻头的型号为 8½－537G。

(2) 金刚石钻头及金刚石取心钻头型号表示方法：

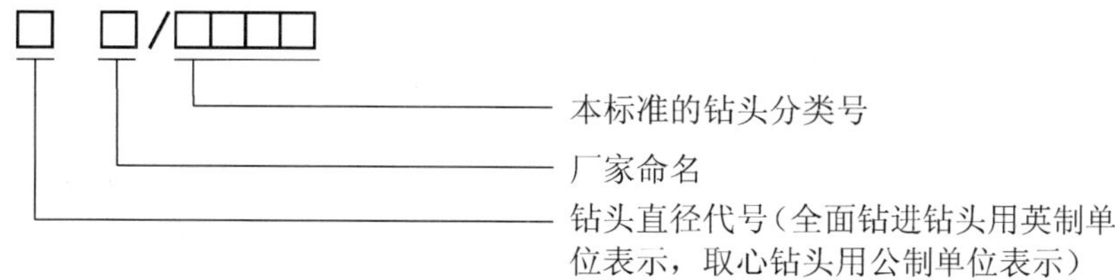

示例：（全面钻进钻头）：8½R426/S231。

其中，钻头直径代号为 8½，表示全面钻进钻头直径为 215.9mm（8½in）；厂家命名型号为 R426；本标准的钻头分类代号为 S231（钻头体材料代号 S 表示钻头体为钢体式；布齿密封代号 2 表示为中等；PDC 齿直径代号 3 表示 PDC 齿直径为 13.44mm；钻头冠部轮廓高度代号 1 表示为鱼尾形）。

（二）结构形式

1. 结构形式

(1) 刮刀钻头基本结构如图 9－1 所示。刮刀钻头在钻压和扭矩的作用下以正螺旋面形成吃入地层并以刮挤、剪切方式破碎岩石。在钻遇塑性岩石时，主要靠切削作用；在钻遇塑脆性岩石时，靠碰撞压碎及小剪切、大剪切这三个过程破碎岩石；在钻遇硬地层的岩石时，靠刀翼中不断磨损出来的硬质合金或金刚石等硬质点形成的梳齿破碎岩石。

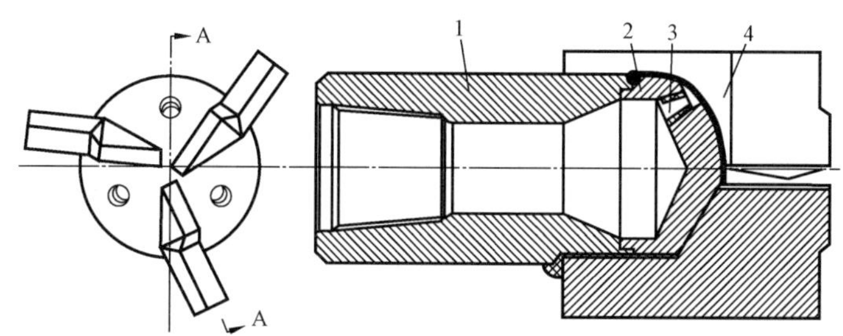

图 9－1　刮刀钻头基本结构

1—上钻头体；2—下钻头体；3—喷嘴；4—刮刀片

(2) 牙轮钻头由壳体（牙爪）、巴掌、牙轮、轴承和水眼等部件组成。牙轮钻头按工作牙轮数量分为：单牙轮钻头、两牙轮钻头、三牙轮钻头、四牙轮钻头。按切削材质可分为铣齿（钢齿）和镶齿牙轮钻头。在钻井作业中使用最多最广泛的是三牙轮钻头（简称牙轮钻头），小井眼使用单牙轮钻头。喷射、镶齿、滑动、密封“四合一”的三牙轮钻头的结构如图 9－2 所示。

(3) 金刚石钻头：

① PDC 是 Ploycrystalline Diamond Compact（聚晶金刚石复合片）的简写。PDC 钻头主要由钻头体（胎体）、切削齿、喷嘴、保径材料和连接等组成。

② 天然金刚石钻头按金刚石的包镶方式分为表镶和孕镶两种，主要由金刚石、胎体、水槽、钢心和上体等组成，如图9－3所示。

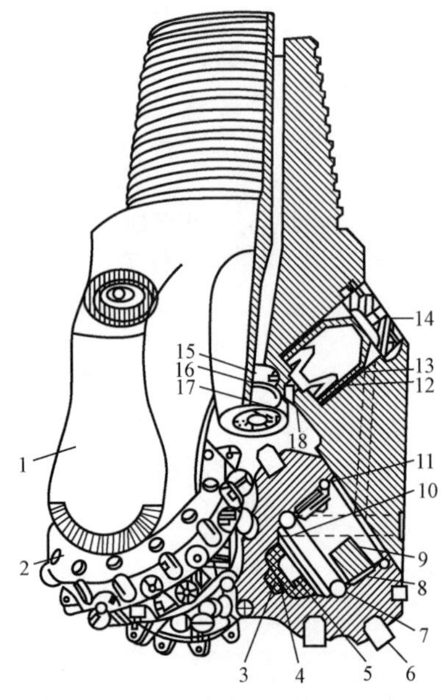

图9－2　三牙轮钻头结构示意图

1—牙爪；2—牙轮；3—牙轮轴；4—止推块；
5—衬套；6—镶齿；7—滚珠；8—银锰合金；
9—耐磨合金；10—第二密封；11—密封圈；
12—压力补偿膜；13—护膜杯；14—压盖；15—喷嘴；
16—喷嘴密封圈；17—喷嘴卡簧；18—传压孔

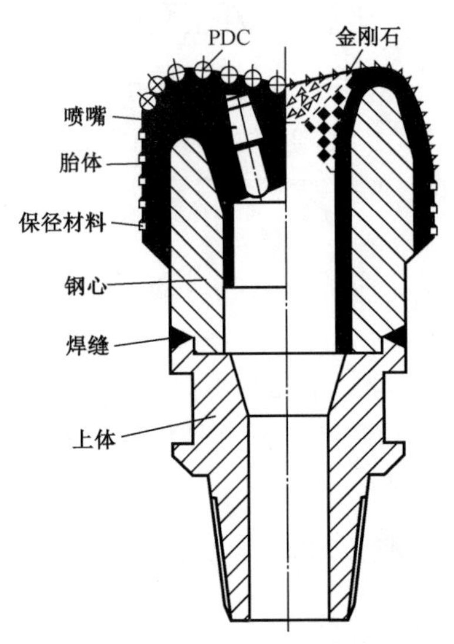

图9－3　金刚石钻头剖面示意图

③ TSP是Thermally Stable Ploycrystalline Diamond（热稳定聚晶金刚石）的缩写，TSP钻头主要由热稳定聚晶金刚石、胎体、水槽、钢体和接头等组成，如图9－3所示。

TSP钻头的水力结构与天然金刚石钻头的水力结构非常相似，也可分为逼压式水槽、辐射形水槽、辐射逼压式水槽，刀翼形的TSP钻头的水力结构与刀翼形PDC钻头的水力结构相似。由于TSP齿的尺寸介于天然金刚石颗粒和PDC复合片之间，加之TSP齿形状的多样化，因此TSP钻头一般使用在较硬的地层中。

（三）产品标准、规范要求

不同类型的钻头依据的标准不同。牙轮钻头主要依据SY/T 5164—2008《三牙轮钻头》，金刚石钻头主要依据SY/T 5217—2000《金刚石钻头及金刚石取心钻头》。

（四）检验项目及主要检验仪器设备

1. 检验项目

不同类型的钻头检验项目也不同。

（1）三牙轮钻头的检验项目有：焊缝外观质量、连接螺纹、喷射式钻头焊缝及流道系统的密封性能、钻头直径、钻头的径向圆跳动、牙轮的高低差、牙轮转动情况，当新产品投入批量生产后的第一批产品时;定型产品在结构、材料及工艺方面有较大改变,可能影响产品性能或密封钻头内部清洁度时;上级质量部门提出要求时;有上述任何一种情况的还应进行以下检验项目:密封钻头内部清洁度、镶齿钻头的掉齿率和断齿率、轴承工作寿命。

(2)金刚石钻头及金刚石取心钻头的检验项目有:钻头基本结构尺寸、连接螺纹、钻头体表面网状裂纹、钻头体与接头间的焊缝、钻头端面对连接螺纹轴心线的垂直度、钻头外圆柱面(以及取心钻头内圆柱面)轴心线与连接螺纹轴心线的同轴度、清水密封试验(仅在钻头的喷嘴全部为可换喷嘴时进行),当新产品投入批量上产前时;产品在结构、材料及工艺方面有较大改变时;上级质量部门提出要求时,有上述任何一种情况还应进行钻头体材料力学性能试验。

2. 主要检验仪器设备

牙轮钻头检验用主要仪器设备见表9-1。金刚石钻头检验用主要仪器设备见表9-2。

表9-1 牙轮钻头检验用主要仪器设备

检验项目	检验用仪器设备	设备量程范围
焊缝外观质量	—	—
牙轮转动情况	—	—
钻头直径	环规(止规、塞规)	—
钻头的径向圆跳动	千分尺	测量范围0~25mm,分辨力0.005mm
	旋转检测台面	—
牙轮的高低差	高度尺	测量范围0~300mm,分辨力0.02mm
	旋转检测台面	—
镶齿钻头的掉齿率和断齿率	模拟钻头钻进实验台	—
轴承工作寿命	模拟钻头钻进实验台	—
连接螺纹	钻杆螺纹工作量规	测量范围NC26~7⅝REG
	游标卡尺	测量范围0~150mm,分辨力0.02mm
	深度千分尺	测量范围0~25mm,分辨力0.005mm
密封钻头内部清洁度	称重仪	测量范围0~500mg,分辨力1mg
喷射式钻头焊缝及流道系统的密封性能	牙轮钻头密封性能试验机	—

表9-2 金刚石钻头检验用主要仪器设备

检验项目	检验用仪器设备	设备量程范围
钻头内、外直径	通、环规(止规、塞规)	—
钻头端面对连接螺纹轴心线的垂直度	—	—
钻头体表面网状裂纹	超声波渗透仪	—
钻头体与接头间的焊缝	超声波渗透仪	—
连接螺纹	钻杆螺纹工作量规	测量范围NC26~7⅝REG
	游标卡尺	测量范围0~150mm,分辨力0.02mm
	深度千分尺	测量范围0~25mm,分辨力0.005mm

续表

检验项目	检验用仪器设备	设备量程范围
钻头外圆柱面(以及取心钻头内圆柱面)轴心线与连接螺纹轴心线的同轴度	—	—
清水密封试验	牙轮钻头密封性能试验机	—
钻头体材料力学性能	材料拉伸试验机	测量范围0~1000kN
	材料冲击试验机	测量范围0~300J

(五)检验方法

1. 三牙轮钻头检验方法

(1)喷射式钻头焊缝及流道系统的密封性能检验:密封住喷嘴孔和钻头连接螺纹端面,使流道成为密闭空间,整体没入水中,通入压力不低于0.6MPa的压缩空气,稳压30s以上,稳压期间应无渗漏(观察有无气泡冒出,判断有无渗漏)。

(2)钻头直径检验:钻头直径的测量位置为三个牙轮规径齿齿顶的外侧。分别转动三个牙轮,使所测量的规径齿处于钻头直径的最大位置,再以环规进行测量。“通规”通过和“止规”不能通过为合格。环规应按图9-4所示尺寸制造。

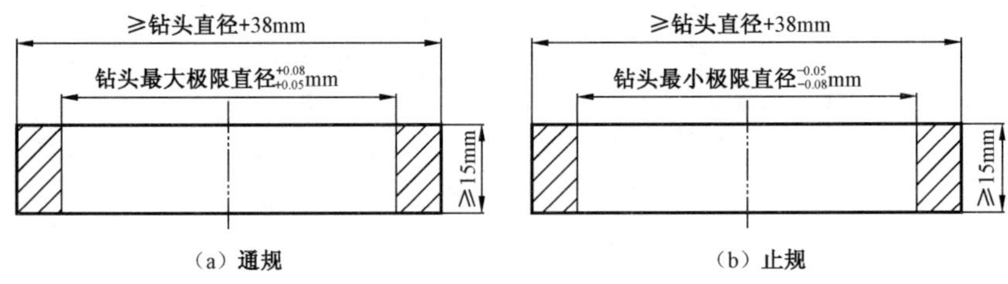

图9-4 三牙轮钻头直径测量环规

(3)钻头的径向圆跳动检验:以连接螺纹轴心线为基准,镶齿钻头测量每个牙轮背锥面最高点的跳动值,钢齿钻头测量每个牙轮底平面与背锥面相交圆的最高点的跳动值。钻头三个牙轮背锥面对连接螺纹轴心线的径向圆跳动公差不应超过表9-3的规定。

表9-3 牙轮背锥面对连接螺纹轴心线的径向圆跳动公差

钻头直径代号	3½~5¾	5⅞~8¼	8⅜~11⅝	11¾~19⅞	≥20
钻头直径,mm	88.9~146.1	149.2~209.6	212.7~295.3	298.4~504.8	≥508.0
径向圆跳动公差,mm	1.0	1.3	1.7	2.2	2.8

(4)牙轮的高低差检验:以连接螺纹台肩面为基准,镶齿钻头测量每个牙轮外排齿最高处,钢齿钻头测量每个牙轮底平面与背锥面相交圆的最高点,最大和最小值的差即为牙轮高低差。钻头三个牙轮的高低差不应超过表9-4的规定。

表 9－4　牙轮高低差

钻头直径代号	3½～5¾	5⅞～8¼	8⅜～11⅝	11¾～19⅞	≥20
钻头直径,mm	88.9～146.1	149.2～209.6	212.7～295.3	298.4～504.8	≥508.0
镶齿钻头,mm	0.8	0.9	1.1	1.3	1.6
钢齿钻头,mm	1.1	1.2	1.4	1.7	2.0

(5)牙轮转动情况检验:用手或专用工具依次转动每个牙轮,检查牙轮轴承转动情况,以及牙轮与其他部位相碰情况。各牙轮转动时不应有蹩卡现象,各牙轮之间不应互碰。

(6)密封钻头内部清洁度检验:在过滤后的工业煤油中,用指形钢丝刷刷洗储油腔、长油孔和通油孔,用毛刷刷洗牙轮内孔、牙爪轴颈。将清洗用过的没有用试验滤纸过滤,滤出的残渣联通滤纸在 75～80℃下烘烤 2.5h,然后称量残渣(去除滤纸)的实际质量,所得即为该钻头的残渣总质量。残渣总质量不应超过表 9－5 的规定。

表 9－5　密封钻头内部残渣总质量

钻头直径代号	3½～5¾	5⅞～8¼	8⅜～11⅝	11¾～19⅞	≥20
钻头直径,mm	88.9～146.1	149.2～209.6	212.7～295.3	298.4～504.8	≥508.0
钻头内部残渣总质量,mg	200	250	300	350	400

(7)镶齿钻头的掉齿率和断齿率、轴承工作寿命检验:

① 试验条件:钻进对象为正火状态的 16Mn 钢块。试验用循环介质为清水。试验所采用的钻压和转速推荐采用表 9－6 中参数。对未按表 9－5 参数试验的钻头,其试验结果应按下式进行折算:

$$折算数据 = 实验数据 \times (实际钻压/规定钻压) \times (实际转速/规定转速)$$

示例:某 517 钻头采用钻压 500N/mm,转速 80r/min 的参数试验轴承寿命,其折算轴承工作寿命 = 试验轴承工作寿命 ×(500/700)×(80/60)。

表 9－6　三牙轮钻头试验的钻压和转速

<table>
<tr><th rowspan="2">钻头分类号</th><th colspan="2">切削齿试验</th><th colspan="2">轴承试验</th></tr>
<tr><th>钻压,N/mm</th><th>转速,r/min</th><th>钻压,N/mm</th><th>转速,r/min</th></tr>
<tr><td>111～117</td><td>—</td><td>—</td><td rowspan="2">620</td><td rowspan="6">60</td></tr>
<tr><td>415～437</td><td>370</td><td>40</td></tr>
<tr><td>121～127</td><td>—</td><td>—</td><td rowspan="2">700</td></tr>
<tr><td>445～527</td><td>525</td><td>50</td></tr>
<tr><td>131～347</td><td>—</td><td>—</td><td rowspan="2">700</td></tr>
<tr><td>535～847</td><td>770</td><td>60</td></tr>
</table>

注:钻压指每毫米钻头直径所施加的力。

② 试验程序:钻头开始试验时钻压从 0 慢慢加至 1/4 规定值,1h 后钻压和转速同时增至 1/2 规定值,当大部分切削齿接触钢块(井底)后,钻压和转速增至 3/4 规定值继续跑合,直至全部切削齿接触井底后方可将钻压和转速加到规定值(表 9－8)进行试验,并开始计时。更换

新井底后应按同样的方法进行跑合，然后继续试验并计时。

③ 结果评定：镶齿钻头评价钻头切削齿和轴承工作寿命，钢齿钻头评价钻头轴承工作寿命。镶齿钻头切削工作寿命以钻头试验 40h 内的掉齿率和断齿率（均不计轮背保径齿）作为评定标准。镶齿钻头掉齿率和断齿率按下式进行计算：

$$掉齿率 = \frac{掉齿数}{切削齿总数} \times 100\%$$

钻头轴承的工作寿命为钻头在试验中出现下列情况之一时的累计工作时间（不含跑合时间）：轮壁出现裂纹；轴承卡死；轴承磨损量（径向或轴向）已达到表 9－7 规定的数值。

表 9－7　轴承磨损量

钻头直径代号	3½～6¾	6⅞～9⅞	10～12¼	≥12⅜
钻头直径，mm	88.9～171.4	174.6～250.8	254.0～311.1	≥314.3
轴承磨损量，mm	1.0	2.0	3.0	4.0

镶齿钻头的掉齿率和断齿率在试验时不应超过表 9－8 的规定。各型牙轮钻头试验时轴承工作寿命不应低于表 9－9 中的规定。

表 9－8　镶齿钻头的掉齿率和断齿率

钻头分类号	掉齿率，%		断齿率，%	
	平均值	最高值	平均值	最高值
415～527	5	7	7	9
535～847			6	8

注：1. 平均值是指样本钻头试验的算术平均值。
2. 最高值是指样本钻头中允许其中最差一只的试验结果。

表 9－9　钻头轴承的工作寿命

结构特征	钻头直径代号									
	3½～5¾		5⅞～8¼		8¾～11⅝		11¾～19⅞		≥50	
	钻头直径，mm									
	88.9～146.1		149.2～209.6		212.7～295.3		298.4～504.8		≥508.0	
	指标，h									
	平均值	平均值	平均值	平均值	平均值	平均值	平均值	平均值	平均值	平均值
普通滚动轴承、滚动轴承保径	11	8	13	10	16	12	19	14	24	18
密封滚动轴承、密封滚动轴承保径	—	—	28	20	30	22	32	24	32	24
密封滑动轴承	—	—	35	25	40	30	40	30	40	30
密封滑动轴承保径	—	—	70	50	80	60	80	60	80	60

注：1. 平均值是指样本钻头试验的算术平均值。
2. 最高值是指样本钻头中允许其中最差一只的试验结果。

2. 金刚石钻头及金刚石取心钻头检验方法

钻头内、外径检验时，量规和钻头之间的温差不得超过11℃。

(1)钻头外径检验：全面钻进钻头和取心钻头的外径采用环规检验，所用的通环规和止环规的尺寸应符合图9-5中(a)和(b)的规定。图9-5中未注明倒角尺寸，但应保证环规工作表面(内圆柱面)的有效高度不小于25.4mm。用钻头外径环规检验钻头外径，通环规应能通过，止环规不能通过。

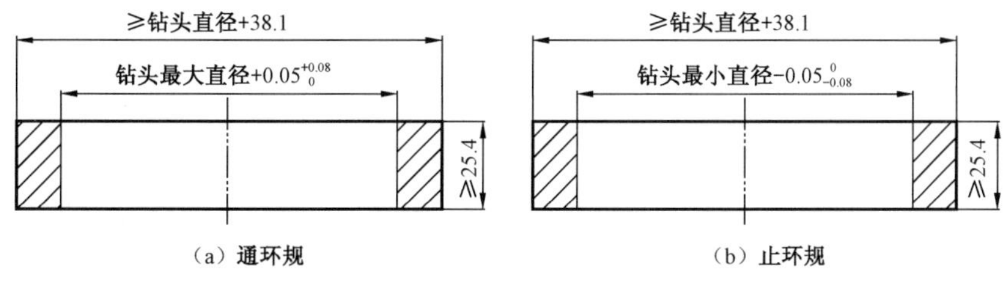

图9-5 钻头外径测量环规

(2)取心钻头内径塞规：取心钻头内径采用内径塞规检验，所用的通塞规和止塞规的尺寸应符合图9-6中(a)和(b)的规定。图9-6中未注明倒角尺寸，但应保证塞规工作表面(外圆柱面)的有效长度不小于25.4mm。用取心钻头内径塞规检验取心钻头内径，通塞规应能通，止塞规不能通过。

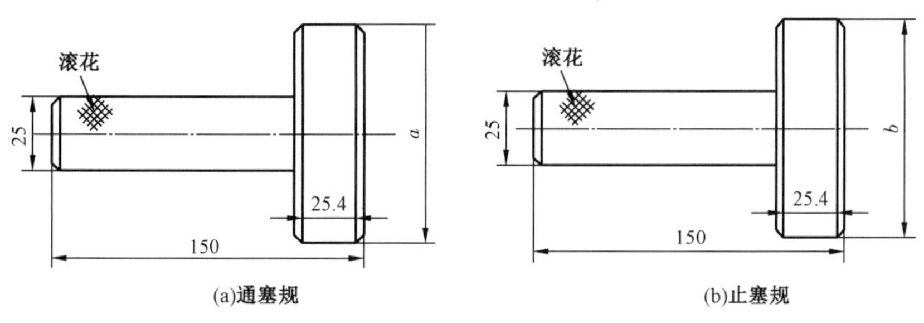

图9-6 取心钻头内径测量塞规

注：a—钻头最小极限内径 $-0.05^{\ 0}_{-0.08}$ mm；b—钻头最大极限内径 $+0.05^{+0.08}_{\ 0}$ mm

(3)钻头体表面网状裂纹、钻头体与接头间的焊缝检验：首先将钻头除漆，然后置于超声波渗透仪中，荧光渗透液必须能淹没焊缝位置，浸泡时间≥30min，然后取出冲洗干净待干，置于黑暗处用紫光灯照射进行观察。烧结后钻头胎体表面不允许有影响切削齿包镶的网状裂纹、疏松等缺陷。钻头体与接头之间的焊缝不得有裂纹、夹渣、气孔等缺陷。

(4)钻头端面对连接螺纹轴心线的垂直度、钻头外圆柱面(以及取心钻头内圆柱面)轴心线与连接螺纹轴心线的同轴度检验：钻头工作端面对连接螺纹轴心线的垂直度及钻头外圆柱面对连接螺纹轴心线的同轴度不得低于GB/T 1184—1996《形状和位置公差 未注公差值》中10级精度的规定。金刚石取心钻头的内、外圆柱面的轴心线对连接螺纹轴心线的同轴度不得低于GB/T 1184—1996中S级精度的规定。

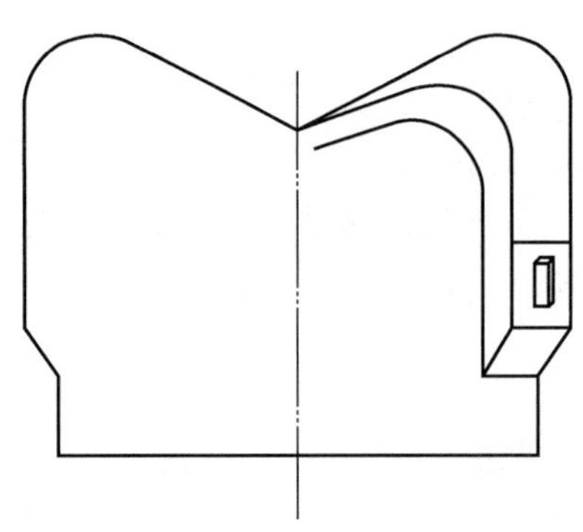

图 9－7　试验取样示意图

(5)清水密封试验(仅在钻头的喷嘴全部为可换喷嘴时进行):对可换喷嘴的钻头,装上喷嘴堵头,连接试压接头,并上紧螺纹,清水试压不低于 5MPa,稳压 5min,不得有渗漏现象。

(6)钻头体材料力学性能试验:钻头钢体与接头材料力学性能试验按 GB/T 229《金属材料夏比摆锤冲击试验方法》规定的方法进行;钻头体材料力学性能试验按 GB/T 3851《硬质合金　横向断裂强度测定方法》规定的方法进行。钻头体材料力学性能试验取样在钻头规径部位进行(图 9－7),但应避开表面的金刚石或其他切削材料。抗弯试验试样尺寸为 40mm × 5mm × 5mm(同一规径部位取 3 个试样)。冲击试验试块尺寸为 40mm × 5mm × 5mm(同一规径部位取 3 个试样)。钻头钢体与接头材料应符合 GB/T 3077《合金结构钢》的规定,抗拉强度应大于 736MPa。

二、钻具稳定器

(一)概述

1. 用途及分类

钻具稳定器俗称扶正器,在钻柱中适合的位置安放一定数量的稳定器组成钻柱的下部钻具组合,能够在钻直井时防止井斜,钻定向井时控制井眼轨迹。使用稳定器能够起到提高钻头工作稳定性的作用,从而使钻头的使用寿命延长,这对金刚石钻头尤为重要。按结构型式分为可换套稳定器、整体螺旋稳定器、整体直棱稳定器和三滚轮稳定器四类。

2. 型号表示方法:

钻具稳定器表示方法如下:

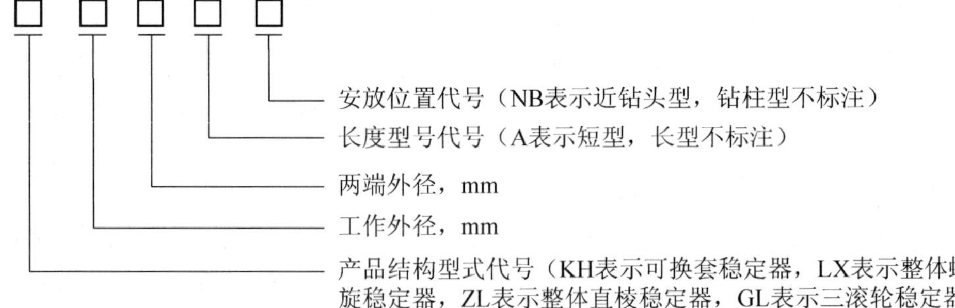

示例:LX311－203ANB,表示工作外径为 311mm,两端外径为 203mm 的短型近钻头整体螺旋稳定器。

（二）结构形式与基本参数

（1）可换套稳定器结构如图9－8所示。可换套稳定器的优点是稳定套可更换，当耐磨层或者稳定套因磨损过大时，可以更换稳定套，降低成本。

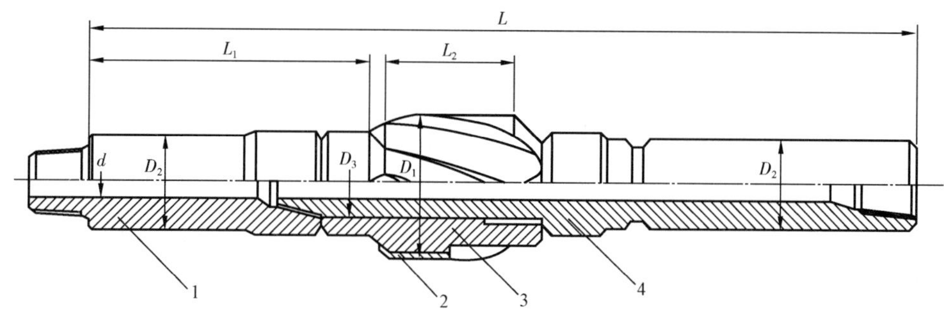

图9－8　可换套稳定器结构示意图

1—接头；2—耐磨层；3—稳定套；4—中心管

（2）整体螺旋稳定器结构如图9－9所示。

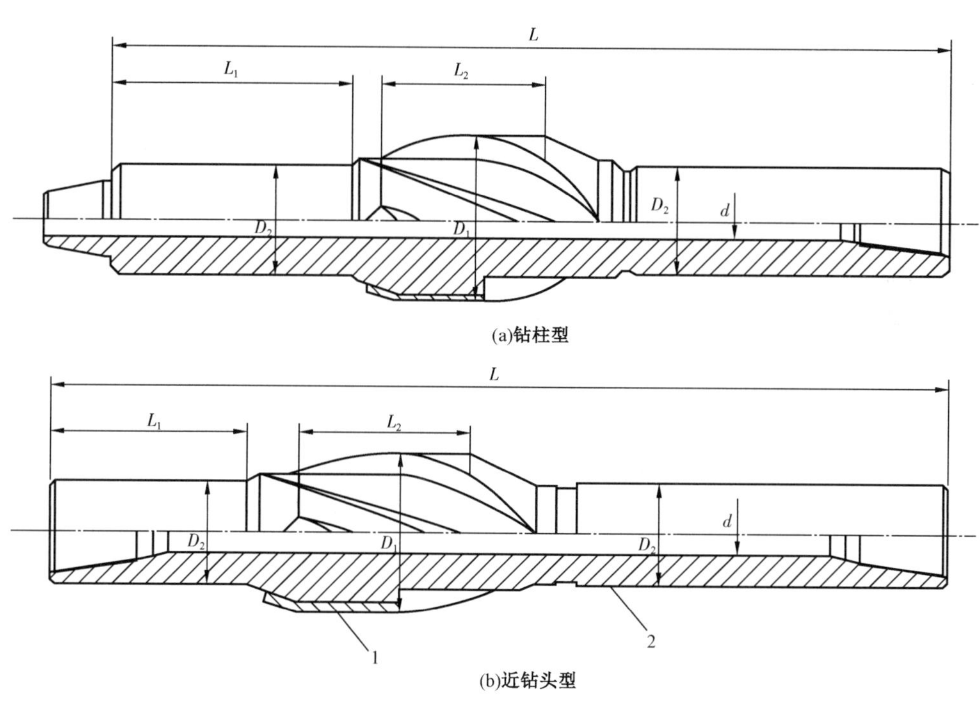

图9－9　整体螺旋稳定器结构示意图

1—耐磨层；2—本体

（3）整体直棱稳定器：稳定器直棱制成4条，对于直径较大的稳定器，直棱也可增加。稳定器结构如图9－10所示。

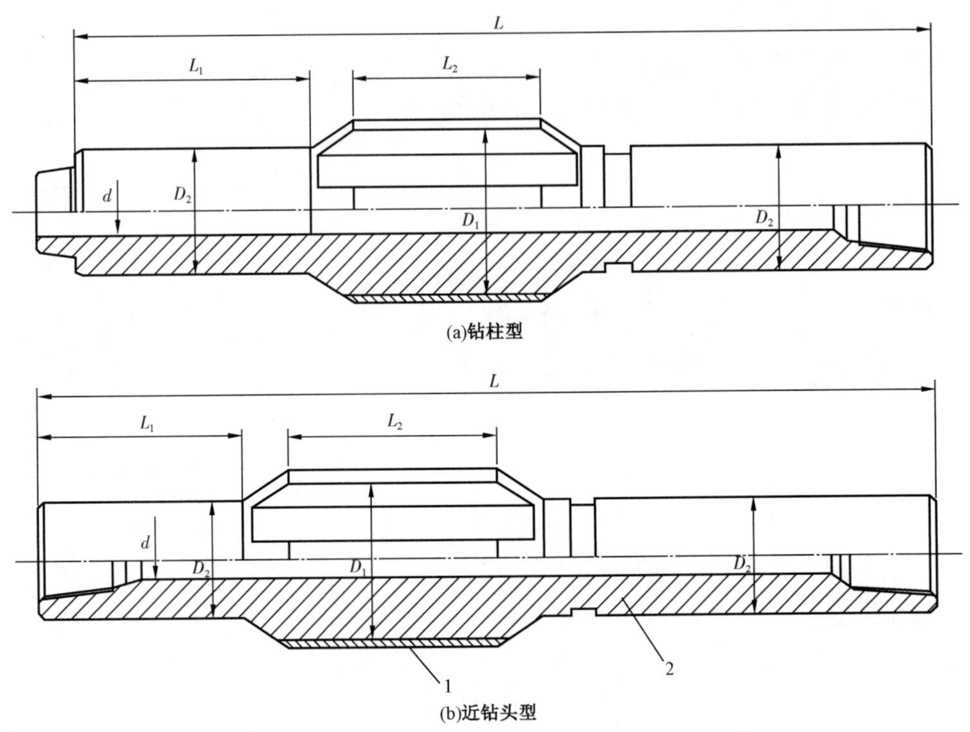

图 9-10　整体直棱稳定器结构示意图

1—耐磨层;2—本体

(4)三滚轮稳定器:稳定器的滚轮分为镶齿型、铣齿型和敷焊型,其轴线与本体轴线平行。稳定器结构如图 9-11 所示。

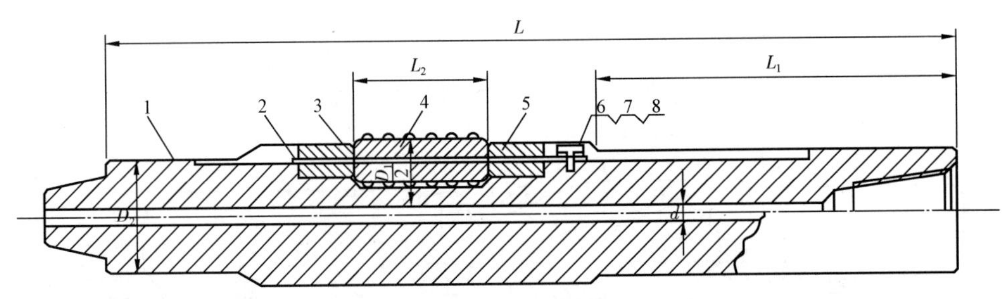

图 9-11　三滚轮稳定器结构示意图

1—本体;2—轴;3—下轴座;4—滚轮;5—上轴座;6—螺栓;7—垫圈;8—定位块

(三)产品标准、规范要求

钻具稳定器主要依据 SY/T 5051—2009《钻具稳定器》。

(四)主要检验项目及仪器设备

主要检验项目及仪器设备见表 9-10。

表9-10　主要检验项目及仪器设备

检验项目	检验用仪器设备	设备量程范围
外观	—	—
结构尺寸	游标卡尺	测量范围0~500mm;分辨力0.02mm
	钢卷尺	测量范围0~5m;分辨力0.5mm
接头螺纹	螺纹量规	
	游标卡尺	测量范围0~150mm,分辨力0.02mm
	深度千分尺	测量范围0~25mm,分辨力0.005mm
无损检测	磁粉探伤仪	灵敏度15/100
	超声波探伤仪	分辨力26dB
镶嵌或敷焊耐磨材料的分布均匀度、牢固程度及硬度	硬度计	测量范围170~960HLD,精度±5HLD,±1HRC,±4HB

(五)检验方法

1. 无损检测

稳定器表面进行磁粉探伤,首先用除漆剂除去稳定器表面保护漆,然后喷上反差剂,用磁轭或者线圈进行全表面磁粉检测。稳定器材料内部进行超声波探伤,稳定器表面与探头之间涂抹上耦合剂(机油等),用超声波探头全扫查整个稳定器内部。

2. 镶嵌或敷焊耐磨材料硬度检验

镶嵌或敷焊耐磨材料表面打磨平整,用硬度检测仪进行不小于2mm间隔的随机点检测,取3~8点的平均值,平均硬度值≥85HRA。

三、随钻震击器

(一)概述

1. 用途及分类

在钻井作业中,由于地质构造复杂(如井壁坍塌、裸眼中地层的塑性流动和挤压)、技术措施不当(如停泵时间过长、钻头泥包等),常常发生钻具遇阻卡钻,震击器是解除卡钻事故的有效工具之一。当需要震击器上击作业时,在地面施加足够的预拉力,工具内锁紧机构解锁,释放钻柱储能,震击器冲锤撞击砧座,储存在钻柱内的拉伸应变能迅速转变成动能,并以应力波的形式传递到卡点,使卡点处产生一个远远超过预拉力的张力,使受卡钻柱向上滑移。经过多次震击,受卡钻柱脱离卡点区域。震击器下击作业与此类似,不再赘述。震击器按工作状况可分为随钻震击器和打捞震击器,按震击原理可分为液压震击器、机械震击器、自由落体震击器,按震击方向可分为上击器、下击器和双向震击器。

2. 型号表示方法

震击器的命名应体现出其工作状况、工作原理、作用方向、产品特征和用途等特性。震击器的型号表示如下：

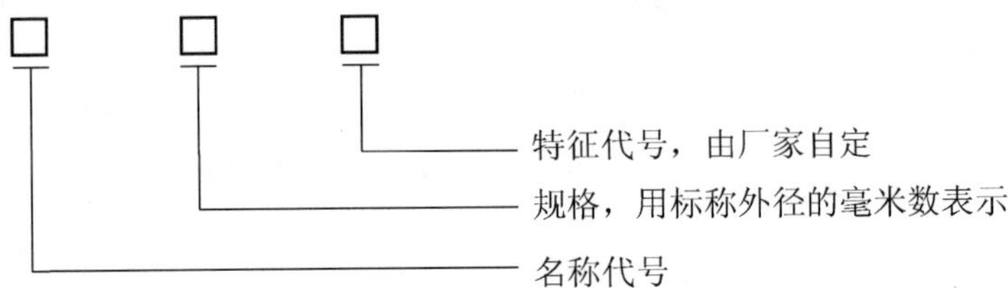

名称代号由代表工作状况、作用原理、作用方向和用途的汉语拼音第一个大写字母组成，字母数量一般不超过三个，名称代号见表9－11。

表9－11　随钻震击器名称代号示例

产品名称	名称代号	意义
随钻上击器	SS	第一个S代表随钻，S代表上击
随钻下击器	SX	S代表随钻，X代表下击
整体式随钻震击器	ZS	Z代表整体，S代表随钻
全机械式随钻震击器	QJ	Q代表全，J代表机械
全液压式随钻震击器	QY	Q代表全，Y代表液压
液压机械式随钻震击器	YJ	Y代表液压，J代表机械
注：适用于空气钻井条件下使用的震击器，在名称代号前加K。		

（二）结构形式

（1）随钻上击器主要由芯轴、刮子、刮子体、花键体、延长芯轴、密封装置、压力体、旁通体、耐磨液压油、密封体、浮子、冲管、冲管体等组成，如图9－12所示。

（2）随钻下击器主要由上接头、刮子、连接体、密封装置、调节环、卡瓦芯轴、卡瓦、滑套、套筒、芯轴接头、花键体、芯轴体、芯轴等组成，如图9－13所示。

（三）产品标准、规范要求

随钻震击器主要依据标准是SY/T 5496—2010《震击器及加速器》。

（四）主要检验项目及仪器设备

震击器主要检验项目及仪器设备见表9－12。

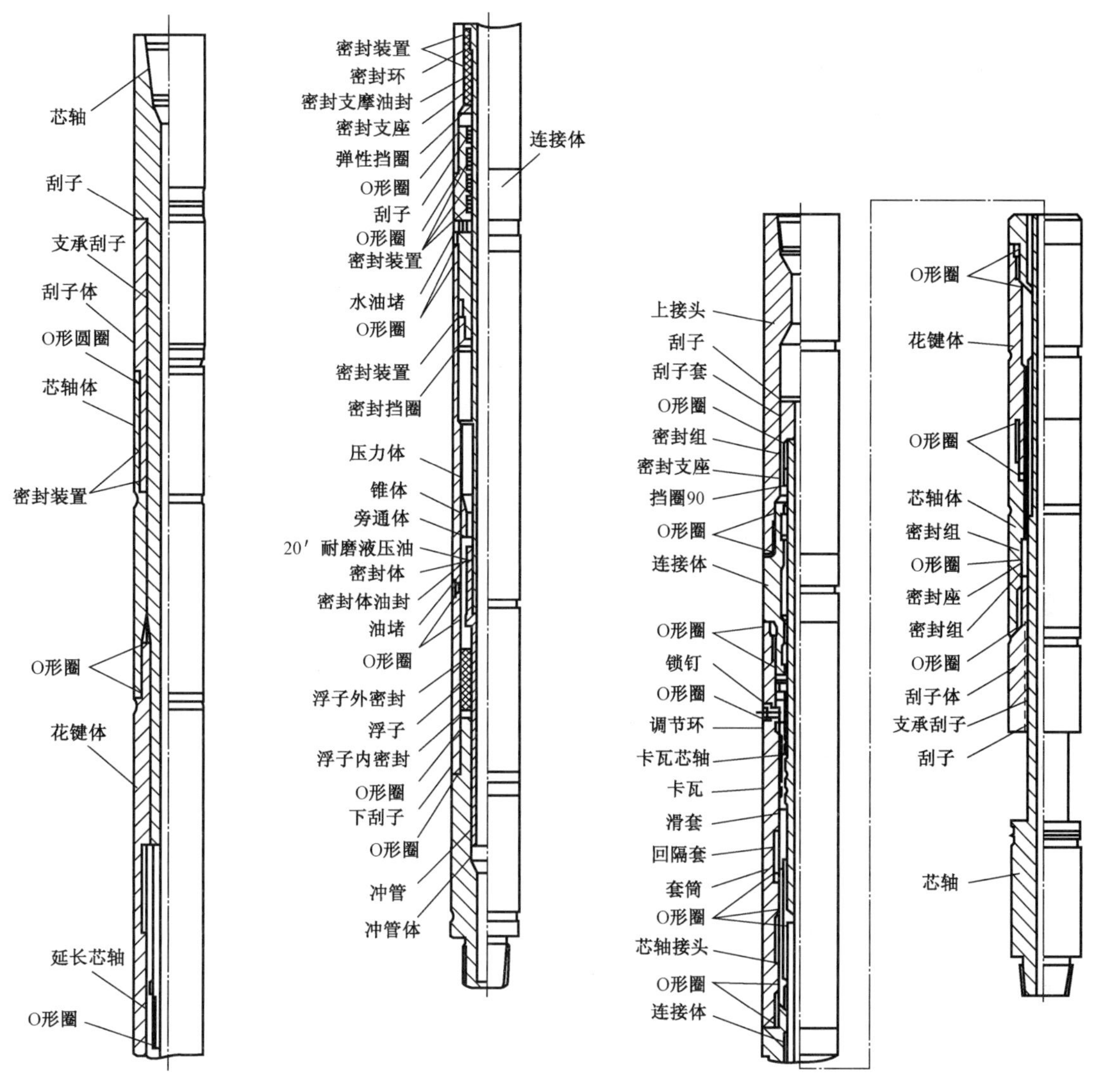

图9-12 随钻上击器结构示意图

图9-13 随钻下击器结构示意图

表9-12 主要震击器检验项目及仪器设备

检验项目	检验用仪器设备	设备量程范围
水眼密封性能	试压泵	测量范围0~80MPa
	压力表	测量范围0~60MPa,精度±0.5%
许用释放力	拉压测试架	测量范围0~500t
运动平稳性		
许用工作拉力	拉压力值传感器	测量范围0~5000kN,精度±0.5%
屈服拉力		
有效工作周期检验		

续表

检验项目	检验用仪器设备	设备量程范围
许用工作扭矩	扭矩测试架	测量范围 0 ~ 150kN · m
屈服扭矩		
液压油清洁度	—	—
材料力学性能	材料拉伸试验机	测量范围 0 ~ 1000kN
	材料冲击试验机	测量范围 0 ~ 300J
无损探伤	磁粉探伤仪	灵敏度 15/100
	超声波探伤仪	分辨力 26dB
连接螺纹	钻杆螺纹工作量规	—
	游标卡尺	测量范围 0 ~ 150mm,分辨力 0.02mm
	深度千分尺	测量范围 0 ~ 25mm,分辨力 0.005mm

(五)检验方法

1. 水眼密封性能试验

将震击器两端连上试压接头,置于安全试压间内,向震击器水眼内泵入试压液,当压力到达 SY/T 5496—2010《震击器及加速器》对压力的要求时,保压至少 5min,压降不应超过 0.5MPa。试验示意图如图 9 – 14 所示。

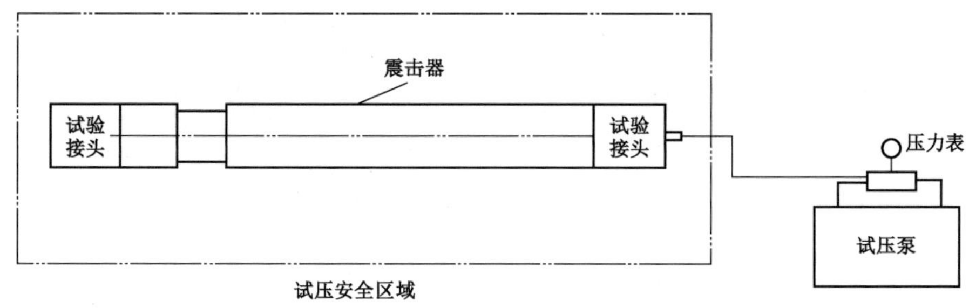

图 9 – 14 水眼密封性能试验示意图

2. 运动平稳性试验

将震击器的两端接上拉压接头,置于拉压测试架上。加载使震击器解锁后,震击器应能以不大于产品许用释放力 15% 的力(标称外径 121mm 以下规格按 40kN 试验),使心轴在全行程内均匀、平稳、无急跳、无卡滞地往复运动。重复试验三次,记录每次实验数值。

3. 许用释放力试验

1)液压式震击器许用释放力试验

空载时,将拉压测试架拉杆的速度调至 500 ~ 650mm/min,锁定排量,然后把力值调至产品许用释放力的 1.1 倍。将震击器两端接上拉压接头,置于拉压测试架上。沿震击方向拉或压心轴,直至解锁震击。重复测试 3 次,且每次试验时在许用释放力下解锁,震击的延时时间应大于 30s。

2)机械式震击器许用释放力试验

对于不可调式震击器,同液压式震击器试验步骤,直接测试许用释放力。对于可调式机械震击器,在产品许用释放力的20% ~100%范围内,由低到高分级调节释放力,并逐级测试,每次调节量相同,直至达到SY/T 5496—2010《震击器及加速器》规定的许用释放力为止。根据产品许用释放力的20% ~80%之间的各级释放力 $F_1,F_2,F_3,\cdots,F_n$,计算出相邻两极之间的增量 $\Delta F_1,\Delta F_2,\Delta F_3,\cdots,\Delta F_{n-1}$,然后算出各级增量的均值 ΔF,最后根据下式计算各级释放力增量与增量均值之间的偏差 δ。且在分级调节相同量时,释放力应随调节量成线性增加,释放力的增量与其增量均值的偏差不应大于40%。试验原理示意图如图9-15所示。

$$\Delta F_n = \Delta F_{n+1} - F_n$$

$$\Delta F = (\sum \Delta F_n)/n$$

$$\delta = \frac{|\Delta F_n - F_n|}{\Delta F} \times 100\%$$

式中　δ——各级释放力增量与增量均值之间的偏差;

ΔF_n——第 n 级释放力的增量;

ΔF——各级释放力增量的平均值。

4. 许用工作拉力试验

将震击器两端接好拉压接头置于拉压测试架上,拉开其全行程,缓慢施加轴向拉力,直至达到SY/T 5496—2010《震击器及加速器》中规定的许用工作拉力,保持1min。卸载后检查,震击器各零件应无损伤和变形,各相对移动部位应无卡滞,功能应正常。检验原理示意图如图9-15所示。

5. 屈服拉力试验

将震击器两端接好拉压接头置于拉压测试架上,拉开其全行程,缓慢施加轴向拉力,直至达到SY/T 5496—2010《震击器及加速器》中规定屈服工作拉力的80%,保持1min。卸载后检查,震击器各零件应无损伤和变形。检验原理示意图如图9-15所示。

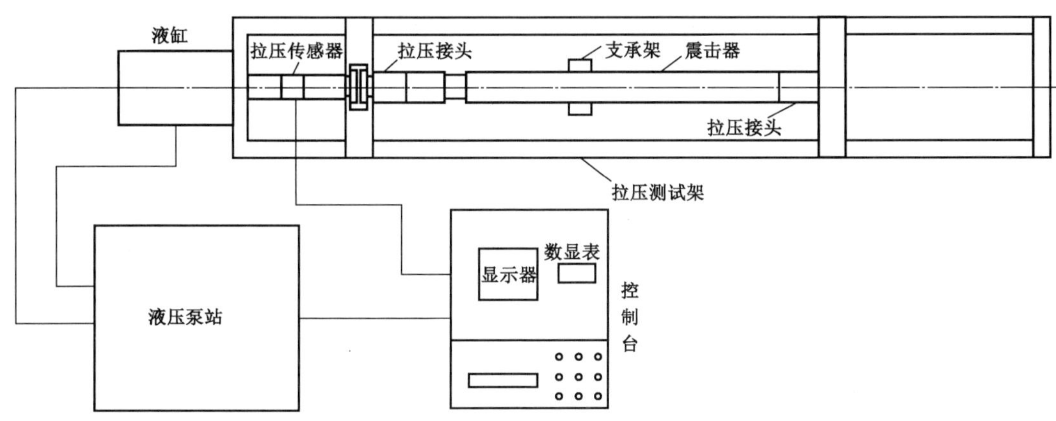

图9-15　震击器拉压试验示意图

6. 许用工作扭矩试验

将震击器置于扭矩测试架上，向心轴承扭部件和筒体承扭部件缓慢施加扭矩，直至达到 SY/T 5496—2010《震击器及加速器》中规定的许用工作扭矩，保持 1min。震击器各零件应无损伤和变形，各相对移动部位应无卡滞，功能应正常。检验原理示意图如图 9－16 所示。

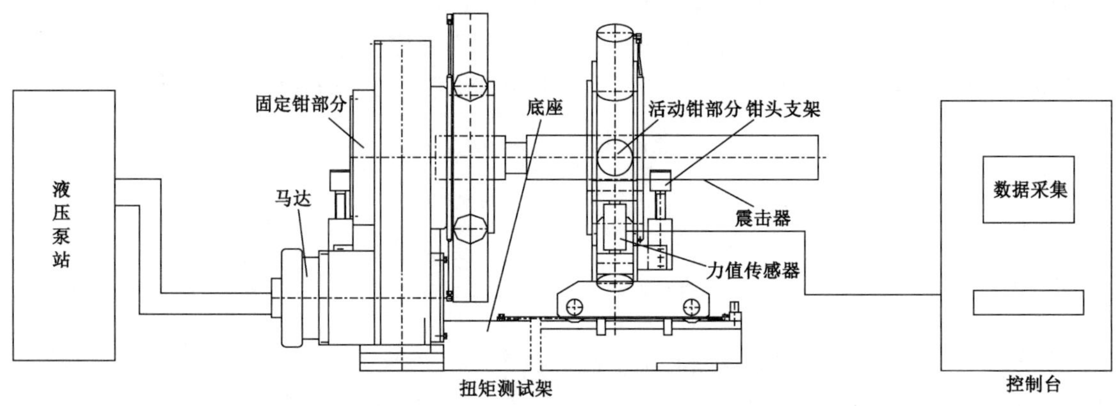

图 9－16　震击器扭矩试验示意图

7. 屈服扭矩试验

将震击器置于扭矩测试架上，向心轴承扭部件和筒体承扭部件缓慢施加扭矩，直至达到 SY/T 5496—2010《震击器及加速器》规定屈服工作扭矩的 80%，保持 1min。震击器各零件应无损伤和变形。检验原理示意图如图 9－16 所示。

8. 液压震击器液压油清洁度检验

液压震击器液压油清洁度检验应在整机性能试验完成后进行。检查对象为液压腔内全部液压油。对液压油内的杂质进行称重，杂质质量称重应在杂质干燥后进行。杂质尺寸大于 0.08mm 的微粒含量应小于 10mg/100mL。

9. 震击器有效工作周期试验

有效工作周期可通过井下实际应用进行试验，也可以在地面拉压测试架上试验。震击器有效工作周期应不低于 200 次或 500h。地面试验原理示意图如图 9－15 所示。

第二节　固井工具

固井工具由常规固井工具和特殊固井工具组成。常规固井工具包括引鞋、浮箍浮鞋、套管自动灌浆阀、磁性定位短节、胶塞、水泥伞、刮泥器、套管扶正器、限位卡、水泥头、循环接头、套管通径规、联顶节、水泥浆磁化器等。特殊固井工具包括内管法注水泥器、分级注水泥器、套管外封隔器、尾管悬挂器与尾管回接装置、套管地锚、套管封隔鞋、旋转水泥头短节、地层封隔注水泥器等。这里主要介绍其中的几种工具。

一、尾管悬挂器

(一)概述

1. 用途及分类

将尾管悬挂在上一层套管柱底部并进行注水泥作业的特殊装置。通过尾管悬挂器实现尾管固井,可降低注替施工的流动阻力,有利于安全施工。节约套管,降低固井成本。避免上部技术套管的磨损。通过尾管回接继续发挥技术套管的作用。减少深井一次下井的套管的重量,减轻了下套管时钻机负荷。尾管悬挂器按作用方式可分为液压式尾管悬挂器、机械式尾管悬挂器、液压—机械双作用式尾管悬挂器。机械式尾管悬挂器又分 J 型槽式、楔块式、轨道式和微台阶式四种。

2. 型号表示方法

尾管悬挂器的型号表示方法如下:

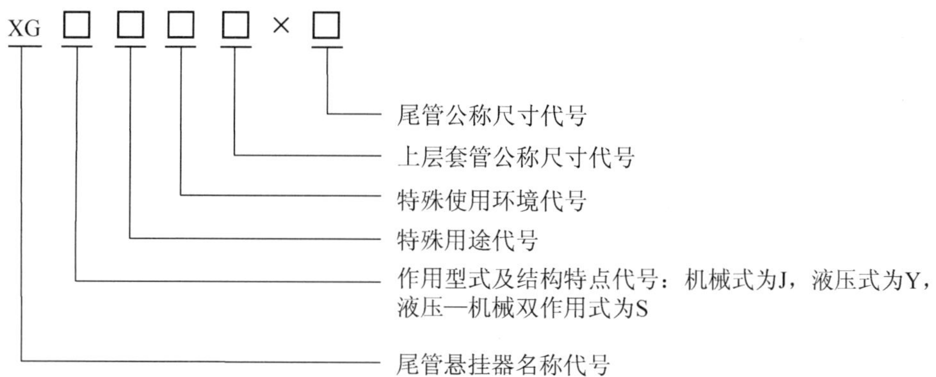

注:尾管公称尺寸代号和上层套管公称尺寸代号应为公称尺寸的毫米数,如公称尺寸为 178mm 的尾管代号为 178。封隔式尾管悬挂器应在特殊用途代号处标注 F;如无特殊用途,该项省略。对于用于 CO_2 和 H_2S 环境的尾管悬挂器,均应在特殊使用环境代号处注明。如用于 CO_2 环境的代号为 C;用于 H_2S 环境的代号为 S;常规使用环境该项省略。

示例 1:XGJ178 × 127 表示上层套管公称尺寸为 178mm、尾管公称尺寸为 127mm 的机械式尾管悬挂器。

示例 2:XGYFS245 × 178 表示上层套管公称尺寸 245mm、尾管公称尺寸为 178mm 的防 H_2S 型封隔式液压尾管悬挂器。

示例 3:XGYF340 × 245 表示上层套管公称尺寸 340mm、尾管公称尺寸 245mm 的封隔式液压尾管悬挂器。

示例 4:XGYC245 × 178 表示上层套管公称尺寸 245mm、尾管公称尺寸 178mm 的防 CO_2 型液压尾管悬挂器。

(二)基本结构

1. 双液缸液压式尾管悬挂器

双液缸液压式尾管悬挂器由悬挂器本体总成、送入工具、球座三大部分组成,结构如图9-17所示。

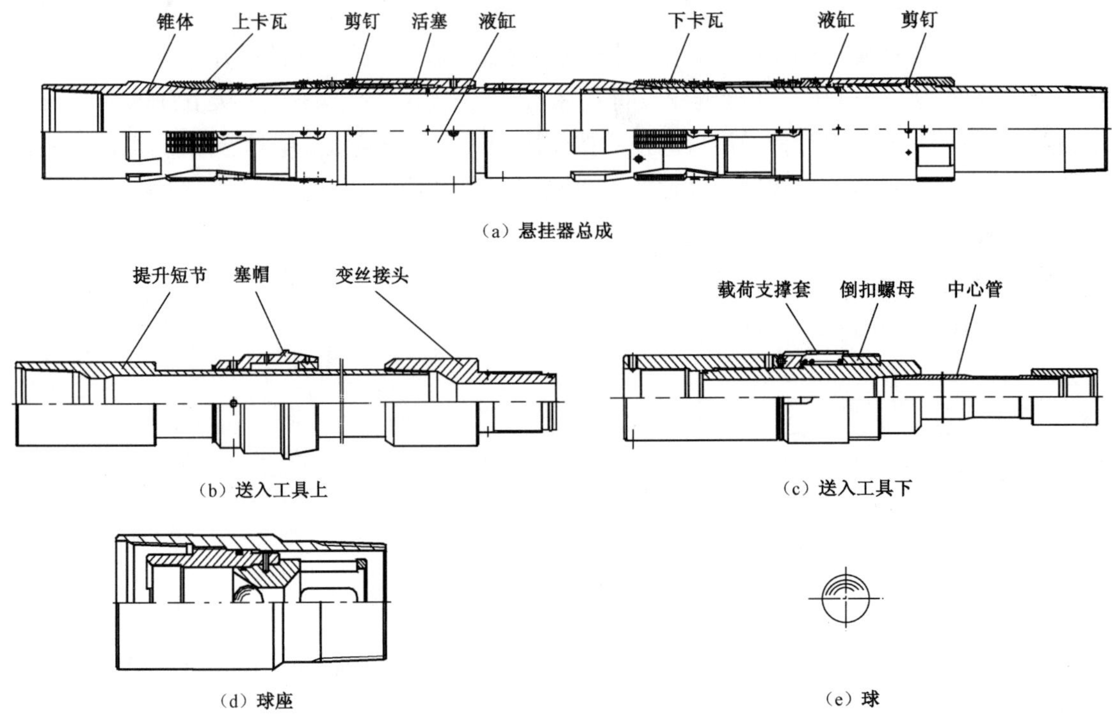

(a)悬挂器总成

(b)送入工具上

(c)送入工具下

(d)球座

(e)球

图9-17 双液缸液压式尾管悬挂器示意图

2. 机械—液压双作用式尾管悬挂器结构

机械—液压双作用式尾管悬挂器结构如图9-18所示。

3. J型槽式尾管悬挂器结构

J型槽式尾管悬挂器结构如图9-19所示。

4. 锲块式尾管悬挂器结构

锲块式尾管悬挂器结构如图9-20所示。

5. 微台阶式尾管悬挂器结构

微台阶式尾管悬挂器结构如图9-21所示。

6. 轨道式尾管悬挂器结构

轨道式尾管悬挂器结构如图9-22所示。

(三)产品标准、规范要求

尾管悬挂器主要依据标准SY/T 5083—2005《尾管悬挂器及尾管回接装置》。

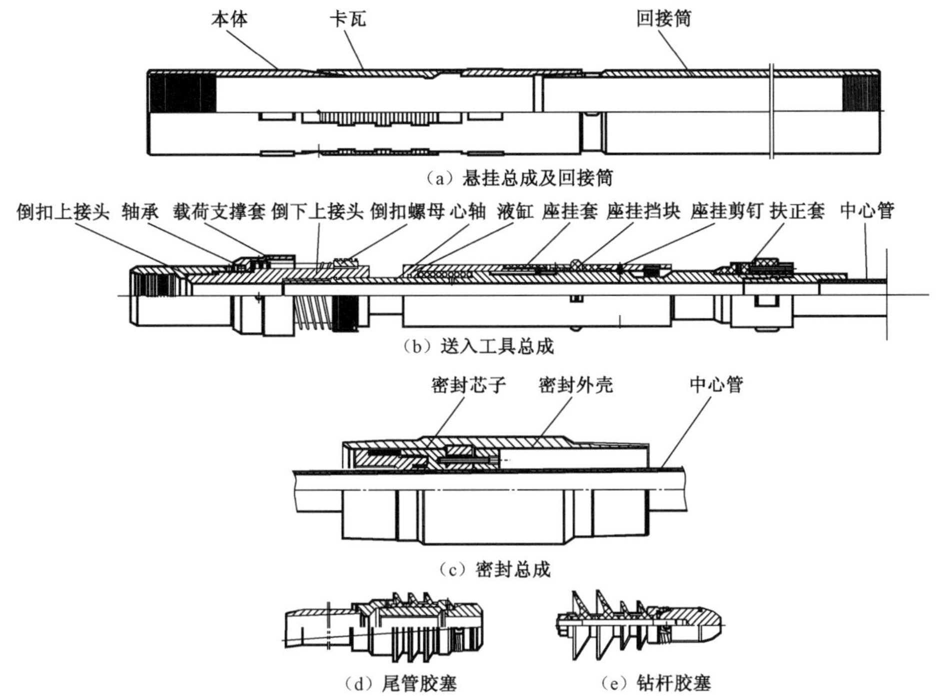

图9－18　机械—液压双作用式尾管悬挂器结构示意图

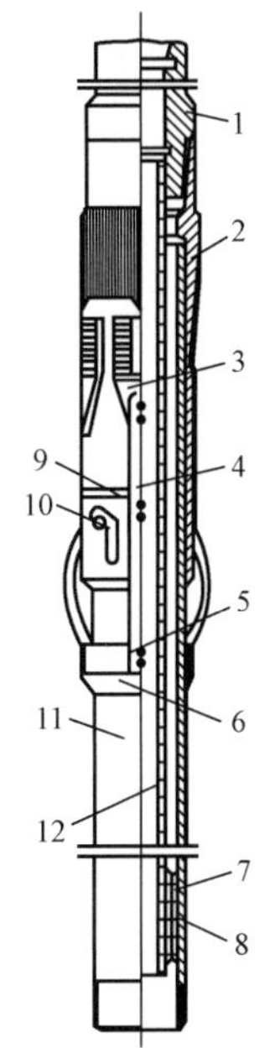

图9－19　J型槽式尾管悬挂器结构示意图

1—反螺纹接头；2—锥体；3—卡瓦；4—弹簧卡；5—沉头螺钉；6—滑套；7—挡圈；8—活塞；9—导向套；10—导向销；11—套管；12—中心管

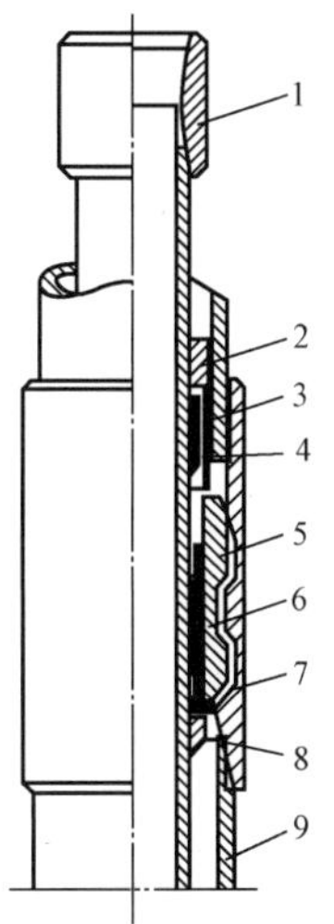

图9－20　锲块式尾管悬挂器示意图

1—接箍；2—支持套筒；3—销钉；4—外压套筒；5—锲块；6—弹簧片；7—特殊接箍；8—支撑环；9—上层套管

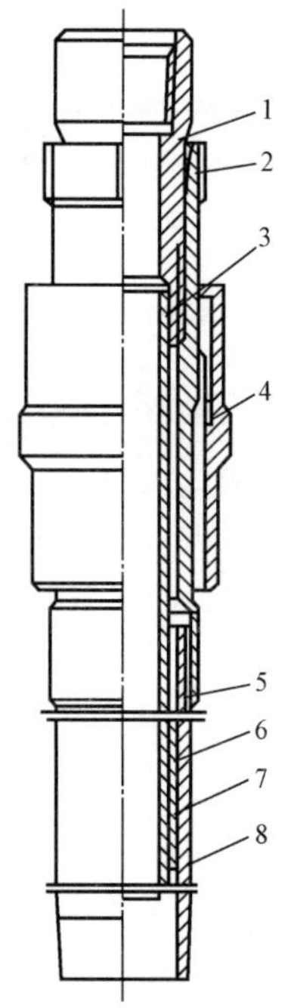

图 9－21　微台阶式尾管悬挂器结构示意图

1—反螺纹接头；2—尾管挂；3—中心管；
4—尾管座；5—主体管；6—封隔器；
7—密封圈；8—锁紧螺母

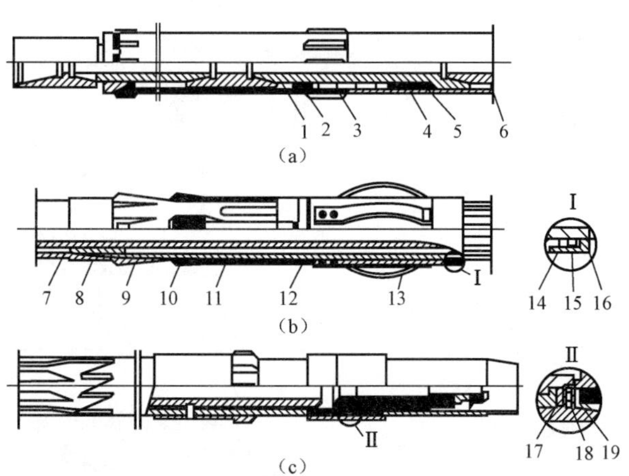

图 9－22　轨道式尾管悬挂器示意图

1—调节环；2—轴承；3—弹簧；4—反螺纹；5—花键轴；
6—中心管；7—反螺纹接头；8—密封套；9—锥管；10—卡瓦；
11—推杆；12—卡箍；13—滑套；14—转换帽；15—导向销钉；
16—转环；17—剪销座；18—剪销；19—空心胶塞

(四)主要检验项目及仪器设备

尾管悬挂器主要检验项目及仪器设备见表 9－13。

表 9－13　尾管悬挂器主要检验项目及仪器设备

检验项目	检验用仪器设备	设备量程范围
整机密封性能试验	试压泵	测量范围 0～80MPa
尾管悬挂器复合胶塞防回压试验	压力表	测量范围 0～60MPa，精度 ±0.5%
剪钉的剪切试验	拉压测试架	测量范围 0～500t
坐挂动作试验	拉压力值传感器	测量范围 0～5000kN，精度 ±0.5%
尾管悬挂器负荷能力试验		
倒扣装置的上扣卸扣试验	1m 链钳	—
硬度检验	硬度计	测量范围 170～960HLD，精度 ±5HLD，±1HRC，±4HB
受力零件力学性能试验	材料拉伸试验机	测量范围 0～1000kN
	材料冲击试验机	测量范围 0～300J
主要受力零件无损探伤	磁粉探伤仪	灵敏度 15/100
	超声波探伤仪	分辨力 26dB

续表

检验项目	检验用仪器设备	设备量程范围
连接螺纹	螺纹工作量规	—
	游标卡尺	测量范围0~150mm,分辨力0.02mm
	深度千分尺	测量范围0~25mm,分辨力0.005mm

(五)检验方法

1. 剪钉的剪切试验

剪钉的剪切试验可在材料试验机上单独试验,也可直接在尾管悬挂器整机上试验。各剪钉的剪切压力应符合SY/T 5083—2005《尾管悬挂器及尾管回接装置》中表1的规定。

2. 整机密封性能试验

尾管悬挂器上下接上试压接头,向悬挂器一端泵入防腐试验介质,试压至25MPa,稳压15min,尾管悬挂器各部位应无渗漏。试验原理同震击器相似。

3. 倒扣装置的上扣、卸扣试验

进行倒扣装置的上扣、卸扣阻力试验,应在内外螺纹表面涂抹符合要求的螺纹脂,正常状态下上扣、卸扣扭矩不大于300N·m,不得有黏扣现象。

4. 坐挂动作试验

对于不同类型的尾管悬挂器,其试验方式有所不同:

(1)对于液压式尾管悬挂器,应将尾管悬挂器剪钉卸掉,上下连上试验接头,向尾管悬挂器内泵入试验液体,进行液缸启动试验,液缸启动压力应小于2MPa。

(2)对于机械式尾管悬挂器,其换向部分应活动自如。

(3)对于液压—机械双作用式尾管悬挂器,液压部分坐挂试验和机械部分坐挂试验按SY/T 5083的要求进行。

5. 尾管悬挂器负荷能力试验

将尾管悬挂器组装后放入上层套管中,进行坐挂后放入拉压测试架内,进行拉力试验,试验拉力为额定负荷的1.8倍,试验中尾管悬挂器及卡瓦应不发生打滑和损坏。试验原理图如图9-23所示。

6. 无损探伤

无损探伤应是产品主要受力零件在粗车和调质后进行。缺陷等级判断按NB/T 47013《承压设备无损检测》中的Ⅱ级要求执行。

7. 尾管悬挂器复合胶塞防回压试验

首先从正向将复合胶塞投入悬挂器,其次从正向打压,使钻杆胶塞与尾管胶塞完全复合。复合完成后从反向打压,进行复合胶塞防回压试验,试验压力为SY/T 5083—2005的表1中复合胶塞承受回压能力的1.5倍,稳压15min,应无渗漏。

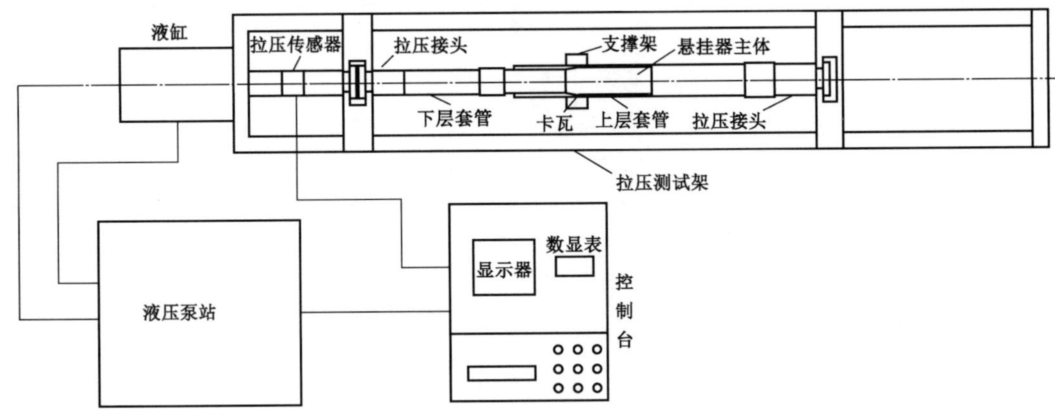

图 9 – 23　尾管悬挂器负荷能力试验原理示意图

二、浮箍浮鞋

(一)概述

1. 用途及分类

在下套管过程中保持环空钻井液流动,有利于套管顺利下入;防止注水泥结束后水泥浆倒流以及实现固井碰压后放压候凝,提高水泥环与套管的胶结质量;下套管过程可掏空一定量的钻井液,在浮力作用下的套管柱可减轻井架负荷。浮箍、浮鞋按下井时钻井液进入方式分为自灌型和非自灌型;按其回压装置的工作方式分为浮球式、弹簧式、插入式和舌板式;按其填充方式可分为水泥浇注和非水泥浇注。

2. 型号表示方法

浮箍浮鞋的型号表示方法如下:

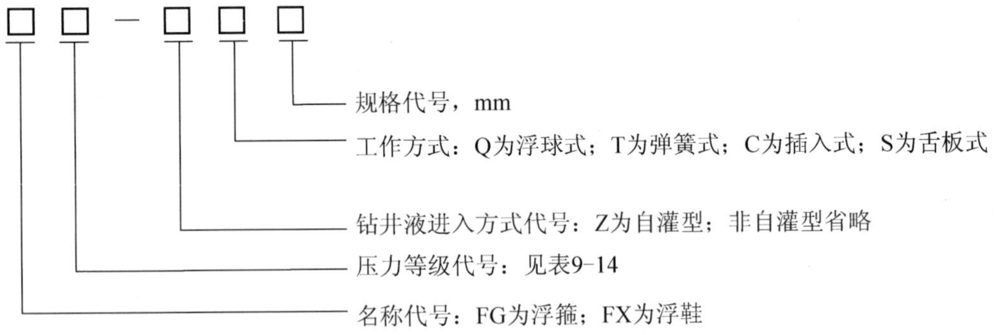

示例:外径 139.7mm(5½in)套管用Ⅰ型弹簧自灌型浮鞋标记为 FXⅠ—ZT140。

浮箍浮鞋试验压力见表 9 – 14。

表 9－14　浮箍浮鞋试验压力

规格代号，mm（in）	≤340（13⅜）			>340（13⅜）	
压力等级代号	Ⅰ	Ⅱ	Ⅲ	Ⅰ	Ⅱ
正向承压，MPa	15	20	25	14	21
反向承压，MPa	20	25	30	14	21

（二）结构形式与基本参数

（1）浮球式浮箍、浮鞋结构如图 9－24 所示。

（2）弹簧式浮箍、浮鞋结构如图 9－25 所示。

（3）插入式浮箍、浮鞋结构如图 9－26 所示，插入头结构如图 9－27 所示。

（4）舌板式浮箍、浮鞋结构如图 9－28 所示。

（三）产品标准、规范要求

套管用浮箍、浮鞋主要依据标准 SY/T 5618—2009《套管用浮箍、浮鞋》。

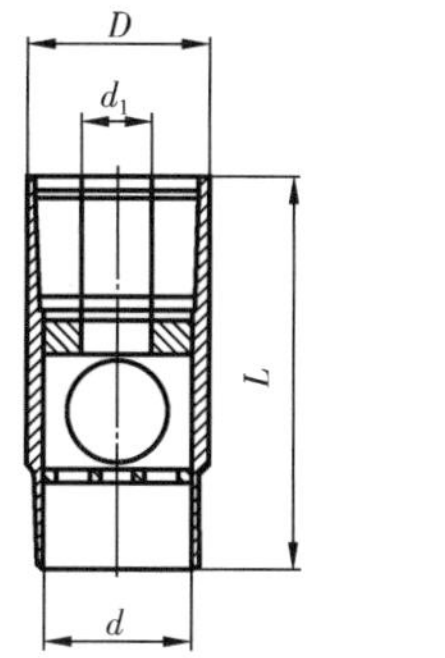

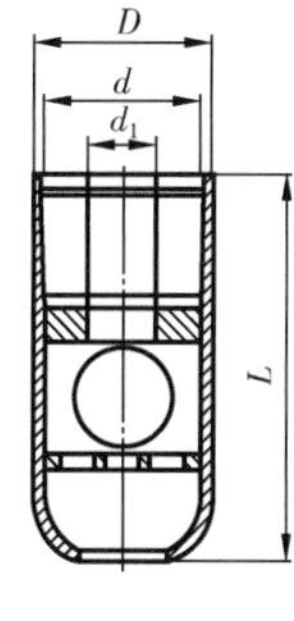

图 9－24　浮球式浮箍、浮鞋示意图

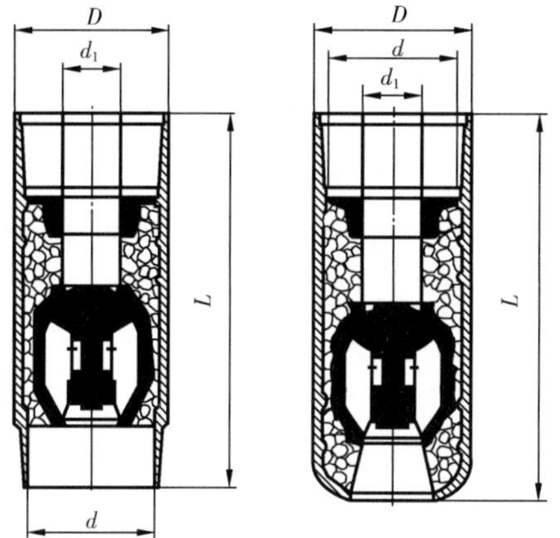

图 9－25　弹簧式浮箍、浮鞋示意图

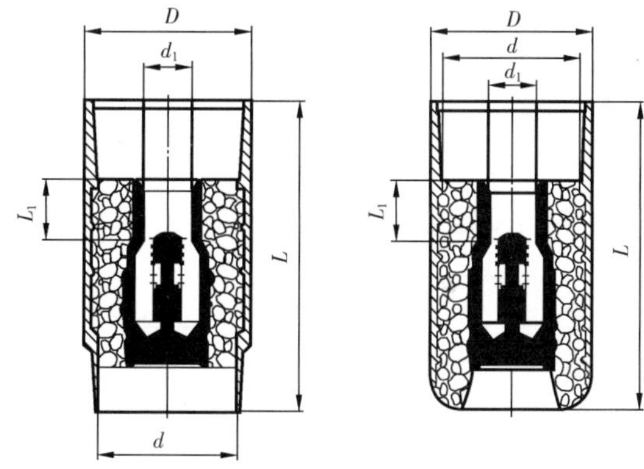

图 9－26　插入式浮箍、浮鞋示意图

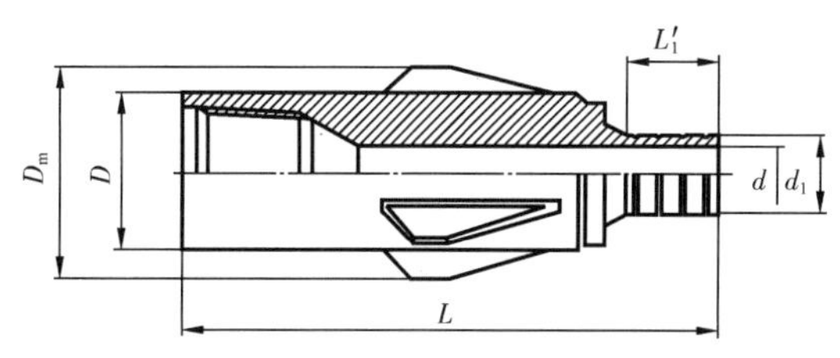

图 9－27　插入头示意图

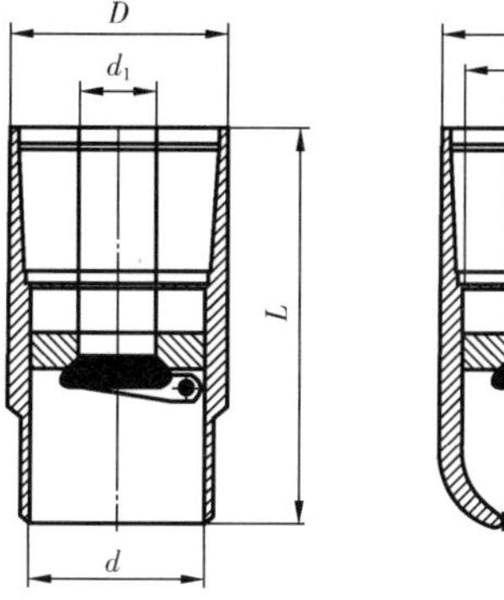

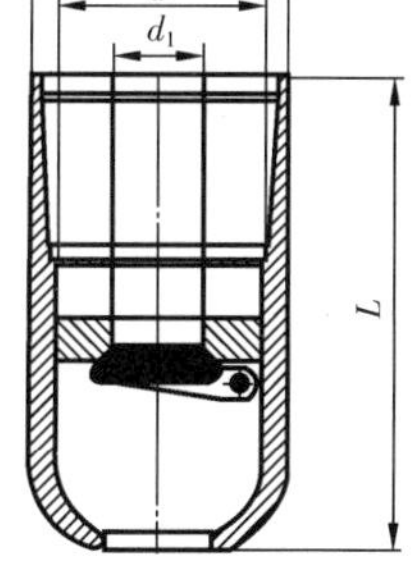

图 9－28　舌板式浮箍、浮鞋示意图

(四)主要检验项目及仪器设备

套管用浮箍、浮鞋的检验项目:外观、本体无损探伤、螺纹、正向承压能力、反向承压能力。当新产品或老产品转厂生产的试制定型鉴定时;正式生产后,如结构、材料、工艺有较大改变,可能影响产品性能时;正常生产三年后;产品长时间停产,恢复生产时;出产检验结果与上次型式检验有较大差异时;有以上任何一种情况的还应进行以下检验项目:主要零件力学性能、密封元件密封性能、插入式浮箍浮鞋的插座承载能力、插入式浮箍浮鞋的插入头与插座之间的密封能力、寿命试验。浮箍、浮鞋主要检验项目及仪器设备见表9-15。

表9-15 浮箍、浮鞋主要检验项目及仪器设备

检验项目	检验用仪器设备	设备量程范围
外观尺寸	长爪游标卡尺	测量范围0~500mm,分辨力0.02mm
正向承压能力	试压泵	测量范围0~80MPa
反向承压能力		
密封元件密封性能		
插入式浮箍浮鞋的插入头与插座之间的密封能力	压力表	测量范围0~60MPa,精度±0.5%
插入式浮箍浮鞋的插座承载能力	万能材料试验机	测量范围0~300kN
寿命试验	—	—
主要零件力学性能	材料拉伸试验机	测量范围0~1000kN
	材料冲击试验机	测量范围0~300J
本体无损探伤	磁粉探伤仪	灵敏度15/100
	超声波探伤仪	分辨力26dB
连接螺纹	螺纹工作量规	—
	游标卡尺	测量范围0~150mm,分辨力0.02mm
	深度千分尺	测量范围0~25mm,分辨力0.005mm

(五)检验方法

1. 浮箍、浮鞋反向承压能力试验

浮箍、浮鞋接上试压接头反向试压至相应的试验压力,根据压力等级查询表9-14对应的试验压力,稳压时间不少于5min,压降不大于0.5MPa。浮箍反向承压能力试验原理如图9-29所示,浮鞋反向承压能力试验原理如图9-30所示。

2. 密封元件密封性能试验

密封元件应具有耐温、耐碱、耐油、耐H_2S性能;当浮箍、浮鞋的实际使用温度低于120℃时,选用的密封元件应在温度为120℃、pH值为9~12的钻井液中或同温度的20号机油中浸泡24h,体积膨胀率小于3%,表面应无腐蚀,无裂纹,密封性能应保持不变;当浮箍、浮鞋的实际使用温度高于120℃时,选用的密封元件应在温度为150~180℃、pH值为9~12的钻井液中或20号机油中浸泡24h,体积膨胀率小于3%,表面应无腐蚀,无裂纹,密封性能应保持不变。

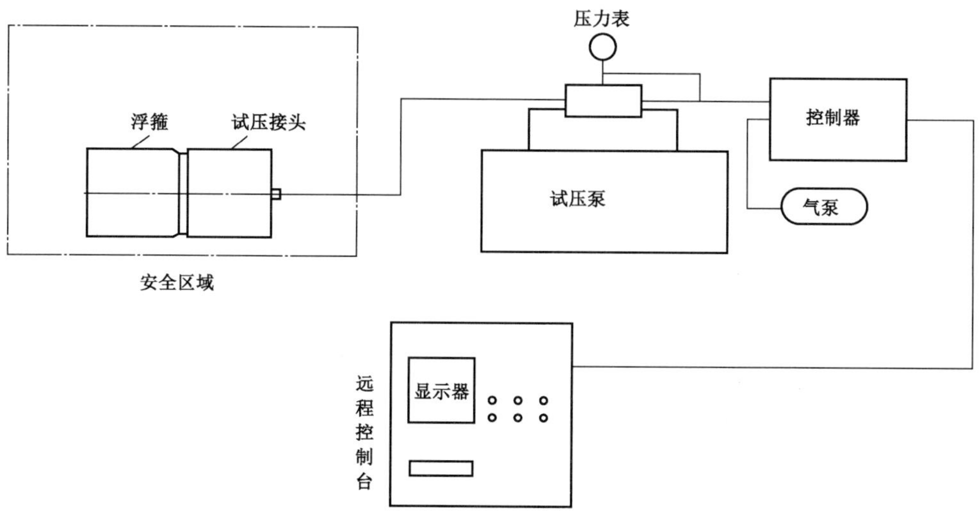

图 9-29 浮箍反向承压试验原理示意图

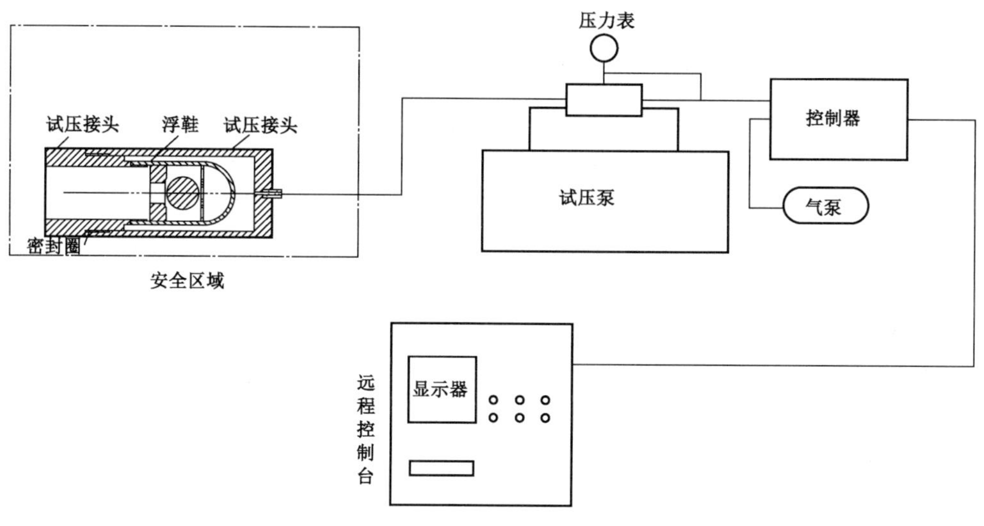

图 9-30 浮鞋反向承压试验原理示意图

3. 插入式浮箍浮鞋的插座承载能力试验

将插入头安装到插座内后,固定插座,对插入头施加表 9-16 规定的载荷,保持 3min,卸载后检查,插入头与插座应无损伤变形。

4. 插入式浮箍浮鞋的插入头与插座之间的密封能力试验

将插入头安装到插座内后,对插入头施加 50~100kN 载荷后,按照表 9-16 规定值进行密封能力试验,稳定 5min,压降不应大于 0.5MPa。

表 9－16　插入式浮箍、浮鞋性能指标

项目名称	规格代号，mm(in)						
	244 (9⅝)	273 (10¾)	298 (11¾)	340 (13⅜)	406 (16)	473 (18⅝)	508 (20)
插座承载能力，kN	≥400				≥300	≥150	
插头与插座之间的密封能力，MPa	≥9				≥6	≥5	

注：插座是插入式浮箍、浮鞋中与插入头配合的部分。

5. 浮箍、浮鞋寿命试验

浮箍、浮鞋尺寸小于 ϕ140mm(5½in)时，在 1.2m^3/min 排量下和浮箍、浮鞋尺寸不大于 ϕ140mm(5½in)时，在 1.2m^3/min 排量下，用清水循环冲蚀 24h，无任何损伤。

三、套管扶正器

(一)概述

1. 用途及分类

装在套管柱上使井内套管柱居中的装置。使用套管扶正器除了能使套管柱在井眼居中外，还可减小下套管时的阻力和避免黏卡套管，有利于提高水泥环的胶结质量。套管扶正器分为两大类：弓形弹簧套管扶正器和刚性套管扶正器。弓形弹簧套管扶正器又分编制式和焊接式，刚性套管扶正器又分滚轮式和非滚轮式，非滚轮式又分直棱式和螺旋式。

2. 型号表示方法

弓形弹簧套管扶正器的表示方法为：

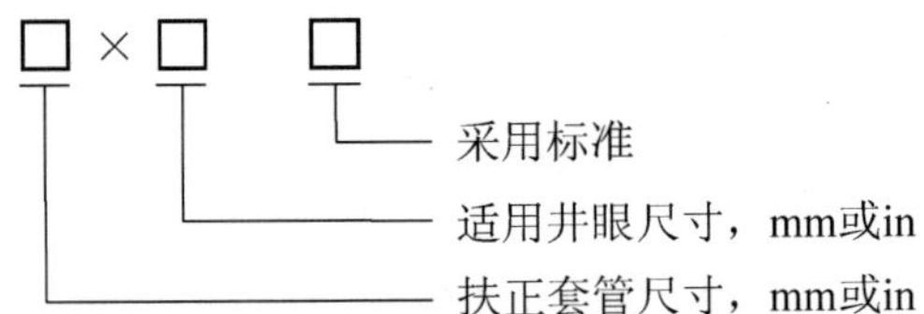

注：尺寸单位必须一致，当用公制单位时都用公制单位，用英制单位时都用英制单位，不可混淆。刚性套管扶正器目前还有具体的命名方式，而且种类各式各样，也没有具体的国家标准和行业标准，因此此处也就不例举刚性套管扶正器的命名以及下面要阐述的基本参数和检验方法。

示例：一个扶正 140mm(5½in)套管适用于 216mm(8½in)井眼的扶正器应标记为：140mm × 16mmGB/T 19831.1—2005/ISO 10427:2001 或者 5½in × 8½in GB/T 19831.1—2005/ISO 10427:2001。

(二)结构形式

(1)弓形弹簧套管扶正器结构如图 9－31 和图 9－32 所示。

图 9－31　编织式弓形弹簧套管扶正器

图 9－32　焊接式弓形弹簧套管扶正器

(2)直棱式刚性套管扶正器结构如图 9－33 所示,螺旋式刚性套管扶正器结构如图 9－34(a)所示,滚轮式刚性套管扶正器结构如图 9－34(b)所示。

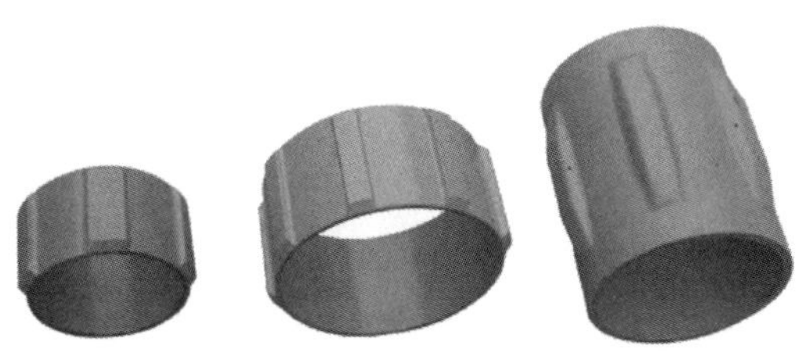
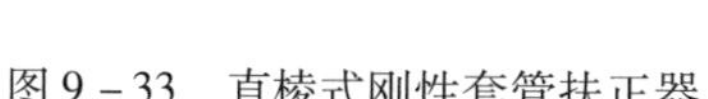

图 9－33　直棱式刚性套管扶正器

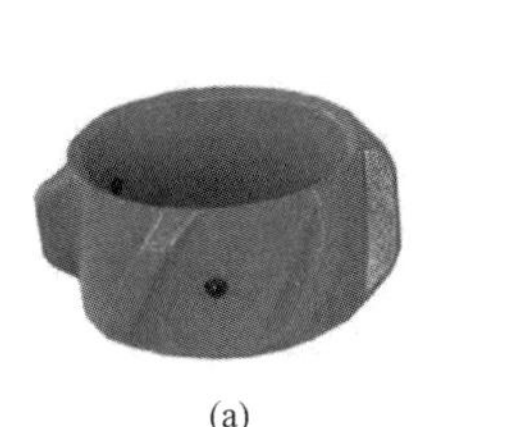

(a)

(b)

图 9－34　螺旋和滚轮式刚性套管扶正器

(三)产品标准、规范要求

弓形弹簧套管扶正器检验主要依据 GB/T 19831.1—2005/ISO 10427—1:2001《石油天然气工业　套管扶正器　第 1 部分:弓形弹套管簧扶正器》,弓形弹簧套管扶正器的放置依据 GB/T 19831.2—2008/ISO 10427—2:2004《石油天然气工业　固井设备　第 2 部分:扶正器的放置和止动环测试》。刚性套管扶正器目前还没有可依据的行业或者国家标准,只有一些企业标准,但都不全面,这里就不例举。

(四)主要检验项目及仪器设备

扶正器主要检验项目及仪器设备见表 9－17。

表 9－17　扶正器主要检验项目及仪器设备

检验项目	检验用仪器设备	设备量程范围
下放力试验	电子万能试验机	测量范围 0 ~ 50kN
复位力试验	位移光栅尺	分辨率:5μm
起动力试验	压力传感器	测量范围 0 ~ 50kN
	水平测试仪	—

（五）检验方法

1. 起动力试验

起动力等于使内管进入外管所需的最大力（在补偿内管和附件重量之后）。将一个新组装好的扶正器按图 9－35 所示，安装在内管的四个均匀分布的凸块上，每个凸块在内管表面的高度不大于 6.4mm（¼in）。试验总成的垂直偏差应在 5°以内。在进行试验前，对接触表面应涂以石油基润滑脂。将扶正器放置在外管的边缘，对内管施加载荷，使扶正器进入外管。从开始施加载荷到扶正器完全进入外管，应连续记录加载量。试验原理如图 9－35 所示。

2. 下放力试验

下放力等于使内管在外管内滑动所需的最大力，并以此力读数趋于稳定时为准（补偿内管和附件的重量之后）。下放力试验可以与起动力试验同时进行，也可以分开进行，试验原理如图 9－35 所示。

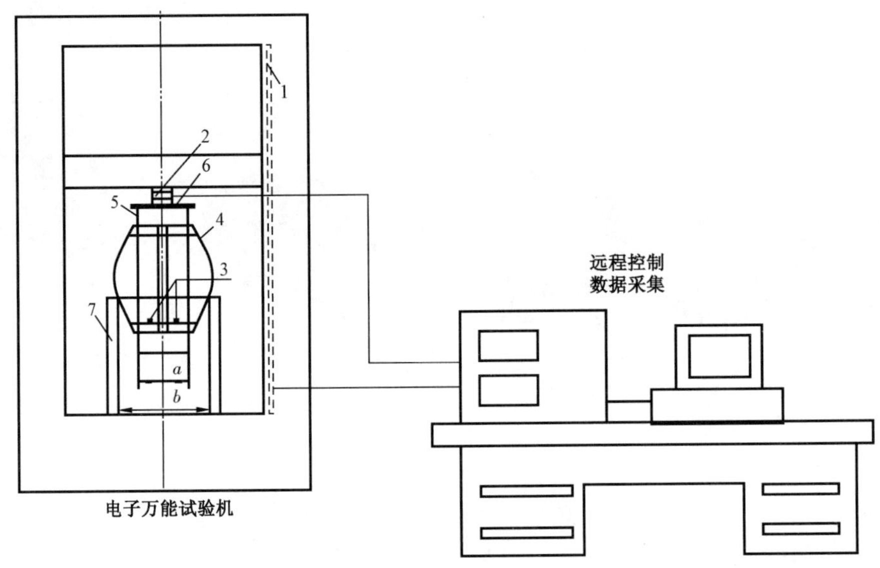

图 9－35　弓形弹簧套管扶正器起动力、下放力试验原理示意图

1—光栅尺；2—压力传感器；3—均匀分布的凸块；4—扶正器；
5—内管；6—压盘；7—外管（模拟井眼）；a—内管外径；b—外管内径

3. 复位力试验

进行该项试验时，内管和外管的水平偏差应在 5°以内。在收集试验数据之前，应将所有的弓形弹簧片挠曲 12 次。试验载荷应施加在外管上，以便通过管子垂直传递到与之接触的扶正器上，如图 9－36 所示。施加载荷直到 3 倍最小复位力（±15%）时为止，并在挠度增量小于或等于 1.6mm（1/16in）时记录一次载荷挠度读数。对每一个试验位置均要测定其获得 67% 偏离间隙比时的行程距离。重复上述试验过程，直到扶正器的每片弹簧和每两片弹簧之间均按图 9－37 所示位置Ⅰ和位置Ⅱ试验完为止。补偿内管和扶正器重量之后，计算每一挠度值的总加载量。根据挠度及相应挠度下的加载量的算术平均值做出载荷—挠度曲线，载荷—挠度曲线示例如图 9－38 所示，从该曲线找出 67% 偏离间隙比的复位力。试验装置示意图如图 9－39 所示。

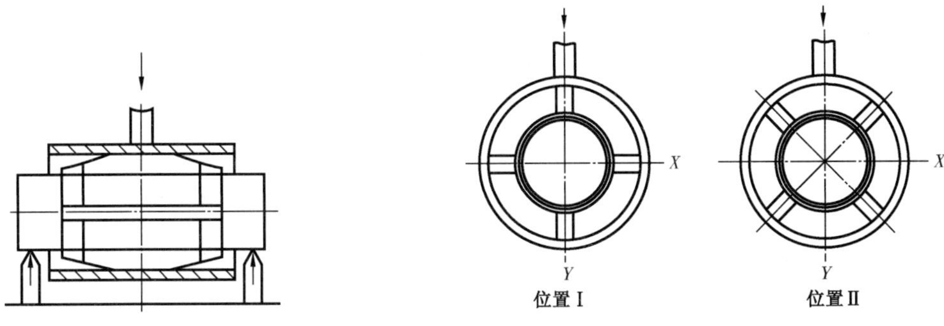

图 9－36　套管扶正器复位力试验装置示意图

图 9－37　套管扶正器的测试位置

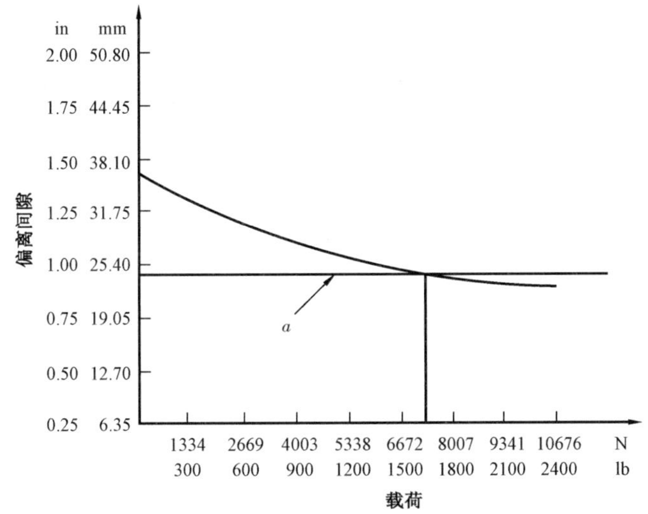

图 9－38　套管扶正器载荷挠度曲线

注：该载荷挠度曲线为 178mm×251mm 弓形弹簧套管扶正器载荷挠度曲线；启动力为 2891.5N(650lb)，下放力为 1445.7N(325lb)，a 为 67% 偏离间隙；从曲线图中可以直接读出该扶正器 67% 偏离间隙比时的复位力。

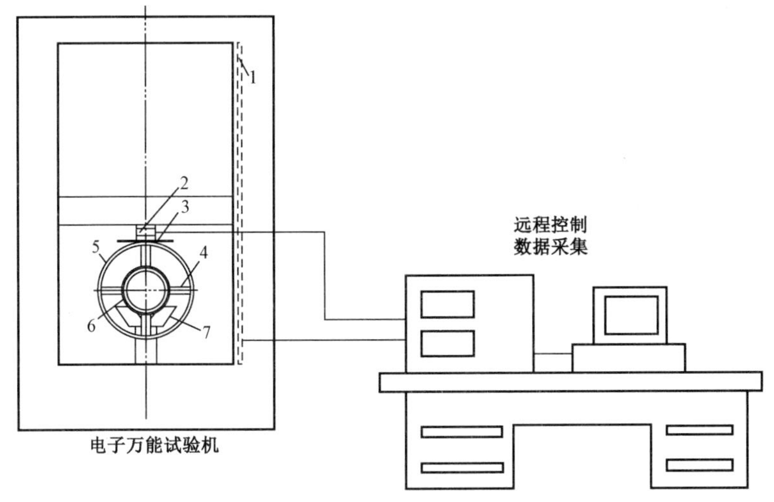

图 9－39　套管扶正器复位力试验装置示意图

1—光栅尺；2—压力传感器；3—压盘；4—扶正器；5—外管（模拟井眼）；6—内管；7—支撑架

四、固井水泥头及常规固井胶塞

(一)概述

1. 用途及分类

固井水泥头是连接联顶节和固井管汇之间的完成注水泥作业的井口装置。其作用是连接套管串和各种管汇,通过它来完成循环、注隔离液、注水泥浆、释放胶塞、替浆等施工工序,它是固井作业地面管汇井口的总枢纽;承受高压,适应各种工艺固井;在可能发生回压阀失灵的情况下,实现憋压、控制水泥浆倒流;通过它实现活动套管操作。注水泥时,固井胶塞隔离钻井液和水泥浆,防止水泥浆渗入钻井液影响固井质量。固井胶塞可以保证水泥各层的分离,刮削套管内壁,隔离钻井液。当胶塞坐落在浮箍上时,能准确地显示出泥浆顶替位置和套管的密封性能。固井水泥头按其连接螺纹分为钻杆水泥头与套管水泥头两大类。套管水泥头又分为单塞套管水泥头和双塞套管水泥头。固井胶塞由主体和心部组成,按其用途分为下胶塞和上胶塞两种。

2. 型号表示方法

固井水泥头型号表示方法:

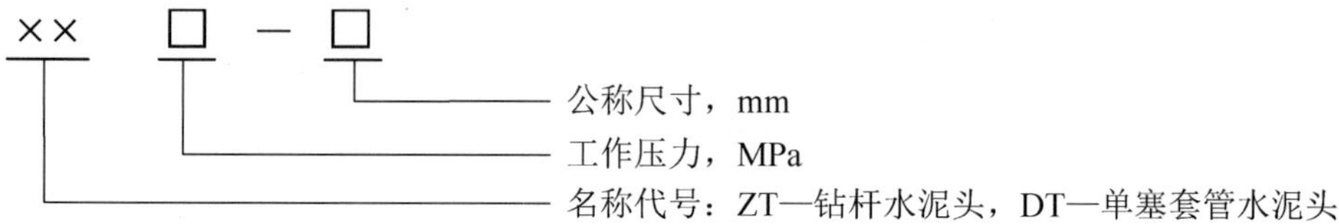

示例:公称尺寸为178mm,工作压力为35MPa的单塞套管水泥头,其型号表示为:DT35—178

常规固井胶塞表示方法:

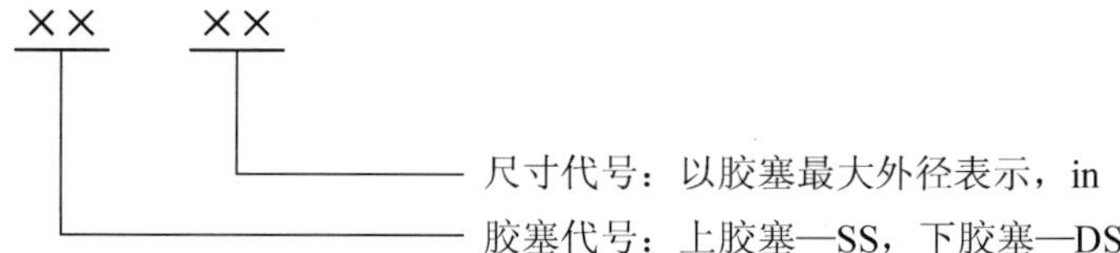

示例:最大外径为7in(178mm)的下胶塞表示为:DS7。

(二)结构形式

(1)固井水泥头结构如图9-40所示。

(2)常规固井胶塞结构如图9-41所示。

(三)产品标准、规范要求

固井水泥头及常规固井胶塞主要依据SY/T 5557—2009《固井成套设备规范》。

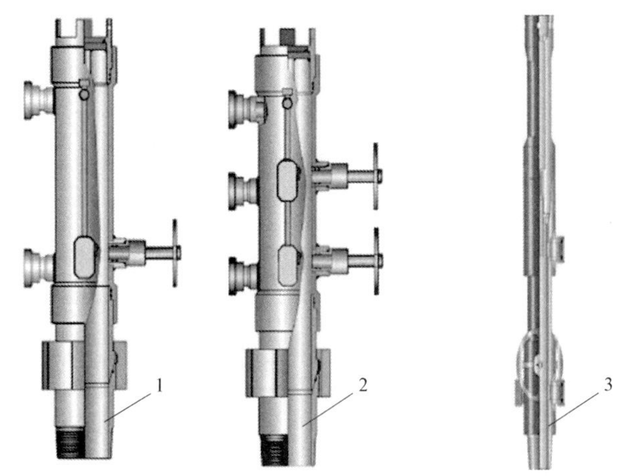

图 9－40　固井水泥头结构示意图

1—单塞套管固井水泥头;2—双塞套管固井水泥头;3—钻杆固井水泥头

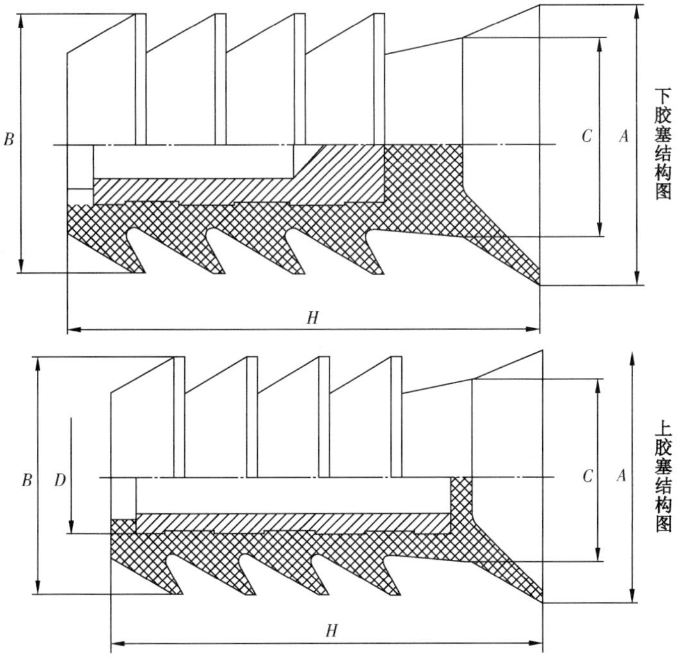

图 9－41　常规固井胶塞结构图

(四)主要检验项目及仪器设备

固井水泥头的检验项目:螺纹检验、硬度检验、整体密封性能试验、受力零件及焊缝无损探伤。常规固井胶塞的检验项目:基本尺寸、硬度检验、外观、下胶塞穿透压力检验。当样机试制时;正式生产后,在结构、材料及工艺上有重大改变时;产品因故停产两年以上,又重新恢复生产时;国家或行业质量监督机构提出进行型式检验要求时;有以上任何一种情况时,固井水泥头还应进行以下检验项目:主要尺寸、受力零件材料的力学性能、内压强度检验。常规固井胶塞还应进行以下检验项目:橡胶材料的物理性能、体积膨胀试验、上胶塞密封试验。固井水泥头主要检验项目及仪器设备见表 9-18,固井胶塞主要检验项目及仪器设备见表 9-19。

表 9-18　固井水泥头主要检验项目及仪器设备

检验项目	检验用仪器设备	设备量程范围
主要尺寸	长爪游标卡尺	测量范围 0~500mm,分辨力 0.02mm
整体密封性能试验 内压强度试验	试压泵 压力表	测量范围 0~80MPa 测量范围 0~60MPa,精度 ±0.5%
硬度检验	硬度计	测量范围 170~960HLD,精度 ±5HLD,±1HRC,±4HB
受力零件材料的力学性能	材料拉伸试验机	测量范围 0~1000kN
	材料冲击试验机	测量范围 0~300J
受力零件及焊缝无损探伤	磁粉探伤仪	灵敏度 15/100
	超声波探伤仪	分辨力 26dB
连接螺纹	螺纹工作量规	—
	游标卡尺	测量范围 0~150mm,分辨力 0.02mm
	深度千分尺	测量范围 0~25mm,分辨力 0.005mm

表 9-19　固井胶塞主要检验项目及仪器设备

检验项目	检验用仪器设备	设备量程范围
主要尺寸	长爪游标卡尺	测量范围 0~500mm,分辨力 0.02mm
外观	—	—
下胶塞穿透压力 上胶塞密封试验	试压泵 压力表	测量范围 0~80MPa 测量范围 0~60MPa,精度 ±0.5%
橡胶硬度检验	邵尔硬度计	测量范围 0~100HA
橡胶材料的物理性能	—	—
体积膨胀试验	—	—

(五)检验方法

1. 固井水泥头的检验方法

1)受力零件及焊缝的无损探伤检验

本体应进行超声波无损检测,焊接部位应进行超声波和磁粉无损检测,其内部和表面裂纹缺陷不应低于 JB/T 4730—2005 规定的 2 级精度。

2)整体密封性能试验和内压强度试验

固井水泥头各开口处连接上堵头及试压接头后,置入安全试压区域,向固井水泥头内泵入清水,其试验压力及要求应符合表 9-20 中的规定。

表 9－20 固井水泥头试验压力及要求

工作压力 MPa	密封试验压力 MPa	强度试验压力 MPa	要求
14	21	28	工作压力持续时间不少于 15min，密封试验压力持续时间不少于 5min，强度试验压力持续时间不少于 3min，在此时间内不得有渗漏现象
21	32	42	
35	53	70	

2. 常规固井胶塞检验方法

1）下胶塞穿透压力试验

将下胶塞置于相应的短套管内，两端连接上试压接头置于安全区域，从下胶塞上部接头泵入清水，下胶塞下部接头敞开。下胶塞穿透压力应保持在 1～2MPa 之间。

2）体积膨胀试验

先测量胶塞试验前的基本尺寸算出胶塞体积 V，然后将胶塞置入 15 号机油或钻井液中浸泡 24h，取出胶塞，测量浸泡后的基本尺寸，算出浸泡后的胶塞体积 V'，体积膨胀率 $= \frac{V'-V}{V} \times 100\%$。

3）上胶塞密封试验

将上胶塞置于相应的短套管内，两端连接上试压接头置于安全区域，从上胶塞上部接头泵入清水，上胶塞下部接头敞开。上胶塞应能在套管内密封相应的压力，公称尺寸 101～244mm 的上胶塞密封压力不应低于 15MPa；公称尺寸 273～508mm 的上胶塞密封压力应不低于 10MPa。

第三节 修井、打捞工具

修井、打捞工具用于处理钻井事故或修井作业中，目的是打捞或处理落物。其主要产品分为打捞类、磨铣类、震击类、切割类、修补类、套铣类等，产品主要有打捞矛、打捞筒、割刀、磨铣鞋等。

在修井作业中，打捞作业占三分之二以上，而井下落物种类繁多，形态各异，主要有管类落物、杆类落物、绳类落物、井下仪器工具类落物、破损胶皮、卡瓦及磨套铣金属碎屑等。打捞工具就是针对不同落物的特点设计制造的。主要包括打捞筒、打捞矛、公锥、母锥、强磁打捞器、老虎嘴、内钩、外钩、一把抓、捞杯、钢丝刷等。

本节将对打捞筒、打捞矛、割刀和磨铣鞋进行详细介绍。

一、打捞筒

（一）概述

1. 用途和分类

打捞筒是打捞光滑外径落鱼强有力的工具。它是根据钻铤、钻杆、油管接头，接箍和其他井用管子的外径尺寸而设计的，这样就组成了抓捞落鱼外径的打捞工具专门系列。

打捞筒按用途分为倒扣式和非倒扣式；按使用特征分为可退式和不可退式。

2. 型号表示方法

打捞筒型号表示方法如下：

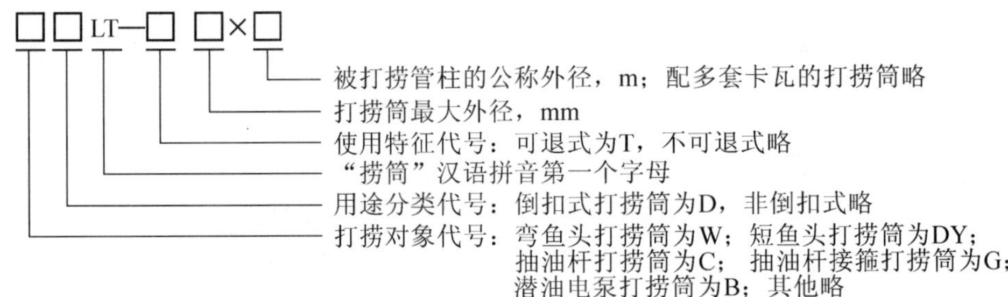

示例1：DLT－T105×60 表示最大外径为105mm，用于打捞公称外径为60mm管柱的可退式倒扣打捞筒。

示例1：LT－T127×95 表示最大外径为127mm，用于打捞公称外径为95mm管柱的可退式打捞筒。

（二）结构型式

1. 弯鱼头打捞筒

弯鱼头打捞筒主要用于打捞由于挂单吊环折断后脱落在井下、鱼头产生变形的自由油管管柱。鱼头不用修整即可直接打捞。弯鱼头结构型式如图9－42所示。工作原理：当工具引入落鱼后边缓慢旋转边下放工具，落鱼通过腰行套锥孔进入扁圆孔，继续下放钻具，当悬重下降时说明鱼头顶住卡瓦座内台阶达到抓捞位置。轻提钻具，卡瓦外锥面与筒体内锥面紧密贴合，卡瓦内齿轻轻咬住落鱼，此时缓慢上提钻具均匀加力，筒体卡瓦外锥面贴合作用下产生径向卡紧力将落鱼咬住，提钻即可捞出落鱼。

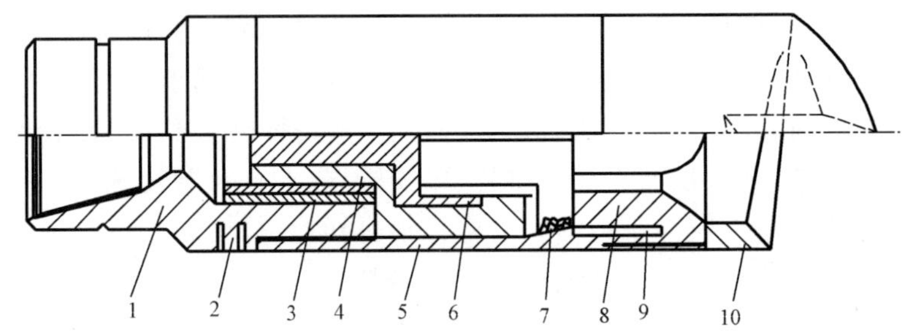

图9－42 弯鱼头打捞筒

1—上接头；2—顶丝；3—花键套；4—座键；5—筒体；6—卡瓦座；7—卡瓦；8—腰形套；9—键；10—引鞋

2. 短鱼头打捞筒

短鱼头打捞筒可以抓住掉落在井下鱼顶露出较短的光滑圆柱（50mm以上），给修井作业带来极大的方便。根据打捞筒的不同规格可以打捞不同尺寸的落鱼，若抓住的落鱼无法解卡，可以释放落鱼退出工具。短鱼头打捞筒结构型式如图9－43所示。工作原理：短鱼头打捞筒卡瓦上是一个螺旋锥面，当内外螺纹面吻合，并具有上提力时，筒体便给卡瓦以夹紧力，卡瓦内缩夹紧落鱼，即实现打捞。

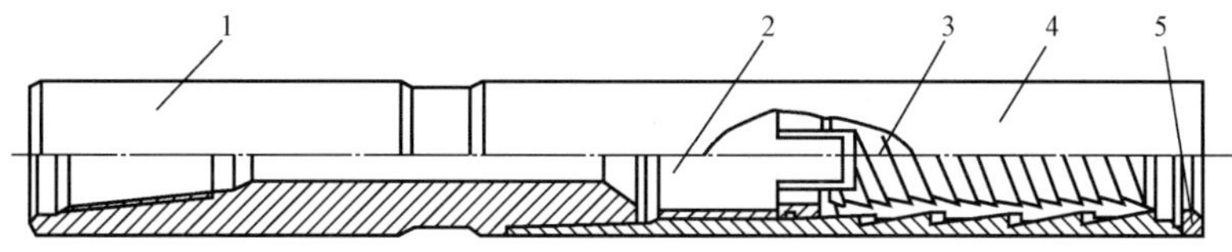

图 9－43　短鱼头打捞筒

1—上接头；2—控制环；3—卡瓦；4—筒体；5—引鞋

3. 抽油杆（抽油杆接箍）打捞筒

抽油杆打捞筒用于打捞油套管内断落的抽油杆本体和接箍。抽油杆打捞筒结构型式如图 9－44所示。

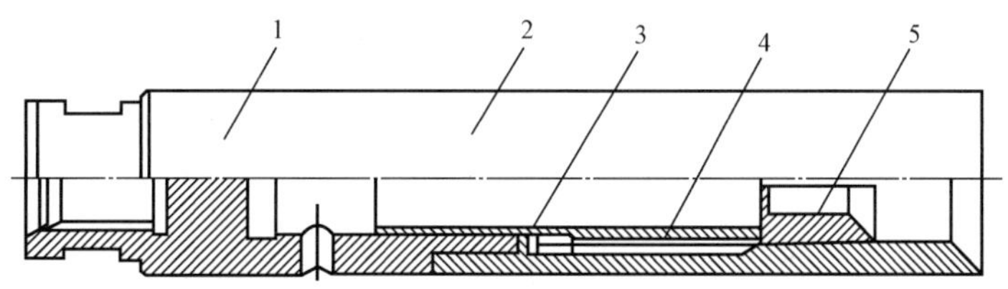

图 9－44　抽油杆打捞筒

1—上接头；2—筒体；3—内套；4—弹簧；5—卡瓦

抽油杆打捞筒工作原理：经筒体大锥面进入筒体内的抽油杆，首先推动两瓣卡瓦洞筒体内锥面上行，并且卡瓦内孔逐渐增大，弹簧被压缩，卡瓦分开，落鱼进入卡瓦内，此时卡瓦在弹簧力作用下将其压下，遂将鱼顶抱住，并给其初夹紧力。上提钻具，筒体上行，卡瓦、筒体、内外锥面贴合，产生径向夹紧力，两块卡瓦咬住抽油杆，上提实现打捞。

偏心式抽油杆接箍打捞筒结构型式如图 9－45 所示，其工作原理：工具下至鱼顶后，要缓慢下放使鱼顶进入捞筒内后上提杆柱，卡瓦就会牢牢抓住抽油杆接箍或卡住抽油杆台肩实现打捞。

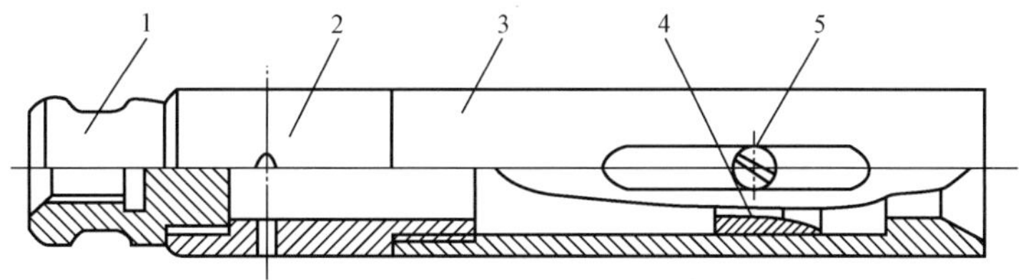

图 9－45　偏心式抽油杆接箍打捞筒

1—上接头；2—上筒体；3—下筒体；4—偏心套；5—限位螺钉

4. 潜油电泵打捞筒

潜油电泵打捞筒用于打捞各种型号电潜泵的泵体、分离器和保护器。潜油电泵打捞筒结构型式如图 9－46 所示。其工作原理：当落物进入工具后上提，由于弹簧力作用锥面尚未吻合，使卡瓦咬住落鱼，越提越紧直至把落鱼打捞上来。

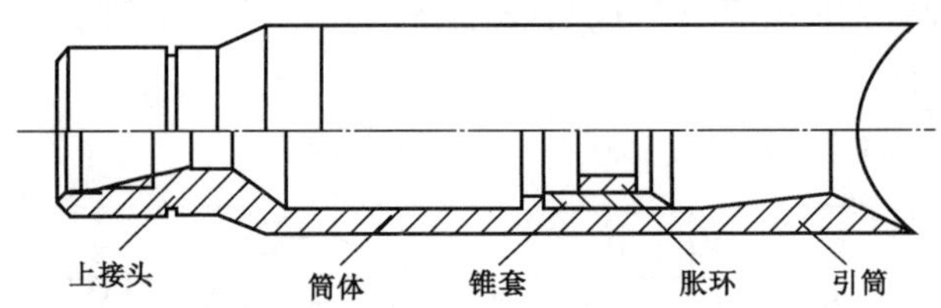

图9-46　潜油电泵打捞筒

5. 活页式打捞筒

活页式打捞筒用来在套管内打捞鱼顶为台肩或接箍的小直径杆类落物，如带接箍的抽油杆、带台肩的井下仪器等。活页式打捞筒结构型式如图9-47所示。其工作原理：落鱼引入筒体后顶开带扭簧的卡板，当接箍通过卡板后，在扭力弹簧的作用下，卡板自动复位。接箍以下的杆柱正好进入活页卡板的开口里，上提工具，接箍卡在活页卡板上实现打捞。

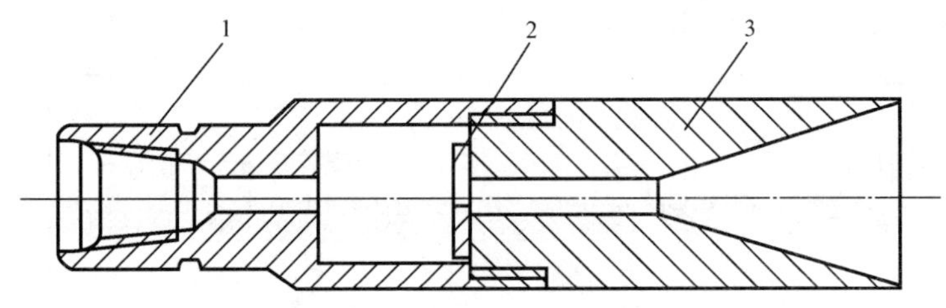

图9-47　活页式打捞筒

1—上接头；2—活页总成；3—筒体

6. 可退式倒扣打捞筒

可退式倒扣打捞筒是一种通过落鱼外部并可实现旋转倒扣的打捞工具，在落鱼无法整体捞出时可实现倒扣部分打捞，又可实现脱离落鱼即可退操作。工作原理：落鱼进入引鞋后，推动卡瓦上行并压缩弹簧，在弹簧力的作用下，鱼头胀开卡瓦进入，当上提钻具时，筒体上行，待筒体内锥面与卡瓦外锥面贴合时，便产生径向力，卡瓦咬住落鱼，上提力越大，径向夹紧力越大。选定上提力后，便可施力倒扣扭矩。实现倒扣。需要释放落鱼，可下压钻具右旋0.5～1圈，上提便可使捞筒退出落鱼。

7. 可退式打捞筒

可退式打捞筒常用可退式组合捞筒，可通过改变卡瓦实现不同直径尺寸的落鱼的打捞。打捞施工中，可实现鱼顶冲洗以及打捞后密封洗井。在打捞负荷过大、落鱼无法捞出时可推出打捞。

（三）产品标准、规范要求

1. 产品标准

打捞筒主要依据标准SY/T 5068—2009《钻修井用打捞筒》。

2. 规范要求

（1）基本参数应符合标准SY/T 5068—2009《钻修井用打捞筒》的要求。

(2)打捞筒所用密封材料为耐油橡胶,耐温不低于120℃,硬度(80±5)HA。

(3)上接头、筒体等主要零件的力学性能应符合表9-21的规定。

表9-21 主要零件力学性能

零件	抗拉强度 R_m MPa	下屈服强度 R_{eL} MPa	伸长率 A %	断面收缩率 Z %	冲击功 A_{kv} %
上接头、筒体	≥1080	≥930	≥12	≥45	≥54

(4)上接头、筒体进行调质处理,调质后的硬度为大于或等于260HBW;卡瓦应进行表面热处理,处理层深度为0.5~1.2mm,抽油杆打捞筒的卡瓦表面硬度为48~52HRC,其他打捞筒表面硬度为55~62HRC。

(5)主要零件应进行无损探伤。上接头、筒体超声波探伤,不应有超过JB/T4730.3—2005锻件超声波检测规定的Ⅱ级缺陷;接头螺纹部位磁粉探伤,不应有超过JB/T4730.4—2005规定的Ⅱ级缺陷。

(6)打捞筒零部件中的焊缝应平整光滑。

(7)打捞筒组装后,活动件应动作灵活可靠,内腔不应有影响引入落鱼的台阶。

(8)打捞筒外表面应进行防锈处理。

(9)整机性能:

① 捞住落鱼后需开泵循环的打捞筒,其密封压力应不小于10MPa。

② 捞住落鱼后,打捞筒在承受SY/T 5068—2009《钻修井用打捞筒》规定的许用拉力时,应抓持可靠,不应有打滑现象。在承受1.5倍许用拉力时,各零件不应有损伤和塑性变形。可退式打捞筒退鱼时应灵活,无卡阻。

③ 倒扣打捞筒在SY/T 5068—2009《钻修井用打捞筒》规定的倒扣拉力下应能承受SY/T 5068—2009《钻修井用打捞筒》规定的许用扭矩,不应有打滑现象。在承受1.5倍许用扭矩时,各零件不应有损伤和塑性变形。退鱼应灵活,无卡阻。

(四)主要检验项目及仪器设备

打捞筒主要检验项目及仪器设备见表9-22。

表9-22 打捞筒主要检验项目及仪器设备

检验项目	检验用仪器设备	设备量程范围
外观	—	—
结构参数	游标卡尺	测量范围0~500mm;分辨力0.02mm
	钢卷尺	测量范围0~5m;分辨力0.5mm
接头螺纹	钻杆螺纹工作量规	测量范围NC26~7⅝REG
	油管螺纹工作量规	测量范围2⅜TBG~4TBG
	游标卡尺	测量范围0~150mm,分辨力0.02mm
	深度千分尺	测量范围0~25mm,分辨力0.005mm

续表

检验项目	检验用仪器设备	设备量程范围
硬度	里氏硬度计	170～960HLD；精度：±5HLD、±1HRC、±4HB
	邵尔橡胶硬度计	测量范围 0～100 邵尔，分辨力 1 邵尔
主要零件无损探伤	超声波探伤仪	分辨力 26dB
	磁粉探伤仪	灵敏度 15/100
主要零件力学性能	万能材料试验机	测量范围 0～1000kN
	冲击试验机	测量范围 0～300J
整机性能试验	拉压测试架	测量范围 0～500T
	拉压传感器	测量范围 0～5000kN，精度 ±0.5%

（五）检验方法

（1）试验装置要求：打捞筒整机性能试验应在示值精度不低于 1% 的模拟试验装置上进行。

（2）入鱼要求：按试验打捞筒的规格选择相应规格的管柱作为被打捞落鱼，并将其固定在试验装置的底座上。将打捞筒与试验装置拉头相连，缓慢进鱼并使打捞筒处于打捞状态。

（3）密封性能试验：完成入鱼要求的操作后，从打捞筒上端泵入清水，压力升至 10MPa 时，保持 3min，压力降不应大于 1MPa。

（4）许用拉力试验：继续入鱼要求的操作，逐渐施加轴向拉力至许用拉力值，保持 3min 后卸载，退出落鱼，按规范要求中整机性能的要求检查打捞筒。

（5）1.5 倍许用拉力试验：重复入鱼要求的操作，逐渐施加轴向拉力至 1.5 倍许用拉力，保持 3min 后卸载，退出落鱼，按规范要求中整机性能的要求检查打捞筒。

（6）许用扭矩试验：重复入鱼要求的操作，逐渐施加轴向拉力至倒扣拉力值，然后缓慢施加扭矩至许用扭矩值，保持 3min 后卸载，退出落鱼，按规范要求中整机性能的要求检查打捞筒。

二、割刀

（一）概述

1. 用途

对于被卡的管类落物或需要修理的套管，用其他方法无法处理时，常采用切割的方法处理。割刀是处理井下被卡管柱或取换套管施工中的套管切割等工序中的重要工具之一。较常使用的有机械式割刀、水力式割刀两种。使用时需先了解清楚井下状况，彻底清理被切管柱的内通道或外通道，确保切割工具顺利起下。关键是要探测清楚需要切割的深度，并精确控制切割深度。

2. 分类

割刀按型式分为水力式和机械式；按类型分为内割刀和外割刀。

3. 型号表示方法

割刀型号表示方法如下：

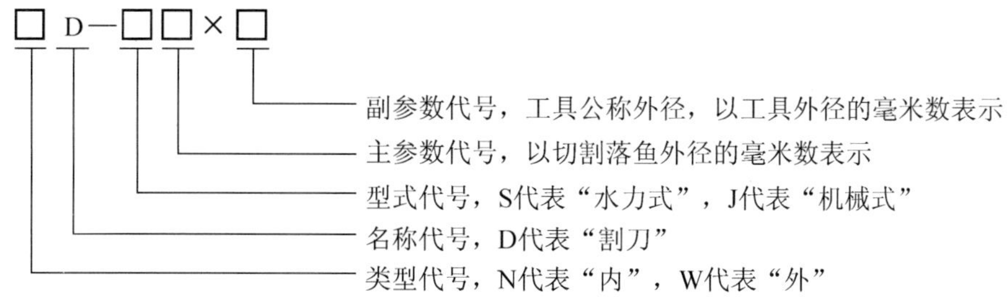

示例1：WD－S89×143表示切割落鱼外径为89mm、工具外径为143mm的水力式外割刀。

示例2：ND－J127×102表示切割落鱼外径为127mm、工具外径为102mm的机械式内割刀。

（二）结构型式

1. 机械式内割刀

机械式内割刀是一种从井下管柱内部切割管子的专用工具。除接箍外可在任意部位切割。若在其上部配有可退式打捞锚，就可以将卡点以上的管柱一次性切割和提出。

作用原理：当工具下放到预定深度时，正转钻杆柱，由于摩擦块紧贴套管壁产生一定的摩擦力，迫使滑牙板与滑牙套相对转动，推动卡瓦上行，沿锥面张开，并与套管壁接触，完成锚定动作。继续转动并下放钻柱，则进行切割。切割完毕后，上提钻柱，芯轴上行，滑牙套上的单向锯齿螺纹压缩滑牙板板簧，使之收缩，由此滑牙板与滑牙套即可跳跃复位，卡瓦脱开，解除锚定，各元件复位。机械内割刀结构如图9－48所示。

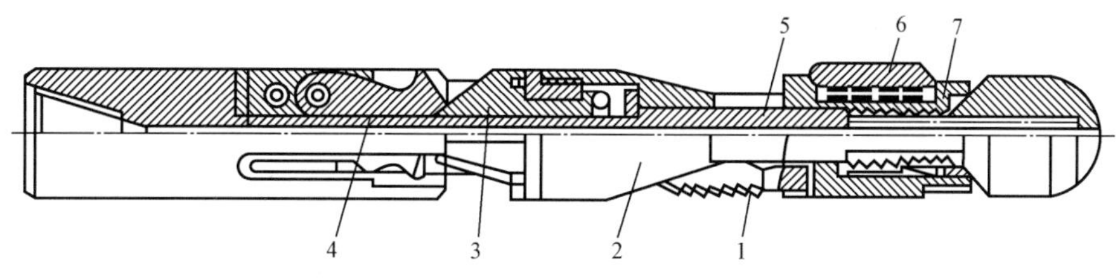

图9－48 机械式内割刀

1—卡瓦；2—卡瓦锥体；3—刀枕；4—刀片；5—芯轴；6—摩擦块；7—滑牙块

2. 机械式外割刀

机械式外割刀是从套管、油管或钻杆外部切断管柱。更换成卡瓦式卡爪装置后，可在除接箍外任何部位切割。切割后，可直接提出断口以上的管柱。

作用原理：接在套铣管柱最下端的外割刀下入井后，引鞋将被卡管柱引入外割刀内腔，卡爪装置中的卡爪紧紧贴在被切管柱本体外壁下行。当遇到接箍或者加厚部位时，卡爪被推开或者被胀大，在弹性力的作用下，卡爪滑过接箍后，又重新贴在管柱本体下行。工具下至切割位置后，上提工作管柱，卡爪便卡在被切段上部的第一个接箍台肩处。随着上提力的增加，卡紧力也增大;达到一定值后,进给套上的剪销被剪断。进给套在弹簧力的作用下,推动刀片内伸。转动工作管柱,刀片便进入了切割状态。随着切削深度的增加,进给套将不断地使刀片产生进给运动。可见在切割过程中,卡爪装置卡在被切管柱上,是不动的。机械式外割刀的其余部分随工作管柱一起转动,止推环和承载环是一对滑动摩擦副。机械式外割刀如图 9-49 所示。

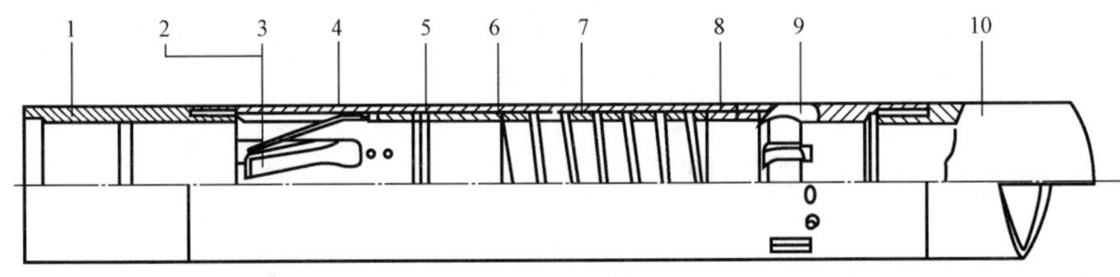

图 9-49 机械式外割刀

1—上接头;2—卡簧体;3—卡簧;4—筒体;5—止推轴承;
6—预载套;7—主弹簧;8—进刀环;9—刀头;10—引鞋

3. 水力式内割刀

水力式内割刀是利用液压推动的力量从管子内部切割管体的工具。水力式内割刀与机械式内割刀用途一致。水力式内割刀结构如图 9-50 所示,它是由上接头、调压总成、活塞总成、缸套、弹簧、导流管总成、本体、刀片总成、扶正块和堵头组成。

工作原理:将工具下到需要切割的位置,在停泵的条件下,按规定的转速旋转钻具,数分钟后按规定的排量开泵循环钻井液。由于调压总成的限流作用,使活塞总成两端压差增大,迫使活塞总成向下移动,并推动切割刀片向外张开切割管壁。切割刀片共有六个,由于刀片内侧凸台位置不一样,在切割刚开始时,只有三片刀片张开参与切割管体,这有利于增加刀尖的应力,加快切割速度。当管壁完全切开时,活塞总成也完全离开了调压总成的限流塞,这时循环压力会有明显的下降,这是管壁切断的指示。如果要用于铣切管体作业,当管壁切穿之后,另外三只刀片也随即张开,可以继续向下铣切管体。完成作业后,停止循环钻井液,活塞总成在弹簧力的作用下向上移动,同时刀片自动收拢,即可从井眼内起出工具。

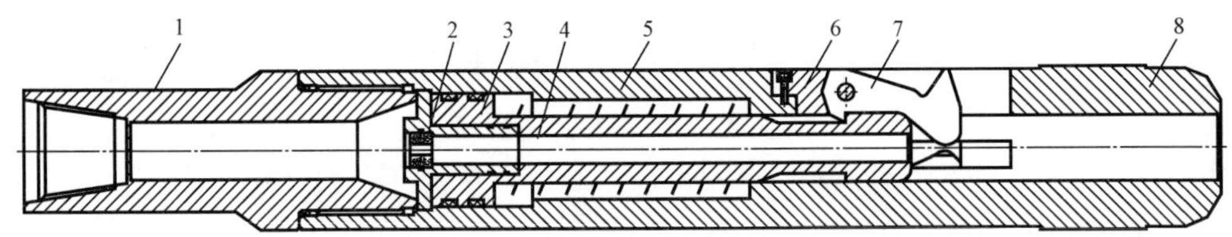

图 9-50 水力式内割刀

1—上接头;2—喷嘴;3—活塞;4—导流管总成;5—本体;6—刀座;7—刀体;8—堵头

4. 水力式外割刀

水力式外割刀是一种靠液压力量推动刀头的切割工具,它专门用来从外向内切割各种类型的管状落鱼,由于工作平稳,容易控制,是一种高效可靠的切割工具。水力式外割刀与机械式外割刀用途一致。水力式外割刀结构如图 9-51 所示。

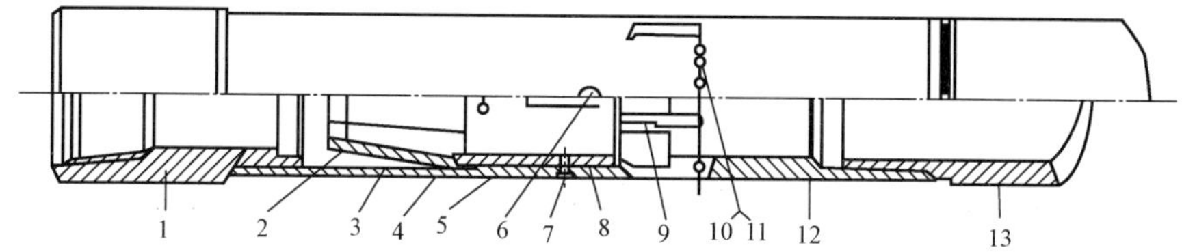

图 9－51 水力式外割刀

1—上接头；2—橡胶箍；3—活塞片；4—活塞 O 型圈；5—进刀套 O 型圈；6—导向螺栓；
7—剪销；8—进刀套；9—刀片；10—刀销；11—刀销螺钉；12—外筒；13—引鞋

作用原理：接在套铣管柱最下端的水力式外割刀下到预定的切割位置后，加大循环液量，活塞在上下压差的推动下，下移。使进刀套剪断销钉后推动刀片绕刀销轴向内转动。此时，转动工作管柱，刀片就切入管壁，实现切割运动。在整个切割过程中，应保持循环泵压稳定，直至切断管柱。切割完成后，只要上提工作管柱，活塞片就将卡在被切管柱最下一个接箍上，连同被切下的管柱，一起提出井口。

（三）产品标准、规范要求

1. 产品标准

割刀主要依据标准 SY/T 5070—2012《钻修井用割刀》。

2. 规范要求

（1）内割刀的心轴和外割刀的上接头、筒体等主要零件热处理后的力学性能应符合表 9－23 的规定。

表 9－23 主要零件力学性能

割刀外径 mm	抗拉强度 R_m MPa	下屈服强度 R_{eL} MPa	伸长率 A %	冲击功 A_{kv} J	硬度 HBW(10/3000)
<178	≥965	≥760	≥13	≥54	≥285
≥178	≥931	≥690			≥277

（2）内割刀的锚定卡瓦应进行表面处理，卡瓦牙表面硬度为 50～65HRC。

（3）刀头采用高速工具钢制作，刀头热处理后的刃部硬度应为 55～65HRC。刀头采用碳化钨硬质合金焊条堆敷焊的，堆焊层不得有未熔透、裂纹等缺陷。焊料与硬质合金、刀体须结合良好。

（4）主要零件应进行无损探伤检查。超声探伤不应用超过 NB/T 47013.3—2015《承压设备无损检测 第 3 部分：超声检测》规定的Ⅱ级缺陷；磁粉探伤不应有超过 NB/T 47013.4—2015《承压设备无损检测 第 4 部分：磁粉检测》规定的Ⅱ级缺陷。

（5）内割刀的连接螺纹应符合 GB/T 22512.2《石油天然气 套管、油管和管线管螺纹的加工、测量和检验》，GB/T 9253.2 和 SY/T 5029《抽油杆》的要求。外割刀的连接螺纹应符合 GB/T 9253.2 或相应套铣管的连接螺纹的要求。

（6）各相对转动或相对移动零部件应运动灵活，不得有卡滞现象。刀头完全伸出时，内割刀的刀尖直径应大于落鱼外径 8mm 以上，外割刀的刀尖直径应小于落鱼的最小内径 8mm 以上。刀头复位时应无卡阻。

(7)机械式内割刀卡瓦产生的锚定力应大于 SY/T 5070—2012《钻修井用割刀》所规定的轴向推刀力。

(8)外割刀如有剪销控制,其剪销剪断力应符合 SY/T 5070—2012 的规定。

(9)切割试验时,割刀应能在 20min 内割断落鱼,刀体不应产生断裂或影响刀头收回的变形,刀尖不得有崩刃或明显磨钝,落鱼切口应平整。

(10)能够从井内起出切割点以上落鱼的外割刀,其提升落鱼能力应不低于 SY/T 5070—2012 的规定。

(四)主要检验项目及仪器设备

割刀主要检验项目及仪器设备见表 9-24。

表 9-24 割刀主要检验项目及仪器设备

检验项目	检验用仪器设备	设备量程范围
运动灵活性	—	—
结构参数	游标卡尺	测量范围 0~500mm;分辨力 0.02mm
	钢卷尺	测量范围 0~5m;分辨力 0.5mm
接头螺纹	钻杆螺纹工作量规	测量范围 NC26~7⅝REG
	油管螺纹工作量规	测量范围 1.900TBG~2⅜TBG
	套管螺纹工作量规	测量范围 4½CSG~8⅝CSG
	游标卡尺	测量范围 0~150mm,分辨力 0.02mm
	深度千分尺	测量范围 0~25mm,分辨力 0.005mm
热处理零件硬度	里氏硬度计	测量范围 170~960HLD;精度:±5HLD,±1HRC,±4HB
无损探伤	超声波探伤仪	分辨力 26dB
	磁粉探伤仪	灵敏度 15/100
材料力学性能试验	万能材料试验机	测量范围 0~1000kN
	冲击试验机	测量范围 0~300J
切割性能试验	拉压测试架	测量范围 0~500t
	拉压传感器	测量范围 0~5000kN,精度 ±0.5%
外割刀提升落鱼能力	拉压测试架	测量范围 0~500t
	拉压传感器	测量范围 0~5000kN,精度 ±0.5%

(五)检验方法

1. 运动灵活性

转动或移动各相对运动部件,检查是否有卡滞现象;拨动刀体,检查其伸出和复位情况。

2. 切割性能试验

1)切割前的准备

选取与割刀切割范围相适应的管柱作为落鱼,将其竖直固定。把割刀连接于切割管柱上,缓慢下放割刀进入落鱼至预定切割位置。

2）切割条件

切割条件包括：冷却液连续冷却；转速：20～60r/min。

3）切割试验

（1）机械式内割刀：

割刀转动数圈后，下压心轴，锚定卡瓦，检查卡瓦锚定能力，机械式内割刀卡瓦产生的锚定力应大于 SY/T 5070—2012《钻修井用割刀》所规定的轴向推刀力。转动割刀，同时按 SY/T 5070—2012 的规定施加轴向推刀力，直至割断落鱼，并记录切割时间。上提割刀，卡瓦应能顺利收回。起出割刀，检查刀体、刀尖和落鱼切口。

（2）水力式内割刀：

转动割刀，同时开泵循环，使活塞产生的推力与 SY/T 5070—2012《钻修井用割刀》中规定的轴向推刀力相符合，直至割断落鱼，并记录切割时间。起出割刀，检查刀体、刀尖和落鱼切口。

（3）机械式外割刀：

割刀如有剪销控制，需先剪断剪销，记录剪断力。然后正转割刀，按 SY/T 5070—2012《钻修井用割刀》的规定施加轴向推刀力，直至割断落鱼，并记录切割时间。起出割刀，检查刀体、刀尖和落鱼切口。

（4）水力式外割刀：

割刀如有剪销控制，需先剪断剪销，记录剪销剪断压差或剪断力。然后正转割刀，开泵循环，使活塞产生的推力与 SY/T 5070—2012《钻修井用割刀》的规定施加轴向推刀力相符合，直至割断落鱼，并记录切割时间。起出割刀，检查刀体、刀尖和落鱼切口。

3. 外割刀提升落鱼能力

将落鱼固定，使割刀套入相应的落鱼，缓慢施加轴向拉力，直至负荷增加至 SY/T 5070—2012《钻修井用割刀》所规定的提升落鱼能力的 1.5 倍，保持 5min，在用人力沿径向敲击落鱼产生振动的情况下不得滑脱，然后卸载检查，各零件不得有变形或损坏。

三、磨铣鞋

（一）概述

1. 用途和分类

铣鞋是套铣作业和磨铣井下落物的工具。套铣作业时用于钻除井下落鱼周围的岩块、砂石、水泥块等堆积物。磨铣鞋是用底面或侧面堆焊的合金耐磨材料在钻压的作用下吃入并磨碎落物，碾磨井下管类、杆类及小件落物，亦可对套管变形、套损、错断井进行修整和磨削。

钻修井用磨铣鞋按其形状主要分为平底型、凹底型、梨型、锥型、领眼型、套铣型等。

2. 型号表示方法

磨铣鞋的结构型式及代号见表 9－25。

表 9－25　磨铣鞋的结构型式及代号

结构型式	型式代号
平底型	P
凹底型	A
梨型	L
锥型	Z
领眼型	Y
套铣型	T

钻修井用磨铣鞋的产品型号表示方法按下列顺序组成：

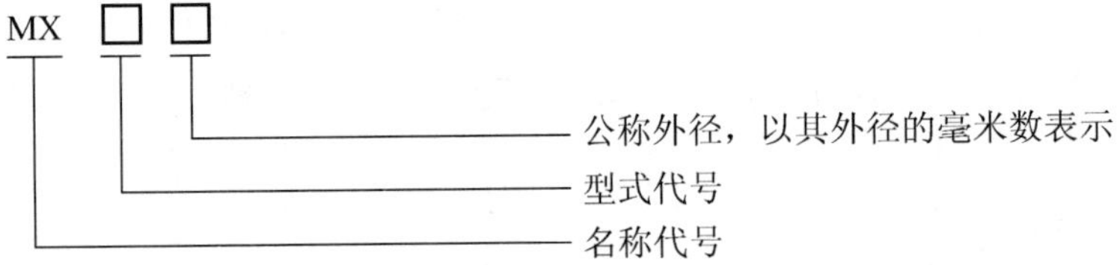

示例 1：公称外径为 121mm 的平底型磨铣鞋型号为 MXP 121。
示例 2：公称外径为 200mm 的套铣型磨铣鞋型号为 MXT 200。

（二）结构型式

平底型、凹底型、梨型、锥型磨铣鞋的结构如图 9－52 至图 9－55 所示。

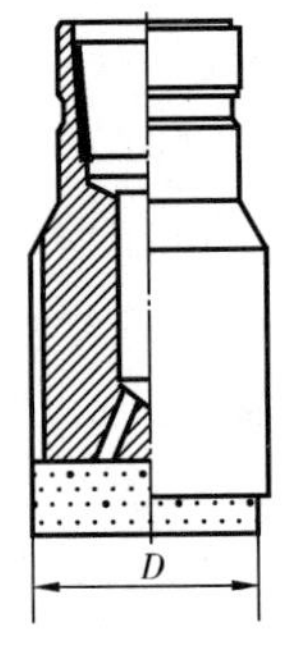

图 9－52　平底型磨铣鞋

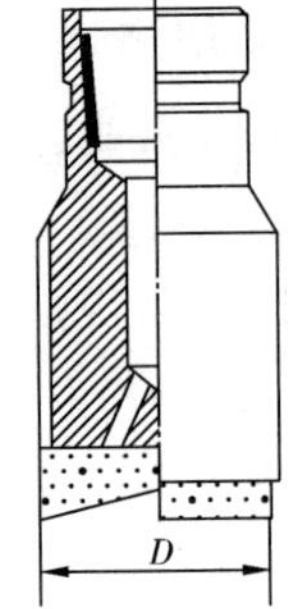

图 9－53　凹底型磨铣鞋

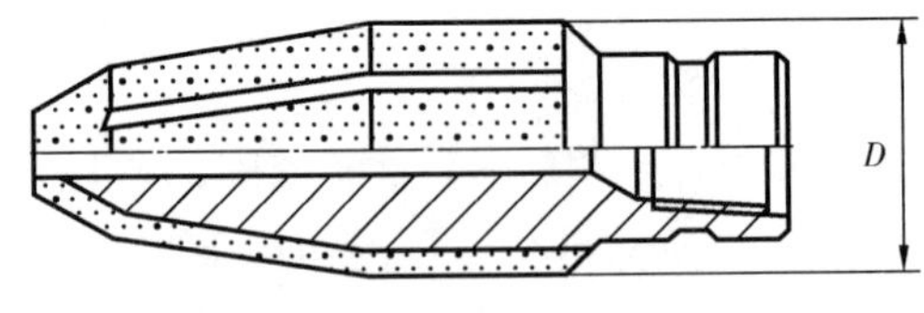

图 9－54　梨型磨铣鞋

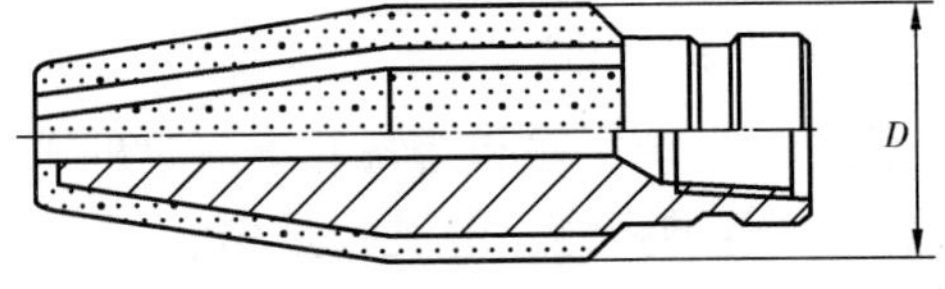

图 9－55　锥型磨铣鞋

领眼型磨铣鞋的结构如图 9－56 所示。
套铣型磨铣鞋有锯齿式和平底式，其结构如图 9－57 和图 9－58 所示。

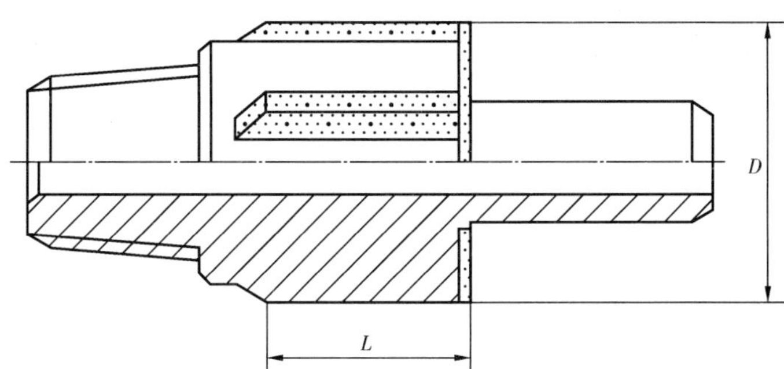

图 9－56　领眼型磨铣鞋

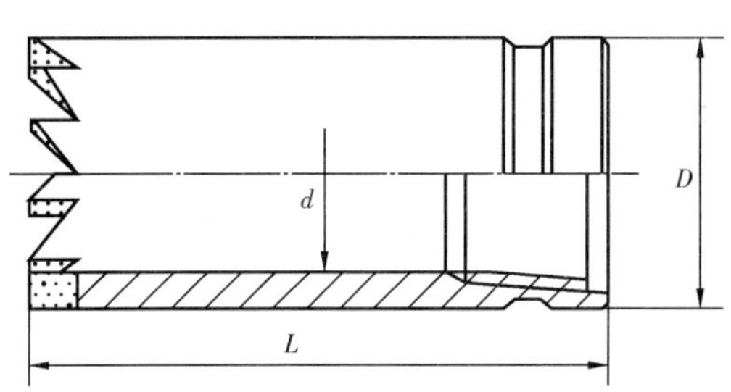

图 9－57　锯齿式套铣型磨铣鞋

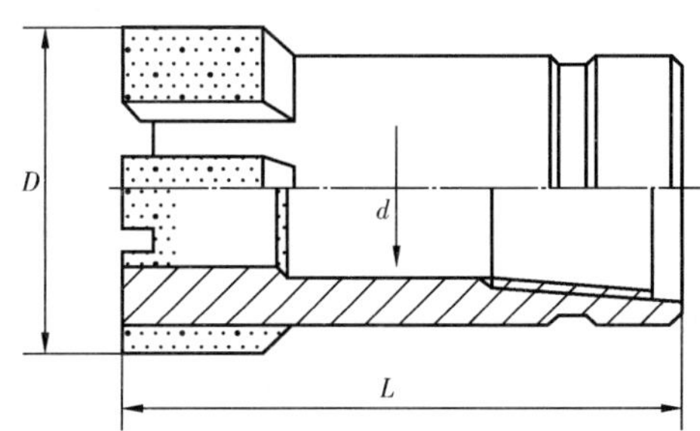

图 9－58　平底式套铣型磨铣鞋

（三）产品标准、规范要求及检验项目

1. 产品标准

磨铣鞋主要依据标准 SY/T 6072—2009《钻修井用磨铣鞋》。

2. 规范要求

（1）磨铣鞋本体材料经过热处理后，其力学性能应符合表 9－26 的要求。

表 9－26　磨铣鞋本体材料热处理后的力学性能

公称外径 D mm	抗拉强度 R_m MPa	下屈服强度 R_{eL} MPa	断面收缩率 Z %	断后伸长率 A %	冲击韧性 A_{kv} J
≤178	686	490	45	14	39
＞178	980	835	45	12	63

（2）接头螺纹的尺寸和精度应符合 GB/T 22512. 2《石油天然气工业　旋转钻井设备　第 2 部分：旋转台肩式螺纹连接的加工与测量》的规定。

（3）磨铣鞋焊缝及堆焊部位应进行渗透探伤，线性缺陷长度不应超过 4mm；本体超声波探伤，不应有超过 NB/T 47013. 3—2015 规定的锻件要求的Ⅱ级缺陷。

（4）磨铣鞋本体材料热处理后硬度应大于或等于 260HBW。

（5）堆焊的耐磨材料应牢固，颗粒分布均匀。

（6）平底型、凹底型、梨型、锥型、领眼型磨铣鞋的寿命不低于 4h，或总进尺不应少于 6m。

（7）接头螺纹表面应进行镀铜或磷化处理。

(四)主要检验项目及仪器设备

磨铣鞋主要检验项目及仪器设备见表 9 – 27。

表 9 – 27　磨铣鞋主要检验项目及仪器设备

检验项目	检验用仪器设备	设备量程范围
接头螺纹表面处理	—	—
堆焊耐磨材料的颗粒分布均匀度	—	—
结构参数	游标卡尺	测量范围 0 ~ 500mm;分辨力 0.02mm
	钢卷尺	测量范围 0 ~ 5m;分辨力 0.5mm
接头螺纹紧密距,螺距和锥度	钻杆螺纹工作量规	测量范围 NC26 ~ 7⅝REG
	管螺纹单项参数测量仪	测量范围 1 ~ 7⅝in,分辨力 0.001in
	游标卡尺	测量范围 0 ~ 150mm,分辨力 0.02mm
	深度千分尺	测量范围 0 ~ 25mm,分辨力 0.005mm
本体硬度	里氏硬度计	测量范围 170 ~ 960HLD;精度: ±5HLD, ±1HRC, ±4HB
本体超声波探伤	超声波探伤仪	分辨力 26dB
焊缝和堆焊部位渗透探伤	超声渗透探伤机	灵敏度 15/100
本体材料力学性能试验	万能材料试验机	测量范围 0 ~ 1000kN
	冲击试验机	测量范围 0 ~ 300J
性能试验	拉压测试架	测量范围 0 ~ 500t
	拉压传感器	测量范围 0 ~ 5000kN,精度 ±0.5%

(五)检验方法

磨铣鞋的性能试验应在模拟试验台上按以下规定进行:

(1)磨鞋对象:选用钢级为 J55 的油管或套管(或相当钢级)、壁厚不小于 5mm 的管材。

(2)将选定的磨铣对象固定在模拟试验台上,再将磨铣鞋接在试验台钻杆上,然后按表 9 – 28 规定的试验参数进行试验。

表 9 – 28　性能试验参数

产品名称	钻压,kN	转速,r/min
平底鞋、凹底型磨铣鞋	20 ~ 40	60 ~ 100
梨型、锥型磨铣鞋	5 ~ 20	40 ~ 50
领眼型磨铣鞋	5 ~ 30	60 ~ 100

(3)磨铣时,钻压由小到大,速度由慢到快,逐渐增加;正常磨铣时速度均匀;遇到憋钻,可上提钻杆,重新加压;在磨铣过程中加排量适当冷却。

(4)试验结束条件:达到不低于 4h 的寿命或不少于 6m 的总进尺;铣速度低于 0.3m/h。

(5)试验后检查其寿命或总进尺,应符合寿命和总进尺要求规定。

第四节 采 油 工 具

采油工具是指油气开采过程中必需的各种工具,如封隔器及桥塞、配水器、水力锚等,这些都是采油过程中所必需的,不可缺少的。

一、封隔器

(一)概述

1. 用途

试油、采油、注水和油层改造都需要相应类型的封隔器,有的封隔器可用于试油、采油、注水和油层改造;有的主要用于试油、采油、注水;有的仅用于采油、注水、堵水等;有的适用于常温,有的适用于高温。

2. 分类

根据封隔器的用途可分为:分层采油封隔器、分层注水封隔器、压裂封隔器、验串用封隔器。根据封隔器工作原理可分为:支撑式、卡瓦式、皮碗式、水力压差式、水力自封式、水力密闭式、水力压缩式和水力机械式等多种,目前油田常用的是水力压差式、水力压缩式和水力机械式三种。根据封隔器封隔件实现密封的方式可分为:自封式、压缩式、组合式。

3. 型号表示方法

下面详细介绍封隔器型号表示方法。

按封隔器分类代号、固定方式代号、坐封方式代号、解封方式代号、结构特征代号、使用功能代号及封隔器钢体最大外径钢体内径、工作温度工作压差等参数依次排列标注,封隔器型号表示方法如下:

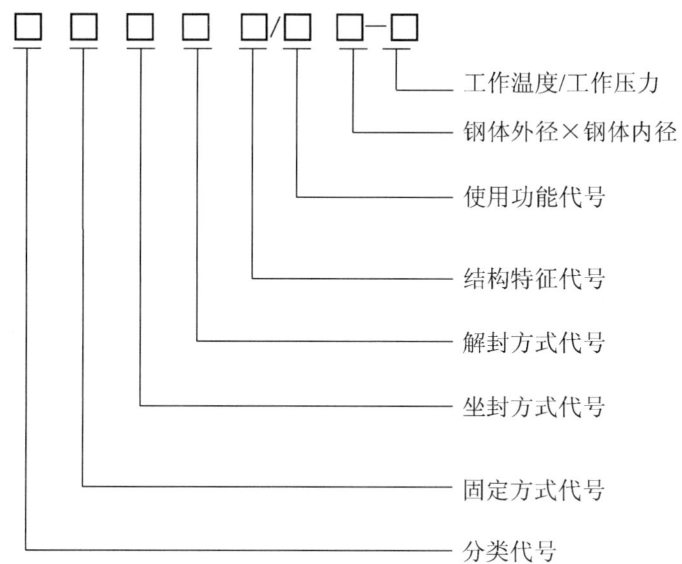

(1)分类代号:用分类名称第一个汉字的汉语拼音大写字母表示,组合式用各式的分类代号组合表示,见表9－29。

表9－29 分类代号

分类名称	自封式	压缩式	扩张式	组合式
分类代号	Z	Y	K	用各式的分类代号组合表示

(2)固定方式代号:用阿拉伯数字表示,见表9－30。

表9－30 固定方式代号

固定方式名称	尾管支撑	单向卡瓦	悬挂	双向卡瓦	锚瓦
固定方式代号	1	2	3	4	5

(3)坐封方式代号:用阿拉伯数字表示,见表9－31。

表9－31 坐封方式代号

坐封方式名称	提放管柱	转动管柱	自封	液压	下工具	热力
坐封方式代号	1	2	3	4	5	6

(4)解封方式代号:用阿拉伯数字表示,见表9－32。

表9－32 解封方式代号

解封方式名称	提放管柱	转动管柱	钻铣	液压	下工具	热力
解封方式代号	1	2	3	4	5	6

(5)结构特征代号:结构特征代号用封隔器结构特征两个关键汉字汉语拼音的第一个大写字母表示。如封隔器无下列结构特征,可省略结构特征代号。结构特征代号应符合表9－33的规定。

表9－33 结构特征代号

结构特征名称	插入结构	丢手结构	防顶结构	反洗结构	换向结构	自平衡结构	锁紧结构	自验封结构
结构特征代号	CR	DS	FD	FX	HX	PH	SJ	YF

(6)使用功能代号:使用功能代号用封隔器主要用途的两个关键汉字汉语拼音的第一个大写字母表示。使用功能代号应符合表9－34的规定。

表9－34 使用功能代号

使用功能名称	测试	堵水	防砂	挤堵	桥塞	试油	压裂酸化	找窜找漏	注水
使用功能代号	CS	DS	FS	JD	QS	SY	YL	ZC	ZS

(7)钢体最大外径、钢体内径:用阿拉伯数字表示,单位为毫米(mm)。

(8)工作温度:用阿拉伯数字表示,单位为摄氏度(℃)。

(9)工作压差:用阿拉伯数字表示,单位为兆帕(MPa)。

示例:封隔器型号为 Y344/YL114×50—150/100,表示钢体最大外径为 114mm,内径为 50mm,工作温度为 150℃,工作压差为 100MPa,压缩式、悬挂式固定,液压坐封,液压解封,主要用于压裂酸化。

(二)结构型式

油气田用封隔器基本结构的示意图如图 9－59 所示。

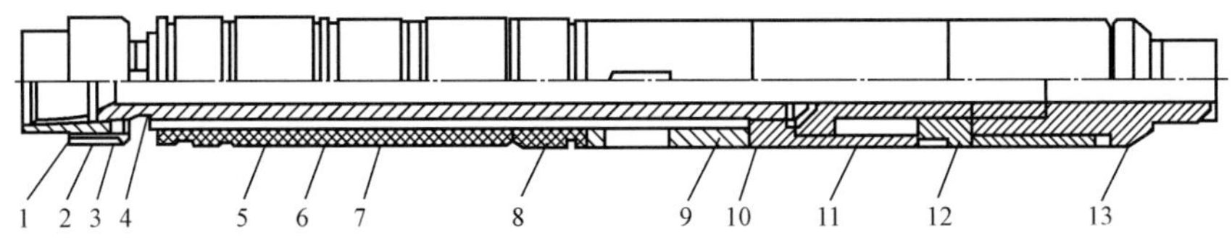

图 9－59　油气田用封隔器示意图

1—上接头;2—压紧接头;3—反洗阀;4—中心管;5—外中心管;6—隔环;7—胶筒;8—胶筒肩部保护机构;9—反洗套;10—密封圈;11—上活塞;12—下活塞;13—下接头

(三)产品标准、规范要求

1. 产品标准

封隔器检验主要依据 SY/T 5106—1998《油气田用封隔器通用技术条件》和 SY/T 5404—2002《扩张式封隔器》。

2. 规范要求

(1)材料:生产封隔器用的材料必须符合图纸要求。如需其他材料代用,必须取得设计或生产部门同意;生产封隔器的材料必须有出厂检验合格证。每批应按 5% 抽样进行理化试验,试验结果必须符合有关国家标准、行业标准的规定方可使用;生产封隔器用的管材必须用无缝钢管,并按 GB/T 8162《结构用无缝钢管》的规定选用。

(2)加工:石油钻杆螺纹按 GB/T 22512.2《石油天然气工业　旋转钻井设备　第 2 部分:旋转台肩式螺纹连接的加工与测量》的规定加工;石油油管螺纹按 GB/T 9253.2《石油天然气工业　套管、油管和管线管螺纹的加工、测量和检验》的规定加工;热处理件和用锻件加工的重要零件必须 100% 进行探伤。

(3)组装:组装封隔器用的零(部)件必须是检验部门检验后的合格件;封隔器的重要零件,组装时必须按图纸复检;橡胶件的有效期规定自生产之日起不超过一年半;组装封隔器应先清除零(部)件上的毛刺、铁屑和赃物,连接螺纹应涂螺纹油;密封圈组装后,外径(内径)与配合孔(轴)的圆度不大于 ±0.02mm,并不得扭曲、损伤;封隔器端部螺纹应戴螺纹保护器;全部组装过程必须符合设计要求。

(4)封隔件性能应符合 HG/T 2702《扩张式封隔器胶筒》的规定。

(5)封隔器常温检验、高温检验技术要求见表 9－35。

表 9-35 不同温度检验技术要求

<table>
<tr><td rowspan="3">用途</td><td colspan="4">常温检验</td><td colspan="6">高温检验</td></tr>
<tr><td colspan="2">坐封、解封性能检验</td><td colspan="2">强度检验</td><td colspan="2">疲劳检验</td><td colspan="2">承压差检验</td><td colspan="2">强度检验</td></tr>
<tr><td>检验次数</td><td>稳压时间 min</td><td>检验压力倍数</td><td>稳压时间 min</td><td>检验次数</td><td>稳压时间 min</td><td>检验次数</td><td>稳压时间 min</td><td>检验压力倍数</td><td>稳压时间 min</td></tr>
<tr><td>采油</td><td>8</td><td>20</td><td>1.2</td><td>10</td><td>6</td><td>30</td><td>6</td><td>60</td><td>1.2</td><td>10</td></tr>
<tr><td>注水</td><td>15</td><td>20</td><td>1.5</td><td>10</td><td>10</td><td>30</td><td>10</td><td>60</td><td>1.2</td><td>10</td></tr>
<tr><td>酸化</td><td>8</td><td>15</td><td>1.2</td><td>20</td><td>5</td><td>60</td><td>5</td><td>120</td><td>1.5</td><td>20</td></tr>
<tr><td>压裂</td><td>6</td><td>15</td><td>1.5</td><td>30</td><td>5</td><td>60</td><td>5</td><td>120</td><td>1.5</td><td>20</td></tr>
<tr><td>测试</td><td>6</td><td>15</td><td>1.2</td><td>10</td><td>5</td><td>60</td><td>5</td><td>120</td><td>1.5</td><td>10</td></tr>
</table>

3. 检验结果评价

主要评价指标见表 9-36。

表 9-36 封隔器主要评价指标

<table>
<tr><td>序号</td><td>检验项目</td><td>评价指标</td></tr>
<tr><td>1</td><td>标识</td><td>外圆柱面用钢字打印型号和钢体号</td></tr>
<tr><td>2</td><td>合格证</td><td>带有产品合格证</td></tr>
<tr><td>3</td><td>螺纹防护措施</td><td>接头螺纹应涂防锈油脂并戴螺纹保护器</td></tr>
<tr><td>4</td><td>使用说明书</td><td>带有使用说明书</td></tr>
<tr><td>5</td><td>内通径 d</td><td>$(d-2)$mm</td></tr>
<tr><td>6</td><td>油管外螺纹</td><td>螺纹规手紧紧密距牙数 2</td></tr>
<tr><td>7</td><td>油管内螺纹</td><td>螺纹规手紧紧密距牙数 2</td></tr>
<tr><td rowspan="2">8</td><td rowspan="2">坐封压力</td><td>液压类:5min 内压降≤(1+坐封压力×2%)MPa</td></tr>
<tr><td>其他类:技术指标</td></tr>
<tr><td>9</td><td>密封压力</td><td>5min 内压降≤(1+工作压力×2%)MPa</td></tr>
<tr><td>10</td><td>阀启开压力</td><td>≤2MPa</td></tr>
<tr><td>11</td><td>洗井排量</td><td>≥25m^3/h(洗井压力≤2MPa)</td></tr>
<tr><td>12</td><td>重复密封率</td><td>100%(10 次)</td></tr>
<tr><td>13</td><td>强度试验</td><td>(1.2~1.5)倍坐封压力,无变形、损坏</td></tr>
<tr><td>14</td><td>解封载荷</td><td>技术指标</td></tr>
</table>

(四)主要检验项目及仪器设备

封隔器主要检验项目及仪器设备见表 9-37。

表9－37　封隔器主要检验项目及仪器设备

检验项目	检验用仪器设备	设备量程范围
外观、标识	—	—
结构参数	游标卡尺	测量范围0～500mm；分辨力0.02mm
	钢卷尺	测量范围0～5m；分辨力0.5mm
偏心、突出、残余应变、过赢、压缩距	游标卡尺	测量范围0～150mm；分辨力0.02mm
	钢卷尺	测量范围0～5m；分辨力0.5mm
接头螺纹	油管螺纹工作量规	测量范围2⅜～4TBG
	游标卡尺	测量范围0～150mm，分辨力0.02mm
	深度千分尺	测量范围0～25mm，分辨力0.005mm
坐封载荷、解封载荷密封压力、扩张压力	高温高压封隔器试验装置	—
	拉压传感器	测量范围0～300kN，精度±0.5%
	压力表	0～100MPa，精度±0.5%
	温度显示仪	温度0～200℃，精度±0.5%

（五）检验方法

封隔器性能检验原理是将被检样品下入模拟试验井内后，根据其额定工作压力和温度，模拟其工作状态对其坐封性能、密封性能、解封性能和强度性能进行检验，检验其是否符合标准中规定的要求。检验原理图参照图9－60。

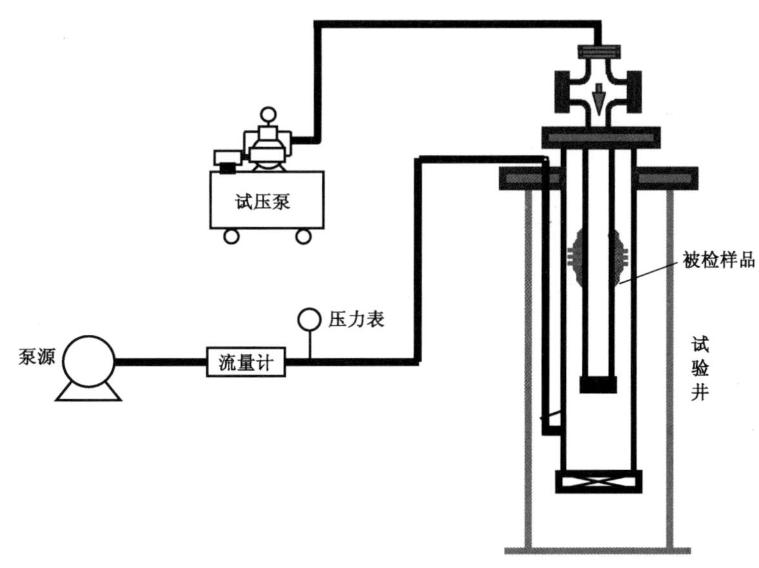

图9－60　检验原理图

1. 支撑压缩式封隔器的性能检验

支撑压缩式封隔器是以井底（或卡瓦封隔器和支撑卡瓦）为支点，通过管柱加压来坐封的封隔器。主要实现分层试油、采油、找水、堵水等功能。不仅能单独使用，也可和卡瓦式封隔器或支撑卡瓦配套使用。

1）坐封性能检验

将封隔器下入试验井内预定位置后，以井底为支点，通过管柱加压压胀封隔件，密封油套环空，实现封隔器坐封。

2）密封性能检验

在封隔器上端施加额定的工作压力，稳压5min，记录初始压力和终止压力。泄掉封隔器上端压力后，在封隔器下端施加额定的工作压力，稳压5min，记录初始压力和终止压力。按以上步骤重复3次。分别在上、下端的3组工作压力中取压降最大的一组压力值作为检验结果。

3）解封性能检验

上提油管，封隔件靠自身弹性收缩，完成封隔器解封。

2. 卡瓦压缩式封隔器的性能检验

卡瓦压缩式封隔器可以防止油管柱的轴向移动（单向移动或双向移动），所用胶筒为压缩式，一般均靠下放一定管柱重力坐卡和坐封（压缩胶筒使其直径变大，封隔油、套环形空间），也有靠从油管柱内加液压来坐卡和坐封的。不管是靠管柱重力坐卡和坐封，还是靠液压坐卡和坐封，都不能多级使用。主要实现分层试油、采油、找水、堵水等功能。

1）坐封性能检验

将封隔器下至预定位置后，上提管柱一定高度，继续下放管柱，使卡瓦卡在套管内壁形成支撑点，通过管柱加压压胀封隔件，密封油套环空，实现封隔器坐封。

2）密封性能检验

在封隔器上端施加额定的工作压力，稳压5min，记录初始压力和终止压力。泄掉封隔器上端压力后，在封隔器下端施加额定的工作压力，稳压5min，记录初始压力和终止压力。按以上步骤重复3次。分别在上、下端的3组工作压力中取压降最大的一组压力值作为检验结果，当压降相同时取压力最小的一组压力值作为检验结果。

3）解封性能检验

上提油管柱，锥体脱开卡瓦，轨道销钉滑至长轨道的下死点，完成封隔器解封。

3. 水力压缩式封隔器的性能检验

水力压缩式封隔器是依靠液压推动刚体使胶筒压缩发生弹性变形来封隔油、套环形空间。主要用于分层注水。

1）坐封性能检验

将试压泵与被检样品连接完毕后，启动试压泵，经中心管加压，当达到额定坐封压力时，稳压5min，重复5次，每次间隔5min。取5组坐封压力中压降最大的一组压力值作为检验结果。

2）密封性能检验

在封隔器上端施加额定的工作压力，稳压5min，记录初始压力和终止压力。泄掉封隔器上端压力后，在封隔器下端施加额定的工作压力，稳压5min，记录初始压力和终止压力。按以上步骤重复3次。分别在上、下端的3组工作压力中取压降最大的一组压力值作为检验结果，当压降相同时取压力最小的一组压力值作为检验结果。

3）强度性能检验

在中心管施加额定工作压力，稳压5min，记录试验结果。

4）解封性能检验

根据封隔器的结构特点，对封隔器施加解封载荷，记录完成解封时的解封载荷。

4. 水力扩张式封隔器的性能检验

水力扩张式封隔器是靠胶筒向外扩张来封隔油、套环形空间。因此，胶筒的内部压力必须大于外部压力，也就是油管压力必须大于套管压力。所以，水力扩张式封隔器必须与节流器配套使用。

1）坐封性能检验

将试压泵与被检样品连接完毕后，启动试压泵，经中心管加压，当达到额定坐封压力时，稳压5min，重复5次，每次间隔5min。取5组坐封压力中压降最大的一组压力值作为检验结果。

2）密封性能检验

在封隔器上端施加额定的工作压力，稳压5min，记录初始压力和终止压力。泄掉封隔器上端压力后，在封隔器下端施加额定的工作压力，稳压5min，记录初始压力和终止压力。按以上步骤重复3次。分别在上、下端的3组工作压力中取压降最大的一组压力值作为检验结果，当压降相同时取压力最小的一组压力值作为检验结果。

3）强度性能检验

在中心管施加额定工作压力，稳压5min，记录试验结果。

4）解封性能检验

根据封隔器的结构特点，对封隔器施加解封载荷，记录完成解封时的解封载荷。

二、桥塞

（一）概述

1. 用途

桥塞是在封层采油等措施时，把其留在井内一段时间或永久留在井内。桥塞的作用是油气井封层，具有施工工序少、周期短、卡封位置准确的特点。桥塞与封隔器的区别是：封隔器和桥塞都是把两段隔开用的，但封隔器的中间是空的，可以自由流动油气水，而桥塞中是实心的，全部封死。

2. 分类

桥塞按使用特征分为永久式和可取式两种。

桥塞按打捞方式上分可捞、可钻和可捞可钻三种，全部是单独留井的封层工具，耐压差高。可捞的和丢手封类似；可钻的除中心管外，基本都是铸铁件；可捞可钻的壳体、中心管和接头都是钢件，卡瓦牙是铸铁的。另外，桥塞也有底部带阀的，可以用专用插管打开关闭下层。

3. 型号表示方法

1)结构特征代号

结构特征代号用桥塞结构特征两个关键字的第一个大写字母表示。如桥塞无下列结构特征,可省略结构特征代号。特征代号优先从表9－38中选用。

表9－38　结构特征代号

结构特征名称	插入结构	丢手结构	防顶结构	反洗结构	换向结构	自平衡向结构	锁紧机构	自解封结构
结构特征代号	CR	DS	FD	FX	HX	PH	SJ	YF

2)使用功能代号

使用功能代号用桥塞主要用途两个关键汉字拼音的第一个大写字母表示。使用功能代号优先从表9－39中选用。

表9－39　使用功能代号

使用功能名称	测试	堵水	防砂	挤堵	桥塞	试油	压裂酸化	窜找找漏	注水
使用功能代号	CS	DS	FS	JD	QS	SY	YL	ZC	ZS

3)型号编制方法

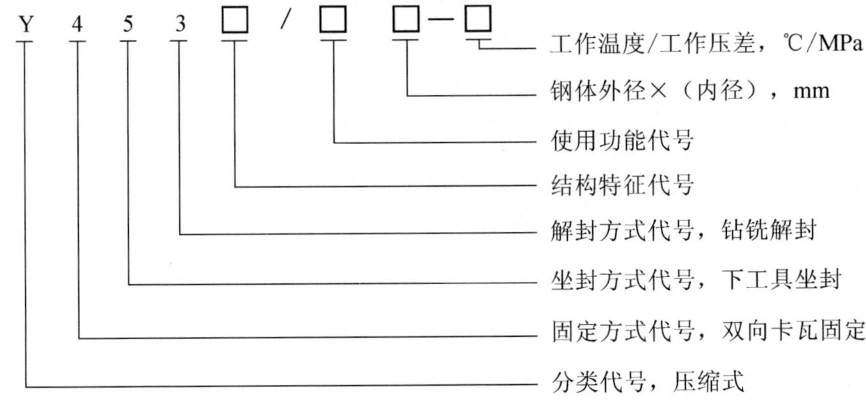

示例:丢手结构,使用功能为桥塞,钢体最大外径114mm,最高工作稳定120℃,最大工作压差50MPa的可钻桥塞型号表示为:Y453DS/QS114－120/50。

(二)结构型式

普通型桥塞基本结构示意图如图9－61所示,挤注型桥塞基本结构示意图如图9－62所示。

(三)产品标准、规范要求

1. 主要依据标准

主要依据SY/T 5352—2007《丢手可钻封隔器、桥塞及坐封工具》和GB/T 20970—2007《石油天然气工业　井下工具　封隔器和桥塞》。

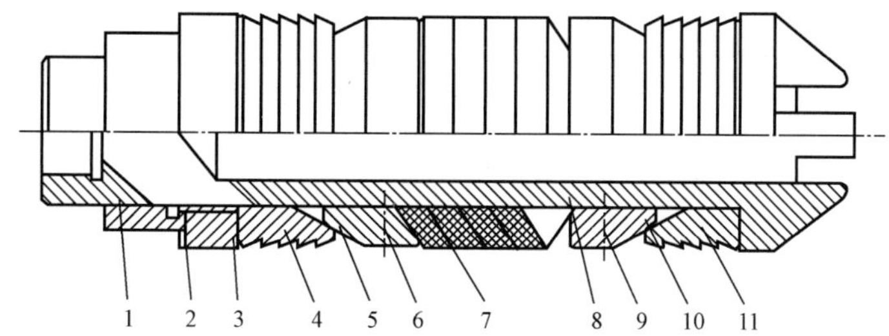

图 9－61　普通型桥塞基本结构示意图

1—销钉；2—锁环；3—上压套；4—上卡瓦；5—上锥体；6—上锥体剪钉；7—胶筒；8—中心管；9—下锥体剪钉；10—下锥体；11—下卡瓦

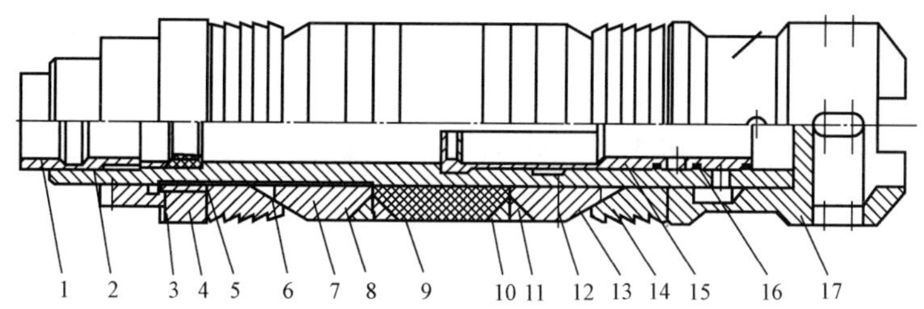

图 9－62　挤注型桥塞基本结构示意图

1—释放环；2—中心管；3—锁环；4—压套；5—内密封套；6—上卡瓦；7—上锥体；8—上锥体剪钉；9—胶筒；10—公胀环；11—母胀环；12—下锥体剪钉；13—下锥体；14—下卡瓦；15—滑套；16—O 型橡胶密封圈；17—下接头

2. 规范要求

性能要求：所有橡胶胶筒的使用性能应符合 HG/T 2701《压缩式封隔器胶筒》的规定，并满足表中工作压差和工作稳定的要求；卡瓦的初裂载荷应为 30～80kN，200kN 时的裂开片数应大于或等于 3 片；使锁环顺齿跳动的载荷应为 0.8～1.5kN；锁环逆齿锁紧载荷应大于或等于 350kN。试验结束中心管和锁环上的螺纹不应有损坏；在 SY/T 5587—2004《常规修井作业规程》要求的钻柱组合及钻铣参数下钻铣桥塞，使其失去约束的纯钻时间应不大于 300min；丢手可钻封隔器中心管的抗拉性能应不小于 350kN，在规定的试验拉载下中心管管身长度尺寸变形不应大于 2mm；外径变形不应大于 0.5mm。

（四）主要检验项目及仪器设备

桥塞主要检验项目及仪器设备见表 9－40。

表 9－40　桥塞主要检验项目及仪器设备

检验项目	检验用仪器设备	设备量程范围
外观、标识	—	—
结构参数	游标卡尺	测量范围 0～500mm；分辨力 0.02mm
	钢卷尺	测量范围 0～5m；分辨力 0.5mm
接头螺纹紧密距	油管螺纹工作量规	
	游标卡尺	测量范围 0～150mm，分辨力 0.02mm
	深度千分尺	测量范围 0～25mm，分辨力 0.005mm

续表

检验项目	检验用仪器设备	设备量程范围
卡瓦破裂试验	万能试验机	测量范围0～30t
	压力传感器	测量范围0～300kN,精度±0.5%
锁环顺齿跳动试验 锁环逆齿锁紧载荷试验	拉压测试架	测量范围0～200t
	拉压传感器	测量范围0～2000kN,精度±0.5%

(五)检验方法

1. 卡瓦破裂试验

按图9－63要求组装好试件,并置于万能试验机工作台上;对压套缓慢垂直加载,观察卡瓦初裂时的载荷,当载荷达到200kN时停止加载;卸下试验装置,检测卡瓦的初始载荷为30～80kN,200kN时的裂开数应大于或等于3片。

2. 锁环顺齿跳动试验

桥塞锁环顺齿跳动试验装置如图9－64所示。试验程序:按图9－64要求准备相应的试件及辅具并进行组装,用0.8～1.5kN的载荷下推压套,锁环应能沿中心管上的螺纹顺齿跳动,当锁环下行至离锁紧螺纹终止端约50mm时停止。结果评定:试验结果,锁环顺齿跳动的载荷0.8～1.5kN为合格。

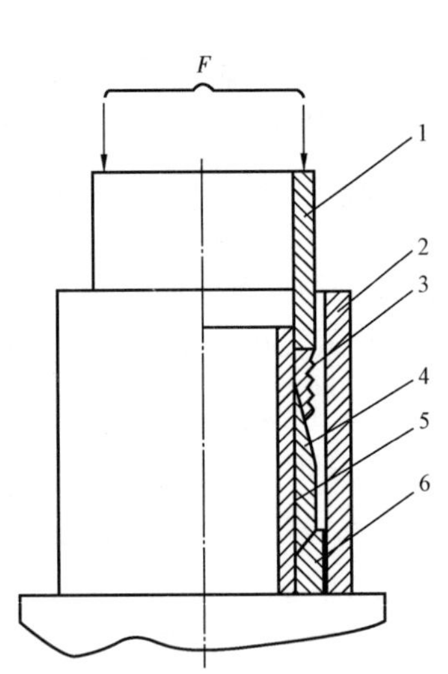

图9－63 卡瓦破裂试验装置示意图

1—压套;2—套管;3—卡瓦;4—锥体;5—心管;6—垫环

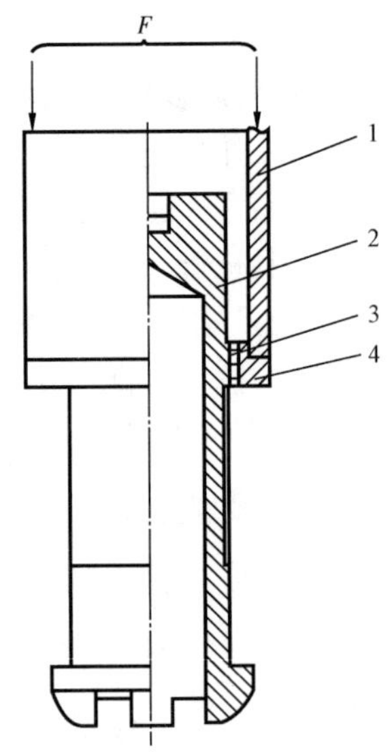

图9－64 桥塞锁环顺齿跳动试验装置示意图

1—压套;2—中心管;3—锁环;4—锁环套

3. 锁环逆齿锁紧载荷试验

桥塞锁环逆齿锁紧载荷试验装置如图9－65所示。试验程序:将按图9－65要求准备的试件及辅具组装好后置于万能试验机工作台上。对图9－65中心管缓慢垂直加载,当载荷达到350kN时停止加载。结果评定:试验结果锁环逆齿锁紧载荷应大于或等于350kN。试验结束中心管和锁环上的螺纹不应有损坏为合格。

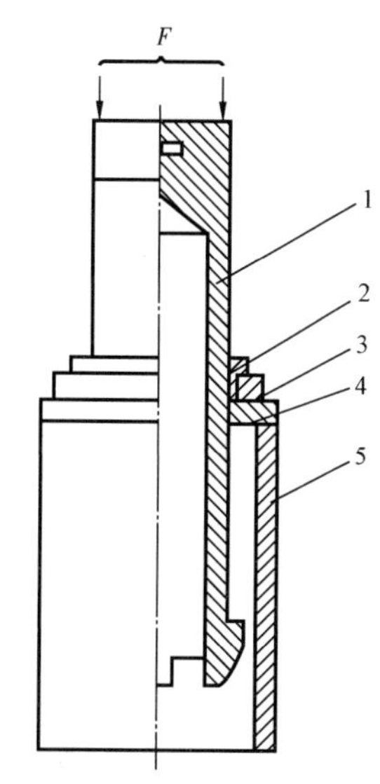

图9-65 桥塞锁环逆齿锁紧载荷试验装置示意图

1—中心管;2—锁环;3—锁环套;4—垫环;5—支撑套

三、偏心配水工具

(一)概述

1. 用途

偏心配水工具是油田对油层进行分层定量注水,开发非均质油田的重要井下工具。根据油田注水开发采油工艺对各井层段的吸水能力、注水量的要求不同,可通过偏心配水工具与封隔器配套使用,来调节控制各井层段的注水量,从而达到合理注水,提高油田采收率的目的。同时为解决油井层间干扰或调整注入水的驱油方向、降低油井出水量,还可作为堵水工具使用。

2. 分类

偏心配水工具包括偏心配水器(以下简称配水器)、工作筒、堵塞器、投捞器、测试密封段等。

3. 型号表示方法

(1)配水器型号表示方法如下:

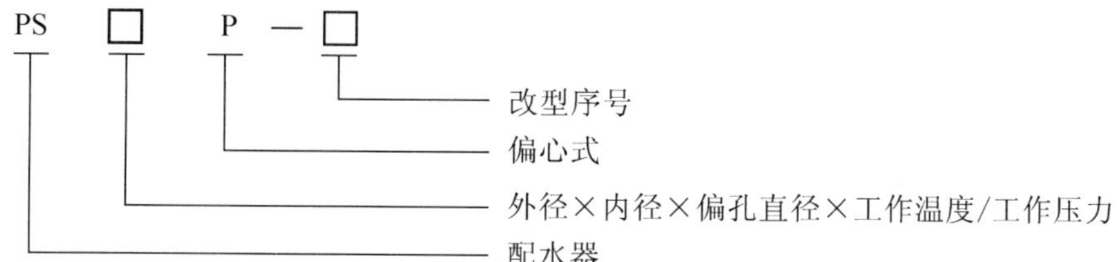

示例:PS114×46×20×70/15P—A/B:表示外径为114mm、内径为46mm、偏孔直径为20mm、工作温度为70℃、工作压力为15MPa的A/B型偏心配水器。

(2)工作筒型号表示方法如下:

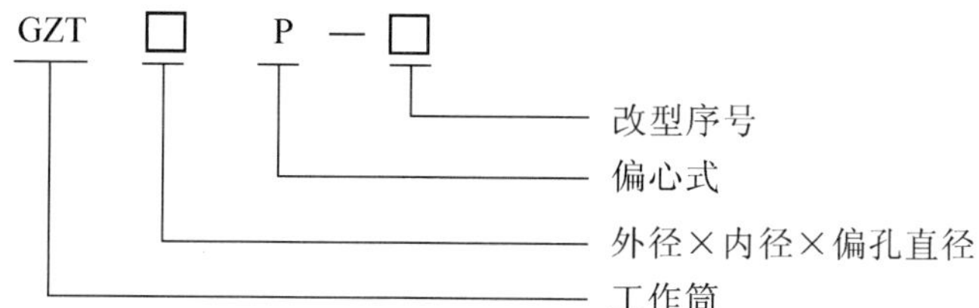

示例:GZT114×46×20P—A:表示外径为114mm、内径为46mm、偏孔直径为20mm的A型偏心工作筒。

(3)堵塞器型号表示方法如下：

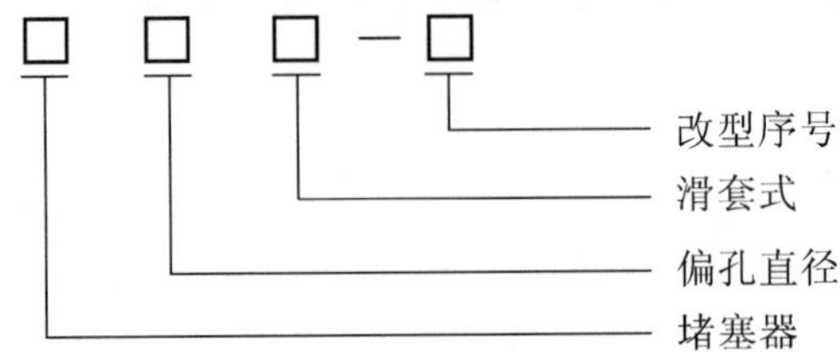

示例：DSQ20HT—A/B：表示偏孔内径为20mm的A/B型滑套式堵塞器。

(4)投捞器型号表示方法如下：

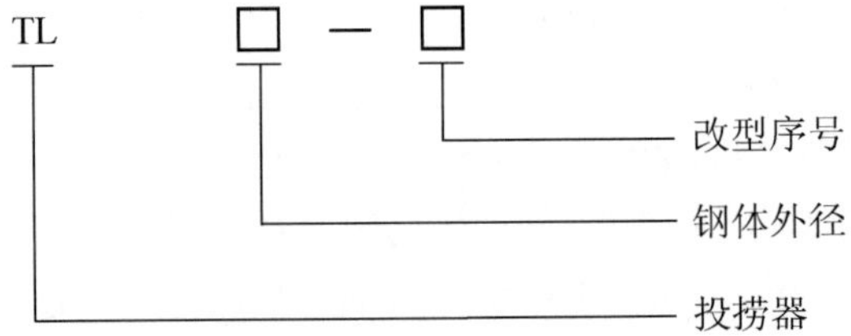

示例：TL45—A/B：表示钢体外径为45mm的A/B型投捞器。

(5)测试密封段型号表示方法如下：

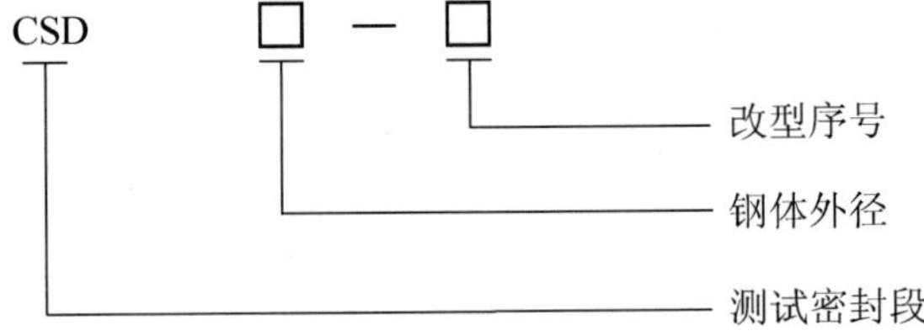

示例：CSD44—A：表示钢体外径为44mm的A型测试密封段。

(二)结构型式

偏心配水工具的主要结构是：(1)工作筒：上接头、上连接套、扶正体、主体、下连接套、过架、导向体、下接头；(2)堵塞器：打捞杆、压盖、压簧、支撑座、凸轮、密封段、水嘴、滤网。

工作原理：正常注水时，堵塞器靠堵塞器主体22mm台阶坐于工作筒主体的偏心孔上，凸轮卡于偏心孔上部的扩孔处，堵塞器主体上下要组四道O型密封圈封住偏心孔的出液槽，注入水经堵塞器滤网、水嘴、堵塞器主体出液槽和工作筒主体的偏孔进入油套环形空间后注入地层。

(三)产品标准、规范要求

1. 产品标准

偏心配水工具检验主要依据标准SY/T 5275—2012《偏心配水工具》。

2. 规范要求

整机性能：按试验压力(额定工作压力的1.2倍)加压，稳压5min，各密封部位不渗、不漏，钢体无变形；螺纹抗滑脱载荷大于380kN；投捞成功率100%。

材料：产品所用材料应符合图样要求，允许使用性能不低于图样规定的其他材料代用；产品所用无缝钢管应符合GB/T 8162《结构用无缝钢管》的要求。水嘴材料为陶瓷或钨钢；密封件性能应符合GB/T 7759《硫化橡胶或热塑性橡胶　压缩永久变形的测定》、GB/T 3452.1《液压气动用O型橡胶密封圈　第1部分：尺寸系列及公差》、GB/T 3452.2《液压气动用O型橡胶密封圈　第2部分：外观质量检验规范》、HG/T 2579《普通液压系统用O型橡胶密封圈材料》的要求。

加工与组装：锻件和热处理件粗车后进行无损探伤；油管螺纹应符合GB/T 9253.2《石油天然气工业　套管、油管和管线管螺纹的加工、测量和检验》的要求；导向体槽与偏孔在同一平面；扶正体槽与偏孔对正，偏移不大于0.5mm；投捞器的投捞爪与导向爪应在同一平面，导向爪张开后凸出定向芯子外套6mm±0.5mm；堵塞器的运动机构动作灵活，若带凸轮，则凸轮高出支撑座2.2mm；若带锁领，则锁领的偏心位移量为2mm±0.2mm；测试密封段两定位爪能顺利通过扶正体30mm和20°面。

偏心配水工具主要检验评价指标见表9-41。

表9-41　主要评价指标

序号	检验项目	评价指标
1	标识	工作筒主体上有产品型号、出厂编号钢印
2	内通径 d	$(d-2)$mm
3	最大外径 D	$D_{-1.0}^{0}$(mm)
4	总长检验	技术指标，mm
5	整体性能检验（密封性）	5min内压降≤1MPa
6	投捞成功率	100%
7	螺纹抗滑脱性能检验	≥380kN，稳载5min，无变形、损坏

（四）主要检验项目及仪器设备

偏心配水器主要检验项目及仪器设备见表9-42。

表9-42　偏心配水器主要检验项目及仪器设备

检验项目	检验用仪器设备	设备量程范围
外观、标识	—	—
结构参数	游标卡尺	测量范围0~500mm；分辨力0.02mm
	钢卷尺	测量范围0~5m；分辨力0.5mm
接头螺纹	油管螺纹工作量规	测量范围2⅜~4TBG
	游标卡尺	测量范围0~150mm，分辨力0.02mm
	深度千分尺	测量范围0~25mm，分辨力0.005mm
工作筒密封试验 堵塞器密封试验 测试密封段密封试验 偏心配水工具整机试验	电动试压泵	0~80MPa
	压力表	0~5MPa，精度±0.25%
	压力表	0~60MPa，精度±0.25%

续表

检验项目	检验用仪器设备	设备量程范围
堵塞器投入和捞出试验	标准试验短节	—
	弹簧秤	0～25kg；精度±(5～20)g
	天平盘、砝码	最大称量310g，最小称量0.01g
投捞器投捞试验	—	—
螺纹抗滑脱试验	拉压测试架	0～200t
	拉压传感器	0～1000kN，精度：±0.5%

（五）检验方法

1. 结构尺寸检验

主要有最大外径、内通径和工具总长。

(1)最大外径检验：在配水器的上、中、下部各选择1点测量外径3次，分别取平均值，平均值中的最大值作为配水器的最大外径。

(2)内通径检验：选用与配水器内通径相对应的通径规，对被检样品进行通过检验。内通径与通径规尺寸对应关系见表9－43。

表9－43　内通径与通径规尺寸对应关系表

通径规外径，mm	ϕ44	ϕ48	ϕ50
对应内通径，mm	ϕ46	ϕ50	ϕ52

(3)总长检验：等距离测量3次配水器的长度，取平均值为配水器的总长。

2. 工作筒密封试验

将装有死水嘴的堵塞器坐入工作筒的偏孔内，上接头连接试压泵，下接头装丝堵，当压力达到试验压力时，稳压5min，重复5次。结果判定：各密封部位不渗、不漏、钢体无变形为合格。

3. 堵塞器密封试验

按图9－66的要求组装好试件，将装有死水嘴的堵塞器坐入试验短节内，试验短节两端装试压接头，分别从两端试压接头连接试压泵，当压力达到试验压力值时，稳压5min，重复5次。结果判定：观察出液孔无渗漏为合格。

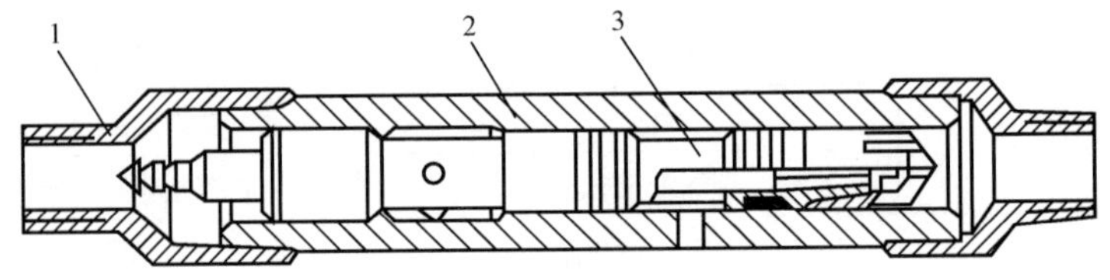

图9－66　堵塞器密封试验装置

1—试压接头；2—标准试验短节；3—堵塞器

4. 堵塞器投入和捞出试验

按图 9－67 的要求组装好试件。投入时，在天平盘内放入砝码，使堵塞器坐入试验短节内孔，测得投入力；捞出时，上提弹簧秤，使堵塞器脱开试验短节内孔，测得捞出力。重复上述步骤 5 次。结果判定：分别取 5 次投入力和捞出力中的最大值作为试验结果，符合设计要求为合格。

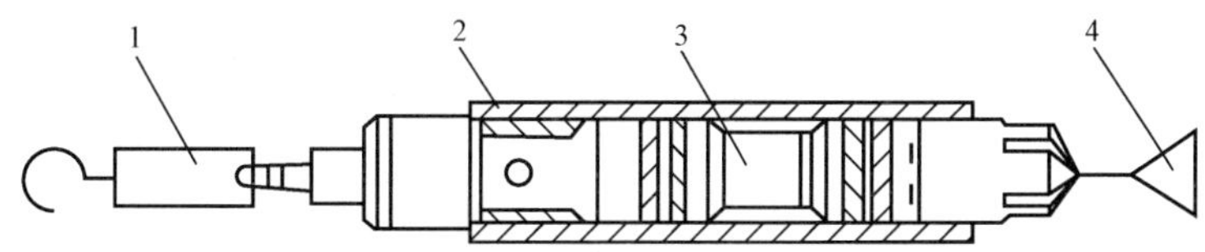

图 9－67 堵塞器密封试验装置

1—弹簧秤；2—标准试验短节；3—堵塞器；4—天平盘

5. 投捞器投劳试验

将携带堵塞器的投捞器下入工作筒内投入、脱卡。之后将带有打捞头的投捞器下入工作筒内，捞出堵塞器。重复上述步骤 10 次。

6. 测试密封段密封试验

按图 9－68 的要求组装好试件，将测试密封段坐入试验短节内，从试压接头连接试压泵，当压力达到试验压力值时，稳压 5min，重复 5 次。结果判定：观察出液孔无渗漏为合格。

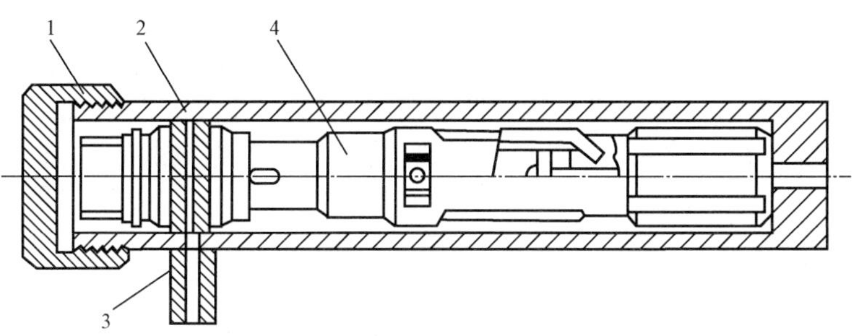

图 9－68 测试密封段密封试验装置

1—丝堵；2—标准试验短节；3—试压接头；4—测试密封段

7. 偏心配水工具整机试验

偏心配水工具整机试验是将被检样品下入模拟试验井内后，根据其额定工作压力和温度，模拟其工作状态对其整机性能、强度性能进行检验，检验其是否符合标准中规定的要求。

（1）按图 9－69 所示，将装有堵塞器的偏心配水器下入试验井内。

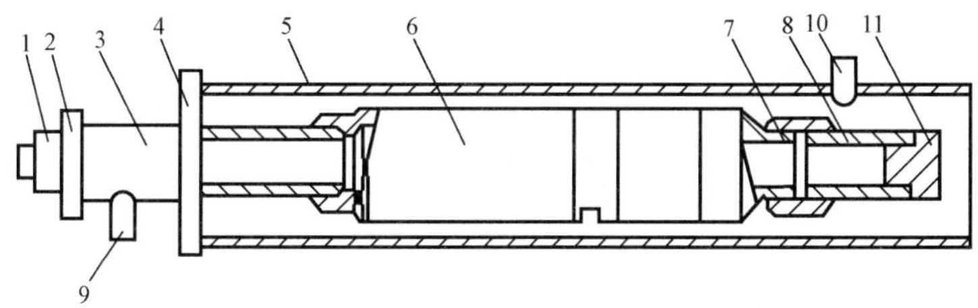

图 9－69 偏心配水工具整机试验装置

1—丝堵；2—油管接箍；3—油管；4—油管柱；5—套管；6—偏心配水器；7—油管接箍；8—油管；9—上试压接头；10—下试压接头；11—丝堵

(2)分别从上、下试压接头连接试压泵,进行正向和反向工作压力试验,当压力达到工作压力时,稳压5min,重复3次。

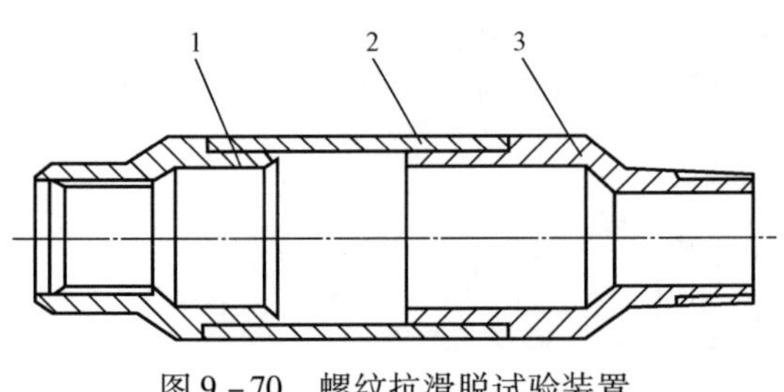

图9-70 螺纹抗滑脱试验装置

1—工作筒上接头;2—标准连接套;3—工作筒下接头

(3)取3组工作压力中压降最大的一组压力值作为检验结果。如果压降相同,取最小的一组压力值作为检验结果。

8. 螺纹抗滑脱性能检验

按图9-70组装好试件,对样品施加轴向拉伸载荷(≥380kN),稳载5min,卸载后用螺纹规检测螺纹,螺纹无变形为合格。

四、水力锚

(一)概述

1. 用途

水力锚属于油田生产井用来固定管柱的井下工具,利用水力锚爪的咬合力来克服和防止井下工具产生轴向位移。水力锚是作业时克服油管所受拉力,起固定管柱作用,从而防止管柱轴向位移影响作业效果的一种石油工具。水力锚用于油(气)井水力压裂、水井增注改造、水力喷砂、切割(或喷砂射孔)等井下作业管柱的锚定,以及用于克服试油、采油、找水、卡堵水等工艺管柱的蠕动。

该石油工具主要由锚体、锚爪、扶正块、弹簧密封圈、固定螺栓等组成。

当油管压力大于套管压力时,油管、套管之间的压差会作用在石油工具水力锚的锚爪上,这时就会产生一个液压作用力,当这个作用力大于弹簧的弹力时,锚爪就会压缩弹簧,使其向外凸出,并咬合在套管内壁上,以防止管柱上、下窜动,实现锚定动作。当油管、套管压差继续增大,石油工具水力锚的锚爪的咬合力也会越来越大,当油管压力小于或等于套管压力时,锚爪就会在弹簧的作用下恢复到原来的位置,解除锚定作用。

在工作时,要根据管柱的受力大小选用合适的水力锚,既不渗也不漏的才可以使用。水力锚下井位置也有一定的要求,应处于水泥返高范围之内,因为这样可预防因压力过高而造成套管变形,将水力锚卡死。当水力锚有防砂装置时,它可下入在管柱底部,否则水力锚下入位置应在最上一级封隔器的上部,防止砂卡。

2. 分类

水力锚是按水力锚锚爪的限位方式分为:扶正式、挡板式、板簧式。

3. 型号表示方法

水力锚名称代号用SLM表示。

使用技术参数用"钢体最大外径(mm)×钢体最下内径(mm)-工作压差(MPa)"表示。

结构特征代号用分类名称两个关键汉字的第一个汉语拼音大写字母表示,方法应符合表9-44的规定。

表 9－44　结构特征代号

分类名称	扶正式	挡板式	板簧式
结构特征代号	FZ	DB	BH

示例：SLM110×40－70FZ 型水力锚，表示钢体最大外径为 110mm、钢体最下内径为 40mm、工作压差为 70MPa、结构特征为扶正式的水力锚。

（二）结构型式

各种水力锚的基本结构如图 9－71、图 9－72 和图 9－73 所示。

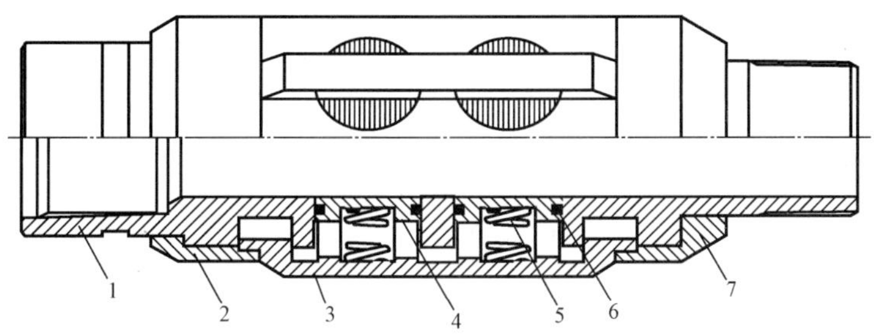

图 9－71　扶正式水力锚

1—锚体；2—上限位套；3—扶正块；4—锚爪；5—弹簧；6—密封圈；7—下限位套

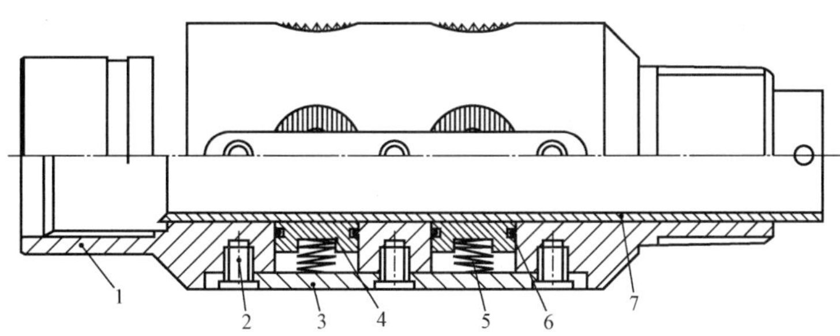

图 9－72　挡板式水力锚

1—锚体；2—螺钉；3—挡板；4—锚爪；5—弹簧；6—密封圈；7—中心管

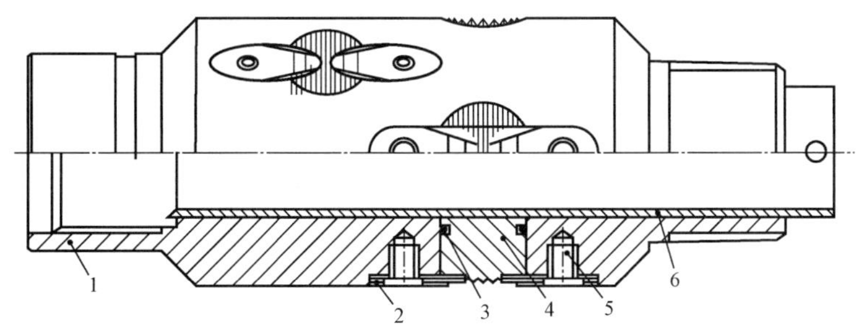

图 9－73　板簧式水力锚

1—锚体；2—板簧；3—密封圈；4—锚爪；5—螺钉；6—中心管

(三)产品标准、规范要求

1. 产品标准

产品主要依据标准:SY/T 5628—2008《水力锚》。

2. 规范要求

性能指标:

水力锚工作压差和工作温度应符合 SY/T 5628—2008《水力锚》的规定。在该压差和温度的条件下,稳压 5min,反复 10 次,无渗漏为合格。

水力锚在卸压后 1min 内应恢复原状,锚爪牙齿不允许高出锚体。

水力锚的锚定力应大于 1.6 倍额定锚定力,在锚定力作用下水力锚不允许移动,见下列公式。

$$F > 1.6F_1$$

$$F_1 = 10^{-3}A_1 \cdot p_1$$

式中 F——锚定力,kN;

F_1——额定锚定力,kN;

A_1——套管内截面积,mm^2;

p_1——工作压差,MPa。

上下连接螺纹应采用油管螺纹连接。水力锚的启动压差不大于 2.5MPa。

材料:水力锚的材料应符合图样要求。允许使用不低于图样规定性能的其他代用材料;水力锚使用的钢材应符合 GB/T 699—2015《优质碳素结构钢》,GB/T 3077—2015《合金结构钢》,GB/T 1220—2007《不锈钢棒》和 GB/T 1222—2007《弹簧钢》的规定;生产水力锚用的管材应符合 GB/T 8162—2008《结构用无缝钢管》的规定;除特殊性能外,密封圈的材料应符合 HG/T 2701—2016《压缩式封隔器胶筒》的规定。

加工:锻件应符合 SY/T 5676—2010《石油钻采机械产品用高压锻件技术条件》的规定;油管螺纹应符合 GB/T 9253.2—1999《石油天然气工业 套管、油管和管线管螺纹的加工、测量和检验》的规定;锚爪牙齿表面硬度为 55 ~ 62HRC,硬化层厚度为 0.8 ~ 1.0mm。

组装:组装水力锚的零件,应是检验合格的零件;组装水力锚不得使用超过有效期和用过的密封圈;组装前应清除毛刺、铁屑和赃物,连接螺纹涂密封脂;装锚爪时应在密封面涂润滑油,密封圈不得有拧扭、扭伤现象;水力锚组装后,锚爪、扶正块应无卡阻现象;锚爪组装后不得高出钢体;端部螺纹应戴螺纹保护器。

3. 水力锚主要检验评价指标

水力锚主要检验评价指标见表 9 – 45。

表 9 – 45 水力锚主要检验评价指标

序号	检验项目	评价指标
1	标识	标记槽内应标有钢印标记,内容包括:制造厂代号、产品编号
2	合格证	有产品合格证

续表

序号	检验项目	评价指标
3	使用说明书	有使用说明书
4	螺纹防护措施	端部螺纹应涂密封脂并戴螺纹保护器
5	锚孔直径	技术指标
6	钢体最小内径	(技术指标 ±0.5)mm
7	钢体最大外径	(技术指标 ±0.5)mm
8	油管螺纹	2⅞TBG 油管螺纹环规 手紧紧密距牙数为 2
9	锚爪牙齿表面硬度	55.0 ~62.0HRC
10	常温锚爪伸缩性	水力锚在卸压后 1min 内应恢复原状,锚爪牙齿不允许高出锚体
11	常温启动压差	≤2.5MPa
12	常温锚定力	1.6 倍额定锚定力,水力锚无移动,锚爪无损伤

(四)主要检验项目及仪器设备

水力锚主要检验项目及仪器设备见表 9 –46。

表 9 –46 水力锚主要检验项目及仪器设备

检验项目	检验用仪器设备	设备量程范围
外观、标识	—	—
结构参数	游标卡尺	测量范围 0 ~500mm;分辨力 0.02mm
	钢卷尺	测量范围 0 ~5m;分辨力 0.5mm
接头螺纹	油管螺纹工作量规	测量范围 2⅜ ~4TBG
	游标卡尺	测量范围 0 ~150mm,分辨力 0.02mm
	深度千分尺	测量范围 0 ~25mm,分辨力 0.005mm
锚爪牙齿表面硬度	里氏硬度计	测量范围 170 ~960HLD;精度: ±5HLD, ±1HRC, ±4HB
启动压差试验 工作压差试验 密封性试验 锚爪伸缩性试验	电动试验泵	0 ~100MPa
	压力表	0 ~5MPa,精度: ±0.25%
	压力表	0 ~100MPa,精度: ±0.25%
锚定力试验	拉压测试架	0 ~200t
	拉压传感器	0 ~2000kN,精度: ±0.5%

(五)检验方法

1. 结构尺寸检验

包括最大外径、内通径、总长和锚孔直径。

(1)最大外径:用游标卡尺在被检样品的上、中、下部各选择 1 点测量外径 3 次,分别取平均值,平均值中的最大值为被检样品的最大外径。

(2)内通径:用与被检样品内通径相应的通径规,对被检样品进行通过检验。内通径与通径规尺寸对应关系应符合表9-47规定。

表9-47 内通径与通径规尺寸对应关系表

通径规外径,mm	$\phi44$	$\phi46$	$\phi48$	$\phi50$	$\phi53$	$\phi56$	$\phi58$	$\phi60$	$\phi74$
对应内通径,mm	$\phi46$	$\phi48$	$\phi50$	$\phi52$	$\phi55$	$\phi58$	$\phi60$	$\phi62$	$\phi76$

(3)总长:用钢卷尺测量3次被检样品的总长,平均值作为被检样品的总长。

(4)锚孔直径:用游标卡尺在锚孔任意三个方向选择测量直径3次,分别取平均值,平均值为锚孔直径。

2. 工作压差试验

将连接的水力锚下入试验装置内,连接试压泵,进行工作压力试验,当压力达到工作压力时,稳压5min,重复10次。

3. 锚定力性能试验

将连接的水力锚下入试验装置内,连接好试压泵从中心管打压至额定压力使水力锚坐封。对水力锚施加轴向拉力,水力锚的锚定力必须大于1.6倍的额定锚定力。水力锚卸压1min后应恢复原样,毛爪牙齿不应高出锚体。

水力锚性能试验是将水力锚置入试验装置内,接好管线;将试验装置加温至试验温度;向水力锚中心管内加液压,记录锚爪的启动压差,水力锚内外压差增至工作压差后,稳压5min,放压;重复10次;向水力锚中心管内加液压至工作压差后稳压;从试验装置的另一端给活塞加液压;记录水力锚开始移动时,试验装置中压力表的读数。加温试验时(试验介质为柴油)原理图如图9-74所示。常温试验时(试验介质为清水)原理图如图7-86所示。

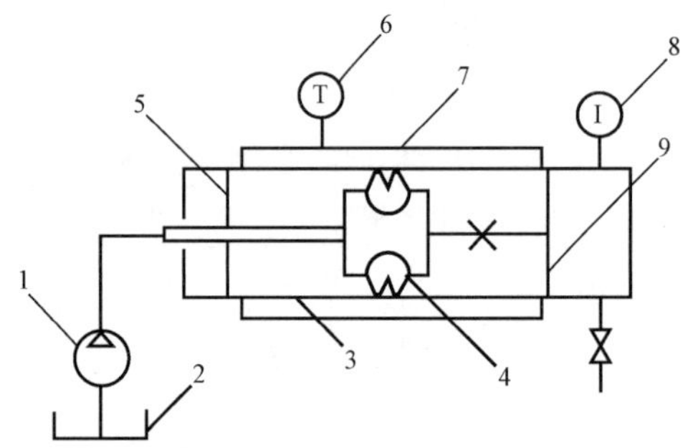

图9-74 加温试验原理图

1—柱塞高压泵;2—油缸;3—套管短节;4—水力锚;5—活塞;6—热电偶;7—加温试验罐;8—压力表;9—活塞

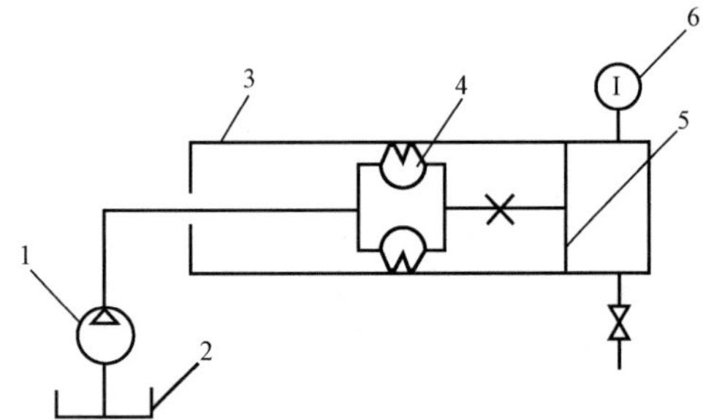

图9-75 常温试验原理图

1—柱塞高压泵;2—油缸;3—套管短节;4—水力锚;5—活塞;6—压力表

水力锚加温试验中实际锚定力按下式计算:

$$F = 10^{-3}Ap_1$$

式中 F——水力锚的实际锚定力,kN;

A——试验装置中活塞面积,mm^2;

p_1——代表加温试验装置中压力表的读数，MPa。

水力锚的实际锚定力按下式计算：

$$F = 10^{-3} A p_2$$

式中　F——水力锚的实际锚定力，kN；

A——试验装置中活塞面积，mm^2；

p_2——代表常温试验装置中压力表的读数，MPa。

第十章 泵类产品及阀门

第一节 潜油电泵机组

电潜泵采油是为经济、有效地开采地下石油而逐渐发展起来日趋成熟的一种人工采油方式。它具有排量扬程范围大、功率大、生产压差大、适应性强、地面工艺流程简单、机组工作寿命长、管理方便、经济效益显著的特点。不仅用于油井采油，还用于气井排液采气和水井采水注水。

潜油电泵机组简称电泵，是将潜油电动机和离心泵一起下入油井内液面以下进行抽油的井下举升设备。潜油泵是井下工作的多级离心泵，同油管一起下入井内，地面电源通过变压器、控制柜和潜油电缆将电能输送给井下潜油电动机，使电动机带动多级离心泵旋转，将电能转换为机械能，把油井中的井液举升到地面。

一、潜油电泵机组的组成

（一）潜油电泵机组的组成

潜油电泵机组主要由三部分组成：

(1)地面部分：地面部分包括变压器、控制柜、接线盒和特殊井口装置等。

(2)中间部分：中间部分主要有油管和电缆。

(3)井下部分：井下部分主要有潜油泵、吸入及处理装置、保护器和潜油电动机。

上述三部分的核心是潜油泵、吸入及处理装置、保护器、潜油电动机、潜油电缆、控制柜和变压器七大部件。潜油电泵机组系统组成如图 10－1 所示。

（二）潜油电泵机组的型号

按 GB/T 16750—2008《潜油电泵机组》，潜油电泵机组的型号按如下规则表示：

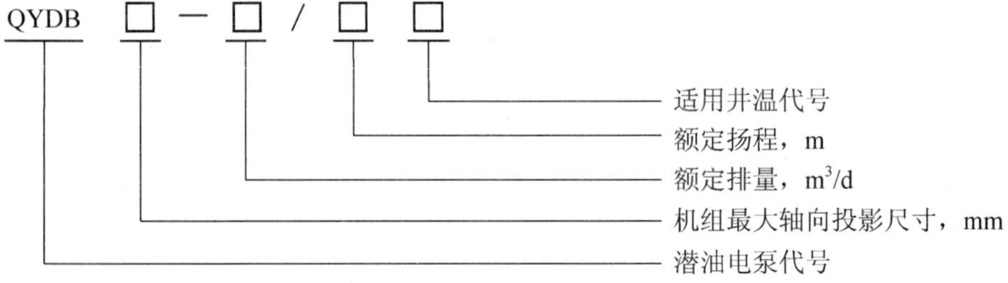

示例：额定排量 200m³/d，额定扬程 1500m，适用井温 120℃，最大轴向投影尺寸为 152mm 的潜油电泵表示为：QYDB152－200/1500E。

二、潜油电泵机组的结构形式

(一)潜油电泵

1. 潜油电泵的结构

潜油电泵是由多个单级离心泵串联而成,因此称为潜油多级离心泵。每一级由一个转动的叶轮和一个固定的导轮(壳)组成。潜油电泵按其结构基本上分为两个部分,即转动部分和固定部分。其转动部分主要有轴、键、叶轮、垫片、轴套和限位卡簧等;固定部分主要有壳体、泵头(即上部接头)、泵座(即下部接头)、导轮和扶正轴承等。相邻两节泵的泵壳用法兰连接,轴用花键套连接。潜油电泵结构如图 10-2 所示。

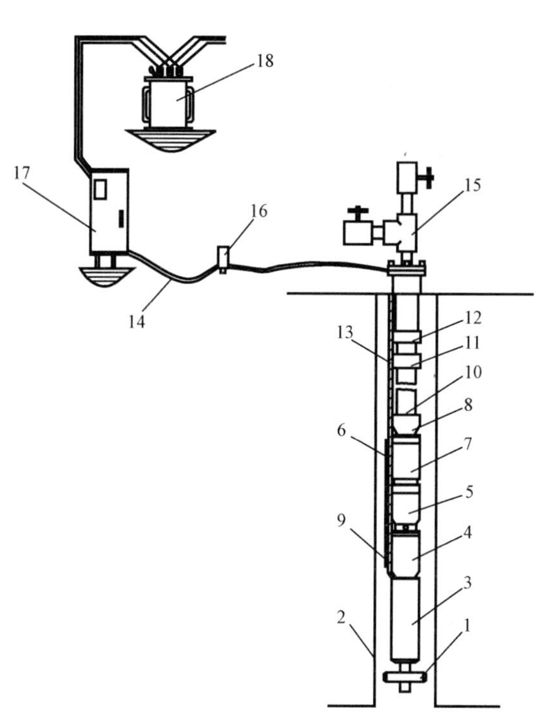

图 10-1 潜油电泵机组安装示意图

1—扶正器;2—套管;3—电动机;4—保护器;5—吸入及处理装置;6—电缆护罩;7—泵;8—泵出口接头;9—引接电缆;10—油管;11—单流阀;12—泄油阀;13—电力电缆;14—地面电缆;15—井口装置;16—接线盒;17—控制柜;18—变压器

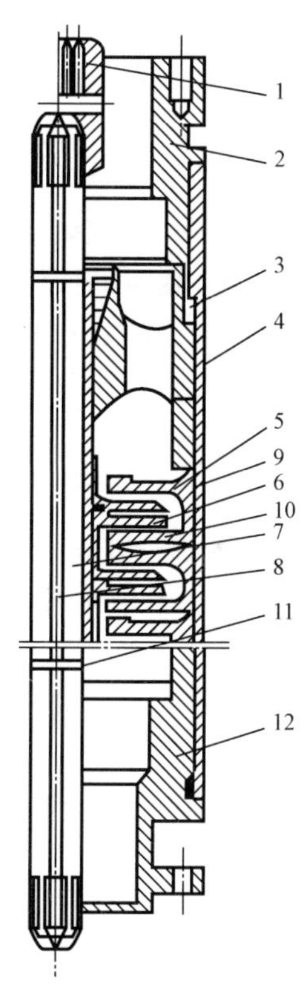

图 10-2 潜油电泵结构示意图

1—花键套;2—泵头;3—上部轴承总成;4—泵壳;5—导轮;6—叶轮;7—泵轴;8—键;9—上止推垫;10—下止推垫;11—卡簧;12—泵底座

2. 潜油电泵的型号表示方法

潜油电泵的型号表示方法如下:

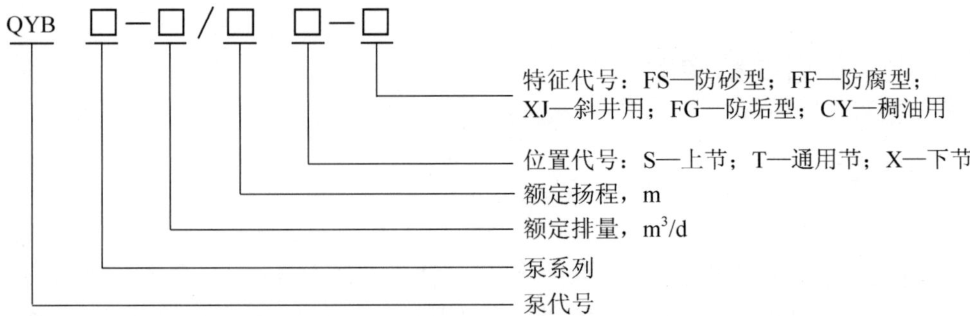

特征代号：用两个字母表示，当共存有多项特征时，可采用相应的多项特征代号表示，特征代号间用左斜杠隔开。

示例：额定排量250m^3/d，额定扬程1500m的98系列防砂防腐型上节泵表示为：QYB98—250/1500S－FS/FF。

（二）吸入及处理装置

1. 吸入及处理装置的结构

吸入及处理装置按结构分为分离器、吸入口、气体处理器。

分离器安装在泵的液体吸入口处，当混气流体进入多级离心泵之前，先通过分离器，把自由气体分离出来，以防止和减少气体进泵，保护潜油电泵具有良好的工作特性，使多级离心泵能够正常工作。常用的分离器有两种：沉降式分离器和旋转式分离器。

沉降式分离器是依据重力原理来进行油气分离的。

目前常用的旋转式油气分离器有离心式和涡流式两种，分离效果均比沉降式油气分离器好。离心式分离器利用离心力分离原理，使气体在近轴区，液体在边缘近壁区，达到气液分离的目的；涡流式分离器利用诱导涡轮原理来分离井液中的气体。

2. 吸入及处理装置的型号表示方法

吸入及处理装置的型号表示方法如下：

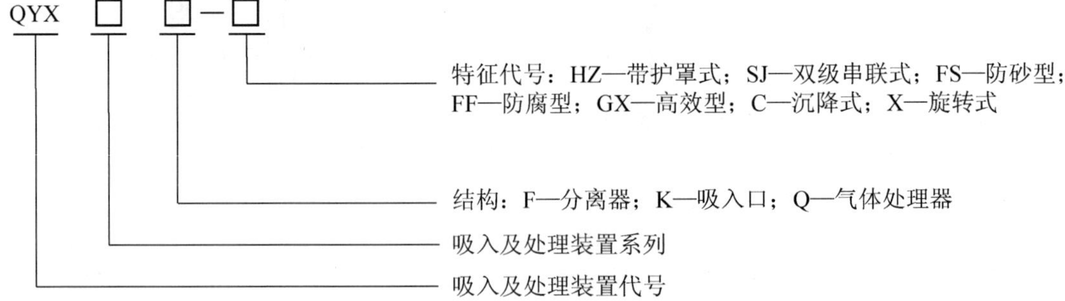

特征代号：用字母表示，当共存有多项特征时，可采用相应的多项特征代号表示，特征代号间用左斜杠隔开。

示例：潜油电泵机组用98系列旋转式防砂型分离器表示为：QYX98F－X/FS。

（三）保护器

1. 保护器的结构

保护器又叫潜油电动机保护器，是电潜泵所特有的。其位于电动机与吸入及处理装置之间，上端与吸入及处理装置相连，下端与电动机相连，它像是一个纽带一样，起承转合，对电动机有保护的作用。保护器有三个腔、三个端面机械密封、胶皮囊和止推轴承。保护器的种类很多，从原理上可以分为连通式保护器、沉淀式保护器和胶囊式保护器等三种。对于一般井，只用一种保护器；对于特殊井，有用两级或多级串接的组合式保护器，一般组合方式是沉淀式保护器 + 胶囊式保护器。

2. 保护器的型号表示方法

保护器的型号表示方法如下：

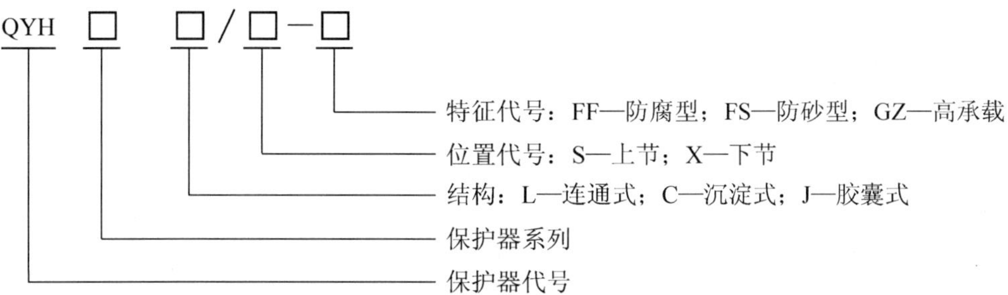

特征代号：用字母表示，当共存有多项特征时，可采用相应的多项特征代号表示，特征代号间用左斜杠隔开。

示例：潜油电泵用 130 系列胶囊式防腐型高承载上节保护器表示为：QYH130J/S – FF/GZ。

（四）潜油电动机

1. 潜油电动机的结构

潜油电动机简称电动机，它是电动潜油泵机组的原动机，一般位于最下端。潜油电动机主要由定子、转子、止推轴承和机油循环冷却系统等部分组成。如图 10 – 3 所示。

2. 潜油电动机的型号表示方法

潜油电动机的型号表示方法如下：

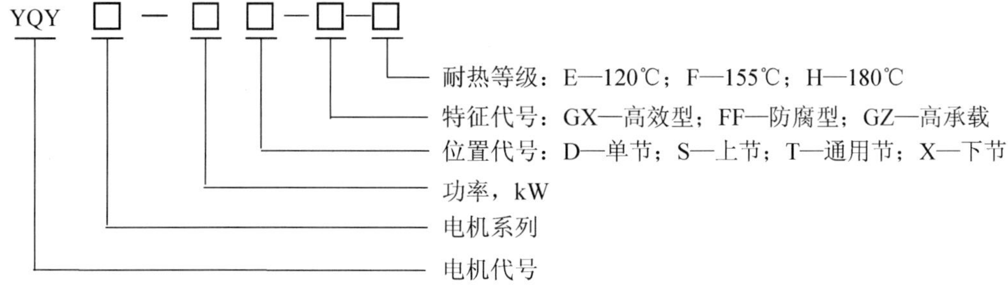

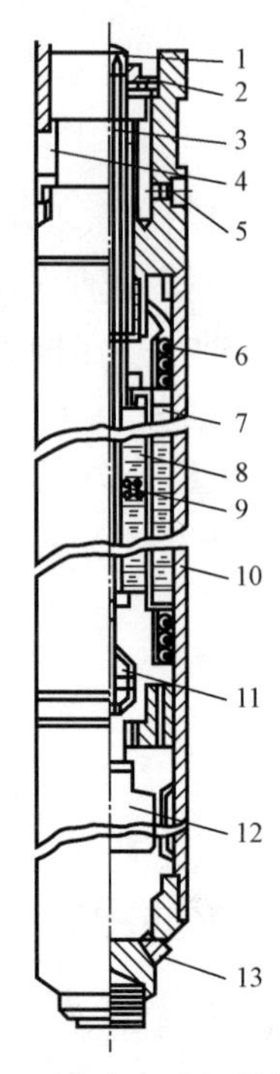

图 10－3 潜油电动机结构示意图

1—扁电缆；2—止推轴承；3—轴；4—电缆头；5—注油阀；6—引线；7—定子；8—转子；9—扶正轴承；10—壳体；11—润滑叶轮；12—滤网；13—放油阀

特征代号：用字母表示，当共存有多项特征时，可采用相应的多项特征代号表示，特征代号间用左斜杠隔开。

示例：潜油电泵用功率为 45kW 的 114 系列上节防腐型高承载电动机表示为 YQY114－45S－FF/GZ。

（五）潜油电缆

1. 潜油电缆的结构

潜油电缆是电动机与地面供电和控制系统相联系传送电力桥梁和（PSI/PHI）信号的通道，是一种耐油、耐盐水、耐其他化学物质腐蚀的油井专用电缆，工作于油套管之间。潜油电缆分为扁电缆和圆电缆。潜油电缆主要由导体（三芯独根铜线或三芯多股铜绞线）、绝缘填充剂、护套层、绝缘层、外衬层、钢带铠装组成。扁电缆又分小扁电缆（又叫电动机引线，俗称小扁）、大扁电缆（俗称大扁），图 10－4 和图 10－5 是其结构示意图。

按温度等级可以分为 90℃、120℃、150℃三个等级，部分厂家还可生产更高等级的潜油电缆。

引接电缆又称电缆头。它具有电缆的全部性能外，还具有结构尺寸小便于操作，又可与电动机可靠连接，一般电潜泵生产厂家随机组配套，其结构如图 10－6 所示。

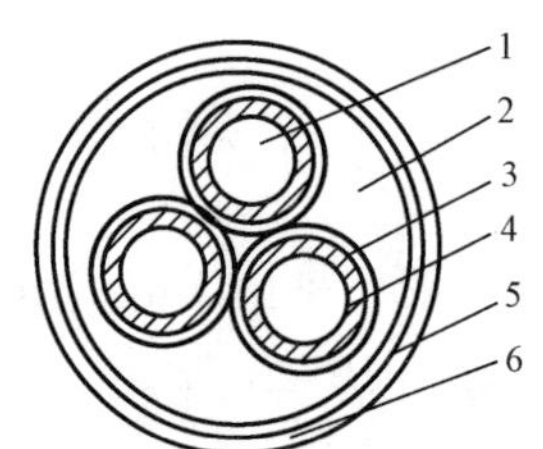

图 10－4 圆形潜油电缆示意图

1—导体；2—绝缘填充剂；3—防护层；4—绝缘层；5—外衬层；6—铠装钢带

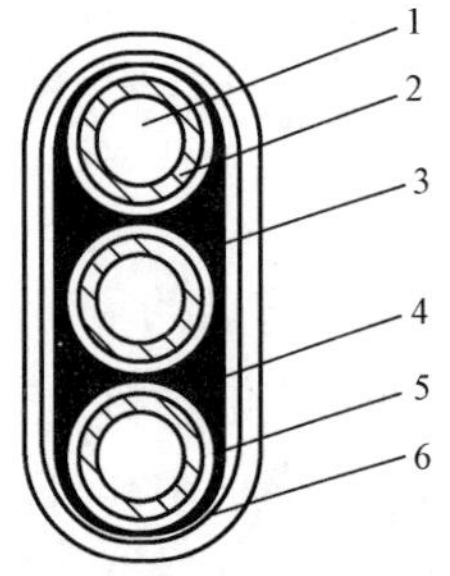

图 10－5 扁形潜油电缆示意图

1—导体；2—绝缘层；3—防护层；4—绝缘填充；5—外衬层；6—铠装钢带

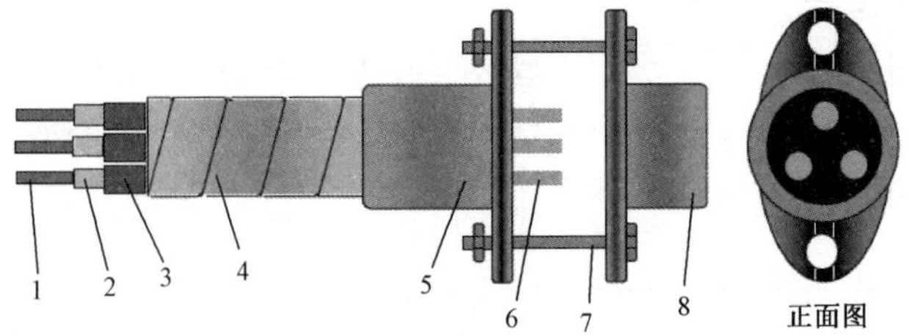

图 10－6 引接电缆（电缆头）结构图

1—导体；2—绝缘层；3—护套层；4—铠带层；5—电缆头；6—插头；7—装配螺栓；8—护罩

2. 潜油电缆的型号表示方法

潜油电缆的型号表示方法如下：

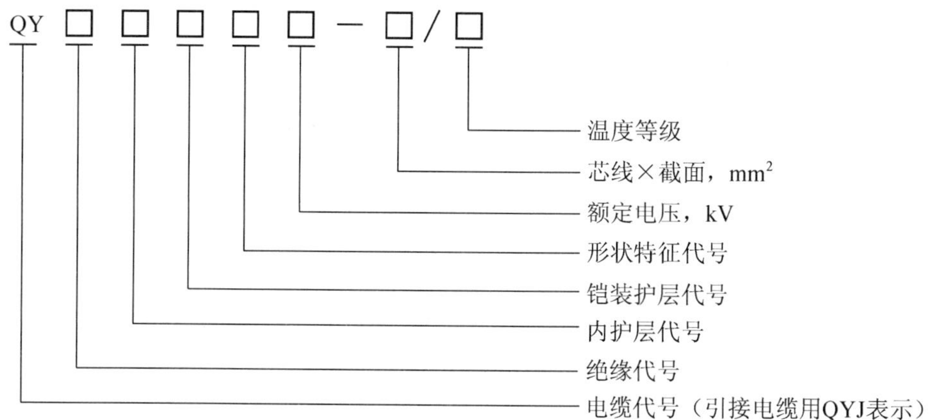

温度等级：导体最高工作温度分为 90℃，120℃，150℃，180℃，204℃。

示例 1：额定电压 3kV，聚丙烯绝缘，丁腈橡胶内护套，蒙乃尔钢带铠装 $3 \times 16mm^2$ 导体最高工作温度 90℃扁形潜油电缆，表示为：QYPNM3 − 3×16/90。

示例 2：额定电压 6kV，乙丙橡胶绝缘，乙丙橡胶护套，镀锌钢带铠装 $3 \times 20mm^2$ 导体最高工作温度 120℃圆形潜油电缆表示为：QYEEY6 − 3×20/120。

（六）控制柜

1. 控制柜的结构

控制柜是一种专门用于电潜泵启停、运行参数监测和电动机保护的控制设备，分手动和自动两种方式。具有短路保护、三相过载保护、单相保护、欠载停机保护延时再启动、自动检测和记录运行电流、电压等参数的功能和环节。目前，某些电泵控制设备生产厂家针对海上油田稠油井开发出了具有数据储存、数据远传、设备遥控、绝缘和电阻自动检测、反限时保护、三相电流电压不平衡保护等功能的电潜泵控制柜。

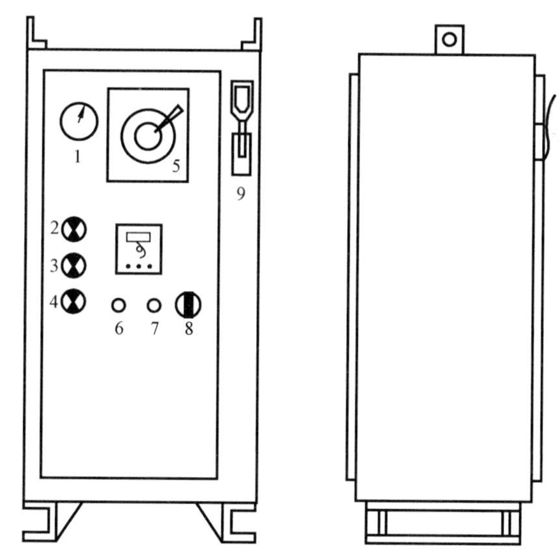

图 10 − 7 控制柜外观示意图

1—主电动机电压指示灯；2—正常运行指示灯；3—故障停机指示灯；4—欠载停机指示灯；5—电流记录仪；6—熔断器；7—主机启动按钮；8—选择开关；9—总闸刀开关

目前比较流行使用的电潜泵控制柜外观和组成如图 10 − 7 所示，其电气控制部分有三大部分，即主回路、控制回路和测量显示三部分。主回路包括自动空气开关、真空接触器、电流互感器、控制变压器,控制回路有中心控制器(常称 PCC)、选择开关、启动按钮、控制开关、桥式整流电路,测量显示部分主要有自动电流记录仪(又称圆度仪)、电压表、信号灯和井下压力温度显示仪。

2. 控制柜的型号表示方法

控制柜的型号表示方法如下:

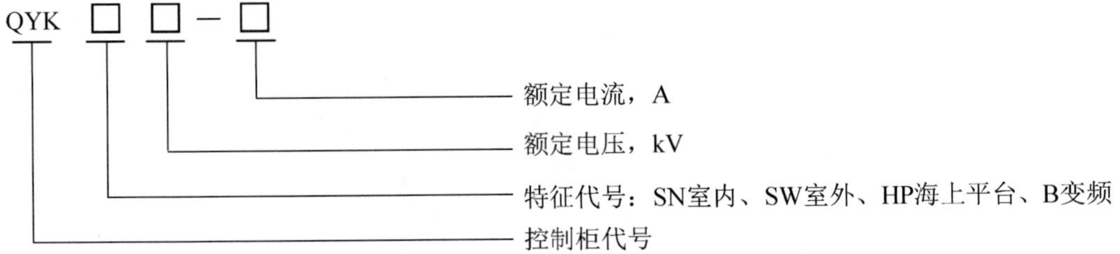

示例:额定电流 60A,额定电压 3kV 室内用的潜油电泵专用控制柜表示为:QYKSN 3 – 60。

(七)变压器

1. 变压器的结构

潜油电泵专用变压器一般为油浸式三相三绕组电力变压器。变压器的结构主要由铁芯、线圈、油箱和绝缘套管等部件组成。铁芯和线圈是变压器进行电磁感应的基本部分,油箱起机械支撑、冷却散热和保护作用,油起冷却和绝缘作用,套管主要起绝缘作用。

2. 变压器的型号表示方法

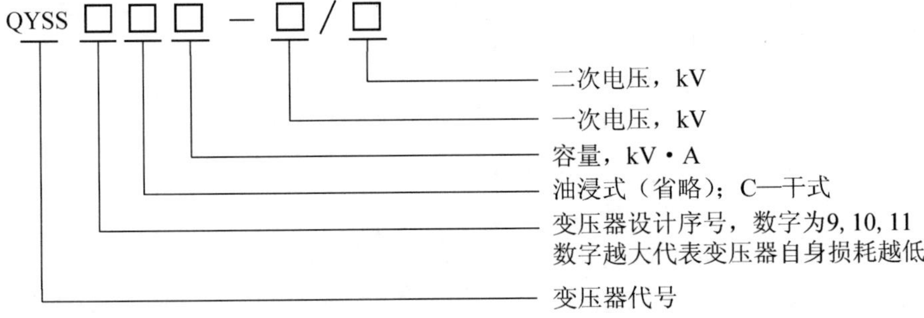

示例:设计序号为 9,容量 100kV·A,一次电压 6kV,二次电压 1.5kV 的潜油电泵用三相油浸三线圈变压器表示为:QYSS 9 100 – 6/1.5。

(八)接线盒

1. 接线盒的作用

接线盒的作用是连接控制柜到井口之间的潜油电泵动力电缆,以排除电缆中的气体,防止油井中的易燃气体进入控制柜,发生火灾或爆炸。因此每口电泵井必须安装接线盒。接线盒距井口的距离不小于 3m,高度不低于 0.5m。接线盒到控制柜的电缆应埋地 0.2m 以下。

2. 接线盒的型号表示方法

接线盒的型号表示方法如下：

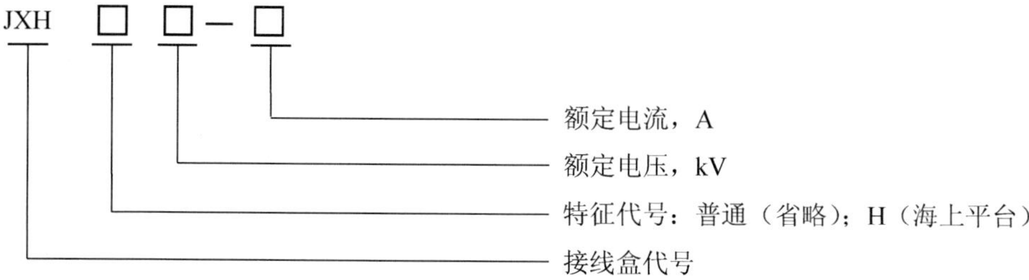

示例：额定电流 60A，额定电压 3kV 的海上用潜油电泵用接线盒表示为：JXHH 3 - 60。

三、潜油电泵机组标准、检验项目、主要检验仪器和检验方法

（一）潜油电泵机组的标准

潜油电泵机组检验主要依据的标准是 GB/T 16750—2008《潜油电泵机组》。

（二）潜油电泵机组的检验项目、主要检验仪器和检验方法

1. 潜油电动机

1）检验项目

检验项目包括绕组直流电阻、冷态绕组绝缘电阻、空载试验、转子滑行时间、超速试验、堵转试验、温升试验、电动机效率、功率因数、转差率、热态绝缘电阻、最大转矩、电动机油工频耐压、密封试验、电动机空载的振动测试等。

2）主要检验仪器设备

潜油电动机检测装置主要包括：高压供电系统、流程系统和测控系统。系统仪器配置见表 10－1。

表 10－1 系统配置的主要仪器仪表

检测参数	仪器仪表名称	量程	精度，±%
流量 Q	流量仪	0～5000m^3/d	≤0.1
	电磁流量变送器		≤0.5
扬程 H	扬程真空仪	0～6000m	≤0.1
	压力变送器		≤0.1
转速 n 工频 f	振动测速仪（含加速度传感器）	≤3800r/min	≤0.2
	测速仪（含感应线圈、霍尔传感器）	≤3800r/min	≤0.1
电阻 R	电阻温度仪	0～39.999Ω	R：≤0.1
温度 T	温度传感器	0～200℃	T：≤±0.5℃
功率 W	三相功率仪	I≤5A，U≤100V	≤0.2

续表

检测参数	仪器仪表名称	量程	精度,±%
电流 I	电流互感器	(10~400)/5A	≤0.05
电压 U	电压互感器	(500~5000)/100V	≤0.05
堵转转矩 T_k	扭矩仪(测堵转转矩)	0~10000N·m	≤0.5
	转矩转速传感器		
扭矩 M	扭矩仪	0~2000N·m	≤0.2
滑行时间 t	滑行时间测量仪	2s≤t≤6s	分辨率0.01s
振动	多路振动测量仪	0~8mm/s	≤0.2

3)检验方法

(1)绕组直流电阻不平衡率:

① 测量方法:测量时电动机转子应静止不动,在电动机每两个出线端测量电阻。

② 测量结果计算:

a)三相直流电阻之和按公式(10-1)计算。

$$R_{med}=\frac{R_{UV}+R_{VW}+R_{WU}}{2} \tag{10-1}$$

式中 R_{UV},R_{VW},R_{WU}——绕组出线端 U 与 V、V 与 W、W 与 U 间测得的电阻值,Ω;

R_{med}——三相直流电阻之和,Ω。

b)星接三相直流电阻按公式(10-2)计算。

$$\left.\begin{aligned}R_U&=R_{med}-R_{VW}\\R_V&=R_{med}-R_{WU}\\R_W&=R_{med}-R_{UV}\end{aligned}\right\} \tag{10-2}$$

式中 R_U,R_V,R_W——绕组各相电阻,Ω。

c)角接三相直流电阻按公式(10-3)计算。

$$\left.\begin{aligned}R_U&=\frac{R_{VW}\cdot R_{WU}}{R_{med}-R_{UV}}+R_{UV}-R_{med}\\R_V&=\frac{R_{WU}\cdot R_{UV}}{R_{med}-R_{VW}}+R_{VW}-R_{med}\\R_W&=\frac{R_{UV}\cdot R_{VW}}{R_{med}-R_{WU}}+R_{WU}-R_{med}\end{aligned}\right\} \tag{10-3}$$

d)三个线端直流电阻的平均值按公式(10-4)计算。

$$R_{mav}=\frac{R_{UV}+R_{VW}+R_{WU}}{3} \tag{10-4}$$

式中　R_{mav}——三个线端直流电阻的平均值，Ω。

e）对星形接法的绕组按公式（10－5）计算，对三角形接法的绕组按公式（10－6）计算。

$$R = \frac{1}{2}R_{mav} \tag{10-5}$$

$$R = \frac{3}{2}R_{mav} \tag{10-6}$$

式中　R——绕组一相电阻，Ω。

f）三相直流电阻不平衡率按公式（10－7）计算。

在 R_U，R_V，R_W 中确定 R_{max} 和 R_{min}。

$$\varepsilon_{mR} = \frac{R_{max} - R_{min}}{R} \times 100\% \tag{10-7}$$

式中　ε_{mR}——三相直流电阻不平衡率，用百分数表示；

R_{max}——R_U、R_V、R_W 中的最大值，Ω；

R_{min}——R_U、R_V、R_W 中的最小值，Ω。

（2）冷态绕组绝缘电阻：

① 对于单节或下节电动机（尾部有星点）应测量一相对机壳绝缘电阻。

② 对于通用节和上节电动机，应分别测量三相对机壳绝缘电阻及三相绕组间的绝缘电阻。

③ 测量后均应将绕组对地放电。

（3）空载试验：

① 测量方法：电动机在工频额定电压下空载启动运行，使机耗达到稳定，即输入功率在半小时前后的两个读数之差不大于前一个读数的3%开始测量。

首先将电动机工作电压提高到1.1～1.3倍额定电压，然后逐渐降低电动机工作电压至可能达到的最低值（电流开始回升时为止），在此期间测7～9点，每点要同时测取三相电压、三相电流、输入功率、频率，其中额定电压时为必测点。试验结束应立即在电动机出线端测量定子绕组的直流电阻（带试验电缆）。

② 测量结果计算：

a）空载时定子绕组铜耗按公式（10－8）计算。

$$P_{0Cu1} = 3I_0^2 \cdot R_{10} \tag{10-8}$$

式中　P_{0Cu1}——空载时定子绕组铜耗，W；

I_0——定子空载相电流，A；

R_{10}——试验结束后定子绕组相电阻，Ω。

b）铁耗和机械耗之和按公式（10－9）计算。

$$\begin{aligned} P'_0 &= P_{fe} + P_{fw} \\ &= P_0 - P_{0Cu1} \end{aligned} \tag{10-9}$$

式中　P'_0——铁耗和机械耗之和，W；

P_0——空载输入功率，W；

P_{fe}——铁耗，W；

P_{fw}——机械耗，W。

作空载电流特性曲线 $I_0=f(U_0/U_N)$ [U_0为空载试验电压、U_N为额定电压，单位为伏特(V)]和空载输入功率特性曲线 $P_0=f(U_0/U_N)$。为了分离铁耗和机械耗，作曲线 $P'_0=f[(U_0/U_N)^2]$，延长 P'_0曲线的直线部分与纵轴交于 P 点(图 10－8)，P 点的纵坐标即为机械耗。

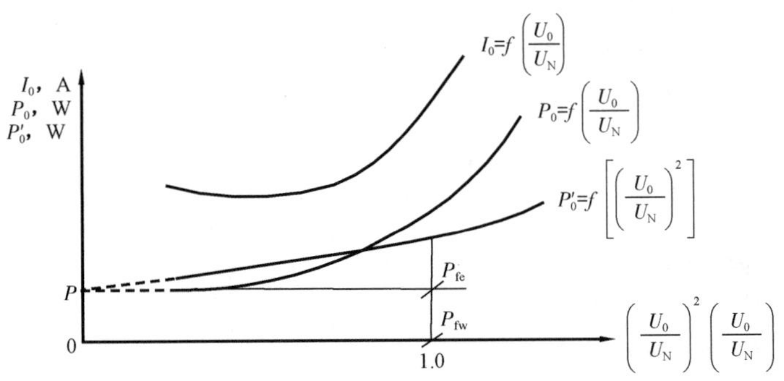

图 10－8　空载特性曲线

c) 三相空载电流中任何一相与三相电流平均值的不平衡率按公式(10－10)计算。

$$\varepsilon_{mI}=\frac{I_0-I_{av}}{I_{av}}\times 100\% \quad (10-10)$$

式中　ε_{mI}——三相电流不平衡率，用百分数表示；

I_{av}——三相电流平均值，A。

(4) 转子滑行时间：

电动机空载运行稳定后(或空载试验完成后)，断电停机并开始计时，至电动机转子完全停转为止，所计时间为转子滑行时间。

(5) 超速试验：

电动机在额定电压和 1.2 倍额定转速下启动运行 2min，试验时监视电动机转速、电流、电压，如发现异常应立即停机。

(6) 堵转试验：

① 测量方法：试验应从电动机所施最高电压(即 50% 额定电压)开始，逐步降低电压并观察电流表到小于额定电流时为止，期间共测 5～7 点，每点同时测取三相电压 U_k、三相电流 I_k、输入功率 P_k、频率 f、转矩 T_k 并停机测定子绕组直流电阻 R。

采用圆图计算法求取最大转矩，堵转试验应在 2.0～2.5 倍额定电流范围内的某一电流值下进行。

② 测量结果计算：

a) 额定电压下的堵转电流 I_{kN}，按下述作图法求得。

由于堵转试验最大电压低于 0.9 倍额定电压，应作 $\lg I_k=f(\lg U_k)$ 曲线，从最大电流的延长线查得 I_{kN}(图 10－9)、堵转特性曲线(图 10－10)。

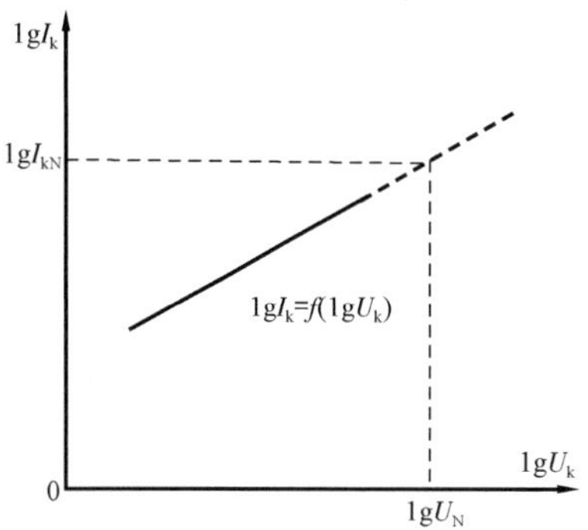

图 10－9　堵转电流特性曲线

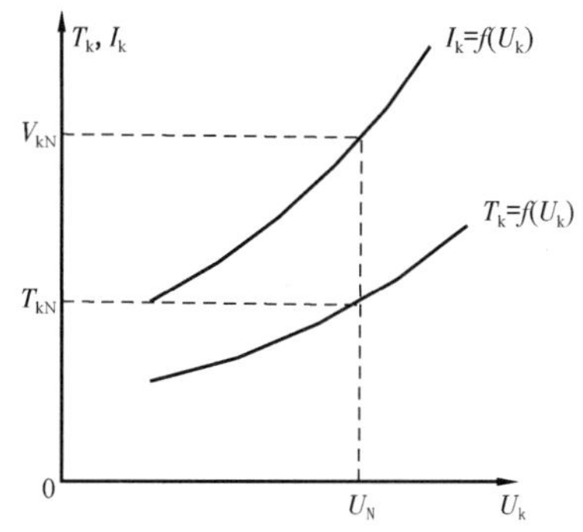

图 10－10　堵转特性曲线

b)额定电压下的堵转转矩 T_{kN},按公式(10－11)计算。

$$T_{kN} = T_k\left(\frac{I_{kN}}{I_k}\right)^2 \tag{10-11}$$

式中　T_k——实测堵转转矩,N·m;或 $T_k = 9.55\times\left(\frac{P_k - P_{kCu1} - P_{kS}}{n_s}\right)$;

P_k——堵转时的输入功率,kW;

P_{kCu1}——堵转时定子绕组损耗,kW;

I_{kN}——额定电压下堵转电流,A;

P_{kS}——堵转时的杂散损耗,取 $P_{kS}=0.05P_k$,kW;

n_s——电动机同步转速,$n_s=\frac{60f}{P}$,r/min;

f——实测电源频率,Hz;

P——电动机极对数。

(7)温升试验:

① 测量方法:试验前将测温计固定在电动机与保护器之间,下入试验井,放置一段时间使绕组温度与冷却介质温度相同(视温度差大小确定时间);高温电动机若在规定使用温度下试验,应将冷却介质升温到规定温度并且使绕组温度与冷却介质温度相同。测量并记录绕组电阻(带试验电缆)和冷却介质温度。

电动机用泵做负载或测功机在额定条件下运转 2～4h,并且保证入井介质温度在(室温±2)℃或(规定井温±5)℃范围之内,电动机达到稳定温升断电,开始测量绕组直流电阻(带试验电缆)和冷却介质温度。用最短的时间(不超过 30s)测量断电后第一点绕组直流电阻,以后以相等的时间间隔测量并记录绕组电阻和相应时间。采用外推法作 $\lg R=f(t)$ 曲线,并延长曲线交于纵轴,交点的数据即为断电瞬间的绕组热态直流电阻 R_f(图 10－11)。

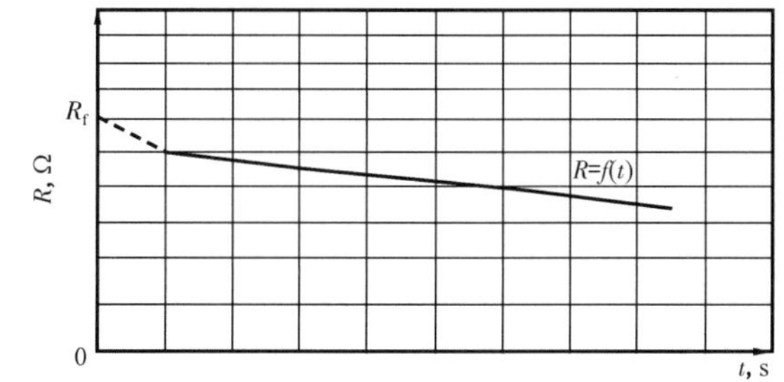

图 10－11　绕组热态直流电阻测量曲线

② 测量结果计算：

定子绕组平均温升 $\Delta\theta_1$(K)；按公式(10－12)计算。

$$\Delta\theta_1 = \frac{R_f - R_0}{R_0}(K_a + \theta_0) + \theta_0 - \theta_f \tag{10－12}$$

式中 $\Delta\theta_1$——定子绕组平均温升，K；

R_f——试验结束时绕组直流电阻，Ω；

R_0——试验开始时绕组直流电阻，Ω；

θ_f——试验结束时冷却介质温度，℃；

θ_0——试验开始时冷却介质温度，℃；

K_a——常数，铜绕组为235，铝绕组为225。

电动机试验达不到额定电流，应换算到额定功率时的绕组温升 $\Delta\theta_N$。

当 $\frac{I_t - I_N}{I_N}$ 在±10%范围内时，按公式(10－13)换算。

$$\Delta\theta_N = \Delta\theta_1\left(\frac{I_N}{I_t}\right)^2\left[1 + \frac{\Delta\theta_1\left(\frac{I_N}{I_t}\right)^2 - \Delta\theta_1}{K_a + \Delta\theta_1 + \theta_f}\right] \tag{10－13}$$

当 $\frac{I_t - I_N}{I_N}$ 在±5%范围时，按公式(10－14)换算。

$$\Delta\theta_N = \Delta\theta_1\left(\frac{I_N}{I_t}\right)^2 \tag{10－14}$$

式中 $\Delta\theta_N$——额定功率时的绕组温升，K；

I_N——满载电流，即额定功率时的电流，A，从工作特性曲线上求得；

I_t——温升试验时的电流，A；取在整个试验过程最后的1/4时间内，按相等时间间隔测得的几个电流平均值。

(8)效率、功率因数、转差率：

① 测量方法：

a)泵负载法：

电动机应在额定电压、额定频率、额定排量、规定的工作温度和流速下启动运行2～4h，运行期间保证入井冷却介质温度在规定工作温度的±5℃范围内。输入功率稳定后开始测量。

离心泵的试验宜从零流量开始，至少要试到大流量点的115%(大流量点是指泵工作范围内大于规定流量的边界点)。

混流泵、轴流泵和漩涡泵的试验应使阀门从全开状态开始，至少试到小流量点的85%(小流量点是指泵工作范围内小于规定流量的边界点)。Q_{min}、小流量点、额定点、大流量点、Q_{max}，其中测13点以上。小流量点、额定点、大流量点为必测点。

每点同时记录三相电压、三相电流、输入功率、转速、频率、流量、泵出口压力、泵出入口介质温度。

转速测量建议采用感应线圈法或振动测速仪:感应线圈法是将一只带铁心的多匝线圈密封后,紧贴在被试电动机的上端或下端,线圈与磁电式检流计相连,测量检流计光标摆动次数及所需时间;振动测速仪是将振动测速仪的传感器吸附在试验管路上,即可测量电动机转速。

停机后应测量定子绕组电阻并用外推法修正到断电瞬时的电阻。

b)测功机加载法:

试验时,被试电动机应达到热稳定状态,并且加规定工作温度的冷却水,其流速为工作流速。电动机施加1.25倍的额定功率,然后逐渐降低电动机功率至0.25倍额定功率为止,测取6~8点,其中额定功率点为必测点。测量时同时记录三相电压、三相电流、输入功率、转速、转矩和冷却介质温度。

② 测量结果计算:

a)效率按公式(10-15)计算。

$$\eta_m = \frac{P_{mu}}{P_{mi}} \times 100\% \quad (10-15)$$

式中 η_m——效率,用百分数表示;

P_{mi}——电动机实测输入功率,kW;

P_{mu}——电动机输出功率,kW;按公式(10-16)计算。

$$P_{mu} = P_{mi} - \sum P \quad (10-16)$$

式中 $\sum P$——总损耗,kW;$\sum P = (P_{fe} + P_{fw} + P_{Cu1} + P_{Cu2} + P_s) \cdot 10^{-3}$;

P_{fe}——铁耗,W,由空载试验求得;

P_{fw}——机械耗,W,由空载试验求得;

P_{Cu1}——定子铜耗,$P_{Cu1} = 3I_1^{\ 2}R_{1ref}$,W;

R_{1ref}——按公式(10-17)换算到基准工作温度的直流电阻,Ω(在规定温度下试验时,不需要换算)。

$$R_{1ref} = R_f \frac{K_a + \theta_{ref}}{K_a + \theta_f} \quad (10-17)$$

式中 θ_{ref}——基准工作温度,对E级绝缘为75℃;对F级绝缘为115℃;对H级绝缘为130℃;

P_{Cu2}——转子铜耗,W,$P_{Cu2} = (P_{mi} - P_{Cu1} - P_{fe}) \cdot S_{ref}$;

S_{ref}——按公式(10-18)换算到基准工作温度的转差率(在规定温度下试验时,不需要换算)。

$$S_{ref} = S_t \cdot \frac{K_a + \theta_{ref}}{K_a + \Delta\theta_1 + \theta_f} \quad (10-18)$$

式中 S_t——实际排量下的转差率。

对不能实测杂散损耗的电动机,其杂散损耗取其输入功率的0.5%。

b)转差率按公式(10-19)计算。

$$S_t = \frac{N}{f \cdot t} \text{或} S_t = \frac{n_s - n}{n_s} \tag{10-19}$$

式中 S_t——转差率；

t——检流计摆动 N 次所用的时间，s；

N——检流计摆动次数；

f——实测电源频率，Hz；

n_s——电动机同步转速，r/min；

n——实测转速，r/min。

c）功率因数按公式（10－20）计算。

$$\cos\phi = \frac{P_{mi} \times 10^3}{\sqrt{3} I_1 U_1} \tag{10-20}$$

式中 $\cos\phi$——功率因数；

P_{mi}——输入功率，kW；

I_1——定子线电流，A；

U_1——线电压，V。

（9）热态绝缘电阻：

① 在试验电缆电源接线端测量一相对地绝缘电阻。

② 测量后将电缆对地放电。

（10）最大转矩：

① 测量方法：圆图计算公式中的电压、电流和电阻为相电压、相电流和相电阻的三相平均值，功率为三相功率值。圆图计算法所需参数包括：

a）定子绕组电阻 R_{1ref}，换算至基准工作温度时的电阻值；

b）由空载试验求得的参数；

c）由堵转试验求得的参数。

② 测量结果计算：

a）空载电流的有功分量按公式（10－21）计算。

$$I_{0R} = \frac{P_0 - P_{fw}}{3U_N} \tag{10-21}$$

b）空载电流的无功分量按公式（10－22）计算。

$$I_{0X} = \sqrt{I_0^2 - I_{0R}^2} \tag{10-22}$$

c）堵转电流按公式（10－23）计算。

$$I_{kN} = I_k \frac{U_N}{U_k} \tag{10-23}$$

d）堵转功率按公式（10－24）计算。

$$P_{kN} = P_k\left(\frac{U_N}{U_k}\right)^2 \tag{10-24}$$

e)堵转电流的有功分量按公式(10-25)计算。

$$I_{kR} = \frac{P_{kN}}{3U_N} \tag{10-25}$$

f)堵转电流的无功分量按公式(10-26)计算。

$$I_{kX} = \sqrt{I_{kN}^2 - I_{kR}^2} \tag{10-26}$$

g)最大转矩倍数 K_T 按公式(10-27)计算。

$$K_T = \frac{CT}{P_m} \tag{10-27}$$

式中 取 $C=0.9$

K_T——最大转矩倍数;

$P_m = \dfrac{P_N + P_{fw} + P_S}{1 - S_{ref}}$;

$T = 3rU_N \tan\dfrac{\beta}{2}$;

$r = \dfrac{1}{2}(H + K^2/H)$;

$H = I_{kX} - I_{OX}$;

$K = I_{kR} - I_{OR}$;

$\tan\beta = \dfrac{H}{K_1}$,求出 β、$\tan\dfrac{\beta}{2}$;

$K_1 = \dfrac{I^2{}_{2k}R_{1ref}}{U_N}$;

$I_{2k} = \sqrt{K^2 + H^2}$。

h)最大转矩按公式(10-28)计算。

$$T_{max} = K_T \cdot T_N \tag{10-28}$$

式中 T_{max}——最大转矩,N·m;

T_N——额定转矩,N·m,按 $T_N = 9550P/n$ 计算。

(11)电动机油工频耐压:

用干燥过的1000mL磨口瓶取800mL油样待无气泡后,倒入油试验器进行工频耐压试验。电极应安装在水平轴上,放电间隙2.5mm。电极之间的间隙用块规校准,要求精确到0.1mm。电极轴浸入试油深度应为40mm左右。电极面上若有因放电引起的凹坑时应更换电极。

(12)密封试验:

从电动机一端往其内腔通入干燥气体,试验气压为0.35MPa,时间为5min,同时用肥皂水涂抹各连接处和丝堵,并应观察有无气泡及渗漏。

(13)电动机空载的振动测试

① 当电动机处于垂直运行位置时,测点的具体部位如下:上测点位于外壳上部对应顶部径向轴承套部位;中测点位于外壳中部;下测点位于外壳下部对应底部径向轴承套部位。

② 在每个测振架上安装两个振动传感器,以测取 X、Y 方向的振动值。

③ 电动机下井后在额定转速下运转半小时,再分别测取各点的振动值,作好测量数据记录。测试完成后,进行综合数据分析,测得各点的振动速度有效值,将其中的最大值定为振动烈度考核依据。

2. 电动机保护器

1)检验项目

检验项目包括气压试验、动态试验、运行后电动机油工频耐压、保护器空载振动测试等。

2)主要检验仪器设备

电动机保护器检测主要仪器设备见表 10-2 所示。

表 10-2 电动机保护器检测主要仪器设备

序号	检测参数	设备名称	量程	精度
1	压力	氧压表	0~0.1MPa 0~1MPa 0~25MPa	±2.5%
2	功率	转矩转速仪	—	0.05%
3	油品耐压	自动油试验器	0~100kV	±2.5%

3)检验方法

(1)气压试验:

采用干燥气体加压。机械密封检验是将压力为 0.035MPa 干燥气体送入密封腔内,持续时间 5min;螺纹密封检验是将压力为 0.35MPa 的干燥气体从保护器下端输入其内腔,同时用肥皂水涂抹各连接处和丝堵,持续时间 5min。如图 10-12 所示。

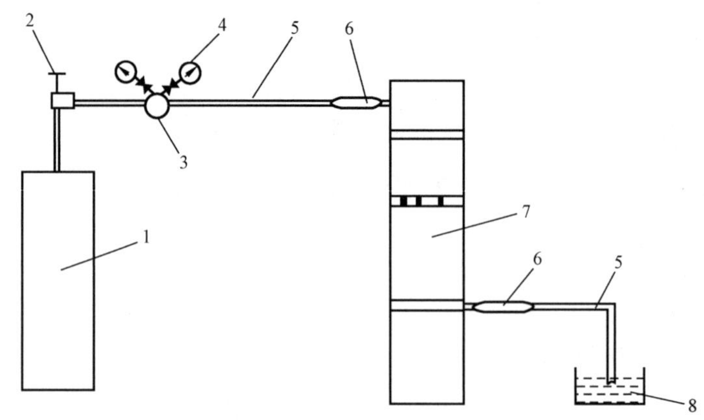

图 10-12 气压试验示意图

1—氮气瓶;2—氮气瓶总阀;3—减压阀;4—压力表;5—胶管;6—快速接头;7—保护器;8—肥皂

(2)动态试验:

① 测量方法:

a)标定电动机法:采用2极标定电动机(经法定检验机构检定的并给出特性曲线的电动机)与保护器相连固定在保护器动态试验架上,并按要求注油。启动标定电动机运行5min,观察并记录电压、电流,运行期间电流应平稳。

b)转矩转速法:采用三相电动机、转矩转速传感器与保护器相连固定在保护器动态试验架上,按要求注油。采用转矩转速法,按要求进行仪器调零,且保护器须盘轴灵活。启动试验电动机,观察保护器的转速、功率、止推轴承腔体温度。设备运行5min后,测量记录保护器的转速、功率、止推轴承腔体温度。如图10-13所示。

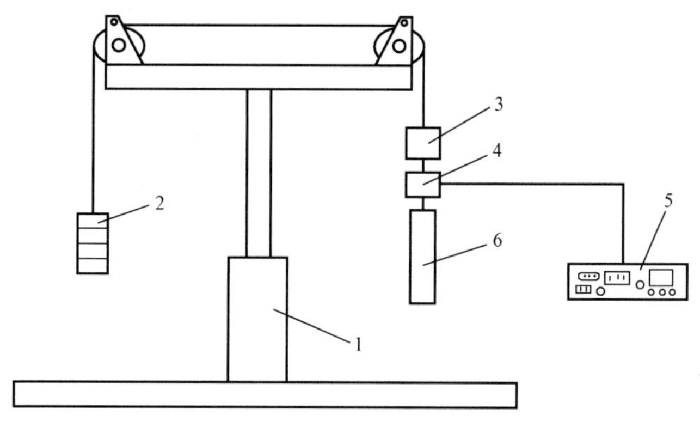

图10-13 转矩转速法示意图

1—保护器试验架;2—配重砝码;3—电动机;4—传感器;5—转矩转速测试仪;6—保护器表

② 测量结果计算:

a)按照标定电动机法进行检验时,应从标定电动机曲线上查取保护器机械功率;

b)按照转矩转速法进行检验时,按 $T=9550P/n$ 计算。

(3)运行后电动机油工频耐压:

同电动机油工频耐压测量方法。

(4)保护器空载振动测试:

与电动机空载振动测试相同。

3. 潜油泵

1)检验项目

检验项目包括潜油电泵机组成套性能试验和电动机油工频耐压。潜油泵检验是在潜油电泵机组成套性能试验下完成的,潜油泵检验项目包括额定排量、额定扬程、轴功率、泵效等。

2)主要检验仪器设备

潜油电泵机组主要检验设备同潜油电动机。

3)检验方法

(1)潜油电泵机组成套性能试验:

① 测量方法:

同潜油电动机泵负载法测量方法。

② 测量结果计算:

a)井况为示意图 10－14 时,扬程按公式(10－29)计算。

$$H = \frac{p_2}{\rho g} + (Z_2 - Z_1) + \frac{V_2^2}{2g} \tag{10-29}$$

式中 H——扬程,m;

p_2——泵出口压力,Pa。

出厂检验时式中第二、三项可忽略不计。

井况为示意图 10－15 时,扬程按公式(10－30)计算。

$$H = \frac{p_2 - p_1}{\rho g} + (Z_2 - Z_1) + \frac{V_2^2 - V_1^2}{2g} \tag{10-30}$$

式中 p_1——泵入口压力,Pa;

ρ——泵输送液体密度,kg/m³;

g——重力加速度,$g = 9.81\text{m/s}^2$;

Z_2——泵入口到井的地面测压距离,m;

Z_1——泵入口到井口液面距离,m;

V_2——井口出口管线内液体流速,m/s;

V_1——井筒内液体流速,m/s。

出厂检验不加温时式中第二、三项可忽略不计。

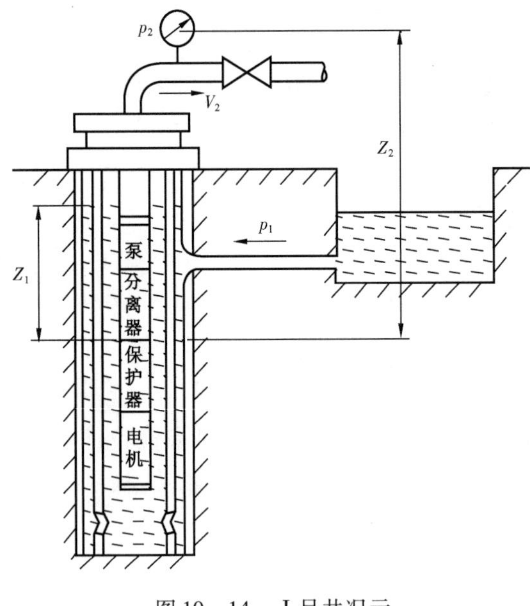

图 10－14 Ⅰ号井况示

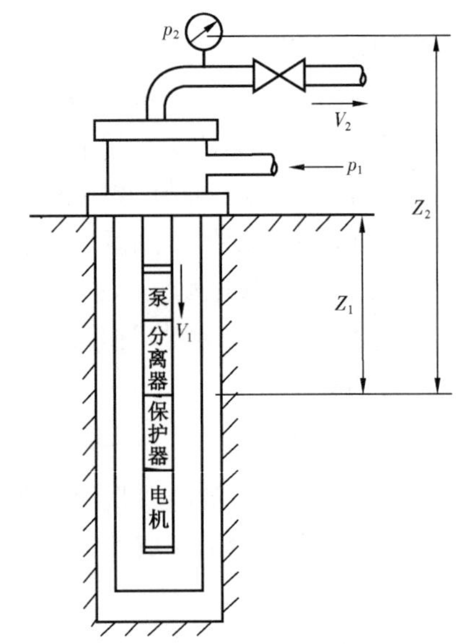

图 10－15 Ⅱ号井况示

b)实测流量 Q,单位为立方米每天(m³/d)。

c)绘制潜油泵性能曲线,即 H、P_{Pi}、η_p 与 Q 的关系曲线(图 10－16)。

d)泵轴功率按公式(10－31)计算。

$$P_{pi} = P_{mu} - P_{pfw} \qquad (10-31)$$

式中　P_{pi}——泵轴功率,kW;

P_{pfw}——保护器机耗,kW;

P_{mu}——电动机输出功率 P_{mu},kW。

e)泵效按公式(10－32)计算。

$$\eta_P = \frac{P_{pu}}{P_{pi}} \times 100\% \qquad (10-32)$$

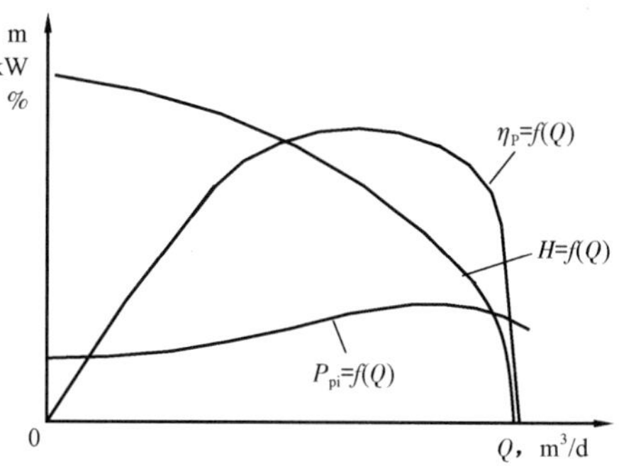

图 10－16　潜油泵性能曲线

式中　η_P——泵效,用百分数表示;

P_{pu}——泵输出功率,kW;$P_{pu} = \dfrac{\rho QHg}{86400}$;

ρ——水的密度,kg/m^3;

g——重力加速度,$g = 9.81\text{m/s}^2$。

f)检查泵性能时应换算到规定转速下的泵扬程、流量、轴功率,按公式(10－33)计算(机组成套性能试验不需要换算)。

$$\left.\begin{aligned} Q_0 &= \frac{n_{sp}}{n} \cdot Q \\ H_0 &= \left(\frac{n_{sp}}{n}\right)^2 \cdot H \\ P_{pi0} &= \left(\frac{n_{sp}}{n}\right)^3 \cdot P_{pi} \end{aligned}\right\} \qquad (10-33)$$

式中　H_0——泵扬程,m;

Q_0——泵流量,m^3;

P_{pi0}——泵轴功率,kW;

n_{sp}——规定转速,r/min;

n——实测转速,r/min。

(2)电动机油工频耐压:

与潜油电动机项目中的电动机油工频耐压测量方法相同。

4. 潜油电缆

1)检验项目

检验项目包括铠装质量、长度、电缆外形尺寸、导体标称直径、绝缘层厚度、护套层厚度、绝缘和护套材料机械性能、绝缘电阻、导体直流电阻及不平衡率、工频耐压、直流耐压、4h 高电压、直流泄漏、高温高压等。

2)主要检验仪器设备

潜油电缆检测仪器设备的配置见表 10－3。

表 10－3 潜油电缆检测仪器设备一览表

名称	量程	准确度	分辨力
电缆长度仪	1～1999m	±(2%读数＋5个字)	0.1～1999m/0.1m
数显卡尺	0～300mm		0.01mm
投影仪	0～150mm		0.005mmmm
直流双臂电桥	10^{-2}～10^{3}Ω	≤0.05%	
绝缘电阻测试仪	0～100000MΩ	±10%	
型变频谐振试验	0～20kV	±5%	
高压试验器	0～50kV	±3%	
电缆头气密封试验装置	30～160℃	温度误差：±3℃	
	0～0.6MPa	准确度:0.4	
电缆高温高压检测装置	温度： 室温至220℃	温度：±3℃	
	压力： 0～120MPa	压力：±0.3MPa	

3)检验方法

(1)铠装质量：

目力观察铠带搭接处的焊口是否平整，铠带是否有开裂、脱扣等现象。

(2)长度：

采用电缆计长仪检验电缆长度。

(3)电缆外形尺寸：

采用游标卡尺测量，每间隔大于或等于2m测量1点，共测4点。取最大值(宽度×厚度)不超过标称尺寸。

(4)导体标称直径：

① 测量方法：每个试样测量3处，各测量点之间的距离应不小于200mm。在垂直于芯线轴线的同一截面上，相互垂直的方向各测量一次。测量数据精确到小数点后两位，单位以毫米(mm)计。

② 试验结果及计算：平均外径 D 的测量结果应由芯线上测得各点数据的平均值表示。见公式(10－34)所示。

$$\overline{D} = \frac{\sum_{i=1}^{n} Di}{n} \tag{10-34}$$

式中 D_i——第 i 次测量数值，mm；

n——测量次数。

计算结果保留两位小数。

(5)绝缘层厚度：

① 测量方法：

a)用锐利刀片从取样段上沿着与试样导电线芯轴线相垂直的平面切取试片一个。

b)将片置于投影仪的试验台上,转动工作台的升降手轮,调焦至影像清晰。

c)用测微鼓轮移动试样,切面与光轴相垂直。

d)测出试片厚度的最薄点,作为第一个测量点。

e)当试片内表面呈圆形时,沿试片圆周尽可能等距离地测量 6 点。

f)当绝缘层试片内表面呈图 10－17 形状的绞合线芯线痕时,各点上的厚度按图 10－18 所示在线痕的凹槽底部最薄处,沿试片圆周尽可能等距离地测量 6 点。

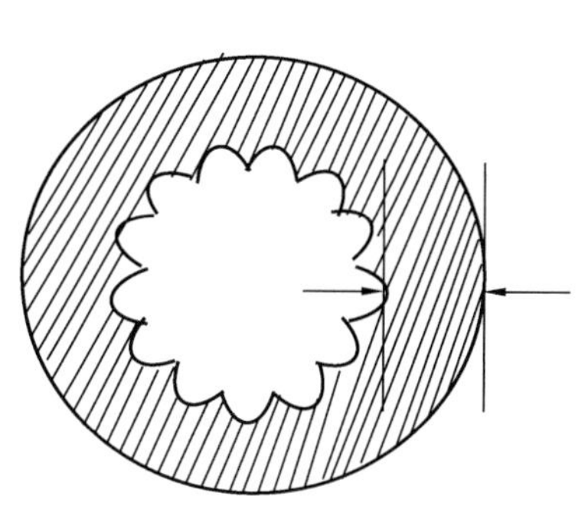

图 10－17　线芯绞合示意图

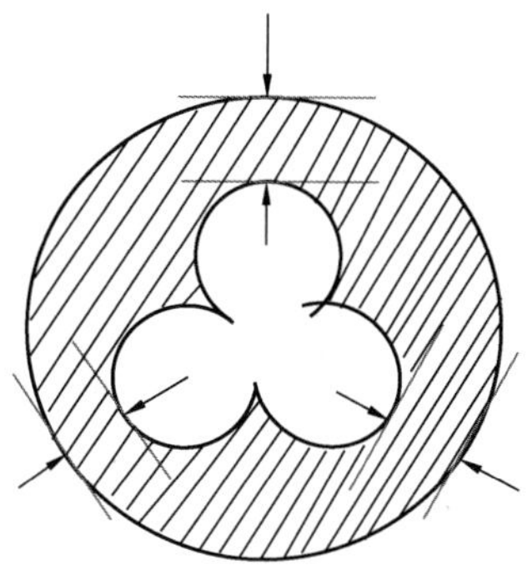

图 10－18　厚度测量示意图

g)用直接测量或影像测量方法测出数据。

h)测量的数据应精确到小数点后两位,单位以毫米(mm)计。

② 测量结果及计算:测量结果应记录试片最小厚度值,试片的平均厚度 δ_{avi} 为各点测量值的算术平均值。

(6)护套层厚度:

① 测量方法:

a)用锐利刀片从取样段上沿着与试样导电线芯轴线相垂直的平面切取试片一个,必要时切面应仔细修平。

b)将试片置于投影仪的试验平台上,转动工作台升降手轮,调焦至影像清晰。

c)用测微鼓轮移动试样,切面与光轴相垂直。

d)测出试片厚度的最薄点作为第一个测量点。

e)当试片内表面呈圆形时,沿试片圆周尽可能等距离地测量 6 点。

f)当试片内表面不是圆形时,按图 10－18 所示测量护套内表面由绝缘线芯形成的凹槽深处的厚度,芯痕凹槽一般三处全测。

g)用直接测量或影像测量方法测出数据。

h)测量的数据应精确到小数点后两位,单位以毫米(mm)计。

② 测量结果及计算:测量结果应记录最小厚度值,每个试片的平均厚度 δ_{avp} 为试片各点测量值的算术平均值。

(7)绝缘和护套材料机械性能:

① 测量方法:将制做好的哑铃试片中间印上两条标志线(图 10－19 和图 10－20)。在两

标志线之间取三点测试试片厚度,取三点中的最小值。试片在 23℃ ±5℃ 下保存 3h 后进行拉力试验。每个试片应在 5min 内试验完,试片断裂部位应在标志线之间,且至少应有四个试片。按照不同材料要求,拉伸速度按以下执行:

塑料绝缘材料(特别是聚丙烯):拉伸速度应≤50mm/min,一般取 50mm/min;

丁腈聚氯乙烯复合物材料:拉伸速度一般取 200mm/min;

乙丙胶绝缘材料:拉伸速度一般取 300mm/min;

丁腈护套材料:拉伸速度一般取 500mm/min。

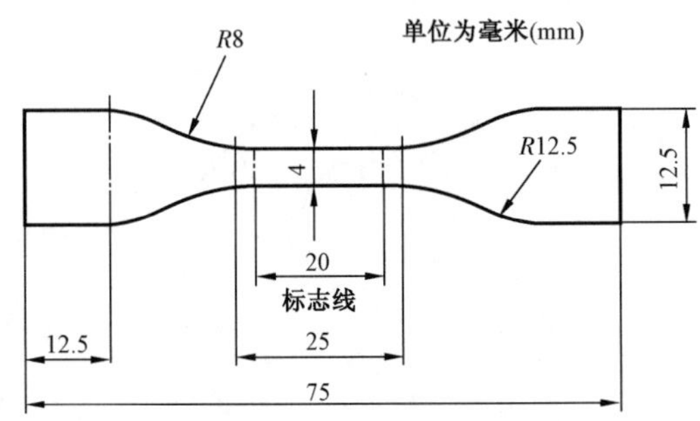

图 10 - 19　Ⅰ号哑铃试片

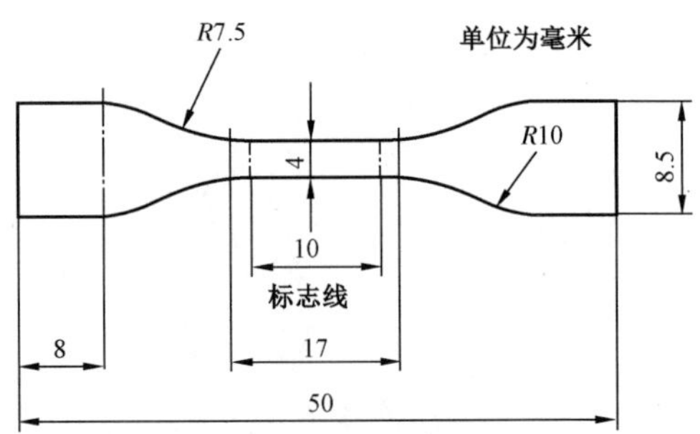

图 10 - 20　Ⅱ号哑铃试片

② 测量结果计算:

抗张强度按公式(10 - 35)计算。

$$\sigma = \frac{F}{S} \tag{10 - 35}$$

式中　σ——试片的抗张强度,N/mm^2;

F——试样拉伸至断裂时的负荷,N;

S——试片标志线内截面积,mm^2。

断裂伸长率按公式(10 - 36)计算。

$$\varepsilon = \frac{L_1 - L_0}{L_0} \times 100\% \tag{10 - 36}$$

式中　ε——试片的断裂伸长率,用百分数表示;

L_0——拉伸前试片标志线间的距离,mm;

L_1——试片断裂时标志线间的距离,mm。

注:若试样是从成品电缆上取样而制得的,拉伸强度和断裂伸长率两项结果均取中间值;若试样是从原材料上取样而制得的,拉伸强度和断裂伸长率两项结果均取算术平均值。

(8)绝缘和护套材料的热老化:

① 测量方法:将已测出厚度的试片垂直悬挂在老化箱中,宜根据材料性质按规定的温度老化 168h。老化后的试片在环境温度下至少存放 16h,然后做拉力试验。不同材料的试片不应同时放入一个老化箱中老化。

② 测量结果及计算：

抗张强度变化率按公式(10－37)计算。

$$TS = \frac{\sigma_1 - \sigma_0}{\sigma_0} \times 100\% \tag{10-37}$$

式中　TS——抗张强度变化率，用百分数表示；

σ_0——老化前拉伸强度中间值，N/mm^2；

σ_1——老化后拉伸强度中间值，N/mm^2。

断裂伸长率变化率按公式(10－38)计算。

$$EB = \frac{\varepsilon_1 - \varepsilon_0}{\varepsilon_0} \times 100\% \tag{10-38}$$

式中　EB——断裂伸长率变化率，用百分数表示；

ε_0——老化前断裂伸长率中间值，用百分数表示；

ε_1——老化后断裂伸长率中间值，用百分数表示。

(9)绝缘电阻：

① 测量方法：采用绝缘电阻测试仪分别测量三相电缆的每一相(另外两相与铠带相连)对地及相间的绝缘电阻。每相测量后对地放电。

② 测量结果及计算：

电缆的最低绝缘电阻值按公式(10－39)计算。

$$R = K\lg\left(\frac{D}{d}\right) \tag{10-39}$$

式中　R——绝缘电阻值，MΩ·km；

K——绝缘材料的电阻常数，见表10－4；

D——电缆绝缘外径，mm；

d——电缆导体标称直径，mm，见表10－5。

公式中的电缆绝缘外径(D)按公式(10－40)计算。

$$D = d + 2t \tag{10-40}$$

式中　t——绝缘层的最小厚度，见表10－6，mm。

表10－4　绝缘材料的电阻常数(15.6℃)　单位：千米兆欧(km·MΩ)

绝缘类型	制造电缆 100% K	验收电缆 80% K
热塑性塑料(聚丙烯)	15240	12192
热固树脂(三元乙丙橡胶)	6096	4876
热塑性塑料(聚全氟乙丙烯)	36647	29318
热塑性塑料(交联聚乙烯)	5460	4368

表 10－5　电缆规格和基本参数

芯数	标称截面 mm^2	导体根数/单线标称直径 mm	外形尺寸不大于					
			圆电缆 mm^2		扁电缆 mm × mm		引接电缆 mm × mm	
			3kV	6kV	3kV	6kV	3kV	6kV
3	10	1/3.57	—	—	—	—	11.5×28.5	12.5×32
3	13	1/4.12	—	—	14.5×37.5	—	11.5×29.5	13×34
3	16	1/4.62	33	35	15×39	16×41	13×31.5	13.5×35
3	20	1/5.19	34	36	16×40	17×42.5	14×33	15×37
3	33	1/6.54,7/2.50	38	40	18×46	18.5×48.5	—	—
3	42	1/7.35,7/2.85	40	42	19×49	19×51	—	—
3	53	7/3.16	42	44	20×50	20.5×53	—	—

表 10－6　绝缘层和护套层标称厚度及公差　　单位:毫米(mm)

电缆类型	规格	绝缘层		内护套层		钢带厚度	典型钢带宽度
		标称厚度 δ	公差	标称厚度 δ	公差		
引接电缆	3kV	1.0	厚度平均值≥δ 最薄处厚度≥0.9δ－0.1	0.8	厚度平均值≥δ 最薄处厚度≥0.8δ－0.2	≥0.3	13
	6kV	1.5		0.8		≥0.4	13
扁电缆	3kV	1.9		1.3		≥0.5	15
	6kV	2.3		1.3		≥0.5	15
圆电缆	3kV	1.9		2.0		≥0.5	15
	6kV	2.3		2.0		≥0.5	15

注:1. 扁电缆内护套层材料采用铅时,标称厚变为1.0mm。
2. 电缆绝缘层材料采用聚全氟乙丙烯时,标称厚度为0.8mm。

每1km长度的电缆,绝缘电阻按公式(10－41)计算。

$$R_i = R_{it} \cdot L \quad (10-41)$$

式中　R_i——电缆的换算电阻,MΩ · km;

R_{it}——实测绝缘电阻,MΩ;

L——被测电缆的长度,km。

换算至15.6℃时的绝缘电阻 $R_{i15.6}$,按公式(10－42)计算。

$$R_{i15.6} = R_i \frac{K_t}{K_{15.6}} \quad (10-42)$$

式中　$R_{i15.6}$——温度为15.6℃时的绝缘电阻,MΩ · km;

R_i——三相中每千米绝缘电阻最小值,MΩ · km;

K_t——测量时温度校正系数,见表10－7;

$K_{15.6}$——温度为15.6℃时的温度校正系数;见表10－7。

表 10－7 温度校正系数

温度℃	温度校正系数	温度，℃	温度校正系数
10.0	0.75	21.1	1.35
10.6	0.77	21.7	1.39
11.1	0.79	22.2	1.43
11.7	0.82	22.8	1.47
12.2	0.84	23.3	1.52
12.8	0.87	23.9	1.56
13.3	0.89	24.4	1.61
13.9	0.92	25.0	1.66
14.4	0.94	25.6	1.71
15.0	0.97	26.1	1.76
15.6	1.00	26.7	1.81
16.1	1.03	27.2	1.81
16.7	1.06	27.8	1.92
17.2	1.09	28.3	1.98
17.8	1.13	28.9	2.04
18.3	1.16	29.4	2.10
18.9	1.20	32.2	2.43
19.4	1.23	35.0	2.81
20.0	1.27	37.8	3.26
20.6	1.31	40.6	3.78

注：本表适用于乙丙橡胶绝缘电缆，聚丙烯和交联聚乙烯绝缘电缆也可参考使用。

（10）导体直流电阻及不平衡率：

① 测量方法：

a）将电缆一端的三根导体，用导线连接成星点，另一端的三根导体为测量端。

b）测量时电桥的电位端和电流端之间的距离应不小于芯线周长的1.5倍。

c）分别测量 R_{UV}，R_{VW}，R_{WU}的直流电阻，读取读数，取其四位有效数字。

② 测量结果及计算：

a）被测电缆芯线的导体直流电阻 R_U，R_V，R_W按公式（10－43）计算：

$$\left.\begin{aligned} R_U + R_V &= R_{UV} \\ R_V + R_W &= R_{VW} \\ R_W + R_U &= R_{WU} \end{aligned}\right\} \qquad (10-43)$$

解方程得出 R_U，R_V，R_W的值。

在 R_U，R_V，R_W中确定 R_{max}并换算至每千米直流电阻 R，再按公式（10－44）换算至20℃时一相直流电阻 R_{20}。表 10－8 规定了在 t℃时测量导体电阻校正到20℃时的温度校正系数 K_T值。

$$R_{20} = R \cdot K_T \qquad (10-44)$$

式中 $K_T = \dfrac{1}{1 + 0.004(\theta - 20)}$；

θ——测量时温度，℃。

表 10－8　导体直流电阻温度校正系数

测量时导体温度 t,℃	温度校正系数	测量时导体温度 t,℃	温度校正系数	测量时导体温度 t,℃	温度校正系数
5	1.064	16	1.016	27	0.973
6	1.059	17	1.012	28	0.969
7	1.055	18	1.008	29	0.965
8	1.050	19	1.004	30	0.962
9	1.046	20	1.000	31	0.958
10	1.042	21	0.996	32	0.954
11	1.037	22	0.992	33	0.951
12	1.033	23	0.988	34	0.947
13	1.029	24	0.984	35	0.943
14	1.025	25	0.980		
15	1.020	26	0.977		

注:表中温度校正系数 K_T 值是根据 20℃电阻温度系数为 0.004/℃计算的。

b)三相直流电阻最大不平衡度:按公式(10－45)计算出三根芯线电阻平均值,再按公式(10－46)计算出三相直流电阻最大不平衡度。

$$R_{cav} = \frac{R_U + R_V + R_W}{3} \tag{10-45}$$

$$\varepsilon_{cR} = \frac{R_{max} - R_{min}}{R_{cav}} \times 100\% \tag{10-46}$$

式中　ε_{cR}——电阻不平衡度;

R_{cav}——三根芯线电阻平均值;

R_{max},R_{min}——三相直流电阻中最大值与最小值。

(11)工频耐压:

① 采用交流耐压试验器,装置内应具有短路速断保护功能,并有可靠的接地。

② 对三相电缆分别施加表 10－9 中规定的交流电压,其余两相和铠带相连接,并接地(接线方式如图 10－21 所示)。重复性试验施加为规定电压的 80%。

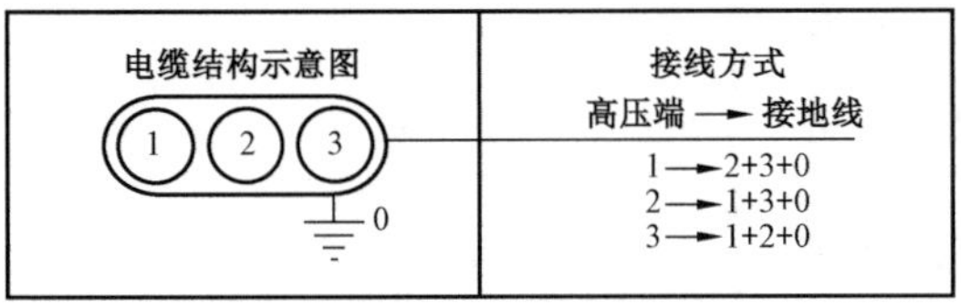

电缆结构示意图	接线方式 高压端 → 接地线
1 2 3，0	1→2+3+0 2→1+3+0 3→1+2+0

图 10－21　潜油电缆耐压检验接线图

1,2,3—三相电缆芯线;0—铠带接地

③ 施压从低于规定电压值的 40% 开始,缓慢平稳地升到所规定电压值的 ±3% 为止,持续 5min;然后降低电压至规定电压的 40% 以下再切断电源,禁止在高电压下突然切断电源,以免出现过电压。

表 10－9　交流耐压测试的试验电压　　单位:千伏(kV)

电缆的额定电压(相对相)	试验电压
3	9
6	13

（12）直流耐压：

① 采用直流耐压试验器，装置内应具有短路速断保护功能，并有可靠的接地。

② 对三相电缆分别施加表 10－10 中规定的直流电压，其余两相和铠带相连接，并接地（接线方式如图 10－21 所示）。重复性试验施加为规定电压的 80%。

表 10－10　电缆直流耐压测试的试验电压

电缆耐压等级，kV	绝缘层厚度，mm	制造电缆，kV	验收电缆，kV
3	1.9	27	22
6	2.3	35	28

③ 施压从低于规定电压值的 40% 开始，缓慢平稳地升到所规定电压值的 ±3% 为止，持续 5min；然后降低电压至规定电压的 40% 以下再切断电源，禁止在高电压下突然切断电源，以免出现过电压。

（13）4h 高电压：

① 采用交流耐压试验器。

② 电缆线芯一端接试验装置的高压输出端，试验装置的接地端接电极放入水槽中（接线图（方式）如图 10－22 所示），所施加电压为 $3U_0$（U_0——相电压），时间 4h。

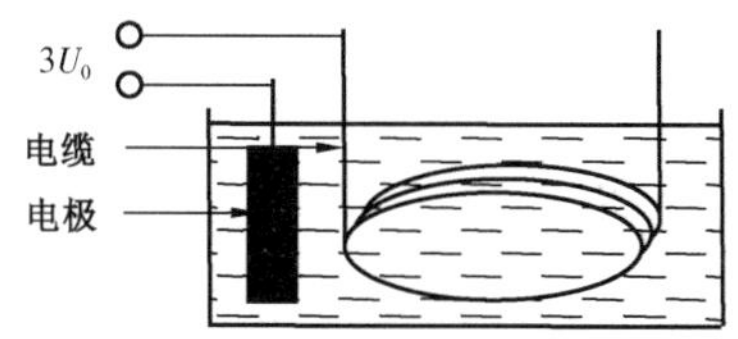

图 10－22　潜油电缆 4h 高电压检验接线图

（14）直流泄漏：

① 测量方法：

a）采用直流泄漏电流测试仪，三相分别对铠带进行测量（接线方式如图 10－23 所示）。

b）施压时要均匀平稳，升压至最高电压时间不应少于 10s，达到电压规定值后持续 5min，记录泄漏电流。降压时要缓慢平稳。

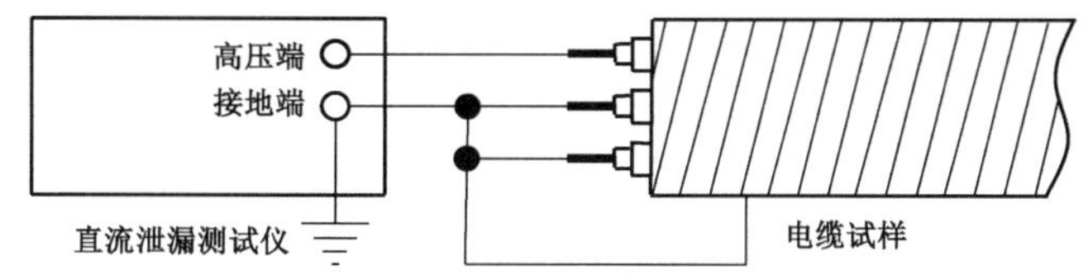

图 10－23　潜油电缆直流泄漏检验接线

② 测量结果及计算：

a）标准的直流泄漏电流值的计算：

标准的直流泄漏电流值是在 15.6℃时，根据相应的试验电压与电缆的最低绝缘电阻值之比，按公式（10－47）计算：

$$I_B = \frac{U}{R} \qquad (10-47)$$

式中　I_B——标准的直流泄漏电流，μA/km；

U——试验电压，V。

b)测量结果计算：

换算至每千米泄漏电流按公式(10－48)计算：

$$I'_{b} = \frac{I_{bt}}{L} \tag{10-48}$$

式中 I'_{b}——每千米泄漏电流，μA/km；

I_{bt}—实测泄漏电流，μA；

L——被测电缆长度，km。

换算至15.6℃时每千米泄漏电流按公式(10－49)计算：

$$I'_{bt} = \frac{I'_{b}}{K_{t}} \tag{10-49}$$

式中 I'_{bt}——15.6℃时每千米泄漏电流，μA/km；

K_{t}——测量时温度校正系数。

(15)高温高压试验：

① 测量方法：

对于短样电缆：

a)短样在未放入试验装置之前应测量并记录其对地绝缘电阻、温度、湿度；放入试验装置密封后在加温加压前再测量并记录其对地绝缘电阻、温度。

b)试验温度、压力应符合表13－12的规定。

c)试验装置容器内加压、加温，至规定值并恒定4h；每隔1h用兆欧表(2500V)测量并记录对地绝缘电阻、温度、压力值。

对于整盘电缆：

a)在电缆未放入水中之前测量其对地及相间绝缘电阻并记录温度、湿度。

b)电缆放入水中未加温之前测量其对地及相间绝缘电阻并记录水温。

c)电缆在加温至90℃时测量其对地及相间绝缘电阻。

d)恒温90℃，2h后再测量其对地及相间绝缘电阻。

表10－11 电缆试验温度、压力

井下环境温度 ℃	电缆导体长期工作温度 ℃	容器内温度 ℃	容器内压力 MPa	试验持续时间，h	
				一般检验	仲裁检验
90以下	≤90	90±5	10	4	24
90	≤120	120±5	20		
120	≤150	150±5	20		
150	≤180	180±5	20		
180	≤204	204±5	20		

② 测量结果及计算：

高温高压后电缆的绝缘电阻计算与常温绝缘电阻的计算相同。

5. 电缆头

1)检验项目

检验项目包括密封性能、电缆头工频耐压、电缆头直流耐压、电缆头高温高压等。

2)主要检验仪器设备

电缆头检测仪器设备的配置见表10-3。

3)检验方法

(1)密封性能:

在特制的密封接头处用干燥气体或油加压0.35MPa,维持5min,检查是否有泄漏现象。

(2)电缆头工频耐压:

与潜油电缆的工频耐压测试方法相同。

(3)电缆头直流耐压:

与潜油电缆的直流耐压测试方法相同。

(4)电缆头高温高压:

与电缆的高温高压试验测量方法相同。

6. 定频控制柜

1)检验项目

包括主电路绝缘电阻、控制电路绝缘电阻、主电路工频耐压、控电路工频耐压、模拟运行等。

2)主要检验仪器设备

定频控制柜检测主要仪器设备见表10-12。

表10-12 潜油定频控制柜检测主要设备一览表

仪器名称	测量误差	准确度
绝缘测试仪	0~100GΩ	10级
高压试验控制箱	0~10kV	2.0级
潜油电泵控制柜测量仪	0~200A 0~24h	1% ±0.05%

3)检验方法

(1)主电路绝缘电阻:

采用1000V兆欧表分别测量主电路相对地绝缘电阻并记录绝缘电阻值。

(2)控制电路绝缘电阻:

采用500V兆欧表测量控制电路对地绝缘电阻并记录绝缘电阻值。

(3)主电路工频耐压:

① 对三相主电路分别施加试验电压,其余两相和壳体相连接,并接地。

② 施加试验电压从小于1/3规定试验电压开始,逐步升至规定值,试验结束后,逐渐降压至零,然后切断电源。试验电压为$2U_N+1000V$(U_N为控制柜额定工作电压,V),并在该值下

持续 1min。重复性试验为规定试验电压的 80%。

(4)控制电路工频耐压:

与定频控制柜主电路工频耐压测量方法相同(U_N为控制电路额定电压)。

(5)模拟运行:

① 测量方法:

a)通入额定电流 I_N,试验三相电流最大显示误差。

b)设定过载电流和过载动作时间值。通入过载电流,检验中心控制器过载保护和延时动作功能。过载停机时实测电流值与设定值的误差应≤ ±2.5%,延时时间实测值与设定值的误差应≤ ±1s。

c)设定欠载电流和欠载动作时间值。通入欠载电流,检验中心控制器欠载保护和延时动作功能。欠载停机时实测电流值与设定值的误差应≤ ±2.5%,延时时间实测值与设定值的误差应≤ ±1s。

d)断开三相电流的任意一相,检验中心控制器缺相保护功能。

e)设定欠载延时自动启动时间值 T_S,检验到设定的欠载延时时间时自动启动功能。测试值在(T_S ±2)min 之内为合格。

② 测量结果及计算:

三相电流显示误差按公式(10-50)计算。

$$\gamma = \frac{|I - I'|}{I} \times 100\% \qquad (10-50)$$

式中 γ——三相电流显示误差,用百分数表示;

I——电流标准值,A;

I'——与标准值相差最大的一相电流值,A。

7. 变频控制柜

变频控制柜产品检验及技术规范见 GB/T 12668《调速电气传动系统》相关规定。

8. 接线盒

1)检验项目

检验项目包括外观检查、接线柱之间及对地绝缘电阻、电气间隙等。

2)主要检验仪器设备

接线盒检测仪器设备的配置见表 10-3。

3)检验方法

(1)外观检查:

① 接线盒接线柱采取插入式(或端子式)连接。

② 接线盒的门为活动式的,其与盒身由轴连接。

③ 接线盒的紧固件应设有防止自行松脱的装置。

④ 接线盒所有用黑色金属制成的零部件,应进行防锈处理。

⑤ 金属制成的接线盒外壳应设接地螺栓,其规格应符合 GB 3836.1《爆炸性环境 第1部

分:设备 通用要求》中的规定,并标注接地符号。

(2)接线柱之间及对地绝缘电阻:

采用2500V、指示量限不低于1000MΩ的兆欧表测量接线柱之间相对地绝缘电阻并记录绝缘电阻值。

(3)电气间隙:

用游标卡尺测量不同电位的裸露导电部分之间的电气间隙。

9. 变压器

1)检验项目

检验项目包括绕组绝缘电阻、直流电阻、电压比测量及电压矢量关系校定、外施耐压、感应耐压、空载损耗与空载电流、负载损耗与阻抗电压、温升试验、变压器油击穿电压、密封性能等。

2)主要检验仪器设备

潜油变压器检测仪器设备配置见表10-13。

表10-13 变压器检测仪器设备配置一览表

<table>
<tr><th>序号</th><th>检验项目</th><th>名称</th><th>测量范围</th><th>准确度</th></tr>
<tr><td>1</td><td>绕组绝缘电阻</td><td>兆欧表</td><td>0~50000MΩ</td><td>1.5%</td></tr>
<tr><td>2</td><td>直流电阻</td><td>精密级携带式直流双电桥</td><td>0~1000Ω</td><td>≤0.05%</td></tr>
<tr><td>3</td><td>电压比测量</td><td rowspan="2">变压比电桥</td><td rowspan="2">1.02~111.12</td><td rowspan="2">±0.2%</td></tr>
<tr><td>4</td><td>电压矢量关系校定</td></tr>
<tr><td>5</td><td>外施耐压</td><td>高压试验器</td><td>0~50kV</td><td>2.0</td></tr>
<tr><td>6</td><td>感应耐压</td><td>感应耐压试验装置</td><td>互感器 1000/100
仪表 65V</td><td>0.05 级
0.2%</td></tr>
<tr><td>7</td><td>空载损耗与空载电流</td><td rowspan="3">变压器检测装置</td><td rowspan="3">电流互感器 50/5,20/5,10/5
电压互感器 600/100,500/100
电压表 0~500V
电流表 0~5A
温度表 0~120℃</td><td rowspan="3">0.1 级
0.05 级
≤0.1%
≤0.1%
±0.5℃</td></tr>
<tr><td>8</td><td>负载损耗与阻抗电压</td></tr>
<tr><td>9</td><td>温升试验</td></tr>
<tr><td>10</td><td>变压器油击穿电压</td><td>自动油试验仪</td><td>0~100kV</td><td>≤2.5%</td></tr>
<tr><td>11</td><td>密封试验</td><td>密封试验装置</td><td>0~1MPa</td><td>0.4%</td></tr>
</table>

3)检验方法

(1)绕组绝缘电阻:

采用1.5级以上2500V兆欧表分别测量三绕组三相对地绝缘电阻。

(2)直流电阻:

① 测量方法:

采用直流电桥分别测量三绕组的线电阻并记录与绕组温度相平衡的实际温度。

② 测量结果及计算:

三相直流电阻不平衡率按公式(10-51)计算。

$$\varepsilon_{Tr} = \frac{R_{max} - R_{min}}{R_{tav}} \times 100\% \quad (10-51)$$

式中 ε_{Tr}——三相直流电阻不平衡率，用百分数表示；

R_{tav}——高、中、低压绕组三相直流线电阻平均值，Ω；

R_{max}——分别确定高、低、中压绕组三相中最大一相直流电阻，Ω；

R_{min}——分别确定高、低、中压绕组三相中最小一相直流电阻，Ω。

(3)电压比测量及电压矢量关系校定：

采用电压比电桥分别对各绕组间的电压比进行测量，并记录测量值，同时验证连接组标号是否正确。

(4)外施耐压：

采用交流耐压试验装置，装置内应设短路保护功能，分别在高、中、低压绕组从低于规定电压的1/3开始缓慢施压至规定值，持续1min；然后再将电压降至零，不参加试验的绕组均应接地。接线方式如图10-24所示。

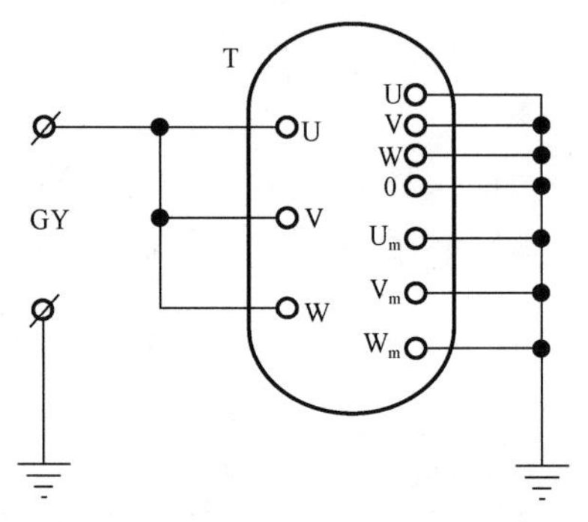

图10-24 外施耐压试验接线图
GY—外施耐压实验装置；T—被试变压器

(5)感应耐压：

采用绕线式异步电动机反拖或中频发电机组对低压绕组施加电压至规定值。持续时间按公式(10-52)计算。

$$T = \frac{6000}{f} \quad (10-52)$$

式中 f——实测电源频率，Hz；

T——试验持续时间，s。

(6)空载损耗与空载电流：

① 测量方法：

a)首先慢慢给绕组施压至额定值为止，施压以三相线电压的平均值为准，记录三相电压有效值和平均值、三相电流、功率、频率。

b)当波形畸变，即平均值电压表与有效值电压表读数不同时，应以平均值电压表为准，测量空载损耗、空载电流和电压，然后将电压降至零。

② 测量结果及计算：

当 $U' = U$ 时，空载损耗 P_0，W；无须修正即：$P_0 = P_{0m}$；

当 $U' \neq U$ 时，空载损耗需要按公式(10-53)修正。

$$P_0 = P_{0m}/(P_{ho} + K_U \cdot P_{V0}) \quad (10-53)$$

式中 $K_U = (U/U')^2$；

U'——未带试品前测量电压平均值 U_1 时的有效电压表的线电压，V；

U——带试品测量 U_1 时的有效电压表的线电压，V；

P_{0m}——实测空载损耗,W;
P_{ho}——磁滞损耗与总损耗之比,见表 10-14;
P_{V0}——涡流损耗与总损耗之比,见表 10-14。

表 10-14 变压器磁滞损耗、涡流损耗与总损耗之比

材料	P_{ho}	P_{V0}
取向硅钢片	0.5	0.5
非取向硅钢片	0.7	0.3

(7)负载损耗与阻抗电压:

① 阻抗电压与负载损耗的测量,应在试品的一个绕组的线端施加额定频率的电流,另一个绕组短路,试验应在主分接下进行,且在大于 50% ~100% 的额定电流下进行。测量迅速进行,试验时绕组所产生的温升应不引起明显的误差。

② 阻抗电压是绕组通过额定电流时的电压降,以该电压降占额定电压的百分数表示,阻抗电压测量时以三相电流的算术平均值为准,如果试验电流无法达到额定电流时,阻抗电压应按公式(10-54)折算,并校正到表 10-15 所列的参考温度。

表 10-15 参考温度

绝缘的耐热等级	参考温度,℃
A B E	75
其他绝缘的耐热等级	115

$$\theta_k = \sqrt{\theta_{kt}^2 + \left(\frac{P_{kt}}{10S_n}\right)^2 \cdot (k_t^2 - 1)} \tag{10-54}$$

$$\theta_{kt} = \frac{U_{kt}}{U_n} \cdot \frac{I_n}{I_k} \times 100\% \tag{10-55}$$

式中 θ_k——阻抗电压,用百分数表示;
θ_{kt}——绕组温度为 t 时的阻抗电压[按公式(10-55)计算],用百分数表示;
U_{kt}——绕组温度为 t 时流过试验电流 I_k 的电压降,V;
I_n——施加电压侧的额定电流,A;
e_k——参考温度时的阻抗电压,用百分数表示;
P_{kt}——温度为 t 时的负载损耗,W;
S_n——额定容量,kV · A;
K_t——电阻温度系数,即 $K_t = (235+75)/(235+t)$。

③ 负载损耗是绕组通过额定电流时所产生的损耗,测量时应以三相电流的算术平均值为准,施加额定电流,如果试验电流无法达到额定电流时,负载损耗应按额定电流与试验电流之比的平方增大,负载损耗中的电阻损耗与电阻成正比变化,而其他损耗与电阻成反比变化。两

部分损耗应分别校正到表 10－15 所列的参考温度,通过公式(10－56)计算。

$$P_k = \frac{P_{kt} + \sum I_n^2 R(K_n^2 - 1)}{K_t} \tag{10-56}$$

式中 P_k——参考温度下的负载损耗,W;

P_{kt}——绕组试验温度下的负载损耗,W;

K_t——电阻温度系数;

$\sum I_n^2 R$——被测一对绕组的电阻损耗,W。

三相变压器一对绕组的电阻损耗应为两绕组电阻损耗之和,通过公式(10－57)计算。

$$P_r = 1.5 I_n^2 R_{xn} = I_n^2 R_{xg} \tag{10-57}$$

式中 P_r——绕组的电阻损耗,W;

I_n——绕组的额定电流,A;

R_{xn}——线电阻,Ω;

R_{xg}——相电阻,Ω。

④ 三绕组变压器,其阻抗电压、负载损耗应在成对的绕组间进行测量。试验时,非被试绕组开路。

⑤ 当试验频率不等于额定频率时(其偏差小于 5%),负载损耗可以近似相等,阻抗电压按公式(10－58)校正。

$$\theta_k = \sqrt{\left(\theta_{kt} \cdot \frac{f_n}{f}\right)^2 + \left(\frac{P_{kt}}{10S_n}\right)^2 \left[K_t^2 - (K_t^2 - \left(\frac{f_n}{f}\right)^2\right]} \tag{10-58}$$

式中 θ_k——参考温度下的阻抗电压,用百分数表示;

θ_{kt}——试验温度下的阻抗电压,用百分数表示;

f_n——额定频率,Hz;

f——试验频率,Hz;

P_{kt}——试验温度下的负载损耗,W;

S_n——额定容量,kV · A;

K_t——电阻温度系数。

(8)温升试验:

① 测量方法:

a)采用直流电桥或微欧计分别测量三绕组的线电阻并记录环境温度,应使环境温度与绕组温度平衡。

b)一侧绕组施压(一般高压绕组施压)至输入功率等于最大总损耗时为止。为了缩短试验时间,开始时可以提高输入功率($1.5I_N$),使温度迅速提高,运行到油顶层温升的预定值的 70% 时降低功率到输入功率等于总损耗(额定发热状态),并维持输入功率恒定。

c)每 15min 记录一次三相电压、电流、功率、油顶层温度、散热器出口温度。当监视部位温升连续 4h 以每小时温升小于 1K 时,温升即达到稳定状态(冷却介质的温度为最后 1/4 时程里、相等的时间间隔内的温度的平均值)。降压断电测量绕组热态直流电阻。测量绕组热电阻的第一点时间不大于 2min,每隔 60s 测一点,共测 10 ~ 12 点。冷热直流电阻应用同一电桥。

d)重复送电维持额定发热状态运行 1h 后降压断电,测量另一侧绕组电阻。

② 测量结果及计算:

a)绘制 $\lg R = f(t)$ 曲线,如图 10 - 25 所示,确定断电瞬间绕组热态直流电阻 R_2。

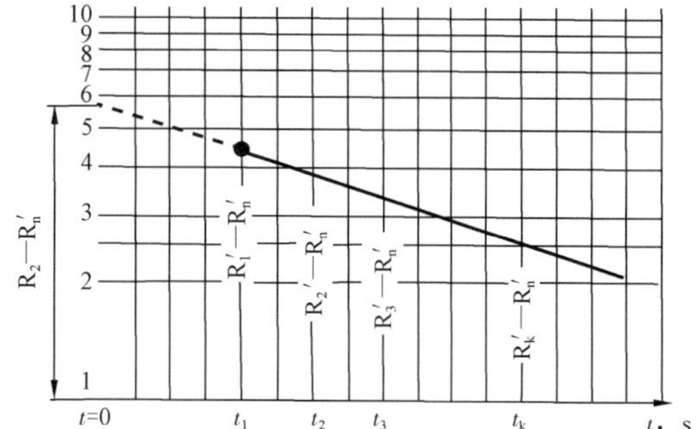

图 10 - 25　时间和热电阻差值的曲线

b)对于油浸式变压器的油顶层温升 τ_1(K),按公式(10 - 59)计算。

$$\tau_1 = \theta_1 - \theta_{02} \tag{10-59}$$

式中　θ_1——总损耗下温升稳定后的油顶层温度,℃;

θ_{02}——测热电阻时冷却介质的温度取温升后 1/4 时程各测试点的冷却介质温度的平均值,℃。

c)绕组平均温升 τ_2(K);按公式(10 - 60)计算。

$$\tau_2 = \frac{R_2}{R_1}(K_\theta + \theta_{01}) - (K_\theta + \theta_{02}) + \frac{\tau_1 - \tau_1'}{K_\theta} \tag{10-60}$$

式中　R_1——绕组冷态直流电阻,Ω;

R_2——断电时从曲线上查得的热态绕组直流电阻,Ω;

θ_{01}——测量绕组冷态电阻时的绕组温度,℃;

τ'_1——额定电流下停电测量前油顶层温升,$\tau'_1 = \theta'_{02} - \theta_{01}$,K;

θ'_{02}——额定电流下停电测量前油顶层温度,℃;

K_θ——平均油温系数,$K_\theta = \frac{\theta_1}{\theta_P}$;

θ_P——总损耗下的油平均温度,℃。

(9)变压器油击穿电压(干式变压器无此项试验):

① 测量方法:

a)用干燥过的 1000mL 磨口瓶取 800mL 油样待无气泡后,倒入油试验器进行工频耐压试验。电极应安装在水平轴上,放电间隙 2.5mm。电极之间的间隙用块规校准,要求精确到 0.1mm。电极轴浸入试油深度应为 40mm 左右。电极面上若有因放电引起的凹坑时应更换电极。

b)采用油耐压试验器对变压器油进行六次电压击穿检验,每次记录电压击穿值。

② 测量结果及计算:

以六次击穿电压的算术平均值为击穿电压。

(10)密封性能(干式变压器无此项试验):

变压器油箱及贮油柜施加 0.05MPa 干燥气体,恒压 24h。

第二节　螺杆泵产品

螺杆泵采油技术正在迅速发展，在稠油和出砂采油井中，该系统正成为替代抽油机采油的重要方式。螺杆泵采油技术已日臻成熟，一方面，大批新型螺杆泵相继问世，螺杆泵及其配套设备制造质量得到明显的提高，另一方面，螺杆泵采油技术及管理水平也有一定进步。各油田使用螺杆泵采油的油井数量不断增多。如何进一步提高螺杆泵采油技术和管理水平，已成为国内外各油田普遍关注的问题。

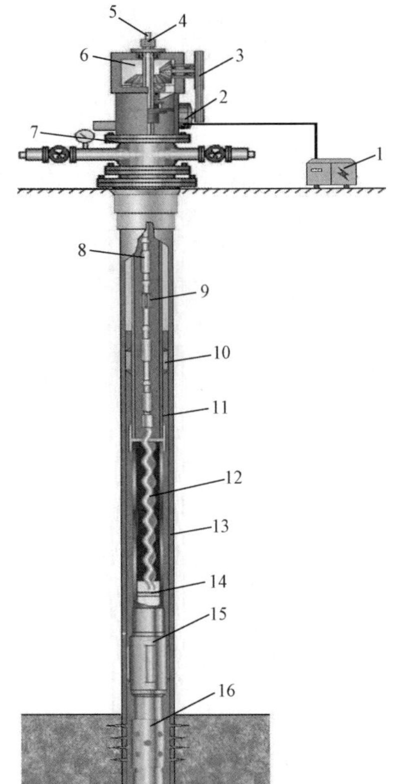

图 10－26　地面驱动螺杆泵采油示意图

1—电控箱；2—电动机；3—皮带；4—方卡子；5—光杆；6—减速箱；7—专用井口；8—抽油杆；9—抽油杆扶正器；10—油管扶正器；11—油管；12—螺杆泵；13—套管；14—定位销；15—防脱装置；16—筛管

一、螺杆泵的组成

螺杆泵采油系统主要由四部分组成：

(1)电控部分：电控箱。

(2)地面井口部分：驱动装置。

(3)井下部分：螺杆泵。

(4)配套工具部分：专用井口、特殊光杆、抽油杆扶正器、油管扶正器、抽油杆防倒转装置、油管防脱装置、防蜡器、防抽空装置和筛管，如图 10－26 所示。

二、螺杆泵的结构形式

(一)电控箱

1. 电控箱的结构

电控箱主要是由空气开关、接触器、变频器、启和停按钮、主电路、控制电路和显示装置等组成。电控箱控制电动机的启和停。该装置能自动显示、记录螺杆泵井正常生产时的电流、累计运行时间等，有过载、缺相、过压、漏电、堵转及三相电流严重不平衡自动的保护功能，确保生产井正常生产。

2. 电控箱的型号表示方法

电控箱型号表示方法如下：

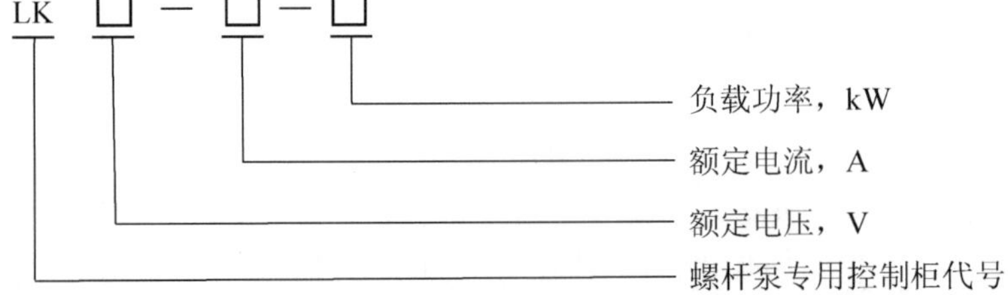

示例:额定电压380V、额定电流60A、负载功率29kW螺杆泵专用控制柜,型号表示为:LK 380 - 60 - 29。

(二)驱动装置

1. 驱动装置的结构

驱动装置是将动力传给井下泵转子,使转子实现行星运动,实现抽汲液、油的机械装置。它包括电动机、机械密封、减速箱、支架、封井器、防反转装置、皮带、皮带轮等。如图10-27所示是最常见的两种驱动装置。

(a)卧式驱动装置

(b)直驱装置

图10-27 常见的两种驱动装置

2. 驱动装置的型号表示方法

驱动装置的型号表示方法如下:

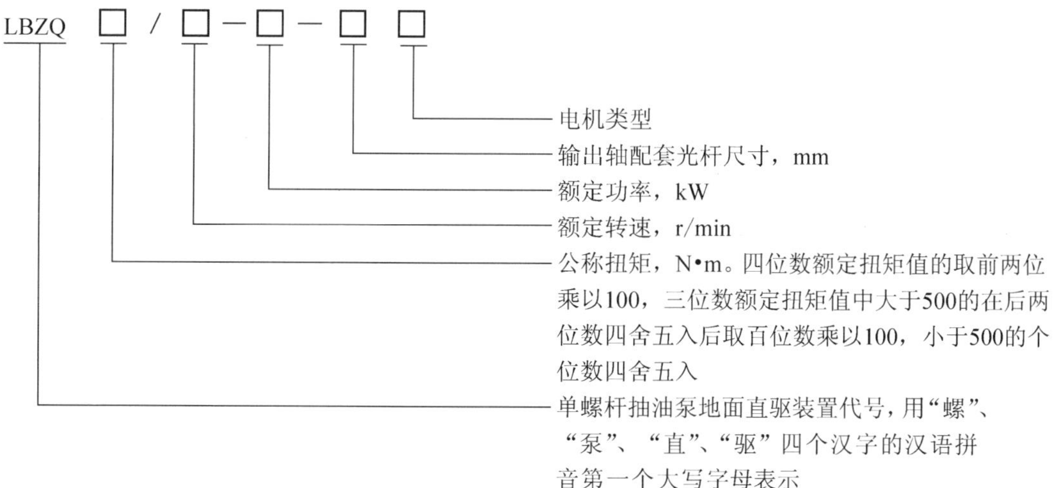

示例:额定功率22kW,额定扭矩1050N·m,额定转速200r/min,光杆尺寸ϕ28mm,调速永磁同步电动机,表示为:LBZQ1000/200 - 22 - 28 J。

(三)螺杆泵

1. 螺杆泵的结构

井下单螺杆泵是由定子和转子组成。转子是通过精加工,表面经过处理的高强度螺杆。定子就是泵筒,是由一种坚固、耐油、抗腐蚀的合成橡胶精磨成型,然后被永久地黏接在钢壳体内而成。定子内表面呈双螺旋曲面,与转子外表面相配合。

其工作原理是:螺杆泵是靠空腔排油,即转子与定子间形成的一个个互不连通的封闭腔室,当转子转动时,封闭空腔沿轴线方向由吸入端向排出端方向运移。封闭腔在排出端消失,空腔内的原油也就随之由吸入端均匀地挤到排出端。同时,又在吸入端重新形成新的低压空腔将原油吸入。这样,封闭空腔不断地形成、运移和消失,原油便不断地充满、挤压和排出,从而把井中的原油不断地吸入,通过油管举升到井口(图 10-28)。

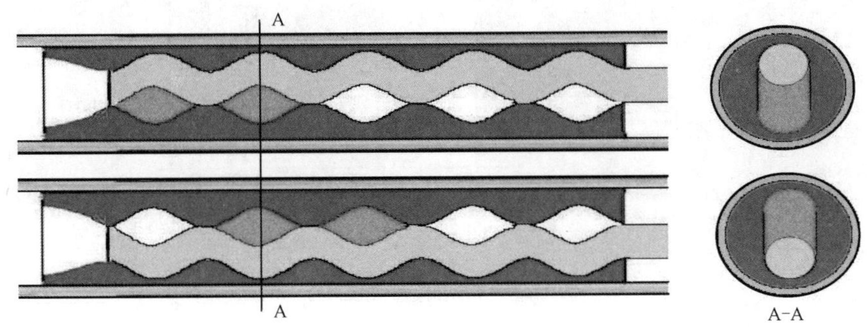

图 10-28 螺杆泵密封腔室输送液体示意图

2. 螺杆泵的型号

螺杆泵的型号表示方法如下:

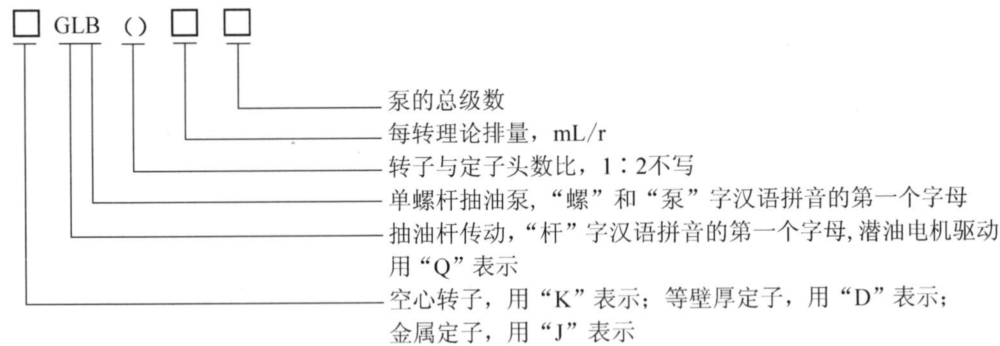

示例:KGLB500-14 为空心转子螺杆泵,每转排量 500mL,级数 14;又如:GLB(2∶3)120-27 为多头螺杆泵,定转子头数比为 2∶3,每转排量 120mL,级数 27。

三、螺杆泵的标准、检验项目、主要检验仪器和检验方法

（一）电控箱

1. 电控箱的标准

电控箱检验主要依据的标准是 GB/T 3797—2005《电气控制设备》。

2. 检验项目

检验项目包括主电路绝缘电阻、主电路工频耐压试验、过载保护和延时功能、单相保护功能、漏电保护试验等。

3. 主要检验仪器设备

主要检验仪器设备包括绝缘测试仪、高压试验控制箱、潜油电泵控制柜测量仪。

4. 检验方法

1）主电路绝缘电阻

（1）断开辅助控制电路与主电路间的隔离开关，并在控制电路的电源输入端子上接入相应的电源。

（2）启动控制柜，使其处于运行状态。

（3）应用电压为 1000V 的绝缘电阻测量仪，在每相对其余相加零线加壳体间进行，每测量后进行充分放电。

2）主电路工频耐压试验

（1）断开辅助控制电路与主电路间的隔离开关，并在控制电路的电源输入端子上接入相应的电源。

（2）启动控制柜，使其处于运行状态。

（3）应用相应量程的工频耐压试验仪，在每相对其余相加零线加壳体间进行试验，每试验后进行充分放电。

3）过载保护和延时功能

（1）过载保护：调整中心控制器上过载预置按钮，设定一个电流。试验时，给被检控制柜施加电流至过载动作停机，记录动作时所加电流值与过载预置值。

（2）延时功能：调整主回路电流为大于额定值。将过、欠载按钮按起。按复位开关。启动被检控制柜，开始计时，直到产生保护动作断开主回路为止，记录时间。

4）单相保护功能

当断开主电路中三相电流的任意一相时，被检控制柜应动作停机。

5）漏电保护试验

（1）将测试仪的测试端接到控制柜三相输出的任意一相，接地接到壳体上。

（2）启动控制柜，使其处于运行状态。

（3）缓慢调节测试仪的电流调节旋钮至漏电保护，此时电流表的示值为漏电保护值。在

该电流下再启动控制柜至漏电保护，此时间为漏电保护的动作时间。

（二）驱动装置

1. 驱动装置的标准

驱动装置检验主要依据的标准是 GB/T 21411.2—2009《石油天然气工业井下设备人工举升用螺杆泵系统　第 2 部分：地面驱动装置》和 Q/SY DQ1444—2011《单螺杆抽油泵地面直驱装置》。

2. 检验项目

检验项目包括结构尺寸、空负荷运转试验、密封性能试验、负荷运转效率试验、过载能力试验、温升试验、噪声试验、反转控制试验等。

3. 检验主要仪器设备

螺杆泵地面驱动装置检测系统主要由扭矩加载系统、轴向力加载系统、密封试压系统、反扭矩加载系统、低速启动加载系统、测控系统及辅助装置组成，如图 10－29 所示。

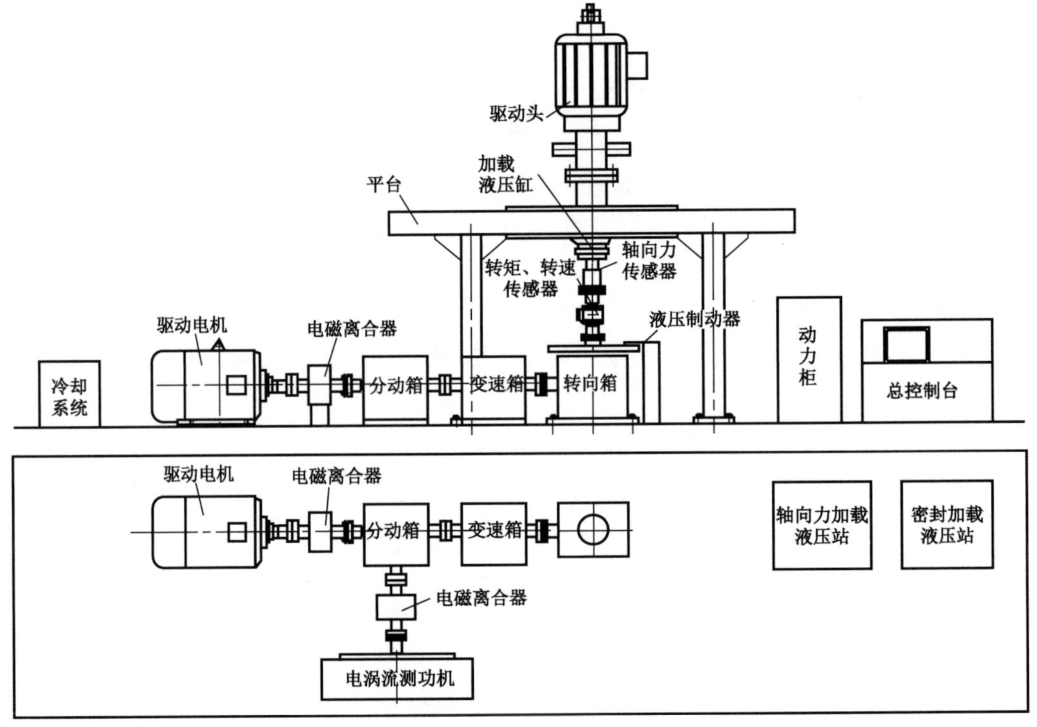

图 10－29　螺杆泵地面驱动装置性能检测系统结构布局图

主要电气设备仪表有电涡流测功机、电涡流测控仪、三参数传感器、智能数字测试仪、智能数显控制仪、压力传感器、温度传感器、温控仪。

4. 检验方法

1）结构尺寸

测量装置（非环空检测）从井口法兰面到方卡下端面的高度尺寸和直驱电动机外径最大

投影尺寸(不包括接线盒)。

2)空负荷运转试验

驱动装置安装调试完成后,在额定转速下进行空负荷运转试验,运转时间为2h。

3)密封性能试验

(1)工作压力试验:试验压力为3MPa,试验介质L-HH32液压油。驱动装置以额定转速运转,运转时间2h。

(2)短时过压试验:试验压力为5MPa,试验介质L-HH32液压油。驱动装置以额定转速运转,运转时间0.5h。

4)负荷运转效率试验

在额定转速下进行,驱动装置以额定转速运转5min后开始检测试验,按表10-16的规定进行加载,每一点的效率数据在负载扭矩稳定1min后采集。

表10-16 负荷百分数

额定扭矩百分数,%	25	50	75	100	125
额定轴向负荷百分数,%	100				
允许误差,%	±5				

5)过载能力检测

使直驱装置以额定转速工作,缓慢施加扭矩,分别测量扭矩达到1.5倍和2.0倍额定扭矩(允差±5%)后的持续稳定运行时间,运行时间为3min和1min。

6)温升试验

(1)温升试验在额定电压、额定轴向负荷、额定扭矩和额定转速(以上参数允差±5%)下进行。分别测量电动机表面温升和轴承箱温升。

(2)用非接触式温度计测量电动机(轴承箱)中部表面均匀分布的3个点的平均温度,读数的时间间隔为30min,温升试验应进行到相隔30min两个相继读数之间温升变化在1K以内为止,对温升不易稳定的电动机,温升试验应进行到相隔60min两个读数之间温升变化在2K以内为止。

(3)温升试验应在规定时间内连续进行,直到温度稳定为止。为了缩短试验时间,在温升试验的起始阶段过载运行一定时间之后恢复额定负载。

7)噪声试验

在驱动装置以额定转速运行平稳的状态下,水平方向距驱动装置1m,垂直方向离驱动装置底面高1m处,用噪声计测取驱动装置前、后、左、右四点噪声的算术平均值。

8)反转控制能力

(1)电磁牵制:断开扭矩加载系统电磁离合器,起动被测直驱电动机,使之正向空载旋转,当转速达到额定转速后按下停止按钮,同时接通反转控制系统电磁离合器,起动检测平台反转驱动电动机,拖动被测直驱电动机反向旋转,调高拖动转速,当扭矩达到1.5倍额定扭矩(允差±5%)时,记录反转速度。

(2)交流能耗制动:保证控制柜与直驱电动机之间电缆正常连接,使光杆分别以70r/min、

100r/min、110r/min 的速度反向旋转,检测对应的制动功率。

(三)螺杆泵

1. 螺杆泵的标准

螺杆泵检验主要依据的标准是 GB/T 21411. 1—2008《石油天然气工业井下设备　人工举升用螺杆泵系统　第 1 部分:泵》。

2. 检验项目

检验项目包括零压差的流量、扭矩、额定压力的流量、扭矩、容积效率和总效率、最大工作压差下漏失率等。

3. 主要检验仪器设备

主要检验仪器设备:流量计、压力变送器、转矩转速传感器、温度调节仪。螺杆泵检测系统框图如图 10－30 所示。

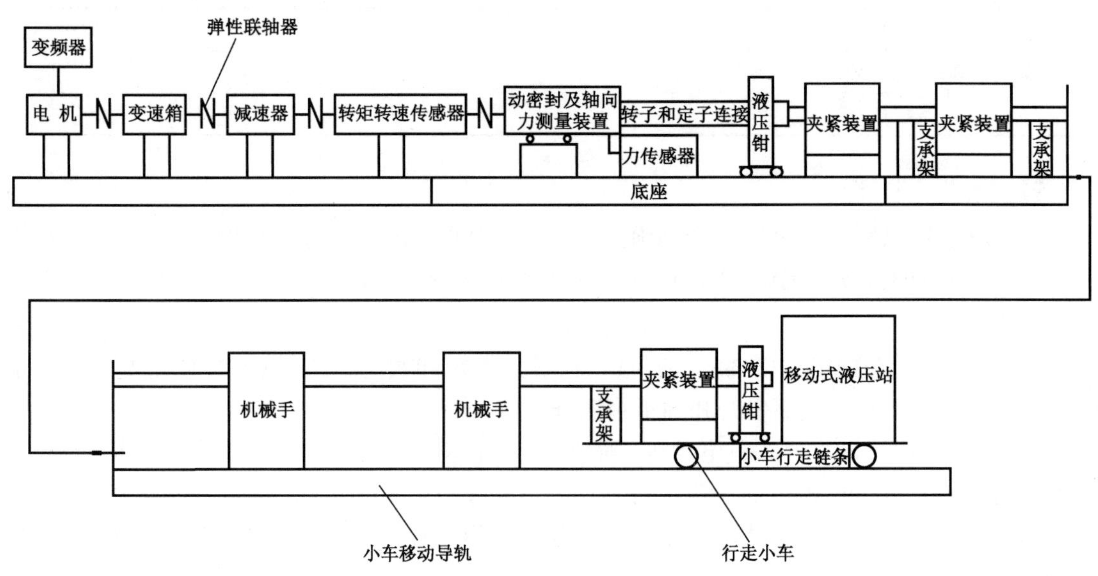

图 10－30　检测设备系统框图

4. 检验方法

1)检验过程

(1)将流程设为检测状态。

(2)运转试验:系统运转 30min。若运转正常,进行压力调节,使得出口压力逐渐升至额定工作压力点,运转 30min,检查泵有无异常。若泵无异常,则将泵出口压力调为零,运转稳定后进行性能试验。

(3)性能试验:确定泵出口压力为≤0. 05MPa 范围内;观察各参数的变化情况,当数据稳定后,记录当前压力下的排量、压力、转子转矩、转子转速;进行压力调节,将泵出口压力逐渐升至 1. 3 倍额定工作压力点,测试点不少于 10 个不同压力点(含零压力点),每个测试点下重复以上操作;各测试点下数据采集无误后,将泵出口压力调为零;保存测试数据;将泵出口压力调为零,转子转速调为零,关变频器,关主电动机,关调零电动机,关转矩转速仪,关控制台开关,关总电源开关。

2)检测结果计算

泵的容积效率 η_v 按公式(10-61)计算。

$$\eta_v = Q_p/Q \times 100\% \quad (10-61)$$

式中 Q_p——实测流量,m^3/d;

Q——理论排量,m^3/d。

泵效率 η 按公式(10-62)计算。

$$\eta = 110.5Q_p \cdot p_w/W \cdot n \quad (10-62)$$

式中 Q_p——实测流量,m^3/d;

p_w——工作压力,MPa;

W——转子扭矩,N·m;

n——转子转速,r/min。

第三节 阀 门

阀门是一种通过改变其内部通路截面积来控制管路中介质流动的通用机械产品,是流体输送系统中的控制部件,具有截止、调节、导流、防止逆流、稳压、分流或溢流泄压等功能。是一种对管道内介质起控制作用的设施,在管道装置上是作为一个承压元件来对待的,但它又是一个随着操作方法、使用介质、温度、压力、管道结构、使用功能要求的不同,而派生出各种类型的阀门。用于流体控制系统的阀门,从最简单的截止阀到极为复杂的自控系统中所用的各种阀门,其品种和规格相当繁多。阀门可用于控制空气、水、蒸汽、各种腐蚀性介质、泥浆、油品、液态金属盒放射性介质等各种类型流体的流动。阀门根据材质还分为铸铁阀门、铸钢阀门、不锈钢阀门、铬钼钢阀门、铬钼钒钢阀门、双相钢阀门、塑料阀门、非标订制等材质阀门。

一、阀门的分类

(一)按作用分

截断(或闭路)阀类:接通或截断管路中介质,包括闸阀、截止阀、旋塞阀、隔膜阀、球阀和蝶阀等。

止回(或单向、逆止)阀类:防止管路中介质倒流,包括止回阀和底阀。

调节阀类:调节管路中介质流量、压力等参数,包括节流阀、减压阀及各种调节阀。

分流阀类:分配、分离或混合管路中介质,包括旋塞阀、球阀和疏水阀等。

安全阀类:防止介质压力超过规定数值,对管路或设备进行超载保护,包括各种形式的安全阀、保险阀。

（二）按公称压力分

真空阀：介质压力小于标准大气压的阀门。

低压阀：公称压力 $PN < 2.5\text{MPa}$。

中压阀：$2.5\text{MPa} \leqslant PN \leqslant 6.3\text{MPa}$。

高压阀：$10\text{MPa} \leqslant PN < 100\text{MPa}$。

超高压阀：公称压力 $PN \geqslant 100\text{MPa}$。

（三）按工作温度分

高温阀：工作温度 $t > 425℃$。

中温阀：$120℃ < t \leqslant 425℃$。

常温阀：$-29℃ \leqslant t \leqslant 120℃$。

低温阀：$-101℃ \leqslant t < -29℃$。

超低温阀：工作温度 $t < -101℃$。

（四）按驱动方式分

手动阀：用人力操纵手轮，手柄或链轮驱动阀门。

动力驱动阀：利用动力源驱动阀门，包括电磁阀、气动阀、液动阀、电动阀及各种联动阀。

自动阀：凭借管路中介质本身能量驱动阀门，包括止回阀、安全阀、减压阀、疏水阀及各种自力式调节阀。

（五）按阀体材料分

铸铁阀：采用灰铸铁、可锻铸铁、球墨铸铁和高硅铸铁等。

铸铜阀：包括青铜、黄铜。

铸钢阀：包括碳素钢、合金钢和不锈钢等。

锻钢阀：包括碳素钢、合金钢和不锈钢等。

钛阀：采用钛及钛合金。

（六）按使用部门分

通用阀：广泛应用于各种工业部门。

电站阀：应用于火力、水力、核电厂（站）。

船用阀：应用于船舶、舰艇。

冶金用阀：应用于炼铁、炼钢等冶金部门。

管线阀：应用于输油、输气管线。

水暖用阀：应用给排水、采暖设施。

阀门种类繁多、量大面广。按有关标准规定，划分成闸阀、截止阀、节流阀、旋塞阀、球阀、蝶阀、隔膜阀、止回阀、安全阀、减压阀和疏水阀 11 大类。对于液压阀、仪表阀等则按有关标准进行分类。

二、常见的阀门

（一）楔式闸阀

楔式闸阀是一种阀杆沿介质流向的垂直方向运动的阀门，它起到阻断介质的作用，它只能进行全开和全闭，而不能作为调节阀使用。

（二）平板闸阀

按闸板形式分有单闸板、双闸板（分为上楔块、下楔块、弹簧连接以及它们的组合型）、K字形双闸板、刀型闸板（只有一个密封副）。平板闸阀又分为无导流孔和有导流孔两种。平板闸阀结构形式和驱动形式基本上与楔式闸阀差不多，有的平板阀在启闭运动中，平板闸阀的密封副始终（几乎）贴合在一起，故对黏附在密封副上的介质有一种擦拭作用，达到保护密封副的作用，还有的平板闸阀对介质流向有方向要求，应设置指向标识、防止误装。

（三）截止阀

指启闭件（阀瓣），沿阀座轴线移动的阀门，它在管路中起到阻断作用，截止阀使用极为广泛。

截止阀分直通式、直流式（Y 型结构）、角式、柱塞式、针型五种。

直通式截止阀是最普遍的一种结构形式，它的法兰两端流道口介质流经阀座后乃重合在同一轴线，由于介质在流动过程中有一个方向改变，故压力损失较大。

直流式截止阀是一种 Y 型结构形式，是直通式截止阀的变形结构，除阀体是 Y 型以外，其他与直通式相同。介质在两端流道内流动，基本保持在同一轴线内，压力损失小。

角式截止阀，其介质从进口处进入，经阀座，从出口流出，介质流经方向为 90°改变，故适用于管线为 90°的安装，但压力损失比较大。除阀体流道加工成 90°外，其他结构与直通式一样。

针型截止阀是一种为适应控制管路需要而设计的一种结构形式的截止阀，它根据管路需要有直通式、直流式和角式三种形式。

（四）节流阀

其运动方式与截止阀相同，是在截止阀基础上发展起来的一种结构改性阀门，它的作用，主要是对介质进行流量调节，达到装置需要的要求。

（五）止回阀

也称单向阀、逆止阀、背压阀，它们是靠管路中介质本身流动时产生的力而自动开启和关闭的，属于一种自动阀，其作用防止介质倒流，防止泵及其驱动电动机反转以及容器内介质倒流，是所有阀中零件比较少的阀种，止回阀根据其结构不同，有以下类型：

1. *旋启式止回阀*

其阀瓣围绕阀座外的销轴旋转，实现开启、关闭，它有单瓣和多瓣，多瓣旋启止回阀一般用于 >600mm 口径场合。有通径和缩经之分，属于直流式型的，可以在任何位置使用，应用比较广泛。

2. 升降式止回阀

其阀瓣沿阀座轴线方向运动,这种阀一般只能安装在水平管路上使用。有种底阀,安装在泵吸入管底部,它的功能是防止停泵时介质倒流,保持抽吸所需的水柱,也是升降止回阀。

3. 蝶式止回阀

蝶式止回阀的阀瓣围绕阀座内的销轴旋转,这种阀的结构比较简单,但只能安装在水平管道上,密封性能比较差。

4. 管道式止回阀

它是阀瓣沿着筒状阀体轴线移动的止回阀,也称梭式止回阀,这种止回阀体积小,但流体阻力系数比旋启式稍大,可以水平和垂直安装。

5. 空排止回阀

它是专门为锅炉给水泵出口设计的,目的是防止介质倒流及空排。它是管道式止回阀的改进,是一种带摇杆的结构,用来限制梭形阀瓣行程的止回阀。

6. 隔膜式止回阀

只能使用于温度和压力都不高的装置中,其原因主要是关闭件(阀瓣)或隔膜件都是橡胶的,但防水击性能好,结构简单,结构形式较多,重量轻,近年来发展很快。

7. 带缓闭机构的止回阀

在某些特殊情况下,如管路压力经常发生变化,大口径管道使用的止回阀因开启、关闭可能会产生水击引起压力波动和介质流的变化,在旋启式止回阀和部分升降式止回阀(如角式止回阀)中,设置不同的缓闭结构(如气缸、油缸,重锤、主副阀瓣等)达到装置使用的开启、关闭速度要求。

8. 球形止回阀

它由前后阀体、球罩和橡胶球等零件组成,其工作原理,橡胶球(单球或多球)在介质作用下,在球罩内沿阀体轴线方向做来回行程滚动,实现开启和关闭功能。

(六)旋塞阀

它主要用于阻断、分配、改变介质流动方向,其启闭迅速,操作方便、流体阻力小。

(七)柱塞阀

它是旋塞阀的变形阀种,它的关闭件为圆柱形,是沿着与阀座孔轴线平行方向移动的阀门,结构比较简单,一般用于中、低压阀门的中、小口径管路上。

(八)球阀

它是旋塞阀变化来的,它的启闭件为一个(或半个)球体,利用球体绕阀杆轴线旋转 90°,实现开启、关闭的功能,在管线上主要为阻断、分配和改变介质方向,如果设计成 V 字型开口的球体,可以作为调节阀,调节功能较好。

1. 浮动球阀

浮动球阀结构简单,密封性良好。

2. 固定球阀

其球体是固定的，由两段与球体连接在一起的固定轴或由两段与球体配合的支撑轴（上端为阀杆、下端为固定轴），与阀体上的滑动轴承支撑而成。

（九）蝶阀

其名称来源于翼状结构的蝶板，在蝶阀阀体的通道内，圆盘形蝶板绕着其蝴蝶板的轴线或蝶板外的轴线旋转 90°，达到开启、关闭的目的，蝶阀在管道上主要作为切断和调节使用。

三、阀门产品型号表示方法

按 JB/T 304—2004《阀门　型号编制方法》规定，阀门产品型号由下列 7 个单元组成：

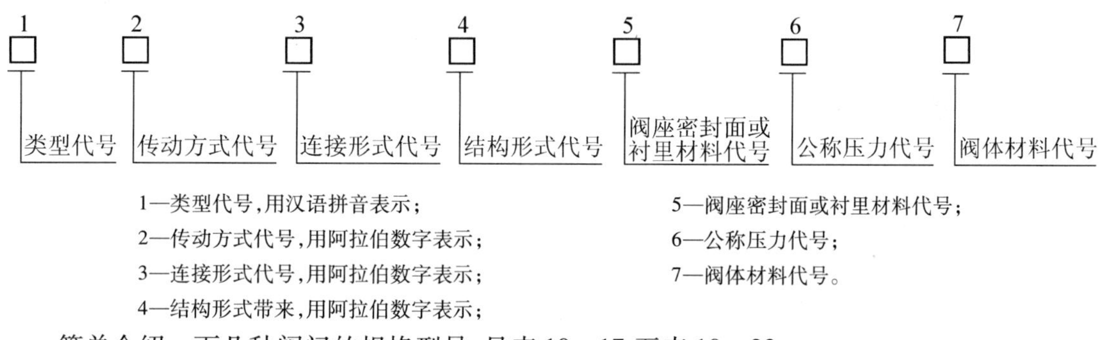

1—类型代号，用汉语拼音表示；
2—传动方式代号，用阿拉伯数字表示；
3—连接形式代号，用阿拉伯数字表示；
4—结构形式带来，用阿拉伯数字表示；
5—阀座密封面或衬里材料代号；
6—公称压力代号；
7—阀体材料代号。

简单介绍一下几种阀门的规格型号，见表 10－17 至表 10－23。

表 10－17　阀门的类型代号

类型	代号	类型	代号
闸阀	Z	旋塞阀	X
截止阀	J	止回阀和底阀	H
节流阀	L	安全阀	A
球阀	Q	减压阀	Y
蝶阀	D	疏水阀	S
隔膜阀	G		

表 10－18　连接形式代号

连接形式	代号	连接形式	代号
内螺纹	1	对夹	7
外螺纹	2	卡箍	8
法兰	4	卡套	9
焊接	6		

表 10－19　闸阀结构形式代号

闸阀结构形式				代号
明杆	楔式	弹性闸板		0
		刚性	单闸板	1
			双闸板	2
	平行式		单闸板	3
			双闸板	4
暗杆楔式			单闸板	5
			双闸板	6

表 10－20　截止阀和节流阀结构形式代号

截止阀和节流阀结构形式		代号
直通式		1
角式		4
直流式		5
平衡	直角式	6
	通式	7

表 10－21　安全阀结构形式代号

安全阀结构形式				代号
弹簧	封　闭	带散热片	全启式	0
		微启式		1
		全启式		2
	不封闭	带扳手	全启式	4
			双弹簧微启式	3
			微启式	7
			全启式	8
			微启式	5
		带控制机构	全启式	6
脉冲式				9

表 10－22　阀座密封面或衬里材料代号

阀座密封面或衬里材料	代号	阀座密封面或衬里材料	代号
铜合金	T	渗氮钢	D
橡胶	X	硬质合金	Y
尼龙塑料	N	衬胶	J
氟塑料	F	衬铅	Q
锡基轴承合金(巴氏合金)	B	搪瓷	C
合金钢	H	渗硼钢	P

表 10－23 阀体材料代号

阀体材料	代号	阀体材料	代号
灰铸铁	Z	1Cr5Mo、ZG1Cr5Mo	I
可锻铸铁	K	1Cr18Ni9Ti、ZG1Cr18Ni9Ti	P
球墨铸铁	Q	1Cr18Ni2Mo2Ti、ZG1Cr18Ni2Mo2Ti	R
铜及铜合金	T	12CrMoV、ZG12CrMoV	V
碳钢	C		

注：1. 手轮、手柄和扳手传动以及安全阀、减压阀、疏水阀省略传动方式代号。
2. 公称压力 $PN \leqslant 1.6$MPa 的灰铸铁阀和公称压力 $PN \geqslant 2.5$MPa 的碳钢阀及工作温度 $t > 530$℃ 的电站阀均省略本代号。

阀门型号表示举例：

(1)电动、法兰联接、明杆楔式双闸阀板、阀座密封面在阀体上加工，公称压力为 0.1MPa，阀体材料为灰铸铁的闸阀表示为 Z942W－1。

(2)手动、外螺纹连接、浮动球直通式、阀座密封圈材料为氟塑料，公称压力为 4.0MPa，阀体材料为 1Cr18Ni9Ti 的球阀表示为 Q21F－40P。

四、阀门产品标识及识别涂漆

阀门产品标志在阀门标准中有明确规定，其标志内容见表 10－24。

通常 1～4 项是必要标志，对某些阀类，除 1～4 项外，5 项或 6 项也是必要标志。1～4 项标志应标在阀体上，标志式样应符合 GB/T 12220—2015《工业阀门标志》。

表 10－24 阀门的标志

项目	标志	项目	标志
1	公称通径(DN)	11	标准号
2	公称压力(PN)	12	熔炼炉号
3	受压部件材料代号	13	内件材料代号
4	制造厂名或商标	14	工位号
5	介质流向的箭头	15	衬里材料代号
6	密封环(垫)代号	16	质量和试验标记
7	极限温度(℃)	17	检验人员印记
8	螺纹代号	18	制造年、月
9	极限压力	19	流动特性
10	生产厂编号		

五、各种阀门结构及特点

工业管路中各种阀门的结构及特点见表 10－25。

表 10－25　各种阀门结构及特点

简图号	种类	简图	结构说明	特点
简图 1	闸阀	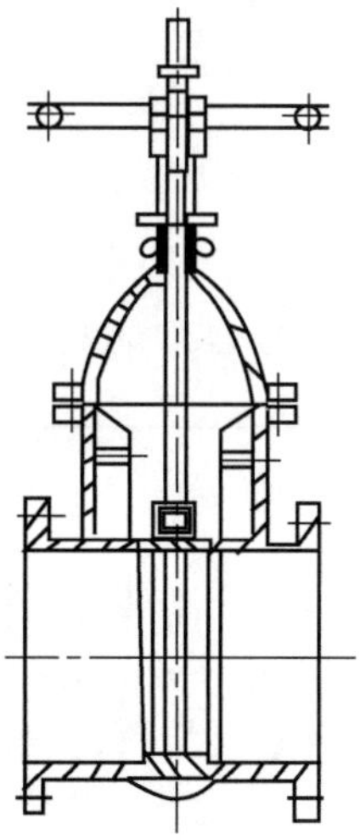	闸板呈圆盘状，在垂直于阀座通道中心线的平面内做升降运动	(1)流体阻力小； (2)结构长度小； (3)与介质封比，启闭较省力； (4)介质流动方向不受限制； (5)高度尺寸大，启闭时间长； (6)结构较复杂，制造维修困难，成本较高
	楔式单闸板闸阀		闸板为一楔形整体，楔半角有 2°52″和 5°两种	(1)与其他闸阀比，结构较简单，尺寸小，使用可靠； (2)楔角加工精度要求高，加工维修困难； (3)易产生密封面擦伤，温度变化时易卡死； (4)适用于常温，中温及易结焦的高温介质
	楔式双闸板闸阀		由两块闸板、用球面顶芯铰接成一组楔式闸板	(1)楔式加工精度要求较低； (2)密封面不易擦伤； (3)密封面磨损后可在顶芯处加垫片补偿，便于维修； (4)与其他闸阀比，结构复杂，闸阀易脱落； (5)不宜用于黏度大或易结焦的介质
简图 2	弹性闸板闸阀	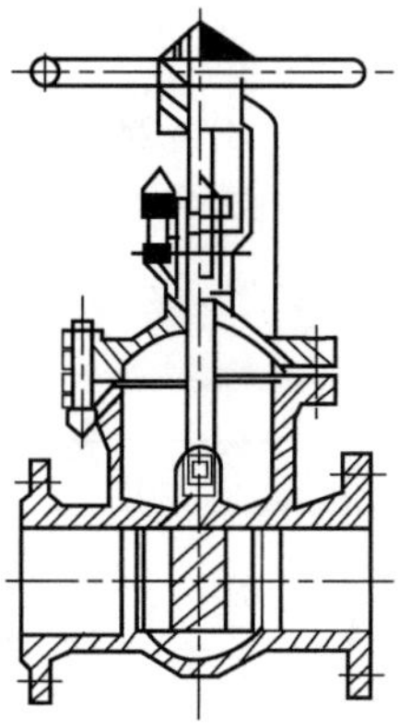	与楔式单闸板相同，仅在闸板垂直平分面上加工出一个环形沟槽	(1)结构较简单，密封可靠； (2)温度变化时不宜卡死； (3)楔角加工精度要求较低； (4)适用于各种压力，中小通径闸阀、不宜用于黏度大、含固体颗粒及易结焦的介质
简图 3	平板闸阀	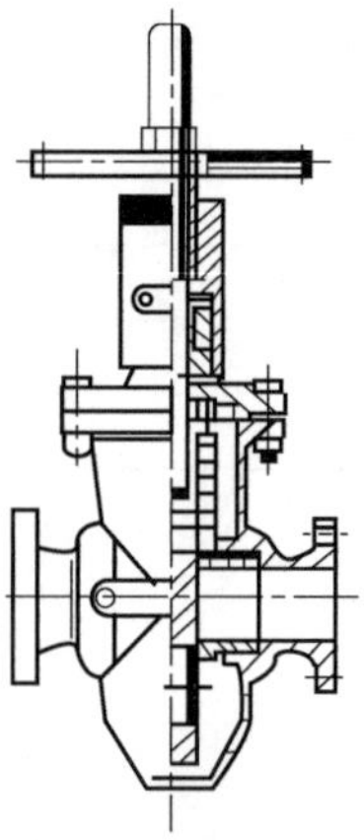	闸板为一个两密封面平行的整体	(1)闸板结构简单，加工方便； (2)不能靠自身强制密封，需采用软密封阀座； (3)适用于中、低压、中大通径、介质为油品、天然气或煤气管线

续表

简图号	种类	简图	结构说明	特点
简图 4	平行式双闸板闸阀	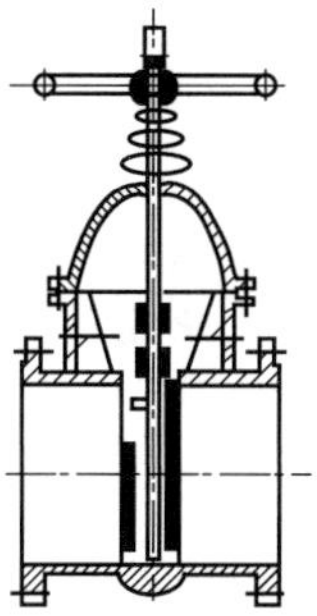	有两块闸板、用顶楔撑开达到强制密封目的	(1)结构复杂; (2)采用撑开式、密封面不易擦伤和磨损; (3)多用于低压、中小通径场合
简图 5	暗杆闸阀	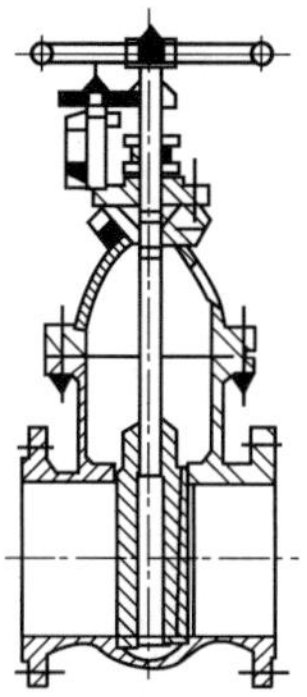	闸杆螺母位于闸板顶部,手轮固定在阀杆顶部,开启时闸板沿阀杆上升	(1)阀杆螺母与阀杆螺纹均位于体腔内,受介质腐蚀且无法润滑; (2)启闭时阀杆不做升降运动,需设开度指示器; (3)高度尺寸较小、适用于大通径或安装高度受限制的场合
简图 6	直通式截止阀	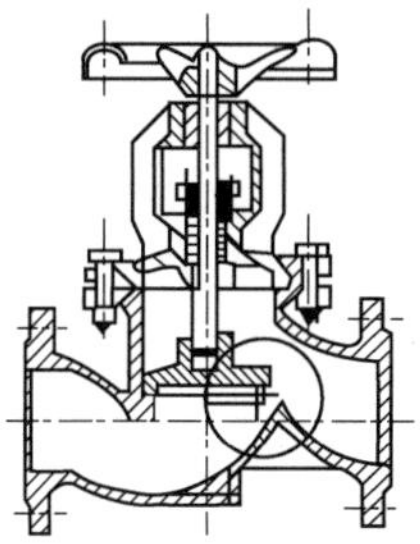	进出口通道中心线组成一直线介质流过后不改变流动方向	安装于水平管路
简图 7	直流式截止阀	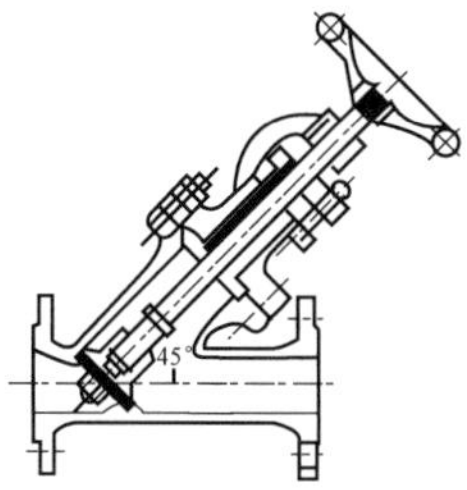 45°	阀杆与进出口通道中心线 45°	(1)在截止阀中流体阻力最小; (2)结构复杂,制造、安装、操作和维修均较困难; (3)适用于对流阻限制严格的场合
简图 8	旋塞阀	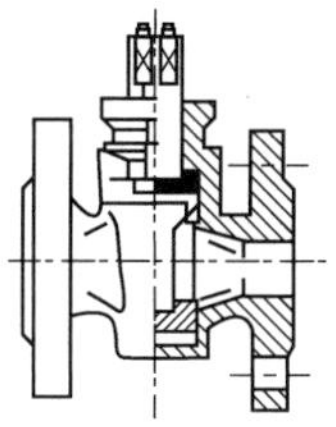	启闭件(塞子)呈圆锥状,绕本身轴线做旋转运动	(1)结构简单、体积小、重量较轻; (2)流体阻力小; (3)介质流动方向不收限制; (4)启闭迅速,转动 90°即可实现启闭; (5)启闭较费力; (6)密封面呈圆锥状,研磨维修均困难

续表

简图号	种类	简图	结构说明	特点
简图9	油封旋塞阀	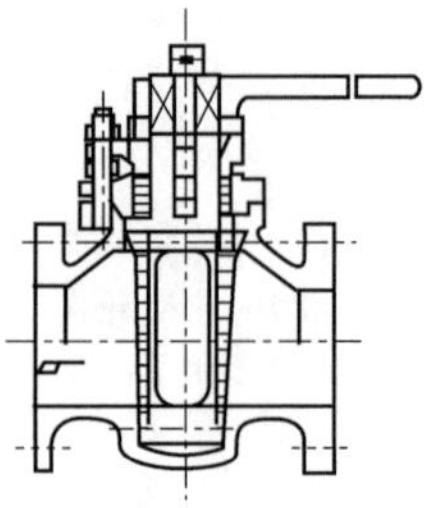	在阀体和塞子密封面上分别加工出纵、横向油沟、注入润滑脂	与普通旋塞阀比： (1)启闭较省力； (2)密封性能较可靠
简图10	球阀	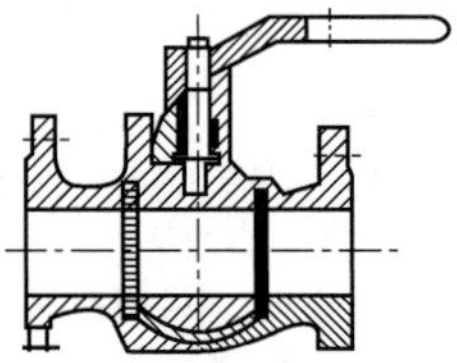	启闭件为一球体、绕阀体垂直中心线做旋转运动	(1)流体阻力最小； (2)对中、小通径球阀，结构较简单，其高度尺寸大大小于闸阀和截止阀； (3)介质流动方向不受限制； (4)启闭迅速，转动90°即可实现启闭； (5)与旋塞阀比，启闭较为省力，密封性能可靠； (6)球体加工研磨困难； (7)采用软质密封圈，使用温度受限制
简图11	升降式止回阀	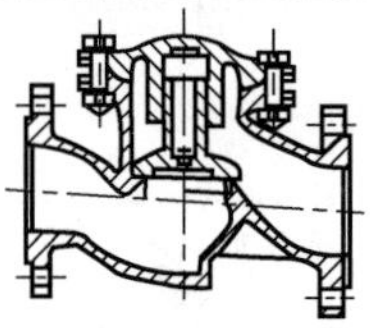	与直通式截止阀结构相似，但阀瓣在介质作用下自由升降	(1)流体阻力大； (2)与旋启式止回阀比，密封性能较好； (3)适于安装在水平管路上
简图12	立式升降止回阀	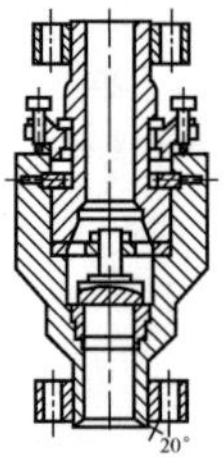 20°	截至进出口通道中心线与阀座中心线在一条直线上	(1)流体阻力较小； (2)介质流动方向受限制，应从下方向上方流过； (3)应装在垂直管路上
简图13	旋启式止回阀	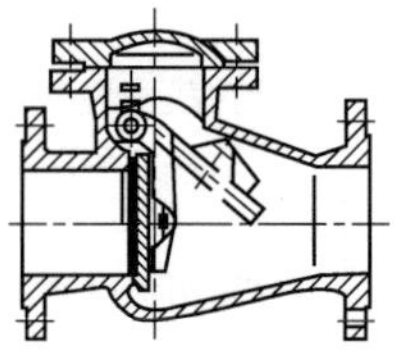	启闭件(阀瓣)呈圆盘状，绕阀座通道外的转轴做旋转运动	(1)流体阻力较小； (2)低压下密封性能较差； (3)适用于较大通径止回阀； (4)易产生水击； (5)介质流动方向受限，可安装在水平或垂直管路上
简图14	节流阀	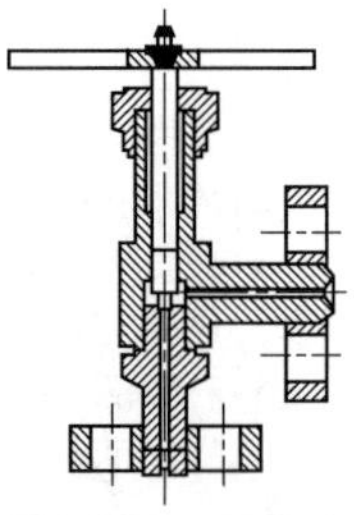	除调节件(阀瓣)外，其他结构均与直通式截止阀相同，阀瓣主要有针形、沟形和窗形三种	用来调节介质的压力或流量

续表

简图号	种类	简图	结构说明	特点
简图 15	脉冲式安全阀	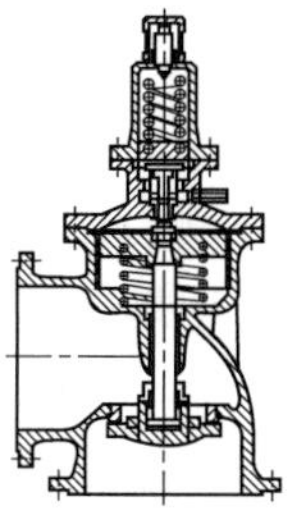	由主阀和副阀组成	适用于高压、大通径场合
简图 16	微启式安全阀	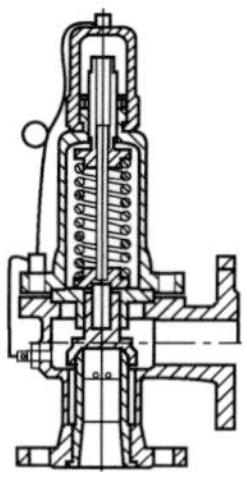	渐开式，阀瓣开启高度仅为阀座喉径的 1/40 ~ 1/20	主要用于液体介质
简图 17	全启式安全阀	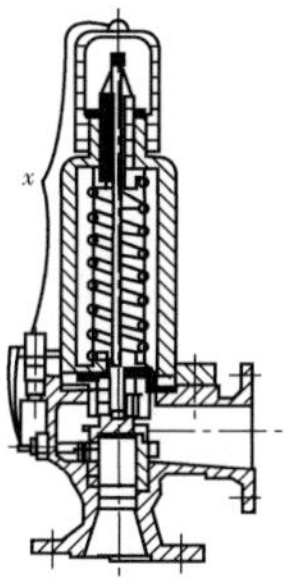	急开式，阀瓣开启高度大于阀座喉径 1/4	主要用于蒸汽或气体介质
简图 18	弹簧薄膜式减压阀	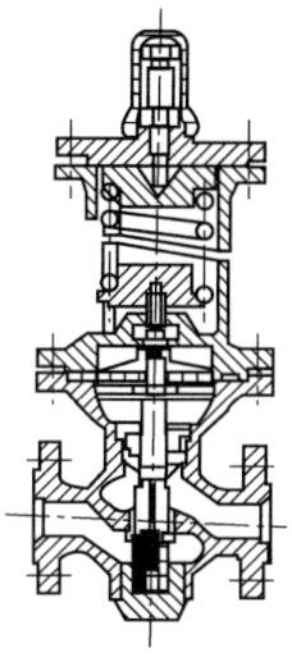	靠薄膜上下方受力平衡来保持阀后压力恒定	(1)灵密度高； (2)薄膜形成小，且易损坏； (3)温度和压力受到限制
简图 19	活塞式减压阀	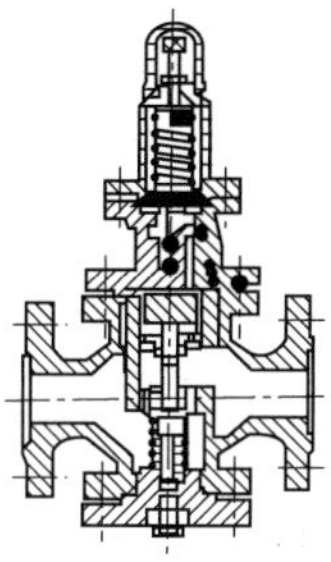	由主阀和副阀组成	(1)灵敏度较低； (2)体积较小、活塞行程大； (3)加工制造、维修均困难； (4)应用广泛，可用于压力较高的场合

续表

简图号	种类	简图	结构说明	特点
简图 20	浮球式疏水阀		有立式和卧式之分。浮子为一圆环、靠冷凝水的浮力来控制启闭	(1)动作反应快; (2)可连续排水; (3)密封面不受冲击,密封性能好,寿命长; (4)体积较大,重量较重; (5)立式适用于低压蒸汽、排量较大;卧式适用于高压蒸汽,排量小
简图 21	钟型浮子式疏水阀		浮子为一个钟罩、靠钟罩的升降来控制启闭	(1)动作反应快; (2)间歇排水; (3)可自动排放冷空气; (4)密封面易受磨损,使用寿命较短; (5)体积较小,重量较轻,排量大; (6)使用时需要向阀内灌水
简图 22	热动力式疏水阀		利用蒸汽和冷凝水的动压和静压来控制启闭	(1)结构简单,体积小,重量轻,加工制造和维修方便; (2)间歇排放; (3)排量较大; (4)启闭较频繁,阀瓣与阀座撞击产生噪声,且密封面易损坏
简图 23	脉冲式疏水阀		利用进口与压力室间的压力差来控制启闭	(1)动作反应快; (2)体积小,重量轻,便于维修; (3)排量大

六、阀门连接形式和结构长度

(一)阀门连接形式

阀门与管道的连接多采用螺纹(分内螺纹和外螺纹)连接、法兰连接和焊接连接。此外还采用对夹连接、卡套连接和卡箍连接等形式。

1. 对夹连接

它采用长螺栓和管道两端法兰将阀体夹住,而直接把阀门连接到管道上。主要应用于立式升降式止回阀和通径较小的蝶阀、球阀,如图 10－31 所示。

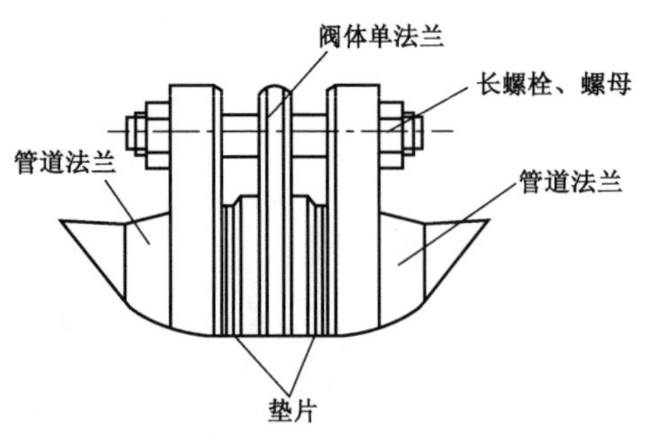

图 10－31　对夹连接

2. 卡套连接

它是一种新型的连接形式。在阀门连接端部加工出外螺纹,连接时用卡套和卡套螺母,当拧紧卡套螺母时,压紧卡套,使其内侧的尖角切入管子外表面,即可把阀门与管道牢固地连接在一起。主要用于小通径锻造阀门。

3. 卡挂连接

它是在阀门和管道连接端部各加工出一个凸缘,用两个半圆环状卡箍和两对螺栓、螺母把阀门与管道连接在一起。其特点是装拆方便,可实现快速装拆,且比法兰连接结构紧凑。但由于结构较为复杂,加工较困难,故采用较少。

(二)结构长度

结构长度是阀门的重要外形尺寸,它主要取决于公称通径 *DN*、公称压力 *PN*、阀门类型、结构型式、阀体材料和加工工艺等因素。它与阀门选用和安装关系很大,因而阀门结构长度已标准化。

直通式阀门的结构长度指的是阀体通道两端面间的距离;角式阀门的结构长度指的是阀体通道某一端面与另一端面中心线间的距离。

七、阀门的检验与试验

我国的检验、试验手段及能力,从简单的钢皮尺、卡钳到游标卡尺到数显、电子测量工具,从简单的手工化验到目前的直读光谱仪,从手动压力试验机到目前的电、液一体的全自动性能试验机,现在的检测手段比以前先进得多,如低温、高温试验实施、三维测量仪、氦检漏质谱仪、直读光谱仪及各种无损检测设备。因而我们应认真的按标准规定进行检验与试验。下面简单介绍阀门在整个制造过程中的检验与试验及阀门应该有的各种试验项目。

阀门在整个生产制造过程中,为控制阀门的质量,有各种各样的检验与试验方法,下面就按阀门的制造流程来介绍。

(一)阀门在整个生产过程中的检验

坯件检验(原材料、锻件、铸件)、紧固件检验、外购件检验、机加工尺寸、粗糙度与形位公差检验、焊接检验、装配过程检验、阀门性能检验、油漆质量检验、阀门完整性及防护质量检验、阀门包装质量检验等。

1. 坯件检验

1)原材料检验

按规定的标准及合同要求对其尺寸、外观状态、化学成分与交货时的热处理状态及硬度进行检验。对提供的质量证明书进行审查。

(1)锻件检验:按规定的标准、图纸及合同要求对其外观状态应控制在经加工至图纸尺寸前无缺陷的状态(锻件缺陷一般是不可以焊补的)、尺寸进行检验,对交货时的热处理状态及硬度进行检验,对提供的试棒的尺寸、化学成分、力学性能进行加工、取样检验(对锻件本体进行光谱检查以证明其化学成分与试棒一致并符合规定标准要求),必要时按规定要求对锻件进行超声波检查,以确定锻件是否符合规定的等级要求,对提供的热处理曲线图、锻件使用的原材料证明书及锻件质量证明书进行审查。

(2)铸件检验:按规定的标准、图纸及合同规定要求对其外观状态、尺寸进行检验,铸件的外观缺陷应符合 MSS-SP55 标准中二级及以上的规定,字牌明晰、大小一致、标识清楚,对铸件尺寸按图纸进行检查,尤其对铸件的错箱、跑偏、浇口的尺寸大小、割除后的高低进行严格控制,试棒形状、尺寸符合规定要求,炉号与提供的铸件一致,对提供的试棒按规定进行加工以检验其化学成分、力学性能是否符合标准要求(必要时按规定对铸件进行 MT/RT 方法的无损检查),对提供的铸件质量证明书进行审查。

2)紧固件检验

一般紧固件采购进公司后对其外观进行检查、对尺寸、螺纹精度、硬度按规定进行抽查,对合格证进行检查,对有特殊要求的紧固件还要对其化学成分、力学性能按规定批进行检验,并审查其质量证明书及原材料的化学成分。

3)外购件检验

外购件包含驱动装置、垫片、填料、注脂阀、排污阀、焊接材料及其他五金配件,一般检查其外观、尺寸、牌号标注的成分或规定的性能参数及产品合格证,如有特殊要求应在合同中明确规定,并按规定要求检验(如驱动装置的防爆、防火、防静电规定,对垫片、填料的成分、硬度、厚度的要求等)。

4)机加工尺寸、粗糙度与形位公差的检验

主要指对阀门用自制零件在加工中的质量控制(含部分外协的工序),是一种现场的控制检验,它要求加工者与检验员严格按加工工艺执行,严格按首检、巡检、完工检执行,检验员在检验首件时不仅要检查加工件,还要检查工艺执行及工装、量具使用的正确情况,同时要求加工者对自己加工的工序盖上责任章及做好工件的标识的移植工作,发现问题及时纠正,以确保加工件符合图纸要求。不按规定要求做的加工者,检验员有权暂时停止其加工,如继续加工则检验员不在其工票上签字,其加工的工分不认可,要有制度保证。加工工序结束后加工者与检验员应在跟踪卡上做好记录。

密封副的检验要认真,如闸阀、截止阀、止回阀阀瓣及阀座的密封面在加工的第一件应进行硬度检查,同时还应对每个密封件进行 PT 检查,以发现密封面缺陷,影响阀门的使用寿命。对球阀的球体(硬密封球阀)除进行硬度及 PT 检查外,还应进行圆度检查,如果是球体表面为镀层(化学镀层或喷镀)还应进行镀层结合力与镀层厚度的检查。

5)焊接检验

阀门在制造过程中,焊接是一个非常重要的工序,是阀门制造行业明确规定的特殊工种,它包含对接焊与堆焊,在焊接前应按规定设计 WPS,并进行 PQR 的操作与规定项目的试验,合格后形成确认的书面 WPS 以现场指导焊接,同时焊接操作人员还应进行规定的考核(如美国的 ASME 规定的资格证书或我国规定的资格证书),取得证书后方可进行证书规定的等级操作,焊接检验员也应取得焊接检验资格证书才能进行检验与现场监督。焊接实施时,现场应有相应的焊接规范、图纸,操作人员应严格按规范操作,检验员按规范要求实施见证性监督,焊接中及焊接后应对焊接的成形进行符合性检查,同时认真做好选择焊接参数的书面记录。对违反焊接规范的操作，检验员应及时地加以阻止，直至改进为止。

6）阀门装配检验

本检验指装配人员从半成品库按生产令规定，领出装配需要的零件，装配人员应对照图纸逐一核对正确，并做好记录，对关键的零件配合尺寸，加工者应与装配检验员一起测量正确，做好记录，加工者按装配工艺进行装配，装配结束后，装配人员应在阀门的规定位置盖上自己的责任章，检验员应对装配使用的工装、图纸、工艺进行检查，并对装配的全过程进行见证性监督，并在装配记录上签字确认，以保证装配的每台阀门符合要求。

7）阀门性能检验

阀门按图纸要求装配完成后，应按图纸规定的标准（见各种阀门的性能试验标准）对其进行出公司前的性能试验（一般来说阀门性能试验有壳体强度试验、密封试验、填料密封试验及阀门开启、关闭扭矩试验）。试验人员应对每个试验做好记录，检验员在现场除认真做好见证性监督外，还应对试验所用设备、压力表、介质进行检查，确保符合要求。试验完成后，合格的阀门应将阀腔内的试验介质倒空（特殊要求的阀门还应烘干），检验员与试验人员应在性能试验记录上签字。

8）阀门油漆质量检验

试验合格的阀门在转移到油漆线前，应对阀门的表面进行除锈、除油，去除其他不利于油漆质量的异物，可以用清洗的方法或喷砂的方法，但无论试验哪种方法进行，必须在4h内进行油漆。油漆时还应考虑天气湿度、温度，调整油漆速度与进度，油漆时严格按油漆工艺执行，油漆工作人员应做好底漆、面漆时间间隔控制、厚度控制、表面成形质量控制。检验员应对油漆阀门的表面、油漆颜色、牌号、油漆过程进行监督，并在底漆结束、面漆结束后对其厚度进行检查（湿膜检测仪），并在油漆干固后对其表面质量及厚度进行检查，确定是否符合标准或客户规定。油漆人员及检验员应在油漆记录上签字。

9）阀门完整性及防护质量检验

阀门油漆合格后，装配人员对阀门还应进行完善（如阀门表面、通道清洁检查、阀瓣位置检查、安装油嘴、注脂阀、排污阀、限位机构、阀杆保护罩、铭牌、吊牌、通道闷盖及阀杆保护措施等）。检验员应每个环节都应认真检查，装配人员做好记录，并与检验员共同在记录上签字。

10）阀门包装质量检验

在阀门包装前、操作者严格按包装规范执行，检查应装箱的各项配件与资料，在盖箱前应通知检验员见证检查，没有问题后才能盖箱，检验员应对箱体外面的唛头的内容仔细检查，无误后才能在装箱单上签字认可。

（二）阀门在生产过程中的试验

材料性能试验、外购件性能试验、阀门耐火试验、阀门寿命试验、阀门高温与低温试验、阀门的扭矩试验、阀门的流量试验、阀门防静电试验等。

1. 材料性能试验

材料性能是指阀门主要及关键零件使用的各类材料，按设计要求选择的材料应按规定的要求满足零件的需要，主要有化学成分、力学性能、硬度、冲击、晶粒度、材料内部缺陷的等级，必须满足材料标准规定及设计规定要求。具体的试验这里不一一叙述。

2. 外购件性能试验

外购件性能试验是指驱动装置、注脂阀、排污阀、排气阀等配件的性能参数的检测,如驱动装置的连接尺寸、行程、力矩、启闭时间、机械及电气特性等,又如注脂阀、排污阀、排气阀的连接尺寸、启闭状态、密封性能等,其他如垫片、填料的耐压、耐温、耐摩擦、耐老化等,这些外购件的重要参数都要全部或部分进行定期或不定期的试验。

3. 阀门耐火试验

根据API6FA/API607标准的规定所有全回转或部分回转启闭的阀门都要进行耐火试验(除特殊阀门),它是一种对设计的阀门结构进行验证的一种手段或规定,通过对某种型号阀门的一种口径和压力级的试验,取得合格后可以覆盖一定的范围,API就可以发证书予以确认,而且在设计结构没有大的变化的情况下是一直有效的。

4. 阀门寿命试验

这是按国家规定进行的一种推荐性试验,但许多阀门企业及阀门用户已经将其作为一种标准在执行,寿命试验主要有阀门在规定启闭次数下的密封试验检查、阀门在规定启闭全行程试验后的填料密封检查以及机械摩擦损伤检查。企业应设置各种阀门寿命试验装置,以满足寿命试验的要求。

5. 阀门的高温及低温试验

这是一个检测设计结构、设计材料的选用、制造工艺的合理性、适用性的一种综合试验,是企业的需要、也是客户所希望的,甚至是强制的,如壳牌公司在选择阀门提供商是就会要求阀门制造商时阀门进行这方面的试验,阀门制造商必须要有这方面的试验设备,才能满足要求,但企业投资比较大,因为是一种综合试验,故一种阀门在一次达到要求后,不等于下次就达到要求,要不定期地经常进行。

6. 阀门的扭矩试验

阀门的启闭扭矩是一个非常重要的参数,API6D及其他标准都有规定,但没有具体的参数值规定,设计手册中有推荐值,但仅供参考。

7. 阀门的流量试验

这是一种检测设计阀门内腔空间及阀门密封副结构的试验(这里不考虑因内腔粗糙度引起的流阻损失),一般阀门制造企业都没有这种试验装置,一般也没有必要去配置(如果有是最好的),因为有专门的机构在做,送去做就可以了(阀门的流量在固定的结构情况下是不变的,同型号、同规格、同压力级的做一次就可以,如果压力变化、温度变化引起的流量变化不在此考虑)。

8. 阀门的防静电试验

阀门的防静电问题是API6D中规定的,即在阀门腔体内因为动作摩擦引起电子的变化而产生静电,从而可能引起火灾(这种例案是有的),标准中规定必须要有防静电设计结构,并且规定了具体的试验参数,达不到这些参数就是不合格,具体试验比较简单,使用欧姆表进行检查就可以了。

(三)产品检验、检测顺序

1. 外观检验

依据产品标准和相关的引用标准对待检样品进行外观检查,主要是对标志和铸造件或锻造件外观质量进行检测,观察其是否符合标准要求。

2. 压力试验

根据产品标准中相应的规定,严格按照标准要求,进行压力试验,在试验过程中首先要注意人员、设备安全问题,其次要保证试验能够严格按照标准中的规定进行。

3. 结构、几何尺寸检测

按照标准中的要求,对待测样品逐项进行检测。首先,对阀门的整体结构及外形尺寸进行检测,主要是结构长度、连接端尺寸等。其次,将待测样品进行解体,对其零部件尺寸及内部结构是否符合标准要求进行检测。

4. 机械性能、材质分析检测

按照标准中的要求,对阀门的各相应部位进行机械性能检测和材质分析检测。

5. 试验过程

下面以 Z41H - 1.6MPa - 50mm 钢制闸阀为例,简要地介绍一下试验过程。

1)待检样品

确定该样品的检测标准为 GB/T 12234—2007《石油、天然气工业用螺柱连接阀盖的钢制闸阀》。样品如图 10 - 32 所示。

图 10 - 32 待测样品

2)外观检测

依据产品标准和相关的引用标准对待检样品进行外观检查,主要包括标志和铸造件或锻造件是否有缺陷,是否按照标准要求对缺陷进行修补。

3)压力试验

(1)按照标准要求,确定试验压力。密封试验压力为 0.4 ~ 0.7MPa,试验介质为空气;壳体试验压力为 2.4MPa,试验介质为水。根据确定的试验压力选择适合的液压阀门测试机,更换压力表,保证试验压力的数值在压力表量程的 1/3 ~ 2/3 之间,准备好计时工具及测量漏失量的设备。

(2)按照标准要求,先进行壳体试验,检测合格后,进行密封试验,闸阀的密封试验分两次进行,分别为左侧密封试验和右侧密封试验。以上试验项目均合格后,进行结构、几何尺寸检测。

4)结构、几何尺寸检测

首先对未解体的阀门进行结构观察,记录原始记录,然后对阀门进行解体,按照标准要求,逐项进行检测,如阀体长度、端法兰厚度、阀杆最小直径、闸板密封面的加工、与填料接触部分表面粗糙度等。如图 10 - 33 所示。

图 10-33　结构、几何尺寸检测

5)注意事项

(1)在装夹时,注意搬运安全。

(2)压力试验时,注意试验人员和设备安全。

(3)操作时,注意水、电、气安全等。

6)不合格阀门产品的危害

(1)由于不合格的阀门随时可能造成停产事故,严重影响油田生产的安全、有序进行。

(2)不合格的阀门,在生产运行中随时可能出现阀体爆裂、阀杆、阀盖脱出等现象,对人员和设备均可造成严重伤害。

(3)由于不合格阀门的跑、冒、滴、漏现象,给油田资源造成了巨大的浪费。

参考文献

[1] 彭鸿才．电动机原理及拖动．北京:机械工业出版社,2005.
[2] 范国伟．电动机原理与电力拖动．北京:人民出版社,2012.
[3] 赵虎城,冯送京．电力拖动及其控制．北京:北京理工大学出版社,2009.
[4] SY/T 5226—2005 CJT 系列抽油机节能拖动装置．
[5] GB/T 755—2008 旋转电动机　定额和性能．
[6] GB/T 1032—2005 三相异步电动机试验方法．
[7] 姚春东．石油矿场机械．北京:石油工业出版社,2012.
[8] 曲占庆．采油工程基础知识手册．北京:石油工业出版社,2002.
[9] 万仁溥,罗英俊．采油技术手册(第四分册)．北京:石油工业出版社,1993.
[10]《石油钻采设备质量检验》编写组．陈永．石油钻采设备质量检验．北京:石油工业出版社,1998.
[11] GB/T 2828. 1—2012　计数抽样检验程序　第 1 部分:按接收质量限(AQL)检索的逐批检验抽样计划．
[12] 陈永．金属材料常识普及读本．北京:机械工业出版社,2011.
[13] 刘永平．机械工程实践与创新．北京:清华大学出版社,2010.
[14] 刘永贤,蔡光起．机械工程概论．北京:机械工业出版社,2010.
[15] 李杞仪,李虹．机械工程基础．北京:中国轻工业出版社,2010.
[16] 磁粉探伤(Ⅱ Ⅲ 级教材)．中国锅炉压力容器安全杂志社．
[17] 渗透探伤(Ⅱ Ⅲ 级教材)．中国锅炉压力容器安全杂志社．
[18] NB/T 47013. 4—2005 承压设备无损检测　第 4 部分:磁粉检测．
[19] NB/T 47013. 5—2005 承压设备无损检测　第 5 部分:渗透检测．